JN439669

2026년 식품안전 관리지침

식품의약품안전처

CONTENTS

Part Ⅲ 건강기능식품 안전관리 / 227

Part Ⅳ 수입식품등 검사 및 사후관리 / 307

Part Ⅴ 유전자변형식품등 신소재식품 안전관리 / 391

Part Ⅵ 축산물 위생관리 제도 및 지도·감독 / 417

Part Ⅶ 농수산식품 안전관리 / 511

Part Ⅷ 식중독 예방 및 관리 / 583

Part Ⅸ 어린이 식생활 안전관리 / 641

Part Ⅹ 부 록 / 671

'26년 식품안전관리지침 주요 개정사항

1 유통·소비 환경 변화를 반영한 안전관리 체계 정비

〈온라인 판매 증가〉

- 온라인 판매 제품 수거검사 확대 등 **농수산물 안전관리*** 강화
  - * [추가]기획 수거·검사 시 온라인 비율 20% 포함([농산물] 약 300건, [수산물] 약 500건)
    [확대]온라인 기획 수거·검사(연 2회) 건수([농산물] 440→500건, [수산물] 288→330건)
- 온라인 **부당광고 고의 상습 위반업체 관리 강화** 위한 **온라인 부당광고 모니터링 통계 관리*** 및 **소비자위생감시원 활용 점검**** 강화
  - * 지자체가 적발 세부정보 및 사후조치 결과 입력하도록 안내, AI 생성 부당광고 등 현장 조사 및 조치 결과 현황 관리
  - ** ('25) 4개 지방청(대구, 대전 제외), 국민 다소비(관심) 제품 중심 → ('26) 6개 지방청 전체, [추가] 반복 위반업체·민원신고 제품
- **반려동물 동반출입 음식점 관리방안*** 마련
  - * 관련 법령, 시설기준, 영업자 준수사항, 위반시 행정처분 등 구체화
- **개식용 종식**에 따라 보양식 수요가 염소 관련 제품(포장육, 엑기스 등)으로 집중됨에 따라 **염소고기 취급업체 집중관리 방안*** 마련
  - * (상반기) 대국민, 업체 대상, 불법 도축 예방·신고포상금 등 맞춤형 교육·홍보 강화
    (하반기) 「개식용종식법」 시행('27.2.) 앞서 위생적 취급, 불법도축 여부 점검(10~11월)
- **지역축제 위생 이슈 발생**에 따른 지역축제 참가 **식품접객업소 관리방안** 및 **식중독 안전관리 지침*** 마련
  - * 지역축제 입점업체 중점 점검항목, 대규모 식중독 발생 차단 위한 지도·점검 절차 등

2 안정적 업무추진을 위한 개정사항 및 규제개선 등 반영

- **맞춤형건강기능식품판매업*** 등 신설(「건강기능식품법」,'25.1.3. 시행)
  - * 영업신고, 맞춤형건강기능식품관리사 선·해임, 소분·조합 안전관리 및 판매기준 등

- **글로벌해썹** 제도 도입 및 **스마트해썹 우대조치*** 등 안내(「식품 및 축산물 안전관리인증기준」,'25.8.4. 시행)
  - * 우대조치 적용범위 확대(모든 중요관리점 → 60% 이상) 등
- 축산물 **검사 결과 온라인**(이메일 등) **알림 서비스 안내** 및 **냉장·냉동차량** 이용 **축산물 이동판매** 안전관리*(「축산물 위생관리법 시행령」,'25.8.26. 시행)
  - * 판매 가능한 품목, 보관온도 준수·위생적 취급기준 등 안전관리 사항 등

③ 국회 등 지적사항 등에 따른 후속 조치 사항 반영

- 메이드카페, 무인판매점 등 **위생 취약시설 안전관리*** 강화
  - * 메이드카페(1월), 무인업소(2 → 4회 / 2·5·9·11월), 건강민감계층 다소비식품(4월) 등
- 어린이집·유치원 등 **영유아시설에 대한 식중독 관리*** 강화
  - * 집단급식소 지도·점검: ('25) 사전 안내 → ('26) 불시 점검
    노로바이러스 모니터링: ('25) 지하수 사용 식품제조업체 → ('26) 추가 영유아시설
- **식품접객업소 등 식품안심업소 사후관리*** 강화
  - * 식품안심구역에서 식품안전 문제나 법령 위반 등이 발생하지 않도록 관리 등
- **치킨 중량표시 현장 계도**(~6.30.) 및 **사후관리** 강화(7.1.~)
  - * 표시의무자, 표시대상/단위, 표시방법, 표시장소 및 시행시기 등 안내

④ 관리 필요성이 낮은 업무 조정 및 영업자 관리 효율화

- **위반율이 낮은 점검**은 **대체***하거나 **건수를 조정****하는 등 최소화
  - * 인삼·홍삼 업체 - 명절 성수식품 합동점검에 포함
    성탄절 대비 초콜릿 등 수거검사 - 핼로윈데이 기획점검 등에 포함
  - ** 휴대반입식품 구매검사: ('25) 500건 → ('26) 400건
- 영업실적이 없어 **영업 등록**을 **취소할 수 있는 수입식품등 영업자 판단기준*** **제시로, 영업자 관리 등 행정부담 완화**
  - * 10년 이상 수입식품등의 수입신고 실적 또는 보관 실적이 없는 경우

Part

안전한 식품의 제조·유통기반 조성

1 식품등의 영업허가 등 관리

〈식품안전정책과〉

1. 기본 방향

각 업종별 구비서류 및 인·허가시 확인 필요사항을 철저히 검토하여 허가·등록·신고의 적정 관리 도모

구 분	지방식품의약품안전청	시·군·구청
허 가	○ 식품보존업(식품조사처리업) ○ 건강기능식품제조업 (전문제조업, 벤처제조업)	○ 식품접객업(단란주점영업, 유흥주점영업)
등 록	○ 식품(주류)제조·가공업 (품목제조보고)	○ 식품제조·가공업(품목제조보고) ○ 식품첨가물제조업(품목제조보고) ○ 공유주방 운영업
신 고		○ 즉석판매제조·가공업 ○ 식품운반업 ○ 식품소분·판매업[식품소분업, 식품판매업(식용얼음판매업, 식품자동판매기영업, 유통전문판매업, 집단급식소 식품판매업, 기타식품판매업)] ○ 식품보존업(식품냉동·냉장업) ○ 용기·포장류제조업(용기·포장지제조업, 옹기류제조업) ○ 식품접객업(휴게음식점영업, 일반음식점영업, 위탁급식영업, 제과점영업)
		○ 건강기능식품판매업 (일반판매업, 유통전문판매업)
		○ 집단급식소

※ 허가·등록·신고 개념

○ 허가 : 법령에 의한 일반적 금지를 일정한 경우에 해제하여 제3자의 일정한 사실행위 또는 법률행위를 적법하게 할 수 있도록 해 주는 행정행위로서, 허가과정에서 여러 규제조치가 취해짐

○ 등록 : 행정법상 일정한 법률사실 또는 법률관계를 행정청 등 특정한 등록기관에 비치된 장부에 기재하는 일로서, 영업 등록제는 등록이 영업을 하기 위한 요건인 경우를 의미

○ 신고 : 법률의 규정에 의하여 국가 또는 지방자치단체나 기타 공공단체에 법률 사실이나 어떤 사실에 대해 서면으로 작성된 서류를 제출하는 행위를 의미

※ 폐업신고 관련 유의 및 협조요청 사항

○ 식품위생법 제37조 제8항에 따라 폐업신고를 할 수 없는 기간은, 「행정절차법」제21조에 따른 처분의 사전 통지 시점부터 처분이 확정되기 전까지의 기간을 의미

- 위반 사실 적발 기관에서는 행정처분 기관에 해당 위반 사실을 신속히 통보
- 행정처분 기관에서는 위반사실에 대한 행정처분 사전통지서를 영업자에게 신속히 발송

○ 영업 승계 시 양도자가 「부가가치세법」 제8조제7항에 따른 폐업신고를 같이 하려는 경우에는 영업자 편의 제공 차원에서 「부가가치세법 시행규칙」 별지 제9호서식의 폐업신고서를 제출받아 관할 세무서장에게 신속히 송부(정보통신망을 이용한 송부 포함)

2. 영업의 허가

가. 근거법령 : 「식품위생법」 제37조 및 같은 법 시행규칙 제40조

나. 허가기관(처리기한)

1) 지방식품의약품안전청(이하 '지방식약청'이라 한다)(10일) : 식품조사처리업

2) 시·군·구(3일) : 식품접객업(단란주점영업, 유흥주점영업)

다. 구비서류 : 「식품위생법 시행규칙」 제40조 참조

1) 같은 법 제38조제1항제1호~제8호에 따라, 영업허가 제한 사유에 해당하는지 여부를 확인하고, 영업허가를 받으려는 자가 피성년 후견인이거나 파산 선고를 받고 복권되지 아니한 자인지 여부를 확인

* 확인하기 어려울 때에는 신원확인에 필요한 자료를 제출하게 할 수 있음

2) 영업허가 신청 시 영업장 면적을 반드시 제시하여야 하고 허가된 영업장 면적이 변경될 때에는 변경신고를 하여야 함

3) 단란주점영업과 유흥주점영업을 하려는 경우 「다중이용업소의 안전관리에 관한 특별법」 제9조제5항에 따라 소방본부장 또는 소방서장이 발행하는 안전시설 등 완비증명서를 구비하여야 함

4) 「식품위생법」에 따른 교육이수증, 건강진단결과서

3. 영업의 등록

가. 근거법령 : 「식품위생법」 제37조제5항 및 같은 법 시행규칙 제43조의2

나. 등록기관(처리기한) : 지방식약청[주류에 한함], 시·군·구 (3일)

1) 식품제조·가공업

2) 식품첨가물제조업

3) 공유주방 운영업

다. 구비서류 : 「식품위생법 시행규칙」 제43조의2 참조

1) 공통서류

가) 미리 교육을 받은 경우: 교육이수증

나) 수돗물이 아닌 지하수 등을 먹는 물 또는 식품등의 제조과정 등에 사용하는 경우: 「먹는물관리법」에 따른 먹는물 수질검사기관이 발행한 수질검사(시험)성적서

2) 식품제조·가공업 및 식품첨가물제조업

가) 제조·가공하려는 식품 또는 식품첨가물의 종류

나) 공유주방 운영업자의 공유주방을 사용하는 경우 : 공유주방 소재지, 면적 등이 기재된 공유주방 사용계약에 관한 서류

3) 공유주방 운영업

가) 위생관리책임자 선임신고서

- 시행규칙 별지49호의2서식에 따라 신고서를 작성 후 증빙자료를 첨부하여 식품의약품안전처 통합민원상담(3월부터 통합민원창구)*(식품안전나라 홈페이지)을 통해 신고

* '26년 3월부터 통합민원상담, 우리회사 안전관리 메뉴가 통합민원창구로 통합·변경 예정

◈ 위생관리책임자 자격기준(영 제27조의2)

① 위생사, 식품제조기사 또는 영양사 자격을 갖춘 사람

② 「고등교육법」 제2조제1호 및 제4호에 따른 대학 또는 전문대학에서 의학·한의학·약학·한약학·수의학·축산학·축산가공학·수산제조학·농산제조학·농화학·화학·화학공학·식품가공학·식품화학·식품제조학·식품공학·식품과학·식품영양학·위생학·발효공학·미생물학·조리학·생물학 분야의 학과 또는 학부를 졸업한 사람 또는 이와 같은 수준 이상의 자격이 있는 사람

③ 외국에서 위생사 또는 식품제조기사의 면허를 받거나 제2호와 같은 과정을 졸업한 것으로 식품의약품안전처장이 인정하는 사람

나) 책임보험에 가입하였음을 증명하는 서류(법 제44조의2)

- 공유주방운영업소 명의로 가입한 생산물 책임보험 증빙서류 등

4) 등록관청이 「전자정부법」 제36조에 따른 행정정보의 공동이용을 통해 확인할 내용(등록인이 동의하지 않는 경우 사본을 첨부하도록 함)

가) 토지이용계획확인서

나) 건축물대장 또는 「건축법」에 따른 건축물의 임시사용 승인서

다) 「다중이용업소」의 안전관리에 관한 특별법」에 따라 다중이용업소*인 경우 소방본부장 또는 소방서장이 발급하는 안전시설 등 완비증명서

* 공유주방 운영업 중 휴게음식점영업·제과점영업 또는 일반음식점영업에 사용되는 공유주방을 운영하는 영업으로서 영업장 바닥면적의 합계가 100㎡(지하층 66㎡) 이상, 다만 영업장(내부계단으로 연결된 복층구조 제외)이 지상 1층 또는 지상과 직접 접하는 층에 설치되고 출입구가 건축물 외부의 지면과 직접 연결되는 곳에서 하는 영업을 제외

라) 건강진단결과서(건강진단 대상자만 해당)

- 영업 또는 지위 승계를 받으려는 자에게 미리 건강진단을 받도록(식품등을 직접 취급하는 자에 한함) 안내하여 영업시 건강진단결과서를 갖추도록 해야 함

* 법인(국내 또는 국외) 영업신고 시 법인 대표자는 식품 등을 직접 취급하는 경우에 한하여 건강진단결과서 첨부

마) 영업등록 신청시 영업장 면적을 반드시 제시하여야 하고 등록된 영업장 면적이 변경될 때에는 변경신고 하도록 안내

라. 영업등록 관련 확인사항

1) 하나의 업소에서 이미 등록된 동일한 업종의 영업등록은 불가능(공유주방 운영업자의 공유주방을 사용하는 경우 제외). 다만, 하나의 업소에서 이미 등록된 업종과 다른 업종의 영업등록은 각각의 제품이 전부 또는 일부 동일한 공정을 거쳐 생산되는 경우 그 공정에 사용되는 시설 및 작업장을 함께 쓸 수 있으므로 가능함(이 경우 공동으로 사용하는 작업장은 각 영업의 영업장 면적에 포함하여야 함)

* 「식품위생법 시행규칙」 제36조 관련 별표14. 업종별 시설기준 1. 식품제조가공업의 시설기준 자. 시설기준 적용의 특례 3)

2) 식품제조·가공업자가 다른 영업(식품첨가물제조업, 의약품제조업, 의약외품제조업, 축산물가공업, 건강기능식품전문제조업, 먹는샘물제조업, 주류제조업, 양곡가공업, 식육포장처리업)을 같이 하는 경우 시설 및 작업장 공동사용 가능

* 의약품제조업자 또는 의약외품제조업자는 제조하는 의약품 또는 의약외품 중 내복용 제제가 식품에 전이될 우려가 없다고 식품의약품안전처장이 인정하는 경우에 한함

3) 식품제조·가공업자가 창고의 용량이 부족하여 생산한 반제품을 보관할 수 없는 경우에는 영업등록을 한 영업소의 소재지와 다른곳에 설치하거나 임차한 창고에 일시적 보관 가능

* 「식품위생법 시행규칙」 제36조 관련 별표14. 업종별 시설기준 1. 식품제조가공업의 시설기준 자. 시설기준 적용의 특례 7)

4. 영업의 신고

가. 근거법령 : 「식품위생법」 제37조제4항 및 같은 법 시행규칙 제42조

나. 신고기관(처리기한) : 시·군·구(즉시)

다. 영업의 종류

1) 즉석판매제조·가공업

* 즉석판매제조·가공업자가 신고한 영업소 외의 다른 장소에서 1개월의 범위에서 한시적으로 영업 허용

2) 식품운반업

3) 식품소분·판매업(식품소분업, 식용얼음판매업, 식품자동판매기영업, 유통전문판매업, 집단급식소 식품판매업, 기타식품판매업)

4) 식품냉동·냉장업

5) 용기·포장류제조업(자신의 제품을 포장하기 위하여 용기·포장류를 제조하는 경우는 제외)

6) 식품접객업: 영업장에서 음식류를 제조·조리·판매하는 영업

※ 영업장에서 판매하는 음식류의 종류, 음주행위, 노래 부르는 행위, 춤을 추는 행위 및 유흥종사자 종사 등에 따라 영업의 세부 종류를 구분하고 있으므로 영업자가 자신의 영업 범위에 맞게 영업신고할 수 있도록 안내 후 영업신고 수리 필요

가) 제과점영업 : 영업장 내에서 주로 빵, 떡, 과자 등을 제조·판매하는 영업으로서 음주행위가 허용되지 아니하는 영업

* 1명의 영업자가 기존 제과점의 영업신고관청과 같은 관할 구역에서 2개 이상의 제과점을 운영하려는 경우 또는 기존 제과점의 영업신고관청과 다른 관할 구역에서 제과점 간 거리가 5킬로미터 이내인 경우에는 하나의 조리장을 공동으로 사용할 수 있음

나) 휴게음식점영업 : 영업장 내 주로 다류(茶類), 아이스크림류 등을 조리·판매하거나 패스트푸드점, 분식점 형태의 영업 등 음식류를 조리·판매하는 영업으로서 음주행위가 허용되지 아니하는 영업

* 편의점, 슈퍼마켓, 휴게소, 그 밖에 음식류를 판매하는 장소(만화가게 및 「게임산업진흥에 관한 법률」 제2조제7호에 따른 인터넷컴퓨터게임시설제공업을 하는 영업소 등 음식류를 부수적으로 판매하는 장소를 포함한다)에서 컵라면, 일회용 다류 또는 그 밖의 음식류에 물을 부어 주는 경우 영업신고 대상에서 제외

다) 일반음식점영업 : 음식류를 조리·판매하는 영업으로서 식사와 함께 부수적으로 음주행위가 허용되는 영업

※ 휴게음식점영업자·일반음식점영업자 또는 제과점 영업자가 신고한 영업소 외의 다른 장소에서 1개월의 범위에서 한시적으로 영업 허용('20.4.13 개정)

라) 위탁급식영업 : 집단급식소를 설치·운영하는 자와의 계약에 따라 그 집단 급식소에서 음식류를 조리하여 제공하는 영업

라. 구비서류

1) 공통서류

가) 미리 교육을 받은 경우: 교육이수증

나) 수돗물이 아닌 지하수 등을 먹는 물 또는 식품등의 제조과정이나 식품의 조리·세척 등에 사용하는 경우: 「먹는물관리법」에 따른 먹는물 수질검사기관이 발행한 수질검사(시험)성적서

다) 유선 및 도선사업 면허증 또는 신고필증(수상구조물로 된 유선장 및 도선장에서 휴게음식점영업, 일반음식점영업 및 제과점영업을 하려는 경우)

라) 수상레저사업 등록증(수상구조물로 된 수상레저사업장에서 휴게음식점 영업 및 제과점영업을 하려는 경우)

마) 「국유재산법 시행규칙」에 따른 국유재산 사용허가서(군사시설 또는 국유철도의 정거장시설에서 즉석판매제조·가공업, 식품소분·판매업, 휴게음식점영업, 일반음식점영업 또는 제과점영업을 하려는 경우)

바) 해당 도시철도사업자와 체결한 도시철도시설 사용계약에 관한 서류(도시철도의 정거장시설에서 즉석판매제조·가공업, 식품소분·판매업, 휴게음식점영업, 일반음식점영업 또는 제과점영업을 하려는 경우)

사) 예비군식당 운영계약에 관한 서류(군사시설에서 일반음식점영업을 하는 경우)

* 주한미군이 주둔하는 미군기지 내 일반음식점은 「식품위생법」규정을 적용하는데 제한이 있어 「대한민국과 아메리카합중국간의 상호방위조약 제4조에 의한 시설과 구역 및 대한민국에서의 합중국 군대의 지위에 관한 협정」에 따를 수 있음

아) 영업장과 연접하는 외부 장소를 영업장으로 사용하려는 경우에는 해당 외부 장소에 대해 정당한 사용 권한이 있음을 증명하는 서류(휴게음식점영업, 일반음식점영업 또는 제과점영업을 하려는 자가 해당 외부 장소에서 음식류 등을 제공하는 경우)

자) 「자동차관리법 시행규칙」에 따른 이동용 음식판매 용도인 소형·경형화물 자동차 또는 이동용 음식판매 용도인 특수작업형 특수자동차(이하 "음식판매자동차"라 한다)를 사용하여 휴게음식점영업 또는 제과점영업을 하려는 경우는 법 시행규칙 별표 15의2에 따른 서류

차) 「어린이놀이시설 안전관리법」에 따른 어린이놀이시설 설치검사합격증 또는 「어린이놀이시설 안전관리법」에 따른 어린이놀이시설 정기시설검사 합격증(휴게음식점영업, 일반음식점영업, 위탁급식영업 또는 제과점영업의 영업을 하려는 경우로서 해당 영업장에 어린이놀이시설을 설치하는 경우)

카) 공유주방 운영업자의 공유주방을 사용하는 경우 : 공유주방 소재지, 면적 등이 기재된 공유주방 사용계약에 관한 서류

2) 즉석판매제조·가공업

가) 제조·가공하려는 식품의 유형 및 제조방법설명서

3) 식품운반업

가) 시설사용계약

4) 식품자동판매기영업

가) 식품자동판매기의 종류 및 설치장소가 기재된 서류(2대 이상의 식품자동판매기를 설치하고 일련관리 번호를 부여하여 일괄 신고를 하는 경우)

5) 신고관청이 「전자정부법」 제36조에 따른 행정정보의 공동이용을 통해 확인할 내용(신고인이 동의하지 않는 경우 사본을 첨부하도록 함)

가) 토지이용계획확인서

나) 건축물대장 또는 「건축법」에 따른 건축물의 임시사용 승인서

다) 액화석유가스 사용시설완성검사증명서(영 제21조제8호가목의 휴게음식점영업, 같은 호 나목의 일반음식점영업 및 같은 호 바목의 제과점영업을 하려는 자 중 「액화석유가스의 안전관리 및 사업법」 제44조제2항에 따라 액화석유가스 사용시설의 완성검사를 받아야 하는 경우만 해당

라) 자동차등록증(음식판매자동차를 사용하여 영 제21조제8호가목의 휴게음식점영업 또는 같은 호 바목의 제과점영업을 하려는 경우만 해당)

마) 사업자등록증(「고등교육법」 제2조에 따른 학교에서 해당 학교의 경영자가 음식판매자동차를 사용하여 영 제21조제8호가목의 휴게음식점영업 또는 같은 호 바목의 제과점영업을 하려는 경우만 해당

바) 건강진단결과서(제49조에 따른 건강진단 대상자만 해당)

- 영업 또는 지위 승계를 받으려는 자에게 미리 건강진단을 받도록(식품등을 직접 취급하는 자에 한함) 안내하여 영업시 건강진단결과서를 갖추도록 해야 함

* 법인(국내 또는 국외) 영업신고 시 법인 대표자는 식품 등을 직접 취급하는 경우에 한하여 건강진단결과서 첨부

사) 「다중이용업소」의 안전관리에 관한 특별법」에 따라 다중이용업소*인 경우 소방본부장 또는 소방서장이 발급하는 안전시설 등 완비증명서

* 공유주방 운영업 중 휴게음식점영업・제과점영업 또는 일반음식점영업에 사용되는 공유주방을 운영하는 영업으로서 영업장 바닥면적의 합계가 100㎡(지하층 66㎡) 이상, 다만 영업장(내부계단으로 연결된 복층구조 제외)이 지상 1층 또는 지상과 직접 접하는 층에 설치되고 출입구가 건축물 외부의 지면과 직접 연결되는 곳에서 하는 영업을 제외

아) 신고한 영업소 외의 다른 장소에서 1개월의 범위에서 한시적으로 영업을 하려는 자는 관련 서류를 관할 신고관청에 제출

- 즉석판매제조・가공업자: 영업신고증 및 자가품질검사 결과서(필요 시)
- 휴게음식점영업자, 일반음식점영업자 또는 제과점영업자(음식판매자동차를 사용하여 영업을 하는 경우는 제외한다): 영업신고증

자) 음식판매자동차(푸드트럭)를 사용하여 휴게음식점 또는 제과점영업을 하고자 하는 경우 관리주체와의 계약서류 및 음식판매자동차로 구조변경 승인된 자동차등록증(행정정보 공동이용)

* 영업자가 지정하는 장소를 신청하는 경우 지방자치단체의 장은 지역상권, 안전사고 및 민원발생 소지 등 지역상황을 종합적으로 고려하여 해당 장소 가능 여부 판단

* 자가용 화물자동차를 이용하여 휴게음식점 및 제과점영업을 하려는 경우에는 「화물자동차운수사업법」제55조 및 같은 법 시행규칙 제48조에 따라 시·도지사에게 신고하여야 함

- 영업신고증 및 서류를 제출받은 관할 행정관청 : 지체 없이 제출된 영업신고증의 뒷면에 제출일 및 새로운 영업소의 소재지를 적어 발급 → 기존 신고관청에 통보
- 기존 신고관청 : 통보받은 내용을 영업신고 관리대장에 작성・보관하거나 전산망에 입력하여 관리

차) 음식판매자동차(푸드트럭)를 사용하여 휴게음식점 또는 제과점영업을 하면서 차량 변경 시 신규 영업신고가 아닌 변경 신고로 처리

카) 식품자동판매기영업을 신고함에 있어 같은 시(제주특별자치도의 경우에는 행정시를 말한다)·군·구에서 식품자동판매기를 2대 이상 설치하여 영업을 하고자 하는 경우, 당해 식품자동판매기에 일련관리번호를 부여하여 일괄 신고 할 수 있음. 이 경우 신고증 1장으로 신고가 가능함

타) 신고관청은 필요한 경우 신고증 발급 후 15일 이내 신고받은 사항 확인, 식품접객업 영업신고를 받은 경우 1개월 이내 시설 확인

6) 영업신고 시 영업장 면적을 반드시 제시하여야 하고 신고된 영업장 면적이 변경될 때에는 변경신고를 하도록 안내

마. 영업신고 시 상호명 기재 및 간판표시

1) 영업신고 시 상호는 한글 기재를 원칙으로 하되 영업자 요청에 따라 해당 상호와 동일한 내용의 외국어 병행 기재 가능

(예) 네모빵집, 우리밀 베이커리(우리밀 Bakery), 카페 에이(Cafe A) 등

- 다만, 외국어로만 된 상호, 업종구분에 혼동을 주는 상호, 비속어(외국어 포함)로 된 상호 등은 불가

2) 간판의 상호는 허가를 받거나 신고한 상호로만 표시하여야 함

- 영업신고 시 상호를 한글·외국어 병행으로 신고한 경우, 하나의 언어(한글 또는 외국어)로만 간판에 표시하는 것도 가능

(예) 상호명 카페 에이(Cafe A)
→ 간판표시 ① 카페 에이 ② Cafe A ③ 카페 에이(Cafe A) 모두 가능

- 다만, 간판에는 소비자에게 업종구분의 혼동을 줄 수 있는 표시는 하여서는 안 되며, 하나의 외국어로만 상호를 간판에 표시하는 것이 적절하지 않은 경우 한글 병행 권고 가능

바. 영업신고 관련 확인 사항 등

1) 영업신고 시 영업장 면적을 반드시 제시하여야 하고 신고된 영업장 면적이 변경될 때에는 변경신고를 하여야 함

* 「식품위생법 시행규칙」 제36조 관련 [별표 14] 8.가.2).라에 따라 하나의 조리장을 둘 이상의 영업에 공동으로 사용하는 경우에는, 각 영업별로 공동으로 사용하는 조리장 면적을 포함하여 영업신고를 하여야 함

2) 식품운반업의 운반시설의 냉장·냉동 적재고 설치 면제 사유 확인

* 어패류에 식용얼음을 넣어 운반하는 경우,
  냉동 또는 냉장시설이 필요 없는 식품 취급하는 경우,
  염수로 냉동된 통조림 제조용 어류를 식품등의 기준 및 규격에서 정하고 있는 보존 및 유통기준에 따라 운반하는 경우

3) 식품판매업은 동일인이 같은 시설안에서 식품자동판매기영업, 식용얼음 판매업 및 기타 식품판매업을 하고자 하는 경우에도 영업별로 각각 영업신고를 하여야 함

3-1) 기타식품판매업자 영업신고 처리 시 식품 등 이력추적관리 의무등록 대상 안내

* 이력추적관리 대상품목의 취급여부와 상관없이 매장면적 300㎡ 이상의 기타식품판매업자는 이력추적관리 등록 의무대상임(「식품위생법 시행규칙」제69조의2(식품이력추적관리 등록 대상) 제3호

* 인허가기관: 관할 지방식약청(서울, 부산, 경인, 대구, 광주, 대전), (전화상담: 1588-2605 (식품이력추적관리 콜센터))

4) 신고증은 즉시 교부하고 시설조사 등 신고받은 사항의 확인이 필요한 경우 15일 이내 실시. 다만, 식품접객업은 반드시 1개월 이내에 해당 영업소의 시설 확인

* 영업신고 신청시 영업장의 면적을 반드시 기재하여야 하고 신고된 영업장 면적이 변경될 때에는 변경신고를 하도록 안내

* 결혼식장, 장례식장, 건설현장 등에서 음식류를 조리·판매하는 경우 일반음식점으로 영업신고하도록 안내

5) 「식품의 기준 및 규격」 중 식품의 제조·가공기준에 따라 식품의 용기·포장은 용기·포장류 제조업 신고를 필한 업소에서 제조한 것이어야 하므로 제조·유통을 목적으로 사용하는 용기·포장은 용기·포장류 제조업 신고를 해야 함(자신의 제품을 포장하기 위하여 용기·포장류를 제조하는 경우에는 제외)

가) 기구는 용기·포장류제조업 신고 대상이 아니므로 식품위생법 제2조에 따른 기구와 용기·포장의 정의를 활용하여 영업신고 대상 여부 확인(용기류제외)

* 기구 : 음식을 먹을 때 사용하거나 담는 것 또는 식품·식품첨가물을 채취·제조·가공·조리·저장·소분·운반·진열할 때 사용하는 것으로서 식품 또는 식품첨가물에 직접 닿는 기계·기구나 그 밖의 물건(농업과 수산업에서 식품을 채취하는 데에 쓰는 기계·기구나 그 밖의 물건은 제외)

* 용기·포장 : 식품 또는 식품첨가물을 넣거나 싸는 것으로서 식품 또는 식품첨가물을 주고받을 때 함께 건네는 물품

* 기구와 용기·포장의 구분(예시이며, 제조·가공·사용 방식에 따라 달라질 수 있음)

기 구	용기·포장
공기, 대접, 접시, 수저, 포크, 물통, 도마, 가위, 칼, 국자, 주걱, 뒤지개, 강판, 거품기, 채칼, 계량스푼, 조리용 탐침온도계, 주전자, 냄비, 코펠, 절구, 고기불판, 김발, 빵틀, 얼음틀, 후라이팬, 전기튀김기, 믹서기, 커피머신, 분쇄기, 제빙기, 분유케이스, 젖병, 야채탈수기, 여과지, 장갑, 일회용 장갑,등	두유·우유·주스팩, 과자등포장지, 유통용유리·플라스틱병, 햄버거포장지, 레토르트파우치, 피자박스, 케익박스, 유통용도시락용기, 소세지케이싱, 치즈필름, 순두부포장지, 캔, 화과자등 용기, 초밥용기, 샌드위치포장, 포장용 죽용기 등
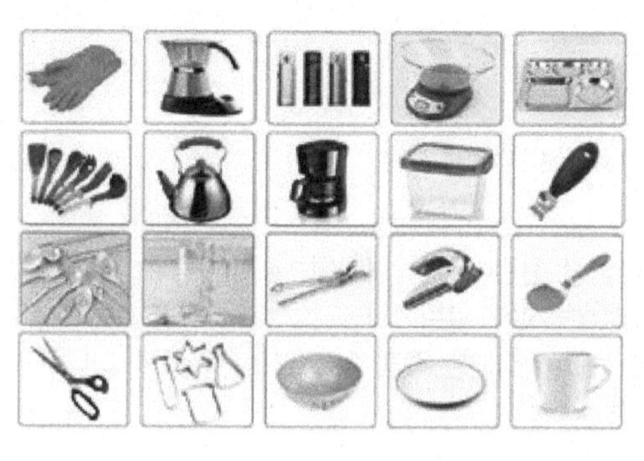	

6) 업종별 시설기준에서 사무소(영업활동을 위한 여러 가지 일, 주로 책상에서 문서를 다루는 일을 하는 곳)의 적합성을 판단함에 있어, 해당 영업의 사무 특성 등을 고려하여 관할 관청에서 신고 수리 가능

- 다음 사례를 참고하되, 신고 수리 당시 여건 등이 변경된 경우에는 신고가 유효하지 않을 수 있음을 신고 조건에 명시하여 수리 가능

예) 위탁급식영업 영업의 조건 : 계약한 집단급식소에 영업신고를 한다는 조건으로 수리함

<사례 1> 식품운반업의 "사무소"는 다른 사무소를 **함께 사용**할 수 있으므로, 업무시설, 창고시설 등 사무를 보는 장소로서 영업활동에 지장이 없는 경우 영업신고가 가능

<사례 2> 위탁급식영업의 경우 "사무소"는 다른 사무소를 **함께 사용**할 수 있으므로, 업무시설, 창고시설 등 사무를 보는 장소로서 영업활동에 지장이 없는 경우 영업신고가 가능

* 위탁급식영업은 집단급식소와 계약을 하여 운영하는 업종으로, 운영하는 집단급식소의 시설에 영업신고가 가능함

<사례 3> 유통전문판매업은 전자상거래·통신판매 형태의 영업으로서 구매자가 직접 영업활동을 위한 사무소를 방문하지 않는 경우에는 **「건축법」에 따른 주택 용도**의 건축물 또는 「벤처기업육성에 관한 특별조치법」 제18조의3제1항에 따른 **창업보육센터를 사무소로** 사용할 수 있어, 이 외에도 구매자가 방문하지 않는 경우로서 업무시설, 창고시설 등 사무를 보는 장소로서 영업활동에 지장이 없는 경우 영업신고가 가능

영업허가·등록·신고 절차 및 검토사항

단계	내용
접수 전 상담	● 민원인의 재산상 손실을 최대한 방지하는 차원에서 영업허가·등록 신청시 또는 영업신고시 반드시 식품등의 허가·등록 또는 신고처리 담당자와 상담을 한 후 접수하도록 할 것 ● 등록·신고에 대하여는 다른 법령에 위반되거나 저촉되는 사항이 있는지에 대하여 등록신청인 또는 신고인이 직접 확인하여야 하고, 영업장소 및 영업자가 영업허가 등 제한 사항에 해당하는지 여부 확인(법 제38조 제1항, 제2항) ● 다른 법령에 위반되거나 저촉이 되면 그 법령에 의거 고발되거나 처분되므로 「식품위생법」령에 의하여 등록 또는 신고수리가 되더라도 영업하기가 어렵다는 것을 반드시 알려주기 바람(※)
접 수	● 수수료 확인
서류검토	● 「식품위생법」령으로 규정한 구비서류의 완비여부검토 ● 제출된 구비서류 검토 - 건축법, 소방법 등 이 법에 명시된 타법령 관련사항에 대하여는 그 법령에 위반되거나 저촉되는 사항이 있는지 담당 법령 소관부서와 협의 - 이 법 및 관련법령에서 규정한 사항에 적합한 때에는 즉시 처리하되, 적합하지 아니하거나 제출서류가 미비한 때에는 보완요청하거나 반려할 것 - 교육이수증 미구비시 관할관청은 식품위생 교육이수 여부를 해당 교육기관에 유선이나 팩스 등의 방법으로 확인하여 처리
현장실사 및 시설조사 (허가·등록시 해당)	● 「식품위생법」 시행규칙 상 업종별 시설기준에 적합한지 여부 판별 - 신고한 면적과 실제 사용 면적 일치 여부, 공동조리장 사용 여부 등 영업시설이 설치된 영업장 내 및 옥외영업 장소가 모두 영업신고 면적에 포함되었는지 확인
결 재	● 영업허가의 경우 신원조회필요(법 제38조제1항제8호 참조), 영업등록·신고의 경우 신원조회 불필요 ● 신고의 경우 서류검토로 적합하다고 판단될 경우 즉시 신고수리
허가·등록·신고증 교부	● 시설조사가 필요한 경우 신고수리 후 15이내에 실시 다만, 식품접객업의 경우는 반드시 1개월 이내에 실시 - 시설기준에 위반되거나 신고한 사항이 다를 경우 확인서를 징구하여 행정처분기준에 의거 시설개수명령을 하거나 영업정지 등 행정처분

※ 영업의 허가·등록·신고를 하고자 하는 자는 시행규칙 제40조, 제42조, 제43조의2에 따라 정한 법령 외에 해당 영업허가·등록·신고와 관련된 다음 법령에 위반되거나 저촉여부를 검토하도록 적극 홍보할 것

- 「국토의 계획 및 이용에 관한 법률」, 「하수도법」, 「농지법」, 「학교보건법」, 「옥외광고물 등의 관리와 옥외광고산업 진흥에 관한 법률」, 「하천법」, 「한강수계 상수원수질개선 및 주민지원 등에 관한 법률」, 「물환경보전법」, 「소음·진동관리법」, 「관광진흥법」, 「학원의 설립·운영 및 과외교습에 관한 법률」, 「청소년보호법」, 「근로기준법」, 「산업집적활성화 및 공장설립에 관한 법률」, 「주차장법」, 「지방세법」, 「유통산업발전법」 등 그 밖의 관련 법령

5. 수족관, 장독대, 가마솥, 젓갈숙성장(토굴 등) 등 영업시설 관리

가. 목적

영업장의 범위를 정하고, 식재료 창고(무허가 건축물), 옥외 설치된 장독대, 수족관, 가마솥 등 영업시설의 관리 방향을 정하여 일관성 있는 행정을 시행하기 위함

나. 근거법령

1) 「식품위생법」 제36조 및 같은법 시행규칙 제36조

2) 「식품위생법」 제37조 및 같은법 시행령 제26조, 제26조의3, 같은법 시행규칙 제43조, 제43조의3

다. 기본방향

1) 영업의 시설은 「식품위생법 시행규칙」 제36조 관련 [별표 14] 업종별 시설기준을 기본적으로 준수하여야 함

라. 추진방향

1) 영업장은 영업에 사용되는 사무소, 작업장, 창고, 저장소(창고), 판매소, 그 밖에 이와 유사한 장소를 말하는 것으로 수족관, 장독대, 가마솥 등이 포함

2) 건축물, 수족관, 장독대, 가마솥이 기존의 영업장과 일체로 영업을 영위하면서 영업의 동일성이 유지되는 경우 동일한 영업장으로 봄

3) 수족관, 장독대, 냉장·냉동시설은 원칙적으로 옥내에 두어야 하나, 예외적으로 (수송의 편리성, 식품의 특성 등 고려) 도로법, 건축법, 주차장법 등에 저촉되지 않는 범위 내에서 옥외에 둘 수 있음. 다만, 젓갈숙성장은 지자체에서 위생관리를 위하여 시설기준에 대한 조례 제정 활용

4) 가마솥은 생활 공해(냄새, 소음)에 따른 민원발생, 위생상 위해 발생(방충, 방서, 대기오염 등) 및 타법 저촉 우려 등 관할 시·군·구에서 종합적으로 판단하여 위생상 문제가 없는 경우 옥외에 둘 수 있음

5) 옥외에 설치한 수족관, 장독대, 가마솥, 젓갈 숙성장, 냉장·냉동시설은 영업장 면적에 포함하여 신고함

* 관련 조례 예시(홍성군 농식품 제조·가공업 시설기준 특례규칙, 15.12.15. 제정)
* 숙성 등 일부 공정의 경우 작업장 외의 장소(토굴, 개활지 등)에서도 가능하나, 지속적인 위생관리를 통하여 제품의 안전성을 확보하여야 함

마. 행정사항

1) 영업장으로 신고하지 아니한 면적에서 건축물(무허가 포함) 확장 또는 설치하여 식품을 보관, 판매 시 영업장 면적 변경 미신고로 행정처분

* 행정처분 : (1차) 시정명령, (2차) 영업정지 7일, (3차) 영업정지 15일

2) 수족관, 장독대, 가마솥은 영업장 면적으로 신고할 수 있도록 하여야 하며, 영업장 면적으로 신고하지 않은 경우 영업장 면적 변경 미신고로 행정처분

6. 집단급식소 운영지침

가. 근거법령

1) 「식품위생법」 제2조제12호 및 같은 법 시행령 제2조

2) 「식품위생법」 제88조 및 같은 법 시행규칙 제94조

나. 집단급식소의 개념 정의

1) 집단급식소는 해당기관 또는 시설 관계자 등의 후생복지 차원에서 음식물을 조리·제공하는 시설로 식품을 섭취함에 있어 위생적 위해가 발생하지 않도록 관리하기 위하여 신고하도록 하고 있으며 「식품위생법」에 따른 업종에 해당되지 않음

2) 집단급식소는 영리로 하지 않으면서, 1회 50명 이상의 특정 다수인에게 계속하여 음식물을 공급하는 「식품위생법」 제2조에 규정된 급식시설로 동 개념을 중심으로 집단급식소 여부 판단

◈ 「식품위생법」 제2조에 규정된 급식 시설
가. 기숙사, 나. 학교, 유치원, 어린이집, 다. 병원, 라. 「사회복지사업법」 제2조제4호의 사회복지시설, 마. 산업체, 바. 국가, 지방자치단체 및 「공공기관의 운영에 관한 법률」 제4조제1항에 따른 공공기관, 사. 그 밖의 후생기관 등

다. 집단급식소의 판단기준 검토사항

1) '비영리'에 대한 기준(안)

비영리법인 뿐만 아니라, 영리법인, 개인(영리, 비영리) 등 시설인 경우에도 시설관계자 등의 후생복지 차원에서 급식을 제공하는 경우

○ 시설 운영에 있어 부수적으로 식사 등을 조리·제공함에 있어 최소한의 유지비(운영비, 재료비, 인건비, 시설유지비 등)만 부과하는 경우 비영리에 해당

* 예) 시설유지관리를 위한 최소한의 비용만 관리비로 부과하고 아파트 입주민에게만 무료로 제공되는 식사

○ 고가의 식사를 제공하더라도 시설운영을 위하여 부수적으로 식사 등을 제공하는 경우 집단급식소에 포함

* 예) 산업체 또는 대학교 집단급식, 기숙학원 또는 일반학원 집단급식 등

2) '1회 급식인원 50인 이상'에 대한 기준(안)

최근 1개월 동안 실제 배식일을 대상으로 1일 조·중·석식 중 가장 많은 급식인원을 평균하여 '1회 급식인원이 50인 이상'인 경우로 규정

* '1회 급식인원 50인 이상' 기준은 집단급식소 운영자의 조리사 및 영양사 고용('1회 급식인원 100명 미만'의 산업체를 제외, '14.5.23시행) 기준과 동일하게 규정되어야 함

○ 1개월 중 3일(월, 수, 금요일)만 급식하고, 월요일은 하루 중 조식이 80명으로 가장 많고, 수요일은 하루 중 중식이 40명으로 가장 많고, 금요일은 하루 중 석식이 40명인 경우

⇒ (80 + 40 + 40) / 3일 = 54명으로 집단급식소 설치 대상

※ 1개월의 근거 : 「근로기준법」 상 상시 근로자 산정 시 최근 1개월 동안 근무한 근로자를 기준으로 산정하는 근거를 참고

3) '특정다수인'에 대한 기준(안)

집단급식소 설치 예정인 시설(기관)에 소속된 사람을 원칙으로 하고, 시설(청소년수련원)을 단체로 이용하는 사람

※ 다만, 외부 손님이 일시적으로 급식시설을 이용하는 것 허용

○ (특정다수인) 학교·기숙사·병원·산업체 등 특정 시설에 소속된 자, 기숙학원 및 일반학원을 이용하는 학원생, 청소년 수련원 단체 이용자, 어린이집·산후조리원 이용자 등

○ (불특정다수인) 사건·사고 현장 무료급식대상자, 길거리 무료급식대상자, 봉사단체 등이 조리한 도시락을 배달 받는 취약계층(특정시설에 소속되지도 않고, 시설을 단체로 이용하는 자도 아님), 교회 및 사찰 등 종교시설을 이용하는 신도, 정해진 특정다수인 이외 급식시설 이용자 등

4) '계속해서'에 대한 기준(안)

시설운영을 위하여 부수적으로 급식을 제공하는 것이 목적이므로 급식 횟수·주기와 상관없이 급식시설을 갖추고 음식물을 제공하는 경우(방학 등 특정기간 동안 계속 제공하는 경우도 포함)로 규정

○ 급식 제공을 위한 시설을 갖추고 있는 경우란 학교·기숙사·병원·청소년수련원·어린이집·산후조리원 등 음식물을 공급하기 위한 시설을 갖추고 있는 경우가 해당

5) '「식품위생법」 제2조에 규정된 급식시설'에 대한 기준(안)

가. 기숙사

나. 학교, 유치원, 어린이집

다. 병원

라. 「사회복지사업법」 제2조제4호의 사회복지시설

○ 사회복지사업(보호·선도(善導) 또는 복지에 관한 사업과 사회복지상담 등 각종 복지사업과 이와 관련된 자원봉사활동 및 복지시설의 운영 또는 지원 목적으로 하는 사업을 말한다)을 할 목적으로 설립된 법인을 말하며, 보건복지부령에 따라 사회복지시설을 설치·운영하려는 자는 시장·군수·구청장에게 신고하여야 함

마. 산업체

○ 「식품위생법」 제2조제12호 집단급식소의 정의 중 '기숙사, 학교, 병원, 사회복지시설, 공공기관'을 제외하고 영리를 목적으로 하는 업체에서 운영하는 집단급식소

○ 제조업체, 기업체 연수원 등에서 운영하는 집단급식소

바. 국가, 지방자치단체 및 「공공기관의 운영에 관한 법률」 제4조제1항에 따른 공공기관

사. 그 밖의 후생기관 등

○ 어떤 기관에 소속된 이들의 복리후생을 목적(비영리, 이용자의 편의 추구)으로 그 기관의 대표자가 운영하는 시설을 의미하며('12년 복지부 유권해석), 시설을 운영함에 있어 특정다수인에게 이용자의 편의추구를 위하여 부수적으로 식사를 제공하기 위해 운영하는 시설을 포함

○ 학원·산후조리원 식당, 특정인만 이용하는 시설의 식당(아파트 입주민 대상 식당) 등

라. 집단급식소의 신고대상 판단기준

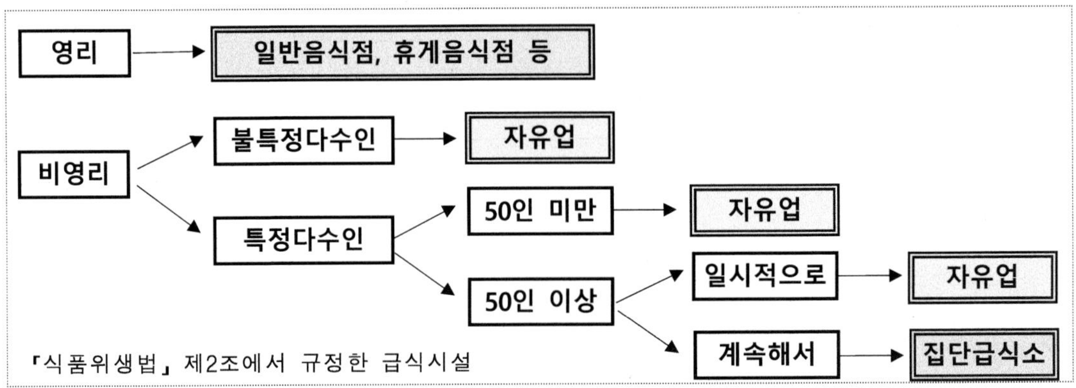

○ 음식류를 공급함에 있어 '비영리', '특정다수인', '1회 급식인원 50인 이상', '계속하여 공급', '「식품위생법」 제2조에서 규정한 급식시설'의 조건을 모두 만족하여야 집단급식소 신고 대상

○ 다만, 영리를 목적으로 음식류를 제공·판매하는 경우 식품접객업 신고 대상이며, 비영리로 음식류를 공급하면서 '특정다수인', '1회 급식인원 50인 이상', '계속하여 공급', '「식품위생법」 제2조에서 규정한 급식시설'의 조건 중 하나라도 만족하지 않는다면 집단급식소 신고 대상이 아니므로 자유업에 해당

마. 집단급식소 공동관리 범위

○ 집단급식소 설치·운영자는 영리를 목적으로 하지 아니하면서 해당 기관 및 시설에 소속된 특정 다수인에 계속하여 음식물을 공급하는 것이 원칙

○ 다만, 타 법령(「산업집적법」, 「의료법」 등)에 급식시설을 공동으로 사용할 수 있도록 규정하는 경우, 현장 상황에 따라 공동관리*를 통해 특정다수인에 포함하여 함께 이용 가능

* 식품위생법 시행규칙 [별지 제68호 서식] 집단급식소 설치·운영신고서 '공동관리 여부' 체크 필요

* 영양사 1명이 2곳 이상의 집단급식소를 공동으로 관리할 수 있다는 의미는 아님

○ 법 시행규칙 [별지 제68호서식] 집단급식소 설치·운영신고서의 공동 관리 여부에 '예'로 표시하고, 공동 관리 증빙 서류(계약서, 특정 다수인의 범위 등)와 함께 신고 관청에 제출

○ 신고를 받은 관청에서는 [별지 제70호서식] 집단급식소 설치·운영 신고대장 ⑥ 설치·운영신고 조건 또는 새올시스템의 참고란에 특정다수인의 범위(예시: 식수인원 A병원 100명, B병원 직원 40명)를 기재해 관리

○ 공동관리를 하는 경우 1안~3안의 방법으로 운영 가능함

(1) (1안) A를 대표 신고인(대표자)으로 집단급식소 설치·운영신고

- 급식소 시설이 설치된 장소에 A가 대표명의로 신고

※ 집단급식소 관리대장 참고란 등에 B, C 공동관리 중임을 기재하여 관리

(2) (2안) 신고인(대표자)으로 A, B, C 모두 기재하여 집단급식소 설치·운영신고

- 급식소 시설이 설치된 장소에 A, B, C가 공동명의로 신고

(3) (3안) A, B, C가 집단급식소 설치·운영신고를 하지 않고, 산업단지를 통합관리하는 관리단이 집단급식소 설치·운영신고

※ 집단급식소 관리대장 참고란 등에 관리단에 A, B, C가 포함되어 있음을 명시

(4) 1안~3안의 방법으로 운영할 때 처분 대상 등은 다음과 같음

구분	1안	2안	3안
	A가 대표명의로 신고	A, B, C 공동명의로 신고	관리단 명의로 신고
처분 대상(시설)	A	A · B · C (공동 책임)	관리단
처분 대상(준수사항 등)	A	A · B · C (공동 책임)	관리단
영양사, 조리사 고용 및 미고용 시 제재	A	A · B · C (공동 책임)	관리단

7. 집단급식소 식품판매업 운영 지침

가. 목적

집단급식소 식품판매업 영업자 이외에 집단급식소에 식품을 공급할 수 있는 영업자 범위를 정하여, 집단급식소 식재료 공급업체의 일관된 위생관리 필요

나. 근거법령 :「식품위생법 시행령」 제21조제5호나목4)

다. 집단급식소 식품판매업 신고 업소 영업 가능 범위

1) 집단급식소에 식품을 판매하는 행위

2) 급식의 특징, 작업장 설치 기준 등을 고려하여 집단급식소에 판매하기 위하여 농·임·수산물을 단순 가공하는 행위

  * 집단급식소 이외 농·임·수산물을 단순 가공하여 판매하는 경우 영업신고 없이 가능

라. 집단급식소 식품판매업 신고를 하지 아니하고 집단급식소에 식품 판매가 가능한 경우

1) 식품위생법 또는 축산물위생관리법에 의한 식품(축산물)제조·가공영업자, 식육포장처리업자가 자기가 생산한 식품에 한해 집단급식소에 직접 판매(대행하는 경우 제외)하는 경우

2) 식품위생법령에 따라 식품소분·판매업(식품소분업, 기타식품판매업, 유통전문판매업), 수입식품등 수입·판매업 신고를 하거나, 축산물위생법령상 축산물판매업(식육판매업, 식육부산물전문판매업, 우유류판매업, 축산물유통전문판매업, 식용란수집판매업) 신고를 한 경우

  * 식품위생법령에 의한 식품보존업, 식품운반업과 축산물위생관리법령에 의한 축산물운반업, 축산물보관업 등은 집단급식소 식품판매업 영업신고 하도록 지도

3) 농어업·농어촌 및 식품산업기본법 등에 의한 '농업인등' 및 '영농조합법인'과 '영어조합법인'이 생산한 농·임·수산물을 집단급식소에 판매하는 경우

  * 다만, 다른 사람으로 하여금 생산 또는 판매하게 하는 경우는 제외
  * 식품위생법 시행령 제25조제2항제7호 : 농어업·농어촌 및 식품산업기본법 제3조제2호(농업인등), 농어업경영체 육성 및 지원에 관한 법률 제16조(영농조합법인, 영어조합법인)

4) 식품위생법령에 따라 즉석판매제조·가공업자가 자기가 생산한 식품에 한하여 집단급식소에서 사용하는 원료로 직접 판매(대행하는 경우 제외)하는 경우

8. 식품 및 식품첨가물의 품목제조보고

가. 근거법령 : 「식품위생법」 제37조제6항 및 같은 법 시행규칙 제45조

나. 대상업종 및 보고기관 : 식품제조·가공업, 식품첨가물제조업, 지방식약청(주류에 한함), 시·군·구

다. 보고기한 : 제품별 생산 시작 전 또는 시작 후 7일 이내

라. 품목제조보고 절차

* 보고제도는 민원인이 신청(제출)과 동시에 법적 효력 발생

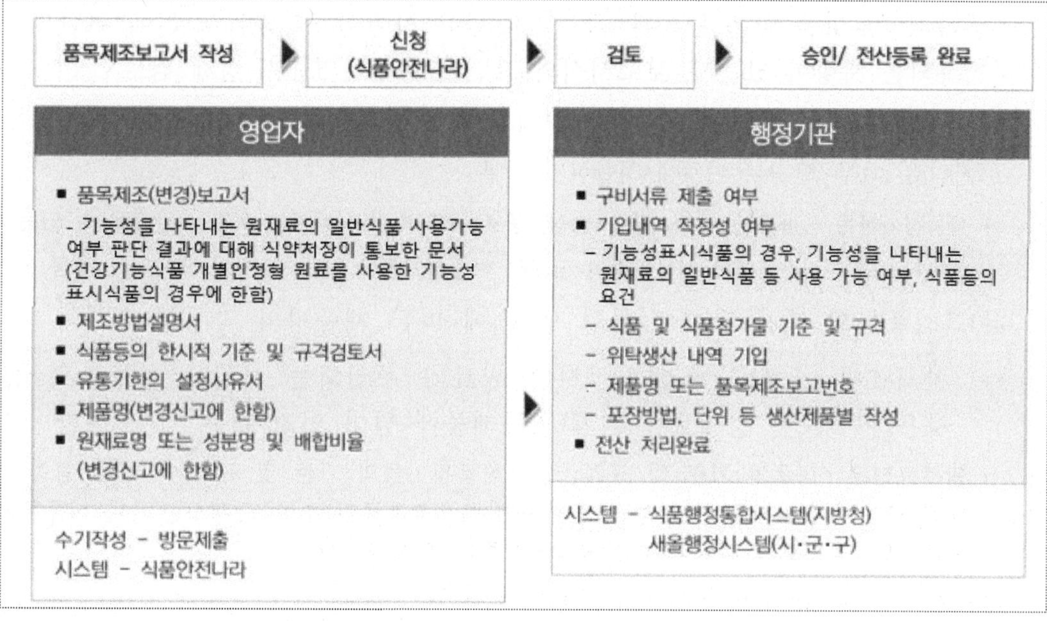

* '23.7.1..부터 품목제조보고 시 영양성분 정보 기재

마. 품목제조보고 대상 여부

품목제조보고 대상	품목제조보고 비대상
■ 가공식품 ■ 식품첨가물 ■ 영업자가 원하는 경우 - 절단, 절임 등 제조공정이 있는 자연산물 - 자사 및 타사 가공식품 세트포장 하는 경우 - 자사제품 원료용 반제품	■ 자연산물(농·축·수·임산물) ■ 가공식품을 세트포장 하는 경우 ■ 자사제품 원료용 반제품

바. 미보고시 과태료 처분

- 제품별로 품목제조보고를 하여야 하며 이를 위반한 때에는 같은 법 시행령 제67조 관련 [별표 2] 과태료의 부과기준 2. 개별기준 바목에 따라 품목제조보고를 하지 아니하거나 이를 허위로 보고를 한 경우 200만원의 과태료 부과를 하여야 함 (여러 품목의 품목제조보고 의무를 위반한 경우 각 품목별 200만원씩 부과)

사. 구비서류 : 「식품위생법 시행규칙」 제45조제1항 참조

- 제조방법설명서, 소비기한 설정사유서(「식품, 식품첨가물, 축산물 및 건강기능식품의 소비기한 설정기준」 식약처 고시 참조)

* 품목제조보고 제조방법설명서는 표준양식(서식 1-1-1) 활용

아. 검토사항

1) 품목제조보고를 받은 등록관청은 보고 받은 사항이 「식품위생법」에 위반되거나 저촉되는 사항이 있는지, 보고서식의 요건을 충족하였는지 상세 검토

가) 「식품의 기준 및 규격」, 「식품첨가물의 기준 및 규격」에 따른 식품으로 사용 가능한 원료 여부 및 사용기준에 적합한지 여부

* 식품첨가물은 식품유형, 공정, 원료, 성상, 용도 등에 따라 사용가능 여부가 달라질 수 있음

* 품목제조보고 시스템에서 사용기준이 정해진 식품첨가물은 별표 색 구분 표시되고 있음

나) 「식품등의 표시·광고에 관한 법률」에 따른 제품명의 적정성 여부

다) 원재료명 기재는 제조·가공하는 원료가 투입되는 시점을 기준으로 실제 사용하는 모든 원재료를 기재(최종제품에 남아 있지 않은 경우 포함) 여부

* 원재료명은 「식품의 기준 및 규격」 및 「식품첨가물의 기준 및 규격」에 따른 명칭(기타 명칭 또는 시장명칭)을 사용하고, 원재료가 복합원재료인 경우 '원재료명'란에 식품유형을 기재하고 '원재료 기타설명란'에 복합원재료의 제품명 기재

라) 위탁생산 시 위탁생산 내역 기입

* [별지 제43호 서식] "기타"란에 위탁생산 내역(수탁자(회사명), 소재지, 위탁제조공정) 작성

마) 소비기한 설정사유서는 「식품, 식품첨가물 및 건강기능식품의 소비기한 설정기준」(식품의약품안전처 고시)에 따라 검토

바) 포장방법, 포장단위 등의 항목이 실제 생산제품별로 명시(구체적) 되었는지 검토

사) 품목제조보고서 작성 시 품목의 특성 관련 기입 철저

* 고열량·저영양 식품의 해당 여부, 영유아용 또는 고령친화용 표시 판매하는 식품 여부, 살균·멸균 제품의 해당 여부, 기능성표시식품에 해당 여부, 영양성분 표시의무 식품의 해당 여부(해당하는 경우 뒤쪽에 있는 영양성분표에 함량 등 기재)

아) 기능성표시식품에 해당하는 경우

※「부당한 표시 또는 광고로 보지 아니하는 식품등의 기능성 표시 또는 광고에 관한 규정」

① (제조업소)「식품위생법」제48조제3항 및「축산물 위생관리법」제9조제3항에 따른 HACCP 인증 업소인지 확인

② (유형 등 제한) 주류 및 특수의료용도식품, 임신·수유부용 식품, 영유아를 섭취대상으로 하는 식품등 및 "어린이", "아동" 또는 이와 유사한 표현이나 이미지를 사용하여 18세 미만의 아동이 섭취하는 것으로 표시·광고한 식품은 품목제조 불가(다만,「어린이 식생활안전관리 특별법」제14조제1항에 따라 품질인증을 받은 어린이 기호식품은 제외)

③ (원재료명 또는 성분명, 배합비율) 일반식품에 사용 가능한 기능성을 나타내는 원재료를 사용하였는지 확인 필요

- 건강기능식품 기준 및 규격의 기능성 원료를 사용한 경우, 식약처 고시 [별표 2] 기능성 범위의 29종 원료에 해당하는지 확인
- 건강기능식품 개별인정형 원료를 사용한 경우, 일반식품 사용 가능 여부 등 확인

* 기능성을 나타내는 원료의 일반식품 사용 가능 여부, 사용량 제한이 있는 경우 적정 사용량 등에 대해 식약처장이 통보한 문서를 제출받아 확인

- 기능성을 나타내는 원재료 함량은 식약처 고시 [별표 2] 1호에 따른 1일 섭취 기준량의 30% 이상을 충족하고 최대함량기준을 초과하지 않았는지 등 확인
- 기능성을 나타내는 숙취해소 제품은 실증된 원재료 또는 성분의 함량을 충족하거나, 실증된 최종제품의 원재료 또는 성분의 배합비율과 동일한지 등 확인

* 일반식품의 숙취해소 표시·광고 관련 주요 질의응답집 참조

④ (성상 제한) 건강기능식품과 유사한 캡슐, 정제, 과립・분말(스틱·포 형태, 단 컵스프 등 조리식품은 제외), 액상(앰플형, 스프레이형, 인·홍삼 농축액 및 인·홍삼 100ml 이하 파우치 형태에 한함) 제품은 기능성표시식품으로 품목제조 불가

⑤ (영양성분 요건) 기능성표시식품의 영양성분 함량이 식약처 고시 [별표 1] 1호와 2호의 기준에 충족하는지 등 확인

자) 영양성분 정보의 기입 철저 및 기재사항 검토

* '23.7.1 이후 신규 품목제조보고 식품 등은 영양성분 정보 반드시 입력, '23.7.1. 이전 보고된 식품 등도 가급적 영양성분 정보 입력 요청

*「품목제조보고 영양성분 정보 등록·관리 요령」참고(식품안전나라>건강·영양>건강·영양정보>자료실)

2) 배합비율 표시는 식품공전 및 식품첨가물공전에 사용기준이 정해져 있는 원재료 또는 성분에 한함

* 식품에 제한적으로 사용할 수 있는 원료를 사용할 때는 배합비율 표시 및 사용부위를 명시해야 하며, 학명 등에 관한 자료를 추가로 요청할 수 있음

3) 동일한 식품첨가물제조업자가 "원료성분명 및 배합비율"과 "제조방법" 등이 동일한 "식품첨가물(또는 혼합제제)"과 "기구등의 살균소독제"를 제조하고자 하는 경우에는 1개의 품목제조보고를 하도록 조치. 다만, 해당 식품첨가물(또는 혼합제제)이 식품용 살균제 용도인 경우에 한함

가) [별지 제43호 서식]을 작성함에 있어 "식품의 유형"란에는 "식품첨가물과 기구등의 살균소독제" 또는 "혼합제제와 기구등의 살균소독제"로, "용도·용법"란에는 "각각의 용도·용법"을 표시

나) 영업자가 식품첨가물에 대해 "식품첨가물(또는 혼합제제)"의 품목제조보고를 한 후 "기구등의 살균소독제"를 추가하는 경우에는 일반문서로 그 추가하여야 할 사항을 보고하도록 하고, 이를 대장에 정리

다) 위와 같이 1개 품목으로 품목제조보고를 한 제품에 대하여는 「식품등의 표시기준」에 따라 식품첨가물 및 사용방법 등을 구분·표시

4) 제조방법설명서는 원료 투입부터 제조·가공에서 포장·출하까지 각 단계의 세부 설명이 자세하고 구체적으로 명확하게 작성된 것인지 확인

5) 문서로 보고받은 사항은 즉시 식품행정통합시스템(지방청), 새올행정시스템(시군구)에 입력

9. 공유주방운영업 등록 및 신고 관리

가. 근거법령

1) 「식품위생법」 제37조제5항 및 같은 법 시행령 제21조제9호

2) (위생관리책임자 관련) 같은 법 제41조의2 및 시행령 제30조

3) (책임보험 관련) 같은 법 제44조의2 및 시행령 제30조

나. 대상업종 및 시설기준

1) 공유주방운영업소에 함께 등록 · 신고할 수 있는 영업(시행규칙 별표 14)

- (등록) 식품제조·가공업, 식품첨가물제조업

- (신고) 즉석판매제조·가공업, 식품소분업, 휴게음식점영업, 일반음식점영업, 제과점영업

2) 갖추어야 할 시설 기준

- 식품제조·가공업, 식품첨가물제조업, 즉석판매제조·가공업, 식품소분업의 영업자가 사용하는 공유주방의 작업장은 식품제조·가공업의 작업장 시설기준 준수
- 휴게음식점영업, 일반음식점영업 및 제과점영업의 영업자가 사용하는 공유주방의 영업장, 조리장은 식품접객업 공통시설기준의 영업장과 조리장 기준 준수

3) 각 영업 등록·신고는 위임규정에 따른 관할 기관에서 수리

다. 다른 영업과의 차이점

1) 동일한 소재지 내 여러 명이 같거나 다른 종류의 영업을 함께 등록·신고 가능

2) 공유주방운영업 등록 및 신고를 위해서는 추가적으로 위생관리책임자 선임 신고서, 책임보험을 가입하였음을 증명하는 서류를 추가로 제출

- 위생관리책임자 선·해임 수리 기관 : 식품의약품안전처
- 책임보험의 종류 : 일반 손해보험사의 생산물(음식물)배상책임보험

라. 위생관리책임자 선·해임

1) 같은 법 시행규칙 별지제49호의2 서식에 따라 식품의약품안전처장에게 신청

* 신청 시 반드시 대표자 이름으로 신청

2) 직무범위

- 공유주방의 위생적 관리 및 유지
- 공유주방 사용에 관한 기록 및 유지
- 식중독 등 식품사고의 원인 조사 및 피해 예방 조치에 관한 지원
- 공유주방 이용자에 대한 위생관리 지도 및 교육

3) 자격기준

- 위생사, 식품제조기사 또는 영양사 자격을 갖춘 사람
- 「고등교육법」 제2조제1호 및 제4호에 따른 대학 또는 전문대학에서 의학·한의학·약학·한약학·수의학·축산학·축산가공학·수산제조학·농산제조학·농화학·화학·화학공학·식품가공학·식품화학·식품제조학·식품공학·식품과학·식품영양학·위생학·발효공학·미생물학·조리학·생물학 분야의 학과 또는 학부를 졸업한 사람 또는 이와 같은 수준 이상의 자격이 있는 사람

- 외국에서 위생사 또는 식품제조기사의 면허를 받거나 제2호와 같은 과정을 졸업한 것으로 식품의약품안전처장이 인정하는 사람

마. 책임보험

1) 책임보험 가입 주체 : 공유주방운영업자

공유주방 운영업소는 단순 임대업이 아닌 식품위생법 상의 영업의 한 종류로 공유주방 운영업소에서 조리·제조·가공한 식품등의 위해로 인하여 소비자에게 발생한 손해는 공유주방운영업자에게 배상 책임이 있음

* 이용업자는 영업신고·등록을 한 조리종사자의 개념으로 볼 수 있기 때문에 이용자의 부주의로 발생한 점에 대해서는 민사로 처리할 사항임(이용업자도 원하는 경우 가입 가능)

2) 가입 및 재가입해야하는 경우

- (가입) 공유주방운영업 신규 영업등록을 하려는 경우
- (재가입) 공유주방운영업의 ① 영업소재지를 변경등록 하는 경우, ② 영업자의 지위승계 신고하는 경우, ③ 책임보험이 만료된 경우

3) 책임보험의 보상범위

- 보상 대상 : 공유주방 운영업자가 등록한 소재지에서 식품등의 위해로 인하여 소비자에게 발생한 손해.(다만, 책임보험 보상한도 범위를 넘어서는 경우 영업자가 추가 부담할 수 있고, 실손해액을 기준으로 산정할 수 있음)
- 사망 : 1인당 1억5천만원
- 부상 : 1인당 3천만원
- 부상 치료 후 그 부상이 원인이 되어 신체장애가 생긴 경우 : 1인당 1억5천만원

10. 식품위생법 관련 주요 유권해석

Q1) 옥외에 설치된 접객시설을 영업시간 종료 후 건물 내부로 이동하여야 하는지 여부

A) 「식품접객업소 옥외영업 신고절차 안내서」는 새로 도입된 옥외영업 제도에 대한 이해를 돕기 위한 단순 지침서이므로 강제성은 없음. 영업자 소유로 완전히 분리되어 통행 등 민원에 불편함이 없고, 타 법령에 저촉되지 않는다면 관할관청의 판단하에 탄력적으로 운영할 수 있을 것으로 판단

Q2) 푸드트럭 차량 변경 시 신고수리 방법 여부

A) 푸드트럭 차량 변경 시 영업장의 면적란에 기재되어 있는 기존 차량 번호를 변경하여 변경신고로 처리

Q3) 식품제조·가공업소의 수출용 제품의 자가품질검사가 의무인지 여부

A) 식품등을 제조·가공하는 영업자가 제조·가공·수출한 식품에 대해 자가품질검사 의무를 제외한다는 명시적인 규정은 없으나, 「식품위생법」제7조 제3항에 따라 수출식품에 대해서는 수입자가 요구하는 기준 및 규격을 따를 수 있도록 규정하고 있고, 우리나라 국민의 식품 안전관리를 목적으로 하는 「식품위생법」 입법 취지로 볼 때 수출 전용식품의 자가품질검사 미실시를 「식품위생법」 위반으로 보기는 어려울 것으로 판단

Q4) 전통시장 음식점의 옥외에 냉장고를 두는 경우 위반 여부

A) 냉장 또는 냉동시설은 조리장 내에 갖추어야 하나, 「도로법」, 「건축법」등 타법령에 저촉되지 않는 범위 내에서는 영업장 면적에 포함되어 있는 옥외에 추가적으로 냉장고 설치가 가능한 것으로 판단됨. 또한, 「식품위생법 시행규칙」제36조 [별표 14]에 따라「전통시장 및 상점가 육성을 위한 특별법」제2조제1호에 따른 전통시장에서 음식점 영업을 하는 경우 또는 그 밖에 지자체의 장이 별도로 지정하는 장소에서 일반음식점, 휴게음식점, 제과점 영업을 하려는 경우 지자체장이 별도의 시설기준을 둘 수 있도록 규정하고 있어, 지자체 조례로 별도의 시설기준이 규정되어 있다면 냉장고를 영업장 면적에 포함된 옥외에 설치할 수 있을 것으로 판단됨

Q5) 식품제조가공업 HACCP 시설 사용 가능 여부

A) HACCP 인증을 받은 제조가공업소에서 절단 등 단순처리 농·수산물 제품을 제조하려는 경우에는 반드시 교차오염 및 이물 혼입 등의 우려가 없도록 단순 농·수산물 생산 공간을 설정하고, 구역 내 작업완료 후 작업장 청소 및 정리 기록 등 관리계획을 수립하여 HACCP 관리 기준서에 반영하여 운영하여야 함.

Q6) 식품제조가공업 영업 중단 시 지하수 수질검사 여부

A) 식품제조·가공업소가 부가가치세법상 휴업신고 또는 영업 일시 중단 등으로 장기간 지하수를 사용하지 않았고, 그 사실이 명확히 증명되는 경우에는 중단 기간동안 수질검사를 실시하지 않아도 됨

- 단, 식품 제조를 다시 시작하기 전 「먹는물관리법」 제5조에 따른 수질기준에 적합한지 검사를 실시하여, 먹는 물로서 안전함을 확인하는 검사성적서를 받은 후 식품 제조·가공을 재개할 수 있음

※ 「식품위생법」 등 식품 분야와 관련된 유권해석 사례 확인 방법 :
(공무원) 국민신문고 홈페이지 > 민원 > 업무자료실 > 키워드 조회
온나라 > 커뮤니티 > 식품 관련 법령정보 소통방 > 카테고리, 키워드 조회
(민원인) 식품안전나라 > 전문정보 > 법령정보 > 법령 유권해석(FAQ) > 키워드 조회

※ 「식품위생법」과 관련하여 자체(시·군·구) 검토 결과 판단이 어려운 경우 시·도에 유권해석을 요청하고, 시·도에서 검토한 결과 판단이 어려워 식약처 유권해석이 필요한 경우에는 반드시 시·도를 경유하여 질의하여 주시기 바람

2 식품제조·가공업체의 위·수탁 관리

〈식품안전정책과〉

1. 근거법령

「식품위생법 시행규칙」 제36조 관련 [별표 14] 업종별 시설기준 중 1.식품제조·가공업의 시설기준 자목 2)의 시설기준 적용의 특례

* 식품제조·가공업자가 제조·가공시설 등이 부족한 경우에는 식품제조·가공업의 영업등록을 한 자에게 위탁하여 식품을 제조·가공할 수 있도록 규정

2. 기본방향

지자체는 시설기준 적용 특례에서 규정된 위·수탁 관계에 따라 제조·가공되는 식품 및 그 영업자에 대해 관리

3. 관련기관 : 시·군·구

4. 위탁제조·가공의 범위

식품 또는 식품첨가물 제조·가공업자가 제조·가공시설 등이 부족한 경우 「식품위생법」에 따른 식품제조·가공업 영업자, 즉석판매제조·가공업 영업자, 식품첨가물제조업 영업자, 「축산물 위생관리법」에 따른 축산물가공업 영업자 또는 「건강기능식품에 관한 법률」에 따른 건강기능식품전문제조업 영업자에게 위탁하여 생산 가능

* 위탁자가 위탁 생산하려는 품목에 대한 제조·가공시설 전부가 없거나, 제조·가공시설을 갖추고 있지만 생산을 하지 않는 경우는 위탁제조가공의 범위에 해당되지 않음
* 「식품위생법 시행규칙」 별표 14(업종별시설기준)의 제1호 자목 2)에 따라 제조·가공시설 등이 부족하여 위탁하여 식품을 제조·가공할 수 있는 경우는 다음과 같다.

① 식품 제조·가공 시설을 모두 갖추고 식품을 제조·가공하는 중 생산능력을 초과하는 경우 일부 공정 또는 전 공정의 위탁 ② 식품 제조·가공 공정 중 일부 공정*의 제조·가공 시설이 없는 경우 해당 공정의 위탁 * 살균, 멸균, 동결건조, 급속냉동, 캡슐공정 등

5. 품목제조보고 관리사항

가. 위탁자

1) 신규로 위탁하여 식품 등을 제조·가공하고자 하는 경우에는 [별지 제43호 서식]에 의한 "품목제조보고서"를 신고관청에 제출하되 동 서식의 "기타"란에 "위탁생산내역 : 수탁자(회사명), 소재지, 위탁제조공정"을 기록, 보고

2) 기 생산하고 있는 품목 중 일부를 위탁하고자 하는 경우에는 "품목제조보고사항 변경보고서 [별지 제45호 서식]"를 사용하되 "변경사유"란에 "위탁생산내역 : 수탁자(회사명), 소재지, 위탁제조공정"을 기록, 변경 보고

나. 등록관청

위탁자가 품목제조보고나 품목제조보고사항 변경보고 시 위탁제품을 보고하는 경우 "( )품목제조보고관리대장" [별지 제44호 서식] 제1호 "품목제조 조건"란에 참고란(※)으로 수탁자, 소재지, 위탁제조공정 등을 기록, 관리하도록 함.

6. 검토사항

가. 생산 및 품질관리

1) 위탁자는 수탁자에 대한 위생지도 관리 강화

「식품위생법 시행규칙」 제57조 관련 [별표 17] 제1호 바목에 따라 식품제조가공업자는 위탁하여 식품을 제조·가공하는 경우에 위탁한 그 제조·가공업자에 대하여 반기별 1회 이상 위생관리 상태 등을 점검

* 동법 시행규칙 [별표 17] 제3호 거목에 따라 유통전문판매업자가 위탁한 제조·가공업자에 대하여 위생관리 상태를 점검하는 경우, 감염병 확산 등 「재난 및 안전관리 기본법」에 따라 경계 또는 심각단계의 위기경보가 발령된 상황에서 서류 등으로 위생점검 대체 가능

2) 수탁자는 수탁된 제품의 생산 및 작업기록에 관한 서류와 원료의 입고·출고·사용에 대한 원료수불 관계서류를 작성하여, 최종 기재일부터 3년간 보관 관리, 유통전문판매업이 아닌 위·수탁생산인 경우 각 영업자들은 실제 제조한 공정에 대해 원료(반제품)입출고 및 생산내역에 대한 내용을 기록하여 관리

나. 자가품질검사 : 자가품질검사는 위탁자 또는 수탁자가 실시

다. 표시사항 : 위탁을 의뢰한 영업소의 명칭(상호) 및 소재지를 표시

7. 행정사항

위탁하여 제조·가공한 제품이 「식품위생법」을 위반한 경우에는 위탁자에 대하여 행정처분 및 고발 등 조치

* 위탁생산과 유통전문판매업은 별도의 규정에 따라 관리(유통전문판매업은 현행대로 관리)

구 분	위탁생산 경우	유통전문판매업 경우
품목제조보고	위탁자	제조·가공업자(수탁자)
제조업소명 표시	위탁자	제조·가공업자(수탁자) ※ 유통전문판매업자는 유통전문판매원 표시
자가품질검사	위탁자 (수탁자도 가능)	제조·가공업자(수탁자)
행정처분	위탁자	제조·가공업자(수탁자) - 유통전문판매업자도 함께 처분(법 제4조~제7조, 제8조, 제9조 및 제12조의2 위반 시)

3 식품등의 자가품질검사 관리

〈식품안전정책과〉

1. 근거법령

1) 「식품위생법」 제31조

2) 「식품위생법 시행규칙」 제31조, 제31조의 2 및 [별표 12]

3) 「식품등의 자가품질 검사항목 지정」(식품의약품안전처 고시)

2. 자가품질검사 절차

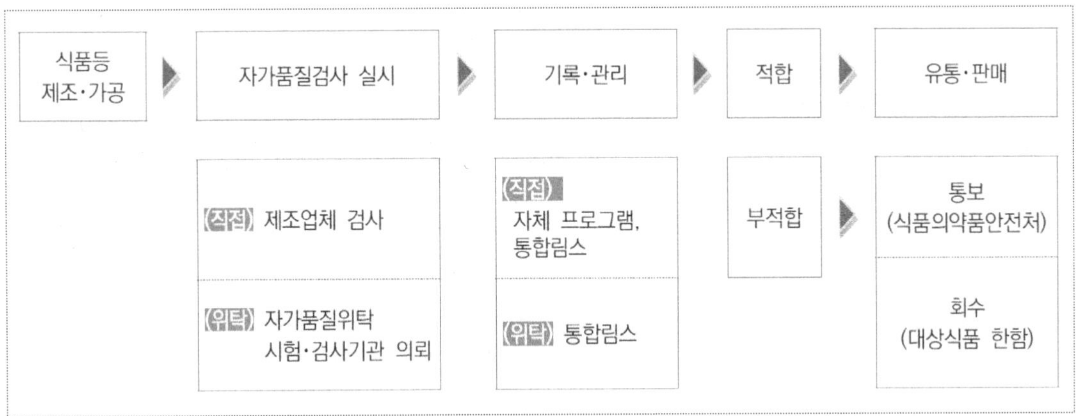

3. 검사기준

1) 자가품질검사는 판매를 목적으로 제조·가공하는 품목(제품)별 실시하되 검사항목은 「식품등의 자가품질 검사항목 지정」에 따름

- (식품) 식품유형별로 「식품의 기준 및 규격」에 따라 동일한 검사항목을 적용받는 품목별로 구분하여 실시할 수 있음

- (기구 및 용기·포장) 동일한 재질의 제품으로 크기나 형태가 다를 경우 재질별로 할 수 있음

- (주류) 「주류 면허 등에 관한 법률」 제29조에 따른 검사 결과 적합 판정을 받은 경우 자가품질 검사를 별도로 실시하지 않을 수 있음

* 다만, 해당 검사는 「식품등의 자가품질 검사항목 지정」에 따른 자가품질검사 항목이 포함되어야 함

2) 검사의 주기는 검사대상 제품의 제조·가공일을 기준으로 함

- 검사대상 식품을 처음으로 제조한 날(최초 생산일자)을 기준으로 검사 실시하고 최초 생산일자를 기준으로 검사주기를 산정

3) 검사면제 및 검사항목의 생략

- (면제) 식품안전관리인증기준 적용업소(HACCP 적용업소)에서 검사대상 식품유형의 조사·평가 결과 90% 이상인 경우

  * 동일 연도에 2번 이상의 조사·평가가 있는 경우, 자가품질검사 면제 여부는 최근 조사·평가 결과를 반영하여 결정함

- (검사항목 생략) 식품첨가물을 사용하지 아니한 경우 해당 항목의 검사 생략 가능

4) 검사의 기록·관리

- (직접검사) 자가품질검사 시험·검사 장비에 검사결과의 변경 시 그 변경내용이 기록·저장되는 시스템 설치·운영하여야 하고 기록관리시스템의 설치·운영이 어려운 업체의 경우 통합 LIMS*를 사용하여 자가품질검사를 기록·관리

- (위탁검사) 자가품질검사 기록서(성적서)*는 2년간 의무적으로 보관

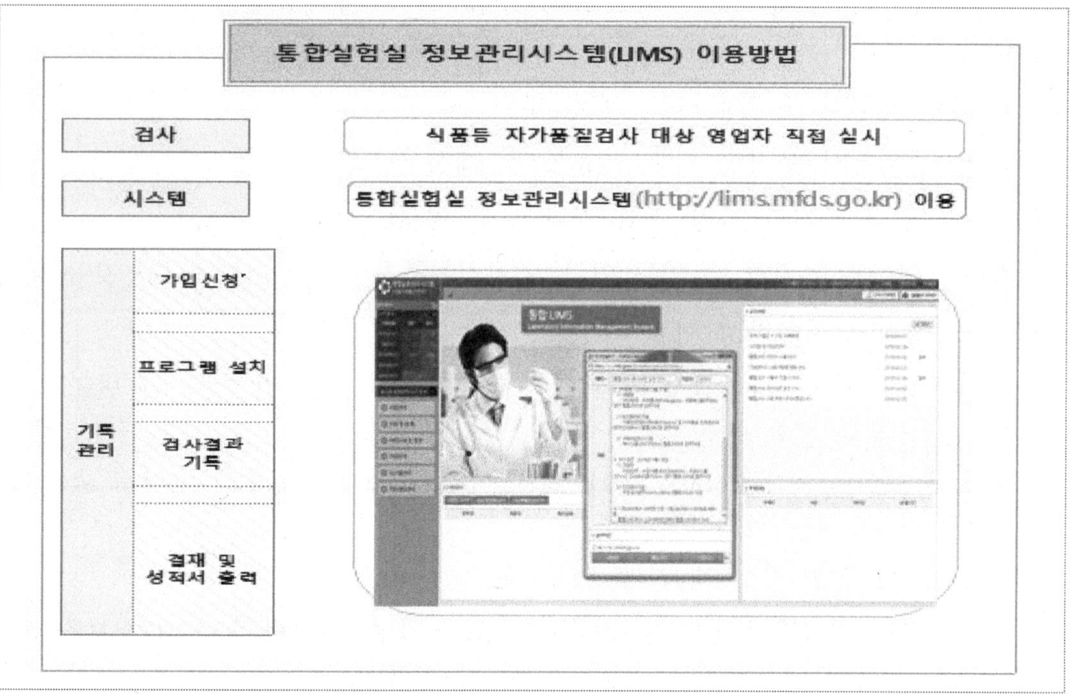

※ https://lims.mfds.go.kr → 제조업체 신청(우측 상단) → 신청서 자료 작성 후 신청

4. 검사결과 부적합 제품의 처리

가. 식품 등의 영업자는 자가품질검사결과 식품 등의 기준 및 규격에 적합하지 아니한 경우에는 지체 없이 식약처에 통보하여야 하고, 다음에 따른 조치를 취하여야 함

1) 회수대상 부적합 사항은 「식품위생법」 제45조 규정에 따라 회수조치

2) 회수대상에 해당하지 않는 부적합 사항에 대하여도 부적합 원인을 분석하여 개선하고, 필요한 경우 재검사를 실시하는 등 필요한 조치를 취하도록 조치

* 식약처 전자민원창구 검사관리 긴급통보시스템으로 통보 (https://www.foodsafetykorea.go.kr)

나. 자가품질위탁 시험·검사기관의 자가품질위탁검사 결과 부적합 판정되어 이를 통보받은 등록(신고)관청은 의뢰한 식품 영업자가 해당 부적합제품에 대하여 회수·폐기 등 필요한 조치를 신속히 이행하도록 조치하여야 함

5. 자가품질검사 지도·점검 등

가. 자가품질검사 지도·점검

1) 지방식약청, 시·군·구는 식품위생감시계획에 자가품질검사 지도·점검을 반드시 포함시켜 관리업종에 따라 지도·점검 실시

가) 자가품질검사 주기에 따른 이행 여부

나) 자가품질검사 부적합 제품의 유통 및 재사용 여부

다) 검사 결과 부적합 사항 관할 기관 보고 여부

라) 자체 검사를 수행할 수 있는 인력, 검사실 및 장비·기구·시약류 등 보유 여부

마) 검사성적서 허위작성 여부 확인

- 실제 검사 여부, 시험검사 결과와 다르게 판정, 검사관련 기록 위·변조, 다른 제품의 검사 결과 인용 등

* 자가품질검사를 직접 실시하는 업체는 검사설비에 검사결과 위·변조를 예방할 수 있는 기록관리 시스템 설치·운영하도록 의무화

바) 검사관련 장부 작성 및 보관 여부 확인

- 검사 시약, 검사장비 설치 및 유지보수, 초자 기구 등 관련 사항 기록·보관 지도

사) 식품 및 식품첨가물 공전 등에서 정한 기준 및 규정에 따라 검사하는지 여부

- 표준물질 사용 여부, 미생물 배양시간 준수, 필요시 확인시험 및 공시험 여부, 유효기간 경과 표준물질 사용, 판정이 모호한 피크(Peak) 확인검사 등

아) 수거검사결과 부적합 이력이 있거나 또는 자가품질검사와 관련한 행정처분 받은 업체를 중점 관리대상 업체로 선정하여 관리

자) 연 2회 이상 상습 위반업체는 별도관리

차) 회수·폐기 대상식품의 적정 처리 여부

카) 회수·폐기 대상이 아닌 경우 원인규명 및 개선조치 등 필요한 조치를 하지 않았다고 판단될 경우에는 신속하게 유통 중인 해당제품을 수거·검사하여 그 결과에 따라 조치

타) 자가품질검사에 관한 기록서 2년간 보관 여부 등

2) 자가품질검사와 관련 당해 영업자가 제품제조·가공시 특정 식품첨가물(보존료 등)을 사용하지 아니한 경우에는 그 항목을 생략할 수 있도록 함에 따라 그 사실 여부를 철저히 확인

가) 지도·점검 시 특정 식품첨가물의 검사항목 생략시 그 사실 확인

나) 필요 시 수거·검사 병행실시

3) 「수입식품안전관리특별법」 제18조 제2항 제2호에 따라 주문자상표부착(OEM) 식품 등을 수입·판매하는 영업자는 주문자상표부착(OEM) 식품등에 대한 자가품질검사를 실시하여야 하고 그 기록을 2년간 보관하여야 하므로 이에 대해 확인 지도·점검 실시

나. 자가품질검사제도 홍보 강화

1) 신규 영업등록(신고) 시 자가품질검사 의무사항 및 미 준수 시 행정처분 안내

* 제품 출고 전 자가품질검사 실시 권장 등

2) 「식품등의 자가품질 검사항목 지정」(식품의약품안전처 고시)에 따른 검사 주기 및 항목 등 안내

* 알기 쉬운 식품등의 자가품질검사 요령(민원인 안내서) 참고(식약처 홈페이지 게시)

3) 식품 등의 영업자는 자가품질검사결과 식품 등의 기준 및 규격에 부적합한 경우 지체없이 식약처 전자민원창구의 검사관리 긴급통보시스템으로 통보(https://www.foodsafetykorea.go.kr)하여야 함을 기존 영업자에게도 홍보

4 식품등의 표시 등 관리

〈식품표시광고정책과〉

1. 목적

식품등*의 표시·광고에 관해 필요한 사항을 규정하고 올바른 정보제공을 통해 소비자의 알 권리를 보장하고 건전한 거래질서를 확립하기 위함

* 식품(수입식품 포함), 식품첨가물, 기구 또는 용기·포장, 건강기능식품, 축산물

2. 추진방향

가. 「식품등의 표시·광고에 관한 법률」에 따른 영업자 교육 및 대국민 홍보

나. 식품등 표시·광고 내용 및 진위여부에 대하여 영업자의 책임을 강화하고 부당 여부를 신속하게 판단·차단하여 소비자 피해 예방

3. 관련법령

가. 근거법령 및 하위고시

1) 「식품 등 표시·광고에 관한 법률」('18.3. 제정)

2) 「식품 등 표시·광고에 관한 법률 시행령」('19.3. 제정)

3) 「식품 등 표시·광고에 관한 법률 시행규칙」('19.4. 제정)

4) 「식품등의 표시기준」

5) 「건강기능식품의 표시기준」

6) 「나트륨 함량 비교 표시 기준 및 방법」

7) 「식품등의 표시 또는 광고 심의 및 이의신청 기준」('19.3. 제정)

8) 「식품등의 표시 또는 광고 실증에 관한 규정」('19.7. 제정)

9) 「식품등의 부당한 표시 또는 광고행위 기준」('19.10. 제정)

10) 「소·돼지 식육의 표시방법 및 부위 구분 기준」

11) 「유전자변형식품등의 표시기준」

12) 「식품등표시광고자문위원회 규정」('19.3. 제정)

13) 「부당한 표시 또는 광고로 보지 아니하는 식품등의 표시 또는 광고에 관한 규정」('20.12. 제정)

나. 법령 주요 내용

1) 「식품 등의 표시·광고에 관한 법률」 제정·공포('18.3.14)

◈ 3개 **법령**에서 운영하던 표시·광고 규정을 **통합**

* 식품위생법, 축산물위생관리법, 건강기능식품에 관한 법률

◈ **표시의 기준, 영양표시, 나트륨 함량 비교 표시**

* 기존의 개별법에서 운영하던 규정 이관

◈ **광고의 기준**

* 개별법의 영업자준수사항으로 운영하던 규정 이관

◈ **부당한 표시 또는 광고행위의 금지**

* 개별법 및 식품등의 표시기준의 허위·과대 표시·광고로 운영하던 규정 이관

◈ 표시·광고 내용에 대한 **실증제 도입(신설)**

◈ 표시 또는 광고의 **자율심의**

* 식품위생법 및 건강기능식품에 관한 법률의 사전심의제도를 개선하여 이관

◈ **소비자 교육 및 홍보(신설)**

* 소비자가 자신에게 적합한 식품을 선택할 수 있도록 국가에 교육·홍보 의무 부과

◈ **행정처분, 회수·폐기, 과징금, 위반사실 공표, 벌칙, 과태료**

* 식품위생법, 축산물위생관리법, 건강기능식품에 관한 법률, 수입식품안전관리 특별법에서 운영하던 규정 이관

2) 「식품 등의 표시·광고에 관한 법률 시행령」 제정·공포('19.3.14)

◈ **부당한 표시 또는 광고행위의 금지대상**

* 개별법 시행규칙에서 운영하던 규정 및 대상 추가하여 이관

◈ **부당한 표시 또는 광고의 내용**

* 개별법 시행규칙에서 운영하던 규정 이관

◈ 표시 또는 **광고의 심의 기준 등**

* 개별법에서 규정된 사전심의제도를 개선하여 이관

◈ **자율심의기구의 등록 요건(신설)**

◈ 표시 또는 광고 심의 결과에 대한 **이의신청**

* 식품위생법 및 건강기능식품에 관한 법률에서 규정된 사전심의제도를 개선하여 이관

◈ **소비자 교육 및 홍보를 위탁할 수 있는 기관 또는 단체(신설)**

◈ **과징금, 위반사실의 공표, 과태료**

3) 「식품 등의 표시·광고에 관한 법률 시행규칙」 제정·공포('19.4.25)

◈ 일부 표시사항, 표시사항 및 표시의무자
  * 개별법의 표시기준 및 시행규칙 영업자준수사항에서 운영하던 규정 이관

◈ 표시방법, 영양표시·나트륨 함량 비교 표시
  * 개별법의 표시기준, 식품위생법 시행규칙에서 운영하던 규정 이관

◈ 영업자 준수사항의 광고 내용이 포함되도록 광고기준 신설
  * 개별법의 시행규칙에서 운영하던 규정 이관

◈ 표시 또는 광고 실증방법(신설)

◈ 표시 또는 광고 심의대상 식품
  * 식품위생법 및 건강기능식품에 관한 법률의 시행령 및 심의기준으로 운영하던 규정 이관

◈ 자율심의기구 등록, 변경(신설)

◈ 소비자 교육 · 홍보 내용(신설)

◈ 회수·폐기, 행정처분, 과징금 부과 제외 대상

다. 식품 등의 표시·광고에 관한 법률 적용 기준

○ 「식품 등의 표시·광고에 관한 법률」이 시행('19.3.14)되었으나, 개별 법률 부칙에 따라 이 법률 시행일로부터 2년 이내 제조·가공·수입하는 식품, 건강기능식품, 축산물은 2021년3월13일까지 종전의 표시기준에 따를 수 있음

라. 식품 등의 표시·광고에 관한 법령체계

기존	현행
(법률)	
식품위생법 • 제10조, 제11조, 제12조의2,3,4, 제13조	식품 등의 표시·광고에 관한 법률
축산물위생관리법 • 제56조, 제32조	
건강기능식품에 관한 법률 • 제16조, 제16조의2, 제17조, 제18조, 제25조, 제26조	

기존	현행
(고시)	
1. 식품등의 표시기준 • 표시사항 및 표시방법(내용 삭제) • 소비자 주의사항 표시(내용 삭제) • 영양성분 표시대상, 1일 영양성분 기준치(내용 삭제) • 식품별 표시기준 • 표시사항별 세부 표시기준 등 • 소비자 오인·혼동 표시 금지(내용 삭제)	1. 식품등의 표시기준 • 법률 및 시행규칙으로 상향 입법 • 시행규칙으로 상향 입법 • 시행규칙으로 상향 입법 • 식품별 표시기준 • 표시사항별 세부 표시기준 등 2. 식품 등의 부당한 표시또는 광고행위기준(제정)
2. 축산물의 표시기준(폐지)	식품등의 표시기준으로 통합
3. 소·돼지 식육의 표시방법 및 부위 구분 기준	3. 소·돼지 식육의 표시방법 및 부위 구분 기준
4. 건강기능식품 표시기준 • 표시사항 및 표시방법 • 소비자 주의사항 표시 • 표시사항별 세부 표시기준 등	4. 건강기능식품 표시기준 • 법률 및 시행규칙으로 상향 입법 • 시행규칙으로 상향 입법 • 표시사항별 세부 표시기준 등
5. 나트륨 함량 비교 표시 기준 및 방법	5. 나트륨 함량 비교 표시 기준 및 방법
6. 특수용도식품 표시 및 광고 심의기준(폐지) 7. 건강기능식품 표시 및 광고 심의기준(폐지)	6. 식품등의 표시 또는 광고심의 및 이의신청 기준(제정)
8. 식품 및 축산물 표시·광고 인증·보증기관의 신뢰성 인정에 관한 규정(폐지)	7. 식품 등의 표시 또는 광고 실증에 관한 규정 (제정)
	8. 부당한 표시 또는 광고로 보지 아니하는 식품 등의 기능성 표시 또는 광고에 관한 규정(제정)
(훈령)	(예규)
9. 식품등의 표시기준에 관한 자문협의체 운영 규정(폐지)	8. 식품등표시광고자문위원회 규정(제정)

마. 신설제도 등 주요내용

1) 부당한 표시 또는 광고 범위 규정

○ 부당한 표시 또는 광고행위의 금지 대상(시행령 제2조)

√ 식품등의 명칭, <u>영업소 명칭</u>, 종류, 원재료, 성분(영양성분을 포함한다), 내용량, 제조방법(축산물을 생산하기 위한 해당 가축의 사육방식 포함), 등급, 품질, 사용 정보
√ 식품등의 제조연월일, 소비기한, 품질유지기한, 산란일에 관한 사항
√ 유전자변형식품등, 식품등이력추적관리
√ 축산물의 자체안전관리인증기준·안전관리인증농장 등 인증 사항·통합인증업체의 인증

* 영업소 명칭은 2021년 3월 14일부터 시행

○ 부당한 표시 또는 광고행위의 내용(법 제8조 및 시행령 제3조 별표 1)

- 질병의 예방·치료에 효능이 있는 것으로 인식할 우려가 있는 표시 또는 광고
- 식품 등을 의약품으로 인식할 우려가 있는 표시 또는 광고
- 건강기능식품이 아닌 것을 건강기능식품으로 인식할 우려가 있는 표시 또는 광고
- 거짓·과장된 표시 또는 광고
- 소비자를 기만하는 표시 또는 광고
- 다른 업체나 다른 업체의 제품을 비방하는 표시 또는 광고
- 객관적인 근거 없이 자기 또는 자기의 식품등을 다른 영업자나 다른 영업자의 식품등과 부당하게 비교하는 표시 또는 광고
- 사행심을 조장하거나 음란한 표현을 사용하여 공중도덕이나 사회윤리를 현저하게 침해하는 표시 또는 광고
- 총리령으로 정하는 식품등*이 아닌 물품의 상호, 상표 또는 용기·포장 등과 동일하거나 유사한 것을 사용하여 해당 물품으로 오인·혼동할 수 있는 표시 또는 광고
  * 「생활화학제품 및 살생물제의 안전관리에 관한 법률」 제3조제4호의 안전확인대상생활화학제품, 「어린이제품 안전 특별법 시행규칙」 별표 2 제11호의 학용품
- 법 제10조에 따른 심의를 받지 아니하거나 심의 결과에 따르지 않은 표시 또는 광고

○ 부당한 표시 또는 광고행위의 예외 대상(시행령 제3조 별표 1)

질병 예방·치료효능, 건강기능식품으로 인식우려에 해당하는 표시·광고 중

- 「식품위생법 시행령」제21조제8호의 식품접객업 영업소에서 조리· 판매·제조·제공하는 식품에 대한 표시·광고
- 「식품위생법 시행령」제25조 및 제26조의 영업신고 및 영업등록 대상에서 제외되는 경우로 가공과정 중 위생상 위해가 발생할 우려가 없고 식품의 상태를 관능검사로 확인할 수 있도록 가공하는 식품에 대한 표시·광고

○ 「식품등의 부당한 표시 또는 광고의 내용 기준」 고시 주요내용

- 식품등을 의약품으로 인식할 우려가 있는 표시 또는 광고
  * '공진단, 경옥고' 등 한약 처방명 또는 이와 유사한 명칭(공진환 등)을 사용한 표시·광고
- '건강기능식품' 문구나 도안을 사용하여 건강기능식품이 아닌 것을 건강기능식품으로 인식시킬 우려가 있는 표시 또는 광고
- 소비자를 기만하는 표시 또는 광고
  * 범위를 구체적으로 정할 수 없는 '환경호르몬', '프탈레이트' 등 인체유해물질이 없다는 표시·광고
  * 영양표시 기준에 따른 '무당류' 기준이 적합하지 않은 식품에 '무설탕' 및 '설탕 무첨가' 기준에 적절하지 않은 식품에 '설탕 무첨가' 또는 '무가당'을 사용하는 표시·광고

* '합성향료·착색료' 등 사용, '절단·압착' 등 물리적 공정 이외의 공정으로 생산한 제품에 '천연', '자연'으로 표현하는 표시·광고(영업소 명칭, 상표명은 제외)
* 영업자 또는 주문자상표부착방식(OEM) 위탁자와 관계없는 상표·로고 등을 사용한 표시·광고
* 객관적·과학적 근거가 불충분한 용어(슈퍼푸드, 당지수) 사용
* 표시기준에 부적합한 100%·Non-GMO 등을 사용한 표시·광고

- 다른 업체(제품)을 비방하거나, 객관적 근거 없이 자기의 제품이 우수(우량, 유리)하다고 하는 표시·광고
  * 조사대상, 조사기관 등 객관적 근거없이 '고객만족도 1위', '국내 최초 개발' 등의 표시·광고
- 사행심을 조장하거나 음란한 표현을 사용하여 공중도덕이나 사회 윤리를 현저하게 침해하는 표시 또는 광고
  * 식품등을 복권이나 화투로 표현한 표시·광고, 성기·나체 등 성적 호기심 유발 문구 사용한 표시·광고

2) 실증제도

○ 실증제도의 개요

- (개념) 식품 등의 표시·광고 내용에 대해 객관적·과학적 자료를 바탕으로 영업자가 해당 내용에 대해 사실임을 증명하는 것
- (목적) 부당한 표시·광고로부터 소비자 피해를 예방하고, 객관적·과학적 사실에 근거한 건전한 거래를 통해 산업 활성화에 기여
- (대상) 부당한 표시 또는 광고 행위에 해당될 우려가 있어 식품의약품안전처장이 실증이 필요하다고 인정하는 표시·광고

√ 거짓·과장된 표시·광고
√ 소비자를 기만하는 표시·광고
√ 다른 업체나 다른 업체의 제품을 비방하는 표시·광고
√ 객관적인 근거없이 자기 또는 자기의 식품등을 다른 영업자나 다른 영업자의 식품등과 부당하게 비교하는 표시·광고 등

○ 실증업무 처리절차

- (제출요청) 식품표시광고정책과는 영업자(표시·광고한 자)에게 해당 표시·광고 내용에 대해 실증자료 제출 요청
  * 자료요청 15일 내 미제출 시 : 표시광고 중지명령(식약처), 시정명령(처분관청)
- (자료검토) 식품표시광고정책과(관련부서, 식품의약품안전평가원 협조)에서 제출된 실증 자료의 객관성·타당성 검토
- (자문) 실증자료의 과학적·객관적 판단을 위해 필요 시 전문가 및 식품등표시광고자문위원회 자문
- (조치) 실증자료 부적정 시 지자체·지방청에 조치* 요청
  * 영업자인 경우 시정명령, 비영업자인 경우 고발조치

< 실증제도 절차 >

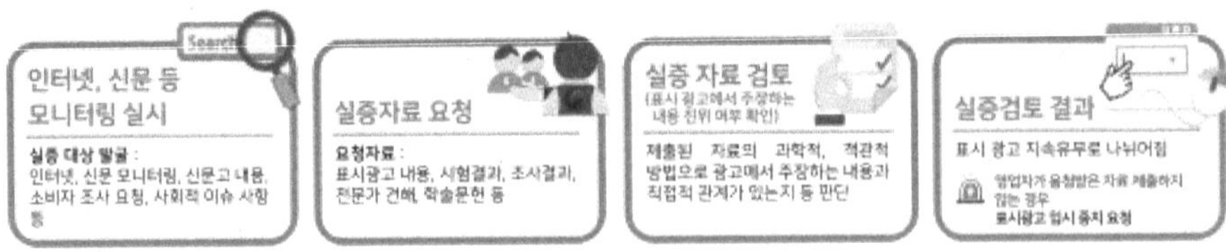

○ 실증자료의 요건

- 실증 요구 내용과 직접적인 관계가 있는 객관적·과학적인 자료
- 시험자료의 경우 시험기관의 독립성·전문성·수행능력 및 방법의 타당성
- 전문가, 전문가단체 판단의 보편성 및 견해의 공식성·적합성
- 문헌의 경우 한국연구재단(NRF) 등재학술지, 과학기술논문인용색인(SCI, SCIE), 사회과학논문인용색인(SSCI) 및 동등수준

* 「식품등의 표시 또는 광고 실증에 관한 규정」(제2019-67호, 2019.7.30.)

○ 시행일자 : 2019.3.14

3) 자율심의제도

○ 자율심의

- 식품등에 관하여 표시 또는 광고하려는 자는 자율심의기구에서 미리 심의를 받아야 함
- 심의대상 : 특수영양식품, 특수의료용도식품, 건강기능식품, 기능성 표시식품*

* 「식품 등의 표시·광고에 관한 법률 시행령」 별표 1 제3호나목에 따라 제품에 함유된 영양성분이나 원재료가 신체조직과 기능의 증진에 도움을 줄 수 있다는 내용으로서 식품의약품안전처장이 정하여 고시하는 내용을 표시·광고하는 식품

○ 자율심의기구

- 법 제10조제2항에 따른 자율심의기구 등록 대상 중 심의를 하고자 하는 기관 또는 단체에서 식약처에 자율심의기구로 등록

	기관명	기관요건	심의대상	등록일자
1	한국건강기능식품협회	건강기능식품에 관한 법률 제28조	건강기능식품	2019.3.25
2	한국식품산업협회	식품위생법 제64조	특수영양식품, 특수의료용도식품, 기능성 표시식품	2019.3.26
3	(사)소비자공익네트워크	소비자기본법 29조	건강기능식품	2023.12.11

○ 심의결과에 대한 이의신청

- 자율심의기구 심의 결과에 대하여 이의가 있는 자는 심의 결과를 통보받은 날부터 30일 이내에 식품의약품안전처장에게 이의신청
- 이의신청 제출서류 : 이의신청서*, 표시·광고 내용 1부, 심의 결과 통보서 1부, 그 밖의 심의에 필요한 참고자료(필요한 경우에 한함)

* 「식품등의 표시 또는 광고 심의 및 이의신청 기준」 별지 제3호

○ 시행일자 : 2019.3.14.(조제유류는 '20.1.1.부터, 기능성 표시식품은 '21.5.27.부터)

4) 기능성표시식품

○ (법령 근거) 「식품 등의 표시·광고에 관한 법률」제8조 및 시행령 제3조제1항

* 관련고시 : 「부당한 표시 또는 광고로 보지 아니하는 식품등의 기능성 표시 또는 광고에 관한 규정

○ 과학적 근거가 확보되면 일반식품에 대해서 기능성을 표시할 수 있는 제도

- (제조요건) 「식품위생법」제48조제3항 및 「축산물 위생관리법」제9조제3항에 따른 HACCP 인증 업소에서 제조
- (표시방법) 제품 주표시면에 '기능성 원료 함유 사실' 및 '건강기능식품이 아님' 병행 표시

* (예시) ① 제4조제1항제1호 및 2호일 경우 "배변활동에 도움을 줄 수 있다고 알려진(또는 보고된) 대두식이섬유가 들어있습니다. 본 제품은 건강기능식품이 아닙니다."
② 제4조제1항제3호일 경우 " 숙취해소 라는 내용, 본 제품은 건강기능식품이 아닙니다. "

- (식품제한) 어린이·임산부 등 건강민감계층 식품, 당·나트륨·지방 등 과잉섭취가 우려되는 식품 등은 기능성 표시 불가
- (제형제한) 건강기능식품과 유사한 캡슐, 정제, 과립 · 분말*(스틱·포 형태), 액상** (앰플형, 스프레이형, 농축액 및 100ml 이하 파우치 형태에 한함) 제품은 기능성 표시 불가

* 분말 : 스틱·포 형태는 제한하되, 컵스프 등 조리식품은 허용

** 액상 : 농축액 및 100ml 파우치는 인삼·홍삼 기능성만 제한

- (표현제한) 성기능, 기억력개선, 키성장 등 사회적으로 민감한 기능성 표시 불가
- (경과조치) 숙취해소*, 발효유류 장건강·위건강** 기능성 표시·광고('24.12.31까지)

* 인체적용시험 또는 인체적용시험 결과에 대한 정성적 문헌고찰(체계적 고찰, SR: Systematic Review)을 통해 과학적 자료를 갖춘 경우에만 가능, 자율심의기구에서 심의 필요 ('25.1.1부터 시행)

** 「부당한 표시 또는 광고로 보지 아니하는 식품등의 기능성 표시 또는 광고에 관한 규정」 제6조(표시 또는 광고의 방법) 적용 및 자율심의기구에서 미리 심의 필요('25.1.1부터 시행)

※ 일반식품의 숙취해소 표시·광고 관련 주요 질의응답집 참조
(우리처 홈페이지(http://www.mfds.go.kr) > 법령·자료 > 자료실 > 안내서/지침)

바. 식품등의 표시·광고에 관한 법률 등 주요 개정사항

【 식품 등의 표시·광고에 관한 법률 】

1) 마약류 및 이와 유사한 표현을 사용한 표시·광고를 금지하도록 권고 <시행일자 2024.7.3.>

2) 온라인 상 식품등의 표시·광고 모니터링 등 근거 마련, 식품등의 표시·광고 모니터링 업무의 위탁, 식품등의 표시·광고 연구·개발 지원, 올바른 정보제공 및 소비자 보호를 위한 자율규제 <시행일자 2025.9.19.>

【 식품 등의 표시·광고에 관한 법률 시행령 】

1) 사용하지 않은 원재료 성분을 강조하더라도 소비자정보 제공의 필요성이 있어 식약처장이 고시*하는 표시·광고는 허용 <'시행일자 2023.12.26.>

- 「식품 등의 표시 · 광고에 관한 법률 시행규칙」 [별표2] Ⅰ. 1. 가. 에서 규정하는 알레르기유발물질
- 대체식품의 특성을 표현하는 원재료: 식육(Meat),우유(Milk), 알(Egg) 등
- 카페인, 이 경우 다류에 한하며, 다류 제품 고유의 공통적 특성으로 카페인이 없고, 최종 제품에도 카페인이 전혀 함유되지 않은 경우 "천연적으로 카페인 미함유" 등의 표시를 할 수 있음

【 식품 등의 표시·광고에 관한 법률 시행규칙 】

1) 소비자가 쉽고 명확하게 알아볼 수 있도록 선명하게 표시하여야 함을 명확히 규정 <시행일자 2024.1.12.>

- 표시하는 각각의 글자가 서로 겹치거나, 도안·사진 등으로 글자가 가려지지 않도록 표시

2) 부당한 표시·광고를 하여 행정처분을 받은 모든 영업자는 해당 광고 즉시 중지 <시행일자 2024.1.12.>

3) 표시사항의 정보를 바코드 등을 이용하여 소비자에게 제공하는 경우 소비자가 제품명·소비기한·영양성분 등의 표시사항을 명확하게 알아볼 수 있도록 하기 위하여 바코드 등을 이용하여 소비자에게 정보제공할 수 있는 범위를 넓히고, 해당 식품등에 표시할 사항의 글씨크기는 12포인트 이상으로 확대 <시행일자 2025.8.29.>

4) 과라나 함유 고체식품의 고카페인 주의사항 표시 신설 <시행일자 2026.1.1.>

* (종전) 고카페인 의무표시 대상 식품은 1ml 당 0.15mg 이상 카페인 함유 액체 식품에 한정
(개정) 과라나를 원재료로 사용한 1g 당 0.15mg 이상의 카페인을 함유한 고체 식품으로 고카페인 의무표시 확대

5) 당알코올 함유 제품의 주의사항 표시 개선 <시행일자 2026.1.1.>

* (종전) 당알코올류를 주요 원재료로 사용한 제품에 해당 당알코올의 종류 및 함량과 주의사항을 표시하도록 규정

(개선) 당알코올류 과량 섭취 주의사항 표시위치, 표시방법, 표시대상 식품등을 명확히 규정

【 식품등의 표시기준 】

<시행일자 2021.3.14.>

1) 「수입식품안전관리 특별법」에 따른 주문자상표부착방식 위탁생산(OEM) 주류, 축산물, 건강기능식품의 경우 위탁생산제품임을 14포인트 이상으로 주표시면 표시

2) 축산물의 주표시면에 조리식품 사진을 사용한 경우 "조리예"등 문구 표시

3) 식용란과 닭·오리의 식육 정보표시면 표시방법을 표·단락으로 표시토록 하고 활자크기를 10포인트 이상으로 통일

4) 인삼열매를 원재료로 사용한 경우 원재료명 인삼열매로 표시

5) 해동하여 판매하는 제품에 해동에 대한 표시

- 해동 가능 식품(빵류, 떡류, 초콜릿류, 젓갈류)에 해동업체 정보 표시
- 과·채주스 및 수산물가공품(살균 또는 멸균하여 진공포장된 제품에 한함)에 해동에 대한 표시방법 및 주의 문구 신설

6) 메주의 대두함량의 표시

7) 사양벌꿀·사양벌집꿀의 경우 주표시면에 사양벌꿀임 나타내는 문구 표시

8) 효소식품의 α-아밀라아제와 프로테아제의 함량 표시사항

9) 식육가공품의 식육함량은 품목제조보고 및 수입신고시 기재한 원재료 또는 성분의 배합비율 그대로 표시

10) 식육가공품, 알함유가공품의 가열처리에 따라 "살균제품", "멸균제품", "비살균제품"표시

11) 즉석판매제조가공업 영업자가 생산하는 식육가공품에 식육의 종류 및 함량, 비가식 케이싱 사용 사실 표시

12) 식품첨가물 혼합제제류의 경우 구성하는 식품첨가물의 함량 표시(다만, 사용기준이 정해지지 않은 식품첨가물 함량 표시제외 할 수 있음)

13) 축산물의 제품명으로 통칭명을 사용할 수 있는 15% 기준을 삭제하고, 통칭명을 제품명으로 사용한 경우 통칭명의 원재료명 및 함량을 주표시면에 14포인트 이상으로 표시

14) 축산물의 원재료명을 주표시면에 표시하는 경우 주표시면에 12포인트 이상으로 원재료명과 함량 표시

15) 영양성분 표시 서식도안의 열량 등 글씨 10포인트 이상 크기로 표시

<시행일자 2019.10.28.(규제완화)>

1) 기내식의 경우 소비자 안전을 위한 표시사항 중 알레르기 유발물질만 표시할 수 있도록 개선

2) 냉장·냉동 축산물의 경우 제품명으로 “냉장 또는 냉동” 문구를 사용한 경우 별도로 “냉장제품 또는 냉동제품” 표시 생략 허용

3) 표시면적 부족 시 제품명 등 의무표시사항 이외에 바코드, 주의사항, 섭취방법, 조리·사용법 추가 표시 허용

<시행일자 2022.1.1.>

1) 민어과의 원재료명은 식품공전에 등재된 명칭으로 표시하고, 그 외 수산물은 식품공전 또는 형태학적 명칭으로 표시

2) 투명포장 자연산물에 대해서도 생산자, 생산연도 또는 생산일자(제조연월일 추가 표시 가능), 내용량 등을 표시

3) 특수의료용도등 식품이 의약품·건강기능식품과 혼동되지 않도록 ‘의약품·건강기능식품 아님’ 주의문구 표시

<시행일자 2021.2.5.>

1) 다류에 대해 ‘탈카페인 제품’을 표시할 수 있도록 규정 신설

2) 식품첨가물 및 기구등의 살균소독제에 제조연월일 대신 유통기한 표시 허용

<시행일자 2021.11.5.>

1) 휴게음식점, 일반음식점 및 제과점 영업에서 조리 · 판매하는 식품의 고카페인 표시 · 안내기준 신설

2) "설탕 무첨가", "무가당" 표시기준 신설

<시행일자 2022.1.1.>

1) 달걀 껍데기 표시 의무자에 식용란선별포장업 영업자 추가

2) 자연산물 날짜 표시방법을 생산연도, 생산연월일, 포장일 중 선택하여 표시하도록 개선

3) 투명포장 자연산물 표시 방법 개정(내용량 생략 허용, 냉동·건조·염장·가열처리하지 않은 경우 날짜 표시 생략 허용)

<시행일자 2024.1.1.>

1) 비알코올 식품에 알코올 함유 표시를 소비자가 쉽게 확인할 수 있게 바탕색과 구분되도록 표시방법 개선

<시행일자 2022.1.1.>

1) 식품유형인 '식육간편조리세트' 신설

<시행일자 2022.3.31.>

1) 자연상태 식품에 제조연월일을 사용하여 유통기한을 표시하는 경우 생산연월일 또는 포장일을 적용 허용

<시행일자 2023.1.1.>

1) "유통기한"을 "소비기한"으로 개정함

<시행일자 2022.9.6.>

1) 온라인 판매 페이지 등에서 표시사항 확인이 되어 구매한 소비자에게 직접 배송되는 세트포장 제품의 경우 외포장지 표시 면제 허용

<시행일자 2022.12.14.>

1) 주류에 열량 정보 표시하는 경우 열량만 표시 가능

2) 나트륨 무첨가 또는 무가염으로 표시할 수 있는 기준 마련

3) 식품 내에 특정기준 미만 함유된 일부 영양성분 허용오차 범위 신설

4) 배추김치의 나트륨 허용오차 범위 개선

<시행일자 2024.1.1.>

1) 글리세린디아세틸주석산지방산에스테르 등 성분규격 신설에 따른 식품첨가물 명칭 추가

2) 「식품첨가물의 기준 및 규격」에서 천연향료와 합성향료가 "향료"로 통합됨에 따라 향료를 사용한 경우 "향료"로 표시하도록 하고 특성에 따라 "천연" 또는 "합성" 추가 표시 허용

<시행일자 2023.9.26.>

1) 레토르트식품 용어 정의 정비
2) 빙과 및 얼음류는 가열이 불필요하므로 냉동식품의 가열여부에 따른 표시를 제외할 수 있도록 단서 신설
3) 「식품의 기준 및 규격」의 보존 및 유통기준 개정으로 해동하여 유통하는 냉동식품이 확대됨에 따라 냉동 식육을 제외한 모든 식품유형에 적용 가능 하도록 해동 유통 시 필요한 표시사항 개선
4) 식용란의 최소포장단위 표시 의무자에 식용란선별포장업의 영업자 추가
5) 「식품의 기준 및 규격」 개정사항을 반영하여 해동하여 유통하는 냉동식품에 대한 표시사항 정비
6) 영업소(장) 등의 명칭(상호) 및 소재지에 식용란선별포장업 신설

<시행일자 2024.1.1.>

1) 「식품의 기준 및 규격」 개정사항을 반영하여 자연치즈의 식품유형 정비
2) 식품별 1회 섭취참고량 정비(표 3)

<시행일자 2026.1.1.>

1) 특수의료용도식품의 기타 표시사항 정비

<시행일자 2024.7.24.>

1) 혼합식용유의 제품명 표시기준 완화
2) 냉동식품을 해동하여 냉장제품으로 제조·가공하는 경우의 명확화
3) 천연색소류 제제의 색가 표시 대상 명확화
4) 필수지방산의 허용오차 범위 마련
5) 「식품의 기준 및 규격」, 「식품첨가물의 기준 및 규격」의 개정사항 반영 및 자구 수정

<시행일자 2025.1.1.>

1) 내용량 변경 사실 표시 신설

<시행일자 2026.1.1.>

1) 영아 또는 유아를 섭취대상으로 하는 표시 명확화
2) 무당 또는 무가당 강조제품 정보제공 확대
3) 주류 열량 표시방법 강화

4. 주요 표시제도

가. 소비기한 표시제도

1) 목적

소비자 혼란방지, 식품폐기 감소, 유통기한 표시제 대신 소비기한 표시제를 운영하는 국제적 추세를 반영하여 안전하게 식품을 섭취할 수 있는 기한을 소비자에게 명확히 알려줌으로써 국제기준 조화 및 탄소중립 실현

* 소비기한: 식품 등 표시된 보관 방법을 준수할 경우 섭취하여도 안전에 이상이 없는 기한 ** 유통기한: 제품의 제조일로부터 소비자에게 유통· 판매가 허용되는 기한

2) 표시대상: 기존 유통기한 표시대상은 소비기한으로 표시

- 「식품등의 표시기준」에서 식품유형별로 제조년월일, 소비기한, 품질유지기한 중 선택하여 표시하도록 정하고 있음

3) 표시방법

○ 소비기한은 "○○년○○월○○일까지", "○○.○○.○○까지", "○○○○년○○월○○일까지" , "○○○○.○○.○○까지" 또는 "소비기한 : ○○○○년○○월○○일"로 표시

○ 제조일을 사용하여 소비기한을 표시하는 경우에는 "제조일로부터 ○○일까지", "제조일로부터 ○○월까지" 또는 "제조일로부터 ○○년까지", "소비기한 : 제조일로부터 ○○일"로 표시

* 제조일을 사용하여 표시하는 경우 제조일을 반드시 별도 표시

○ 소비기한을 주표시면 또는 정보표시면에 표시하기가 곤란한 경우에는 해당 위치에 소비기한의 표시 위치를 명시

* (예시) 후면 상단 표시일까지, 제품 측면 표시일까지 등

4) 제도시행 : 2023년 1월 1일부터 시행

○ 시행일 이후 제조·가공하거나 수입을 위해 선적하는 경우부터 적용

- 우유류(냉장보관제품에 한함)는 2031년 1월 1일부터 시행

나. 달걀 껍데기 산란일자 표시제도

1) 목적

소비자에게 투명한 생산정보 제공을 위해 그 동안 달걀 껍데기에 '시도별 부호'와 '농장명을 표시했던 것을', '산란일자', '생산자 고유번호', '사육환경번호'를 함께 표시

2) 표시 의무자 : 생산자 또는 식용란선별포장업 또는 식용란수집판매업의 영업자

3) 표시사항

달걀껍데기에 산란일자, 생산자 고유번호 표시, 사육환경번호

4) 표시방법

○ (산란일자) 닭이 알을 낳은 날을 말하며 산란시점으로부터 36시간 이내 채집한 경우 채집한 날(월일4자리)

○ (고유번호) 「축산법」제22조에 따라 관할 관청에서 발급한 가축사육업 허가·등록증에 기재된 고유번호

○ (사육환경번호) 방사 1, 평사 2, 개선된 케이지 3, 기존케이지 4

1 방사(방목장에서 자유롭게 다니도록 사육, 1마리/㎡)

2 평사(케이지·축사를 자유롭게 다니도록 사육, 9마리/㎡)

3 개선케이지(0.075㎡/마리 → 13마리/㎡)

4 기존케이지(0.075㎡/마리 → 20마리/㎡)

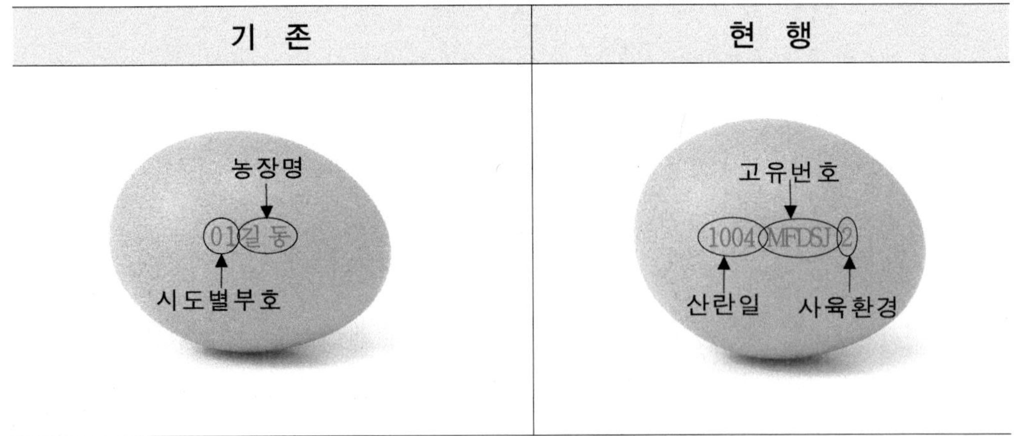

* 영세농가(사육시설의 면적이 10㎡미만) 생산 달걀의 표시 면제사항
  - 생산자 고유번호가 없는 점 고려하여 산란일자와 사육환경번호만 표시
  - 소비자에게 직접 판매하는 제품 표시면제(단, 우편, 택배 방법으로 판매하는 경우 표시필요)
  - 로컬푸드 직매장 판매 제품은 표시를 표시판에 기재하고 개별 달걀의 표시 면제

* 비의도적으로 산란일자 표시가 누락되거나 지워진 달걀의 행정처분 면제

- 기계작동 오류로 인한 표시 누락, 유통과정 중 결로 등으로 인해 표시가 지워진 달걀이 최소포장단위(10~30개/팩) 중 10% 이하로 존재하는 경우, 미표시 등으로 인한 행정처분을 면제함(인정범위 : 10개/팩→1개, 15개/팩→2개, 30개/팩→3개)

⇒ 팩 포장된 달걀의 경우 1~2개 표시가 지워지더라도 나머지 달걀로 산란일자 등 확인이 가능한 점 고려

5) 시행일자 : 2019.2.23.(다만, 6개월 계도기간 운영으로 '19.8.23.부터 본격 시행)

* 표시의무자 중 식용란선별포장업의 영업자는 2022.1.1.부터 시행

다. 나트륨 함량 비교 표시제도

1) 목적

식품의 나트륨 함량을 동일 또는 유사한 식품유형의 식품과 비교하여 색상과 모양을 이용한 표시 제도로, 소비자에게 나트륨 함량 정보를 보다 쉽게 제공하고, 이를 통해 식품 업계의 자발적인 나트륨 저감화 노력을 유도하고자 함('17.5. 도입)

2) 표시대상 식품 : 조미식품이 포함된 면류 중 유탕면, 국수 또는 냉면, 즉석섭취식품 중 햄버거 및 샌드위치

3) 표시방법 개선

○ (기존) 국수·냉면 등 표시대상 식품별(식약처 고시)*로 정하여진 비교표준값(식약처 고시)*과 제품에 함유된 나트륨 함량을 계산하여 해당 구간(10구간)에 음영으로 표시

* 「나트륨 함량 비교 표시기준 및 방법」

구간	1번째	2번째	3번째	4번째	5번째	6번째	7번째	8번째	9번째	10번째
비율(%)	≤25	>25 ≤50	>50 ≤70	>70 ≤90	>90 ≤110	>110 ≤130	>130 ≤150	>150 ≤175	>175 ≤200	>200

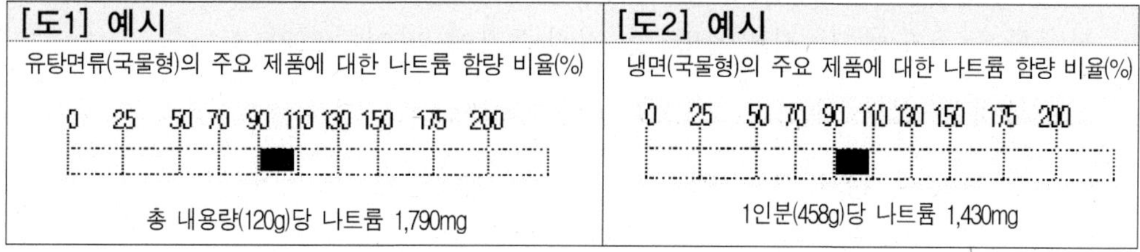

○ (개선) 나트륨 1일 영양성분 기준치인 2,000mg을 기준으로 8개 구간으로 구분하여 제품에 함유된 나트륨 함량에 해당하는 구간에 색상을 이용하여 표시(시행 '22.1.1)

구간	1번째	2번째	3번째	4번째	5번째	6번째	7번째	8번째
함량 (mg)	0≤ ≤ 800	800 < ≤ 1,000	1,000 < ≤ 1,200	1,200 < ≤1,400	1,400< ≤ 1,600	1,600 < ≤ 1,800	1,800 < ≤ 2,000	2,000 <

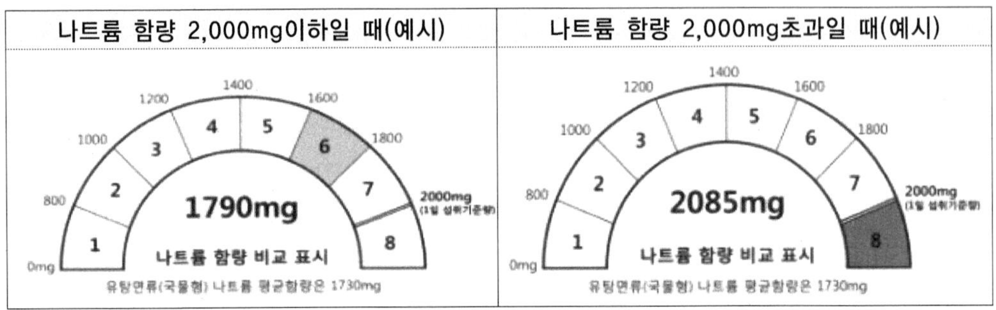

- (표시색상) 흑색 테두리 안 백색 바탕에 2000mg 이하인 경우 구간은 황색, 2000mg 초과인 경우 적색
  - * 표시 제도의 인지도 및 통일성을 위해 색상 통일
- (함량표시) 해당 제품에 실제 함유된 나트륨 함량
- (유사제품함량) 세부 식품유형별 유사 제품의 비교표시값(고시 별표1) 표시
  - * 예) 유탕면류(국물형)나트륨 평균 함량은 1730mg
- (활자크기) 6포인트 이상(기본)
  - * 나트륨 함량은 7포인트 이상으로 하고, 나트륨 함량 및 '나트륨함량비교표시 문구', '1일 섭취기준량 문구', '세부구간값(1~8)'은 굵게 표시
- (표시단위) 총내용량 또는 단위내용량

라. 영양성분 표시제도

1) 목적

식품의 영양적 특성, 건강에 유익한 사항 등 정보를 제공하여 소비자의 건강한 식생활을 유도하고, 질병예방 및 건강증진에 기여하고자 함

2) 표시대상 식품(개정: '24.12.30., 시행: '26.1.1.)

가. 과자류, 빵류 또는 떡류: 과자, 캔디류, 빵류 및 떡류
나. 빙과류: 아이스크림류, 아이스크림믹스류 및 빙과
다. 코코아 가공품류 또는 초콜릿류
라. 당류
마. 잼류
바. 두부류 또는 묵류
사. 식용유지류

아. 면류
자. 음료류: 다류(액상차, 고형차만 해당한다), 커피(액상커피, 조제커피만 해당한다), 과일・채소류음료, 탄산음료류, 두유류, 발효음료류, 인삼・홍삼음료 및 기타음료
차. 특수영양식품
카. 특수의료용도식품
타. 장류: 개량메주, 한식간장, 양조간장, 산분해간장, 효소분해간장, 혼합간장, 된장, 고추장, 춘장, 청국장, 혼합장 및 기타장류
파. 조미식품: 식초류(발효식초만 해당한다), 소스류, 카레(커리), 고춧가루 또는 실고추 및 향신료가공품(향신료조제품만 해당한다)
하. 절임류 또는 조림류: 김치류(김치는 배추김치만 해당한다), 절임류 및 조림류
거. 농산가공식품류
너. 식육가공품류: 햄류, 소시지류, 베이컨류, 건조저장육류, 양념육류, 식육추출가공품, 식육간편조리세트 및 식육함유가공품
더. 알가공품류
러. 유가공품류
머. 수산가공식품류
버. 동물성가공식품류: 기타식육 또는 기타알제품(기타 동물성가공식품만 해당한다), 곤충가공식품, 자라가공식품 및 추출가공식품
서. 벌꿀 및 화분가공품류
어. 즉석식품류
저. 기타식품류
처. 건강기능식품
커. 가목부터 처목까지의 규정에 해당하지 않는 식품 및 축산물로서 영업자가 스스로 영양표시를 하는 식품 및 축산물(주류에 열량만을 표시하는 경우는 제외한다)

* 아이스크림믹스류(아이스크림믹스, 저지방아이스크림믹스, 아이스밀크믹스, 샤베트믹스, 비유지방아이스크림믹스), 설탕류(설탕, 기타설탕), 당시럽류(당시럽류), 올리고당류(올리고당, 올리고당가공품), 포도당, 과당류(과당, 기타과당), 엿류(물엿, 기타엿, 덱스트린), 동물성유지류(식용우지, 식용돈지, 원료우지, 원료돈지, 어유, 기타동물성유지), 식용유지가공품(모조치즈, 기타 식용유지가공품), 다류(고형차), 표준형영양조제식품(고혈압환자용 영양조제식품, 폐질환자용 영양조제식품, 수분 및 전해질보충용조제식품), 식단형 식사관리식품(고혈압환자용 식단형식품), 장류(한식메주를 사용한 한식간장, 청국장), 조미식품(카레(커리)분, 고춧가루, 실고추), 절임류(절임배추), 농산가공식품류(찐쌀, 효소식품), 식육가공품(갈비가공품, 식육케이싱, 식육간편조리세트), 버터유, 농축유류(농축우유, 탈지농축우유, 가당연유, 가당탈지연유, 가공연유), 유크림류(유크림, 가공유크림), 버터류(버터, 가공버터, 버터오일), 유청류(유청, 농축유청, 유청단백분말), 유당, 유단백가수분해식품, 유함유가공품, 한천, 기타동물성가공식품, 곤충가공식품, 자라가공식품(자라분말, 자라분말제품, 자라유제품),

추출가공식품, 벌꿀류(벌집꿀, 벌꿀, 사양벌집꿀, 사양벌꿀), 로열젤리류(로열젤리, 로열젤리제품), 화분가공식품(가공화분, 화분함유제품), 생식류(생식제품, 생식함유제품), 즉석섭취·편의식품류(신선편의식품, 간편조리세트), 기타식품류(효모식품, 기타가공품), 수산가공식품류 중 수산물 100% 제품은 해당 업종별 '22년 매출액에 따라 '26.1.1(120억 초과), '28.1.1(120억 이하) 시행

○ 표시대상 식품 중 제외제품

가. 다음에 해당하는 식품등
1) 과자류, 빵류 또는 떡류: 추잉껌
2) 얼음류
3) 다류: 침출차
4) 커피(인스턴트커피, 볶은커피, 커피원두에 향료만을 첨가한 조제커피만 해당한다)
5) 장류: 한식메주, 한식된장
6) 식초류: 희석초산
7) 향신료가공품: 천연향신료
8) 식염
9) 김치류: 김치(배추김치는 제외한다)
10) 주류
11) 포장육
12) 기타식육 또는 기타알제품: 기타식육 또는 기타알

나. 「식품위생법 시행령」 제21조제2호에 따른 즉석판매제조·가공업 영업자가 제조·가공하거나 덜어서 판매하는 식품

다. 「축산물 위생관리법 시행령」 제21조제8호에 따른 식육즉석판매가공업 영업자가 만들거나 다시 나누어 판매하는 식육가공품

라. 식품, 축산물 및 건강기능식품의 원료로 사용되는 등 그 자체로는 최종 소비자에게 제공되지 않는 식품, 축산물 및 건강기능식품

마. 포장 또는 용기의 주표시면 면적이 30제곱센티미터 이하인 식품 및 축산물

바. 농산물, 임산물, 수산물, 식육 및 식용란

3) 표시대상 성분

○ (반드시 표시해야하는 영양성분) 열량, 탄수화물, 당류, 단백질, 지방, 포화지방, 트랜스지방, 콜레스테롤, 나트륨

○ (추가로 표시할 수 있는 영양성분) 칼슘, 철분 등 비타민류 및 무기질류 등

4) 표시방법

○ (표시사항) 영양성분의 명칭, 함량, 1일 영양성분기준치*에 대한 비율

* 「식품등의 표시 · 광고에 관한 법률 시행규칙」 [별표5]

○ (표시단위) 총 내용량당, 100g당, 단위내용량당, 1회 섭취 참고량당

총 내용량(1포장)당	100g(ml)당	단위내용량당
영양정보 총 내용량 00g 000kcal	영양정보 총 내용량 00g 100g당 000kcal	영양정보 총 내용량 00g(00g×0조각) 1조각(00g)당 000kcal
총 내용량당 / 1일 영양성분 기준치에 대한 비율	100g당 / 1일 영양성분 기준치에 대한 비율	1조각당 / 1일 영양성분 기준치에 대한 비율
나트륨 00mg 00%	나트륨 00mg 00%	나트륨 00mg 00%
탄수화물 00g 00%	탄수화물 00g 00%	탄수화물 00g 00%
당류 00g 00%	당류 00g 00%	당류 00g 00%
지방 00g 00%	지방 00g 00%	지방 00g 00%
트랜스지방 00g	트랜스지방 00g	트랜스지방 00g
포화지방 00g 00%	포화지방 00g 00%	포화지방 00g 00%
콜레스테롤 00mg 00%	콜레스테롤 00mg 00%	콜레스테롤 00mg 00%
단백질 00g 00%	단백질 00g 00%	단백질 00g 00%
1일 영양성분 기준치에 대한 비율(%)은 2,000kcal 기준이므로 개인의 필요 열량에 따라 다를 수 있습니다.	1일 영양성분 기준치에 대한 비율(%)은 2,000kcal 기준이므로 개인의 필요 열량에 따라 다를 수 있습니다.	1일 영양성분 기준치에 대한 비율(%)은 2,000kcal 기준이므로 개인의 필요 열량에 따라 다를 수 있습니다.

5) 영양표시 허용오차 범위 적용 예외 규정

○ 실제 측정값이 영양성분별 세부표시방법의 단위 값 처리 규정에서 인정하는 범위 이내인 경우

○ 다음 중 어느 하나에 해당하는 2개 이상의 기관(①또는②에 해당하는 기관을 1개 이상 포함하여야 함)에서 1년마다 검사한 평균값과 표시된 값의 차이가 허용오차를 벗어나지 않은 경우

① 식품·건강기능식품 : 「식품·의약품 분야 시험·검사 등에 관한 법률」제6조제2항제1호에 따른 식품 등 시험·검사기관

② 축산물 : 「식품·의약품 분야 시험·검사 등에 관한 법률」제6조제2항제2호에 따른 축산물 시험·검사기관

③ 「국가표준기본법」에서 인정한 시험·검사기관

○ 조리되지 않은 손질된 자연상태 식품과 가공식품이 함께 구성되어 있는 제품의 자연상태 식품에 대한 영양성분을 식품의약품안전처 식품영양성분 데이터베이스에서 제공하는 값을 활용한 경우(개정:'24.7.24, 시행:'26.1.1.)

5. 영양표시 및 나트륨 함량 비교표시 실태 조사

가. 추진 주체

1) 식품의약품안전처(식품표시광고정책과) : 계획 수립 및 예산, 인력지원

2) 식품의약품안전평가원 : 검사방법 적용 등

3) 지방식품의약품안전청 : 수거·검사, 부적합 제품 관할 지자체에 통보

4) 시·도 및 지자체 : 행정처분 및 사후관리

나. 제품 수거·검사 기본방향

1) 수거 시 특정 제품, 제조업체에 편중되지 않도록 식품 유형별 수거 계획 수립

2) 수거·검사 공통 품목은 지방청별 관내 제조·수입업체에 대해 수거 실시

3) 관할 지역 내 제조·수입업체의 제품에서 부적합이 반복되는 경우 원인 조사 실시

다. 대상식품

1) 최근 언론 이슈 제품 등 영양표시 준수여부 점검이 필요한 식품

2) 영양표시, 나트륨 함량 비교 표시 대상식품

3) 전년도 실태조사 결과 부적합 식품

4) 자율영양표시 식품

라. 조사 내용

1) 영양표시 식품에 대하여 표시 대상 영양성분 및 강조표시 영양성분 허용오차 범위 준수여부 확인

2) 나트륨 함량 비교표시 대상 식품에 대하여 표시 세부방법, 적절성 확인

3) 수거·검사 및 실태조사 결과 부적합 제품 확인 시 제조업체 관할 지자체에 통보하여 행정조치, 원인분석 및 재발방지 대책 마련

6. 식품등 표시제도 교육·홍보

가. 전국 권역별 표시제도 민원 설명회

1) 「식품 등의 표시·광고에 관한 법률」과 「식품등의 표시기준」 등 식품의 표시와 관련된 규정에 대해 영업자 및 공무원의 이해를 돕기 위한 설명회 개최

2) 대상 : 식품 등 제조·수입·판매 영업자, 지자체 및 지방청 공무원

3) 내용 : 「식품 등의 표시·광고에 관한 법률」 및 관련 고시 제·개정 사항

나. 식품등 표시·광고제도의 이해 교육과정 개설

1) 비고의적 법 위반으로 영업자의 경제적·영업적 피해 예방을 위해 산업체 종사자 대상 식품등 표시·광고 실무교육과정 운영

2) 대상 : 식품 등 제조·수입·판매 영업자 및 종사자

3) 내용 : 법령 이해, 표시 실습 및 주요 위반사례 등을 통한 실무교육

4) 교육방법 : 한국보건복지인력개발원 교육과정 개설(1회/년)
   * 세부일정 추후 공지

다. 산업체 영양표시 전문가 양성 교육 프로그램 운영

1) 영양표시 규정 및 관련 법규 이해를 통한 영양표시 담당자의 업무 수행능력 향상 도모를 위해 교육 프로그램 운영

2) 대상 : 식품 등 제조 · 수입 · 판매 영업자, 지자체 및 지방청 공무원

3) 내용 : 국내 · 외 식품 영양표시제도 및 기준 등 현황, 식품(건강기능식품, 수입식품 등 포함)의 표시기준 이해, 영양표시 관련 주요 민원 사례 공유, 영양표시 작성 실습

4) 교육방법 : 위탁 운영

라. 식품등 알레르기 사고 예방 교육

1) 식품 알레르기는 집, 학교, 식품접객업소 등 다양한 장소에서 지속적으로 발생하고 있어 이로 인한 사고를 예방하기 위하여 교육 운영

2) 대상 : 소아청소년, 일반소비자(성인), 식품조리종사자

3) 내용 : 알레르기의 심각성, 관리의 중요성, 알레르기 표시대상, 표시방법, 확인 또는 관리방법 등 교육프로그램 제작 및 교육 실시

○ 소아청소년 및 일반소비자 : 대상의 눈높이 맞게 식품을 구매할 때 알레르기 식품 확인하는 방법 등 안내

○ 식품조리 종사자 : 원재료 관리, 소비자 응대 방법 등 안내

4) 교육방법 : 위탁 운영

7. 행정사항

가. 「식품 등의 표시·광고에 관한 법률」 위반으로 「식품 등의 표시·광고에 관한 법률 시행규칙」제16조에 따라 행정처분 받은 업소에 대하여 그 처분일부터 6개월 이내 1회 이상 출입·검사·수거 등 실시. 다만, 행정처분을 받은 영업자가 그 처분의 이행 결과를 보고하는 경우에는 제외한다.

5 식품 등의 부당한 광고 관리

〈사이버조사팀〉

1. 목적 : 식품등* 부당한 광고로부터 소비자 보호

* 식품등 : 식품, 건강기능식품, 축산물, 수입 식품 등

2. 근거 : 「식품 등의 표시·광고에 관한 법률」

* 제8조(부당한 표시 또는 광고행위의 금지)

- 누구든지 식품등의 명칭·제조방법·성분 등 대통령령으로 정하는 사항에 관하여 질병의 예방·치료에 효능이 있는 것으로, 의약품 및 건강기능식품으로 인식할 우려가 있는 표시·광고, 거짓·과장된 표시·광고, 소비자를 기만하는 등의 표시·광고 등을 하여서는 아니 된다.

3. 기본 방향

가. 상시 또는 주기적으로 인터넷, 신문, 방송, SNS 등 광고 매체별, 부당한 표현 등 주제별 모니터링을 통한 부당광고 관리 강화

나. 식품행정통합시스템* 상시 운영을 통한 부당한 광고 행위 신속 조치

* 【식품행정통합시스템】 → 【행정업무처리[공통]】 → 【1399신고센터,광고모니터링】 → 【모니터링정보망】 에서 확인 및 등록 등 관리

다. 고의·상습 위반 업체 집중관리 및 현장 감시 강화

라. 영업자 및 소비자 등에 대한 교육·홍보 강화

마. 지방식약청 및 지자체 등 부당한 광고 업무 담당자간 소통·협력 강화

4. 단속 대상

가. 인터넷, SNS, 방송, 신문, 잡지, 인쇄물 등 일체의 광고매체

나. 최근 언론 등에 보도된 제품, 민원신고 제품, 불법 유통 제품 등

다. 인플루언서 및 고의·상습 위반 업체

5. 부당한 광고 관리 체계

가. 식약처, 지방식약청, 시·도, 시·군·구는 각 해당 단속 매체의 모니터링 실시

식약처(본부)	지방식약청	시·도(시·군·구)
○ 부당 표시·광고 관리 총괄 ○ 관리지침 제·개정 ○ 광고 모니터링 - 인터넷 사이트(해외, 국내) - 홈쇼핑, 중앙일간지, SNS 등 - 기타 기획 모니터링 ○ 식품등 부당한 광고 조치 및 관리를 위한 '식품행정통합시스템' 운영 * 광고 모니터링 부분	○ 본부 지시사항 등 단속	○ 광고 모니터링 - 지방지, 지방 TV 방송, 지역 생활정보지 - 지역 케이블 방송 - 인터넷, 무가지, 홈쇼핑, SNS 등 ○ (시·도) 관내 총괄 관리 ○ (시·군·구) 관내 식품판매 인터넷 홈페이지 관리 ○ 위반업소 단속

※ 시·군·구는 관할 내 식품판매업소(통신판매업, 건강기능식품판매업 등) 인터넷 홈페이지에 대해서는 월 1회 이상 집중관리

나. 식품 등 부당 광고관리 유관기관 협의체 운영

1) 식약처(본부)는 지방식약청 및 시·도(시·군·구 포함)가 참여하는 「온라인 부당 광고 대응 협의체」 구성

2) 부당 광고 모니터링, 일상점검, 기획점검 등에 대해 사전협의

다. 모니터링 요령

1) 부당광고 증거물(URL, 광고일자, 실제 광고내용 캡쳐 등) 확보 및 위반업소 조치 방법 등에 관한 세부 모니터링 운영계획을 수립하여 실시

- 소비자의 관심도가 높거나, 부당한 표현이 심하거나, 과거 부당한 광고가 빈번한 식품 등 집중 관리가 필요한 대상 식품을 선정하여 관리

2) 인터넷, 방송, 신문(무가지 포함) 등 대중매체 <붙임1>에 대한 모니터링 강화

3) 소비자식품위생감시원을 적극 활용하여 관리 취약 장소 등을 대상으로 부당한 광고 행위 수시 모니터링(현장 정보수집) 실시 및 집중 관리(단속)

- 취약장소 : 경로당, 부녀회, 노인복지관, 농촌지역 등에서의 방문판매(전화권유판매) 및 가두판매와 '떴다방(신종홍보관)', 관광(효도)여행지, 고속도로휴게소(관광버스 등) 등
- 단속조치 : 경로당 등에서 신고 되는 '떴다방(홍보관)' 등의 영업행위는 신속히 단속하고 식품행정통합시스템에 등록 관리

※ 현장 정보수집 시 경로당, 노인복지관 등의 노인을 대상으로 과대광고 주의 당부 교육홍보 실시

4) 모니터링 시 회수제품(식약처 홈페이지 위해정보공개<회수/판매중지>에서 확인 가능) 또는 소비(유통)기한 경과 제품 등 부정·불량식품이 확인된 경우 판매 금지 등의 행정조치

※ 해당 관할 관청으로 신속한 조사요청(별도공문)하고 조사기관은 신속한 단속 및 행정조치 실시

5) 모니터링 결과는 '식품행정통합시스템'을 이용하여 모니터링 기록 유지, 사이트 차단 조치 및 현장점검 요청을 위한 조사기관 지정 등 입력

- 【식품행정통합시스템】 → 【행정업무처리[공통]】 → 【1399신고센터, 광고모니터링】 → 【모니터링정보망】 → 【적발정보등록】 에 차단 정보 등록

6) 조사기관은 부당광고 사실관계 확인을 위한 현장점검 등을 실시하고, 위반사항에 대한 행정조치 결과를 '식품행정통합시스템'에 입력

- 【식품행정통합시스템】 → 【행정업무처리[공통]】 → 【1399신고센터, 광고모니터링】 → 【모니터링정보망】 → 【조치대상목록】 → 【사후조치정보】 에 등록

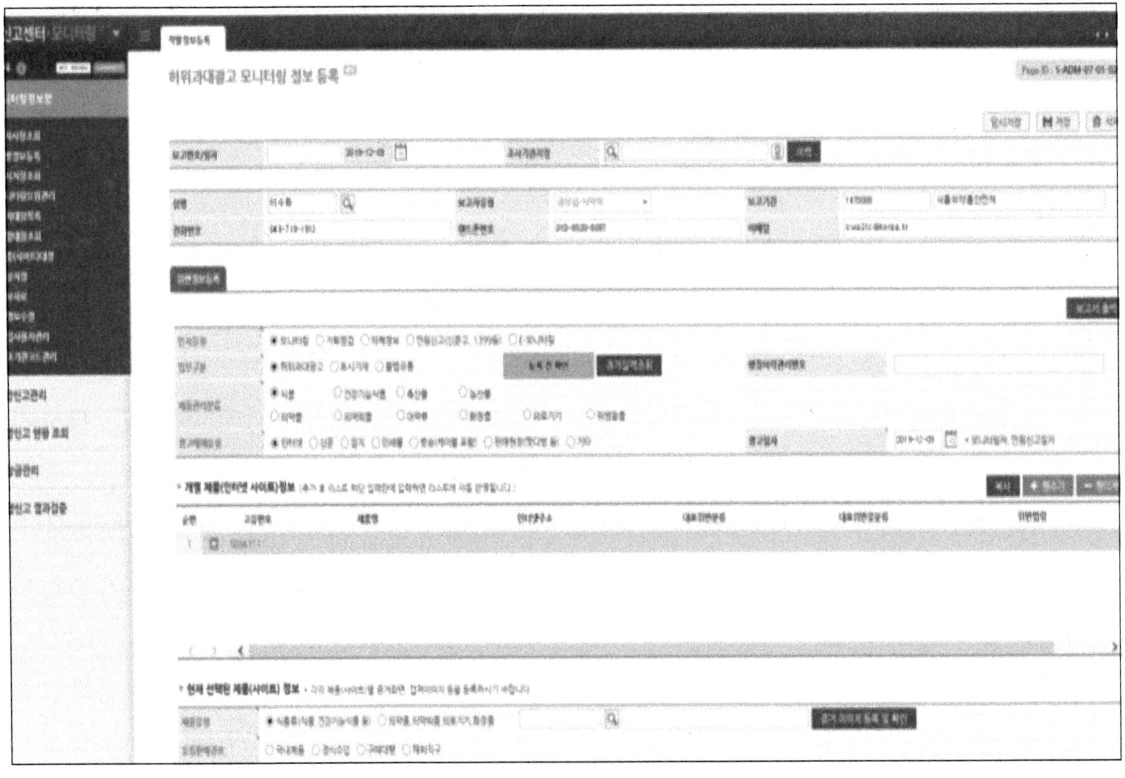

- 시스템 이용이 어려운 경우, 아래의 양식으로 별도 관리

보고일자 1)	제품분류 2)	광고매체 3)	업체명	개별제품명	사이트분류 4)	사이트주소	도메인	위반내용	제품위반분류	제품위반유형	제품처분근거	보고기관 5)	보고자 6)	인지유형 7)	광고일자 8)	유통판매경로 9)	광고위치	광고매체상세	업체유형	조치완료	조사담당기관 10)	조사자 11)
√	√	√	√	√	√	√						√	√	√	√	√					√	√

※ 서식 작성 시 주의사항

1. √칸은 반드시 작성
2. 1), 8) ○○○○-○○-○○ 형식으로 작성, 2) 식품, 건강기능식품, 축산물로 구분, 3) 인터넷, 신문, 홈쇼핑, SNS 등으로 구분, 4) 국내, 해외로 구분, 5),10) 해당 부서명 기입, 6),11) 담당자 성명 기입, 7) 모니터링, 기획점검, 민원으로 구분 9) 국내제품, 해외직구, 구매대행으로 구분

6. 부당 광고행위 등 일제 합동 점검

가. 목 적

식품 등 부당 광고에 대해서 유관기관 합동 단속 실시로 기관별 정보공유 및 단속의 효율성 극대화 및 소비자 피해 예방

나. 기본방향

1) 국민 다소비(관심) 제품에 대해 질병 예방·치료 효과 표방, 건강기능식품 오인·혼동, 소비자 기만 광고 등 집중 점검

2) 점검 전, 사전 교육으로 부당 광고 판단에 대한 관계기관 간 눈높이 일치

3) 언론 등을 통해 합동 단속 결과 등 발표

다. 추진체계

1) 식약처 : 계획 수립 및 운영 총괄, 2) 지방식약청 및 지자체 : 점검 실시

※ 공통 : 반복 위반업체(고의적·상습적) 등 특별점검 등 실시

라. 행정사항 : 합동 점검 계획 및 결과 보고 등

1) 적발 사항은 식품행정통합시스템 등록 및 사이트 차단 조치 요청 등

2) 필요시, 고의·상습 부당 광고 업체 고발 고치 등

7. 소비자식품위생감시원 온라인 부당광고 모니터링 교육 및 점검

가. 목 적

소비자식품위생감시원 대상 식품 등 부당광고에 대한 모니터링 교육을 실시하고 합동 점검 및 상시 점검을 통해 소비자 피해 예방

나. 기본방향

1) 국민 다소비(관심) 제품, 반복위반업체(제품) 및 반복 민원신고 제품에 대해 질병 예방·치료 효과 표방, 건강기능식품 오인·혼동, 소비자 기만 광고 등 집중 점검

2) 지방청별 온라인 부당광고 모니터링 교육 및 합동 점검 실시, 상시 모니터링

다. 추진체계

1) 식약처 : 계획 수립 및 운영 총괄

2) 지방식약청 : 지방청별 교육 및 점검에 필요한 예산 등 지원

라. 행정사항 : 합동 점검 계획 및 결과 보고 등

1) 적발 사항은 식품행정통합시스템 등록 및 사이트 차단 조치 요청 등

8. 영업자 대상 교육·홍보 실시

가. 주관 : 시·도(시·군·구)

나. 교육·홍보 대상

방문판매·다단계판매·전화권유판매 영업자 및 전자상거래·통신판매 영업자, 지방 TV방송·지역케이블방송 사업자 및 지방지·지역 생활정보지 사업자 등

다. 주요내용 : 관계법령 및 단속 사례

「식품 등의 표시·광고에 관한 법률」 제8조(부당한 표시 또는 광고행위의 금지)에 해당하는 표현 또는 내용의 표시·광고

라. 교육·홍보 방법

1) 해당 영업자 대상으로 년 1회 이상 시·군·구에서 주관하여 교육실시. 단, 다단계 판매업자, 통신판매업자는 년 2회 실시(권고)

※ 다단계 판매업소 현황 <공정거래위원회/ 정보공개/ 사업자 정보/ 다단계판매 사업자> 참조

2) 소비자식품위생감시원을 활용하여 경로당, 노인복지관 등 순회 지도·계몽 및 홍보물 배포

9. 행정사항

가. 시·군·구에서는 「식품행정통합시스템」을 통해 조사 요청을 받은 날로부터 15일 이내에 조사 완료한 후, 그 조치 결과 등록

※ 사이버조사팀은 부당한 표시·광고 행위를 적발한 경우, '식품행정통합시스템'에 등록 하고, 각 행정기관도 민원신고로 적발된 사항을 반드시 동 시스템에 등록하여 통계가 누락되지 않도록 조치

나. 시·도는 「식품행정통합시스템」을 지속적으로 확인하여 관내 시·군·구의 미처리 현황을 수시 파악하여 시·군·구에 신속 조치토록 독려하여 조사 지연 사례가 발생하지 아니하도록 관리 철저

※ 타당한 사유가 없는 한 '행정지도' 지양(감사원 지적사항)

< 식품등 부당광고 관련 『식품행정통합시스템』 운영 철저 >

○ 모니터링 결과 위반사항 관련하여 「식품행정통합시스템」에 신속히 등록(중복조회 후)하고, 관할 행정기관에 즉시 통보(전산으로 조사 요청<필요시 공문 시행>)

※ 녹화물(동영상), 녹음(파일, 테이프 등), 책자 등의 증거자료가 있는 경우 해당기관으로 송부

○ 지방식약청 및 시·도(시·군·구)는 통보(문자전송)받은 내용에 대해 위반 행위를 확인한 후 신속히 조사하고, 조사결과(고발, 행정처분 등)를 식품행정통합시스템에 등록

※ 민원 신고로 등록되어 조사기관으로 지정된 경우, 조사결과를 반드시 민원인에게 우편 또는 전화 등으로 알려주고 「시스템」에 결과 등록, 또한 직접 신고 받아 위반사항에 대하여 행정 조치한 경우에도 반드시 식품행정통합시스템에 등록 관리

○ 식약처 및 시·도(시·군·구)는 온라인 불법·부당 행위 관련 증빙자료를 '식품행정통합시스템'에 등록하고, '방송통신심의위원회 및 오픈마켓 등 플랫폼사에 문서 등으로 광고 금지 등 조치 요청

※ 지방식약청 및 시·도(시·군·구)에서는 온라인 불법·부당사이트를 인지한 경우, 식약처로 조치 요청 (시스템에서 조사 담당기관을 본부 사이버조사팀으로 지정)

◇ 시스템 접속 방법
- 식품행정통합시스템 https://admin.foodsafetykorea.go.kr 접속

◇ ID 및 비밀번호 관리 철저 : 인사이동 등 담당자 변경 시 시스템 운영방법, ID, 비밀번호 등 업무인수 인계 철저

※ 회원정보에서 담당자, 핸드폰번호(문자전송), 메일 등 정보를 반드시 수정 관리, 분기별 1회 이상 현행화

10. 협조 사항 등

○ 관할 행정기관 [시·도(시·군·구), 지방식약청] 에서는 온라인 관련 업체 (판매업자, 플랫폼사, SNS 등) 대상으로 아래 사항에 대해 적극 안내

<< 식품·의약품등의 온라인 자율관리 가이드라인 >>

☞ 판매업자(책임) + 온라인 중개 플랫폼 사업자(역할)

✓ 가이드라인 주요 내용

■ '식품·의약품등의 온라인 자율관리 가이드라인'은 총 6장으로 구성

√ **(제1장, 총칙)** 목적 및 용어 정의, 판매업자의 의무 및 플랫폼 사업자의 역할 등

√ **(제2장, 사업자 요건)** 사업자등록(관할 세무서), 통신판매업 신고(시·군·구), 식품·의약품등 법령에 따른 판매업 영업 신고* 규정

* 건강기능식품판매업, 의료기기판매업, 수입식품등 인터넷 구매대행업 등

√ **(제3장, 판매금지 식품·의약품등)** 온라인에서 판매할 수 없거나 판매가 제한되는 품목*

* 무허가(무신고) 제품, 의약품, 마약류, 샘플용 화장품, 콘텍트렌즈 등

√ **(제4장, 품목별 정보 등록)** 식품·의료기기·화장품 등 품목별 제품의 제품명, 업소명, 성분명, 주의사항 등 온라인 판매 시 등록해야 하는 세부 정보

※ 「전자상거래 등에서의 소비자보호에 관한 법률」(공정거래위원회)」

√ **(제5장, 부당광고 금지)** 일반적으로 금지하는 부당광고 행위*와 식품·의약품등 관련 법령**에서 정한 품목별 부당광고 행위·내용

* 「표시·광고의 공정화에 관한 법률(공정거래위원회)」

** 「식품표시광고법」, 「약사법」, 「화장품법」, 「의료기기법」, 「위생용품법」

√ **(제6장, 판매업자·온라인 중개 플랫폼 사업자의 자율관리)** 판매업자의 준수사항*, 온라인 중개 플랫폼 사업자의 조치 사항 등 자율관리 방법**

* (판매업자) 판매제품의 인허가 확인, 전자상거래 판매금지 식품·의약품등 품목별 정보 등록, 부당광고 금지, 플랫폼 사업자의 개선조치 등 요청사항 이행

** (플랫폼 사업자) 부당광고·불법유통 모니터링, 위반 사실을 판매업자에게 통지 및 조치 등, 반복 위반 판매업자에 대한 관리 등

■ 식약처 홈페이지(www.mfds.go.kr) > 법령·자료 > 법령정보 > 민원인안내서

〈 붙임 1 〉

모니터링 대상 광고매체

○ 식약처 : 인터넷 모니터링을 기본적으로 실시하고 일간지(경제지)와 방송매체를 구분하여 집중 모니터링

<table>
<tr><th colspan="4">식약처 모니터링 대상매체</th></tr>
<tr><th>일간지
(경제지 포함)</th><th colspan="2">인터넷
(포털사, 쇼핑몰, 소셜커머스 등)</th><th>방송매체
(홈쇼핑/T커머스)</th></tr>
<tr><td rowspan="6">중앙일보
조선일보
경향신문
동아일보
일간스포츠
국민일보
스포츠서울
내일신문
문화일보
스포츠동아
한겨레
서울신문
한국스포츠경제
한국일보
세계일보
스포츠조선
매일경제
서울경제
한국경제
헤럴드경제</td><td>포털사</td><td>네이버
다음
구글</td><td rowspan="6">현대홈쇼핑
CJ오쇼핑
GS홈쇼핑
NS홈쇼핑
롯데홈쇼핑
홈앤쇼핑
공영홈쇼핑
~~K SHOPPING~~
KT알파쇼핑
쇼핑엔티
신세계쇼핑
SK스토아
W쇼핑</td></tr>
<tr><td>쇼핑몰</td><td>홈플러스 주식회사
㈜이마트
롯데마트mall
농협몰
㈜현대홈쇼핑
㈜CJ오쇼핑
㈜GS홈쇼핑(GS샵)
㈜NS쇼핑
롯데홈쇼핑(롯데i몰)
㈜롯데닷컴
㈜홈&쇼핑
공영홈쇼핑현행화
㈜신세계
㈜이랜드리테일(뉴코아)
㈜AK인터넷쇼핑몰
컬리
갤러리아몰
동원F&B ㅎ
올리브영</td></tr>
<tr><td>오픈마켓</td><td>쿠팡
㈜이베이코리아(옥션, 지마켓)
SK플래닛㈜(11번가)
네이버비지니스플랫폼(스토어팜)</td></tr>
<tr><td>중고마켓</td><td>중고나라
당근마켓
번개장터
헬로우마켓</td></tr>
<tr><td>해외플랫폼</td><td>알리, 테무, 아마존</td></tr>
</table>

○ 시·도(시·군·구) : 관할 업체 운영 판매사이트, 각 지역별 지방지 및 지방 TV방송, 지역케이블방송, 지역생활정보지, 무가지, 잡지, 전단지 등을 집중 점검

- 강원도민일보, 강원일보, 경기일보, 경남일보, 경남신문, 경북매일신문, 경북일보, 경상일보, 경인일보, 국제신문, 광주일보, 대구일보, 대전일보, 매일일보, 부산일보, 영남일보, 전남일보, 전라일보, 전북도민일보, 전북일보, 중도일보, 중부매일, 중부일보, 제주일보, 충청투데이, 한라일보, 매일신문 등

6 의약품 및 의약외품 제조시설의 식품제조·가공시설 이용 기준

〈식품안전정책과〉

1. 근거법령

가. 「식품위생법」 제36조 및 같은 법 시행규칙 제36조 관련 [별표 14] 제1호 자목5)

나. 「의약품 및 의약외품제조시설의 식품제조·가공시설 이용기준」 (식약처 고시)

※ 의약품제조시설의 건강기능식품제조시설 이용 및 관리는 "Ⅷ. 5." 참조

2. 기본방향 : 지정업체 신고 등 관리

의약품 또는 의약외품제조시설(단, 내복용 제제를 제조하는 시설) 중 식품 또는 식품첨가물을 제조·가공시설로 이용하기에 적합하다고 판단되어 식약처에서 공고한 업체에 대하여는 동 법령의 시설기준 특례규정을 적용하여 등록업무에 반영하여 업무 추진

3. 관련기관 : 식품의약품안전처, 시·군·구

4. 지정업체 사후관리

가. 시설관리

1) 의약품 또는 의약외품제조시설을 이용하여 식품 또는 식품첨가물을 제조·가공할 경우 반드시 "식품제조중"이라는 표시

2) 식품과 의약품 또는 의약외품의 상호전이를 방지하기 위하여 업체 자체에서 설정한 관리기준 준수여부 점검

※ 세척 또는 소독과 관련한 기록서는 3년간 보관

나. 제품 및 서류관리

1) 영업자는 의약품 또는 의약외품 제조 후 식품을 제조·가공시마다 전이 우려가 있는 의약품 또는 의약외품 성분의 전이여부 등을 확인하는 검사를 실시하여야 하고, 그 검사기록서는 3년간 보관

2) 영업등록 관청은 제조·생산기간 중에 지정기준 및 검사 실시 등의 이행여부를 확인

3) 영업등록 관청은 지정업체가 제조·가공한 제품에 대하여 수거검사 실시 (의약품의 전이 여부 등을 검사하기 위하여 검사항목을 추가할 수 있음)

5. 위반업체에 대한 조치

가. 지정되지 아니한 의약품 또는 의약외품 제조시설을 이용하여 식품을 제조·가공한 때에는 「식품위생법」 제36조에 위반으로 행정처분*과 같은 법 제97조에 따라 고발 조치

* 위반업체에 대한 행정처분 기준

위 반 사 항	행정처분 기준		
	1차 위반	2차 위반	3차 위반
의약품 또는 의약외품 제조시설을 식품제조·가공시설로 지정받지 아니하고 해당 제조시설을 이용하여 식품 등을 제조·가공한 때	영업정지 1개월	영업정지 2개월	영업정지 3개월

나. 지정된 의약품 또는 의약외품 제조시설을 이용한 경우라도 의약품 또는 의약외품 성분이 식품에 전이된 때에는 식품위생법 위반으로 행정처분 조치(전이된 성분에 따라 행정처분 조항 검토)

다. 「의약품 및 의약외품제조시설의 **건강기능식품**제조시설 이용기준」에 따라 해당 의약품제조시설을 건강기능식품의 제조에 이용 가능하도록 지정받은 경우라도, 식품을 제조하기 위해서는 「의약품 및 의약외품 제조시설의 **식품제조 가공시설** 이용기준」에 따른 추가 지정이 필요하며, 지정 없이 식품을 제조한 경우 상기 행정처분 기준에 따라 처분

7 해썹(HACCP) 제도 운영

〈식품안전인증과, 한국식품안전관리인증원〉

1. 목적

안전한 식품 제조·가공을 위하여 원료에서 최종제품에 이르기까지 모든 단계에서 인체의 건강을 해할 우려가 있는 위해요소를 확인하여 중점 관리하는 과학적인 위생관리시스템인 해썹(HACCP) 제도를 활성화하고 운영업체의 내실화를 기하기 위함

2. 근거법령

가. 「식품위생법」 제48조(식품안전관리인증기준) 내지 제48조의5(교육훈련기관의 지정취소 등)

나. 「식품위생법 시행령」 제33조 및 제34조

다. 「식품위생법 시행규칙」 제62조 내지 제68조의5

라. 「식품 및 축산물 안전관리인증기준」(식약처 고시)

3. 기본 방향

가. HACCP 인증 확대 지속추진

- 해썹 인증 및 적용제품 생산비율 확대로 안전한 식품제조환경 조성
- '25년도 총 매출액 100억이상 제조업체 전체 생산식품 의무적용('26.1. 시행)
  * 의무 시행중인 업체가 신규로 자율 적용 식품유형 추가 또는 전년도 매출액이 신규로 100억원 이상이 된 경우 6개월 범위 내에서 유예 가능(신청: 인증원)
- HACCP 연장심사 유예업체 관리
  * 소규모 업소 중 연장심사를 일반 업소로 받아야 하는 경우로 기준 준수에 필요한 시설·설비 등의 개·보수를 위하여 일정 기간이 필요하다고 식약처장이 인정한 경우 1년의 범위 내에서 유예 가능
- HACCP 준비업체에 대한 업체 수준별 체계적 기술지원 서비스 제공

나. HACCP 인지도 및 이해도 강화를 위한 홍보 강화

- 연령대별, 계층별 홍보대상을 세분화하여 학교 교육, 소비자 현장 캠페인, 온라인 매체 활용을 통한 홍보 효율성 및 체감도 제고
- 식약처 및 한국식품안전관리인증원 홍보자료를 활용하여 다양한 홍보활동 전개

다. 해썹(HACCP) 인증업체 사후관리 강화

- 모든 현장평가 대상 업소에 대해 전면 불시평가 실시로 인증업체의 HACCP 기준 상시 운영을 통한 내실화 도모
- 식중독 발생, 기준규격 위반 등 식품의 안전과 관련된 법령 위반 업체에 대해 즉시 평가 실시 등 HACCP 인증업체 상시 관리
- 식품위생법령 등 위반으로 전년도 행정처분 이력이 있는 식품제조가공업체에 대해서는 조사·평가 시 위반내용과 동일한 선행요건관리 평가항목에 감점하여 제도의 신뢰성 제고(고시개정, '22.5.18)

라. 자동 기록관리 시스템(스마트 해썹) 도입 확대

- 해썹 인증업체의 기록의 신뢰성 제고 등 운영 내실화를 위해 스마트 해썹(자동 기록관리 시스템)* 제도 도입 및 우대조치**

* 스마트 해썹(자동 기록관리 시스템) : 중요관리점(CCP) 모니터링 데이터를 실시간으로 자동 기록·관리 및 확인·저장할 수 있도록 하여 데이터의 위·변조를 방지할 수 있는 시스템

** 정기 조사・평가(현장조사) 면제, 스마트 해썹 심벌 표시, 인증(연장) 평가 시 가점 부여 : 중요관리점(CCP) '60% 이상' 스마트해썹 등록 시 우대조치 적용 가능(고시개정, '25년)

마. 글로벌 해썹 제도 도입(고시개정, '25년)

- 국제기준 및 제조환경 변화에 발맞춰 안전관리인증기준(HACCP) 적용업소에서 글로벌 식품안전관리 시스템*을 적용

* 식품방어·사기, 알레르기 유발물질, 식품안전문화, 식품안전경영시스템 등 고의적·의도적 식품안전사고를 예방하기 위한 글로벌 평가기준 포괄

4. HACCP 인증업체 사후관리

가. 조사·평가 전면 불시평가 추진

- 연초에 평가대상을 일괄적으로 공개하고, 모든 현장평가 대상 업소에 대해 불시평가 실시

* 지방청별 현장평가 대상업소 확정 및 일괄 공개

- 식품안전과 관련된 법령위반 업체에 대해 즉시 평가

* 식중독 발생, 기준규격 위반 등 법령위반 업체는 즉시 불시평가 실시, 기타 경미한 표시사항 위반 및 영양성분 부적합 업체 등은 평가 제외

- 당해 연도 연장 심사받은 업체는 정기 조사·평가 제외

* 인증 유효기간이 종료되는 해에 심사를 받은 업체는 정기 조사·평가 제외에 해당

나. HACCP 인증 유효기간 연장심사(3년주기) 시행

- 대상: '23년 인증업체 및 연장심사 받은 업체

다. 정기 조사·평가 차등관리제 적용

- 정기 조사·평가 결과에 따른 차등관리제 운영 및 미흡업체 기술지원 실시
- 전년도 및 당해 연도 식품위생법 위반업체의 경우 차등관리 대상에서 제외
- 차등관리기준

차등관리등급	평가점수	사후관리 방법
우수	95% 이상	○ 2년간 정기평가 제외, 업체 자체평가 실시
양호	90~95%미만	○ 1년간 정기평가 제외, 업체 자체평가 실시
보통	85~90%미만	○ 연 1회 이상 정기평가 실시
보완	70~85%미만	○ 연 1회 이상 정기평가 및 기술지원 연 1회 이상 실시
미흡	60~70%미만	○ 연 1회 이상 정기평가 및 기술지원 연 2회 이상 실시

* 기술지원 : 한국식품안전관리인증원에서 실시

※ 자체평가 대상업체 관리

√ 자체평가 대상업체는 평가계획 수립부터 개선조치까지 총괄하는 자체평가프로그램을 운영해야 한다.

√ 자체평가 일정, 범위, 평가자 및 평가결과에 대한 자료를 유지해야 하며, 개선이 필요한 부분은 기간 내에 개선하고 확인하여야 한다.

√ 자체평가를 실시한 업소는 그 결과를 1개월 이내에 관할 지방식품의약품안전청장에게 제출하여야 한다.

※ 자체평가 프로그램 및 개선내용에 대해서는 조사평가 기관에서 조사·평가 시 확인

라. 자동 기록관리 시스템(스마트 해썹) 등록업소에 대해 정기 조사평가 면제

- 중요관리점(CCP) 60% 이상 자동 기록관리 시스템을 적용한 스마트 해썹 등록업소에 대해 자체적으로 조사·평가를 실시하도록 함

※ 다만, 식품안전 관련 법령 위반업소의 경우 즉시 불시 조사평가 실시

마. "즉시인증취소(One-strike-out)" 적용

- 평가결과 60% 미만 또는 주요 안전조항* 위반 시 즉시 인증취소

  * ①원부재료검사검수 미흡, ②지하수살균소독 미흡, ③작업장세척소독 미흡, ④CCP공정관리미흡, ⑤위해요소분석 미실시(인증 이후 추가 생산 제품 또는 공정에 한함)

- HACCP 원칙이 적절히 관리되고 있는지 엄격히 평가하고, 위반 시 인증취소 등 관련 규정에 따라 조치

바. 기획평가 실시

- 계절, 성수기(HACCP 운영 취약시기) 및 지역별 특성 등을 고려하여 지방청별 계획 수립·운영
- 지도·점검 추진 일정에 맞춰 기획평가 일정 수립 및 평가 실시

사. 조사·평가 시 전년도 미흡사항에 대한 감점 확대

- 전년도 정기 조사·평가의 개선조치를 이행하지 않은 경우 해당 항목에 대한 감점 점수의 2배를 감점
- 식품제조·가공업에 대해 전년도 행정처분 이력이 확인되는 경우 위반내용과 동일한 평가항목에 대해서는 감점

※ 「식품 및 축산물 안전관리인증기준」[별표4] 사후관리 평가표의 '감점기준' 적용

아. 사후관리 실적 제출(매월)

- 지방청별 사후관리 실적(총괄표, 업체리스트) 제출(익월 10일 이내)

5. 역할분담

구 분	식약처(본부)	지방청	시·도(시·군·구)	한국식품안전관리인증원
○ 해썹제도 및 관련 업체 등 기술 지원 업무	○ HACCP 정책방향 및 제도개선 추진 ○ 기술지원 계획 총괄 ○ 해썹 관리 매뉴얼 등 개발	○ 관내 해썹인증 확대 및 제도 정착을 위한 민원상담 등	○ 해썹 의무적용 대상 업체 현황조사 ○ 신규 영업등록 및 품목제조보고(또는 품목 추가) 시 의무 적용 대상여부 확인 및 인증 안내·지도 ※ 의무대상 식품은 인증을 받은 이후 제조·판매 가능 ※ 의무대상 식품 신규 영업 등록 및 품목제조보고(또는 품목 추가) 시 인증신청 여부 등을 확인(인증신청 사전접수증 등) ○ 의무적용 미인증업체 주기적 점검 및 행정처분 ○ 식품위생법을 위반한 해썹업체 행정지도 및 수시 교육·홍보로 재발 방지(시·도에서 시·군·구 관리감독 철저)	○ 해썹 인증 업체 기술지도 ○ 해썹 인증 업체의 HACCP 기준서 재검토 및 현장검증 기술지원 ○ 기술지원 효과분석 ○ 제외국의 HACCP기준 비교·분석 ○ HACCP 표준기준서, 매뉴얼 개발 및 위해요소 분석 정보제공 등 ○ HACCP통계 관리
○ 해썹 적용 업체 조사·평가	○ 해썹 적용업체 조사·평가 총괄 ○ 지방청별 조사·평가 부적합률 분석 및 관리 ○ 식품위생법 위반업체 분석 및 관리	○ 해썹 정기(기획)평가 계획 수립 시행 ○ 계절별, 성수기별 기획평가 실시 ○ 식품위생법 위반업체 수시평가 및 특별교육 ○ 해썹 적용업체의 미인증업체 위탁생산 수시 확인		○ 해썹 인증평가, 유효기간 연장평가 계획 수립 및 평가 실시 ○ 신규인증, 연장심사 결과 유관기관 통보(식약처, 지방식약청, 시·도) 및 홈페이지 게재
○ 대국민 홍보	○연간 홍보계획 수립·시행 ○ 홍보물·자료 개발·보급 등	○ 홈페이지 및 각종 행사 등을 통한 홍보	○ 지역 정보지 및 각종 지역행사 등을 통한 해썹 제품 및 제도 홍보	○ 세미나, 포럼 개최 ○ 식품박람회 등 부스 설치 홍보

6. 연간 추진 일정

구분	추 진 내 용	비 고
연중	▪ HACCP 제도 활성화를 위한 제도개선 추진 및 위해요소분석, 민원업무 처리 ▪ HACCP 적용업체 인증·연장 및 정기·기획·수시 평가, 현장 기술지도 ▪ HACCP 제도 홍보, 기술세미나 상시 운영	
1월	▪ 해썹(스마트해썹, 글로벌해썹) 재정·기술지원 사업공고	
2월	▪ 영업자 등 대상 해썹 설명회 개최 ▪ 해썹 지도관 신규 교육훈련 ▪ 온라인 매체 홍보	
3월	▪ 해썹 지도관 보수 교육훈련	
5월	▪ 초·중·고생 대상 교육·홍보 ▪ 공무원 대상 해썹 역량 강화 과정 교육훈련	
6월	▪ 소비자단체 현장 캠페인 실시 ▪ 온라인 매체 및 지하철 등 다중이용시설 홍보	
7월	▪ 해썹 관리지원사업 중간평가 ▪ 해썹 지도관 신규 교육훈련	
8월	▪ 해썹 지도관 보수 교육훈련	
9월	▪ 공무원 대상 해썹 역량 강화 과정 교육훈련	
12월	▪ 해썹 관리지원사업 최종평가 및 '27년 사업계획 수립	

7. 중점추진 사업

가. 해썹(HACCP) 의무적용 사업

1) 의무적용 대상식품(식품제조·가공업)

대상식품	적용시기
▪ 어육가공품 중 어묵류 ▪ 냉동수산식품(어류·연체류·조미가공품), ▪ 냉동식품(피자류·만두류·면류) ▪ 빙과류 ▪ 비가열음료 ▪ 레토르트식품	'06.12~'12.12
▪ 배추김치	'08.12~'14.12
▪ 즉석조리식품(순대)	'16.12~'17.12
▪ 전년도 총 매출액 100억 이상 식품제조가공업 전체 생산식품	'17.12~
▪ 어육소시지 ▪ 음료류(커피,다류 제외) ▪ 초콜릿류 ▪ 특수용도식품(특수영양식품, 특수의료용도식품)▪ 과자·캔디류 ▪ 빵류·떡류 ▪ 국수·유탕면류 ▪ 즉석섭취식품	'14.12~'20.12

※ 냉동수산식품 중 어류·연체류·조미가공품

○ 어류·연체류 : 어류 또는 연체류*를 주원료(50%이상)로 단순 절단, 가공하여 냉동한 식품(빵가루 입힘 포함)

○ 조미가공품 : 어류 또는 연체류*를 주원료(50%이상)로 하여 소스 등을 첨가, 조미하여 그대로 냉동하거나 가열·조리 등을 거쳐 냉동한 식품

* 연체류 : 두족류(문어, 오징어, 낙지 등), 기타 무척추동물(개불, 해파리 등)에 한함

* 해물탕(냉동어류, 패류, 연체류, 쑥갓 등 농산물) 형태는 의무대상이 아님

※ 배추김치 : '절임류 또는 조림류'의 김치류 중 김치로서 배추를 주원료로 하여 절임, 양념혼합과정 등을 거쳐 이를 발효시킨 것이거나 발효시키지 아니한 것 또는 이를 가공한 것을 말함

※ 냉동식품(면류) : 생면, 숙면, 건면을 냉동한 식품

※ 국수 : 곡분 또는 전분, 전분질원료, 변성전분 등을 주원료로 반죽하여 손이나 기계 따위로 면을 뽑아내거나 자른 국수

* 소면, 칼국수는 의무대상이나, 냉면, 당면, 파스타, 수제비, 만두피, 분모자(중국 동북 지방의 당면)는 의무대상 아님

※ 즉석조리식품(순대) : 소나 돼지의 창자에 여러 가지 재료를 소로 넣어 삶거나 찐 제품(순대국, 순대볶음 제품에 들어가는 순대를 직접 제조하는 경우 의무적용에 해당)

* 오징어순대는 의무대상이 아님

2) 의무적용 대상 시기

① 의무적용 대상 식품(유형)을 신규로 제조·가공하고자 하는 영업자는 사전에 HACCP 인증 신청 접수를 하도록 하며, 인증 후 제조·가공 및 유통·판매 가능

② 전년도 총 매출액이 100억원 이상 식품제조가공업체는 당해연도부터 인증 후 제조·가공 및 유통·판매 가능

3) 소분업 HACCP인 경우 HACCP인증품목을 소분하는 경우에 한함

※ 단, 벌꿀은 예외적으로 소분업 HACCP 가능

나. 기술지원 사업

정책·기술지원	교육·홍보지원
○ 해썹 표준관리기준서 개발·보급 ○ 해썹적용 준비 중소업체 기술지원 - 맞춤형 현장 기술지도 ○ 해썹적용 준비업체 전문기술상담 ○ 해썹인증업체 사후관리 운영지원 ○ 해썹 인증 및 조사평가 결과 분석	○ 해썹 준비업체 기준서 작성 등 실무교육 ○ 해썹 지도관 신규·보수교육 훈련 ○ 기술세미나, 해썹 교실 등 운영 ○ 해썹 적용업체 견학프로그램 운영 ○ 해썹 전용 홍보사이트 및 홍보전시관 운영 - 업체 정보, 견학 후기, 교육 자료 등 운영 ※ http://www.haccp.or.kr

다. 해썹(HACCP) 제도 대국민 홍보 사업

1) 목적 : 해썹에 대한 소비자 인지도 및 이해도 제고를 통해 제도 활성화

2) 홍보방법

- 소비자 접점을 활용한 현장 캠페인, 온라인 매체 등을 통한 홍보 효율성 및 체감도 제고
- HACCP 홍보전시관, 홍보 전용사이트, 소셜네트워크(SNS) 상시 운영 및 지역축제 등 연계하여 다양한 홍보활동 실시

8. 기관별 추진 업무

가. 식약처

1) 해썹(HACCP) 관리 지원사업 운영
  가) HACCP 종합계획 수립 및 제도 운영
  나) HACCP 적용업체 중 운영 미흡업체 및 소규모업체 기술지원 등 강화
  다) HACCP 지도관 양성 확대 및 보수교육 실시로 전문성 제고
  라) HACCP 교육·훈련기관 지정·평가 등 관리
  마) 한국식품안전관리인증원 위탁 사업 관리

2) 해썹(HACCP) 제도 활성화
  가) 어묵류 등 6개식품('12.12), 배추김치(~'14.12), 즉석조리식품 중 순대(~'17.12) 의무적용 완료
  나) 전년도 연매출액 100억원 이상 식품제조가공업체 의무적용('17.12~)
  다) 어린이기호식품 등 8개 식품('14.12~'20.12) 의무적용 완료

나. 지방식약청

1) 정기(수시) 조사·평가 자체 세부계획 수립 시행 가) 정기조사·평가 및 식품위생법 위반업체 등 수시 조사·평가 - 정기평가 외 계절별, 성수기별 기획평가 실시 - 식중독 발생, 기준규격 위반 등 식품안전 관련 법령 위반업체 즉시 불시평가 실시 * 위생과 관련 없는 표시기준 위반의 경우 제외 - 관내 식품위생법 위반 해썹업체 특별교육(연 1회이상) - 해썹제품을 미인증 업체에서 위탁 제조·가공여부 수시 확인 나) 전년도 평가 결과에 따라 금년도 정기 조사·평가 차등 관리 (부적합이력 학교납품업체는 연2회 이상 정기 조사·평가) ※ 학교납품 부적합업체는 평가즉시 식중독조기경보시스템 등록 및 교육청 우선 통보 다) 정기(수시·기획) 평가시 전년도 평가결과 미흡사항 및 법령위반 내역 등에 대한 개선여부 등을 확인 및 기록관리 라) 해썹 인증업체가 2개월 이상 영업정지 명령을 받는 등 해썹 행정처분 기준에 해당하는 것을 확인한 경우, 조속히 운영지원과에 행정처분 의뢰	식품안전관리과
2) 해썹(HACCP) 정기(수시) 조사·평가 결과에 따른 행정처분 가) HACCP 업체에 대한 신속한 행정처분 절차 진행 및 처분 현황 관리 나) 행정처분 업체에 대하여 식품행정통합시스템에 처분내역 입력 다) 행정처분·인증취소 업체는 관할 시·도, 교육청 등 유관기관에 통보하고, 인증취소 업체에 대해서는 해썹적용 품목 표시 및 광고를 하지 못하도록 해당 지자체에 통보 라) 행정처분(시정명령) 업체 대상으로 처분일로부터 1개월 이내에 미흡사항 시정완료 보고서를 식품안전관리과에 제출하도록 안내 조치	운영지원과
3) 해썹(HACCP) 관리 미흡업체 등에 대한 조치 가) 행정처분(시정명령)받은 업체의 시정완료 보고서 확인 및 관리 ※ 시설공사 등 기간 내 시정이 어려워 연장이 필요한 경우 협의 후 3개월 범위 내에서 기간 연장 가능 나) 행정처분(시정명령) 받은 후 정해진 기간까지 완료하지 못할 경우 즉시 독촉 문서를 발송하여 15일 이내에 보고토록 조치 ※ 정당한 사유 없이 기한내 시정사항 미보고 시 즉시 재평가 실시 다) 재평가는 대상업체에 평가 일정 등 통보 없이 실시하되, 보완 완료 보고일로부터 1개월 이내에 평가하고 부득이 익년도에 실시할 경우 재평가와 정기평가를 구분하여 별도 시행	식품안전관리과

다. 시·도(시·군·구)

1) 식품위생 관련부서는 해썹(HACCP) 관련업무 담당자 지정·운영	
2) 해썹(HACCP) 의무적용 대상업체 관리 철저 가) 시·도는 관내 의무적용 대상업체의 누락, 착오 등 변경사항이 발생한 경우 관리 철저 나) 시·도는 관내 의무적용 대상업체의 영업허가(등록, 신고) 취소, 영업소 폐쇄(폐업) 등으로 영업이 중단된 경우 관리 철저 다) 의무적용 품목 제조 또는 매출액 100억원 이상 신규업체 관리 - 어린이기호식품 등 의무적용 16개 품목을 제조하고자 하는 신규 식품제조·가공(품목제조보고) 업체는 사전에 HACCP 인증 신청 접수를 하도록 하며. 반드시 해썹 인증 후 제조·가공 및 유통·판매가 가능함을 지도 - 전년도 총 매출액이 100억원 이상 업체는 반드시 제조·가공하는 모든 식품에 대해 해썹 인증 후 판매하도록 지도 라) HACCP 의무적용 대상 업체가 인증을 받지 않고 해당식품을 제조·판매하는 경우 행정처분(영업정지) 및 벌칙 적용(3년 이하의 징역 또는 3천만원 이하의 벌금) 마) HACCP 인증업체에 대한 행정처분 의뢰가 있을 경우 행정처분 하고, 그 결과를 식약처(식품안전인증과) 및 지방식약청(식품안전관리과), 한국식품안전관리인증원에 즉시 통보 및 식품행정통합시스템에 처분내역 입력	
3) 해썹(HACCP) 적용업체에 대한 교육 및 홍보 실시 가) 해썹 의무적용 대상업체 인허가 관리 철저 및 교육·홍보 * 품목제조보고 후 의무적용 식품을 장기간 제조·판매하지 않는 경우 자진취하 유도 나) 식품위생법 위반 해썹업체 재발방지 행정지도 계획 수립 시행 * 시·도는 관내 시·군·구의 계획 수립 시행여부 관리 감독 철저 다) 식품위생관계 단체 및 영업자 위생교육 시 해썹 내용 필수 포함 라) 정보지, 홈페이지 등 활용 해썹 제품의 구매 홍보 실시	
4) 해썹(HACCP) 적용업체 또는 적용희망업체의 시설 개·보수 자금 등 식품진흥기금 적극 지원 가) 가능한 장기 저리융자 및 융자조건의 완화 등 지원책 강구 나) 지원실적 관리 및 국회 등 요구시 관련 자료제출	

라. 한국식품안전관리인증원

1) HACCP 신규 인증·연장 심사 및 인증내용 변경, 인증서 교부	스마트해썹, 글로벌해썹 포함
2) HACCP 준비업체 및 적용업체 기술지원 가) HACCP 준비업체 전문상담 및 기술지원, 종사자 교육·홍보 실시 나) HACCP업체 중 운영미흡 (소규모)업체, 이물검출·기준규격 등 식품위생법 위반업체 기술지원 강화로 정기평가 부적합률 감소 및 재발방지 다) 의무적용 품목 제조업체 등 기술지원 이력 관리 라) HACCP 제도 활성화를 위한 포럼, 세미나 등 개최 마) HACCP 인증 기술지원 전후 효과 분석 바) HACCP 적용업체 견학 프로그램 및 홍보관, 홍보 사이트 운영 등	스마트해썹, 글로벌해썹 포함
3) HACCP 신규 인증·연장 심사 및 인증사항 변경, 기술지원 사업 등 실적 보고 가) HACCP 신규인증·연장 심사 및 인증사항 변경내역 보고 (매월 식품안전인증과, 지방식약청) 나) 지원사업 실적 보고(식품안전인증과, 주·월·분기·반기·연간) 다) 연장심사 대상업체 안내(업체별 연장심사 90일 전 안내 실시) 라) 인증 반납 업체는 시·도, 교육청 등 유관기관에 통보하고, 반납 업체에 대해서는 해썹적용 품목 표시 및 광고를 하지 못하도록 안내	스마트해썹, 글로벌해썹 포함
4) 기술지원 위탁사업 계약 및 평가 가) HACCP 업체 기술지원을 위한 위탁사업 수행(연중) 나) 매 분기별 HACCP 인증 보조금 집행내역 보고(4, 7, 10, 12월) 다) 상반기 사업평가(7월), 연간 사업평가(12월)	
5) HACCP 인증·운영 및 연장심사 등 각종 통계 관리 가) HACCP 인증현황 분석 및 통계관리 나) HACCP 인증 후 운영실적 분석 및 통계관리 다) HACCP 연장심사 평가결과 분석 및 통계관리	스마트해썹, 글로벌해썹 포함
6) HACCP 인증업소 사후관리 가) HACCP적용업소 영업자 및 종업원 신규교육훈련을 인증일로부터 6개월이내 이수여부 확인 나) 「HACCP적용업소 인증서 반납신고」에 따른 HACCP인증 취소시 시·도, 교육청, 해당 지자체 등에 통보	

9. 기타 참고사항

가. 해썹(HACCP) 적용 범위 및 신규 인증·연장 심사 절차

1) 적용범위

가) 「식품위생법 시행규칙」 제62조에 따라 해썹기준을 준수하여야 하는 영업자(의무적용)

나) 「식품위생법」 또는 「건강기능식품에 관한 법률」에 의하여 영업허가를 받거나 등록·신고한 업종 중 해썹기준의 준수를 원하는 영업자(자율적용)

2) 인증요건

- HACCP 적용업체로 인증받기 위해서는 식품별 위해요소분석 및 중요관리점 등을 포함하는 해썹 관리기준 및 선행요건(GMP, SSOP) 관리기준 준수 필요

구 분	세부 내용
해썹 관리기준	해썹팀 구성, 제품설명서작성, 용도확인, 공정흐름도 작성, 공정흐름도 현장 확인, 위해요소분석, 중요관리점 결정, 한계기준 설정, 모니터링 체계 확립, 개선조치방법설정, 검증, 문서 및 기록유지설정(7원칙 12절차), 교육·훈련 방법 및 절차
선행요건관리기준	영업장 관리, 위생관리, 제조·가공시설·설비관리, 냉장·냉동 시설·설비관리, 용수관리, 보관·운송관리, 검사관리, 회수프로그램관리 기준 설정 운영

3) 해썹 인증 절차

가) 인증(연장) 심사 절차

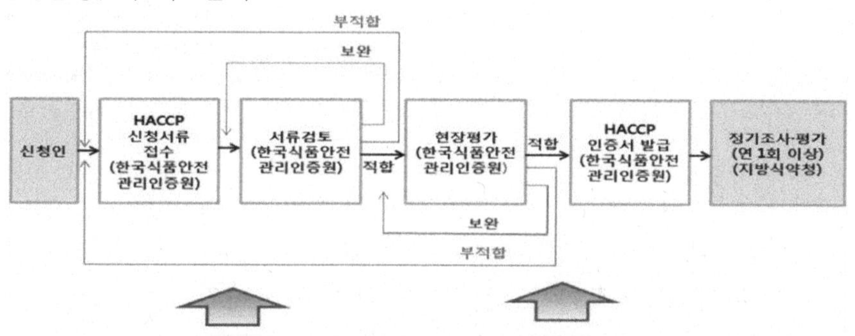

나) 인증(연장) 신청 방법

신청방법	구비서류	처리기한 및 수수료	처리절차	현장평가
○ 식품안전관리인증계획(HACCP Plan)수립 ○ 한국식품안전관리인증원에 식품안전관리인증기준 적용 업소 인증(연장) 신청서 제출 * 소규모 업소로 신청하는 경우, 연 매출액 및 종업원 수를 충족할 수 있는 증빙자료 포함	○ 인증(연장)신청서 ○ 식품안전관리인증계획서 -중요관리점의 한계기준 -모니터링방법 -개선조치 및 검증방법 ○ 인증서 사본(연장의 경우)	○ 인증신청일로부터 40일(연장 60일, 법정 공휴일 및 보완기간 제외) * 유사 식품, 축산물은 7일이내 처리 후 업체 및 유관기관에 통보 ○ 수수료 : 20만원 (유형별)	○ 제출된 신청서의 서류심사 결과 보완사항이 있을 경우 신청자에게 보완 통보	○ 현장 평가는 「식품 및 축산물 안전관리 인증기준」 실시상황 평가표에 따라 실시

* 유사한 식품·축산물의 경우 「식품 및 축산물 안전관리인증기준」에 따라 현장평가 없이 추가인정
* 한 공장에서 유사한 식품·축산물을 같이 생산하는 경우 정기평가는 축산물을 포함 실시하고 그 결과를 관련기관에 통보

다) 해썹 적용업체 인증 변경신청

변경대상	검토 및 접수	기 타
○ CCP(중요관리점)추가 ○ CCP(중요관리점)삭제 ○ CCP(중요관리점)변경 ○ 영업장 소재지 변경	○ 서류검토(필요시 보완요구) ○ 현장 확인 및 평가실시 ○ 인증서 변경 발급(적합) 또는 부적합 통보 ○ 수수료 : 10만원	○ 단순 상호명, 대표자명, 행정구역상 지번 변경, 일반을 소규모로 변경(당해연도 또는 최근 3개월 이내 인증(연장) 및 사후관리 평가결과 적합한 경우에 한함) 등은 별도 양식 없이 민원인이 인증서 원본에 영업등록(신고)증 사본 등 증빙서류를 첨부하여 문서로 변경 요청한 경우 인증서를 변경하여 발급 * 일반을 소규모로 변경하는 경우 위 조건에 해당하지 않을 시 변경심사 실시 ** 작업장의 이전 및 변경 없이 기존 지번에서 일부 추가 되는 경우는 재발급 대상임 ○ 소규모에서 일반으로 변경하는 경우 변경심사 실시

라) 신규 의무적용 유형(품목) 인증신청 및 확인증(사전접수증) 발급 절차

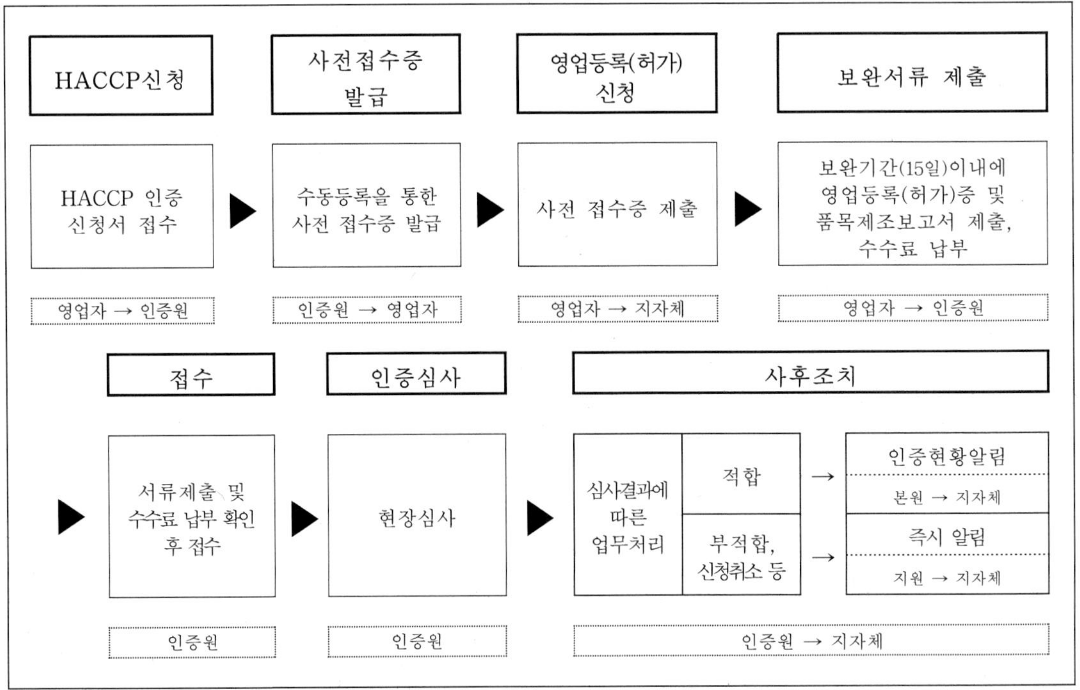

나. 해썹(HACCP) 관련 행정처분 기준 등

1) 의무적용 기한 내 해썹을 적용 받지 않고 제품을 제조·판매: 영업정지 7일

※ 「식품위생법」 제97조(벌칙)에 따라 3년 이하의 징역 또는 3천만원 이하의 벌금 부과 병행

2) HACCP 명칭 사용 위반: 과태료 300만원(식품위생법), 시정명령(식품 등의 표시·광고에 관한 법률)

※ HACCP 미인증 업체의 영업자가 HACCP적용업체 명칭을 사용한 때(HACCP적용 제품에 한하여 HACCP 마크 표시 또는 인증 사실에 대한 광고 허용하고 있음)

다. 해썹(HACCP) 적용업체 우대조치

1) 해썹 적용식품 표시부착 및 적용업체 인증사실에 대한 광고 허용(해썹 적용품목에 한함)

2) 해썹 적용업체 인증기간 내 출입·검사 면제 가능

3) 해썹 영업시설 개선을 위한 식품진흥기금의 장기저리융자사업 우선지원

4) 해썹 적용 식품 가산점 부여(해당 기관별 규정에 따름)

(식품 또는 축산물 구분이 필요한 경우 심벌 내부에 "식품안전관리인증 또는 축산물안전관리인증", "안전관리인증식품 또는 안전관리인증축산물"로 표시할 수 있음).

< 해썹 적용품목 표시(색상, 크기 변경 가능) >

5) 스마트 해썹(자동 기록관리 시스템) 적용업소의 경우 그 사실에 대한 표시·광고 및 스마트 해썹 심벌 표시·광고가 가능(중요관리점(CCP) 60% 이상 자동 기록관리 시스템을 적용한 업소에 한함)

※ 중요관리점(CCP) 60% 이상 자동 기록관리 시스템을 적용한 업소에 한함

< 스마트 해썹 심벌(색상, 크기 변경 가능) >

6) 글로벌 해썹(Global HACCP) 적용업소의 경우 그 사실에 대한 표시·광고 및 글로벌 해썹 심벌 표시·광고가 가능

< 글로벌 해썹 심벌(색상, 크기 변경 가능) >

라. 해썹(HACCP) 지도(심사)관의 자격요건 및 직무

1) 자격요건 : 다음 각 호의 어느 하나에 해당하는 자로서 소정의 지도관 교육·훈련을 이수한 자

가) 식품·축산관련학과에서 학사학위 이상의 학위를 취득한 자

나) 식품위생행정(축산물 포함)에 5년 이상 근무한 자

2) 지도(심사)관의 직무 ※ 필요시, 스마트해썹 및 글로벌해썹 업무 포함

가) HACCP 인증 신청업소 실시상황평가

나) HACCP 인증업소 사후관리

다) HACCP 관련 교육훈련 및 홍보

라) HACCP 제도 활성화 사업 지원 등

3) 평가(심사) 수행 및 보수교육 등

가) 해썹 정기(수시)조사·평가 업무수행은 지도관 자격을 가진 자(최소 1명)가 수행하여야 하며, 조사반 편성은 2인 1조 편성을 원칙으로 하되, 소속기관의 장이 자체 실정과 직무 경험 등을 고려하여 자체적으로 조정할 수 있음

나) 해썹 업무를 수행하는 모든 지도관은 최소 2년에 1회 이상 보수교육을 이수하여야 하며, 신규로 업무를 수행하는 자는 당해 보수교육을 반드시 이수해야 함

다) 지도관 교육·훈련기관인 한국식품안전관리인증원은 지도관 보수교육시 사례중심의 토론방식을 도입하고, 평가사례에 대한 DB화 및 내용을 지도관과 공유할 수 있도록 노력해야 함

라) 한국식품안전관리인증원은 소속 심사관에 대한 관리를 철저히 하여 무자격자가 인증심사에 참여하는 일이 없도록 하고(부득이한 경우 최소 1인은 반드시 심사관으로 편성), 심사관에 대한 자체 교육·훈련계획 수립·시행 및 평가사례 수시 공유 등을 통해 심사관의 역량 강화에 노력해야 함

〈참고〉

해썹(HACCP) 교육·훈련기관 지정 현황(17개소)

연번	지정번호	교육훈련 기관명	소 재 지	훈련과정
1	1 ('06.4.25)	푸드윈텍㈜	서울시 금천구 가산디지털1로 2 우림라이온스밸리 2차 906호 (☎02-2027-3157), http://www.f1tech.co.kr	경영자, 팀장, 팀원, 정기
2	2 ('06.8.25)	㈜한국농식품 안전관리원	경남 진주시 문산읍 월아산로 950번길 25-25 (☎055-763-4129), http://gnuhaccp.com *교육장 : 경남 진주시 동부로 169번길 12 윙스타워 B동 1208호	〃
3	3 ('06.10.11)	식품안전교육원	서울시 영등포구 국제금융로 70, 709호(여의도동, 미원빌) (☎02-959-4653), http://www.ihaccp.kr *제주교육장 : 제주도 제주시 516로 2870(양평동)(제주국제대학교 내)	〃
4	5 ('08.1.16)	㈜한국식품정보원	서울특별시 송파구 법원로128 문정역SKV1 A동 1006호 (☎02-2671-2690, 042-822-6851), http://www.foodi.com/ *서울교육장 : 서울특별시 송파구 법원로128 문정역SKV1 A동 1003~1005호 *대전교육장 : 대전시 유성구 반석로 14, 9층(반석동 웰지빌딩)	〃
5	6 ('09.2.13)	신라대학교 산학협력단 HACCP 교육훈련원	부산시 사상구 백양대로 700번길140 신라대학교 내 (☎051-999-6989), http://haccp.silla.ac.kr	〃
6	7 ('09.6.22)	주식회사 미래인증교육컨설팅	서울시 성동구 아차산로 84, 303호(성수동 2가, 홍인빌딩) (☎02-783-9004), http://www.mkchaccp.kr	〃
7	8 ('10.3.31)	(주)에프디엑스 안전관리인증교육원	충청남도 아산시 탕정면 용머리길 40, 아산탕정유니콘 101 지식산업센터 상가동 214호 *교육장: 지식산업센터 A동 222호 (☎070-8250-7812), http://www.fdx.or.kr	〃
8	9 ('11.4.13)	한국식품산업협회	경기도 의왕시 봇들로 50(포일동), B1층 서울특별시 서초구 명달로 41(방배동), 1층 (☎02-3470-8170/fax:02-3472-8980), http://www.kfia.or.kr	〃
9	10 ('11.4.13)	세스코 아카데미	서울시 강동구 상일로6길 67 *교육장 : 서울특별시 강동구 상일로6길 67 301호, 304호, G202호(☎ 02-2140-0288), http://www.cescofs.co.kr *전주교육장: 전라북도 전주시 덕진구 기린대로881 301호 (☎02-2140-0288), http://www.cescofs.co.kr e-mail: cescofs@cesco.co.kr	〃
10	11 ('14.2.3)	한양대학교 HACCP 교육원	서울시 성동구 왕십리로 222 한양대학교 산학협력단 (☎02-2220-4206), http://haccphanyang.com	〃
11	12 ('15.2.4)	대구대학교 산학협력단 HACCP 교육원	경북 경산시 진량읍 대구대로 201 대구대학교 창업보육센터 2호관 대구대학교 산학협력단 HACCP 교육원 (☎053-850-4775), http://haccp.daegu.ac.kr *영덕교육장: 경상북도 영덕군 강구면 번영길235 http://haccp.daegu.ac.kr	〃

연번	지정번호	교육훈련 기관명	소 재 지	훈련과정
12	13 ('15.7.23)	전북대학교 HACCP 교육원	전북 전주시 덕진구 백제대로 567 전북대학교 바이오식품소재개발 및 산업화연구센터 (☎063-270-3686), http://haccp.jbnu.ac.kr *전주교육장 : 전북 전주시 덕진구 백제대로 567 전북대학교 농업생명과학대학 1호관 106호 및 202호 *팔복동교육장 : 전북 전주시 덕진구 팔과정로 164, 전북특별자치도 경제통상진흥원 2층 도전실, 3층 혁신실	〃
13	14 ('18.6.25)	㈜에프엠코리아	경기도 용인시 기흥구 중부대로 184, 에이동 1609호(영덕동, 힉스유타워) (☎031-282-7009) http://www.fmhaccp.com *용인교육장 : 경기도 용인시 기흥구 중부대로 184, 에이동 1610호(영덕동, 힉스유타워) *강릉교육장 : 강원도 강릉시 범일로 579번길 24 가톨릭관동대학교 강릉캠퍼스 요셉관 203호, B1대강당 *포천교육장 : 경기도 포천시 호국로 1007 국제학관 209호	〃
14	15 ('18.6.25)	한국식품기술사협회 HACCP교육원	서울시 송파구 법원로 127, 1117호(문정동,대명벨리온) (☎02-3473-7171) *춘천교육장 : 강원도 춘천시 강원대학길1(효자동) 강원대학교 춘천캠퍼스 식품생명공학과	〃
15	16 ('18.6.25)	해솔 식품안전솔루션	광주시 북구 서양로 51, 2층(중흥동) (☎070-7114-0015) https://www.haccp119.net *교육장 : 광주광역시 용봉로 77, 전남대학교 농업실습교육원 104호 및 동물사육장 실습강의실	경영자, 팀장, 정기교육
16	17 ('24.9.12)	사단법인 해썹경영교육원	인천광역시 미추홀구 염전로 330 (주안동) (☎032-724-9799), http:// ima@haccpima.co.kr * 교육장 : 제이타워1차 지식산업센터 817호, 818호, 819호	경영자, 팀장, 팀원, 정기
17	18 ('25.3.13)	㈜식의약법인 세종 한국 HACCP교육원	세종특별자치시 가름로 180 세종파이낸스센터 3차 빌딩 333호 (어진동) (☎044-868-2624) *교육장: 충북 청주시 흥덕구 오송생명1로 194-21, 충북대학교 약학대학 강의실	〃

7-1 축산물 안전관리인증기준(HACCP) 제도 운영

〈식품안전인증과, 한국식품안전관리인증원〉

1. 목적

축산물의 원료관리·처리·가공·포장·유통 및 판매의 모든 과정에서 인체의 건강을 해할 우려가 있는 위해요소를 확인하여 중점 관리하는 과학적인 위생관리시스템인 해썹(HACCP, 안전관리인증기준) 제도를 활성화하고 운영업체의 내실화를 기하기 위함

2. 근거법령

가. 「축산물 위생관리법」 제9조(안전관리인증기준) 내지 제9조의6(교육훈련기관의 지정취소 등)

나. 「축산물 위생관리법 시행령」 제31조(권한의 위임·위탁)

다. 「축산물 위생관리법 시행규칙」 제7조 내지 제7조의11

라. 「식품 및 축산물 안전관리인증기준」(식약처 고시)

3. 기본 방향

가. 의무적용 확대 지속 추진

1) 해썹 인증 및 적용제품 생산비율 확대로 안전한 식품제조환경 조성

2) HACCP 연장심사 유예업체 관리

* 소규모 업소 중 연장심사를 일반 업소로 받아야 하는 경우로 기준 준수에 필요한 시설·설비 등의 개·보수를 위하여 일정 기간이 필요하다고 식약처장이 인정한 경우 1년의 범위 내에서 유예 가능

3) 식육포장처리업 3단계('20년 연매출액 기준 1억 이상) 차질 없는 의무적용 ('27.1.1. 시행)

4) 소규모 식육포장처리업체(5억 미만 또는 10명 미만) 재정지원(시설개선비)

5) HACCP 준비업체 현장 맞춤형 기술지원 및 상담 실시

나. 자율적용 업종 안전관리인증기준(HACCP) 적용 확대

1) 축산물 업종별 HACCP기준서 보급 확대

2) HACCP 적용 희망업체에 대한 업체 수준별 체계적 기술지원 서비스 제공

다. 안전관리인증기준(HACCP) 적용업체 사후관리 강화

1) 모든 평가대상 업소에 대해 전면 불시평가 실시로 업체의 HACCP 기준 상시 운영을 통한 내실화 도모

2) 식중독 발생, 기준규격 위반 등 식품의 안전과 관련된 법령 위반 업체에 대해 즉시 평가 실시 등 HACCP 적용업체 상시 관리

* 「축산물위생관리법」제44조제2항에 따른 농림축산식품부 위탁사무(도축장, 집유장, 농장) 제외

3) 축산물 위생관리법령 등 위반으로 전년도 행정처분 이력이 있는 축산물가공업, 식육포장처리업체에 대해서는 조사·평가 시 위반내용과 동일한 선행요건 관리 평가항목에 감점하여 제도의 신뢰성 제고(고시개정, '22.5.18)

라. 자동 기록관리 시스템(스마트 해썹) 도입 확대

1) 해썹 인증업체의 기록의 신뢰성 제고 등 운영 내실화를 위해 스마트 해썹(자동 기록관리 시스템)* 제도 도입 및 우대조치**

* 스마트 해썹(자동 기록관리 시스템) : 중요관리점(CCP) 모니터링 데이터를 실시간으로 자동 기록·관리 및 확인·저장할 수 있도록 하여 데이터의 위·변조를 방지할 수 있는 시스템

** 정기 조사・평가(현장조사) 면제, 스마트 해썹 심벌 표시, 인증(연장) 평가 시 가점 부여: 중요관리점(CCP) '60% 이상' 스마트해썹 등록 시 우대조치 적용 가능(고시개정, '25년)

마. 글로벌 해썹 제도 도입(고시개정, '25년)

1) 국제기준 및 제조환경 변화에 발맞춰 안전관리인증기준(HACCP) 적용업소에서 글로벌 식품안전관리 시스템*을 적용

* 식품방어·사기, 알레르기 유발물질, 식품안전문화, 식품안전경영시스템 등 고의적·의도적 식품안전사고를 예방하기 위한 글로벌 평가기준 포괄

바. HACCP 인지도 및 이해도 강화를 위한 홍보 강화

1) 연령대별, 계층별 홍보대상을 세분화하여 학교 교육, 소비자 현장 캠페인, 온라인 홍보 강화를 통한 홍보 효율성 확보

2) 식약처 및 한국식품안전관리인증원 홍보자료를 활용하여 다양한 홍보활동 전개

4. HACCP 인증업체 사후관리

가. 조사·평가 전면 불시평가 추진

1) 연초에 평가대상을 일괄적으로 공개하고, 모든 업소에 대해 불시평가 실시

* 지방청·인증원별 현장평가 대상업소 확정 및 일괄 공개

2) 식품안전과 관련된 법령위반 업체에 대해 즉시 평가

* 식중독 발생, 기준규격 위반 등 법령위반 업체는 즉시 불시평가 실시, 기타 경미한 표시사항 위반 및 영양성분 부적합업체 등은 평가 제외

3) 당해 연도 연장 심사받은 업체(적합)는 정기 조사·평가 제외

* 인증 유효기간이 종료되는 해에 심사를 받은 업체는 정기 조사·평가 제외에 해당

나. HACCP 인증 유효기간 연장심사(3년주기) 시행

- 대상: '23년 인증업체 및 연장심사 받은 업체

다. 정기 조사·평가 차등관리제 적용

1) 정기 조사·평가 결과에 따른 차등관리제 운영 및 미흡업체 기술지원 실시
2) 인증 유효기간 이내 축산물 위생관리법 위반업체의 경우 평가 면제에서 제외
3) 차등관리기준

차등관리등급	평가점수	사후관리 방법
우수	95% 이상	○ 2년간 정기평가 제외, 업체 자체평가 실시
양호	90~95%미만	○ 1년간 정기평가 제외, 업체 자체평가 실시
보통	85~90%미만	○ 연 1회 이상 정기평가 실시
보완	70~85%미만	○ 연 1회 이상 정기평가 및 기술지원 연 1회 이상 실시
미흡	60~70%미만	○ 연 1회 이상 정기평가 및 기술지원 연 2회 이상 실시

* 기술지원 : 한국식품안전관리인증원에서 실시

※ 자체평가 대상업체 관리

√ 자체평가 대상업체는 평가계획 수립부터 개선조치까지 총괄하는 자체평가프로그램을 운영해야 한다.

√ 자체평가 일정, 범위, 평가자 및 평가결과에 대한 자료를 유지해야 하며, 개선이 필요한 부분은 기간 내에 개선하고 확인하여야 한다.

√ 자체평가를 실시한 업소는 그 결과를 1개월 이내에 관할 지방식품의약품안전청 또는 한국식품안전관리인증원에 제출하여야 한다.(*의무업소는 지방청, 자율업소는 인증원)

※ 자체평가 프로그램 및 개선내용에 대해서는 조사평가 기관에서 조사·평가 시 확인

라. 자동 기록관리 시스템(스마트 해썹) 등록업소에 대해 정기 조사평가 면제

1) 중요관리점(CCP) 60% 이상 자동 기록관리 시스템을 적용한 스마트 해썹 등록업소에 대해 자체적으로 조사·평가를 실시하도록 함

※ 다만, 식품안전 관련 법령 위반업소로 확인된 경우 즉시 불시 조사평가 실시

마. "즉시인증취소(One-strike-out)" 적용

1) 평가결과 60점미만 또는 주요 안전조항* 위반 시 즉시 인증취소

* ①원부재료검사검수 미흡, ②작업장세척소독 미흡, ③CCP공정 관리미흡, ④위해요소분석 미실시(인증 이후 추가 생산 제품 또는 공정에 한함)

2) HACCP 원칙이 적절히 관리되고 있는지 엄격히 평가하고, 위반 시 인증 취소 등 관련 규정에 따라 조치

바. 기획평가 실시

1) 계절, 성수기(HACCP 운영 취약시기) 및 지역별 특성 등을 고려하여 지방청별 계획 수립·운영

2) 지도·점검 일정에 맞춰 기획평가 일정 수립 및 평가 실시

사. 조사·평가 시 전년도 미흡사항에 대한 감점 확대

1) 전년도 조사·평가의 개선조치를 이행하지 않은 경우 해당 항목에 대한 감점 점수의 2배를 감점

2) 「축산물 위생관리법」에 따른 축산물가공업, 식육포장처리업체에 대해 전년도 행정처분 이력이 확인되는 경우 위반내용과 동일한 평가항목을 감점

※ 「식품 및 축산물 안전관리인증기준」 [별표4] 사후관리 평가표의 '감점기준' 적용

아. 안전관리인증기준(HACCP) 인증업체 적정성 검증 실시

1) 지방청별 계획 수립하여 운영하고, 종료시 실적 제출

자. 사후관리 실적 제출(매월)

1) 지방청별 사후관리 실적(총괄표, 업체리스트) 제출(익월 10일 이내)

5. 역할분담

구 분	식약처(본부)	지방청	시·도(시·군·구)	한국식품안전관리인증원
○ 해썹제도 및 관련 업체 등 기술 지원 업무	○ HACCP 정책방향 및 제도개선 추진 ○ 기술지원 계획 총괄 ○ 해썹 관리 매뉴얼 등 개발	○ 관내 해썹인증 확대 및 제도 정착을 위한 민원 상담 등	○ 해썹 의무적용 대상업체 현황조사 ○ 의무적용대상 신규업체 인증 안내·지도 ※ 의무적용대상 업소의 경우 영업허가 시 인증신청 여부 등을 확인(인증신청 사전 접수증 등) ○ 의무적용 미인증업체 주기적 점검 및 행정처분 ○ 축산물 위생관리법 위반 해썹업체 행정 지도 및 수시 교육·홍보로 재발 방지	○ 해썹 인증 업체 기술지도 ○ 기술지원 효과분석 ○ HACCP표준기준서, 매뉴얼 개발 및 위해 요소분석 정보제공 등 ○ 제외국의 HACCP기준 비교·분석 ○ HACCP통계 관리
○ 안전관리 인증기준 (HACCP) 관련 재정 지원	○ 안전관리인증기준 (HACCP) 적용 희망 업체 지원계획 총괄 ○ 위생안전시설 개선 자금 지원	○ 안전관리인증기준 (HACCP) 적용 희망 업체 시설개선자금 사업 안내	○ 안전관리인증기준 (HACCP) 적용 희망 업체 시설개선자금 사업 안내	○ 안전관리인증기준 (HACCP) 적용 희망업체 인증을 위한 기술지원 ○ 위생 안전 시설개선 자금 사업 홍보 및 안내 - 사업 설명회 개최(연초) ※ 의무적용 대상업체 인증 심사 시 사업 홍보 및 신청절차 안내 ※ 대상업체 리스트를 식약처 제출(월 1회) ○ 위생 안전시설 개선 자금 지원을 위한 신청 접수 및 현장조사
○ 안전관리 인증기준 (HACCP) 적용업체 조사·평가	○ 안전관리인증기준 (HACCP) 적용업체 조사·평가 및 검증 계획 총괄 ○ 조사평가 부적합률 분석 및 관리 ○ 축산물 위생관리법 위반업체 분석 및 관리	○ 유가공업, 알가공업, 식육가공업(1~4단계), 식용란 선별포장업, 식육포장처리업(1~2단계) 등 의무업종 사후관리 계획 수립·시행 ○ 조사평가 미흡업소 행정처분 ○ 안전관리인증기준 (HACCP) 인증업체 적정성 검증		○ 안전관리인증기준(HACCP) 작업장 조사평가(자율업종) ○ 신규인증, 연장심사 결과 등 인증내역 유관기관 통보(식약처, 지방식약청, 시·도) 및 홈페이지 게재
○ 대국민 홍보	○ HACCP 홍보 계획 수립·시행 ○ 홍보물 자료 개발·보급 등	○ 홈페이지 및 각종 행사 등을 통한 홍보	○ 영업자교육 및 각종 행사시 안전관리인증 기준(HACCP) 적용 제품 및 제도홍보	○ 축산물박람회 등 부스 설치 홍보 ○ 세미나, 포럼 개최

6. 연간 추진 일정

구분	추 진 내 용	비 고
연중	▪ HACCP 적용업체 인증·연장 및 조사·평가, 현장 기술지도 ▪ HACCP 제도 홍보, 기술세미나 상시 운영 ▪ 의무작업장(알가공업, 유가공업, 식육가공업, 식용란선별포장업, 식육포장처리업) 조사·평가 ▪ HACCP인증업체 적정성 검증	
1월	▪ 해썹(스마트해썹, 글로벌해썹) 재정·기술지원 사업공고	
2월	▪ 영업자 등 대상 해썹 설명회 개최 ▪ 해썹 지도관 신규 교육훈련 ▪ 온라인 매체 홍보	
3월	▪ 해썹 지도관 보수 교육훈련	
5월	▪ 초·중·고생 대상 교육·홍보 ▪ 공무원 대상 해썹 역량강화 과정 교육훈련	
6월	▪ 소비자단체 캠페인 실시 ▪ 온라인 매체 및 지하철 등 다중이용시설 홍보	
7월	▪ 해썹 관리지원사업 중간평가 ▪ 해썹 지도관 신규 교육훈련	
9월	▪ 해썹 지도관 보수 교육훈련 ▪ 공무원 대상 해썹 역량강화 과정 교육훈련	
12월	▪ 해썹 관리지원사업 최종평가 및 '27년 사업계획 수립	

7. 중점추진 사업

가. 안전관리인증기준(HACCP) 의무적용 사업

1) 의무적용 대상 업종

구분	축산물	
	대상	적용시기
완료	▪ 도축업*	'02.6～'03.6
	▪ 집유업*	'14.7～'16.1
	▪ 알가공업	'16.12～'17.12
	▪ 유가공업	'15.1～'18.1
	▪ 식용란선별포장업	'18.4～
진행	▪ 식육가공업	'18.12～'24.12
	▪ 식육포장처리업	'23.1～'29.1

* 농장, 도축장 및 집유장은 농림축산식품부 위탁사무임

2) 의무적용 대상 시기

① 식육가공업

· 1단계('18.12) : 2016년 매출액 20억원 이상
· 2단계('20.12) : 2016년 매출액 5억원 이상
· 3단계('22.12) : 2016년 매출액 1억원 이상
· 4단계('24.12) : 1～3단계에 해당하지 아니하는 영업소

* '16년 이후 신규 영업허가는 4단계에 해당

② 식용란선별포장업 HACCP의무화('18.4.25 시행)

③ 식육포장처리업

· 1단계('23.1) : 2020년 매출액 20억원 이상
· 2단계('25.1) : 2020년 매출액 5억원 이상
· 3단계('27.1) : 2020년 매출액 1억원 이상
· 4단계('29.1) : 1~3단계에 해당하지 아니하는 영업소

* '20년 이후 신규 영업허가는 4단계에 해당

3) 의무적용이 완료된 대상 작업장의 신규 영업허가 시 영업자는 사전에 HACCP 인증 신청 접수를 하도록 하며, 인증 후 제조·가공 및 유통·판매 가능

나. 재정 및 기술지원 사업

1) 재정지원 :

○ 중소업체 해썹(HACCP) 위생안전 시설개선 자금 지원사업

○ 지원대상

- 「축산물 위생관리법」 제9조, 같은 법 시행규칙 제7조제3항에 따른 소규모(5억원 미만 또는 10명 미만) 식육포장처리업체

* 단, 전년도 전체 매출액 100억원 이상인 업소는 제외

○ 지원금액

- HACCP시설개선비로 최대 2천만원을 사용하고 HACCP인증이 확인된 경우 1천만원 국고 보조(선착순 지원)

* 최대 2천만원의 국비 50% 지원

2) 기술지원

정책·기술지원	교육·홍보지원
○ 해썹 관리 표준기준서 개발·보급 ○ 해썹 적용 준비 업체 맞춤형 현장기술 지원 ○ 해썹 준비업체 전문기술상담 ○ 해썹 인증업체 사후관리 운영지원 ○ 해썹 인증 및 조사·평가 결과 분석	○ 해썹 준비업체 기준서 작성 등 실무교육 ○ 해썹 지도관 신규·보수교육 훈련 ○ 기술세미나, 찾아가는 종사자 교육 등 운영 ○ 해썹 적용업체 견학프로그램 운영 ○ 해썹 전용 홍보사이트 및 홍보전시관 운영(업체정보, 교육자료 등 제공) ※ http://www.haccp.or.kr

다. 해썹(HACCP) 제도 대국민 홍보 사업

1) 목적 : 해썹에 대한 소비자 인지도 및 이해도를 제고하여 제도 활성화

2) 홍보방법

가) 소비자 접점을 활용한 현장 캠페인, 온라인 매체 등을 통한 홍보 효율성 및 체감도 제고

나) 해썹 홍보전시관, 홍보 전용사이트, 소셜네트워크(SNS) 상시 운영 및 지역 축제 등 연계하여 다양한 홍보활동 실시

8. 기관별 추진 업무

가. 식약처

1) 축산물 안전관리인증기준(HACCP) 관리·운영 가) HACCP 종합계획 수립 및 조정 나) HACCP 제도운영 다) HACCP 인증업체 위생안전시설 개선자금 지원 등 해썹 적용 활성화 라) HACCP 적용업체 중 운영 미흡업체 및 소규모업체 기술지원 등 강화 마) HACCP 관리 표준기준서 개발 · 보급 바) HACCP 지도관 양성 확대 및 보수교육 실시 사) HACCP 교육·훈련기관 지정·평가 등 관리 아) 한국식품안전관리인증원 사업 관리
2) 안전관리인증기준(HACCP) 의무적용 확대 가) 유가공업·알가공업·식용란선별포장업·식육가공업 HACCP 인증 완료 나) 식육포장처리업 HACCP 의무적용 단계별 추진('23.1～'29.1)

나. 지방식약청

1) 조사·평가 및 검증 자체 세부계획 수립·시행 가) 의무 작업장에 대한 조사·평가 실시 나) 식중독 발생, 기준규격 위반 등 식품안전관련 법령위반업체에 대해 즉시 불시평가 실시 ※ 위생과 관련없는 표시기준 위반 제외 ※ 학교납품 부적합업체는 평가즉시 식중독조기경보시스템 등록 및 교육청 우선 통보 다) 축산물위생관리법 위반업체, 이물검출 등 업체 대상 검증	농축수산물안전과, 식품안전관리과

라) 정기(수시, 기획) 평가 시 전년도 평가 결과 미흡사항 및 법령위반 내역 등에 대한 개선여부 등을 확인 및 기록관리 마) 해썹 인증업체가 2개월 이상 영업정지 명령을 받는 등 해썹 행정처분 기준에 해당하는 것을 확인한 경우, 조속히 운영지원과에 행정처분 의뢰	
2) HACCP 조사·평가 결과에 따른 행정처분 가) HACCP 업체에 대한 신속한 행정처분 절차 진행 및 처분 현황 관리 나) 행정처분 업체에 대하여 식품행정통합시스템에 처분내역 입력 다) 행정처분 · 인증취소 업체는 시 · 도 등 유관기관에 통보하고, 인증취소 업체에 대해서는 해썹적용 품목 표시 및 광고를 하지 못하도록 해당 지자체에 통보 라) 행정처분(시정명령) 업체 대상으로 처분일로부터 1개월 이내에 미흡사항 시정완료 보고서를 조사·평가 부서에 제출하도록 안내 조치	운영지원과
3) 축산물 위생 관련부서는 HACCP 관련업무 담당자 지정·운영 가) HACCP 지도관 신규교육 및 매년 보수교육 이수	농축수산물안전과, 식품안전관리과
4) HACCP 관리 미흡업체 등에 대한 조치 가) 행정처분(시정명령) 업체의 시정완료 보고서 확인 및 관리 ※ 시설공사 등 기간 내 시정이 어려워 연장이 필요한 경우 협의 후 3개월 범위 내에서 기간 연장 가능 나) 행정처분(시정명령) 받은 후 정해진 기간까지 완료하지 못할 경우 즉시 독촉 문서를 발송하여 15일 이내에 보고토록 조치 ※ 정당한 사유 없이 기한 내 시정사항 미보고 시 즉시 재평가 실시 다) 재평가는 대상업체에 평가 일정 등 통보 없이 실시하되, 보완 완료 보고일로부터 1개월 이내에 평가하고 부득이 익년도에 실시할 경우 재평가와 정기평가를 구분하여 별도 시행	농축수산물안전과, 식품안전관리과

다. 시·도

1) 축산물 위생 관련부서는 HACCP 관련업무 담당자 지정·운영 가) HACCP 담당자에 대하여는 HACCP 지도관 신규교육 및 매년 보수 교육 이수	
2) HACCP 의무적용 대상업체 관리 및 보고사항 이행 철저 가) 신규 영업허가 업체 관리 - 유가공업, 알가공업, 식용란선별포장업 등 의무적용 대상 작업장은 반드시 해썹 인증 후 가공·처리 및 유통·판매가 가능함을 지도 ※ 영업허가 시 인증신청 여부 등을 확인(인증신청 사전접수증 등) 나) 시·도는 관내 의무적용 대상업체의 누락, 착오 등 변경사항이 발생한 경우 관리 철저 다) 시·도는 관내 안전관리인증기준(HACCP) 적용업체(의무포함)에 대한 수거·검사 및 점검결과 축산물 위생관리법 위반으로 행정처분을 받은 내용과 영업허가(등록, 신고) 취소, 영업소 폐쇄, 폐업 등으로 영업이 중단된 경우 전산시스템에 입력 라) HACCP 인증업체에 대한 행정처분 의뢰가 있을 경우 행정처분 하고, 그 결과를 식약처(식품안전인증과) 및 지방식약청(농축수산물 안전과 또는 식품안전관리과), 한국식품안전관리인증원에 즉시 통보 및 식품행정통합시스템에 처분내역 입력 마) HACCP인증의무대상 중 미인증업체에 대한 주기적 지도점검 - 미인증 업체의 가공·처리 및 유통·판매 차단	
3) HACCP적용업체에 대한 교육 및 홍보 실시 가) HACCP 의무적용 대상업체 인허가 관리 철저 및 교육·홍보 ※ 품목제조보고 후 장기간 제조·판매하지 않는 경우 자진취하 유도 나) 축산물위생관계 관련 단체 및 영업자 위생교육시 해썹 내용 필수 포함 다) 정보지, 홈페이지 등 활용하여 안전관리인증기준(HACCP) 적용 제품의 구매 홍보 실시	
4) 관내 업체를 위한 해썹(HACCP) 국비 지원사업 적극 협조 ※ 대상: HACCP의무적용 대상업체(식육포장처리업) 중 당해 연도 인증 업체 등 가) HACCP 위생안전 시설개선자금 지원 사업 적극 안내 - HACCP인증을 위한 시설개선 비용으로 최대 2천만원을 사용하고 HACCP인증을 받은 경우 50% 국비지원	

라. 한국식품안전관리인증원

1) HACCP 신규 인증, 연장 및 인증내용 변경, 인증서 교부	스마트해썹, 글로벌해썹 포함
2) 안전관리인증기준(HACCP) 준비업체 및 적용업체 기술지원 가) 안전관리인증기준(HACCP) 준비업체 전문상담 및 기술지원, 종사자 교육·홍보 나) 안전관리인증기준(HACCP) 중 운영미흡업체 기술지원 강화(1~2회)로 조사·평가 부적합률 감소 및 법령위반 재발방지 다) 의무적용 업체 기술지원 이력 관리 라) HACCP 제도 활성화를 위한 세미나, 포럼 등 개최 마) HACCP 인증 기술지원 전후 효과 분석 바) HACCP 적용업체 견학 프로그램 및 홍보 사이트 운영 등 사) HACCP위생안전 시설개선자금 신청서류 검토 및 현장 확인	스마트해썹, 글로벌해썹 포함
3) HACCP 인증·연장 심사 및 인증사항 변경, 기술지원사업 등 실적 보고 가) 안전관리인증기준 신규 인증·연장 심사 및 인증사항 변경내역 보고 (매월 식품안전인증과, 지방식약청) 나) 지원사업 실적 보고(식품안전인증과, 주·월·분기·반기·연간) 다) 연장심사 대상업체 안내(업체별 연장심사 90일 전 안내 실시) 라) 인증 반납 업체는 시·도, 교육청 등 유관기관에 통보하고, 반납 업체에 대해서는 해썹적용 품목 표시 및 광고를 하지 못하도록 안내	스마트해썹, 글로벌해썹 포함
4) HACCP 조사·평가 결과 실적 보고 가) 자율 작업장에 대한 조사·평가 실시 나) 식중독 발생, 기준규격 위반 등 식품안전관련 법령위반업체에 대해 즉시 불시평가 실시 ※ 위생과 관련없는 표시기준 위반 제외 다) 조사·평가 결과 실적 전산시스템 입력 및 결과 통보 (식품안전인증과, 지방식약청)	
5) 보조금 지원사업 결과보고 가) 매 분기별 HACCP 인증 보조금 집행내역 보고(4 ~ 12월) 나) 상반기 사업결과(7월), 연간 사업평가(12월)	
6) HACCP 인증·운영 및 연장심사 등 각종 통계 관리 가) HACCP 인증현황 분석 및 통계관리 나) HACCP 인증 후 운영실적 분석 및 통계관리 다) HACCP 연장심사 평가결과 분석 및 통계관리	스마트해썹, 글로벌해썹 포함
7) HACCP 인증업소 사후관리 가) HACCP적용업소 영업자 및 종업원 신규교육훈련을 인증일로부터 6개월이내 이수여부 확인 나) 「HACCP적용업소 인증서 반납신고」에 따른 HACCP인증 취소시 시·도, 교육청, 해당 지자체 등에 통보	

9. 기타 참고사항

가. 안전관리인증기준(HACCP) 적용 범위 및 인증·연장 심사 절차

1) 적용범위

가) 「축산물 위생관리법」 제9조제3항에 따라 HACCP을 준수하여야 하는 영업자(의무적용)

나) 「축산물 위생관리법」 제9조제1항에 따른 HACCP기준 준수를 인증받기 원하는 축산물작업장·업소·농장(자율적용)

2) 인증요건

- HACCP 적용업체로 인증받기 위해서는 업종별/유형별 위해요소분석 및 중요관리점 등을 포함하는 HACCP기준 및 선행요건(GMP, SSOP) 관리기준 준수필요

구 분	세부 내용
HACCP 관리기준	HACCP팀 구성, 제품설명서 작성, 용도확인, 공정흐름도 작성, 공정흐름도 현장 확인, 위해요소분석, 중요관리점 결정, 한계기준 설정, 모니터링 체계 확립, 개선조치방법설정, 검증, 문서 및 기록유지(7원칙 12절차), 교육·훈련 방법 및 절차
선행요건관리기준	영업장 관리, 위생관리, 제조·가공 시설·설비관리, 냉장·냉동 시설·설비관리, 용수관리, 보관·운송관리, 검사관리, 회수프로그램관리 기준

3) 안전관리인증기준(HACCP) 인증 절차

가) 인증 절차

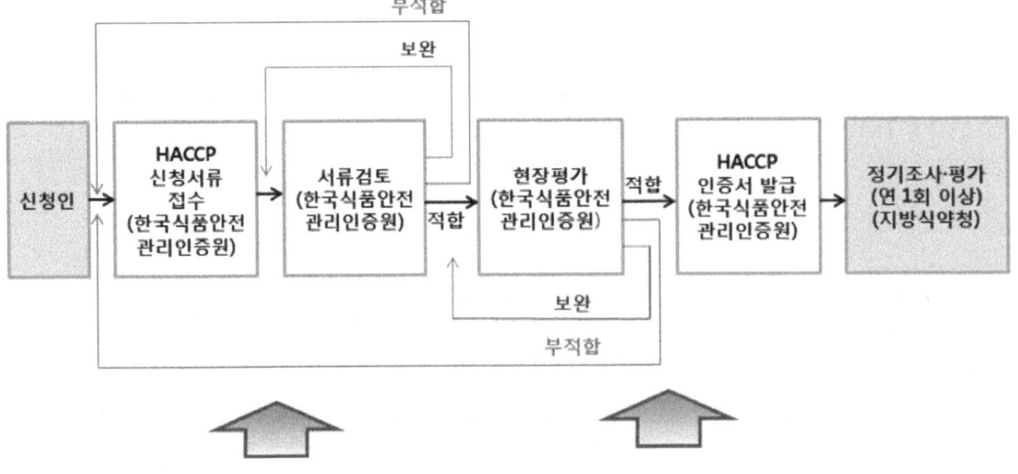

나) 인증(연장)신청 방법

인증신청방법	구비서류	처리기한 및 수수료	처리절차	현장평가
○ 인증받으려는 작업장·업소에 대하여 안전관리인증기준 계획 수립 ○ 한국식품안전관리인증원에 안전관리인증기준 적용작업장·업소 인증(연장)신청서 제출 * 소규모 업소로 신청하는 경우, 연매출액 및 종업원 수 충족 여부를 확인할 수 있는 증빙자료 포함	○ 인증(연장)신청서 ○ 안전관리인증기준의 운용에 관한 계획서(인증의 경우) -중요관리점의 한계기준 -모니터링방법 -개선조치 및 검증방법 등 ○ 인증서 사본(연장의 경우) ○ 영업허가증 또는 영업신고증 사본	○ 인증(연장) 신청일로부터 40일(60일, 법정 공휴일 및 보완기간 제외) ○ 수수료 : 34~90만원(업종별/규모별)	○ 제출된 신청서의 서류심사 결과 보완사항이 있을 경우 신청자에게 보완 통보	○ 현장 평가는 「식품 및 축산물 안전관리인증기준」 실시상황평가표에 따라 실시

다) 안전관리인증기준(HACCP) 적용업체 인증 변경신청

변경대상	검토 및 접수	기 타
○ CCP(중요관리점)추가 ○ CCP(중요관리점)삭제 ○ CCP(중요관리점)변경 ○ 영업장 소재지 변경 ○ 상호명, 대표자명 변경(영업자 지위승계시 해당) ○ 축산물종 변경	○ 서류검토(필요시 보완요구) ○ 필요시 현장 확인 및 평가 실시 ○ 인증서 변경 발급(적합) 또는 부적합 통보	○ 단순 상호명, 대표자명, 행정구역상 지번의 변경, 일반을 소규모로 변경(당해연도 또는 최근 3개월 이내 인증(연장) 및 사후관리 평가결과 적합한 경우에 한함) 등은 별도 양식 없이 민원인이 인증서 원본에 영업허가(신고)증 사본 등 증빙서류를 첨부하여 공문으로 변경 요청할 경우 인증서를 변경하여 발급 * 일반을 소규모로 변경하는 경우 위 조건에 해당하지 않을 시 변경심사 실시 ** 작업장의 이전 및 변경 없이 기존 지번에서 일부 추가되는 경우는 재발급 대상임 ○ 소규모에서 일반으로 변경하는 경우 변경심사 실시

라) 신규 의무업종 신청 및 인증신청 확인증(사전접수증) 발급 절차

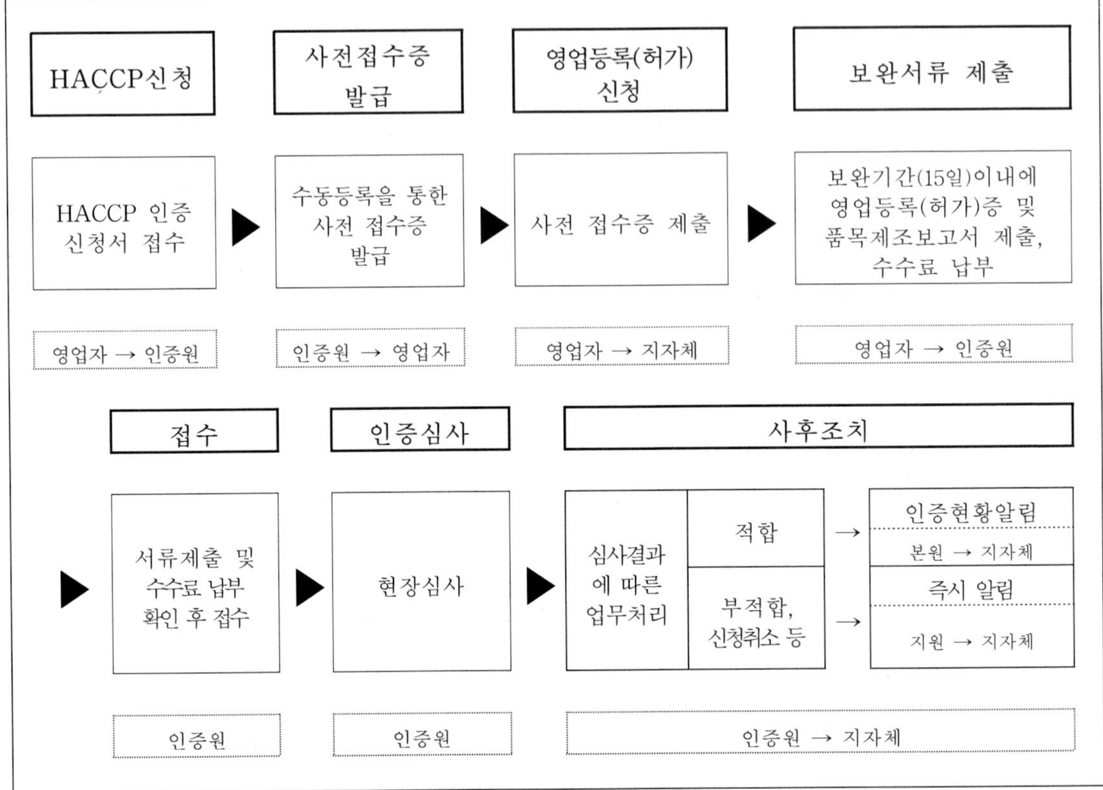

나. 안전관리인증기준(HACCP) 관련 행정처분 기준 등

1) 의무적용 대상업체(축산물가공업, 식용란선별포장업, 식육포장처리업))가 해썹을 지키지 않을 때 : 영업정지 7일

2) HACCP 적용업체 명칭 사용 위반 : 과태료 300만원(축산물 위생관리법), 영업정지 1개월(식품 등의 표시·광고에 관한 법률)

※ HACCP 적용업체가 아닌 업체의 영업자가 안전관리인증기준(HACCP) 적용업체 명칭을 사용한 때

다. HACCP 적용업체 우대조치

1) HACCP 적용축산물 표시부착 및 적용업체 인증사실에 대한 광고 허용(해썹 적용 품목에 한함)

2) HACCP 적용 축산물 등 가산점 부여(해당 기관별 규정에 따름)

※ 학교급식법 제10조 및 시행규칙 제4조 관련 [별표 2] 학교급식 식재료의 품질관리기준

3) HACCP 적용업체 인증기간 내 특별한 경우 외 출입·검사 완화

< 안전관리인증기준(HACCP) 적용품목 표시(색상, 크기 변경 가능) >

(식품 또는 축산물 구분이 필요한 경우 심벌 내부에 "식품안전관리인증 또는 축산물안전관리인증", "안전관리인증식품 또는 안전관리인증축산물"로 표시할 수 있음)

(안전관리통합인증업체)

4) 스마트 해썹(자동 기록관리 시스템) 적용업소의 경우 그 사실에 대한 표시·광고 및 스마트 해썹 심벌 표시·광고가 가능(중요관리점(CCP) 60% 이상 자동 기록관리 시스템을 적용한 업소에 한함)

※ 중요관리점(CCP) 60% 이상 자동 기록관리 시스템을 적용한 업소에 한함

< 스마트 해썹 심벌(색상, 크기 변경 가능) >

5) 글로벌 해썹(Global HACCP) 적용업소의 경우 그 사실에 대한 표시·광고 및 글로벌 해썹 심벌 표시·광고가 가능

< 글로벌 해썹 심벌(색상, 크기 변경 가능) >

라. 해썹(HACCP) 지도(심사)관의 자격요건 및 직무

1) 자격요건 : 다음 각 호의 어느 하나에 해당하는 자로서 소정의 지도관 교육·훈련을 이수한 자

가) 식품·축산관련학과에서 학사학위 이상의 학위를 취득한 자

나) 식품위생행정(축산물 포함)에 5년 이상 근무한 자

2) 지도(심사)관의 직무 ※ 필요시, 스마트해썹 및 글로벌해썹 업무 포함

가) 안전관리인증기준(HACCP) 인증 신청업소 실시상황평가
나) 안전관리인증기준(HACCP) 인증업소 사후관리
다) 안전관리인증기준(HACCP) 관련 교육훈련 및 홍보
라) 안전관리인증기준(HACCP) 제도 활성화 사업 지원 등

3) 평가(심사) 수행 및 보수교육 등

가) 해썹 정기(수시)조사·평가 업무수행은 지도관 자격을 가진 자(최소 1명)가 수행하여야 하며, 조사반 편성은 2인 1조 편성을 원칙으로 하되, 소속기관의 장이 자체 실정과 직무 경험 등을 고려하여 자체적으로 조정할 수 있음

나) 해썹 업무를 수행하는 모든 지도관은 최소 2년에 1회 이상 보수교육을 이수하여야 하며, 신규로 업무를 수행하는 자는 당해 보수교육을 반드시 이수해야 함

다) 지도관 교육·훈련기관인 한국식품안전관리인증원은 지도관 보수교육시 사례중심의 토론방식을 도입하고, 평가사례에 대한 DB화 및 내용을 지도관과 공유할 수 있도록 노력해야 함

라) 한국식품안전관리인증원은 소속 심사관에 대한 관리를 철저히 하여 무자격자가 인증심사에 참여하는 일이 없도록 하고(부득이한 경우 최소 1인은 반드시 심사관으로 편성), 심사관에 대한 자체 교육·훈련계획 수립·시행 및 평가사례 수시 공유 등을 통해 심사관의 역량 강화에 노력해야 함

〈참고〉

축산물 해썹(HACCP) 교육·훈련기관 지정 현황(7개 기관)

연번	교육훈련기관명	소 재 지	훈련과정
1	한국식품안전관리 인증원	충북 청주시 흥덕구 오송읍 오송생명5로 156 (☎043-928-0171) https://www.haccp.or.kr * 서울교육장: 서울시 강남구 영동대로96길 20, B1 서울스페이스쉐어 삼성코엑스센터 * 부산교육장: 부산시 동구 중앙대로 298(초량동) 부산YWCA(2층 강당, 3층 강의실) * 대구교육장: 대구시 남구 현충로 170, 1층(대명동, 영남이공대학교 창업보육센터) 천마스퀘어 미래3관, 미래6관 대구미래인재교육원 * 광주교육장: 광주시 광산구 소촌로152번길 37, 대한상공회의소 광주인력개발원(후생동 3층 강당 1-4실, 본관 1층 시청각실)	경영자, 팀장, 정기
2	농협경제지주(주) 축산물위생교육원	경기도 안성시 공도읍 대신두길 42-3 (☎031-5183-6000)/ fax: 031-654-0975 https://www.meatcademy.co.kr *서울교육장: 서울 강동구 올림픽로 528, 2층 중회의실 https://www.meatcademy.co.kr	〃
3	신라대학교 산학협력단 HACCP 교육훈련원	부산시 사상구 백양대로 700번길140 신라대학교 내 (☎051-999-6989), http://haccp.silla.ac.kr	〃
4	한국식품기술사협회 HACCP교육원	서울특별시 송파구 법원로 127 (문정동, 대명벨리온) 1117호, 1118호 (☎02-3473-7171), http://haccp.foodpe.or.kr * (서울교육장) 서울특별시 송파구 법원로 127(문정동, 대명벨리온 지식산업센터) 1117호 * (강원교육장) 강원도 춘천시 강원대학길 1(효자동) 강원대학교 식품생명공학과 농업생명과학대학3호관 413호 * (대전교육장) 대전광역시 동구 동대전로 171 우송대학교 외식조리영양학부 608호관 * (목포교육장) 전라남도 목포시 영산로 413-1 목포과학대학교 본관 307호관 * (익산교육장) 전북특별자치도 익산시 익산대로 원광보건대학교 보건관 506호	〃
5	(사)한국식품안전협회	서울특별시 서초구 강남대로18길 5 세한빌딩 3층 (☎02-2051-7006), https://safetyfoodhaccp.or.kr * 교육장 : 서울특별시 서초구 강남대로18길 5 세한빌딩 3층, 서울특별시 서초구 강남대로 27(양재동) aT센터 301호, 302호, 303호, 304호, 305호	〃
6	대구대학교 산학협력단 축산물 HACCP 교육원	경상북도 경산시 진량읍 대구대로 201 대구대학교 산학협력단 HACCP 교육원 창원보육센터 2호관 (☎053-850-4775), http://haccp.daegu.ac.kr * 영덕교육장: 경상북도 영덕군 강구면 변영길235 http://haccp.daegu.ac.kr	〃
7	사단법인 해썹경영교육원	인천광역시 미추홀구 염전로 330 (주안동) (☎032-724-9799), http:// ima@haccpima.co.kr * (교육장) 제이타워1차 지식산업센터 817호, 818호, 819호	〃

8 식품이력추적관리제도 운영

〈식품안전인증과〉

1. 목적

식품(건강기능식품, 축산물가공품을 포함한다. 이하 같다)의 제조·가공단계부터 판매단계까지 각 단계별로 정보를 기록·관리하여 해당 식품이 안전성 등에 문제가 발생할 경우 해당 식품을 추적하여 신속하게 유통을 차단하고, 회수할 수 있도록 함

2. 근거법령 등

가. 「식품위생법」 제49조, 제49조의2, 제49조의3, 「식품위생법 시행령」 제65조, 제67조, 「식품위생법 시행규칙」 제69조 내지 제74조의4

나. 「건강기능식품에 관한 법률」 제22조의2, 「건강기능식품에 관한 법률 시행령」 제20조, 「건강기능식품에 관한 법률 시행규칙」 제29조의2 내지 제29조의7

다. 「축산물 위생관리법」 제31조의3 내지 제31조의5, 「축산물 위생관리법 시행령」 제31조, 「축산물 위생관리법 시행규칙」 제51조의4 내지 제51조의13

라. 「수입식품안전관리특별법」 제23조, 「수입식품안전관리특별법 시행령」 제14조, 「수입식품안전관리특별법 시행규칙」 제35조내지 제41조

마. 「식품 등 이력추적관리기준」

3. 등록기준

식품을 제조·수입·가공 또는 판매하는 자 중 식품이력추적관리를 하고자 하는 자는 총리령으로 정하는 등록기준을 갖추어 해당 식품을 식품의약품안전처장에게 등록할 수 있음. 다만, 영유아식, 임산·수유부용 식품, 특수의료용도 등 식품 및 체중조절용 조제식품의 제조·가공업자, 일정 매출액·매장면적 이상의 식품판매업자, 건강기능식품 제조업자, 건강기능식품유통전문판매업자, 축산물가공품 가공업자 등 총리령으로 정하는 자는 식품의약품안전처장에게 등록하여야 함

※ 총리령으로 정하는 등록기준이란?
식품이력추적관리에 필요한 기록의 작성·보관 및 관리 등에 필요한 시스템('식품이력추적관리 시스템')을 말함

※ 식품이력추적 대상 품목의 요건
1. 제조·가공단계부터 판매단계까지 이력추적관리가 가능하도록 관리되는 품목일 것
2. 제조·가공단계부터 판매단계까지 회수 등 사후관리 체계를 갖추고 있는 품목일 것

※ 총리령으로 정하는 자
: 영유아식품(영아용조제식, 성장기용조제식, 영·유아용 곡류조제식, 기타 영·유아식) 임산·수유부용 식품, 특수의료용도식품 및 체중조절용 조제식품 및 조제유류의 제조·수입업체와 일정면적(300㎡) 이상의 식품판매업소, 건강기능식품 제조·수입업체, 건강기능식품유통판매업자

4. 등록 절차

가. 등록신청

1) 식품이력추적관리를 하려는 자는 식품이력추적관리 등록신청서(전자문서로 된 신청서를 포함한다)에 필요한 구비서류(전자문서를 포함한다)를 첨부하여 지방식약청에게 제출(식품이력추적관리시스템 내 신청 또는 서면)하여야 함

2) 등록신청 시 제출서류

가) 식품이력추적 등록 신청서

나) 식품품목제조보고서(유통전문판매업의 경우에는 수탁자의 식품품목제조보고서) 사본, 식품 등의 수입신고확인증 사본(제조·수입업소에 한함) 또는 영업신고증(기타 식품판매업소에 한함)

다) 식품이력추적관리시스템 등 식품의약품안전처장이 정하여 고시하는 사항을 포함한 식품이력추적관리 계획서

나. 등록심사

1) 등록신청서 등 서류검토 후 식품이력추적관리시스템 및 등록대상에 적합한 품목인지 여부를 심사(현장방문)

2) 세부 심사항목 : 「식품 등 이력추적 관리기준」에서 정하는 7항목에 모두 부합한 경우만 적합

3) 식품안전정보원이 현장 기술지원한 결과 식품이력시스템 운영에 적합하다고 확인한 경우 현장방문을 생략할 수 있음

4) 식품안전정보원의 현장 기술지원 결과 또는 지방식약청의 현장방문 결과 적합시 제출서류 검토 후 최종 등록심사 승인처리(식품이력추적관리시스템)

다. 민원처리 기간

1) 식품·축산물·수입식품: 40일 / 건강기능식품: 14일

순서	담당기관	처리 내용
1	업체	필요서류를 첨부하여 이력추적관리시스템에 신청 *필요서류 : 영업등록증(영업허가증, 영업신고증), 품목제조 보고서, 수입신고확인증
2	정보원	신규업체 접수 및 서류검토, 현장확인
3	지방청 식품안전관리과/ 농축수산물안전과	정보원 현장 기술지원 결과 토대로 서류검토 및 최종 결재 및 등록심사 완료

식품이력추적관리 민원처리기간	
식품이력관리 등록신청서	40일
식품이력관리 등록사항 변경 신청서	15일
건강기능식품이력추적관리 등록 신청서	14일
건강기능식품이력추적관리 등록사항 변경신청서	7일
수입식품등의 유통이력추적관리 등록신청서	40일
수입식품등의 유통이력추적관리 등록사항 변경신청서	15일
축산물가공품이력추적관리 등록신청서	40일
축산물가공품이력추적관리 등록 변경신고서	15일

5. 이력추적관리 등록 품목의 표시

가. 등록자는 등록품목에 대해 다음과 같이 식품이력추적 관리 표시 할 수 있음

구 분		
표지도표	Traceability 이력추적 식품의약품안전처	Traceability 이력추적 식품의약품안전처

나. 이력추적번호 부착

1) 등록자는 식품의 이력추적관리를 위하여 소비자에게 판매하는 최소판매단위 용기포장 및 유통단위별 용기포장에 이력추적번호를 부착 또는 인쇄하여야 함

2) 식품이력추적관리번호 부착방법

소비자에게 판매하는 최소판매단위 용기·포장	유통단위별 포장 (유통 및 운반을 용이하기 위하여 포장하는 경우)
○ 식품이력추적관리번호 인쇄 또는 부착(필수) ○ 식품이력추적관리번호의 바코드 인쇄 또는 부착(선택) ○ 식품이력추적관리번호가 저장된 전자식별태그부착(선택) ※ 식품이력추적관리번호는 생산자(수입자)가 자율적 선택 예시) ① 상품바코드(GTIN) + 소비기한 또는 제조일자 또는 식별번호 ② 이력추적등록번호 + 소비기한 또는 제조일자 또는 식별번호	○ 해당식품의 식품이력추적관리번호와 그 수량에 관한 정보를 표시(바코드 또는 전자식별태그를 함께 부착할 수 있음) ※ 유통단위별 포장에 표시가 어려운 경우 식품이력추적관리번호와 그 수량에 관한 정보를 해당 식품 구매자 또는 그 식품을 판매하고자 하는 자에게 전자기록, 문서 등의 형태로 제공해야함

다. 이력추적관리정보의 연계

1) 등록자는 식품의 이력추적관리정보를 식품의약품안전처장이 운영하는 식품이력추적관리시스템에 전자기록으로 연계하여야 함
2) 식품이력추적관리정보는 이력추적관리 이외의 목적으로 사용할 수 없음

※ 연계대상 정보

등록자 구분	식 품(건강기능식품을 포함함)
제조·가공업체	1) 제조·가공(생산)의 정보 가) 식품이력추적관리번호 나) 제조공장 명칭 및 소재지 다) 제조일자 라) 소비기한 또는 품질유지기한 마) 제품 원재료 관련 정보 - 원재료명 또는 성분명, 원산지(국가명), 원재료의 공급자 및 주소, 유전자변형식품여부(단, 원산지 및 유전자변형식품여부는 표시대상 제품에 한함) 바) 생산량(제품의 최소 판매단위별 개수) 사) 기능성 내용(건강기능식품에 한함) 아) 상품바코드(바코드가 있는 제품에 한함) 자) 기타 제품과 관련하여 제조·가공업체가 등록하고자 하는 정보 (단, 관련 법령에 위반되는 내용은 제외) 2) 공장출고단계의 정보 가) 식품이력추적관리번호 나) 제조공장 명칭 및 소재지 다) 출고일자 라) 거래처 또는 도착장소 명칭, 소재지, 연락처 마) 출고량(제품의 최소 판매단위별 개수) 3) 지점, 대리점 등의 정보(등록자가 관리 가능한 경우) 가) 식품이력추적관리번호

등록자 구분	식　품(건강기능식품을 포함함)
	나) 지점·대리점·판매업체 등의 명칭, 소재지 다) 입고일자 라) 입고량(제품의 최소 판매단위별 개수) 마) 출고일자 바) 출고량(제품의 최소 판매단위별 개수)
판매업소 (식품위생법 시행규칙 제69조의2 제1호에 해당하는 식품에 한함)	1) 식품이력추적관리번호 2) 제품명 3) 판매업체 명칭 및 소재지 4) 입고일자 5) 입고량(제품의 최소 판매단위별 개수) 6) 재고기준일자 7) 재고량(제품의 최소판매단위별 개수) 8) 소비기한 및 제조일자 또는 품질유지기간
식품 수입업소	1) 식품이력추적관리번호 2) 수입업소 명칭 및 소재지 3) 제조국 4) 제조공장 명칭 및 소재지 5) 유전자변형식품표시 6) 제조일자 7) 소비기한 또는 품질유지기한 8) 원재료명 또는 성분명 9) 수입량(제품의 최소 판매단위별 개수) 10) 제품명 11) 수입일자 12) 출고일자 13) 출고량 14) 거래처 또는 도착장소 15) 상품바코드(바코드가 있는 제품에 한함) 16) 기능성 내용(건강기능식품에 한함) 17) 기타 제품과 관련하여 수입업소가 등록하고자 하는 정보 (단, 관련 법령에 위반되는 내용은 제외)
건강기능식품유통전문판매업	1) 식품이력추적관리번호 2) 제품명 3) 유통전문판매업소의 명칭 및 소재지 4) 입고일자 5) 입고량(제품의 최소 판매단위별 개수) 6) 출고일자 7) 거래처 또는 도착장소 명칭, 소재지, 연락처 8) 출고량(제품의 최소판매단위별 개수) 9) 식품이력추적관리번호별 재고량(식품사고 발생 시)

※ 등록자는 식품이력추적등록한 제품의 보관 및 유통·판매단계에서 회수사유가 발생한 경우 즉시 식품이력추적관리시스템에 회수대상 및 회수사유에 대한 정보사항을 연계하여야 함.

라. 이력추적관리 기록의 작성

등록자는 식품의 이력추적정보를 전산기록 장치에 기록하고 해당 제품의 소비(유통)기한 또는 품질유지기한이 경과한 날부터 2년 이상 보관하여야 함

6. 변경관리

가. 식품이력추적관리 등록을 한 자는 아래의 사항이 변경된 경우 변경사유가 발생한 날부터 1개월 내에 지방식약청에 신고하여야 함(식품이력추적관리시스템 또는 서면)

나. 변경신고 하여야 하는 사항

국내 식품의 경우	수입 식품의 경우
영업소의 명칭(상호)과 소재지 제품명과 식품의 유형 소비기한 및 품질유지기한 보존 및 보관방법	영업소의 명칭(상호)과 소재지 제품명 원산지(국가명) 제조회사 또는 수출회사

다. 변경신고 시 제출서류

1) 변경신고서 (식품일 경우 「식품위생법 시행규칙」 별지 제57호, 건강기능식품인 경우 및 「건강기능 식품에 관한 법률 시행규칙」 별지 제36의4), 축산물인 경우 「축산물 위생관리법 시행규칙」 별지 제33호의4, 수입식품인 경우 「수입식품안전관리특별법 시행규칙」 별지 제34호)

2) 식품이력추적관리 품목 등록증 및 변경사항 확인서류

라. 민원처리 기간

1) 식품·축산물·수입식품: 15일 / 건강기능식품: 7일

순서	담당기관	처리 내용
1	업체	필요서류를 첨부하여 이력추적관리시스템에 신청 *필요서류 : 영업등록증(영업허가증, 영업신고증)
2	지방청 식품안전관리과/ 농축수산물안전과	서류 검토후 최종 결재 및 변경심사 완료

7. 조사평가

가. 지방식약청장은 조사·평가 계획을 작성하고, 이력추적관리 등록을 한 자에게 조사·평가 일정을 1개월 이내에 통보하여야 함(의무업소는 2년, 자율업소는 3년)

* 최초 등록일자를 기준으로 등록자별로 모든 등록제품에 대한 조사 · 평가 계획 작성

나. 식품이력추적관리 조사·평가는 서류 및 현장조사 방법으로 실시함

- 다만, 식품안전정보원이 기술지원한 결과 식품이력시스템 운영에 적합하다고 확인한 경우 현장방문을 생략할 수 있으며, 기술지원한 결과 부적합 판정한 경우 지방청이 최종 조사·평가를 실시하여야 함

※ 생산(입고)·출고정보 연계 지연의 경우 식품이력추적관리시스템(tfood)을 조회하여 (정보연계 지연 품목, 일자 등 증빙 캡처) 객관적 입증자료를 근거로 사전통지서 작성 및 운영지원과 처분의뢰(행정처분을 위한 현장 출장 및 확인서 작성 생략)

- 사전통지서 작성 시 처분 대상자, 위반사실, 처분내용, 법적근거 및 조문 기재

8. 행정사항

가. 각 지방식약청 및 시·도(시·군·구) 식품위생관련 부서는 '식품이력추적관리 제도'에 대한 홍보 강화

1) 주요 홍보 방안

가) 관내 업체를 대상으로 '식품이력추적관리제도'에 대해 자체 설명회 또는 홍보물 발송(공문) 등을 통한 지속적인 홍보 실시

나) 시·도(시·군·구) 홈페이지에 식품이력정보조회사이트(http://www.tfood.go.kr) 연계 및 식품이력추적관리 홍보자료 게재 등 홍보 실시

※ 식품이력추적사이트 배너 이미지 

※ 이미지 : 식약처 홈페이지 → 정보자료 → 간행물지침(식품이력추적사이트 베너)에 별도 공개

※ 부처간 협의를 통한 식품 및 농·축·수산물 이력추적관리 로고 통합 확정 ('15.11)으로 '17년부터 통합로고 사용

2) 참여 희망업체에 대한 안내 실시

참여 희망업체가 있는 경우 각 지방식약청 식품안전관리과 또는 식품안전정보원 (☎ 02-744-8131 or 1588-2605)으로 문의하도록 안내

※ 해당 업체에 대해서는 현장 방문을 통한 업체 맞춤형 컨설팅 실시 예정

나. 식품이력추적관리 관련 조치 사항

1) 지방식약청장은 등록을 한 자가 식품이력추적관리기준을 준수하지 아니한 때에는 그 등록을 취소하거나 시정을 명할 수 있음

2) 등록취소를 받은 자는 식품이력추적관리 품목 등록증을 지체 없이 지방식약청장에게 반환하여야 함

3) 행정처분 사후관리 대상

- (식품) 식품이력추적관리를 등록하지 않은 경우(이행결과 제출 시 생략)
- (축산물) 축산물가공품이력추적관리를 등록하지 아니한 경우, 이력추적관리정보를 2년 이상 보관하지 않은 경우, 축산물이력추적관리 표시를 하지 않은 경우(이행결과 제출 시 생략)
- (건강기능식품) 건강기능식품이력추적관리를 등록하지 아니한 경우(영업정지 이상)

4) 조사·평가 처리 절차

순서	담당기관	처리 내용
1	정보원	- 기술지원 결과 지방청 공문 송부(적합/부적합) * 부적합 시 대표자/담당자에게 부적합 사실 및 처분 예정 사전 안내 및 연락처 확보하여 지방청 전달
2	지방청 식품안전관리과/ 농축수산물안전과	- 이력추적관리시스템을 통해 부적합업체의 정보연계 지연품목, 지연일수 등을 확인할 수 있는 객관적인 증빙자료 확보 및 사전통지서 작성하여 운영지원과 처분 의뢰 * 사전통지서 작성 시 처분대상자, 위반사실, 처분내용, 법적근거 및 조문내용 기재 및 위반 증빙자료 첨부 - 통합식품안전정보망 행정처분의뢰 및 조사·평가결과 이력추적관리시스템에 입력
3	지방청 운영지원과	- 행정처분 시행
4	지방청 식품안전관리과/ 농축수산물안전과	- 행정처분 확정 시 이력추적관리시스템에 행정처분결과 즉시 입력·관리

기술지원 및 조사·평가 절차

단 계	내 용	담 당
조사·평가	① 지방청은 조사·평가 시 서류 및 현장조사 방법으로 준수여부를 평가한다.(정보원의 기술지원 결과 조사·평가표에 따라 적합하다고 확인한 경우 현장조사 생략 할 수 있음) ※ 식품 등 이력추적관리기준 제5조(조사·평가 등) 5항	지방청 (서류, 현장조사) 정보원 (기술지원)
현장(원격) 조사	② 정보원은 기술지원 실시 후 결과를 등록자 안내 - (적합) 조사결과 등록자 안내 및 확인(서명) - (부적합) 조사결과 등록자 안내 및 확인(서명)	정보원→등록자
조사 결과안내	③ 정보원의 기술지원 결과 지방청 송부(공문)	정보원→지방청
결과안내·보완요구	④ 지방청은 기술지원 부적합 판정 시 조치를 하기 전에 심사결과를 등록자에 통보하고 1개월 이내의 기간을 정하여 부적합 사항을 보완할 것을 요구할 수 있음 ※ 식품 등 이력추적관리기준 제5조(조사·평가 등) 7항	지방청→등록자
행정처분 사전통지	④-1 정보연계 지연한 경우 보완이 불가능 하므로, 위반 내용에 따라 행정처분 절차 진행	
보완결과 제출	⑤ 등록자는 보완조치 결과를 지방청에 제출하여야 함 ※ 식품 등 이력추적관리기준 제5조(조사·평가 등) 8항	등록자→지방청
보완결과 확인 및 추가 조치	⑥ 지방청은 보완조치 결과를 확인하여야 하며, 보완되지 않은 경우에는 조치(확인서 징구 및 행정처분)를 하고 그 결과를 식약처장에게 보고하여야 함 ※ 식품 등 이력추적관리기준 제5조(조사·평가 등) 8항	지방청→등록자, 식약처
행정처분서 통지	⑥-1 행정처분내용 통지	
행정사항	⑦ 이력추적관리시스템(tfood)에 조사평가 결과 및 행정처분 결과 입력 등 조치	지방청

9 식품분야 통계관리

〈식품안전정책과〉

1. 식품위생 관련 통계 보고

가. 식품 및 식품첨가물 생산실적 보고

1) 보고시기 : 연간보고(연도 종료 후 2개월 이내)

2) 보고방법

가) 방법 ①: 영업자가 식품안전나라(www.foodsafetykorea.go.kr)의 "식품 및 식품첨가물 생산실적보고" 사이트에 직접 생산실적 입력한 것을 확인 보고

※ 통합식품안전정보망 구축에 따라 '15년도 생산실적부터 식품안전나라 > '우리회사 안전관리(3월부터 통합민원창구 이용)"에서 회원가입 후 작성

* '26년 3월부터 통합민원상담, 우리회사 안전관리 메뉴가 통합민원창구로 통합·변경 예정

나) 방법 ②: 영업자가 직접 전산입력을 하지 않는 경우 지방식약청(주류에 한함), 시·군·구에서는 영업자로부터 별지 제50호 서식(식품위생법)으로 생산실적을 보고 받아 식품행정통합시스템(admin.foodsafetykorea.go.kr)의 "식품 및 식품첨가물 생산실적보고" 사이트에 생산실적 입력

※ 신속한 자료취합 및 통계작성을 위해 영업자가 직접 입력토록 적극 유도(보고업체용 가이드는 식약처 홈페이지 → 법령·자료 → 자료실 → 매뉴얼/지침란에 '영업자대상 식품 및 식품첨가물 생산실적 보고서 매뉴얼'에 게재

2. 행정사항

가. 식품 등에 대한 생산실적을 보고하는 시·군·구 및 지방식약청 담당자는 시·도 및 식약처 보고 전에 반드시 작성된 내용을 검토하여 오기 또는 과장보고(업체규모 대 매출액 등) 등이 없는지 확인 후 보고 조치

나. 생산실적 보고실시 이전에 보고대상 업체를 검토하여 누락되는 업체가 없는지 확인 후 수정(추가) 조치

※ 생산실적 보고시작 1개월 전 담당 관할지역의 보고대상 업체목록 확인 후 수정/추가 조치

다. 생산실적을 보고하지 않거나 허위로 보고한 업소에 대한 과태료 부과 조치

1) 식품위생법 제42조 제2항 위반 : 30만원

※ 생산실적 보고가 완료 된 이후 미보고 또는 허위보고 업체에 대한 행정조치 실시

10 '26년도 「제25회 식품안전의 날」 기념행사

〈식품안전정책과〉

1. 취지 및 경과

가. 식품안전에 대한 범(汎) 국민적인 관심을 높이고 식품분야에 종사하는 학계·업계 및 식품위생공무원들의 자긍심 제고와 각계의 자율적인 노력을 통하여 식품 안전에 대한 인식을 개선하고자 함

나. '02년부터 매년 5월 14일을 '식품안전의 날' 및 전후 2주간을 '식품안전주간'으로 정하여 지방청, 지자체, 업계, 시민 등 범국민적 참여를 위한 기념식 및 유공자 포상, 학술세미나 등 다양한 행사 개최

다. '17년부터는 '식품안전의 날(5.14)' 및 '식품안전주간(5.7~5.21)'이 법정기념일로 지정됨에 따라 대국민 홍보를 강화하고 서울 광화문광장 등에서 국민과 함께 하는 열린 행사 개최 및 지방청, 학계, 업계와 연계한 다양한 행사 기획, 추진

※ 단, '20~'22년도는 코로나19 상황에 따라 최소한의 인원이 참석하는 기념식 행사만 개최

2. 행사계획

가. '식품안전의 날' 기념식 : '26. 5. 14.(목), 장소 미정

나. '식품안전주간' 운영 : '26. 5. 7.(목) ~ 5. 21.(목)

다. 식품안전관리 유공자 정부포상

라. 식품안전박람회, 국제학술심포지엄 등

마. 기타 식품안전의식을 고취할 수 있는 다양한 행사 진행

※ 지차체, 식품관련단체 및 업체 등과 협의 예정

3. 행정사항

가. 식품안전관리분야 포상(표창)대상자 사전 발굴 및 제출('26.1.)

나. 식품안전박람회, 국제학술심포지엄 및 국내 학술대회 연계 학술심포지엄 개최 계획 수립('26.2)

다. 지방 식약청 및 시·도는 권역별로 자체 실정에 맞는 행사계획 제출('26.3)

라. 지역 실정에 맞는 홍보물(홍보영상, 포스터, 리플릿, 각종 물품 등) 개발·배포('26.4.)

11 '25년도 「식품위생법」 주요 개정내용

〈식품안전정책과〉

□ 「식품안전기본법」 주요 개정내용

법조항	개정일 (시행일)	주요 개정내용
제2조 제23조의2 제23조의3	'25.3.18. ('26.3.19.)	○ "위해예측"의 정의 신설 ○ 위해예측 실시 근거 마련 ○ 식품위해예측센터의 지정 등 근거 마련

□ 「식품위생법」 주요 개정내용

법조항	개정일 (시행일)	주요 개정내용
제47조 제47조의2	'25.4.1. ('28.7.1.)	○ 모범업소 지정제도를 폐지하고 음식점 위생등급 제도로 통합 운영 근거 마련 ○ 식품접객업소 위생등급 지정의 유효기간을 2년 → 3년 확대 ○ 기존 식품접객업소에서 집단급식소로 대상 확대

□ 「식품위생법 시행령」 주요 개정내용

법조항	개정일 (시행일)	주요 개정내용
제32조	'24.12.31. ('25.1.3.)	○ 식품 등의 오염사고의 보고 대상 신설 * 산업재해를 직접적인 원인으로 하여 식품 또는 식품첨가물에 이물이 섞이거나 섞일 우려가 있는 경우 * 산업재해가 발생함에 따라 가스분진화학물질 등을 원인으로 하여 식품 또는 식품첨가물이 오염되거나 오염될 우려가 있는 경우
제64조	'24.12.31. ('25.1.3.)	○ 오염사고의 보고 및 현장조사에 관한 사무 * 식품의약품안전처장에서 지방식품의약품안전청장에게 위임
별표2	'24.12.31. ('25.1.3.)	○ 과태료 신설 * 현장조사를 거부하거나 방해한 경우 (1차) 500만원 (2차) 750만원 (3차) 1000만원

□ 「식품위생법 시행규칙」 주요 개정내용

법조항	개정일 (시행일)	주요 개정내용
제60조의2	'25.1.10. ('25.1.10.)	○ 식품 등의 오염사고의 보고방법 등 * 식품 또는 식품첨가물을 제조·가공하는 영업자가 오염사고가 발생하거나 발생 우려가 있는 경우 오염사고보고서를 작성해서 관할 지방식약청에 제출 → 오염사고 보고를 받은 지방식약청은 지체없이 식약처장에 통보 ○ 오염예방조치 * 식품 또는 식품첨가물의 폐기(계획 수립), 제조·가공시설 또는 기계·기구 등에 대한 소독 교체 및 세척(계획 수립), 종업원 대상 오염예방조치와 관련 안내 및 지도
별표23	'25.1.10. ('25.1.10.)	○ 행정처분 신설 * 보고를 하지 않거나 거짓으로 보고한 경우 (1차) 영업정지 5일 (2차) 영업정지 10일 (3차) 영업정지 20일

Part

식품관련업체 안전관리

'26년도 연간 안전관리(점검, 수거 · 검사) 추진 일정 현황

□ 식약처 계획수립

○ 단기 계획

월	점 검 명	점검기간	주관기관 (참여기관)	주관부서 (참여부서)
1	○ 설 대비 성수식품 합동점검 -식품(한과류,탁·약주등),건강기능식품(홍삼등), 축산물(식육세트등)농·수산물(과일,생선등제수용품)제조·판매·접객업체	1.19.-23. (5일)	지자체(지방청)	식품관리총괄과 (건강기능식품정책과,축산물안전정책과,농수산물안전정책과, 수입유통안전과 등)
	○ 제1차 외국식료품 판매업소 합동 특별점검	1.26.~2.6. (10일)	지방청	수입유통안전과
	○ 메이드·집사 카페 특별 점검	1.26.~30. (5일)	지자체	식품관리총괄과
2	○ 배달 전문 음식점 및 무인판매점 점검(1차)	2.2.~6. (5일)	지자체	식품관리총괄과
	○ 식육가공품 제조·유통업체 점검	2.2.~13. (10일)	지방청,지자체	축산물안전정책과
	○ 소비동향을 반영한 수거검사(1차)	2.2.~13. (10일)	지방청	식품관리총괄과
	○ 학교 등 집단급식소 납품업소 농산물 수거·검사	2.9.~13. (5일)	지자체	농수산물안전정책과
	○ 자가품질검사 자체 실시 업체 실태조사 및 점검(1차)	2.19.~3.5. (11일)	지방청	건강기능식품정책과
	○ 다소비 음료류 등 수거검사(1차)	2.23.~3.6. (9일)	지자체	식품관리총괄과
	○ 봄 개학 대비 어린이 기호식품 조리·판매업소 점검 - 어린이 기호식품 조리·판매업소	2.23.~3.20. (19일)	지자체	식생활영양안전정책과
3	○ 봄학기 학교·유치원 급식소 등 합동점검 - 학교,유치원,집단급식소식재료공급업체	3.3.~20. (14일)	지자체 (지방청, 교육청)	식중독예방과
	○ 식육·포장육(생식용 식육, 부산물 위주) 제조·유통업체 점검	3.3.~13. (9일)	지방청,지자체	축산물안전정책과
	○ 봄나들이 성수 품목 제조 · 수입업체 점검	3.9.~13. (5일)	지방청,지자체	위생용품정책과
	○ 주류제조업체 지도·점검(1차)	3.9.~20. (10일)	지방청	식품관리총괄과
	○ 식품에 사용할 수 없는 농·임산물 등 지도·점검	3.9.~13. (5일)	지방청	농수산물안전정책과
	○ 이물반복혼입 업체 점검(1차)	3.16.~20. (5일)	지방청	식품관리총괄과
	○ 봄철 다소비 농산물 수거·검사	3.16.~20. (5일)	지자체	농수산물안전정책과

월	점 검 명	점검기간	주관기관 (참여기관)	주관부서 (참여부서)
4	○ 단순처리 농수산물 생산업체 지도·점검	4월 (1개월)	지방청, 지자체	농수산물안전정책과
	○ 청소년 이용시설 식중독예방 특별점검 - 집단급식소(청소년수련원,기숙학원등)	4.6.~17. (10일)	지자체(지방청)	식중독예방과
	○ 식약공용 농·임산물 수거·검사	4.6.~10. (5일)	지자체	농수산물안전정책과
	○ 온라인·비대면 유통 축산물 점검	4.6.~17. (10일)	지자체(지방청)	축산물안전정책과
	○ 가정의달(5월) 대비 다소비 건강기능식품 제조·유통업체 지도점검 및 맞춤형 건기업체 지도점검(1차)	4.6.~17. (10일)	지방청·지자체	건강기능식품정책과, 수입유통안전과
	○ 상반기 온라인 다소비·인기 농산물(친환경 인증 농산물 포함)·수산물 수거·검사	4.13.~21. (7일)	지방청	농수산물안전정책과
	○ 취약계층(노인, 어린이, 환자) 다소비 식품 제조업체 점검	4.20.~24. (5일)	지방청·지자체	식품관리총괄과
	○ 상반기 어린이 기호식품 품질인증 제품 수거·검사	4.20.~5.15. (19일)	지방청	식생활영양안전정책과
5	○ 편의점 및 무인 판매점 점검	5.1~8. (5일)	지자체	식품관리총괄과
	○ 로컬푸드직매장 등 판매 농산물 수거·검사	5.4.~15. (9일)	지방청	농수산물안전정책과
	○ 알가공품 제조업체 점검	5.4.~15. (9일)	지방청,지자체	축산물안전정책과
	○ 상반기 어린이집 식중독예방 합동점검	5.11.~29. (14일)	지자체(지방청)	식중독예방과
	○ 어린이급식관리지원센터 등록 급식소 지도·점검	5.11.~6.5. (18일)	지자체	식생활영양안전정책과
	○ 온라인상 국민 관심 제품 부당광고 합동 점검	5.14.~15. (2일)	지자체, 지방청	사이버조사팀
	○ 위생용품 전국합동점검	5.18.~22. (5일)	지자체(지방청)	위생용품정책과
	○ 소비동향을 반영한 수거검사(2차)	5.18.~29. (9일)	지방청	식품관리총괄과
	○ (상반기) 소비동향 반영 국내 인기 수입식품 수거·검사	5.18.~22. (5일)	지방청	수입유통안전과

월	점 검 명	점검기간	주관기관 (참여기관)	주관부서 (참여부서)
6	○ 다소비 음료류 등 수거검사(2차)	6.29.~7.10. (10일)	지자체	식품관리총괄과
	○ 하절기 축산물위생 취약분야 점검 ※ 축산물 운반업 및 보관업 점검 포함	6.1.~19. (14일)	지자체(지방청)	축산물안전정책과
	○ 사회특정계층 이용 급식시설 점검 - 노인·아동·장애인복지시설,산후조리원	6.8.~19. (10일)	지자체	식중독예방과
	○ 주류제조업체 지도·점검(2차)	6.8.~19. (10일)	지방청	식품관리총괄과
	○ 이상사례 관련 건강기능식품 업체 지도점검 및 수거검사	6.8.~19. (10일)	지방청	건강기능식품정책과, 수입유통안전과
	○ 위해도 높은 수입식품 수거·검사	6.15.~26. (10일)	지방청	수입유통안전과
	○ 배달 전문 음식점 및 대중 선호 음식점 점검(2차)	6.22.~26. (5일)	지자체	식품관리총괄과
7	○ 소비동향을 반영한 수거검사(3차)	7.27.~8.7. (10일)	지방청	식품관리총괄과
	○ 유가공품 제조·유통업체 점검	7.6.~7.24. (15일)	지방청(지자체)	축산물안전정책과
	○ 주류제조업체 지도·점검(3차)	7.6.~17. (10일)	지방청	식품관리총괄과
	○ 하절기 위생취약 제품 제조업체 점검	7.6.~10. (5일)	지자체	위생용품정책과
	○ 배달 전문 음식점 및 살모넬라 우려 음식점 점검(3차)	7.13.~17. (5일)	지자체	식품관리총괄과
	○ 위생취약시설 식중독예방 특별점검 - 식중독발생 등 식품위생법 위반 집단급식소 및 운반 음식 공급업체 등	7.20.~7.31. (10일)	지자체(지방청)	식중독예방과
8	○ 식품 운반업 및 유통업체 물류센터 점검	8.3.~7. (5일)	지방청·지자체	식품관리총괄과
	○ 공유주방 및 반려동물 동반 음식점 점검	8.10.~14. (5일)	지자체(지방청)	식품관리총괄과
	○ 가을 개학 대비 어린이 기호식품 조리·판매업소 점검 - 어린이 기호식품 조리·판매업소	8.18.~9.11. (19일)	지자체	식생활영양안전정책과
	○ 가을 신학기 대비 학교, 유치원 등 합동점검 - 학교,유치원,집단급식소식재료공급업체	8.24.~9.11. (15일)	지자체 (지방청, 교육청)	식중독예방과
	○ 학교 등 집단급식소 납품업소 농산물 수거·검사	8.24.~28. (5일)	지자체	농수산물안전정책과
	○ 맞춤형건강기능식품 지도점검 및 수거검사(2차)	8.24.~28. (5일)	지방청	건강기능식품정책과

월	점 검 명	점검기간	주관기관 (참여기관)	주관부서 (참여부서)
9	○ 취약계층 사용 제품 제조·수입업체 점검	9.7.~11. (5일)	지자체·지방청	위생용품정책과
	○ 제2차 외국식료품 판매업소 합동 특별점검	9.1.~14. (10일)	지방청	수입유통안전과
	○ 추석 대비 성수식품 합동 점검 - 식품(한과류, 탁·약주등), 건강기능식품(홍삼등), 축산물(식육세트등)농·수산물(과일,생선등) 제조·판매·접객업체 ※축산물운반업및보관업점검포함	8.31.~9.4. (5일)	지방청(지자체)	식품관리총괄과(건강기능식품정책과, 축산물안전정책과, 농수산물안전정책과, 수입유통안전과, 사이버조사팀)
	○ (하반기) 소비동향 반영 국내 인기 수입식품 수거·검사	9.7.~9.11. (5일)	지방청	수입유통안전과
	○ 친환경 인증 농산물 수거·검사	9.14.~18. (5일)	지방청	농수산물안전정책과
	○ 편의점 및 무인판매점 점검	9.14.~18. (5일)	지자체	식품관리총괄과
10	○ 로컬푸드직매장 등 판매 농산물 수거·검사	10.1.~8. (5일)	지자체	농수산물안전정책과
	○ 하반기 어린이집 식중독예방 합동점검	10.12.~30. (15일)	지자체(지방청)	식중독예방과
	○ 자가품질검사 자체 실시 업체 점검(2차)	10.12.~23. (10일)	지방청	건강기능식품정책과
	○ 하반기 온라인 다소비·인기 농수산물 수거·검사(식약공용 농·임산물 포함)	10.12.~20. (7일)	지방청	농수산물안전정책과
	○ 영양성분 및 알레르기 유발 식품 의무표시 대상 식품 접객업체 점검	10.12.~11.6. (20일)	지자체	식생활영양안전정책과
	○ 핼로윈데이 및 빼빼로데이 수입 다소비 식품 검사 강화	10.12.~16. (5일)	지방청	수입유통안전과
	○ 하반기 어린이 기호식품 품질인증 제품 수거·검사	10.19.~11.13. (20일)	지방청	식생활영양안전정책과
	○ 신규 품목 제조·수입업체 점검	10.26.~30. (5일)	지자체, 지방청	위생용품정책과

월	점 검 명	점검기간	주관기관 (참여기관)	주관부서 (참여부서)
11	○ 김장철 대비 수입식품 수거·검사	11.2.~6. (5일)	지방청	수입유통안전과
	○ 단순처리 농수산물 생산업체 지도·점검	11월 (1개월)	지방청, 지자체	농수산물안전정책과
	○ 다빈도 이상사례 신고 건강기능식품 수거검사(2차)	11.2.~13. (10일)	지방청	건강기능식품정책과, 수입유통안전과
	○ 주류제조업체 지도·점검(4차)	11.2.~13. (10일)	지방청	식품관리총괄과
	○ 배달 전문 음식점 및 무인판매점 점검(4차)	11.9.~13. (5일)	지자체	식품관리총괄과
	○ 소비동향을 반영한 수거검사(4차)	11.16.~27. (10일)	지방청	식품관리총괄과
	○ 이물반복혼입 업체 점검(2차)	11.16.~20. (5일)	지방청	식품관리총괄과
	○ 공영·유사도매시장 등 생식용 굴 수거검사	11.23.~12.18. (1개월)	지방청	농수산물안전정책과

○ 장기 계획

점 검 명	점검기간	주관기관 (참여기관)	주관부서 (참여부서)
○ 배달앱 등록 음식점 점검	3~12월	지자체	식품관리총괄과
○ 자가품질검사 자체 실시 업체 점검	8~11월	지방청	축산물안전정책과
○ 봄철 패류독소 수산물 안전관리	2~6월	지방청·지자체(서울) 해수부	농수산물안전정책과
○ 여름철 수산물 안전관리	6~9월 *해양환경 변화에 따라 변동 가능	해수부, 지방청, 지자체	농수산물안전정책과
○ 바닷가 주변 횟집 등 특별관리	7~8월	지방청, 지자체	농수산물안전정책과
○ 여름철 부적합 빈발 농산물 집중 수거·검사	6~8월	지자체	농수산물안전정책과
○ 농산물 곰팡이독소 수거·검사	6~9월	지방청	농수산물안전정책과
○ 유통단계 식용란 수거검사 및 공급업체 점검	6~11월	지방청, 지자체	축산물안전정책과
○ 염소 고기 취급업체 일제 점검	10~11월	지방청, 지자체	축산물안전정책과 (식품관리총괄과)
○ 겨울철 수산물 안전관리	11~'27.2월	지방청, 지자체	농수산물안전정책과
○ 불법 증량 의심 냉동 수산물 검사	상시	지방청	농수산물안전정책과
○ 유사품종 등 수산물 유전자 검사	반기별	식약처, 지방청	농수산물안전정책과
○ 부적합 다빈도 수산물 수거·검사	상시	지자체	농수산물안전정책과
○ 수입식품 일상 수거·검사 및 수입업소 지도·점검	상시	지방청	수입유통안전과
○ GMO 농산물 및 가공품 점검 및 수거·검사	상시	지방청	수입유통안전과
○ LMO 취급업체(수입·하역·운송·제조) 점검	연 1회 이상	지방청	수입유통안전과

□ 시·도 계획수립

월	점 검 명	점검기간	주관기관 (참여기관)	주관부서
3	○ 봄 나들이철 대비 다중이용시설 점검 - 공항, 고속도로휴게소, 철도역, 국·공립공원, 유원지, 놀이공원, 패스트푸드 등 조리·판매업체	시·도 자체 수립	지자체	시·도 담당부서
5	○ 다중이용시설 및 위생취약 시설 점검 - 키즈카페, 장례식장, 결혼식장, 애견·동물카페, PC방, (스크린)골프장, 만화카페 등	시·도 자체 수립	지자체	시·도 담당부서
7	○ 하절기 대비 다중이용시설 점검 - 고속도로휴게소, 놀이시설, 해수욕장, 워터파크, 커피·주스 프랜차이즈 등	시·도 자체 수립	지자체	시·도 담당부서
9	○ 가을 행락철 대비 다중이용시설 점검 - 공항, 고속도로휴게소, 철도역, 국·공립공원, 유원지, 놀이공원, 푸드트럭 등 조리·판매업체	시·도 자체 수립	지자체	시·도 담당부서
11	○ 김장철 대비 성수식품 점검 - 김치류, 젓갈류, 고춧가루 등 식품제조·판매업체 - 김장철 다소비 농·수산물 수거·검사	시·도 자체 수립	지자체	시·도 담당부서
12	○ 성탄절, 연말연시 대비 제조·판매업체 점검	시·도 자체 수립	지자체	시·도 담당부서
12	○ 동절기 다중이용시설 점검 - 스키장, 빙상장, 눈썰매장 등 시설 내 조리·판매업체	시·도 자체 수립	지자체	시·도 담당부서
연중	○ 지역 축제 식품접객업체 등 점검	시·도 자체 수립	지자체	시·도 담당부서
연중	○ GMO 지도점검 및 수거검사(연중)	시·도 자체 수립	지자체	시·도 담당부서

1 '26년 식품안전관리 기본방향

〈식품관리총괄과〉

1. 기본방향

◇ 중앙정부는 최근 언론 동향·사회적 이슈 등 중요사항을 집중 관리하고, 지방정부는 지역 제조업, 접객업 등 일상적인 점검 안전관리를 주관하여 체계적이고 효율적 수행이 가능하도록 전환

구 분	~' 23년	' 24년~
점검계획 수립	모든 점검은 식약처	일상점검은 시·도
점검결과 확인	점검 시마다 시·도 취합	일상점검은 식품행정통합시스템 입력·확인 (그 외 점검은 현행 유지)

가. 1인가구 증가 등으로 인해 소비가 급증하는 가정간편식(HMR), 배달음식, 온라인 판매식품 등에 대한 안전관리 강화

나. 패스트푸드 등 프랜차이즈 음식점, 편의점 등 다중이용 식품취급시설에 대해 집중 관리

다. 탁·약주, 과실주, 맥주 등 시기별 주류제조업체 점검 등 안전관리 강화

라. 온도(냉장·냉동) 관리 등 식품의 유통·운송 단계 관리 강화

마. 모든 업체에 대한 불시 점검으로 형식적·관행적 지도·점검 탈피

바. 위생 사각지대가 발생하지 않도록 식품행정통합시스템 통계자료를 활용한 단속필요성이 높은 업체, 3년 미점검 업체 등에 안전관리도 병행 실시

* 단속 대상 선별 프로그램은 현재 시스템 보완 중으로, 완료 시 지침 반영 예정

사. 각 지자체별 지도·점검(수거·검사) 등은 지침에 따라 시기 등을 조정하여 탄력적으로 운영

1) 시기별, 지역별, 점검 빈도, 위반 및 부적합 이력 등을 감안하여 실시

2) 점검은 위반이 가장 많이 발생하는 '기본안전수칙' 항목 위주로 점검하되, 기타 식품위생법 위반 행위에 대하여도 예외 없이 점검

〈 기본안전수칙 점검항목 〉

①건강진단 및 위생교육 ②지하수사용 수질검사 ③방충·방서시설 기준 ④제조가공실 위생적 관리 ⑤자가품질검사 ⑥이물 혼입 ⑦소비기한 경과 원료 사용·판매·조리·보관 ⑧냉장·냉동 온도기준 미준수 ⑨무등록(신고) 및 무표시 ⑩음식물 재사용

아. 지도·점검 시 업계 자율적으로 위생관리를 적극 유도하기 위해 1~2주 이전에 점검대상, 시기, 품목, 방법 등을 인터넷, 문자, 일간지 등으로 사전에 알리는 등 사전예고제 실시

※ 다만, 사전 예고시 특정 일자와 시간, 점검 업체 등에 대한 정보는 제공이 금지되며, 긴급을 요하거나 보안이 필요한 특별점검 등은 사전 예고 없이 불시 점검 가능

자. 지도·점검(수거·검사 포함) 결과는 태블릿PC(현장행정 식품위생)를 이용하여 시스템에 당일 입력

※ 특히, 지도·점검 결과에 대하여는 점검자 종합의견을 "점검내용"에 반드시 등록하여 다음 점검자가 참고할 수 있도록 필수 입력

□ 점검내용(점검자 의견)

(ex) 영업자의 위생 인식 여부, 위생관리가 잘되고 있는 부분 또는 미흡한 부분, 현장에서 지도한 내용 등 후임 점검자가 영업장의 전반적인 위생관리를 알 수 있도록 육하원칙에 따라 작성

차. 지도·점검 결과 위반업체에 대해서는 신속하게 행정조치하고, 홈페이지 등에 공개 및 6개월 이내에 재점검을 실시하여, 재점검 결과에도 위반한 업체는 특별관리업체로 지정·관리

◈ 재점검 관련

· (원칙) 위반 사항에 대해 6개월 이내 재점검
(즉시 시정, 현장 멸실 등 부득이 재점검을 할 수 없는 경우는 제외)

카. 위반된 제품이 회수·폐기 대상인 경우 현장에서 압류조치하고 유통된 제품은 회수·폐기토록 해당 기관에 신속히 통보

타. 위반사항에 대한 사후조치 중 계통조사가 필요한 경우 해당 관할 기관으로 업체 및 제품 정보 등을 신속히 통보

파. 관련법에 따라 행정처분 및 고발 등의 조치를 요청한 경우 관련 서류를 첨부하여 제출하고 식약처(본부)에서 언론보도 등의 사유로 관련 자료 요청 시 해당 지방식약청, 시·도 및 보건환경연구원은 신속히 제출

하. 각 행정기관에서 식품 등의 안전에 관한 사항의 조사 결과를 공표하고자 하는 경우 공표하고자 하는 날의 7일 전까지 식약처에 해당 내용을 미리 통보

※ 근거: 「식품안전기본법」 제26조제4항

거. 위해 우려가 높은(Risk-Based) 품목 및 검사항목 중심으로 수거·검사 실시

1) 수거는 검사에 소요되는 기간을 감안하여 지도·점검 일정보다 이전에 실시하여 결과 발표 시에 참고할 수 있도록 조치

2) 특정 시설, 품목 등 건수 위주의 일괄수거 금지

3) 중복수거 방지를 위한 태블릿PC(현장행정 식품위생)를 적극 활용하고 관내 생산·제조·가공된 식품 등을 우선으로 수거·검사 실시

너. 식품위생관련 담당공무원이 식품제조·가공업소 등의 출입·검사시 원산지 표시 위반이 의심되거나 위반행위를 발견한 경우 관련정보를 관련기관에 통보

1) 의심행위 등에 대한 관련 자료 확보

* 증빙서류 및 사진 등 증거물은 확보하되, 영업자 확인서 징구는 불필요

2) 관련기관(부서)에 정보 사항으로 문서 통보 (증거물 포함)

<table>
<tr><th colspan="2">구분</th><th>점검기관</th><th>조치기관</th><th>비고</th></tr>
<tr><td rowspan="5">유통단계</td><td rowspan="2">농산물*</td><td>식약처(지방식약청 포함)</td><td>국립농산물품질관리원</td><td rowspan="2">*임·축산물 포함</td></tr>
<tr><td rowspan="2">시·도,
시·군·구(식품위생부서)</td><td rowspan="2">시·도,
시·군·구(원산지부서)</td></tr>
<tr><td rowspan="3">수산물</td><td rowspan="3"></td></tr>
<tr><td>식약처(지방식약청 포함)</td><td>국립수산물품질관리원</td></tr>
<tr><td>시·도, 시·군·구(식품위생부서)</td><td>시·도,
시·군·구(원산지부서)</td></tr>
<tr><td>수입단계</td><td>수입식품</td><td>지방식약청</td><td>통관 관할 세관</td><td>대외무역법 적용</td></tr>
</table>

더. 위반사항 중 인체에 건강을 해할 우려가 있는 중대한 위반행위 또는 고의·상습적 식품 위반사범에 대하여는 형사처벌 병과 처분조치

다만, 아래 요건에 해당하는 때에는 관할 행정기관의 장이 개별 사안에 따라 형사처벌을 위한 고발 등을 제외할 수 있다.

1) 행정처분 양형이 <u>시정명령, 시설개수, 경고</u>에 해당하는 사항 중 아래 <참고>에 해당하는 위반 행위(단, 위반행위의 사안이 중하거나 고의적인 경우, 고발 대상에서 제외하여서는 아니됨)

러. 기타사항

1) 식품취급시설 점검 시 교차오염 방지를 위해 위생복, 위생모, 마스크 등 관련복장 착용 후 지도 · 점검 실시

※ 점검자는 점검 시 마스크·위생장갑 착용, 손소독 등을 철저히 하여 업체 측의 오해가 없도록 조치

2) 영업장에 대한 출입·수거·검사 시 담당공무원은 그 권한을 표시하는 증표(감시원증) 및 조사기간, 조사범위, 조사담당자, 관계법령 등이 기재된 서류를 영업장 관계인에게 제시

<참고 : 시정명령, 시설개수, 경고 행정처분 행위>

소관법률	위 반 행 위	행정처분
식품위생법	이물이 혼입된 식품접객업(제7조4항)	시정명령
	기준 및 규격에 위반된 것을 사용(제9조4항)	시정명령
	자가품질검사 항목을 50% 미만으로 미실시(제31조1항)	시정명령
	급수시설기준을 위반(제37조2항)	시설개수
수입식품법	운반, 보관, 진열, 안전기준 등 준수사항 위반(제18조1항)	시정명령
	내용량의 부족량이 10% 미만(제20조2항)	시정명령
	인증, 보증, 추천 등의 내용을 광고(제29조)	시정명령
건강기능식품법	사례품, 경품 제공 등의 영업자 준수사항 위반(제10조1항)	시정명령
	출입, 검사, 수거를 거부, 방해, 기피(제20조1항)	시정명령
	기준 및 규격 위반 건기식품의 판매 등(제24조1항)	시정명령
	취소, 폐쇄 관련 게시물 또는 봉인 손상(제35조1항)	시정명령
축산물위생관리법	이물이 혼입된 식육즉석판매가공업(제4조5항)	경고
	검사항목 50% 미만을 미검사(제12조4항)	경고
	불합격 축산물의 용도외 전환 기준을 위반(제18조)	경고
	급수시설기준을 위반(제21조1항)	시설개선
	변경허가, 신고 없이 시설 일부를 철거(제22조)	시설개선
식품표시광고법*	명칭과 용도를 함께 표시해야 하는 식품첨가물에 대해 그 용도를 함께 표시하지 않은 경우(제4조3항)	시정명령
	표시 내용량이 10퍼센트 미만 부족한 것(제4조3항)	시정명령
	실증자료 제출을 요청받은 자가 실증자료를 제출하지 않은 경우(제9조3항)	시정명령

* 고의성이 있는 위반 사항으로서 소비자의 구매선택에 중요한 영향을 미칠 수 있는 원재료·성분의 함량을 사실과 다르게 표시·광고한 경우는 고발 대상에서 제외하여서는 아니됨(예: 실제 함량보다 표시량이 10퍼센트 이상 부족하거나 초과한 것)

소비환경 변화에 대응하여 국민 건강을 위한 식품 안전관리 강화

전략

1. 배달 음식, 구독형 식단 등 온라인 식품 및 무인판매 · 편의점 등 관리강화
2. 명절, 나들이철 등 시기·계절별 성수식품 집중 점검
3. 반려동물 동반 음식점, 키즈카페 등 위생 취약 시설에 대한 안전관리 강화

주요 점검분야 및 항목

비대면(배달, 무인 등) 소비 및 건강민감계층 식품	시기 · 계절별 성수 식품	위생 취약 시설
▶ **배달 음식점** : 배달앱 등록, 배달 전문 음식점 비위생적 취급 행위 등 집중점검 ▶ **건강민감계층(노인 · 어린이 · 환자) 식품 제조 · 판매업체** : 특수영양· 특수의료용도식품, 구독형 식단 등 제조업체 ▶ **무인 식품취급시설** : 무인 편의점·카페 등 집중점검 ▶ **프랜차이즈 · 편의점** : 위생적 취급기준, 소비기한 경과 제품 사용 등 집중 점검 ▶ **식품 운송차량 및 물류센터** : 냉동·냉장식품 온도관리 준수 여부 등 집중 점검	▶ **설 · 추석 명절** : 한과류, 건강기능식품, 농·축·수산물(햇과일, 쇠고기, 조기 등) ▶ **봄 · 가을 신학기** : 학교집단급식소, 학교매점, 학교 주변 분식점, 문방구 등 ▶ **봄 · 가을 행락철** : 고속도로휴게소, 기차역, 공항, 국·공립공원, 유원지 ▶ **휴가철 (하절기, 동절기)** : 워터파크, 해수욕장, 스키장, 눈썰매장, 아이스링크장 등 ▶ **김장철** : 젓갈류, 고춧가루, 절임배추 등 ▶ **성탄절 · 연말연시** : 케이크, 아이스크림케이크 등	▶ **반려동물 동반 음식점, 키즈카페** : 시설기준(분리 여부), 위생적 취급기준, 소비기한 경과 원료 등 ▶ **노인 · 장애인 · 산모 이용시설** : 위생적 취급기준, 종사자 건강진단, 소비기한 경과 원료 등 ▶ **PC방, 스크린골프장, 만화카페** : 무신고 영업, 위생적 취급기준 준수 여부 등 ▶ **반복 및 고의 · 상습 위반업체** : 법령 재위반, 소비기한 위·변조, 및 경과 원료 사용 등

2 식품안전관리 체계

〈각 부서〉

1. 효율적인 식품안전관리 체계 구축

가. 목적

중앙정부와 지방정부 간에 합리적인 지도·점검 관리체계를 구축함으로써 변화하는 식품안전관리 환경에 체계적이고 신속하게 대응하는 한편, 한정된 단속 인력을 효율적으로 운용하는 등 식품안전 지도·점검업무의 효율성 극대화 추진

나. 기본방향

1) 식품안전관리업무의 효율성을 극대화하고 위해식품 등에 대한 신속대응 체계마련 및 식품안전관리 업무수행을 위해 중앙정부와 지방정부간 행정응원 및 상호 파트너쉽 구축

2) 중앙정부와 지방정부의 행정여건, 지도·점검 업무의 세부 활동별 특성, 식품안전관리 여건, 업무의 전문성 등을 종합적으로 고려하여 합리적이고 체계적인 「기능적 역할분담체계」를 구축·시행

3) 지역에서 소비되는 소규모제조업, 접객업 등 일상적인 점검은 지방정부에서 전담, 전국 유통되는 제조업체 등 파급력이 큰 사안은 중앙정부가 전담 관리

다. 지방식약청과 지방자치단체간의 파트너십 구축

1) 시·도 및 지방식약청은 「식품감시업무협의체」를 구성하여 정기 또는 수시로 업무협력체계를 유지

○ 시·도 또는 지방식약청은 단속을 실시함에 있어 사전에 상호 협의하여 합동단속 실시 또는 감시·단속인력 상호 지원 등 유기적으로 협조체계 유지

2) 지방식약청은 관내 시·도에 대하여 식품안전에 관한 각종 교육, 기술 및 정보 등을 적극 지원 추진

○ 시·도 보건환경연구원에서 수행하기 어려운 시험분석업무에 대하여 시험분석 기술 지원 및 시험분석 업무 협조 등

라. 식품안전관리 세부 기능별 역할분담 체계

번호	업무별	식약처	지방식약청	시·도	시·군·구
1	위생관리 등급제 운영	○ 운영지침 제·개정 - 식품제조업체 - 식품첨가물제조업 ○ 위생관리 등급제 운영 현황관리	○ 관내 주류 제조업체 평가 및 전산입력 - 식품(주류)제조가공업	○ 관내 식품제조가공 업체 및 식품첨가물 제조업체 현황 관리 - 운영결과 식약처 보고	○관내 업체 평가관리 및 전산망 입력 - 식품제조가공업 - 식품첨가물제조업
2	식품제조·가공업체 등 관리	○ 관리지침 제·개정 ○ 기획·계통 조사 및 제도 개선 ○ 주류제조업체에 대한 총괄 계획 수립운영	○ 위해정보에 따른 기획·계통조사 ○ 관내 주류제조업체 영업등록 및 품목 제조보고 관리 ○ 관내 주류제조업체 지도점검, 수거검사 등 세부계획 수립 시행	○ 관내 업체(식품제조·가공업, 즉석판매 제조·가공업, 식품 첨가물제조업)에 대한 총괄 계획 수립·운영	○관내 업체(식품제조·가공업, 즉석판매제조·가공업, 식품첨가물 제조업) 지도·점검 세부계획 수립·시행
3	식품등의 이물 관리	○이물 보고·신고에 관한 법 제·개정 ○관련 제도 운영, 조사 관리 총괄	○식품 이물 보고 접수 및 원인조사 실시	○이물 보고·신고 접수에 대한 식약처 보고 ○식품 이물에 대한 원인조사 실시	○이물 보고·신고 접수에 대한 식약처 보고 ○식품 이물에 대한 원인조사 실시
4	식품 취급 기계·기구류 안전관리	○ 관리지침 제·개정 - 스팀보일러, 식용유지착유기, 고춧가루 등 분쇄기, 추출(중탕)기, 압축공기	-	○지침에 따라 관내 업체 및 시설에 대한 종합관리계획 수립 및 총괄 관리	○관내 업체 및 시설에 대한 세부관리계획 수립 및 관리
5	식품접객업체 관리	○ 관리지침 제·개정 ○ 제도운영, 홍보	-	○지침에 따라 관내 업체 및 시설에 대한 종합관리계획 수립 및 총괄 관리	○관내 업체 및 시설에 대한 세부관리계획 수립 및 관리
6	식품접객업체 등 식품안심업소 관리	○ 관리지침 제·개정	-	○관내 식품안심업소 총괄 계획·수립, 안심구역 지정·발굴, 홍보	○관내 식품안심업소 세부관리계획 수립 및 관리, 홍보
7	위생 취약 지대 특별 관리	○ 관리지침 제·개정 - 전통시장 안전관리		○지침에 따라 관내 전통시장 위생관리 계획 수립 및 총괄 관리	○전통시장 위생관리 추진 계획 시행
8	식품등 유통·판매업체 관리	○ 관리지침 제·개정 ○ 기획·계통 조사 및 제도 개선	○ 위해정보에 따른 기획·계통조사	○ 관내 업체에 대한 총괄계획 수립·운영	○관내 업체 지도·점검 세부계획 수립·시행

번호	업무별	식약처	지방식약청	시·도	시·군·구
9	자동판매기 위생 관리	○ 관리지침 제·개정	-	-	○시·군·구 자체 계획 수립 및 단속 실시
10	식품등의 수거·검사	○ 관리지침 제·개정 - 총괄계획 수립·운영조사 ○유해물질 안전관리 및 선행 계획 수립	○국내외 위해정보에 따른 유해물질 등에 대한 선행조사 ○식품사고에 따른 확인조사 ○기타 본부 지시에 따른 검사업무 수행 ○관내 유통주류 수거검사	○지침에 따른 관내 연간 수거검사 총괄 계획 수립·운영 ○식품사고에 따른 관내 확인조사 ○유해물질 안전관리 수거검사	○관내 연간 수거검사 계획에 포함된 분담 수거검사 대상 식품 실시 - 유해물질 안전관리 수거검사, 다소비 식품, 특별관리대상 식품, 건강기능식품 등 ○식품사고에 따른 관내 확인조사
11	위해식품 회수·폐기 관리	○위해식품의 회수관리 총괄 ○운영지침 제·개정 ○부적합 식품 긴급 통보시스템 운영 ○위해식품 판매차단 시스템 관리총괄	○위해식품의 회수·폐기 관리 ○회수대상 업체 추적 관리 및 계통추적 조사 (주류 포함)	○관할 시·군·구 위해 식품 회수·폐기 지원 ○회수실적 관리	○회수명령 시행 ○회수대상 업체 현장조사 ○회수계획서 및 회수결과보고서 검토·관리
12	허위·과대 광고 관리	○ 관리지침 제·개정 ○ 광고 모니터링 - 인터넷사이트 - 홈쇼핑·중앙일간지등 ○ 인터넷사이트(해외) ○ '식품 허위과대광고 모니터링정보망' 개선 운영	○ 본부 지시 사항 등 단속	○광고 모니터링 - 지방지, 지방 TV 방송 - 지역 케이블 방송 - 인터넷, 무가지 ○관내 총괄 관리 ○위반업소 단속	○광고 모니터링 - 지방지, 지역생활정보지 - 지역 케이블 방송 ○관내 식품판매 인터넷 홈페이지 관리 ○위반업소 단속
13	부정·불량식품 특별단속	○ 운영지침 제·개정 및 「부정·불량식품 총괄반」 운영	○위해정보에 따른 지방 「부정·불량식품 총괄반」 운영	○자체 부정불량식품 기동단속반 설치·운영	○단속인력 등을 감안 선택적 운영
14	합동단속	○ 종합 계획 수립 및 총괄	○시·도 합동단속 지원·참여	○ 종합계획에 따른 시·도 단위 계획 수립 및 시행	○ 단속참여
15	소비자식품 위생감시원 운영	○ 운영지침 제·개정	○지침에 따라 자체 세부 운영계획 수립 및 관리	○지침에 따라 자체 세부 운영계획 수립 및 관리	○지침에 따라 자체 세부 운영계획 수립 및 관리
16	식품위생관련 동업자조합 자율지도	○ 운영지침 제·개정	○ 동업자 조합(중앙)의 자율지도에 필요한 교육지원	○ 동업자 조합(광역)의 자율지도에 필요한 교육·홍보지원	○ 동업자 조합(기초)의 자율지도에 필요한 교육·홍보지원

번호	업무별	식약처	지방식약청	시·도	시·군·구
17	식품안전 소비자 신고센터 및 부정·불량식품 신고 포상금 제도 운영	○ 부정·불량식품 신고센터 총괄관리 ○ 운영지침 및 고시 제·개정	○부정·불량식품 신고센터운영·관리 ○민원 신고 처리 및 포상금 지급	○부정·불량식품 신고센터운영 ○민원 신고 처리 및 포상금 지급	○부정·불량식품 신고센터운영 ○민원 신고 처리 및 포상금 지급
18	식중독 관리	○ 운영지침 제·개정 및 총괄관리 - 범정부 협의체운영 등 조정·관리 ○ 식중독 예방을 위한 대국민 교육·홍보	○ 식중독원인조사반 운영 -지역간 원인조사 실시 및 추적조사·관리 ○ 원인조사 방법 지도 및 업무 조정 ○ 노로바이러스 실태조사	○지침에 따라 자체 세부 운영계획 수립 및 관리 ○식중독 교육·홍보 ○식중독예방을 위한 집단급식소 등 관련 업체 지도·점검	○자체 세부 운영계획 수립 및 관리 ○식중독 원인조사반 운영 및 조사실시 ○식중독 교육·홍보
19	수입식품 등 사후관리	○운영지침 제·개정 ○전국 총괄관리	○유해물질 검출 등 부적합 제품 추적조사 ○ 자사제조용 원료 (건강기능식품에 한함) 용도외 사용여부 추적조사	○중앙지시에 따른 부적합 제품 또는 우려 식품에 대한 확인조사	○중앙지시에 따른 부적합 제품 또는 우려식품에 대한 회수·압류·봉인 및 폐기 등 현장조치 ○자사제조용원료, 식품이외에 다른용도로 사용하는 농산물 등 용도외 사용여부 추적조사
20	GMO 등 신소재식품 안전관리	○GMO 표시제도 및 사후관리 총괄 ○미승인 GMO 관리 총괄 ○LMO 안전관리 총괄 ○새로운 식품원료 인정 및 사후관리 총괄	○GMO 수거·검사 및 표시 사후관리 ○미승인 GMO 수입·유통단계 관리 ○LMO 수입검사, 현지실사 및 사후관리 지원 ○새로운 식품원료 수입관리 및 사후 관리 지원	○GMO 표시제도 사후관리 계획 수립 ○미승인 GMO 유통단계 관리 ○새로운 식품원료에 대한 허위·과대광고 단속	○수거·검사 및 지도·단속 ○미승인 GMO 긴급 수거·검사·점검·회수·폐기관리 등 ○새로운 식품원료에 대한 허위·과대 광고 단속
21	국내·외 식품사고 (언론 이슈) 등에 대한 대응	○전국 총괄관리 및 언론대응	○위해정보 및 사회문제 우려 제품에 대한 긴급 수거·검사 - 사실 확인 추적조사	○ 중앙지시에 따른 기초단체기관의 현장 확인점검 및 수거 검사 지휘관리	○중앙지시에 따른 현장 확인점검 및 수거검사

2. 지도·점검 실적 등 통계관리

○ 지도·점검 및 수거·검사 등 모든 실적은 당일 시스템에 입력을 완료하여 통계관리에 만전을 기할 수 있도록 철저히 관리

- 시스템 입력시 내용이 누락되거나 상이하지 않도록 입력 철저

※ 서식을 통한 보고(문서시행)는 일부를 제외하고 시스템 입력으로 대체함

구분	시스템
시·군·구	새올행정시스템
시·도	식품행정통합시스템
식약처(지방식약청)	식품행정통합시스템

※ 지도·점검 시 적발사항이 없는 경우도 점검여부를 판단할 수 있도록 지도·점검 여부 입력 철저

○ 서식 보고경로 : 1) 시·군·구 → 시·도 → 식약처
2) 지방식약청 → 식약처

3 식품제조가공업체 등 안전관리

〈식품관리총괄과〉

1. 식품제조·가공업체 등의 위생관리등급제 운영

가. 목 적

「식품위생법」제37조의 규정에 의하여 영업등록 한 식품첨가물제조업체 및 식품제조·가공업체의 위생 및 품질관리능력을 평가하여, 같은 법 제22조의 출입·검사·수거 등을 차등관리 함으로서 효율적인 위생관리 및 제조업체의 자율적 위생관리 수준 향상

나. 기본방향

1) 위생관리등급제의 실효성 있는 운영을 위해 HACCP 적용업체를 제외한 식품제조·가공업 업체를 평가 대상으로 지정

2) 평가는 연차적으로 위생관리의 기준이 될 수 있도록 객관적으로 실시

3) 차등적 관리

가) (자율관리업체) 특별한 사유가 있는 경우를 제외하고 출입·검사(법 제22조)를 2년간 면제하고 영업자의 위생관리시설 개선을 위한 융자사업의 우선지원 (법 제89조)

나) (일반관리업체) 위생관리가 필요한 경우에 출입·검사 실시

다) (중점관리업체) 매년 1회 이상 집중 지도·관리 실시

다. 평가의 종류 및 평가 시기

1) 평가 종류 : 신규평가, 정기평가, 재평가로 구분

가) 신규평가 : 영업활동을 시작한지 1년 이상 경과한 업체를 대상으로 최초로 실시하는 평가

나) 정기평가 : 신규평가 후 매 2년이 경과한 날부터 3월 이내 실시하는 평가

다) 재평가 : 다음 각 호에 해당되는 경우 실시하는 평가

○ 평가를 받은 업체가 시설 및 품질관리능력 등을 보완하고 재평가를 요청하는 경우

○ 「식품위생법」 제22조의 규정에 의한 출입·검사·수거 결과 행정처분을 받은 경우로서 품목제조정지 및 해당제품 폐기 처분에 해당되는 경우

○ 영업자 지위승계, 공장파손, 시설멸실, 장기 생산중단 등 등급변경 사유가 발생한 경우

라. 평가항목 및 배점

구 분	항목 수	평가배점	내 용
계	120항목	200점	-
기본조사 항목	45항목	-	업체현황 및 규모, 종업원 수, 위생관리책임자, 식품의 종류, 생산능력 등
기본관리 평가항목	47항목	114점	식품위생법령 준수여부 (서류평가, 환경 및 시설평가)
우수관리 평가항목	28항목	86점	식품위생법령의 기준보다 우수한 시설 및 품질관리방법에 따른 위생관리 여부

마. 평가결과 등급구분

1) 자율관리업체(평가점수 151~200점) : 시설 및 위생관리가 우수한 업체

2) 일반관리업체(평가점수 90~150점) : 시설 및 위생관리가 식품위생법령의 기준에 적합한 업체

3) 중점관리업체(평가점수 0~ 89점) : 시설 및 위생관리가 식품위생법령의 기준에 미흡한 업체

바. 평가계획 및 평가결과

1) 평가계획 수립 및 통보

○ 지방식약청장·시장·군수·구청장은 관내 식품첨가물 제조업체 및 식품제조·가공업체수, 위생관리등급 운영결과 등을 평가하여 다음 연도의 위생관리 평가계획을 연차적으로 수립

○ 위생관리등급 평가 실시 1월 전에 평가일자, 평가자 및 위생관리 평가표를 평가 대상 업체에 서면으로 통지

2) 평가결과 통보

○ 평가업체명, 영업자성명, 평가일시, 평가자 성명과 위생관리등급(자율관리업체, 일반관리업체, 중점관리업체) 평가완료 후 서면으로 평가업체에 통지

사. 평가결과에 따른 업체관리

1) 자율관리업체에 대하여는 법 제22조에 의한 출입검사를 특별한 사유가 있는 경우를 제외하고 2년간 면제하고, 법제89조제3항제1호의 규정에 의한 영업자의 위생관리시설 및 위생설비 개선을 위한 융자사업의 우선지원

○ 자율관리업체에 대한 출입·검사는 그 사유가 명확하고 불가피한 경우에 한하여 실시

○ 자율관리업체 영업자는 위생관리등급 평가일로부터 1년이 경과된 경우에는 경과일로부터 2개월 이내에 「식품제조·가공업소 등의 위생관리등급제 운영지침」에 의한 위생관리평가표에 따라 자율점검을 실시하고 그 결과를 관할 지방식약청장, 시·군·구에 제출

- 영업자로부터 자율점검 결과를 제출받은 관할 지방식약청장, 시·군·구는 자율점검 결과를 검토하여 자율점검이 미흡한 업체에 대해 출입·검사 실시

○ 일반관리업체에 대한 출입·검사는 위생관리가 필요한 경우에 실시

2) 업체에 대한 출입·검사는 중점관리 업체를 대상으로 실시하되 매년 1회 이상 집중 지도·관리 실시

아. 행정사항

1) 위생관리등급 평가는 결과가 식품제조·가공업소 및 식품첨가물 제조업소 위생관리의 기준이 될 수 있도록 객관적으로 실시

2) 위생관리등급 평가 이외에 자율위생관리를 강화할 수 있도록 식품안전나라(https://foodsafetykorea.go.kr) 홈페이지 내 우리회사 안전관리-준수사항-자율점검 보고서 메뉴에 자율점검 항목을 입력하도록 관내 식품제조가공업체에 교육·홍보를 실시

* '26년 3월부터 통합민원상담, 우리회사 안전관리 메뉴가 통합민원창구로 통합·변경 예정

3) 시·도에서는 관내 위생관리등급 평가 실적을 해당연도 종료 후 30일 이내 식약처(식품관리총괄과)에 제출

2. 주류제조업체 위생관리등급제 운영

가. 운영체계 : 위생관리 준수율에 따른 주류제조업체 차등관리

* 일반업체는 자율관리체계로 운영하고, 취약업체는 기본 위생관리 수준 달성을 목표로 현장평가 등을 통해 선택적 집중 관리

나. 관리방법

○ (미흡업체) 전년도 신규업체, 행정처분 이력업체, 기존 미흡업체로 대상을 선정하고

- 일정 수준이상(80% 이상)의 업체는 차년도부터 일반관리로 분류 및 관리
- 미흡 수준(80%미만)의 업체는 현장에서 지도·점검을 실시하고, 개선 및 예방조치가 완료된 후 재평가

* 위생수준 평가매뉴얼 중 기본관리 평가항목(62개) 활용하여 평가실시

○ (일반업체) 1년에 1회 영업자 자율점검표를 사용하여 자체 평가 실시

- 영업자는 자체평가 실시 후 자율점검표를 관할 지방청에 보고

* 영업자 제출서류는 인터넷 식품안전나라 우리회사안전관리(3월부터 통합민원창구 이용)*>준수사항> 자율점검보고서로 제출할 수 있음 → 식품행정통합시스템에서 확인

→ '26년 3월부터 통합민원상담, 우리회사 안전관리 메뉴가 통합민원창구로 통합·변경 예정

** 각 지방청에서는 자체 상황에 맞게 점검 일정(제출기한 등 포함)을 선정하고 영업자가 자료(자율점검표, 검증자료 등)를 미제출하는 경우 현장점검 등 필요한 조치 시행

- 영업자 자체평가(일반업체)의 실효성 확보를 위한 무작위 검증* 병행

* 관내 일반업체를 대상으로 무작위 검증 대상을 선정하고, 영업자로부터 증빙서류를 제출받아 자율점검표에 대한 검증을 실시하고 '통합식품안전정보망'에 결과 입력

다. 계획수립 및 결과 제출

○ 지방식약청은 자체 상황에 맞는 주류업체 위생관리등급 평가 계획을 수립

- (일반업체) 8월까지 1차 평가(자율점검표 및 검증자료 확인)를 완료하고 미흡한 부분(미제출, 누락, 제출거부, 영업자 준수사항 위반 등)이 확인된 경우 2차 평가(현장) 실시
- (미흡업체) 현장평가 실시 1개월 전 평가일자, 평가자 및 평가표를 대상업체에 통지하고, 결과는 평가 완료 후 서면 또는 현장에서 제시

○ 연말(12월)까지 평가를 완료하고 그 결과를 본부(식품관리총괄과)에 제출

3. 식품 제조·가공업체 등의 안전관리

가. 식품 제조·가공업체 등의 지도·점검

1) 기본방향

가) 소비가 급증하는 가정간편식 등 제조업체에 대한 위생관리 강화

나) 식품위생법 반복 위반업소, 최근 3년간 미점검 업체 등 단속 필요가 높은 업체에 대한 출입·검사 등 관리

다) 수출부적합제품(국내 유통 시) 제조·가공업소 위생관리 강화

라) 언론 등 사회적으로 이슈가 된 품목 및 제조업체에 대한 위생관리 강화

마) 식품위생 안전과 직접적 연관성이 적은 경미한 위반사항은 현지에서 지도하고 사후관리 철저

바) 위생관리 자율관리업소 등에 대한 출입·검사 면제

○ 위생등급 평가 결과 자율관리업소, HACCP 인증업소는 특별한 사유가 있는 경우를 제외하고 출입·검사 면제

○ 관계법령에서 별도의 출입·검사 주기 또는 면제 등을 규정하고 있는 경우에는 그 규정을 준용

사) 식품조사처리업은 연 1회 이상 정기·점검 등 안전관리 강화

아) 소비기한의 안정적 정착을 위해 냉장·냉동 보관창고, 원료·제품 운송 차량 등 온도관리 강화

2) 관리방법

가) 식품·제조가공업소 등을 지도·점검하고자 하는 경우 아래 업소를 우선 선정하여 중점점검 실시

i) 연2회 또는 최근 3년간 5회 이상 식품위생법을 반복적으로 위반한 특별관리업소 등 위반이력 업체 ii) 최근 3년간 미점검 업체 iii) 수거검사 부적합 이력업소(위해도가 높은 항목 부적합업소 우선선정)

나) 수출부적합제품(국내 유통 시) 제조업소 지도점검은 관리기관별로 해당 제품 수거·검사 등 실시

○ 관리대상 : 수출부적합 제품과 동일(유사) 유형 제품이 국내에 유통·판매되는 경우

○ 관리기관 : 주류제조업소(지방식약청), 식품 등(식품, 첨가물, 기구·용기·포장) 제조·가공업소(시·군·구, 필요 시 지방식약청 협조)

다) 언론 등 사회적으로 이슈가 된 품목 및 학교급식소 등 집단급식소에 식품을 납품하는 제조업체에 대한 중점점검 실시

* 케익류, 김치류, 즉석섭취식품 등

라) 출입·검사면제 업소는 그 사유가 명확하고 불가피한 경우에 한하여 실시

마) 식품을 환, 분말 등으로 제조하여 유사 건강식품 등으로 표방하는 허위과대광고 중점관리

바) 업소명 또는 제품명에 마약 용어를 사용하는 업체에 대한 용어 변경 권고

* 신규 영업 등록시 마약 용어 사용 업소명을 등록하지 않도록 안내

** 마약 용어 사용 제품명을 신규로 품목제조보고 하지 않도록, 기존에 사용하는 제품명은 품목제조보고 변경신고 및 생산이 없는 품목은 품목제조중단보고 하도록 안내

3) 지도·점검 절차 및 요령

절 차	요 령
지도점검반 편성	지도점검의 객관성 및 투명성 유지를 위하여 2인 1조 편성 원칙 다만, 소속기관의 장이 업무의 경중을 고려하여 자체 실정 및 직무 경험 등을 고려하여 자체적으로 조정할 수 있음 ※ 감시인력 등 감안, 소비자식품위생감시원 적극 활용
증표제시	출입·검사 또는 수거 등의 업무를 수행하고자 하는 경우 반드시 그 권한을 표시하는 증표(식품위생감시원증 등)제시
출입·검사 목적 등 서류 제시	출입·수거·검사 등의 업무를 수행하는 공무원은 영업자에게 조사기간, 범위, 조사담당자, 관계법령 등의 서류를 제시
확인(자인)서 징구	출입 검사 결과 위법사실이 확인되는 경우 위반내용을 구체적으로 영업자에게 설명하고 확인(자인)서를 징구 ※ 증빙서류 및 사진 등 증거물 확보하고 태블릿PC(현장행정 식품위생)를 이용하여 입력
수거증 발급	검사를 목적으로 검체를 수거하는 경우 반드시 수거증 발급 ※ 냉장·냉동제품 중 미생물 항목이 있는 검체를 수거하는 경우 아이스 박스 등에 넣어 운반한다는 내용을 기재하고 영업자에게 서명을 받고 태블릿PC(현장행정 식품위생)를 이용하여 입력

4) 행정사항

가) 자가품질검사 부적합 제품이 회수 대상인 경우 반드시 회수 조치하도록 영업자 교육·홍보 강화

나) 자가품질검사 부적합 제품은 반드시 해당 로트의 동일제품을 수거검사 하고, 없는 경우 전·후 제품을 수거 검사하여 그 결과에 따라 행정처분등 필히 조치

나. 특별관리 업체 지정·관리

1) 목 적

「식품위생법」,「식품등표시·광고법」을 반복적으로 위반하거나 중대한 위반 행위가 있는 업체를 특별관리업체로 지정, 철저한 안전관리를 통해 행정 제재의 실효성 확보 및 엄정한 법 질서 확립

2) 특별관리업체 지정 및 관리방법

가) 특별관리업체 지정 기준

① 연 2회 또는 최근 3년간 5회 이상 「식품위생법」,「식품등표시·광고법」을 위반한 업체

- 대상 업체는 전년도 행정처분 이력을 반영하여 지정
- 식품 안전과 관계없는 경미한 위반 사항*은 제외

* 건강진단 미실시, 위생교육 미이수, 영양성분 표시 위반, 단순 표시기준(품목제조보고번호, 부정불량식품 표시에 한함) 위반

- 식품 등에 이물 혼입으로 위반된 경우에는 동일 유형 제품에서 유사 이물로 처분 받은 업체에 한정

② 허용한 식품첨가물 외의 식품첨가물을 사용하거나 인체에 건강을 해칠 우려가 있는 식품 등의 판매 등 중대한 식품위생법령 위반행위를 한 업체

위반내용
가. 유독·유해물질 함유 또는 병을 일으키는 미생물 오염, 병든 동물고기 등 나. 기준 · 규격이 고시되지 아니한 화학적합성품 다. 유독기구 등 제조 · 수입 또는 판매 라. 영업정지 기간 중 영업, 품목제조 정지 기간 중 제조 마. 독성이 있거나 인체에 부작용을 일으키는 원료 사용 바. 의약품의 용도로만 사용되는 원료를 사용한 경우 사. 제조년월일, 소비기한 위변조 아. 자가품질검사 결과 부적합 통보받거나 확인된 후에도 판매 자. 수질검사 부적합 물 사용 차. 회수 · 폐기하지 않고 회수 · 폐기한 것으로 속임 카. 식품에 이물(납, 얼음, 한천, 물 등) 혼입, 냉동수산물에 얼음막 생성 등 내용량 변조 타. 사료용, 공업용 비식용 원료를 원료로 사용 파. 원산지 둔갑, 함량·등급 기만, 위장 수입·밀수 등 부당 이득 목적의 소비자 기만이 적발(언론보도)된 경우 등

③ 위해식품을 성실히 회수하지 않은 업체(회수실적 80%미만인 업체)

④ 그 밖에 특별 위생관리가 필요한 업체

나) 관리방법

○ 지방청(식품제조가공업(주류)), 시·군·구는 관할허가(신고) 업종(식품제조·가공업 등)을 대상으로 특별관리업체를 지정·관리

○ 특별관리업체 중점관리 실시

- 특별관리업체로 지정된 업체에 대하여는 지정한 날로부터 3개월 이내에 종전의 위반사항 등을 중심으로 업체 전반의 위생관리 상태 등에 대한 특별점검 실시

- 특별점검 결과 위반사항에 대한 개선의지가 없거나 고의성이 있다고 판단하는 경우 형사고발 병행

다) 특별관리업체 지정 해제

3개월 주기로 3회 재점검하여 「식품위생법」,「식품등표시·광고법」 위반사항이 없는 경우 해제. 단, 표시기준(제조연월일, 소비기한 허위표시는 제외), 허위·과대광고 위반으로 특별관리업체로 지정된 경우에는 3개월 주기로 2회 재점검 후 「식품위생법」,「식품등의 표시·광고에 관한 법률」 등 위반사항이 없는 경우 해제

다. 지하수 수질안전정보 관리

1) 기본 방향

○ 지하수 수질검사 결과, 부적합 정보를 공유하여 인접한 식품위생업소에 대하여 수질관리를 위한 정보제공

2) 대상 : 지방청 및 시·군·구

3) 조치사항

○ 지방청 및 시·군·구는 관할 업종에 대하여 먹는물 수질검사 기관으로부터 지하수 수질검사 부적합 내역을 통보받은 경우 즉시 해당 정보를 식품의약품안전처(식품관리총괄과)로 보고

* 먹는물 수질검사기관명, 채수일자, 판정일자, 채수장소, 업체명(업종), 부적합 항목

○ 지하수 사용업체 수질안전관리 정보 제공(본부)

○ 식품제조가공업(주류) 영업등록 신청 시 식품용수 종류('지하수' 등) 기재

라. 산업재해로 인한 식품등의 오염사고 관리

1) 영업자가 산업재해로 인한 식품등의 오염사고가 발생하여 관할 지방청에 보고한 경우 지방청은 본부(식품관리총괄과)에 즉시 통보하고 현장조사를 실시

* 「식품위생법」 제46조의2 신설(2025. 1. 3. 시행)

4. 주류제조업체 안전관리

가. 제조단계 안전관리

1) 현장을 반영한 주류 안전관리

○ 지방청별 업체 현황 등을 고려하여 연간 안전관리 일정에 따라 자체 계획 수립하여 점검 실시 후 결과보고

* "2026년도 연간 안전관리(점검, 수거·검사) 추진 일정 현황" 참고

- 점검 대상은 매출 규모에 따라 시장점유율이 높은 업체, 최근 지도 점검 미실시 업체, 행정처분 이력 업체 등을 고려하여 선정

* 폐문 부재 등 점검 불가 업체, 전년도 생산실적 없는 업체 및 중복점검 방지를 위하여 HACCP 적용업체는 가급적 점검대상에서 제외

2) 이물 등 관련법령 반복위반 업체 등 특별관리 대상 업체 선정 및 점검강화

○ 특별관리대상업체 선정기준에 따라 반기별 자체 계획 수립하여 점검실시

* "특별관리업체 지정관리" 참고

나. 국내에 유통되는 주류(수입주류 제외)의 안전관리

○ 국내·외 위해정보, 부적합 등을 고려하여 위해항목 중심으로 수거·검사

- 최근 소비트렌드를 반영하고, 통계를 활용하여 효율적인 수거·검사 실시

(제조) 관내 제조업체 위주로 시중에서 수거가 어렵거나 현장 점검 시 검사 필요성이 있는 제품 중심으로 수거

(유통) 탁·약주, 맥주, 소주, 증류주 등 다소비 제품 중심으로 수거하고, 온라인의 경우 전통주 중심으로 수거

(검사항목) ①공통기준 및 식품별 기준 중 위해우려 항목 위주 검사 ② 주류업체 현장 여건(작업장, 제조시설 등) 반영하여 검사항목 추가 또는 삭제 가능

* 예: 제조시설 위생상태에 따라 탁·약주에 대장균군 또는 대장균 추가, 주류제조시설(호스 등), 용기 재질(PVC 등)을 감안하여 기구·용기 가소제 성분 추가 실시 가능

다. 담금주 특별안전관리 강화

1) 무등록(신고) 불법 담금주 제조·가공 · 판매 등 특별관리 강화

○ 말벌집 등 주류에 사용할 수 없는 동·식물 등을 원료로 사용하는 등 위생·안전과 관련된 사항을 위반하는 경우 포함

* 담금주 : 소주 등 주류에 인삼, 하수오 등 식품원료를 직접 넣어 침출한 주류 형태

구분	무등록(신고) 영업/ 고발 등 법 위반 처분		영업등록(신고) 업체 관련 법령에 따른 처분
사례별 조치 사항	지방 식약청 <무등록>	• 식품제조가공업 영업등록 없이 불법 담금주를 제조·판매하는 행위 등	• 무표시 등 표시기준 위반, 말벌 등 사용할 수 없는 식품원료로 불법 담금주를 제조·판매하는 경우 식품 관련 법령 위반으로 처분 등 *식품위생법, 식품표시광고법 등
	시·도 (시·군·구) <무신고>	• 즉석판매제조가공업* 영업신고 없이 불법 담금주를 제조·가공하여 최종 소비자에게 판매하는 행위 등	
공통 사항	• 식품위생법 위반사항 적발 시 국세청에 통보		

* 식품위생법 시행규칙 제37조 관련 [별표15] 즉석판매제조가공대상식품 제1호에 의거 주류도 대상에 포함(식품제조가공업에서 제조 · 가공할 수 있는 모든 식품)

2) 행정사항

○ (지방식약청)

- 전국적으로 담금주를 불법 제조·판매하는 행위에 대한 단속 등 강화
- 주류업체 견학 및 체험시 참여자에 대해 기본위생관리(위생모 착용, 제조공정 참여 제한 등)를 준수하도록 지도·홍보

○ (시 · 군 · 구) 소비자에게 직접 판매하는 경우 즉석판매제조 · 가공업 영업신고 지도·계몽

* 관내 즉석판매제조가공업(건강원, 중탕원 등) 및 식품취급점 등에서 불법 담금주를 제조 · 진열 · 판매하는 행위가 발생하지 않도록 반기 1회 이상 소비자식품위생감시원 등을 활용하여 정기적으로 지도 · 계몽 실시

라. 기타

1) 주류 위생수준 평가 제도 등을 제외한 인허가, 이물, 회수, 특별관리업체 지정 관리, 특별관리 영업자 관리 등은 식품제조·가공업체 운영 지침 준용

5. 식품첨가물 제조업체 안전관리

가. 지도·점검 기본방향

1) 식품첨가물 제조업체의 「식품위생법」 및 '식품첨가물 기준·규격' 준수 여부에 대한 지도점검 강화 필요

2) 수입신고 하지 않거나, 공업용으로 제조된 첨가물을 그대로 소분·재포장 하여 국내에서 제조한 식품첨가물로 속여 판매하거나, 증량 등의 목적으로 다른 식품첨가물에 단순 혼합하여 판매하는 행위 등 위법 행위에 대한 중점 점검

3) 식품첨가물(특히, 혼합제제)을 가공식품 또는 건강기능식품으로 오인·혼동 시키는 광고로 판매하는 행위, 특정 성분의 함량을 사실과 다르게 표시하는 행위, 식품등의 표시기준을 위반하는 행위 등 「식품 등의 표시·광고에 관한 법률」 위반행위에 대한 감시 강화

4) 식품위생법 반복 위반업소, 미점검 업체 등 단속 필요가 높은 업체에 대한 지도점검 강화

5) 언론 등 사회적으로 이슈가 된 품목 및 제조업체에 대한 위생관리 강화

6) 연 1회 이상 정기·점검 등 안전관리 강화

나. 관리방법

1) 식품첨가물 제조업소를 지도·점검하고자 하는 경우 아래 업소를 우선 선정하여 중점점검 실시

i) 최근 3년간 점검이력이 없는 업소 ii) 수거검사, 자가품질검사 부적합 및 식품위생법 반복 위반 이력업소 iii) 소비자원, 언론 등 외부기관에서 문제 제기된 품목을 제조하는 업소 iv) 허위·과대 표시 또는 광고로 적발된 이력이 있는 업소

2) 점검 시 품목제조보고한 제조방법과 원료로 식품첨가물을 제조하는지 여부 등 아래사항에 대해 중점점검 실시

○ 수입신고 하지 않거나, 공업용으로 제조된 첨가물을 그대로 소분·재포장 하여 국내에서 제조한 식품첨가물로 속여 판매하거나, 증량 등의 목적으로 다른 식품첨가물에 단순 혼합하여 판매하는 행위

○ 식품첨가물 제조 시설물을 멸실하고, 타사 제품을 구매한 뒤 단순 소분하여 자사에서 생산한 제품으로 판매하는 행위

4) 식품첨가물(특히, 혼합제제)을 직접 섭취하거나 음용하는 등 식품처럼 오인·혼동하게 광고하거나, 기능성 표방 등 유사 건강식품으로 허위과대 광고하는 행위에 대한 모니터링 강화

5) 색가(색소류), 역가(비타민, 효소제 등), 함량 등을 표시한 식품첨가물(기구 등의 살균·소독제)의 경우 표시한 내용에 대한 사실 여부 확인을 위한 수거검사 등 강화

다. 지도·점검 절차 및 요령

절 차	요 령
지도점검반 편성	지도점검의 객관성 및 투명성 유지를 위하여 2인 1조 편성 원칙 다만, 소속기관의 장이 업무의 경중을 고려하여 자체 실정 및 직무 경험 등을 고려하여 자체적으로 조정할 수 있음 ※ 감시인력 등 감안, 소비자식품위생감시원 적극 활용
증표제시	출입·검사 또는 수거 등의 업무를 수행하고자 하는 경우 반드시 그 권한을 표시하는 증표(식품위생감시원증 등)제시
출입·검사 목적 등 서류 제시	출입·수거·검사 등의 업무를 수행하는 공무원은 영업자에게 조사기간, 범위, 조사담당자, 관계법령 등의 서류를 제시
확인(자인)서 징구	출입 검사 결과 위법사실이 확인되는 경우 위반내용을 구체적으로 영업자에게 설명하고 확인(자인)서를 징구 ※ 증빙서류 및 사진 등 증거물 확보하고 태블릿PC(현장행정 식품위생)를 이용하여 입력
수거증 발급	검사를 목적으로 검체를 수거하는 경우 반드시 수거증 발급 ※ 미생물 항목이 있는 검체를 수거하는 경우 아이스박스 등에 넣어 운반한다는 내용을 기재하고 영업자에게 서명을 받고 태블릿PC(현장행정 식품위생)를 이용하여 입력

라. 행정사항

1) 자가품질검사 부적합 제품이 회수 대상인 경우 반드시 회수 조치하도록 영업자 교육·홍보 강화

2) 자가품질검사 부적합 제품은 반드시 해당 제조일자(제조번호)의 동일제품을 수거검사 하고, 없는 경우 전·후 제품을 수거 검사하여 그 결과에 따라 행정 처분 등 필히 조치

6. 식품제조가공업체 등의 이물관리

가. 목적

이물관련 소비자 불만사항을 신속히 조사·처리하고, 이물 혼입 원인에 대한 분석 및 시정조치를 통한 재발방지대책 마련으로 소비자의 피해를 예방하고 식품의 안전성 확보

나. 근거법령

1) 「식품위생법」 제46조 및 같은 법 시행규칙 제60조
2) 「보고 대상 이물의 범위와 조사·절차 등에 관한 규정」

다. 주요내용

1) 각 기관은 이물조사 전담자를 반드시 지정·운영
2) 각 기관은 "식품행정통합시스템"에 매일 접속하여 소비자 또는 영업자의 신고(보고)사항을 확인하고, 전화·우편 등 신고사항도 반드시 동 신고센터에 등록하여 관리하고, 소비·유통·제조 단계별 관할기관으로 이첩 및 통보

< 이물조사 관련 유의사항>

1. 조사과정 등에서 신고인 신상정보가 피신고업체에 알려지지 않도록 주의
2. 1399 이물 신고에 따라 관할 지자체로 이첩(담당자 문자 통보)되었으나 신고이물이 배송되지 않은 경우 조사종결 처리금지
   * 반드시 신고자와 통화하여 택배 등의 방법으로 이물 직접 수령 및 현물 확인
3. 신고 이물의 택배 송수신시 반드시 내용물 확인(증거사진 촬영)
   * 지자체↔신고자 택배 송수신시 이물이 없다거나 신고이물과 다른 이물(이물 교체·변질) 등 사례가 다수 발생
4. 소비자 신고 이물이 '보고대상 이물'에 해당될 경우 반드시 영업자 이물보고 규정 위반 여부 확인
   * 예시) 신고자가 해당 제조업체 등에 이물발견 사실을 신고했음에도 영업자가 이물보고 기한 내 보고를 하지 않은 경우 '영업자 이물보고 미이행'으로 과태료 처분
5. 타 기관 이첩 필요시(예. 유통→제조·소비·소분, 제조→유통·소비·소분)
   · 통합망→통합신고관리→접수관리→해당신고건→진행상태관리→진행 사항 선택에서 **"답변/조사진행"** 선택→내용(공개) 입력→진행사항 저장→이첩
6. 조사 종결하는 경우
   · 통합망→통합신고관리→접수관리→해당신고건→진행상태관리→진행 사항 선택에서 "조사종결" 선택→내용(공개) 입력→진행사항 저장

※ '조사종결' 시 '내용(공개)' 란을 공란으로 두지 말고 반드시 종결내용 입력

라. 행정사항

1) 지방식약청 및 시·도(시·군·구)는 「식품행정통합시스템」 관리 철저
- 이물 보고(신고) 사항은 처리기한* 내 신속하게 원인조사를 실시하고 특별한 사유로 조사기한을 연장할 경우에는 반드시 그 사유를 식품행정통합시스템에 명시할 것
  * 영업자 이물보고 : 접수일로부터 7일 이내 / 소비자 이물신고 : 접수일로부터 15일 이내 (토요일 및 법정 공휴일 제외)
- 보고(신고)접수 누락(또는 미확인)으로 인한 조사지연이 되지 않도록 하고, 원인조사 후 즉시 조사결과 입력

2) 이물 보고, 원인조사 방법 등 세부내용은 식약처 고시(「보고 대상 이물의 범위와 조사·절차 등에 관한 규정」)와 '식품 이물관리 업무매뉴얼 및 식품 중 이물 판별 매뉴얼'을 참조할 것
- 식품 이물관리 업무매뉴얼 및 식품 중 이물 판별 매뉴얼 : 식약처 홈페이지 (www.mfds.go.kr) 참조
  * 식약처 홈페이지-법령자료-자료실-안내서/지침(검색:이물)-"식품 이물관리 업무매뉴얼(2021)", "식품 중 이물 판별 매뉴얼"

3) 행정처분
- 이물혼입 및 영업자 준수사항 위반 등 행정처분 시 반드시 「식품행정통합시스템」에 행정처분 및 포상금지급 결과 입력
  ※ 차수적용 및 2개 이상의 위반행위에 대한 가중 처분 시 명확한 근거 및 행정처분 기준 입력
- 동일유형 제품에서 연 2회 이상 또는 최근 3년간 5회 이상 유사 이물 혼입 발생업체는 특별관리업소로 지정하여 반복적 위생점검(3개월 주기) 실시

4) 이물 택배비 지원
- 식품 이물 무료택배 서비스 시행
  ※ 식품안전정보원에서 소비자 이물 신고 시 무료택배를 접수하고, 택배회사에서 소비자를 방문하여 이물을 회수해 조사기관으로 송부하는 서비스
- 연말에 관련 예산이 소진된 이후에 발생하는 택배비에 대해서는 조사기관에서 이물을 수령할 때 착불 택배비를 먼저 지급하고, 착불 택배비에 대해서는 식약처에서 추후 정산 지급
  ※ 식약처(식품관리총괄과)에서 택배비 청구 안내 공문 시행

7. 기계·기구류 및 지하수 안전관리

가. 목적

식품제조·가공업소 및 즉석판매제조·가공업소의 스팀(증기)보일러, 식용유지 착유기, 고춧가루 등 분쇄기, 추출기(중탕기), 압축공기, 기계·기구의 윤활제에 대한 주기적 위생관리를 실시하여 제품의 안전성 도모

나. 적용 대상업소

1) 스팀(증기)보일러를 사용하는 떡, 만두 등 제조·판매 업소
2) 착유기를 이용한 참기름, 들기름 등을 제조(착유)·판매 업소
3) 분쇄기를 이용한 고춧가루 등 제조·판매 업소
4) 추출(중탕)기, 유압기 및 포장기 등을 이용한 추출가공식품, 추출식품, 액상제품 제조·판매 업소
5) 압축공기를 식품에 직접 분사하거나, 식품을 생산·제조하는 기계·기구류에 사용하는 식품제조가공업소
6) 식품 제조에 사용되는 기계·기구류의 회전체 등에 윤활유가 사용되어 식품을 오염시킬 우려가 있는 식품 제조·가공업소

다. 주요 점검사항

대상	점검 사항
스팀(증기) 보일러	○ 보일러 내부 물탱크 침전물 제거 등 관리여부 ○ 스팀(증기) 유도관 잔류수 배출 이행여부 ○ 보일러 주변 및 스팀유도관 등 청결유지 관리여부 ○ 보일러에 사용되는 청관제의 식품첨가물 해당 여부 (스팀이 식품과 직접 접촉하는 제조공정에 한함) ※ '19년부터 청관제에 대한 식품첨가물 기준·규격 시행
식용유지 착유기	○ 착유기, 볶음기 등 작업종료 후 청소 등 관리여부 ○ 1대의 착유기로 다른 종류의 유지 착유시 충분히 청소 후 착유여부 ○ 일일 안전관리 점검표에 의한 점검여부 확인
고춧가루 등 분쇄기	○ 금속성 이물 제거장치 설치 여부 ○ 고추씨를 인위적으로 첨가하여 제조·행위여부 ○ 분쇄기 등 작업종료 후 청소 등 관리여부 ○ 일일 안전관리 점검표에 의한 점검여부 확인
추출기 (중탕기)	○ 추출기, 유압기 등 사용하는 밸브, 호스 등 청결유지 관리여부 ○ 세척제는 「위생용품 관리법」, 소독제는 「식품첨가물의 기준 및 규격」 등 관련 법률에 적합한지 여부 확인 ○ 일일 안전관리 점검표에 의한 점검여부 확인
압축공기	○ 압축공기 여과 필터 주기적 교체 등 청결하게 유지 관리 여부 ○ 압축공기를 식품에 직접적으로 분사하는 경우 분사 공기의 식중독균 검사 여부 ○ 주기적 안전관리 점검표에 의한 점검여부 확인
식품 기계·기구의 윤활제	○ 식품용 기계·기구에 식품용 윤활제의 사용 여부(식품을 오염 시킬 가능성이 있는 경우에 한함) ○ 일반 산업용 윤활제와 분리보관 여부 확인
지하수 관리	○ 수돗물이 아닌 지하수를 식품의 제조·가공·세척 등에 사용하는 경우 주기적 수질검사 실시 여부 확인 ※ 검사 주기 : 1년(음료류 등 마시는 용도의 식품인 경우 6개월) ※ 검사 주기 기준 : 수질검사를 받아 '적합판정'을 받은 판정일(판정일을 따로 적시하지 않은 경우 시험성적서 발급일)

라. 행정사항

시·군·구는 관련 업체에 대하여 연 1회 이상 지속적인 지도·계도

8. 기타사항

○ 작업자 위생관리 규제 현실화

- 완전 자동화 제조시설에서 근무하는 작업자와 공정 중인 식품이 배관 등으로 운송되어 외부 노출이 전혀 없는 구역의 작업자는 위생모·마스크 착용 의무 제외 가능
- 종사자가 없는 완전 자동화 제조시설 또는 외부 노출없이 배관 등을 이용한 제조 공정 등 이물 혼입·오염 우려가 없는 제조구역 종사자에 한해 제한적으로 위생모 ·마스크 의무 착용 제외

4 식품접객업체 등 안전관리

〈식품관리총괄과〉

1. 식품접객업체 안전관리

가. 추진방향

○ 배달 음식점에 대한 안전 관리 강화 지속 추진

○ 용혈성요독증후군(햄버거병) 등 사고 발생 시 파급력이 큰 패스트푸드, 프랜차이즈 음식점 등에 대한 집중 점검

○ PC방, 스크린골프장, 장례식장, 감성주점(춤 허용 업소) 등 위생취약 시설에 대한 집중 관리

○ 위반업체에 대하여는 6개월 이내 개선 여부를 확인하고, 반복 위반 시 '특별관리업체'로 선정하여 중점 관리

○ 이상기온, 황사철, 미세먼지 등 환경변화로 식품 취급에 각별한 주의가 필요한 시기, 업종(푸드트럭 등)에 대해 안전한 식품 취급 및 관리방법 홍보

○ 식품행정통합망 통계 자료를 분석하여 단속 필요가 높은 업체, 최근 3년간 미점검 업체 등에 대하여도 사각지대가 발생하지 않도록 관리

○ 시설개수자금 지원 등 실질적인 행정지원

나. 추진계획

○ 지도·점검 추진체계

- 추진 책임기관 : 시·군·구
- 추진 상황점검 : 시·도(반기)

○ 지도·점검기간 및 횟수

- 시·군·구 : 연초에 지역의 실정에 맞게 자체적으로 실효성 있는 지도·점검 계획을 수립하여 추진
- 시·도 : 시·군·구의 추진상황을 점검

▶ 지도·점검 계획시 수거·검사 계획을 포함 할 것 ▶ 특정업체를 집중 지도·점검하는 사례가 없도록 계획 수립에 신중을 기할 것

다. 추진방법

▶ 각 시·군·구에서 관내 식품접객업소에 대해 위반이력이 있거나 미점검한 업체 등을 선정하여 자체 점검 계획을 수립·시행

○ 배달음식점은 연간 자체 계획을 수립하여 점검(2~12월) 실시
 * 식약처(본부)에서 점검대상, 세부점검계획 등 통보 예정

○ 소비트렌드(다중이용 등), 위생취약 등 점검대상을 선정하여 집중 점검 실시
 · 다중이용 : 고속도로휴게소, 기차역, 유원지, 놀이공원, 대형뷔페, 프랜차이즈음식점, 편의점 등
 · 위생취약 : 애견·동물카페, 장례식장, PC방, 스크린골프장, 만화카페, 감성주점, 공유주방 표방업체 등
 · 특정계층 : 산후조리원, 노인·아동·장애인시설, 키즈카페 등

○ 점검에는 소비자식품위생감시원을 적극 활용
○ 동업자 조합의 자율지도원 대상 위생교육 등 요청 접수 시 적극 지원
○ 위반업체는 지속적으로 반복 지도·점검하여 위반사항이 재발하지 않도록 관리 강화
○ 식중독 발생 이력이 있는 업체는 반드시 수거·검사 병행 실시
○ 식품접객업체 등 식품안심업소는 「식품위생법」 제47조의2 제8항에 따라 점검, 수거·검사 등 가능(단, 민원, 위생·안전에 필요한 경우에는 점검 등 실시)
○ 각 지자체는 별도 자체 계획을 수립하여 춤 허용 음식점 등 감성주점에 대해 소방, 건축 등 유관기관(부서)과 합동으로 안전기준 등 연 2회 특별점검 실시

라. 중점 지도·점검사항

○ 업태를 위반하여 타 업종의 영업행위를 하는 등 준수사항 위반 여부
 - 식품접객업자는 조리·제조한 식품을 주문한 손님에게 판매해야 하며, 유통·판매를 목적으로 하는 자에게 판매하거나 다른 식품접객업자가 조리·제조한 식품을 자신의 영업에 사용 불가
 - 휴게음식점영업자·일반음식점영업자 또는 단란주점영업자는 영업장 안에 설치된 무대시설 외의 장소에서 공연을 하거나 그 행위의 조장·묵인 금지
 * 일반음식점 영업자가 손님의 요구에 따라 회갑연, 칠순연 등 가정의 의례로서 행하는 경우는 제외
 - 식품접객업소의 영업자 또는 종업원이 영업장을 벗어나 시간적 소요의 대가로 금품을 수수하거나, 영업자가 종업원의 이러한 행위를 조장하거나 묵인하는 행위 금지

○ 옥외영업장 운영 시 해당 면적에 대한 신고(변경신고) 여부, 신고된 면적을 초과한 영업 여부, 조리행위* 등 여부, 영업장의 청결관리 여부, 타 법령에 따른 시설기준(난간 등) 적절성 여부, 피난·안전시설 등에 적재물 방치 등 여부

* 주거지역과 인접하지 않아 환경 위해 우려가 적은·장소지역으로 지자체장이 별도 정하는 경우 옥외조리 행위 허용(식품위생법 시행규칙 개정, '23.5.19) → 정하지 않은 기준 외의 장소는 조리행위 금지

○ 옥외 가격표시 대상업소 가격표시 이행 여부

* 신고한 영업장 면적이 150제곱미터 이상인 휴게음식점 및 일반음식점은 영업소의 외부와 내부에 가격표를 붙이거나 게시하여야 하고, 가격표대로 요금을 받아야 함

○ 식육판매 음식점은 판매 부위를 가격표에 모두 표시하는지 집중 점검

* 예시) 갈비(갈비살, 목전지). 돼지모듬(삼겹살, 목살) 등

○ 조리식품에 대해 알레르기 유발물질을 자율적으로 표시하도록 권장 · 지도

- 메뉴판 등에 알레르기 유발물질을 표시하고 소비자의 눈에 잘 띄는 곳에 비치, 알레르기 유발물질 포함여부를 문의할 수 있도록 안내판 게시 등

* 어린이 기호식품을 주로 조리·판매하는 식품접객업소 중 가맹점 수가 50개 이상인 경우, 알레르기 유발물질 의무 표시(「어린이 식생활안전관리 특별법」 제11조의2)

○ 액체질소(식품첨가물), 드라이아이스를 사용하여 과자, 음료, 주류 등 식품을 조리·판매하는 경우, 소비자에게 섭취하는 최종 음식에 액체질소가 남아있는지 여부

○ 아산화질소*를 식품첨가물 사용 목적(충전, 분사 등) 외 사용하는지 여부 및 카트리지 형태**의 아산화질소를 사용하는지 여부

* 「화학물질관리법」제22조 및 같은법 시행령 제11조(환각물질)로 지정

** 「식품첨가물의 기준 및 규격」일부개정 고시(식약처 고시 제2019-134호, 2019.12.19.)에 따라, 아산화질소는 2.5L 이상 고압가스 용기에만 충전하도록 제조기준 신설(시행일: '21.1.1.)

※ 아산화질소를 고압가스 용기로 사용하는 경우, 「고압가스 안전관리법」에 따라 허가 받은 업체로부터 공급받고 있는지 확인

○ 숯불구이 음식을 조리·판매하는 업소에서 사용하는 목탄(숯)은 「목재제품의 규격과 품질기준(국립산림과학원 고시)」에서 정하는 규격품을 사용토록 유도

- 접객업체 점검 시 목탄(숯)의 품질표시 확인(붙임1)

○ 식품첨가물 사용 시, 해당 식품첨가물의 기준 및 규격 준수 여부

- 정해진 용도 및 사용기준에 적합하게 사용하도록 중점 지도·점검

* 공업용 목초액 사용금지, 메탄올의 음식세척 용도 사용금지 등

○ 식품용 기구 및 용기·포장의 올바른 사용 지도·점검

- 내열성 등이 낮은 플라스틱(스티로폼, PET 등) 용기 사용 시 튀김류 등 고온 음식 사용 주의

* 용기의 표시 사항(내열온도규격) 확인, 바로 담지 않고 어느 정도 식힌 후 담기 등

○ 식품용으로 표시되지 않은 기구에 대한 사용금지 및 지도·점검 강화

○ 자동세척기를 사용하는 업체에 대하여 「위생용품 기준 및 규격」에 맞는 세척제 사용 및 물로 충분히 세척할 수 있도록 지도

○ 애견·동물카페의 동물관련 시설과의 분리 등 시설기준 준수* 여부

* 동물보호법 제2조1호에 따른 동물의 출입, 전시 또는 사육이 수반되는 시설과는 분리되어야 하고, 영업장의 출입구에는 손을 소독할 수 있는 장치, 용품 등을 갖추어야 함

○ 각 지방정부의 조례에 따라 춤 허용 음식점(일반음식점)에 대하여는 식품위생법 준수 여부 외에도 조례 안전기준(허용 외 장소에서 춤 허용, 조도기준 등 준수여부) 등 집중 점검

○ 손님에게 조리·제공할 목적으로 이미 양념에 재운 불고기, 갈비 등을 새로이 조리한 것처럼 보이도록 세척하는 등 재처리하여 사용·조리 또는 보관 여부

○ 뷔페음식점 등에 대한 남은 음식물 재사용 기준 준수 여부

< 음식물 재사용 기준 >

○ 식품접객업자는 손님에게 진열·제공되었던 음식물을 다시 사용하거나 조리하거나 또는 보관하는 등 **재사용할 수 없음**

- 다만, 위생과 안전에 문제가 없다고 판단되는 식품으로 위생적으로 취급하면서 다음에 해당하는 경우에는 **재사용할 수 있음**

① 조리 및 양념 등의 혼합과정을 거치지 않은 식품으로서, **별도의 처리 없이 세척하여 재사용**하는 경우

상추, 깻잎, 통고추, 통마늘, 방울토마토, 포도, 금귤 등 야채·과일류

② 외피가 있는 식품으로서, 껍질 채 원형이 보존되어 있어 기타 **이물질과 직접적으로 접촉하지 않는 경우**

바나나, 귤, 리치 등 과일류, 땅콩, 호두 등 견과류

③ **건조된 가공식품**으로서, 손님이 먹을 만큼 덜어먹을 수 있도록 진열·제공하는 경우

땅콩, 아몬드 등 안주용 견과류, 과자류, 초콜릿, 빵류(크림 도포·충전 제품 제외)

④ 뚝배기, 트레이 등과 같은 **뚜껑이 있는 용기**에 집게 등을 제공하여 손님이 먹을 만큼 덜어먹을 수 있도록 진열·제공하는 경우

소금, 향신료, 후춧가루 등의 양념류, 배추김치 등 김치류, 밥

○ 하절기 다소비 식품인 식품접객업소 판매 생맥주 안전관리 강화

- 생맥주 등 주류 배달 판매 시 '식품용' 표시 용기를 사용하도록 교육·홍보

  * 「기구 및 용기·포장의 기준 및 규격」 Ⅳ.2.2-6

- 식품접객업소 생맥주 공급장치 위생관리 방법 지도·홍보

  * 식품안전나라> 식품안전> 주류> 주류 안전관리 정보> '수제맥주 케그 및 공급 장치 위생관리' 자료 활용

✓ 음식점의 음식에 부수한 생맥주 배달 허용

- 음식점에서 고객의 주문에 의해 생맥주를 즉시 별도의 용기에 나누어 담아 음식에 부수하여 배달할 수 있도록 함.

  * 「주세법」 기본통칙 개정('19.7.9.)

○ 음료, 생맥주 등의 공급 배관 위생관리 여부 및 세척제 용도별 사용 준수 여부

○ 지하수 수질검사 실시 준수사항 확인

- 영업자는 지하수를 먹는 물 또는 식품의 조리·세척 등에 사용하는 경우에는 주기적 수질검사 실시(다만, 둘 이상의 업소가 같은 건물에서 같은 수원을 사용하는 경우 하나의 업소에 대한 시험결과로 해당 업소 검사 갈음)

  * 검사 실시 주기

    ① 1년(모든 항목 검사를 하는 연도 제외) 마다 「먹는물 수질기준 및 검사 등에 관한 규칙」 제4조에 따른 마을상수도의 검사기준에 따른 검사(잔류염소검사 제외)

    ② 2년마다 「먹는물 수질기준 및 검사 등에 관한 규칙」 제2조에 따른 먹는 물의 수질기준에 따른 검사

  * 검사 주기 기준 : 수질검사를 받아 '적합판정'을 받은 판정일(판정일을 따로 적시하지 않은 경우 시험성적서 발급일)

○ 사용하는 달걀이 원료 등의 구비요건, 표시사항 등에 적합한지 여부

- 식용에 부적합한 알*, 난각표시**가 없는 달걀 등 사용 여부 확인

  * 부패된 알, 산패취가 있는 알, 곰팡이가 생긴 알, 이물이 혼입된 알, 혈액이 함유된 알, 내용물이 누출된 알, 난황이 파괴된 알, 부화를 중지한 알, 부화에 실패한 알 등

  ** 산란일자, 고유번호, 사육환경번호

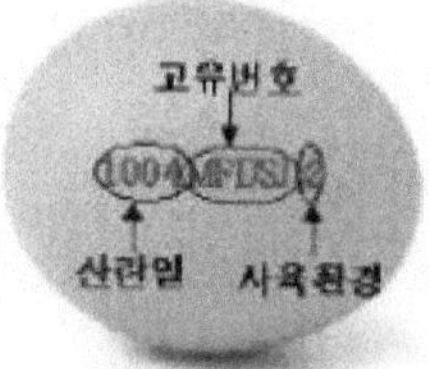

난각표시

⇒ 위반사항 등 확인 시 달걀을 납품한 식용란수집판매업 관할 지자체(시·군·구) 축산물 관리 부서로 해당 내용 즉시 통보 등 조치

- 선별·포장된 달걀을 사용('22.1.1 시행)하도록 지도·홍보
  * 달걀 선별·포장 유통 제도'란 HACCP으로 운영하는 식용란선별포장업소에서 달걀을 전문적으로 선별·세척·포장·건조·살균·검란·포장한 다음 유통하는 제도
- 달걀을 식용란수집판매업자에게 구입한 경우 식용란 선별·포장 확인서를 수령 하도록 안내

마. 행정사항

○ 위반업체는 홈페이지에 공개하고 반드시 6개월 이내에 재점검을 실시하되, 재적발 시 특별관리

  * 즉시시정, 폐업, 무단 멸실 등 재점검 필요성이 없는 경우에는 제외

○ 식품접객업소에서 아산화질소를 흡입목적으로 판매·사용한 경우 「화학물질관리법」 제22조 위반으로 경찰, 검찰 등 사법당국 고발

2. 특별관리 업체 지정·관리

가. 목적

식품위생법을 반복적으로 위반한 업체 등을 특별관리업체로 지정하여 철저한 위생관리를 함으로써 행정제재의 실효성을 확보하고 엄정한 식품위생법령 질서 확립

나. 특별관리업체 지정 및 관리

1) 특별관리업체 지정 기준

① 식품위생법을 최근 3년간 5회 이상 위반한 업체

- 대상 업체는 전년도 행정처분 이력을 반영하여 지정
- 식품 안전과 관계없는 경미한 위반사항*은 제외

* 위생교육 미이수, 위생모 미착용, 상호 및 영업장 면적 미변경 등 위반

- 식품 등에 이물 혼입으로 위반된 경우에는 유사 이물로 반복 처분 받은 업체에 한정

2) 관리방법

○ 시·군·구가 관할 신고된 식품접객업을 대상으로 특별관리업체를 지정·관리

○ 특별관리업체 중점관리 실시

- 특별관리업체로 지정된 업체에 대하여는 지정한 날로부터 3개월 이내에 종전의 위반사항 등을 중심으로 업체 전반의 위생관리 상태 등에 대한 특별점검 실시
- 특별점검 결과 위반사항에 대한 개선의지가 없거나 고의성이 있다고 판단하는 경우 형사고발 병행

3) 특별관리업체 지정 해제

3개월 주기로 3회 재점검하여 「식품위생법」 위반사항이 없는 경우 해제

3. 위생 취약분야 안전관리

가. 전통시장 안전관리

1) 목 적

위생취약지역인 전통시장에 대해 단속위주의 행정보다 지도·계도·교육 등 실질적 지원위주의 위생관리를 강화하여 전통시장의 위생수준을 향상시키고 판매식품의 안전성 확보

2) 기본방향

가) '전통시장 위생관리 시범사업'을 바탕으로 시·도 실정에 맞게 자체계획 수립 및 시행

○ 시·도에서는 매년 전통시장 1곳 이상을 선정하여 중점 지도·계몽

○ 전통시장 위생관리 추진기간 : 2월~11월

나) 작업장 및 조리기구 청결관리 등 기초 위생수준 향상을 위한 지도·계도 강화

3) 전통시장 지도·점검 등 관리방법

가) 위생의식 향상을 위한 영업자(종사자) 중심의 교육실시 및 지도·계도 활동 강화

○ 소비자식품위생감시원을 활용하여 전통시장별, 업체별로 반기 1회 이상 지도·점검 및 현장 중심의 교육·계도 실시

- 전통시장용 지도점검 결과 1부는 업체에 배포하여 경각심 고취
- 소비자식품위생감시원 활동보고(위반사항 등)에 대한 확인 필요시 담당공무원의 확인점검 및 지도·계몽 실시

○ 제조가공 또는 조리장 청결, 종사자 손소독, 조리기구 세척·소독 사용 등 기초 위생부분에 대한 중점 지도

- 1차, 2차 지도·계몽 후 최종 위생수준 개선율 평가

나) 식품진흥기금을 활용하여 식품위생 취급시설(위생도마, 소독기, 위생복, 쇼케이스 등) 등 개선 지원

4) 행정사항

가) 시·도는 자체 추진계획을 수립하여 시·군·구에 시달

나) 시·군·구 자체 세부 점검계획을 수립하여 시행

나. 지역 축제 식품접객업소 안전관리

1) 목 적

특정 기간 한시적으로 운영되는 지역 축제간 사전 예방적 위생관리 필요

2) 기본방향

가) 지자체별 실정에 맞게 자체 계획 수립 및 시행

○ 지역축제 전반을 용역사업으로 진행하려는 경우, 공고 및 입찰단계에서부터 해당 업체의 위생관리 계획 확인, 점검·법령 체크리스트 등의 운영 권장

✓ **필수 체크 사항** - 입점업체 인허가(영업등록, 신고) 사항 - 식품 취급(조리, 서빙 등) 인원 운영 계획 및 해당 인원의 건강진단 결과 - 식자재(냉장, 냉동) 보관 및 운송 계획 - 식품용 기구·용기·포장 사용 계획(증빙 서류 등 확인) - 위생관리 책임자(현장 책임자) 배치 여부

○ 중점 위생관리 추진기간 : 3월~11월(지역축제 개최기간)

3) 중점 지도·점검 항목

가) 시·도(시·군·구)는 축제간 부스 운영자, 입점 영업자 등에 대한 한시적 영업신고 등 인허가 및 사전 영업 형태 확인 철저

나) 축제 간 식품 접객 영업자의 식품위생법 등 관계 법령 준수 여부 확인

- 건강진단, 위생모·마스크 착용, 식품용 기구·용기·포장 사용
- 식품의 보존 및 유통기준(냉장, 냉동제품 보관)
- 냉동식품의 해동기준 준수
- 소비기한 경과 식품을 판매할 목적으로 진열·보관·판매 여부

4. 공유주방 안전관리

가. 목적

공유경제 개념을 도입・제도화하기 위하여 주방을 공유하여 영업을 할 수 있도록 법제화('21.12.30 시행)됨*에 따라 제도 정착을 위한 지도 및 안전관리 강화

* 단, 아직 공유주방운영업 등록을 하지 않고 규제 샌드박스 '실증을 위한 규제특례(이하 실증특례)' 시범사업 중인 곳은 허용조건 준수 여부 점검

나. 근거법령

1) 「식품위생법」 제37조제5항 및 같은 법 시행령 제21조제9호

2) (위생관리책임자 관련) 같은 법 제41조의2 및 시행령 제30조

3) (책임보험 관련) 같은 법 제44조의2 및 시행령 제30조

다. 주요내용

1) (공유주방 운영업) 공유주방을 운영하는 영업으로 식품의 제조・가공・조리・저장・소분・운반에 필요한 시설 또는 기계・기구 등을 여러 영업자가 함께 사용할 수 있는 영업

* 단, 「산업융합촉진법」 제10조의3, 「정보통신 진흥 및 융합 활성화 등에 관한 특별법」 제38조의2에 따라 실증특례 시범사업도 운영 중

2) (운영방식) 1개의 주방을 여러 영업자가 시차별 또는 동시에 함께 사용

가) (시간구분형) 1개의 주방을 주간과 야간 등 시간을 구분하여 서로 다른 영업자가 사용

나) (동시사용형) 1개의 주방을 여러 사람이 동시에 사용하며, 영업자별 다양한 종류의 식품 생산

라. 중점 지도·점검 사항

1) 공유주방운영업 영업 등록을 한 경우

가) 기본 점검 사항

○ 책임보험 가입 여부(보험 갱신 확인 포함) 등 공유주방 운영업에 부가되는 신설 규정 준수 점검

○ 시설 또는 기계·기구 등의 공용 사용 표시(식별 표지) 여부

○ 영업자별로 식품을 위생적으로 구분하여 보관·관리할 수 있는 창고 구비 여부

○ 위생관리책임자 선임·운영·직무수행 여부

〈 위생관리책임자 자격기준 및 직무 〉

○ 자격기준
- 위생사, 식품제조기사 또는 영양사 자격을 갖춘 사람
-「고등교육법」제2조제1호 및 제4호에 따른 대학 또는 전문대학에서 의학·한의학·약학·한약학·수의학·축산학·축산가공학·수산제조학·농산제조학·농화학·화학·화학공학·식품가공학·식품화학·식품제조학·식품공학·식품과학·식품영양학·위생학·발효공학·미생물학·조리학·생물학 분야의 학과 또는 학부를 졸업한 사람 또는 이와 같은 수준 이상의 자격이 있는 사람
- 외국에서 위생사 또는 식품제조기사의 면허를 받거나 제2호와 같은 과정을 졸업한 것으로 식품의약품안전처장이 인정하는 사람

○ 공유주방에서 상시적으로 직무수행
- 공유주방의 위생적 관리 및 유지
- 공유주방 사용에 관한 기록 및 유지
- 식중독 등 식품사고의 원인 조사 및 피해 예방 조치에 관한 지원
- 공유주방 이용자에 대한 위생관리 지도 및 교육

나) 영업자 준수사항 준수여부

○ 제조·가공·소분·조리시설 및 기구 등을 위생적으로 관리되는지 여부

○ 영업등록증 및 공유주방 사용 영업자와의 계약서류 보관 여부

○ 사용자의 출입 및 시설 사용 기록 및 6개월간 보관 하는지 여부

○ 종업원은 위생관리책임자가 실시하는 위생교육을 매월 1시간 이상 이수

다) 시설기준 적정여부

○ 독립된 건물이거나 식품의 제조·가공·조리 등 용도 외에 사용되는 시설과 분리 또는 구획하여야 하며, 오염물질 발생시설로부터 영향을 받지 않아야 함

○ 공유주방에서 식품제조·가공업, 식품첨가물제조업, 식품소분업 영업자가 사용하기 위해서는 식품제조·가공업 작업장 요건을 갖췄는지 여부

○ 공유주방에서 휴게음식점영업, 일반음식점영업, 제과점영업 업자가 사용하기 위해서는 식품접객업의 공통기준의 영업장, 조리장 요건을 갖췄는지 여부

마. 공유주방 사후관리

1) (공유주방운영업) 공유주방이용업소 지도·점검 및 수거·검사 병행(1회/반기) 실시 (지자체)

2) '공유주방'을 표방하는 업체(개별형 주방*)가 영업에 필요한 주방, 창고 등 공간을 공유하는지 여부에 대해 특별점검 실시

* 동일한 공간에서 칸막이 등으로 별도 구분·구획되어 조리시설을 갖춘 1개의 개별 주방을 한 명의 영업자가 일정기간 독점하여 이용할 수 있도록 설계된 독립 주방(일명 쪽주방)

바. 위생관리책임자 및 책임보험 의무 가입 규정 미준수 시 과태료 기준

위반행위	근거 법조문	과태료 금액(단위: 만원)		
		1차 위반	2차 위반	3차 이상 위반
카. 법 제41조의2제3항을 위반하여 위생관리책임자의 업무를 방해한 경우	법 제101조 제3항제1호의2	100	200	300
타. 법 제41조의2제4항에 따른 위생관리책임자의 선임·해임신고를 하지 않은 경우	법 제101조 제3항제1호의3	100	200	300
더. 법 제44조의2제1항을 위반하여 책임보험에 가입하지 않은 경우	법 제101조 제3항제2호의2			
1) 가입하지 않은 기간이 1개월 미만인 경우		35		
2) 가입하지 않은 기간이 1개월 이상 3개월 미만인 경우		70		
3) 가입하지 않은 기간이 3개월 이상인 경우		100		

5. 마약류 표시·광고 영업자 등에 대한 권고 조치

가. 목적

식품 등에 마약류 용어 사용 자제를 권고하는 법령이 시행('24.7.3.)됨에 따라 업소명(간판), 메뉴명(메뉴판) 등의 마약 용어 명칭 변경을 위한 업체 지도 및 비용지원

나. 근거법령

1) 「식품 등의 표시·광고에 관한 법률」 제8조의2 및 같은 법 시행규칙 제8조의3, 제8조의4

다. 주요내용

1) (명칭 변경) 업소명(간판), 메뉴명(메뉴판) 등에 마약 용어를 사용하는 업체를 방문하여 명칭 변경 권고

   * 마약 단어 사용 자체 취지 설명 및 간판 또는 메뉴판 교체 설득 및 의사 확인

2) (비용 지원) 마약 용어 사용 간판, 메뉴판 변경을 희망하는 영업자에게 교체 비용 지원

라. 중점 지도·점검 사항

1) 마약 명칭 사용 업소

   ○ 업소명, 메뉴명 등에 사용된 마약 용어 변경 권고

   ○ 비용 지원 시 변경 의사 여부 확인 및 비용 지원

   * "식품등에 마약 사용 용어 자제 점검표(현장방문용)" 지침 서식 활용

2) 마약 명칭 미사용 업소

   ○ 식품접객업소 위생점검을 활용하여 마약 용어 사용 금지 필요성 홍보

   * 홍보물은 식약처에서 제작·발송

마. 행정사항

○ 음식점 간판, 메뉴판 교체에 소요되는 비용의 최대 100% 식품진흥기금 지원(단, 지자체 사정에 따라 지원금액 및 지원율은 변경 가능)

* 지원금액은 업체당 간판 200만원, 메뉴판 50만원, 포장재 20만원을 넘지 않도록 함

○ '마약 등 명칭 사용 표시·광고 변경비용 지원 신청서'를 접수하여 지자체에서는 신청서 및 관련 서류 등을 면밀히 검토한 후 지원 대상자 선정

○ 마약 명칭을 포함하는 간판, 메뉴명을 재사용하는 경우에는 비용 반환

○ 식품 업체 위생점검 활용 등 마약 용어 사용 업체 관리 실적을 매월 (10일까지) 제출

비용신청		서류 확인 등		영업자 선정, 보조금 지급		결과 보고
대상 영업자 신청 (영업자→시군구)	⇨	자금지원 타당성 검토 및 확인 (시·군·구)	⇨	대상 영업자 선정 및 비용지원 (시·군·구→영업자)	⇨	현장 확인 및 진행상황 보고 (시·군·구→시·도→ 식약처 식품표시광고정책과)

「붙임 1」

목재제품의 규격과 품질기준

○ 나무숯과 대나무숯의 규격·품질 표시(예시)

숯의 종류			백탄
원료			침엽수재, 활엽수재, 대나무 중 하나
생산국			○○○○
품 질	함수율(습량)		○○ % 이하 (일의 자리 이상 표기)
	회 분		○.○ % 이하 (소수 첫째자리까지 표기)
	고위 발열량	등급	○등급
		열량	○,○○○ kcal/kg 이상(십의 자리 이상 표기)
	무기물		As 0.1 mg/kg, Cd 0.1 mg/kg, Pb 10.0mg/kg, Hg 0.05 mg/kg 이하로 표시
생산자(수입자)	주 소		OO시 OO로 OO길 OO (00-000-0000)
	회사명		OO숯
생산연월			2026. 0.
무게			10kg

- 성형숯의 규격·품질표시(예시)

상 품 명		○○성형숯	
생 산 국		대한민국(※원료 원산지: 필리핀)	
용도		'구이용'	
등급		1급 □	2급 ■
착화제		착화제무 □	착화제유 ■
품질	고위 발열량	○,○○○ kcal/kg 이상 (십의 자리 이상 표기)	
	함수율	○% 이하	
	회분	○% 이하	
생산자(수입자)	주 소	○○시,도 ○○시,군 ○○면 ○○리 123-45	
	회사명	○○○	
생산연월		○○○○.○○.	
무 게		○○kg	

※ 안전사용법 : 1. 일산화탄소 등의 가스 중독은 사망혹은 심각한 후유증을 초래할 우려가 있기 때문에 배기가 잘 되는 곳에서 사용할 것
2. 구이용 제품: 전체가 완전히 불이 붙고 최소 5분 후에 사용할 것

5 유통식품 등 안전관리

〈식품관리총괄과, 수입유통안전과, 농수산물안전정책과〉

1. 식품유통·판매업체 등의 안전관리

가. 기본방향

○ 형식적 지도·점검을 탈피하고 취약분야를 선별하여 위해분야 및 소비자 기만행위 항목 위주로 집중 점검

○ 부정·불량식품이 유통·판매업체를 통하여 유통되지 않도록 점검

○ 식품 판매업체의 허위·과대광고 행위 점검

○ 전자상거래를 통한 무신고 식품 판매 행위 점검

○ 시기별 다소비식품, 집단급식용 식품, 계절별 성수식품 및 지역별 특산식품 등 유통·판매 업체 관리 강화

○ 소비기한의 안정적 정착을 위해 보관창고, 진열판매대, 상하차 시 온도관리 강화

나. 대상업종

○ 식품판매업(5종) : 식용얼음판매업, 식품자동판매기영업, 유통전문판매업, 집단급식소 식품판매업, 기타식품판매업

○ 식품운반업 및 식품냉동·냉장업

○ 기타 도·소매업 및 무신고 식품 판매·통신판매업자

다. 주요점검내용

○ 무신고영업행위 여부

○ 식품 등 위생적 취급기준 위반여부

○ 표시기준 및 허위·과대광고 위반여부 등

- 무허가(신고) 및 무표시 제품의 유통·판매행위
- 소비기한 또는 제조일자를 위·변조하여 판매하는 행위
- 식품 등의 표시기준 위반여부 등
  * 질병치료 표방 허위·과대광고 식품은 관련 위해성분 함유 여부 수거검사 실시
  * 취급상 주의문구 표시 대상 식품첨가물의 표시 기준 준수 여부 확인

○ 유통관리 적정여부

- 소비기한 경과제품 진열·보관·판매행위
- 부패·변질식품 판매행위
- 냉장·냉동제품, 신선편의식품 등 적정 온도에 보존·보관·운반·진열·판매여부 (온도계, 중심온도계 등 활용)

○ 불법 식품 및 수입식품 등 취급·판매행위
- 영업자가 아닌 자가 제조·가공·소분 등 제품 및 수입신고하지 아니한 불법 수입식품 등 판매행위 등
- 수입식품 등의 용도(구매대행, 외화획득용, 자사제품 제조용 원료, 연구·조사용 등)외 판매여부

○ 표백제, 색소 등 위해물질 처리 및 판매행위
- 연근, 도라지, 더덕, 밤, 마늘 등에 표백제 및 황산알루미늄 처리
- 생선, 두부, 묵 등에 색소 및 보존료 처리

○ 사회적으로 문제가 되었던 식품 지속관리
- 식품(불법 의약품 성분 사용), 주류(디부틸프탈레이트), 김치류(사이클라메이트) 등에 대해 지속적인 관리 조치

○ 대형마트, 편의점 등에서 판매되는 PB제품에 대한 위생관리 등 지도·점검 강화
- 과거 위반이력이 있는 업체 중점 점검, 위반업체에 대해서는 3개월 이내에 개선여부 반드시 재점검

○ 냉장·냉동 제품의 온도관리를 위해 기기에 부착된 온도계의 온도를 검증·확인 하도록 관리·지도

○ 냉장·냉동 운송차량의 보관온도 준수여부 및 온도 임의조작장치 불법 부착 여부 등에 대한 관리 강화

○ 로컬푸드 직매장에 대한 관리 강화
- 영농조합법인 등이 생산 판매하는 식품에 대한 지도·점검

○ 온라인 판매식품 등에 대한 관리 강화
- 온라인 전용 슈퍼마켓 및 무인점포, 프리마켓 등 신종 영업에 대한 영업 신고, 보존 및 유통기준, 소비기한 준수 여부 등 집중 점검

○ 시식코너를 운영하는 대형마트 등 업체에 대해 식품의 위생적 취급 기준 여부 등 중점 점검

라. 행정사항

○ 무허가(무신고)제품, 무표시 제품, 표백제 및 황산알루미늄 처리, 발기부전치료제 및 유사물질 등 첨가 위해제품, 무신고 소분제품 및 소비기한 변조제품 등을 적발하였을 경우에는 반드시 유통경로를 추적 조사하여 행위자 적발 후 형사고발 조치

※ 자가소비 목적으로 통관된 무신고 수입제품을 국내 사이트 등을 통해 판매하는 행위에 대하여 형사고발하고, 관세청(특수통관과)으로 통보(국민권익위원회 건의사항)

○ 인체 위해발생 우려가 있거나 소비기한 또는 함량을 허위 표시하는 등 소비자 기만행위에 대하여는 당해 업체에 불시 출장하여 원료구입 및 제조공정 등 전반에 관한 정밀조사를 실시하고 위반사항에 대한 엄중한 행정제재 조치

○ 위반제품이 타 시·도(시·군·구) 허가(신고)품목인 경우 즉시 해당 지방자치단체로 통보

2. 식품자동판매기 안전관리

가. 기본방향

1) 식품자동판매기의 위생관리 수준 지도·점검 계획수립·시행
2) 무신고 자동판매기에 대한 일제단속을 실시하여 불법운영 자판기 정비
3) 소비자식품위생감시원 활용하여 집중관리

나. 추진방법

1) 자판기 점검횟수

가) 시·군·구는 관할지역내 설치된 자판기에 대하여 연 1회 이상 점검을 실시하고, 위반사항에 대하여는 6개월 이내에 반드시 재점검 실시

* 시·군·구 상황에 따라 점검횟수 조정 가능

나) 소비자식품위생감시원 활동보고(위반사항 등)에 대한 확인이 필요한 경우 담당 공무원이 확인 점검 실시

2) 무신고 설치·운영 자동판매기에 대한 단속강화

가) 신고기관 : 시·군·구(일부는 읍·면·동에 신고 및 사후관리 위탁시행)

나) 무신고로 영업할 경우 고발조치

다) 담당공무원 확인점검 결과 위반사항 적발 시 반드시 행정처분 조치

3) 지도·점검사항

가) 무등록·무신고 제품 및 소비기한 경과제품 사용행위

나) 자판기 내부(재료혼합기, 급수통, 급수호스 등)에 대한 하루 1회 이상 세척여부

다) 자판기 내부에 정수기 및 살균 등 작동여부

라) 자판기 전면에 영업자의 영업신고번호, 영업자의 주소·성명, 제품명칭 및 고장 시 연락전화번호 등을 12포인트 이상으로 표시하였는지 여부

마) 자판기 위생상태 및 고장여부 점검 및 일일점검 기록 여부 등

다. 행정사항

1) 시·군·구는 자체 점검계획을 수립하여 시행

2) 위생 점검 시 영업신고대상 외의 캔커피 등 온장보관 자동판매기에 대해서도 소비기한 경과 및 위생적 관리여부 등 위생지도·점검 병행 실시

3. 식품 등의 수거·검사

가. 목적

식품등의 제조·가공, 유통, 소비 단계별로 위생관리 및 위해방지를 위한 감시

나. 법적근거 : 「식품위생법」 제22조(출입·검사·수거 등)

다. 기본방향

최근 소비동향 및 통합식품안전정보망 통계 등을 활용하여 위해 우려 분야에 집중함으로써 건수 위주의 수거검사는 지양하고 효율적인 수거검사 추진

1) 공통사항

가) 국민 관심 등 소비자 눈높이에 맞추어 실제 소비자 관심 품목 중심으로 수거·검사 강화

* 가정간편식, 배달앱 조리식품, 공유주방 생산제품, 온라인 판매식품, 취약계층 소비식품(영유아식품, 고령친화식품) 등 소비자 관심 식품 수거검사 강화

** 유통 벌꿀 항생제, 단순처리 농산물 제조 제품(다류, 천연향신료 등) 잔류농약, 중금속 항목, 금속성이물(쇳가루)

나) 도매·전통시장·국도변 슈퍼 등 유통식품, 대형 식품 판매점·백화점 PB(자체브랜드)제품

다) 온라인 플랫폼, 인터넷 쇼핑몰, 홈쇼핑, SNS 등 판매제품 비대면 수거검사 강화

* 온라인 수거제품의 경우 비대면 수거검사 지침에 따라 구입 영수증, 택배영수증, 관련 제품 사진 등 구매증거를 명확히 확보하고, 수거증의 피수거란에 비대면 온라인 수거검사로 표시·작성

라) 국내 제조·가공식품 중 농·축·수산물 원료 함량이 높은 식품의 입고된 원료에 대한 위해우려 성분 검사 강화

마) 관할지역내 가공식품에 대한 부적합 항목을 분석·평가하여 매년 반복된 부적합 항목에 대하여 원인조사 실시 및 문제점이 개선될 수 있도록 조치

2) 지방식약청

가) 사회적 이슈, 소비동향을 반영한 기획 수거·검사

나) 사건·사고 예방 및 사후조치를 위한 본부 특별지시에 따른 수거·검사

다) 국내외 위해정보 등 위해요소 선행조사

라) 온라인 판매 인기제품 및 허위과대광고 적발 제품 수거·검사(비대면)

마) 권장규격 설정된 식품 중 위해 우려 식품 수거·검사

3) 시·도(시·군·구)

가) 시·도는 식품안전관리지침을 반영하여, 자체 계획을 수립하고 총괄 관리

* 2026년도 시도별 목표 건수 및 특별관리 식품유형 등을 별도 시달 예정이며, 이를 반영하여 자체 계획 수립 (전체 수거 대비 온라인 수거 건수 10%이상 반영)

나) 관할지역내에서 제조·가공, 유통, 소비되는 식품 등에 대해 우선 책임 수거·검사

* 어린이기호식품 포함[「식품위생법」 및 「축산물위생관리법」에 따른 어린이 기호식품 (22개 세부유형)]

다) 식중독 예방을 위해 식품접객업의 조리식품 및 조리기구 등의 식중독균 검사 강화

라) 지역특산물 및 전통식품은 지역별 특성 등을 고려하여 자체 계획에 반영

라. 분담체계

식약처	지방식약청	시·도(시·군·구)
○ 종합계획수립 ○ 수거·검사결과 분석·평가 ○ 유해물질 안전관리 계획수립	○ 사건사고 사전 예방 및 조치를 위한 본부 지시사항 수거검사 ○ 위해정보에 따른 기획조사를 위한 수거·검사 ○ 유해 항목 발생 원인 조사 등 ○ 위해요소 선행조사	○ 시, 도별 연간 수거검사 계획 수립(시·도) ○ 관내 유통식품 수거검사 (시, 도 및 시·군·구) ○ 관내 제조가공업소 등 수거·검사결과 분석·평가 ○ 위해요소 선행조사 등

마. 주요내용

1) 지방식약청

가) 위해정보, 사회적 이슈 등을 반영한 기획 검사

① 목적 : 국내외 위해정보, 사회적 이슈 등에 대한 신속 대응

② 대상 : 위해정보에 따른 문제 식품, 사회적 이슈가 된 식품 및 소비동향을 반영한 소비자 관심 식품 등

③ 검사항목 : 이슈가 되거나 위해우려가 있는 항목 등

나) 유통식품 중 위해우려 성분 수거·검사

① 목적 : 위해우려 성분 등 사각지대를 발굴하여 사전 예방적 검사 강화

② 대상 : 국내 제조·소분 벌꿀, 단순처리 농·수산물 제조 제품 등

③ 검사항목 : 항생제, 잔류농약, 중금속 항목 등

다) 권장규격 설정 위해 우려 식품 수거·검사

① 목적 : 기준규격이 설정되지 않은 위해우려 성분에 대한 사전 안전관리 강화

② 대상 : 과자, 영유아용 식품, 감자튀김 등 권장규격 설정 식품 등

③ 검사항목 : 아크릴아마이드, 피롤리지딘알칼로이드 등 권장규격설정 항목

라) 온라인 판매 인기제품 및 허위과대광고 적발 제품 수거검사

① 목적 : SNS 상 유행제품 및 허위·과대 광고 제품에 대해 부작용이 이슈가 되어 소비자에게 피해가 가기 전에 선제적인 수거검사

② 대상 : 다이어트·체중감소, 성기능 개선 등 허위·과대 광고 적발 제품

③ 검사항목 : 비만치료제 성분, 발기부전치료제 성분 등

마) 위해요소 선행조사(연중)

① 목적 : 소비자 위해우려 요소에 대한 사전 예방적 안전관리 강화

* 세부계획 별도 시행 예정

② 대상 : 국내외 위해정보 등 위해우려 품목

③ 검사항목 : 위해우려 항목

2) 시·도(시·군·구)

가) 기획검사

(1) 제조가공단계

(가) 회수이력업체 출고 전 검사

① 목적 : 회수이력 제품의 지속적 안전관리 및 재발방지 유도

② 대상 : 전년도 회수이력이 있는 식품제조·가공업체의 동일 품목류 출고 전 제품

③ 주기 : 연중 1회

④ 검사항목 : 전년도 회수 사유가 된 부적합 항목

* 분말, 가루, 환제품(원료를 금속재질의 분쇄기로 분쇄하는 경우) 대상 검사명령제 및 금속성이물(쇳가루) 자가품질검사 실시 여부 점검

(나) 식품제조가공업체 입고 원료(농축수산물) 수거검사

① 목적 : 부적합 원료 사용 차단을 통한 가공식품의 선제적 안전관리

② 대상 : 식품제조가공업체에 입고된 원료 농·축·수산물 등

③ 검사항목 : 잔류농약, 중금속, 항생제 등 생산단계 위해우려 항목

(2) 유통·소비단계

(가) 특별관리 식품유형 집중 수거검사

① 목적 : 통합망 통계를 분석하여 특별관리 식품유형을 선정·집중 수거·검사함으로써 선택과 집중을 통한 효율적인 안전관리 강화

② 대상 : 안전관리 영향 요인*별 가중치가 높은 식품유형

* ① 수거검사 부적합률, ② 자가품질검사 부적합 건수, ③ 위해식품 회수 건수, ④ 생산실적, ⑤ 다소비 식품 등

③ 검사항목 : 식품유형별 주요 부적합 항목

(나) 소비동향을 반영한 소비자 중심 수거검사

① 목적 : 1인 가구 증가 등 사회변화에 따른 가정간편식 시장 급성장, 배달앱 사용증가, 온라인 시장 등 소비트렌드를 반영한 안전관리 강화

② 대상 : 가정간편식(즉석조리식품, 즉석섭취식품 등), 배달앱(도시락, 족발 등), 온라인(건강표방제품 분말·환 등), 판매제품 및 배달용 기구·용기 등

③ 검사항목 : 식품유형별 개별 규격(공통규격 포함), 식중독균 등

〈 카페인 함유식품의 경우 표시기준 준수여부 확인 〉

○ 대상식품 : 카페인 함유원료(녹차, 홍차, 과라나, 커피원두, 코코아콩, 콜라나무열매 등)를 사용하여 제조한 음료류, 커피(액상), 다류 등 액체식품 또는 식품첨가물 카페인을 첨가한 탄산음료

○ 추가 검사항목 : 카페인

○ 검사결과에 따른 조치

- 카페인 함량이 ㎖당 0.15㎎이상 함유한 경우 (1) "고카페인 함유" 표시 (2) 총 카페인 함량 "000 ㎎"표시 (3) 주의문구 등 표시 적정 여부를 확인하여 위반 시 부적합 조치

(다) 최근 3년간 미수거 품목 수거검사

① 목적 : 관내 연간 수거검사 계획 수립시 자체실정에 맞게 세부계획 시행

② 대상 : 최근 3년간 미수거 품목 중 생산실적 보고 된 품목

③ 검사항목 : 식품유형별 개별 규격(공통규격 포함)

(라) 식중독 예방을 위한 조리식품 및 학교급식 등 수거·검사

① 목적 : 음식점, 집단급식소 지도점검시 취약 업소에 대해 수거검사를 병행하여 식중독 예방 등 안전관리 강화

② 대상 : 냉면, 콩국수 등 하절기 다소비 조리식품, 봄·가을 신학기 학교급식 및 청소년 수련시설의 조리식품 등

* 비가열식품(김치), 음식점 식재료(신선식품) 등 하절기 미생물 증가 우려 식품 식중독균 검사 병행

③ 검사항목 : 대장균, 식중독균 등

나) 안전관리 기반 모니터링

(가) 식품별 미생물 오염도 조사

① 목적 : 식품별 식중독균 등의 위해평가에 필요한 과학적 근거 마련

② 대상 : 식품접객업소 얼음 1,400건

③ 기간 : 연중(세부계획 별도 시행 예정)

④ 검사항목 : 세균수

* 식품 중 오염도조사 지침(식품기준과-7349호('17.8.8.) 참조)

바. 행정사항

> ※ 모든 수거·검사 실적은 「식품행정통합시스템」에 즉시(당일 내) 입력
>
> * 수거내역 입력(지방청 식품안전관리과, 시·도(시·군·구) 식품위생담당부서)
>
> * 검사결과입력(지방청 유해물질분석과, 시·도 보건환경연구원)
>
> ※ 모든 수거·검사는 식품행정통합시스템을 통해 수거검사 의뢰 및 결과통보
>
> ※ 미 입력 또는 잘못 입력된 자료가 있을 경우에는 즉시 수정요청
>
> * 매 분기별 실적 취합 마감
>
> ※ 현장에서 수거대상 식품 정보(품목제조번호 등)을 입력하면 제품명, 제조원 및 소재지 등 수거한 제품의 정보가 자동 입력되는 '스마트 수거증' 개발완료
>
> ⇒ **민원인에게 전자수거증을 메일 또는 문자로 전송**
>
> * 통합식품안전정보망 우선 적용(식약처, 시·도) → 새올행정시스템(행안부, 시·군·구)

1) 검체 수거

가) 검체의 특성에 따른 검체 채취기준을 준수하고, 중복 수거·검사 여부를 필히 확인

나) 대형마트·백화점 등 대형 식품판매점에서 동일날짜에 일괄 수거를 지양하고, 수거제품이 특정 제조업체 또는 특정 품목에 편중되지 않도록 수거

다) 부적합 제품 확산방지를 위한 유통 초기제품 수거·검사 원칙, 다만, 곰팡이 독소·미생물 오염 등 유통과정에서 위해 발생 우려가 있는 소비기한이 긴 제품 등은 제외

* 소비기한 1/10(단, 소비기한 1월 이하 경우 1/5)이 경과하지 않은 제품 수거 권장

라) 모든 수거는 『유상수거』를 원칙으로 하며, 전통시장 및 문방구 등 세금계산서 발행을 하지 않는 곳에서 수거한 경우 간이영수증 등의 정확한 증빙자료를 첨부하여 내부결재 후 입체불 청구

구 분	대 상 식 품
무상수거 대상 식품 등	○ 시행규칙 제19조제1항에 따라 검사에 필요한 식품등을 수거할 때 ○ 유통 중인 부정·불량식품등을 수거할 때 ○ 부정·불량식품등을 압류 또는 수거·폐기하여야 할 때 ○ 수입식품등을 검사할 목적으로 수거할 때
유상수거 대상 식품 등	○ 도·소매업소에서 판매하는 식품등을 시험검사용으로 수거할 때 ○ 식품등의 기준 및 규격 제정·개정을 위한 참고용으로 수거할 때 ○ 기타 무상수거대상이 아닌 식품등을 수거할 때 다만, 긴급을 요하는 등 필요한 경우에는 무상으로 수거 가능

마) 연구사업(모니터링 사업 포함) 및 '식품별 유해오염물질 오염도 조사' 사업의 검체수거 시 반드시 식품위생감시원이 검체채취 및 취급방법을 준수하여 수거하고 부득이 식품위생감시원이 아닌 자가 수거한 식품등이 부적합한 경우에는 연구사업(모니터링 사업포함) 및 '식품별 유해오염물질 오염도 조사' 사업의 주관부서에서 해당 지자체에 즉시 통보하고 부적합통보를 받은 관할기관은 다시 수거·검사하여 그 결과에 따라 행정처분 등 조치

바) 수거 제품 검사 의뢰시 시험 항목이 「식품의 기준 및 규격」에 따른 각 식품 유형별 기준 및 규격에 맞게 적용되었는지 수거품의 제조 공정(살균·멸균, 충전, 탈기 등의 유무), 원료 구성(발효성분, 자성이 있는 철성분 포함 등의 유무) 등을 충분히 검토(필요시 관련 부서와 협의)하여 의뢰 필요

2) 수거·검사 결과의 입력 등

가) 수거·검사기관은 식품행정통합시스템에 수거검사 결과 등이 누락되지 않도록 관리 철저

나) 검사기관에서는 접수된 검체에 대해 가급적 15일 이내에 검사를 완료하고 그 결과를 수거기관(부서)에 통보

3) 수거·검사 부적합 시 조치사항

가) 부적합 판정 전 대상 식품의 시험 항목이 기준·규격에 따라 적용되었는지 확인하고, 결과 판정에 고려해야 할 사항(원료 및 천연 유래 여부 확인 등)이 반영되었는지 충분히 검토(필요시 관련 부서와 협의)하여 판정

나) 검사결과 부적합 판정시 신속한 사후조치를 위해 수거증, 시험성적서, 제품 포장지 등 증거자료를 해당 기관에 신속히 통보(수입식품 포함)하고 해당 영업자에게 통보

* 부적합 식품은 'Ⅱ.5-1. 부적합식품 긴급통보시스템 운영 다. 긴급통보' 방법 참고

* 추가 통보 부서 : 가공식품 및 주류(수입주류 제외)(식품관리총괄과), 수입식품(수입유통안전과), 건강기능식품(건강기능식품정책과) 등

* 식중독균 검출시 식중독균추적관리시스템에 입력·등록
(자세한 사항은 Ⅷ. 식중독 예방 및 관리 4 식중독균 추적 관리 사업 내용 참조)

다) 검사결과는 즉시 해당 기관에 통보하여 부적합 한 위해식품은 신속히 회수·폐기 되도록 조치

* 일부항목에서 부적합이 확인될 경우, 검사 의뢰된 모든 항목에 대한 검사가 완료되기 전이라도 즉시 「부적합식품긴급통보시스템」에 입력(식품관리총괄과 -5024, '16.7.12)

라) 수거검사 기관은 수거·검사 결과 부적합 제품이 폐기 대상인 경우 당해 제품 수거장소에 재차 출입·검사하여 당해 제품을 압류조치하고 해당 시·군·구에 통보, 제조일자(소비기한) 등이 다른 전·후 제품에 대한 수거 검사 확대 실시

4) 권장규격 초과 시 조치사항

가) 권장규격 초과제품의 정보사항(서식 1-2-1)을 해당 기관(유해물질기준과)에 통보하고, 해당 영업자에게 권장규격 초과사실을 통보

* 권장규격 초과제품은 6개월 이후 다시 수거하여 검사(지방청)

나) 영업자는 스스로 회수 등 조치 여부를 결정하고, 권장규격 초과 원인을 분석하여 동일한 사유가 발생되지 않도록 재발방지 대책(서식 1-2-2)을 마련하여 해당 지방청에 보고(통보 후 20일 이내)

다) 개선여부 확인을 위해 권장규격 초과제품의 자체 분석 결과 등 조치한 결과(서식 1-2-3)를 해당 지방청에 보고(6개월 이내)

* 조치결과 제출 기간의 연장이 불가피할 경우 업체는 개선조치 권고기간에 미리 연장사유를 해당 지방청에 제출해 승인 받은 후 연장

라) 영업자가 개선여부 확인 자료를 제출하지 않거나 6개월 후 생산된 동일 제품 추적 검사 시 권장규격을 재초과 할 경우 제품정보 공개

* 식품안전나라 누리집 공개: 식품안전나라>전문정보>기준규격정보>권장규격 초과제품

[붙임 1]

비대면 수거 검사 업무 지침

1) 수거 개요

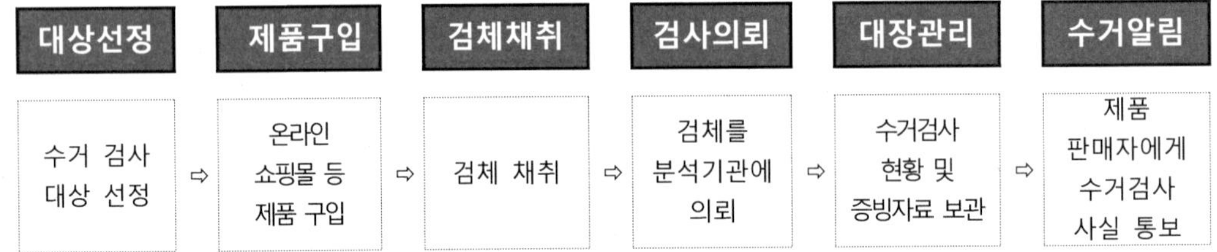

2) 수거 세부절차

가) 검사 대상 선정

○ 온라인 등으로 유통·판매되는 제품 중 위해정보, 소비 트렌드 등을 반영하여 수거검사 대상을 선정

○ 배송과정에서 제품의 파손 또는 변질의 우려가 있는 제품은 지양하고, 냉장·냉동 제품 및 미생물 정량 검사 대상 제품은 신중히 검토할 것

나) 검사 대상 구입

○ 제조번호, 제조년월일, 소비기한이 동일한 것을 하나의 검사대상으로 주문하고, 구입한 쇼핑몰 화면, 영수증 등 증빙자료 확보

① 주문한 제품 배송지는 수거기관 사무실(○○청)로 설정하고, 가정집 등 개인공간에서 택배 수령 금지

② 수거제품 판매자 정보(업소명, 소재지 등)가 표시된 화면 및 제품 사진, 온라인 영수증 등은 증빙자료로 보관

③ 냉장·냉동 제품의 경우, 제품 배송 시 보관기준 준수를 요청할 것

ex) 주문 시 요구사항: “배송 시 10℃ 이하를 유지해 주세요” 등 멘트 작성

다) 검체 채취

○ 배송된 제품은 식품위생감시원 등 1인 이상이 가능한 택배 배송 직원으로부터 직접 수령

○ 택배박스 외관을 확인하여 파손 등 이상 유무를 체크하고, 택배 송장은 증빙자료로 보관

○ 택배박스에 이상이 없을 경우, 개봉하여 제품의 외관을 확인하고, 제품의 변질·층 분리·부풀어 오르는 현상 등 이상 유무 확인

- 냉장·냉동 제품의 경우 택배박스 개봉 즉시 내부 온도를 측정하여 보관기준 준수여부를 확인하고, 그 결과를 관리대장에 기록

※ 택배박스 파손, 배송 제품 외관 이상, 택배 내부 온도 측정 시 보관기준 온도 이탈 등 검사결과에 영향을 미칠 가능성이 있는 경우 반품 또는 다른 제품으로 교환 요청

○ 수거증 작성

- 수거증에는 비대면 수거 사실 및 위생적으로 검체가 채취되었음을 입증하는 문구 및 냉장·냉동 제품은 개봉 시 측정한 온도를 반드시 작성

ex) 상기 제품은 온라인 쇼핑몰에서 주문하여 보관기준을 준수하여 배송된 제품으로 개봉 시 온도가 5℃로 측정되었으며, 검체는 위생적으로 채취·이송하였음을 확인합니다.

○ 검체를 채취하여 수거봉투에 담은 후 즉시 봉인하고 식품위생감시원이 서명 날인

- 냉장·냉동 식품의 경우, 검사의뢰 전까지 적정 온도를 유지하여 검체를 채취할 것

라) 검사 의뢰

○ 보관 기준을 준수하여 검체 보관 및 분석기관에 이송

- 분석기관이 청사 내부 등 가까운 곳에 있더라도 부패·변질 우려가 있는 미생물 검사용 검체는 저온(5℃±3 이하)을 유지하여 이송

- 분석기관이 외부 청사 등 떨어져 있을 경우, 냉장·냉동 검체 또는 부패·변질 우려가 있는 미생물 검사용 검체는 아이스박스, 냉장·냉동 차량 등을 이용하여 보관기준 준수하여 이송

○ 이송해 온 검체는 즉시 분석기관에 검사의뢰하고, 증빙자료 확보

- 전산(통합식품안전정보망), 공문 등을 통해 검사 의뢰 시, 검체는 보관기준을 준수하여 이송 및 검사의뢰 되었음을 알리는 문구를 작성할 것

ex) 검체는 보관기준에 적합한 제품을 위생적으로 채취하였고, 냉매와 함께 아이스박스를 이용하여 이송하고, 검사의뢰 하였음

마) 비대면 수거 대장 관리

○ 검사 대상 제품의 주문, 배송, 검체 채취, 검사의뢰 등 모든 과정은 비대면 수거검사 관리대장에 작성하고, 결재를 받아 보관 관리

○ 증빙자료 보관

- 비대면 수거 관련 서류는 최종 기재일부터 2년간 보관하고, 증거품(영수증, 사진 등)은 6개월간 보관

○ 검체 보관

- 적합 판정 잔여검체: 즉시 폐기

- 부적합 판정 잔여검체: 제품에 명시된 보관방법으로 시험·검사가 끝난 날부터 60일 보관

※ 다만, 보관이 곤란하거나 부패·변질되기 쉬운 부적합 검체는 제외

바) 수거검사 사실 통보

○ 비대면 수거 검사 알림 문서 및 수거증을 판매자에게 등기 우편 및 e-mail 등으로 송달하여 해당 제품이 수거검사 진행 중인 사실을 알림

① 네이버, 쿠팡, G마켓 등 오픈 마켓에서 구입한 경우, 오픈마켓이 아닌 개별 판매자에게 온라인 수거 검사 실시 알림 문서 및 수거증을 등기 우편 및 e-mail 등으로 송달

② 등기 우편의 반송 및 e-mail의 수신 여부 등을 확인하고, 반송 시 재전송 등 사후관리 철저

4. 무인 식품취급시설 안전관리

가. 목적

최근 증가하고 있는 무인 편의점, 무인 카페 등 종사자가 상주하지 않는 식품취급시설에 대한 위생관리 수준 향상

나. 기본방향

1) 무인편의점 등 무인 식품취급시설 지도·점검 계획수립·시행

2) 무인시설 내 위생관리 현황에 대한 주기적인 모니터링 실시(영업자)

3) 소비자가 위생적으로 시설을 사용할 수 있도록 자율 위생관리 환경 조성

다. 추진방법

1) 지도 · 점검

가) 시·군·구는 관할지역 내 신고된 무인시설에 대하여 점검을 실시하고, 위반사항에 대하여는 6개월 이내에 재점검 실시

※ 영업신고 대상 이외의 무인식품판매시설에 대해서도 위생적 취급 여부, 소비기한 경과 제품 판매, 보존기준 준수 여부 등 점검 실시

나) 위반사항 적발 시 현장에서 영업자에게 위반사항을 확인받고(확인서 징구), 행정처분 등 조치

2) 지도·점검사항

가) 무등록·무신고 제품 및 소비기한 경과제품 판매 행위

나) 무인시설 내 기계 · 기구류 위생관리 여부

다) 자판기 등 내부(재료혼합기, 급수통, 급수호스 등)에 대한 세척 · 소독 여부

라) 무인시설 내 테이블, 쓰레기통 등 위생관리 여부

마) 위생상태 및 기계류 점검 실시 여부 및 점검표 기록 · 비치 여부

3) 무신고 운영 무인시설에 대한 단속강화

가) 식품자동판매기영업 등 영업신고 여부 확인

나) 무신고로 영업할 경우 고발조치

다) 담당공무원 확인점검 결과 위반사항 적발 시 반드시 행정처분 조치

라. 무인 식품취급업소별 주요 지도·점검 사항

1) 공통 사항

가) 무등록·무신고 제품, 한글표시사항이 없는 제품 및 소비(유통)기한 경과 제품 진열·보관·판매 행위

나) 조리에 사용하는 기계・기구류의 청결관리 여부

다) 자판기의 경우 내부(재료혼합기, 급수통, 급수호스 등)에 대한 세척・소독 여부 및 점검표 기록·비치 여부

라) 무인시설 내 테이블, 쓰레기통의 위생적 관리 여부

마) 매장 및 기계·기구류에 대한 주기적 점검 실시 여부 및 점검표 기록 여부

2) 취급업소별 주요 지도·점검 사항

가) 무인카페

○ 영업신고 여부 확인(식품위생법령에 따른 영업신고 대상인 경우)

○ 다회용 용기, 스푼 등 조리기구의 세척 및 청결관리 여부

○ 손님에게 제공되는 시럽 등 식재료의 소비기한 경과, 한글표시사항 부착 여부

○ 제빙기에서 만든 얼음을 제공하는 경우 제빙기 청결관리 여부

○ 원료 등 식품 보관장소의 청결 관리 및 방충·방서 여부

나) 무인 밀키트

○ 제조·가공업소에서 제조한 밀키트를 단순 판매하는 행위 외에 밀키트 내용물을 세척, 절단 등의 작업 후 포장하여 판매하는 경우 즉석판매·제조가공업 영업신고 여부 확인

○ 기계·기구류의 세척 등 청결관리 여부

○ 냉장·냉동식품의 경우 보관온도 준수, 냉장고 정상작동 및 청결 여부

○ 소비기한 경과제품, 한글표시사항이 없는 제품 진열·보관·판매 여부

다) 무인 편의점·아이스크림 판매점

○ 소비기한 경과제품, 한글표시사항이 없는 제품 판매여부

○ 냉장·냉동식품 보관온도 준수 여부, 냉장고 정상작동 및 청결관리 여부

마. 행정사항

1) 시・도는 자체 추진 계획을 수립하여 시·군·구에 시달하고, 시・군・구는 자체 점검계획을 수립하여 시행

5-1 부적합식품 긴급통보시스템 운영 및 위해식품 등의 회수관리

〈식품관리총괄과〉

1. 부적합식품 긴급통보시스템 운영 관리

가. 목적

○ 식품행정통합시스템(통합식품안전정보망)으로 부적합 식품 및 회수대상 식품 정보를 관계기관에 신속히 통보하여 위해식품의 회수조치에 활용

○ 회수대상 식품 정보 실시간 공개 및 위해식품판매차단시스템과 연계하여 식품 매장에서 판매차단 조치

《 위해식품판매차단시스템 》

✓ 위생점검, 수거·검사를 통해 적발한 위해 식품의 정보를 신속히 마트 계산대로 전송하여 판매(결제)를 차단하는 시스템

* 정부의 안전 관리 시스템과 민간의 유통물류 시스템을 연계한 우리나라의 대표적인 민관협력 안전 관리 시스템

- 식약처가 **부적합식품긴급통보시스템**으로 통보 받은 부적합 회수대상 식품 정보를 **대한상공회의소(위해상품판매차단시스템)**로 전송하면, 해당 정보(바코드 번호 등)가 유통업체 매장의 POS 단말기로 전파되어 위해식품의 판매를 차단

나. 부적합식품 긴급통보시스템 적용기관 및 긴급통보대상

적용기관	긴급통보 대상	통보시기
식약처(지방식약청) 시·도(시·군·구)	1. 회수사유 적발 시 2. 정부 회수 시(제72조제3항) 3. 영업자 회수 보고받은 경우(제45조) 4. 영업자 자율회수 보고받은 경우	지체없이 통보
보건환경연구원	검사결과 부적합 판정 시	
식품 등 시험·검사기관	검사결과 부적합 판정 시	
자가품질검사를 직접 실시하는 영업자	검사결과 부적합 확인 시	

다. 긴급통보 방법

1) 행정망 식품행정통합시스템(https://admin.foodsafetykorea.go.kr) → '행정업무 처리(공통)' → '통합사후관리, 부적합긴급통보' → '부적합긴급통보/회수폐기' → '부적합식품 긴급통보 등록'에 접속하여 내용을 입력하거나,
또는 외부망 식품안전나라(https://www.foodsafetykorea.go.kr) → '통합민원상담(3월부터 통합민원창구 이용)*' → '협업시스템' → '부적합 식품 긴급통보' → '부적합식품 긴급통보 등록'에 접속하여 내용을 입력
* '26년 3월부터 통합민원상담, 우리회사 안전관리 메뉴가 통합민원창구로 통합·변경 예정

○ 부적합 제품의 전면과 표시면 사진을 부적합식품긴급통보시스템의 '제품 이미지 등록'에 파일 첨부하고, 바코드가 있는 제품은 바코드 번호 입력하고 바코드가 없는 제품은 사업자등록번호를 반드시 입력

※ 회수제품의 바코드가 동일하고 소비기한이 여러 개인 경우(일정기간 생산한 제품 포함), 가장 최근에 생산된 제품의 소비기한(제조일자) 하나만 대표로 입력하되, 참고사항에 부적합 제품 생산기간, 소비기한 및 세부내용 등 작성(바코드가 동일한 경우에 한함)

※ 회수식품은 위해식품판매차단시스템이 설치된 판매업소 계산대에서 바코드 정보를 활용하여 판매를 차단하므로 **바코드 번호 입력 시 각별히 주의**

2) 식품행정통합시스템(통합식품안전정보망) 및 식품안전나라 ID 및 비밀번호 관리 철저

○ 인사이동 및 업무 변경 등에 따른 담당자 변경 시 ID, 비밀번호 및 검사관리 긴급통보 사용방법 등 인수인계 철저

※ 담당자 변경 시 사용자 관리에서 담당자, 휴대폰번호(문자전송), 메일주소 등 반드시 수정 관리할 것(공무원은 행정전자서명(GPKI)을 이용하여 개별적으로 식품행정통합시스템에 회원 가입)

※ 긴급통보(알림 문자) 전송을 위해 식약처(본부)*로 담당자 변경 요청 필요

※ 본부 담당부서 : (식품관리총괄과) 가공식품(주류, 기구·용기 포함), (수입유통안전과) 수입식품(주류, 기구·용기, 건강기능식품 포함), (농수산물안전정책과) 농·수산물, (건강기능식품정책과) 건강기능식품

라. 긴급통보 및 신속조치 요령

1) 시험·검사 결과 부적합 판정 시 조치사항(시험·검사기관)

가) 위해식품 판매차단과 회수식품 정보 공개를 위해 부적합 판정과 동시에 지체 없이 부적합식품 긴급통보시스템에 등록하여 우선 통보한 후 부적합 통보 공문 시행, 부적합 판정 시 잔류농약 등 기준·규격 제·개정 시행일 반드시 확인

※ 의뢰된 모든 시험항목이 완료되지 않았더라도 일부 부적합 항목 확인시 LIMS의 결재를 득한 후, 해당 부적합 항목으로 부적합식품긴급통보시스템에 입력(참고사항에 일부 부적합 항목만 통보한다고 반드시 기입)

※ 회수관리(명령)기관이 지방식약청인 경우 공문 수신처 : 사후관리부서(식품안전관리과 또는 농축수산물안전과) 및 행정처분 부서(운영지원과)

※ 수입 농수산물의 경우, 반드시 수거 기관에서 수입 제품의 정보를(수입신고확인증의 접수번호, 수입업소 등) 정확하게 확인하여 부적합긴급통보시스템에 입력하여 통보

나) 긴급 통보(알림 문자) 받은 영업허가·등록·신고 기관(관할 지역 행정기관)에서는 즉시 시스템에서 부적합 정보를 확인하여 회수 등 신속한 사후관리 조치

※ 회수대상이 아닌 경우 지도·점검 및 수거·검사 등 사후관리 할 것

2) 지도·점검 결과 회수사유 적발 시 조치사항(지도·점검기관)

가) 지도·점검 과정에서 회수사유를 적발한 경우 우선 부적합식품 긴급통보시스템에 등록하여 긴급 통보 후 관할기관에 공문으로 통보

나) 긴급 통보를 받은 영업허가·등록·신고 기관에서는 즉시 부적합식품 긴급통보시스템에서 부적합 정보를 확인하여 '식품위생법' 및 '위해식품등 회수지침'에 따라 신속히 회수 조치

3) 부적합긴급통보에 따른 회수명령 실시 시 조치사항(회수 관리(명령) 기관)

가) 영업자가 신속히 회수를 개시할 수 있도록 영업자에게 회수명령 내용을 우선 유선 등으로 통보한 후 회수명령서를 신속히 전달(직접전달, 팩스, 우편 등)할 것

※ 회수명령 시 <붙임1> '회수단계별 체크리스트(영업자용)'을 영업자에게 반드시 전달하여 체계적이고 신속한 회수 유도. 업체가 보관중인 미출고 제품이 있을 경우, 우선 압류·봉인 조치하고 회수 완료 후 회수물품에 대해 추가로 압류 조치

나) 위해식품판매차단시스템을 통한 회수식품의 신속한 판매 차단을 위해 부적합식품 긴급통보시스템에 회수명령 사항 등록

다) 회수 정보가 식약처 및 시·도(시·군·구) 홈페이지에 게시될 수 있도록 회수 사실 홈페이지 공개 요청하고, 요청 받은 기관에서는 즉시 회수대상 식품 등을 각 기관 홈페이지에 공개조치

4) 부적합긴급통보에 따른 회수명령 미실시 시 조치사항(회수 관리(명령) 기관)

가) 부적합긴급통보된 해당 부적합 제품에 대하여 회수사유가 없을 때(출고가 되지 않거나, 전량 압류조치, 소비기한 경과 등)는 회수 관리(명령) 기관이 회수명령을 미실시 할 수 있음

※ 회수명령 미실시에는 관련 사실을 식품관리총괄과(단, 수입식품일 경우 수입유통안전과)에 유선 보고

나) '식품행정통합시스템'→'부적합긴급통보/회수폐기'→'부적합식품 긴급통보조회' 에서 해당 부적합 통보 건을 조회 후 '참고사항' 탭의 '지자체 비공개' 메모란에 회수 미실시 사유를 입력하고, 출장복명서 등 관련 공문을 반드시 파일로 첨부

2. 위해식품 등의 회수관리

가. 목적

○ 식품 위생상의 위해가 발생하거나 발생할 우려가 있는 경우 유통판매 차단과 영업자의 회수를 통하여 소비자 피해예방 및 확산 방지를 위함

나. 회수 구분 및 회수 대상

구분	의무회수	자율회수
내용	정부회수: 정부기관 수거·검사 및 지도·점검 결과에 따른 회수 (식품위생법 제72조제3항 및 식품표시광고법 제15조제3항)	의무회수에 속하지 않으나, 품질결함 등으로 인해 업체가 자발적으로 회수
	영업자회수 : 영업자 자가품질검사 및 위탁검사 결과에 따른 회수 (식품위생법 제45조제1항 및 식품표시광고법 제15조제1항)	
회수대상	○ 「식품위생법 시행규칙」제58조에 따른 별표 18 ○ 「식품 등의 표시·광고에 관한 법률 시행규칙」제15조 ○ 「위해식품등 회수지침」의 1등급~3등급에 포함되는 경우	

다. 회수절차

	절 차	관련기관	내 용
1	부적합 결과통보	시험·검사(지도·점검)기관 또는 영업자 → 관할기관	시험·검사 또는 지도·점검 결과 부적합 시 부적합식품 긴급통보
2	회수명령 및 위해식품 공표	관할기관 → 영업자	회수명령 및 식품위생법 제73조에 해당되는 경우 위해식품 공표 명령 실시
3	홈페이지 공개	관할기관 → 식약처 및 타 시·도	회수사실 홈페이지 공개 요청
4	회수계획서 제출	영업자 → 관할기관	거래처 유통재고량 등 확인하여 회수계획량 산출 및 회수계획서 제출
5	회수 모니터링※	관할기관 → 영업자	회수가 신속하고 적절하게 진행되고 있는지 회수 과정을 모니터링
6	회수결과 보고	영업자 → 관할기관	회수 완료 후 관할 기관에 결과 제출
7	회수결과 검증	관할기관 → 영업자	회수량 등 회수의 적절성 검증 및 회수 물품 압류
8	회수 제품 폐기	영업자 → 관할기관	회수 제품 폐기(매립, 소각 등) 후 최종 폐기 결과 제출
9	시정 및 예방조치	영업자 → 관할기관	부적합 원인 분석 및 재발방지대책 마련

※ 관할기관은 <붙임2> 공무원용 회수단계별 체크리스트를 이용하여 영업자 회수관리 철저

1) 부적합 결과(회수사유 적발) 통보

가) (지도·점검 기관) 현장 지도·점검 결과 회수대상 위반사항 확인 시, 부적합식품 긴급통보시스템을 통해 영업허가·등록·신고 기관에 긴급 통보

나) (시험·검사 기관) 부적합 판정과 동시에 지체없이 부적합식품 긴급통보 시스템을 통해 우선 통보 후 부적합 공문 시행

2) 회수명령 및 위해식품 공표

가) 회수 영업자에게 회수 당해 식품에 대해 회수할 것을 명하고, 「식품위생법」 제73조(위해식품등의 공표)의 요건에 해당되는 경우 위해식품 공표를 명함

※ 실제 위해가 발생한 경우에는 반드시 공표토록 명하여야 함

나) 우선 유선으로 신속히 영업자에게 회수명령하고, 부적합식품 긴급통보 시스템에 회수명령 등록 및 회수알림 공문 시행

※ 회수식품의 온라인 판매 차단을 위해 회수알림 공문 시행 시 수신처에 '(사)한국온라인쇼핑협회'(Fax 02-783-7645, 이메일 bsl@kolsa.or.kr)도 반드시 포함

○ 회수 명령은 관할 시·군·구 또는 지방청에서 실시

※ 무등록(신고) 영업자(무신고 제품)일 경우 소재지 관할기관에서 회수 명령 및 관리

○ 회수명령 시 <붙임1> '회수단계별 체크리스트(영업자용)'를 영업자에게 반드시 전달하여 체계적이고, 신속·정확하게 회수할 수 있도록 관리

※ 영업자가 온라인(인터넷)을 통해 제품을 판매한 경우, 회수계획서에 온라인 판매 제품의 회수 방법을 포함하여 회수계획을 수립하도록 지도·관리

※ 회수계획서 작성 시 **회수계획량을 정확히 산정**하도록 영업자에게 충분히 안내하고, 관련 **증빙 자료(생산일지, 거래내역서, 거래처의 판매량 및 유통재고량 관련 자료 등)에 대한 검토 철저** ※ 회수명령기관은 식품이력추적관리 제품이 회수대상이 될 경우, 식품안전정보원으로부터 제공받은 이력추적관리 등록정보(재고량 등) 적극 활용 ※ 회수계획서의 회수계획량에 **소비자 보유분 추정치**가 포함된 경우 별도로 **병기하도록 안내** * (예시) 회수계획량(kg) : 100kg(**소비자 보유 추정치 2kg 포함**)

3) 회수식품 정보 홈페이지 공개

○ 식약처 및 타 시·도(시·군·구)에 회수 정보(사실) 알림 및 홈페이지 게시 요청

※ 회수명령 기관으로부터 홈페이지 게시를 요청 받은 시·도(시·군·구)는 식약처 홈페이지를 참고하여 시·도(시·군·구) 홈페이지에 회수 정보 공개

○ 회수 정보는 '리콜 공통 가이드라인(공정거래위원회 '17.10.11. 제정)'에 따른 표준양식(내용)에 맞추어 공개

※ 회수 공개 시 별도의 정해진 양식은 없으나 아래 예시의 내용을 모두 포함하여 공개함

< 표준양식(내용) 예시>

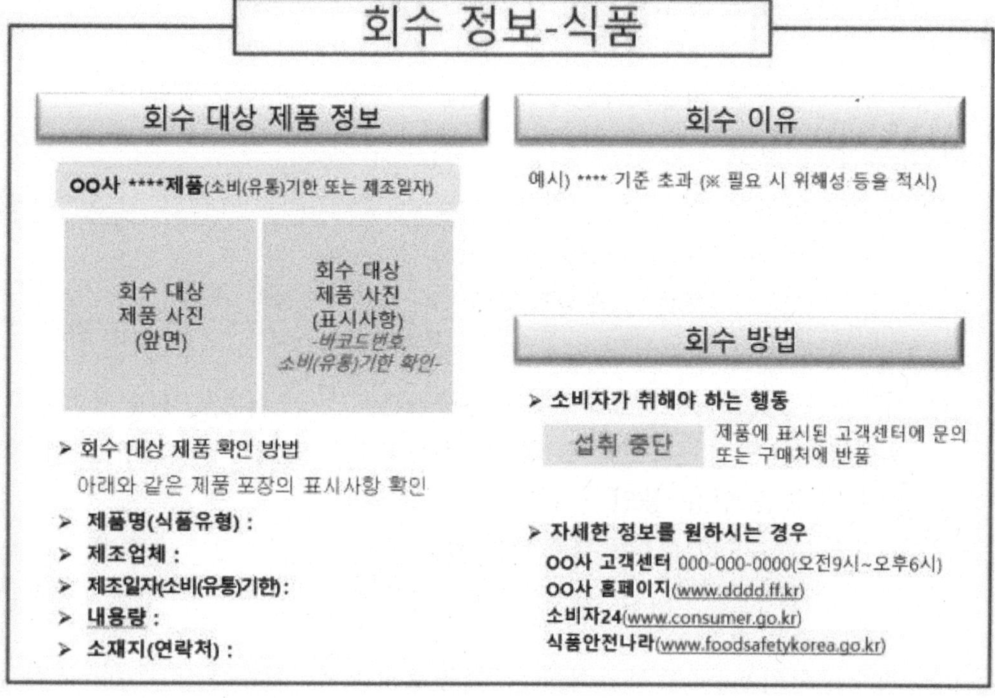

4) 회수계획서 제출

○ 회수명령을 받은 영업자는 '위해식품등 회수지침'에 따른 등급별 제출기한 내에 회수명령기관에 회수계획서를 제출

※ 회수계획서 서식 및 작성방법은 '위해식품등 회수지침' 참조(회수명령을 받은 후 1·2·3등급 3일 이내 제출)

○ 회수계획서를 받은 회수명령기관은 지체없이 부적합식품 긴급통보시스템 '회수대상 목록 조회'에서 해당 회수 건을 선택하여 '회수계획' 탭에 입력하고 회수계획서를 파일 첨부 후 '회수계획 승인'

※ 영업자의 회수계획이 미흡할 경우 수정·보완 지시

※ 영업자의 **회수계획량 산정**이 적절한지 반드시 검토 후 회수계획 승인 (영업자가 제출한 생산일지, 거래내역서, 거래처의 판매량 및 유통재고량 등 첨부서류 확인)

○ 회수계획서를 제출받은 회수명령기관은 시·도를 경유하여 식약처에 보고

○ 법 제45조(위해식품등의 회수)에 의한 영업자 회수의 경우, 「식품위생법 시행규칙」제59조제2항제3호에 따라 유통 중인 해당 회수 식품등에 대하여 반드시 해당 위반사실을 확인하기 위한 검사 실시

5) 회수 모니터링

○ 회수명령기관은 등급별 회수기간 내에 회수가 신속하고 정확하게 이루어질 수 있도록 영업자의 회수 진행 사항 전반에 대한 지속적인 모니터링 실시

※ 모니터링 결과 미흡한 부분에 대해서는 시정될 수 있도록 조치

6) 회수 결과 보고

○ 회수를 완료한 영업자는 '위해식품등 회수지침'에 따른 등급별 회수완료 기한 내에 회수명령기관에 회수완료 보고서를 제출

※ 「식품위생법 시행규칙」 제59조 및 위해식품등 회수지침 참조

7) 회수 결과 검증

○ 회수완료 보고서를 받은 후 회수명령기관은 '위해식품등 회수지침'에 따른 회수결과 검증 기한 내에 현장 및 서류 확인을 통해 회수 결과를 검증하고 회수 제품은 압류·봉인

※ 검증결과 회수가 미흡한 경우 추가 회수 지시

※ 회수완료보고서 확인시 회수계획서에 명시된 온라인(인터넷) 판매 제품에 대한 회수 결과 확인

- 회수명령기관은 부적합식품 긴급통보시스템 '회수대상 목록 조회'에서 해당 회수 건을 선택하여 '회수실적' 및 '회수결과' 탭에 회수결과 및 검증결과를 입력한 후 '회수검증완료' 처리

※ 회수완료보고서는 부적합식품 긴급통보시스템 '회수제품폐기' 탭에 파일 첨부

○ 회수 종료 후, 회수명령기관은 '위해식품등 회수지침' [별지 7호 서식] '회수효율성 평가 결과서'에 따라 회수효율성(신속성+정확성) 평가

- 회수효율성 평가 결과는 부적합식품 긴급통보시스템의 해당 회수 건을 선택하여 '회수결과' 탭의 '회수효율성평가표작성'에 입력 후 '회수결과승인' 처리

8) 회수 제품 폐기

○ 압류·봉인된 회수제품 및 창고 보관 제품을 폐기하고자 할 경우 회수영업자는 회수명령기관에 봉인 해제를 요청

○ 회수명령기관은 회수제품 등 압류·봉인 장소에 출장하여 봉인해제 후 폐기 현장에 입회하여 폐기 확인

※ 출장복명서에 폐기 사진 등 객관적 증거자료 첨부

- 폐기하지 않고 사료로 용도전환 하고자 할 경우 '사료관리법', '사료 등의 기준 및 규격' 등 관련 규정에 적합하여야 함

※ 사료 용도 전환 절차 등은 '회수·폐기 식품 사료 용도 전환 지침' 참고

○ 폐기 완료 후, 회수영업자는 증거자료(폐기 사진, 소각증명서 등)를 첨부하여 폐기 결과를 회수명령기관에 제출

○ 회수명령기관은 회수 제품 폐기 후 부적합식품 긴급통보시스템 '회수대상 목록 조회'에서 해당 회수 건을 선택하여 '회수제품폐기' 탭에 폐기결과를 입력하고 폐기확인 출장복명서를 파일 첨부한 후 '회수폐기완료' 처리

※ 식약처는 회수완료보고에 근거하여 최종 회수실적을 식품안전나라에 공개

9) 시정 및 예방조치

○ 회수 영업자는 회수 사유 발생 원인을 분석하여 동일한 회수 사유가 발생되지 않도록 재발방지 대책을 마련하여 회수결과 보고 시 함께 제출하고 회수 명령 기관에서는 재발방지 대책 이행 여부 최종 확인

10) 회수종료

○ 회수명령 기관은 회수 영업자의 회수완료 보고를 검증하고 시정 및 예방조치 결과를 확인하여 모든 회수절차가 완료되었다고 판단되면 회수 영업자 및 식품의약품안전처에 회수종료 공문을 발송하고 회수종료

11) 행정처분

○ 회수 영업자에 대한 행정처분 실시

※ 식품위생법 제72조제3항에 의한 회수는 식품위생법 시행령 제31조의 회수 영업자에 대한 행정처분 감면 규정에 해당되지 않음

라. 회수 등급별 식약처 회수정보 제공 매체

회수 등급	회수정보 제공 매체
1, 2 등급	○ 보도자료 배포(방송 · 일간지, 전문지, SNS 등 포함) ○ 식품안전나라 홈페이지 공개
3 등급	○ 식품안전나라 홈페이지 공개 ※ 취약계층(영·유아, 고령자 등)이 주로 소비하는 **특수영양식품*, 특수의료용도식품**은 보도자료 추가 배포** * 조제유류, 영아용·성장기용 조제식, 영·유아용 이유식, 임산·수유부용 식품, 고령자용 영양조제식품 ** 표준형·맞춤형 영양조제식품, 식단형 식사관리식품

※ 단, 판매단위 제품의 수입정보 식별이 불가하여 소비자가 회수제품에 대한 정보를 파악하기 어려운 경우 보도자료 배포 생략(예시: 낱개단위 판매 농수산물, 무신고 기구용기 등)

마. 회수 대상 식품 사후관리 강화

1) 사후관리 기관 : 회수명령 기관

※ 무등록(신고) 영업자(무신고 제품)일 경우 소재지 관할기관에서 회수 명령 및 관리

2) 사후관리 대상 : 회수 당해 식품

3) 사후관리 내용

○ 회수 당해 식품이 판매되는지 여부

※ 인터넷 쇼핑몰을 통해 판매되는 제품은 반드시 인터넷 무작위 검색 등을 통하여 모니터링 실시

○ 회수 이력 품목에 대한 수거·검사 강화

- 특히, 의약품 성분 불법 사용으로 적발된 사례가 있는 품목 수거·검사 강화

※ 인터넷 쇼핑몰에서 판매되는지 여부에 대해 모니터링 실시하여 판매되는 경우 인터넷 수거·검사 실시

4) 위반 사항 확인 시 조치사항

○ 신속한 폐기 조치 및 형사고발 병행

※ 영업자가 폐기를 이행하지 아니한 경우 관할 지자체에서 대신 폐기조치를 실시하고 영업자에게 폐기에 소요된 비용을 징수

※ 회수대상 제품에 대해 영업자가 회수계획을 보고하지 않거나, 회수를 이행하지 않을 시 형사 고발 병행

○ 타 기관의 협조가 필요한 경우 신속히 통보 및 협조 요청

5) 교육·홍보 강화

○ 실시기관 : 시·도(시·군·구)

○ 통신판매 영업자 등이 회수 당해 식품을 판매하지 않도록 동 식품안전관리지침(Ⅰ. 5. 7. 영업자 대상 교육·홍보 실시)에 따라 실시하는 부당한 표시·광고 관리를 위한 영업자 교육·홍보와 연계하여 실시

바. 행정사항

※ 모든 부적합통보 및 회수 관련 실적은 「식품행정통합시스템」으로 보고 관리

* 회수내역 입력(지방청, 시·도(시·군·구) 관할 기관)

* 부적합결과 입력(지방청, 보건환경연구원, 자가품질위탁 시험·검사기관, 적발기관)

1) 회수(판매금지) 식품은 위해식품판매차단시스템을 통해 판매차단 및 언론공개되므로, 각 관할 관청(지방식약청 및 지자체)은 신속하게 조치하고, 협조를 요청 받은 기관은 적극적으로 협조

2) 세부 회수절차 및 관리에 관한 사항은 「위해식품등 회수지침」에 따라 실시할 것

3) 신속한 회수 관리를 위하여 지방식약청 및 시·도(시·군·구)에서는 회수업무 전담반을 편성·운영

※ 회수 담당자 부재 시에도 부적합식품 긴급통보(부적합 공문) 확인 및 필요한

조치(위해식품 회수 등)가 간과되지 않고 신속히 관리될 수 있도록 업무 대행자 지정 등 명확한 회수관리 체계 구축·운영

4) 회수조치는 영업자에 대한 행정처분 조치와는 별도로 우선 실시

5) 회수명령부터 회수폐기완료까지 각 단계별로 '부적합식품 긴급통보시스템'에 조치 결과 등을 입력하여 관리

6) 회수 명령시 '회수단계별 체크리스트(영업자용)'를 영업자에게 전달하고, 회수계획서에서 **온라인(인터넷) 판매 여부 및 조치**에 대한 내용이 보고될 수 있도록 사전 안내

7) 회수계획서 작성 시 유통재고량을 정확히 산정하도록 영업자에게 충분히 안내하고, 검토 철저

8) 회수명령 기관은 영업자 회수계획 검토, 회수 진행상황 모니터링, 회수결과 검증 등을 통해 회수 대상 식품이 전량 회수될 수 있도록 철저히 관리

9) 위해식품을 성실히 회수하지 않은 업체에 대해서는 동 식품안전관리지침(Ⅱ. 3. 3. 나. 특별관리 업체 지정·관리)에 따라 특별관리업체로 지정하여 특별점검 등 실시

10) 관할기관은 영업자가 의무 회수 이외의 회수대상에 해당되지 않는 품질 결함 등의 사유로 자율 회수를 하고자 할 경우 다음 절차에 따라 관리 강화

○ 반드시 영업자 자율 회수 사유 검토

○ 영업자 자율 회수 시 사전에 회수계획을 보고하고 진행하도록 관리

○ 회수계획서 및 회수결과보고서 등은 반드시 '식품행정통합시스템'에 입력하여 회수계획부터 회수제품 폐기까지 일련의 과정을 회수 3등급에 준하여 관리

〈붙임 1〉

회수단계별 체크리스트 [영업자용]

<table>
<tr><td rowspan="2">업체현황</td><td>업체명</td><td></td><td>업 종</td><td></td></tr>
<tr><td>소재지</td><td></td><td>연락처</td><td></td></tr>
<tr><td rowspan="2">회수대상
제품현황</td><td>제품명</td><td></td><td>제조일자
(소비기한)</td><td></td></tr>
<tr><td>회수구분</td><td>의무( ), 자율( )</td><td>회수사유</td><td></td></tr>
</table>

<table>
<tr><th>회수 단계</th><th>회수단계별 점검 항목</th><th>점검결과</th></tr>
<tr><td rowspan="2">회수사실
통보
(1단계)</td><td>1-1. 회수사실 통보 및 판매중단 요청
- 회수사실을 안 시점부터 즉시 거래업체에 회수사실 통보 및 보관 물량에 대한 진열 · 판매 중단 등 요청
* 전화, SMS, 이메일 등을 활용하여 즉시 전파</td><td></td></tr>
<tr><td>1.2. 회수사실 공지
- 홈페이지 공개, 판매 매장 게시, 보도자료 배포 등을 통해 회수사실을 소비자 등에게 알림</td><td></td></tr>
<tr><td rowspan="3">유통재고량
파악
(2단계)</td><td>2-1. 생산량 또는 수입량 확인
- 증빙문서: 생산일지, 원료수불대장, 수입신고확인증, 수입신고필증 등
* 창고재고량 파악 포함</td><td></td></tr>
<tr><td>2-2. 영업자가 거래처별(1차→2차 등)로 납품한 내역 확인
- 증빙문서: 거래내역 기록 서류, 거래명세표 등</td><td></td></tr>
<tr><td>2-3. 거래처별(1차→2차 등) 판매내역 및 재고량 확인
- 증빙문서: 거래처 입출고 기록, 통화 내역(업소명, 연락처, 통화자, 재고량 등) 등</td><td></td></tr>
<tr><td rowspan="3">회수시행
(3단계)</td><td>3-1. 회수계획서 제출
- 증빙문서: 회수계획서 및 첨부서류(생산일지, 거래내역서 등)
* 보고기한 : 회수명령 후 (1·2·3등급) 3일 이내</td><td></td></tr>
<tr><td>3-2. 회수 모니터링 실시
- 거래업체가 신속하고 적절하게 회수(반품) 조치하고 있는지 수시로 모니터링하고 거래업체에 신속한 회수(반품) 독려</td><td></td></tr>
<tr><td>3-3. 회수완료보고서 제출
- 증빙문서: 회수완료보고서 및 첨부서류(거래처 반품 서류 등)
* 회수 종료 후 지체없이 회수완료 보고
** 회수(완료보고 포함) 기간 : 회수명령 후 (1등급) 10일, (2등급) 12일, (3등급) 17일 이내</td><td></td></tr>
<tr><td>사후조치
(4단계)</td><td>4-1. 재발방지대책 마련
- 부적합 원인 파악 및 재발방지를 위한 개선대책</td><td></td></tr>
<tr><td>영업자의견</td><td colspan="2"></td></tr>
<tr><td colspan="3">20 년 월 일

작성자(영업자) (직위) (성명) (서명)</td></tr>
</table>

〈붙임 2〉

회수단계별 체크리스트 [공무원용]

회수 단계	회수단계별 점검 항목	확인
회수인식 (1단계)	**1-1. 부적합긴급통보시스템 확인** - **(제품확인)** 해당제품의 품목제조보고와 일치 여부, 표시기준 준수 여부 등 확인	
	1-2. 부적합사실 통보 및 판매중단 요청 - **(통보)** 부적합 사실을 통보받은 즉시 해당 업체에 출고 여부 확인 및 판매 중단 요청, 영업자는 거래처에 판매중단 요청 및 유통재고량 확인(전화 등으로 즉시 전파) √ 소분제품의 경우 원료로 사용된 제품의 제조업소(수입업소) 관할기관에 해당정보 공유 - **(현장확인)** 생산량, 창고재고량, 판매량, 유통재고량(판매처 재고 등), 유통경로 등 확인 및 창고재고량 압류 √ 출고 전, 전량 압류조치 등으로 시중에 유통되지 않거나 소비기한이 경과하여 상품성이 없는 제품 등으로 회수명령 미실시 할 경우, 미실시 사유가 명시된 출장복명서 등 증빙자료를 부적합긴급통보시스템 '참고사항' 탭에 반드시 파일 첨부	
회수명령 (2단계)	**2-1. 회수명령 및 홈페이지 공개 요청** - **(회수 명령)** 영업자에게 우선 유선으로 신속히 회수명령하고, 공문 시행 √ '회수단계별 체크리스트(영업자용)'를 영업자에게 제공하여 체계적 회수관리 지도 - **(시스템 등록)** 부적합긴급통보시스템에 회수명령 등록(회수대상 지정 → 회수명령) √ 회수제품 사진, 포장단위, 바코드번호(없을 시 사업자등록번호) 입력(확인) 철저 - **(회수정보 공개)** 식약처·전국 지자체에 회수명령 알림 및 회수정보 홈페이지 게재 요청 √ 회수제품 온라인 판매 금지를 위해 '(사)한국온라인쇼핑협회)'도 수신자에 포함하여 공문 발송	
회수계획서 검토 (3단계)	**3-1. 회수계획서 검토** - **(회수계획 검토)** 회수계획서, 첨부서류(생산일지, 거래내역서 등) 등 검토하여 **회수계획 적정성 확인** √ 인터넷 판매사실 명시여부 확인, 미흡 사항이 있을 경우 수정(보완) 요구 - **(시스템 등록)** 회수 계획 내용 입력 후 **회수계획승인**(회수계획서 첨부)	
회수 모니터링 (4단계)	**4-1. 회수 이행 여부 모니터링** - 회수 이행 및 온라인 판매 상황 등 모니터링(해당 제품 판매 여부, 회수 알림 문구 게시 여부 등) √ 미흡한 경우 영업자에게 시정 요구 **4-2. 부적합 항목 확인검사 실시** - **자가품질검사 부적합** 회수의 경우, **해당 위반사실 확인**을 위한 **확인검사** 실시	
회수결과 검증 (5단계)	**5-1. 회수결과 적정성 검증** - **(서류검토)** 회수량, 미회수 사유 및 첨부서류 진위여부 확인 √ 검증결과 미흡한 사항이 있을 경우 추가 회수명령 등 미흡한 부분 보완명령 - **(현장확인)** 회수된 제품과 회수 제품 동일여부 확인 및 회수제품 압류·봉인 - **(시스템 등록)** 회수결과 및 **회수효율성평가** 결과 시스템 등록 - **(회수결과 보고)** 식약처 및 전국 지자체에 회수결과 보고(알림)	
폐기 및 개선조치 (6단계)	**6-1. 회수제품 폐기** - **(폐기 등)** 폐기(소각·매몰 등), 수출국·제3국 반송(수입식품), 식용외 용도(사료)전환 등의 방법으로 처리(폐기 시 현장 입회 및 영업자에게 최종 처리결과 제출받아 확인) √ 식용외 용도(사료)전환의 경우 식용외의 용도(사료)전환 신청서(첨부서류) 접수·검토 후 승인 - **(시스템 등록)** 폐기 내역(폐기결과, 폐기일자, 폐기량 등) 시스템 등록 √ '회수제품폐기' 탭에 회수완료보고서, 폐기결과 등 증빙자료 파일 첨부 **6-2. 시정 및 예방조치** - 부적합 원인 파악 등 재발방지를 위한 개선대책 및 이행결과 확인 - 필요시 다른 소비기한 제품 수거검사 등을 통해 개선조치 결과 검증	

6 부정·불량식품 등 특별 관리

〈식품관리총괄과〉

1. 부정·불량식품 특별단속

가. 목 적

부정·불량식품 및 위해식품의 제조·판매행위 등에 대한 기획단속으로 식품 위해 사고를 사전에 예방하고, 상습·고의적 위해식품 사범에 대해서는 수사 등 강력한 단속으로 위법행위 근절

나. 업무역할 체계

1) 중앙(지방식약청)
 - 식품위생 위해방지를 위한 기획·계통조사
 - 국내·외 위해정보에 대한 기획단속 및 수사
 - 언론보도 등을 통해 지속적·반복적으로 제기되는 식품안전 문제나 소비자 불만사례 및 안전·위생관리 개선이 필요한 분야
 - 소비자 기만행위(가짜 참기름 등) 위법행위에 대한 단속

2) 시·도(시·군·구)
 - 관내 무허가(무신고)식품 등 부정·불량식품에 대한 정보수집 및 단속
 - 상습·고의적 위해식품 사범에 대한 수사

다. 단속 방법

○ 위해사범 위주의 기획단속 및 계통조사 실시
 - 필요 시 식약처 및 지방청, 지자체 간 업무 공조체계 유지 및 합동단속 실시
 - 시·도는 전국적 규모의 기획단속이 필요하다고 판단되는 경우 식약처에 그 내용을 통보하여 합동단속 실시
 - 시·도는 위해사범 수사에 따른 유기적인 공조가 필요하다고 판단되는 경우 식약처 「위해사범중앙조사단」 및 지방식약청 「위해사범조사팀」(운영지원과)와 업무 공조체계 유지 및 합동단속 실시
 - 기타 식약처장, 자치단체장이 필요하다고 판단한 사항

라. 단속결과 조치

1) 단속결과 위반업체는 언론, 홈페이지 등에 공개하여 단속의 실효성 제고
2) 상습·고의 또는 위해식품 사범은 수사하여 사법 조치 및 행정처분 병행

마. 행정사항

1) 수집된 정보사항 중 다른 기관 관련사항은 신속한 단속을 위해 해당 기관에 즉시 이첩 또는 통보

2) 정기적 점검(설, 추석명절 등) 업체 점검 등은 지양하고, 위해분야 및 소비자 기만행위 위주의 정보조사를 통한 집중 점검 실시

2. 전국합동단속

가. 목 적

전국적인 식품 등의 제조·조리·유통·운반 등 동시 단속이 필요한 업종 및 품목에 대해서 유관기관이 합동으로 단속을 실시함으로써 기관별 정보공유 및 단속의 효율성을 극대화 하여 안전한 식품 공급기반 마련

나. 기본방향

1) 형식적 지도 · 점검을 탈피하고 위해분야 및 소비자 기만행위 항목 위주로 집중 점검

2) 시·도, 지방식약청 주관으로 유관기관 합동 교차 단속 실시

3) 부적합 이력이 높은 식품 또는 상습·고의적 위반업소 중점 단속

4) 언론을 통해 단속계획 사전 공지 및 단속결과 발표

다. 추진체계

1) 식약처 : 종합 기본계획 수립 및 운영 총괄

2) 지방식약청 : 시·도 합동단속 지원·참여

3) 시·도 : 세부 단속계획 수립·시행(관할 지역 운영 총괄)
 - 시·도 보건환경연구원 :수거 식품 등에 대한 정밀검사

4) 시·군·구 : 지도·단속활동 실시

※ 지방식약청에서 합동단속 주관하는 경우 시·도(시·군·구)는 합동단속 지원·참여 등 적극 지원

라. 행정사항

1) 점검 및 수거검사 결과 보고

태블릿PC(현장행정 식품위생)를 이용하여 시스템에 당일 입력

2) 「식품위생법」 위반사항 중 다음과 같이 인체의 건강을 해칠 수 있는 중대한 위반행위 또는 고의적, 상습적 식품 위반사범에 대하여는 형사처벌 병과 처분 조치

가) 무등록(무신고) 식품 제조·소분·판매 행위

나) 표백제 처리 및 기준규격이 고시되지 않은 화학적 합성품, 병원미생물 등 인체 유해물질 사용 및 제조행위, 집단 식중독이 발생한 경우

다) 제조일자 또는 소비(유통)기한 변조행위

라) 수입식품 등의 수입신고를 하지 않거나 고의적으로 허위 신고한 행위

마) 공업용, 사료용 등 비식용 원료를 사용하여 식품 등을 제조·판매한 경우

바) 질병치료에 효과가 있다는 내용의 허위·과대 표시·광고행위를 하거나 동일한 위반행위로 2회 이상 행정처분 후에도 반복하여 상습적으로 위반하는 경우

3. 소비자식품(건강기능식품)위생감시원 운영

가. 목 적

「식품위생법 시행령」 제18조에 따른 소비자식품위생감시원(이하 "소비자감시원"이라 한다)의 운영에 관한 세부사항을 규정함

나. 근거법령 등

1) 「식품위생법」 제33조 및 같은 법 시행령 제18조

2) 소비자식품위생감시원 운영 규정

※ 소비자건강기능식품위생감시원 「건강기능식품에 관한 법률」 제38조에서 「식품위생법」을 준용토록 하고 있음.

다. 운영방법

1) 공통사항

가) 소비자감시원의 활동범위는 당해 소비자감시원을 위촉한 각 기관의 관할구역 안으로 하는 것을 원칙으로 함. 다만, 법 제22조제2항에 따른 행정응원을 요청받거나 다른 시·도지사 및 시장·군수·구청장으로부터 합동단속의 지원요청을 받은 경우에는 관할구역 밖에서 활동하는 것을 허용할 수 있음

나) 기관의 장은 소비자감시원이 독자적으로 활동할 수 있는 식품접객업소 단독출입, 소비(유통)기한 경과제품 진열·판매, 냉장·냉동 보존기준 준수,

무신고 식품자동판매기, 허위·과대광고, 전통시장 및 소규모 식품판매점의 위생 지도·계몽, 방역활동 지원 등을 수행하도록 하여 소비자감시원을 효율적으로 활용하여야 함

※ 소비자감시원 운영 내실화를 위해 기초위생관리 분야에 적극 활용(식품관리총괄과-9434호(2014.11.28) 참조)

< 소비자식품위생감시원 활동분야 예시 >

✓ 기초 위생관리 계도 분야 : 음식점에서 사용하는 불판의 위생적 관리 계도, 음식점의 수족관에 대한 위생적 관리 계도, 음식점 남은 음식 재사용 여부 계도 등

✓ 규정 준수 지도·점검 : 음식점 옥외가격 표시제 준수 여부 점검, 접객업 영업신고 준수 점검, 유통 식품의 부당한 표시·광고 여부 확인 및 자료제공 등

✓ 식품안전관리 정책에 대한 홍보 : 식중독 예방 홍보, 주방문화 개선 홍보, 위해식품판매차단 시스템 설치 홍보, 식품판매 업체가 이물 발생 시 관할관청에 신고하도록 지도·홍보 등

✓ 방역활동 지원 : 종사자 마스크 착용, 손소독 사용 또는 손씻기, 거리두기 등 방역수칙 점검 등

다) 소비자감시원이 식품접객영업자에 대한 위생관리 상태의 계도를 위하여 식품접객영업자의 영업장소에 단독으로 출입하고자 하는 경우에는 관련 고시 [별지 제4호 서식]에 의한 식품접객업소 단독 출입신청서를 관할 시장·군수·구청장에게 제출하여 식품위생법 시행규칙 [별지 제24호 서식]에 의한 식품접객업소 단독 출입 승인서를 발급 받아야 함

라) 소비자감시원이 식품접객영업자의 영업장소에 단독으로 출입하는 때에는 승인서 및 신분을 표시하는 증표를 관계인에게 내보여야 하고, 계도표에 따라 계도를 실시한 후 지체 없이 그 결과를 시장·군수·구청장에게 제출하여야 함

마) 소비자감시원이 「식품위생법」 및 「건강기능식품에 관한 법률」 위반사항을 적발한 때에는 관련 증거(제품사진, 현품 등)와 위반제품 신고서를 작성 및 첨부하여 소비자감시원 위촉기관에 제출하여야 함

2) 합동단속 및 지도·계몽활동

가) 각 기관의 장은 소비자감시원의 효율적인 업무수행을 위하여 소비자단체 등의 의견을 수렴하여 매년도의 소비자감시원 활동계획을 수립하여 시행하고, 매 활동시 마다 활동일로부터 3일 전까지 소비자감시원에게 통보하여 가급적 많은 인원이 참여하도록 함

나) 식약처 주관 합동단속시에는 지방자치단체의 식품위생감시원과 소비자감시원이 합동으로 활동하도록 함

3) 활동수당 지급

가) 소비자감시원이 임무를 수행한 경우 활동수당을 1일 50,000원 범위 내에서 지급할 수 있다. 다만 1일 4시간 이상의 활동에 한하여 1인당 연간 100일 범위 안에서 지급하며, 각 기관의 장이 필요하다고 인정하는 경우 활동일수를 연장할 수 있음

나) 활동수당의 지급은 계좌입금을 원칙으로 함

다) 각 기관의 장이 실시하는 교육, 홍보 캠페인 활동 등을 수행하는 경우에도 위 상기의 기준에 따라 활동수당을 지급할 수 있음

라) 「식품위생법」 및 「건강기능식품에 관한 법률」위반 증거제품 구입비(이하 "증거제품비"라 한다)는 다음의 기준에 따라 지급함

(1) 증거제품비는 소비자감시원 1인당 월 10만원의 범위 안에서 지급하고, 동 증거 제품비는 위반사항이 적발된 업소를 관할하는 기관의 장이 지급함

(2) 증거제품비가 10만원을 초과하는 경우에는 관할 각 기관장의 승인을 얻은 경우 지출이 가능하며, 식품위생감시원과 합동단속시에는 예산의 범위 안에서 증거 제품비를 사용할 수 있음

(3) 소비자감시원이 증거 제품비를 청구하고자 하는 때에는 증거 제품비 청구서를 작성하여 위반내용신고서와 함께 각 기관의 장에게 제출함

마) 식약처가 확보한 소비자감시원 활동 예산은 필요한 경우 지방식약청 및 지방자치단체의 소비자감시원 활동을 위해 지원할 수 있음

바) 각 기관의 장은 기관별 소비자감시원 위촉 인원 수 및 연간 최대 활동일수 (100일)등을 감안하여 충분한 활동 예산을 확보하여야 함

4) 소비자감시원운영협의회 구성·운영

가) 각 기관의 장은 소비자감시원제도의 활성화를 위하여 소비자감시원운영협의회(이하 "협의회"라 한다)를 구성·운영함

나) 위원은 식품위생에 관한 학식과 경험이 풍부한 자, 소비자단체 임·직원, 소비자감시원 중 활동실적이 우수한 자 및 관계공무원으로 구성함

다) 협의회는 회장 1인을 포함한 5~10인 내외의 위원으로 구성하며, 회장은 협의회에서 호선

라) 위원회는 사무처리를 위하여 간사 1인을 두되 각 기관의 장이 소속 공무원 중에서 임명함

마) 위원회의 출석위원에게는 예산의 범위 안에서 수당과 여비를 지급할 수 있음. 다만, 공무원인 위원이 그 소관업무와 직접 관련하여 출석하는 경우에는 그러하지 아니함

바) 각 기관의 장은 지역별(시·도, 시·군·구)로 소비자감시원의 원활한 활동을 위하여 소비자감시원으로 구성된 지역별 소비자감시원운영팀(이하 "지역운영팀"이라 한다)을 둘 수 있음

○ 지역운영팀을 설치·운영하고자 하는 경우 소비자감시원 30명당 1개팀을 기준으로 설치할 수 있고, 팀장 1인과 총무1인을 두되 각 기관의 장이 지명함

○ 지역운영팀은 소비자감시원의 활동참여 독려, 연락체계 유지 및 소비자감시원 활동결과 취합 등 소비자감시원 운영에 관한사항을 지원함

라. 소비자감시원이 신고한 위반사항에 대한 조치 등

1) 소비자감시원으로 부터 위반사항을 신고 받은 각 기관의 장은 위반내용이 명백하다고 판단될 때에는 필요한 내용을 보완하여 조치한 후 그 결과를 신고한 소비자감시원 및 이첩기관에 즉시 회신하여야 함

2) 각 기관의 장은 소비자감시원 활동에 도움이 될 수 있는 식품관련 정보사항을 소비자감시원에게 제공하고, 소비자감시원은 소비자보호 활동이나 일상생활 중 알게 된 식품관련 정보사항을 수집하여 각 기관의 장에게 제보하는 등 협조체제를 긴밀히 유지하여야 함

마. 행정사항

1) 각 기관의 장은 본 지침에 따라 소비자감시원 자체 운영계획을 수립하여 시행

* 「식품위생법 시행령」제18조제4항에 따라 소비자감시원이 직무를 수행하기 전 식품위생법령 및 위해식품등 식별 등에 관한 교육을 하여야 하며, 부득이한 사정으로 교육에 참석하지 못할 경우, 대체교육을 진행하고 결과를 기록 및 관리하여야 함.

2) 소비자감시원 위 · 해촉 및 활동 실적은 식품행정통합시스템에 입력

* https://admin.foodsafetykorea.go.kr, 생산실적보고, 위생교육, 감시원>감시원관리

3) 소비자감시원은 각 기관의 관할지역 안에서 거주지등 연락처 변경시에는 즉시 소속기관에 통보하고, 위촉기관은 소비자감시원과 긴밀한 연락체계를 유지

4) 각 기관의 장은 활동이 우수한 소비자감시원에 대하여 연1회 이상 표창 및 포상을 실시

5) 각 기관의 장은 소비자감시원을 위촉할 때마다 타 기관과 중복되지 않도록 위촉여부를 확인

6) 다음의 경우에는 임기 후 재위촉하지 않을 수 있음

- 소비자감시원이 직무수행 전 교육(반기별 진행)을 이수하지 않은 경우
- 소비자감시원 및 그 가족이 식품위생관련업체의 영업자 또는 종사자가 된 때
- 식품위생교육 및 직무수행을 위한 위촉기관의 활동요청에 5회 이상 무단 불참한 때
- 고의적으로 직무수행을 하지 않아 활동실적이 저조한 때
- 질병, 부상, 고령 등으로 인하여 직무수행이 어려운 경우

7) 식품관련학과를 전공하는 대학(원)생을 방학기간에 주로 활용하는 경우에는 소비자감시원의 위·해촉 절차를 각 기관의 사정에 맞게 탄력적으로 적용하여 소비자감시원의 활동을 활성화함

8) 「건강기능식품에 관한 법률」 제38조에 따른 소비자건강기능식품위생감시원의 운영에 관한 사항은 이 지침을 준용

9) 관할 기관(또는 부서)에서는 활동 종료 후 [붙임 1] 양식의 '소비자(시니어)감시원 활동일지'를 작성 및 기록하고, 매반기 종료 후 [붙임 2] 양식에 따라 운영실적을 식약처(식품관리총괄과)에 제출

4. 시니어감시원 운영

가. 위촉대상 및 방법

1) 위촉방법 및 활동수당

○ 「소비자식품위생감시원 운영 규정(고시 제2016-108호)」에 따라 위촉 및 교육 실시하고, 활동수당 지급

※ 활동에 참여하신 소비자식품위생감시원에 대하여는 활동수당 지급

○ 운영 규정 제3조제2항에 따라 위촉 전 교육 실시(최소 4시간) 및 정기(반기별, 직무수행 전) 교육 실시

2) 위촉 대상자

○ 대한노인회(연합회, 지회, 분회, 경로당) 등 노인단체 및 노인복지관 관계자(직원), 또는 어르신 중 건강상태가 양호하며 심신이 건강한 분으로 식품안전관리에 관심이 많고 사명감을 갖고 일할 수 있는 희망자 등

※ 「소비자식품위생감시원 운영지침」 준용

3) 활동 범위

○ 관내 '떴다방' 등에서 건강식품을 판매하면서 허위·과대광고 하는 행위에 대한 정보를 수집하여 소속 관청에 제공(수시)

※ 경로당, 지회, 노인복지관(센터) 등으로 신고 된 '떴다방' 영업행위 등을 신속하게 소속 지방식약청 또는 시·도(시·군·구)에 신고하는 전달 책 역할

○ 관내 경로당, 노인복지관 등을 순회하면서 동료 어르신들에게 식품 허위·과대광고에 현혹되지 않도록 홍보·계몽 활동

○ 필요시 관청과 허위·과대광고 합동단속 수행

○ 기타 '소비자식품위생감시원'의 업무 수행

4) 행정사항

○ 관할 관청에서는 [붙임 1] 양식에 따라 '시니어감시원'의 활동일지 작성하도록 하는 등 활동 실적 관리

○ 관할 기관(또는 부서)에서는 활동 종료 후 [붙임 1] 양식의 '소비자(시니어)감시원 활동일지'를 작성 및 기록하고, 매반기 종료 후 [붙임 2] 양식에 따라 운영 실적을 식약처(식품관리총괄과)에 제출

〈 붙임 1 〉

소비자(시니어)감시원 활동일지

(기관명: ○○시)

<table>
<tr><td>활동일자</td><td colspan="3">년 월 일</td><td></td></tr>
<tr><td rowspan="3">활동자 인적사항</td><td>성 명</td><td></td><td>성 별</td><td>□남 □여</td></tr>
<tr><td>전 화</td><td></td><td>휴대폰</td><td></td></tr>
<tr><td>주 소</td><td colspan="3"></td></tr>
<tr><td>활동사항</td><td colspan="4">□지도·계몽(교육) □홍보(홍보물배포) □단속참여 □정보수집
□기타 활동(수거 등)</td></tr>
<tr><td>방문기관</td><td colspan="4"></td></tr>
<tr><td>세부
활동내역</td><td colspan="4"></td></tr>
<tr><td>조치사항</td><td colspan="4"></td></tr>
</table>

〈 붙임 2 〉

소비자(시니어)감시원 운영실적 보고(제출)

(기관명: ○○시)

□ 총괄

구분	위촉 인원	연활동 일수	활동 내역					활동비 지급액
			지도 계몽	홍보	정보 수집	단속 참여	기타 활동	
월계								
누계								

□ 개인별 활동내역

성명	위촉일자	활동 일수	활동 내역					활동비 지급액
			지도 계몽	홍보 (전단지 등)	정보 수집	단속 참여	기타 활동	

5. 식품위생관련단체 자율지도

가. 목 적

동업자단체에 위탁한 식품위생관리 지도업무를 자율적으로 수행하도록 지원함으로써 동 업무의 효율성 및 자율성을 기하고자 함.

나. 관련근거

「식품위생법」 제63조 및 같은 법 시행령 제50조

다. 적용단체 및 대상업체

「식품위생법」 제59조의 규정에 의한 동업자 조합 및 조합에 가입한 업체

※ 동업자조합 : 식품위생법 시행령 제21조 각 호(식품제조가공업, 즉석판매제조가공업 등 8개 업종 21개 영업) 분류별로 설립된 법인

라. 자율지도원의 자격 및 임명

1) 자율지도원의 자격

가) 「식품위생법 시행령」 제16조의 규정에 의한 식품위생감시원의 자격이 있는 자

나) 단체 또는 그 업종에 2년 이상 종사한 경력이 있는 자로서 식품위생감시원 교육과정과 동등한 교육을 받은 자등 동업자 조합의 정관에서 정한 자.
다만, 위의 자라도 공무원 임용상 결격 사유가 있는 자는 제외

2) 자율지도원의 임명

가) 자율지도원의 임명은 위의 자격을 가진 자 중에서 지역 및 대상 업체수를 감안하여 동업자단체의 장이 적정한 인원을 임명

나) 단체의 장이 자율지도원을 임명한 때에는 자율지도원증을 발급하고 자율지도원증 발급대장에 등재하여야 하며, 자율지도원의 관리를 위하여 자율지도원 관리카드를 작성하여 관리

3) 자율지도원의 해임

단속에 대한 정보누설, 금품수수, 조합가입 강요 등 자율지도원의 복무규정을 위반하였을 때 또한, 자율지도원으로서의 품위를 손상하였다고 인정될 때에는 즉시 당해 자율지도원을 해임조치하고 자율지도원증을 회수

4) 자율지도원의 업무범위(소속된 조합의 조합원에 대하여 수행)

가) 법 제36조의 규정에 의한 시설기준에 관한 지도

나) 영업자 및 종업원에 대한 위생교육, 건강진단, 기타 위생관리의 지도

다) 법 제44조의 규정에 의한 영업자 준수사항의 이행지도 및 법 제37조 제2항에 따른 조건부 허가에 있어서 조건 이행 지도

라) 기타 정관이 정하는 식품위생지도에 관한 사항

마. 자율지도원의 복무 및 교육

1) 자율지도원의 복무

가) 자율지도를 행함에 있어 부정한 행위 또는 권한을 남용하는 행위 금지

나) 직무와 관련하여 지도·단속 정보를 누설하거나 금품수수 등 부조리 금지

다) 자율지도원으로서의 품위를 손상하는 언행 금지

라) 직무와 관련하여 알게 된 조합업체 또는 영업자 등의 비밀사항 누설금지

2) 자율지도원 교육

가) 단체의 장은 자율지도원의 자질향상을 위하여 교육계획을 수립하여 매년 1회 이상 교육 실시. 이 경우 별도의 공공 식품위생기관 또는 단체에 위탁하거나 다른 자율지도단체와 통합하여 실시 가능

* 활동에 필요한 사항은 수시교육으로 실시

나) 교육내용은 관련법규, 업종 관련 전문교육 및 정부시책 등으로 하고, 교육시간은 연간 10시간 이상으로 하며, 교육실시 결과를 기록·비치

3) 단체의 자율지도 규정

가) 단체의 장은 자율지도를 실시하고자 할 경우 다음 각호의 내용을 포함하여 자율지도 규정을 정하여야 하고 식약처장에게 보고

○ 자율지도원의 권한 및 의무

○ 자율지도원의 정원, 자격기준 및 임명절차

○ 자율지도 대상업체

○ 자율지도시 지도·점검사항

○ 자율지도의 세부절차

○ 자율지도 결과의 처리방법

○ 기타 단체의 장이 필요하다고 인정하는 사항

바. 자율지도의 실시 및 실적보고

1) 자율지도 실시

가) 단체의 장은 자율지도지침에 따라 자체 자율지도계획을 수립하여 연간 2회이상 자율지도를 실시하고, 자율지도계획은 사업년도 시작 1개월 전에, 자율지도 실시결과는 매 반기 종료후 식약처장에게 보고

나) 자율지도원은 자율지도시 자율지도원증을 제시하고 지도·점검을 실시한 후 지도·점검 결과를 자율지도점검기록부에 기록하고 자율지도원과 영업자(또는 대리인)가 각각 확인·서명하여야 하며, 이를 당해 업체에 비치·보관

2) 자율지도 결과의 처리

가) 단체의 장은 자율지도 결과 관계법규를 위반한 사항이 있을 경우에는 다음과 같이 조치

○ 위반사항에 대하여 위반항목에 대한 시정 및 예방조치 기한을 정하여 자율지도 시정 지시서를 1회 교부하고, 개선사항이 시정되지 않은 경우 당해업체 허가관청에 통보

나) 단체의 장(지부장)으로부터 위반사항을 통보받은 당해 허가(신고)기관은 동 위반사항을 확인하고 필요한 조치를 취한 후 해당 단체의 장(지부장)에게 그 결과를 회신

다) 단체의 장은 자율지도실시업체 명단 및 결과를 해당업체 허가(신고) 기관에 통보

사. 행정사항

시·도, 시·군·구 및 지방식약청은 자율지도 단체의 원활한 자율지도 업무수행을 위하여 적극적으로 협조·지원

7 부정·불량식품 민원업무 처리

〈각 담당부서〉

1. 1399 부정·불량식품 통합 신고센터 설치·운영

가. 목적

부정·불량식품 통합신고센터(1399) 구축·운영을 통해 지자체별로 분산 운영되던 부정·불량식품 신고를 한 곳에서 집중 처리하여 민원만족도 제고 및 민원신고 사후관리 강화

※ '13.7.1부터 '1399 부정·불량식품 통합 신고센터'를 설치하여 각 시·도(시·군·구)에서 접수하던 부정·불량식품 신고 민원을 통합 운영(신고 접수·관리·처리 등)

※ 식품행정통합시스템 > 1399신고센터,광고모니터링 > 통합신고 관리 및 통합신고 현황 조회

나. 운영체계 및 방법

1) 1399 전화

○ 업무흐름

민원인 1399 전화 → 부정·불량식품 통합신고센터(식품안전정보원) 민원상담 → 민원사항 식품행정통합시스템 입력 → 관할기관(지방식약청, 지자체 등) 이첩 → 관할기관 조사·처리 → 민원인에 결과 환류

< 1399 부정·불량식품 신고센터 운영체계 >

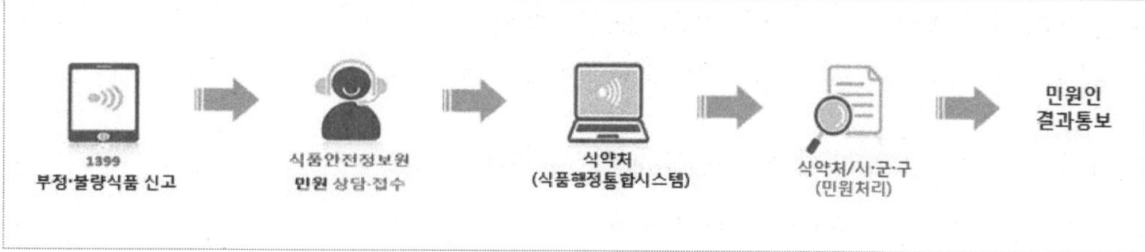

○ 운영방법

- 전문상담원(10명)이 식품안전정보원 통합신고센터에 상주하며 신고 접수

- 운영시간 : 평일 9:00~18:00(토요일, 공휴일, 야간은 콜백*서비스 제공)

※ 콜백 : 근무시간 이외 민원신고에 대해 다음 근무시간에 상담원이 연락하는 서비스

2) 인터넷 신고

○ '식품안전나라(www.foodsafetykorea.go.kr)' 또는 모바일앱 '내손안'을 통해 접수된 민원도 식품안전정보원에서 관할기관(지방식약청, 지자체 등)에 이첩(1399전화와 동일)

※ 인터넷 접수 건 중 '영업자 이물보고', '배달앱 이물통보'는 식약처 본부에서 관할기관에 이첩

3) 방문, 전화, Fax 등 신고

○ 관할기관에 민원인이 직접 방문하거나 전화, Fax 등으로 신고할 경우에도 반드시 '식품행정통합시스템'에 입력하여 민원 관리

※ 민원 접수 : 식품행정통합시스템 > 1399신고센터, 광고모니터링 > 통합신고관리 > 접수관리(이첩, 등록, 조회) > 민원신청접수

2. 신고처리 방법·절차

가. 민원내용에 따른 조사·처리기관

1) **소비·유통단계 조사 : 판매처 또는 소비자 거주지 관할기관**

가) 살아있는 벌레, 곰팡이(이물 신고)
나) 제품 변질 신고
다) 소비(유통)기한 경과 신고

※ 제조단계 조사 필요 시 관할 지자체 협조(유선 통화 협의 후 이첩)

2) **제조단계 조사 : 제조업체 소재지 관할기관**

가) 소비·유통단계 조사 건 이외 모든 민원

※ 소비·유통단계 조사 필요 시 관할 지자체 협조(유선 통화 협의 후 이첩)

3) 식품접객업소(조리식품) 이물혼입 원인조사

가) 쥐, 칼날, 못, 유리 : 지방식약청

나) 쥐, 칼날, 못, 유리 이외의 이물 : 지자체

4) 내부고발 중 중대 위반 사항 또는 무허가 영업, 소비(유통)기한 위·변조 등 중대 위반신고 민원은 식약처에서 수행하고, 그 밖의 신고사항은 관할기관에 이첩

나. 조사·처리기간

1) 민원신고 접수 후 **15일 이내 최종 조사결과를 민원인에게 통보**

※ 조사결과 통보 방식 : 민원인이 요청한 회신 방법(휴대전화 문자메시지, 서신, 식품안전나라 홈페이지)으로 신고사항에 대한 조사결과 통보. 서신 통보의 경우 공문 형식으로 통보

2) 조사·처리가 지연될 경우(추가조사, 수거·검사 필요 등) 반드시 **신고인에게 처리기간 연장 통보**

※ 중간 통보 방식 : 민원인이 요청한 회신방법(휴대전화 문자메시지, 서신, 식품안전나라 홈페이지)으로 조사 지연 사유 및 처리 예정일자 등 통보

3) 소비자 **중대 피해사고** 관련 신고는 처리기한에 관계없이 **접수받은 즉시 신속조치** (※필요 시 식약처(관련 부서)와 협의)

가) **어린이, 노약자** 등 소비자의 **생명·신체**에 피해가 발생한 신고

나) **심각한 알레르기** 등 피해 신고(**아나필락시스** 쇼크 등)

다) 처리기관에서 위해하거나 중대한 피해 사례로 판단되는 신고 등

※ **접수 받은 즉시 현장확인**을 실시하고 불가피한 경우를 제외하고 **7일 이내 신속 처리**

3. 조사기관 임무

가. 해당기관 : 식약처(지방청), 시·도(시·군·구)

나. 적용 대상 : 「식품위생법」, 「건강기능식품에 관한 법률」, 「축산물 위생관리법」, 「수입식품 안전관리 특별법」 및 「식품 등의 표시·광고에 관한 법률」을 적용받는 식품 등

다. 세부 역할

1) 식품의약품안전처(식품관리총괄과, 건강기능식품정책과, 수입유통안전과, 축산물안전정책과, 농수산물안전정책과, 사이버조사팀)

○ 식품, 건강기능식품, 축산물, 농임수산물, 수입식품으로 구분 관리

○ 통합관리자로 신고센터 통계관리 및 정보 분석 활용

○ 접수민원 처리, 중대 피해사고 민원 검토·조치 및 조사 요청 등

※ 1399 등 부정·불량식품신고센터 관리·운영

2) 지방식약청(식품안전관리과, 농축수산물안전과)

○ 타 기관(1399신고센터 등)으로부터 부서 이첩된 민원 처리

○ 민원인 방문, 전화 등을 통해 직접 신고받은 민원은 식품행정통합시스템에 등록 관리

3) 시·도(시·군·구)

○ 타 기관(1399신고센터 등)으로부터 부서 이첩된 민원 처리

○ 민원인 방문, 전화, 지자체 홈페이지 등을 통해 직접 신고받은 민원은 식품행정통합시스템에 등록 관리

※ (공통) 신고 민원은 반드시 종결처리 기관에서 민원인에게 결과 회신

라. 운영 관리

1) 신고센터 전담관리 직원 지정·운영

가) 담당자를 2명 이상 지정하여 담당 부재 시 신고관리 철저

나) 담당자는 신고센터를 매일 수시관리 실시

※ 타 기관의 조사 요청은 별도 공문 시행이 없음에 따라 매일 수시관리 필수

2) 민원 정보보호 철저(※중요사항)

○ 「민원처리에 관한 법률」 제7조(정보보호) 및 「개인정보 보호법」 제19조(개인정보를 제공받은 자의 이용·제공 제한) 규정 준수

- 민원사항의 내용과 민원인의 신상정보 등이 누설되어 민원인의 권익이 침해되지 않도록 정보관리 철저

3) ID 및 비밀번호 관리 철저

가) 인사이동 및 업무 변경 등에 따른 담당자 변경 시

○ ID, 비밀번호 및 신고센터 사용 방법 등 인수·인계 철저

○ 회원정보에서 담당자, 핸드폰번호(문자전송), 메일주소 등 반드시 수정 관리

※ 부서이첩 시 문자전송 기능이 있으므로 반드시 담당자 지정·핸드폰번호 입력

<문자전송 내용 : 1399 신고센터로부터 oo번이 접수·배정되었습니다. 확인·조치바랍니다>

○ 담당자 교체시에는 식품행정통합시스템(1899-5590)에 알려 연락처 즉시 수정

나) 민원 내용이 노출되지 않도록 비밀번호 수시 변경(관리대장 비치 등) 관리

< 부정·불량식품 등록 관리 >

1. 신고방법 : 전화, 온라인, 일반우편(서면), FAX, 방문 등

2. 지방식약청 및 시·도(시·군·구)에서는 부정·불량식품 등록·관리 담당자를 지정·운영

   1) **주간** : 식품위생담당부서에서 담당자를 지정하여 신고를 받도록 하고, 신고 접수 받은 즉시 신고내용을 '신고센터' 내에 **신고접수** 메뉴에 직접 입력 관리

   2) **야간** : 당직실로 전화접속이 가능토록 조치하고, 식품위생부서 직원이 당직인 경우 신고 접수 받은 내용을 직접 신고센터에 등록 관리하고, 당직자가 타 부서 직원인 경우 신고 접수 및 처리절차를 충분히 숙지토록 교육하여 접수 받도록 함. 이 경우 당일 또는 익일 내에 식품위생부서에서는 동 내용을 신고센터에 등록 관리하고, 근무시간 내에 처리하는 것을 원칙으로 하되 불가피한 경우에는 기한(15일이내) 내에 반드시 처리

3. 부정·불량신고 민원은 반드시 최초 접수받은 기관에서 접수·처리(이첩)토록하고 관할기관이 아니라는 사유로 접수를 거부하지 말 것

4) 행정사항 및 처리절차

가) 접수 민원은 15일 이내 신속 조사·처리

○ 신고센터 접수 또는 타기관 이첩 민원이 처리 지연 또는 누락 등으로 2차 민원이 발생하지 않도록 신속히 조사 후 종결 처리

※ 민원 이첩(배정) 정보는 신고센터에 등록된 관할기관 담당자에게 문자 전송

나) 조사 완료 후 식품행정통합시스템에서 종결 처리

○ '1399신고센터'에 등록된 해당 신고 건 선택하여 '진행상태관리' 탭의 진행사항을 '조사종결'로 선택 후 민원 답변 내용 입력하여 종결

※ 진행사항을 '조사종결'로 선택하지 않고 입력 시 해당 민원은 '미종결' 상태로 남음

※ 민원인이 진행사항통보방식(회신방법)을 '휴대전화 문자'로 선택한 경우, 진행사항에 입력되는 내용은 민원인에게 자동으로 문자 전송

다) 민원인에게 조사결과 통보

○ 민원인이 신고 접수 시 선택한 회신방법(휴대전화 문자메시지, 서신, 식품안전나라 홈페이지)으로 조사결과 통보

※ 회신방법이 '휴대전화 문자'나 '홈페이지'인 경우에는 시스템에 입력 시 자동으로 통보

※ 회신방법이 '서신'인 경우에는 공문 형식으로 민원인에게 우편 통보

라) 접수 민원 중 처리 기한이 장기간 경과한 민원

○ 민원처리 기한이 장기간 경과되어 현재 처리가 불가능한 경우에는 그 사유를 기재하여 민원인에게 통보 후 종결 처리

※ 민원 답변 내용을 입력하였더라도 '진행상태관리' 탭을 '조사종결'로 선택하지 않으면 '미종결' 상태로 남으니 주의

< 민원인 통보 내용(예시) >

1. 귀하가 00.00.00에 1399로 신고하신 민원에 대한 답변이 장기간 지연된 점 사과드립니다.
2. 사례별 답변 예시
- (위생점검 요청 사례) 이번 건은 OO 소재 OOO음식점/카페/마트/공장에 대한 위생점검 요청이었으나 영업자/업소명/소재지/업종 변경, 폐문/폐업으로 처리가 어려워 조사종결 하오니 양해하여 주시기 바랍니다.
- (소비기한·표시기한 사례) 이번 건은 OO 소재 OOO음식점/카페/마트에서 무표시 제품/소비기한(유통기한) 경과 제품을 사용/판매한다는 내용 이었으나 증거물(포장지)가 확보되지 않아 조사종결 하오니 양해하여 주시기 바랍니다.
- (국내식품 이물 사례) 이번 건은 원인조사에 필요한 이물 미도착/분실/변질/훼손 등으로 처리가 어려워 조사종결 하오니 양해하여 주시기 바랍니다.
- (수입식품 이물 사례) 이번 건은 해외제조업소에 대한 이물조사가 불가능하여(수입업소를 통해 해외 제조업소에 원인조사를 요청하였으나 해외 제조업소의 회신 거부/수입 중단/계약 해지/영업소 폐쇄 등으로 인한 미회신) 처리가 어려워 조사종결 하오니 양해하여 주시기 바랍니다.
- (과대광고 사례) 이번 건은 민원인의 어머니가 방문한 다단계업소의 과대광고 단속 요청이나 광고물 미도착/업소폐문/업소이전 등으로 처리가 어려워 조사종결 하오니 양해하여 주시기 바랍니다 등 민원인이 납득할 수 있는 사유 기재

부정 · 불량식품 신고 처리 흐름도

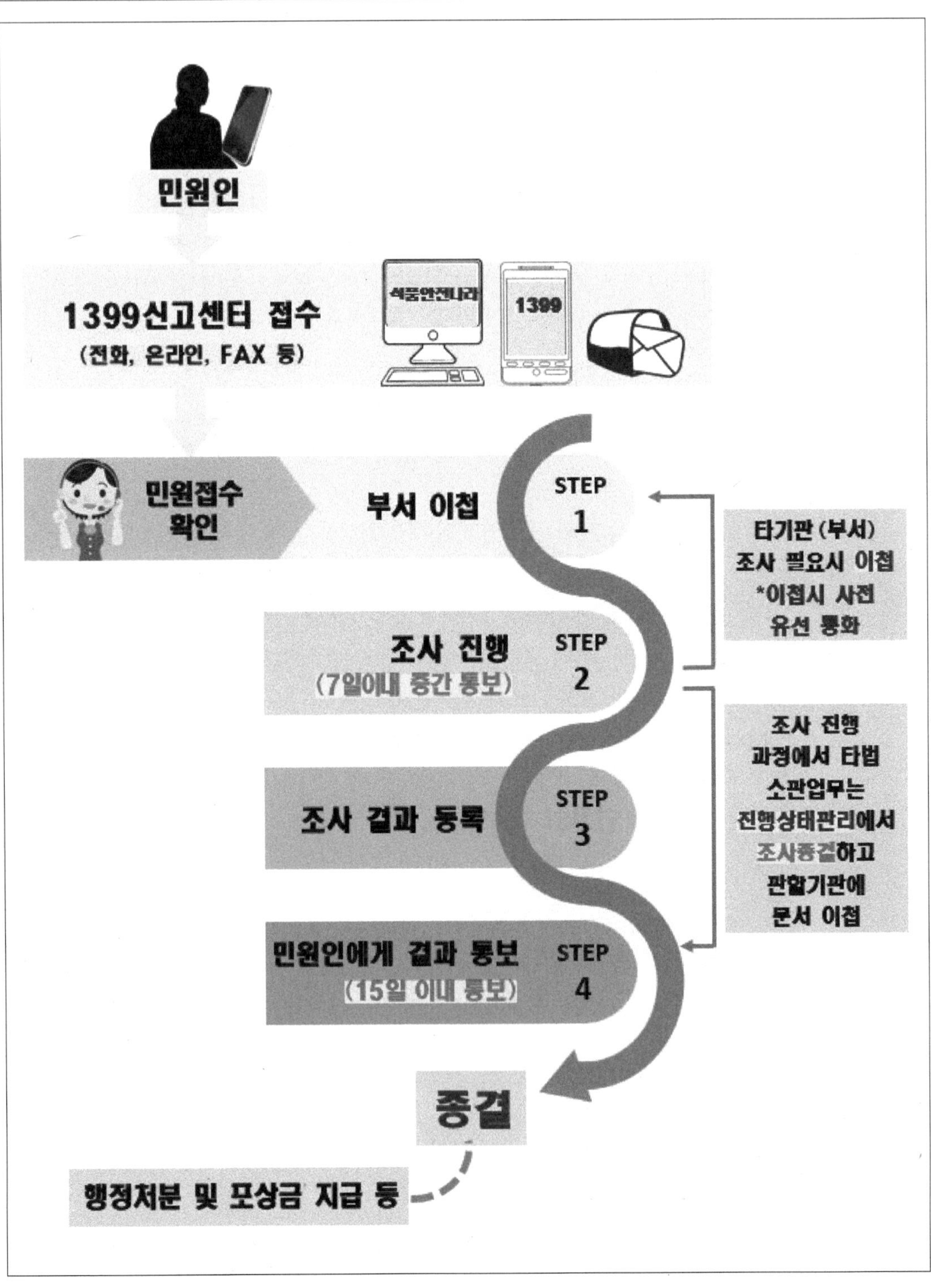

4. 신고포상금 지급 처리

가. 관련규정

1) 「부정·불량 식품 및 건강기능식품 등의 신고포상금 지급에 관한 규정(고시)」

2) 「수입식품 신고포상금 지급에 관한 규정(고시)」

나. 신고포상금 지급방법

1) 지급기관: 위반행위에 대해 행정처분 기관이 당해연도 예산 범위 내에서 지급을 원칙으로 함

2) 지급시기: 조사결과 신고 된 사항이 위반행위로 확인되어 고발 또는 행정처분 등이 시행된 후에 지급함을 원칙으로 하되, 위반행위가 명백한 경우에는 고발 또는 행정처분 등이 시행되기 전에도 지급할 수 있음.

※ 예시 : 위반사항 확인서 징구 후 부서장 보고 및 수기 결재가 완료된 경우 등

○ 지급방법 신고 내용이 포상금 지급대상에 해당하는 경우에는 민원인에게 결과 통지시 조사 결과와 함께 포상금 지급 대상 해당 사실과 신청방법을 안내

3) 지급금액: 「부정불량 식품 및 건강기능식품 등의 신고포상금 지급에 관한 규정」 및 「수입식품 신고포상금 지급에 관한 규정」 [별표1]에 따라 지급

○ 연간 포상금 지급금액

- 1인당 연간 식품과 건강기능식품별 각 100만원(초과불가)

※ 지방청당 각 50만원을, 시·도당 각 100만원을 초과할 수 없으며, 신고내용이 [별표 1] 제1호 및 [별표 2] 제3호 가목에 해당하는 경우 초과 지급이 가능(부정·불량식품 및 건강기능식품 등의 신고포상금 지급에 관한 규정 참조)

- 수입식품: 지방식품의약품안전청 당 각 50만원(초과불가)

4) 지급실적 입력

○ 조사기관과 행정처분 기관이 동일한 경우: 조사기관이 직접 신고센터에 행정처분 및 포상금 지급내역 등록

○ 조사기관과 행정처분 기관이 상이한 경우: 행정처분 기관에서 통합망에 입력

○ 행정처분 기관은 신고센터의 해당 민원에 대하여 '행정처분 및 신고포상금 지급관리' 메뉴를 선택하여 행정처분 내용 및 포상금 지급 내역 등록

다. 신고포상금 처리(포상금 지급업무 매뉴얼 참고)

1) 업무처리 절차

①민원접수 및 처리→ ②결과통보 및 처분(행정처분 또는 고발을 포함)→ ③지급가능여부 검토→ ④절차안내 및 검토→ ⑤지급 및 입력부정·불량식품 및 건강기능식품, 수입식품 등의 신고포상금 지급 후, 식품행정통합시스템에 지급내역 입력 및 조회(별도 공문 조회 불필요)

※ http://admin.foodsafetykorea.go.kr, 1399신고센터>포상금 관리>신고포상금 지급 관리

2) 지급실적 관리 및 제출

○ (지급실적 입력) 신고포상금을 지급하고 식품행정통합시스템(통합망)에 입력

○ (식품, 건강기능식품) 시·도 또는 지방식약청은 「식품위생법」 및 「건강기능식품에 관한 법률」에 의한 신고 처리현황을 「부정 · 불량식품 및 건강기능식품 등의 신고포상금 지급에 관한 규정(식품의약품안전처 고시)」[별지 제1호서식], [별지 제2호 서식] (엑셀)에 따라 반기 종료 후 15일이내 식약처(식품관리 총괄과, 건강기능 식품정책과)로 제출

※ 시장, 군수 및 구청장이 포상금을 지급하는 때에는 그 내역을 시·도지사에게 보고하여야 한다.

○ (수입식품) 지방식약청은 「수입식품안전관리 특별법」에 의한 신고 처리현황을 「수입식품 신고포상금 지급에 관한 규정(제2023-51호)[별지 제1호서식], [별지 제2호서식]에 따라 반기 종료 후 15일이내 식약처(수입유통안전과)로 제출

라. 주의사항

1) 개인정보 보호 준수 철저: 부정·불량식품 신고 관계 행정기관 등은 **직무상 취득한 신고자의 개인정보 비밀을 유지하여야 함**

2) 신고자의 지급가능 여부 조회 및 확인 필수

○ (지급대상 조회) 지자체, 소비자단체 등을 대상으로 지급 제외대상 여부 조회

※ 소비자단체 임·직원, 소비자식품위생감시원, 관련 공무원 등 제외

○ (지급상한액 검토) 연간 포상금 지급금액 상한액 초과 여부 등 **통합망 조회 필수**

마. 식품행정통합시스템(통합망) 신고포상금 조회·입력

○ 신고포상금 지급자 조회 방법

- 식품행정통합시스템(https://admin.foodsafetykorea.go.kr) 접속→ 1399신고센터, 광고모니터링→ 포상금관리→ 신고포상금 지급 관리→ 지급대상자명 검색

○ 신고포상금 지급자 입력 방법

- 식품행정통합시스템(https://admin.foodsafetykorea.go.kr) 접속→ 1399신고센터, 광고모니터링→ 포상금관리→ 신고포상금 지급 관리→ 신규등록

○ 신고포상금 지급자 조회 및 입력 매뉴얼(시스템 화면)

1. 식품행정통합시스템 > 1399신고센터, 광고모니터링

❖ 신고포상금 지급 **실적**은 '식품행정통합시스템' 에 **반드시 입력**

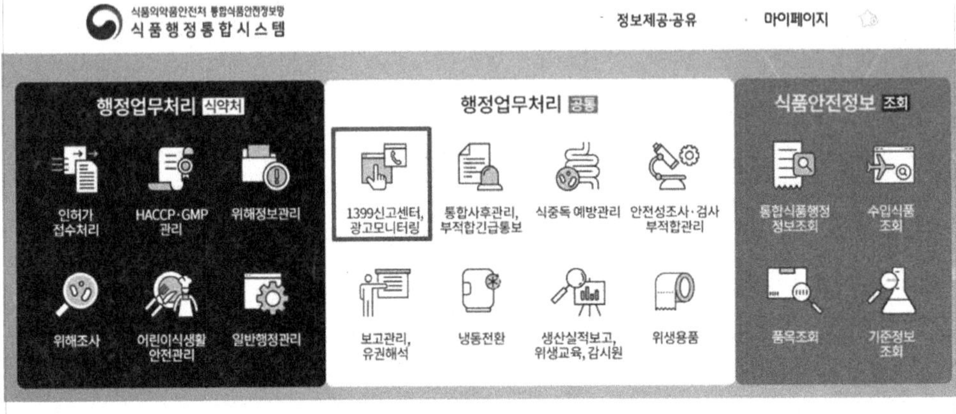

2. 지급대상자 조회(포상금 관리 > 신고포상금 지급 관리)

❖ 지급대상자를 조회하여 **1인당 연간 포상금 지급금액**이 **초과 지급**되지 않도록 **반드시 확인**

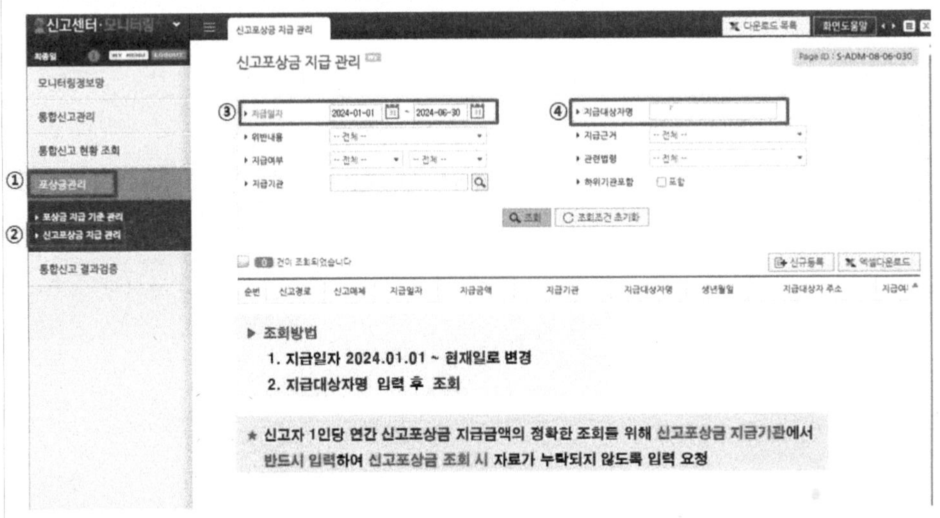

3. 포상금 지급등록(포상금 관리 > 신고포상금 지급 관리)

❖ 신규 등록

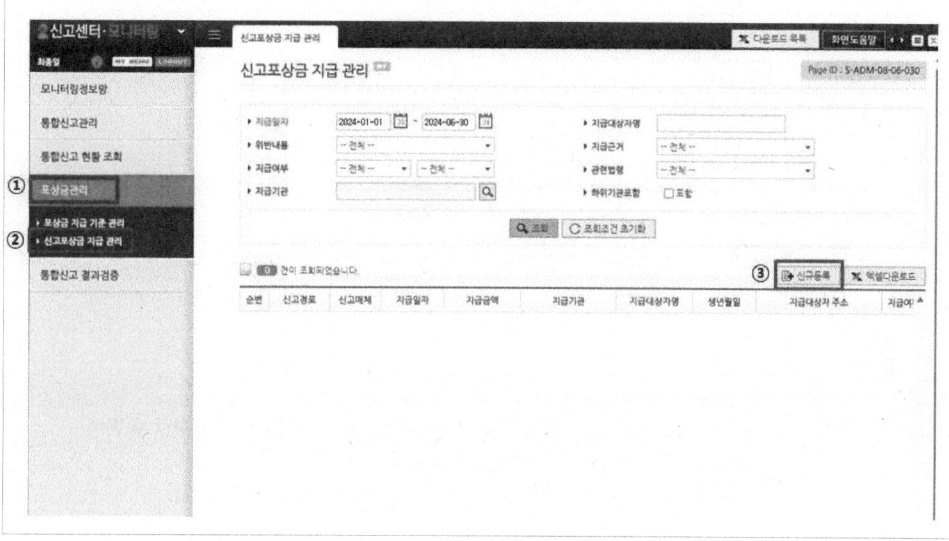

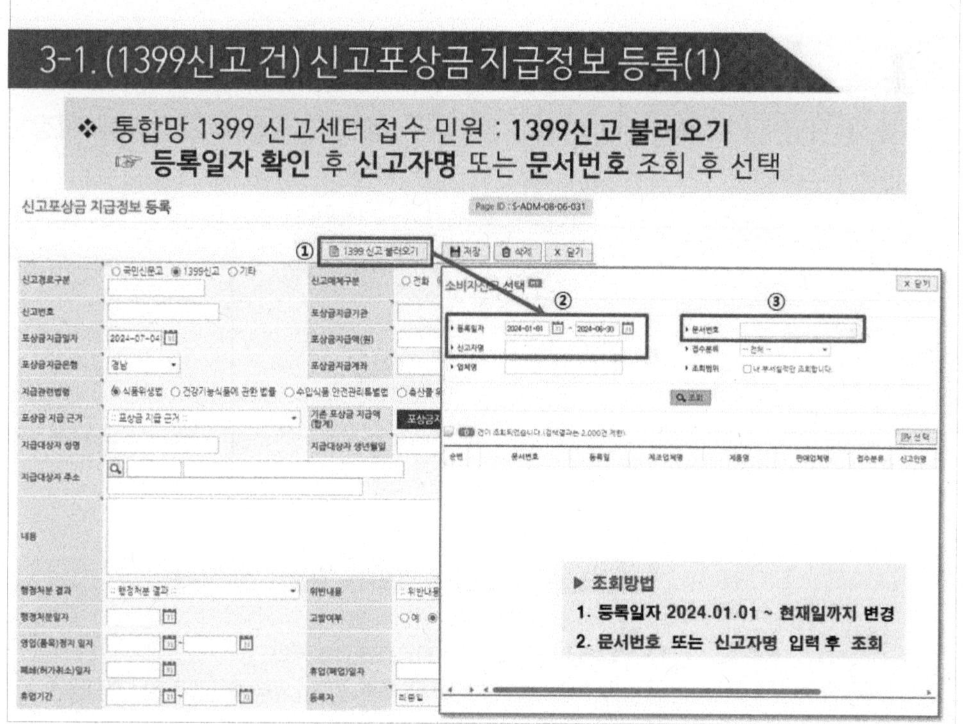

3-1. (1399신고 건) 신고포상금 지급정보 등록(2)

❖ **미입력**된 항목(①, ②) 입력 후 **저장**

신고포상금 지급정보 등록 Page ID : S-ADM-08-06-031

③ 1399 신고 불러오기 | 저장 | 삭제 | X 닫기

신고경로구분	○국민신문고 ◉1399신고 ○기타 식품안전나라	신고매체구분	○전화 ◉인터넷 ○우편 ○방문 ○팩스
신고번호	A12024-0000203919	포상금지급기관	
포상금지급일자	2024-07-04	포상금지급액(원)	
① 포상금지급은행	경남	포상금지급계좌	
지급관련법령	◉식품위생법 ○건강기능식품에 관한 법률 ○수입식품 안전관리특별법 ○축산물 위생관리법		
포상금 지급 근거	:: 포상금 지급 근거 ::	기존 포상금 지급액(합계)	포상금지급내역조회
지급대상자 성명	최OO	지급대상자 생년월일	
지급대상자 주소	28159 충청북도 청주시 흥덕구 오송생명2로 187 (오송읍) 식약처		
② 내용			
행정처분 결과	:: 행정처분 ::		
행정처분일자			
영업(등록)정지 일자			
폐쇄(허가취소)일자			
휴업기간			

▶ **입력 시 유의 사항**

1. 포상금 지급일자에 등록하는 날짜가 자동 입력되기 때문에 확인 후 입력

2. 포상금 지급 은행, 지급관련 법령 확인

3. 지급대상자의 생년월일 입력 확인(필수-지급여부 확인 필요)

3-2. (1399외 신고 건) 신고포상금 지급정보 등록(1)

❖ 통합망 1399 신고센터 **이외** 접수 민원 : 항목 전체를 **수기입력 후 저장**

신고포상금 지급정보 등록 Page ID : S-ADM-08-06-031

1399 신고 불러오기 | 저장 | 삭제 | X 닫기

신고경로구분	○국민신문고 ◉1399신고 ○기타	신고매체구분	○전화 ◉인터넷 ○우편 ○방문 ○팩스
신고번호		포상금지급기관	
포상금지급일자	2024-07-04	포상금지급액(원)	
포상금지급은행	경남	포상금지급계좌	
지급관련법령	◉식품위생법 ○건강기능식품에 관한 법률 ○수입식품 안전관리특별법 ○축산물 위생관리법		
포상금 지급 근거	:: 포상금 지급 근거 ::	기존 포상금 지급액(합계)	포상금지급내역조회
지급대상자 성명		지급대상자 생년월일	
지급대상자 주소			
내용			
행정처분 결과	:: 행정처분 결과 ::		
행정처분일자			
영업(등록)정지 일자	~		
폐쇄(허가취소)일자			
휴업기간	~		

▶ **입력 시 유의사항**

1. 포상금 지급일자에 등록하는 날짜가 자동 입력되므로 지급일자 반드시 확인 후 입력

2. 포상금 지급 은행, 지급관련 법령 확인

3. 지급대상자 생년월일이 입력 안되어 있는 경우가 있으니 확인(필수)

4. (수정) 등록된 신고포상금 지급정보 수정(1)

❖ 신고포상금 지급정보 등록 후 **행정처분 결과가 변경될 경우**
우선 '통합신고관리>접수관리(이첩,등록,조회)'에서 행정처분 **결과 수정**

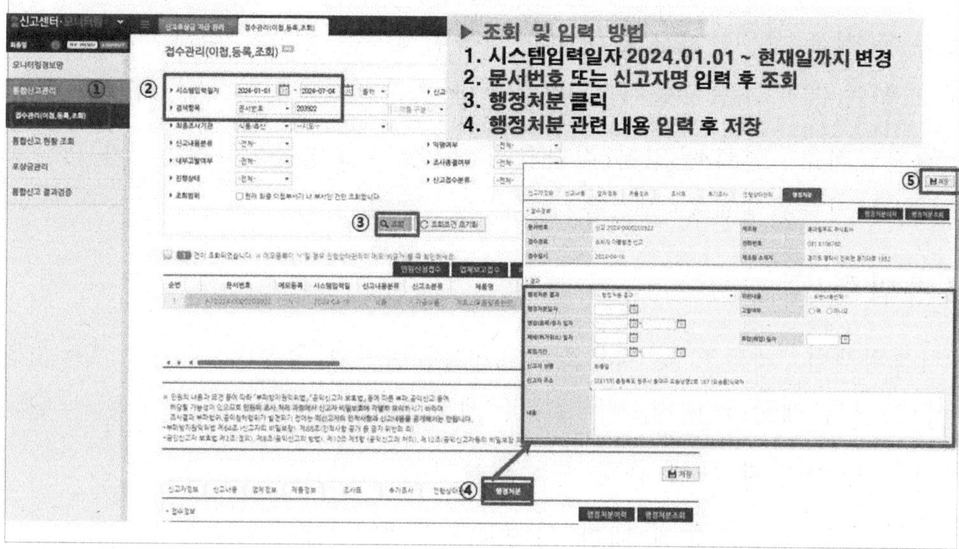

4. (수정) 등록된 신고포상금 지급정보 수정(2)

❖ '신고포상금 지급관리'에서 기등록된 신고포상금 선택 후
'지급정보 등록'에서 **다시 1399 신고 불러오기 후 변경내용 확인하고 저장**

신고포상금 지급정보 등록

Page ID : S-ADM-08-06-031

① 1399 신고 불러오기 | 저장 | 삭제 | 닫기

소비자신고 선택

② 등록일자 2024-01-01 ~ 2024-06-30 / 신고자명

③ 문서번호 / 접수분류 / 조회범위

8 영업자 식품위생교육제도 운영

〈식품안전인증과〉

1. 목적

식중독 등 각종 식품안전사고 예방과 식품위생수준 향상을 위하여 영업자(영업을 하려고 하는 자) 및 유흥종사자, 공유주방 위생관리책임자에게 위생교육을 실시

※ 집단급식소 설치·운영자(집단급식소 설치·운영을 하려는 자)의 경우도 영업자 식품위생교육 규정을 준용

2. 근거법령 등

1) 「식품위생법」 제41조 및 제41조의 2, 「식품위생법 시행령」 제27조, 「식품위생법 시행규칙」 제51조 내지 제54조 및 제55조의3

2) 「식품 등 영업자 등에 대한 위생교육기관 지정」(식약처 고시)

3) 「식품관련 영업자 등에 대한 위생교육규정」(식약처 예규)

4) 「식품위생교육전문기관 지정기준 지침」(식약처 지침)

3. 교육의 종류 및 방법

1) 신규교육

가. 「식품위생법」에 따른 영업을 하려는 자(이하 "신규 영업자"라고 한다)는 미리 식품위생교육을 받아야 함(업종별로 4~8시간)

- 다만, 영업준비상 사전교육을 받기가 곤란하다고 허가관청, 신고관청 또는 등록관청이 인정하는 자에 대해서는 영업허가를 받거나 영업신고 또는 영업등록을 한 후 6개월 이내에 허가관청, 신고관청 또는 등록관청이 정하는 바에 따라 식품위생교육을 받게 할 수 있음

* 「식품위생법 시행규칙」제54조제2항(개정·시행 '23.5.19.)

나. 신규 영업자에 대한 위생교육의 실효성 확보 등을 위해 '21년부터 집합교육 실시 의무화('19.12.3. 「식품위생법」제41조제6항 개정)

- 단, 식품위생교육을 받기 어려운 도서·벽지 등의 영업자 및 종업원에 대해서는 총리령으로 정하는 바에 따라 식품위생교육을 실시

< 법령 개정 내용 >

○ 【「식품위생법」제41조제7항(개정 '20.12.29., 시행 '21.1.1】 식품의약품안전처장이 「감염병의 예방 및 관리에 관한 법률」 제2조에 따른 감염병이 유행하여 국민건강을 해칠 우려가 있다고 인정하는 경우 등 불가피한 사유가 있는 경우 총리령으로 정하는 바에 따라 식품위생교육을 실시할 수 있음

○ 【「식품위생법 시행규칙」제54조(개정 '20.12.31., 시행 '21.1.1.】 교육 대상자 중 허가관청, 신고관청 또는 등록관청에서 교육에 참석하기 어렵다고 인정하는 도서·벽지 등의 신규 영업자는 정보통신매체를 이용한 원격교육으로 교육할 수 있음

2) 정기교육

가. 「식품위생법」에 따른 영업자* 및 유흥종사자를 둘 수 있는 식품접객업 영업자의 종업원, 공유주방 위생관리책임자는 매년 1회 식품위생교육을 받아야 함(영업자 및 공유주방 위생관리책임자는 3시간, 유흥종사자는 2시간)

* 식품자동판매기영업 및 식용얼음판매업 제외

나. 집합교육 또는 정보통신매체를 이용한 원격교육(온라인교육)으로 실시

- 단, 교육 대상자 중 허가관청, 신고관청 또는 등록관청에서 교육에 참석하기 어렵다고 인정하는 도서·벽지 등의 영업자 및 종업원은 교육교재를 배부하여 이를 익히고 활용하도록 함으로써 교육을 갈음할 수 있음

4. 교육 갈음

가. 「식품위생법 시행규칙」제52조 제3항 및 제4항에 따라 교육을 갈음할 수 있음

* 해당 규정은 영업자가 직접 교육받은 경우에만 적용할 수 있으며, 식품위생관리책임자가 교육받은 경우는 적용 불가

< 법령 개정 내용 >

○ 【「식품위생법 시행규칙」제52조제3항(개정 '24.7.18., 시행 '24.7.18】

• 동일·유사업종으로 영업을 하려는 경우 신규교육 이수 의무 면제

(개정전) 2년 내 신규교육 받거나 1년 내 정기교육 받은 자에 대한 신규교육 면제

(개정후) 과거 교육이수 기간과 관계없이 신규교육 면제(단, 영업신고한 해당 연도에 정기교육 이수)

○ 【「식품위생법 시행규칙」제52조제4항(개정 '24.7.18., 시행 '24.7.18】

• 유사업종 간 정기교육 면제 범위 확대

(개정전) 동일 시·군·구(허가·신고·등록관청) 내에서 영업하는 경우

(개정후) 동일 시·도(특별시·광역시·특별자치시·도·특별자치도) 내에서 영업하는 경우

• 제조업 영업자가 판매업 등으로 영업 변경 또는 병행 시 정기교육 면제

(신설) 해당 연도에 정기교육을 받은 제조업(식품제조·가공업, 즉석판매제조·가공업, 식품첨가물제조업) 영업자가 판매업 등(식품운반업, 식품소분·판매업, 식품보존업, 용기 · 포장류제조업)으로 영업 변경 또는 병행 시 정기교육 면제

나. 「식품위생법 시행규칙」 제52조 제5항에 따라 공유주방 운영업 관련 교육을 갈음할 수 있음

< 법령 개정 내용 >

○ 【「식품위생법 시행규칙」 제52조제5항(개정 '24.7.3., 시행 '24.7.3】

• 위생교육을 이수한 공유주방업 운영업자가 직접 위생관리책임자 직무를 수행하는 경우 위생관리책임자 교육 면제

5. 행정 사항

가. 원활한 집합교육을 위해 집합교육 참석을 원하시는 분에게는 가급적 교육기관에 사전에 교육 신청하도록 권고

나. 영업자 교육 이수 현황은 통합식품안전정보망 식품행정통합시스템("생산실적 보고, 위생교육, 감시원" > "위생교육 관리")에서 조회 가능

다. 각 교육기관은 교육결과(교육수료자 명단 포함)를 교육실시 후 1개월 이내에 식품의약품안전처 식품행정통합시스템 협업시스템(coop.foodsafetykorea.go.kr)에 입력하여야 함

* 「식품 관련 영업자 등에 대한 식품위생교육규정(예규)」제13조(교육통지서 교부 및 교육결과 보고) ③ 교육실시기관의 장은 별지 제3호 서식의 교육실시결과 보고서를 교육실시 후 1개월 이내에 허가관청 또는 신고관청에 보고(전자문서로 하는 보고를 포함한다.) 하여야 한다.

〈참고〉

교육대상별 식품위생교육기관 누리집 및 연락처

교육대상*	위생교육기관명 (교육기관 누리집)	연락처
1) 식품제조·가공업 영업자 2) 식품첨가물제조업 영업자 3) 즉석판매제조·가공업 영업자 4) 집단급식소설치·운영자 5) 위탁급식영업자 6) 식품운반업 영업자 7) 식품소분업 영업자 8) 식용얼음판매업 영업자 9) 유통전문판매업 영업자 10) 집단급식소 식품판매업 영업자 11) 기타 식품판매업 영업자 12) 식품조사처리업 영업자 13) 식품냉동·냉장업 영업자 14) 용기·포장지제조업 영업자 15) 옹기류제조업 영업자 16) 공유주방운영업자 및 위생관리책임자	한국식품산업협회 (www.kfia21.or.kr)	T)02-3470-8100 (1577-3869) F)02-586-4906
일반음식점영업자	한국외식업중앙회 (www.ifoodedu.or.kr)	T)02-6191-2937 F)02-6191-2995
1) 휴게음식점영업자 2) 식품자동판매기영업자	한국휴게음식업중앙회 (www.efaedu.or.kr)	T)02-425-6126~8 F)02-425-6129
제과점영업자	대한제과협회 (www.bakery.or.kr)	T)02-2055-3345~8 F)02-2055-3349
1) 일반음식점영업자* 2) 집단급식소설치·운영자* 3) 위탁급식영업자* * 교육범위는 「식품 등 영업자 등에 대한 위생교육기관지정」 고시 참고	한국외식산업협회 (www.kofsia.or.kr)	T)02-449-5009 F)02-6300-8361
1) 일반음식점영업자* 2) 휴게음식점영업자* 3) 제과점영업자* * 교육범위는 「식품 등 영업자 등에 대한 위생교육기관지정」 고시 참고	한국프랜차이즈산업협회 (www.kfafoodedu.or.kr)	T)02-3471-8135~8 F)02-3471-8139
단란주점영업자	한국단란주점업중앙회 (www.danran.or.kr)	T)02-2058-0823 F)02-2058-0826
1) 유흥주점영업자 2) 유흥종사자	한국유흥음식업중앙회 (kcconb.com)	T)02-543-9955 F)02-549-9191
즉석판매제조·가공업 중 추출가공업자	한국추출가공식품업중앙회 (www.kemfa.or.kr)	T)02-2631-7313 F)02-2631-7317
즉석판매제조·가공업 중 압착식용유가공업자	한국식용유지고추가공업협회 (www.kccia.or.kr)	T)02-2294-2269 F)02-2297-1867
즉석판매제조·가공업 중 떡류가공업자	한국떡류식품가공협회 (www.ekfdd.or.kr)	T)02-929-2434 F)02-921-6509

9 기타 사항

〈식품관리총괄과, 식품안전정책과〉

1. 지도·단속 업무 투명성 제고

가. 목 적

공무원의 식품관련 업체 단속시 적법한 규정 준수와 적발(위반)사항을 투명하고 명료하게 처리함으로서 부패발생을 근절하고 준법의식과 공직에 대한 신뢰를 높이는 등 단속의 투명성 확보

나. 대상업체

식품위생법령에 의한 제조가공·판매·수입·소분·운반·보존·식품접객업 등 식품 관련 업체 전체

다. 조치사항

1) 단속기관 부서장 또는 관리자 서명 및 일련번호가 부여된 「확인(자인)서」(별지4)를 사용하고 이를 철저히 이행

2) 출입·검사·수거 등을 위해 식품관련업체 현장방문 시 권한을 나타내는 증표와 조사기간, 조사범위, 조사담당자, 관계법령 등이 기록된 관련 서류를 영업소 관계자에게 제시

라. 행정사항

1) 지방식약청 및 각 시·도(시·군·구)는 「확인(자인)서」를 인쇄하여 사용

2) 「확인(자인)서」에 부서장 또는 관리자 서명(사인, 도장, 철인 등)을 실시

3) 관련 부서장은 관리책임자를 지정하여 「확인(자인)서」를 관리하고 파손되거나 훼손된 「확인(자인)서」가 있는 경우 그 경유를 조사·기록토록 조치

4) 「확인(자인)서」사용여부를 행정감사 및 자치단체합동평가 지표로 활용

5) 지방식약청 및 시·도(시·군·구)는 <붙임 1>의 『식품 위생관리 업무 수행 시 제시 서류(예시)』 양식을 참조하여 기관별 실정에 맞게 제작·사용

2. 행정처분 적용(영업정지 및 과징금 혼용 가능)

○ 처분청은 영업정지 등의 처분에 갈음하여 과징금을 부과할 수 있고, 영업정지 등의 처분과 과징금 부과의 혼용 적용 또한 가능함

* 영업정지 등의 처분에 갈음한 과징금 부과 등은 처분 대상 영업자의 신청에 의한 것은 아님

〈붙임 1〉

▌출입·검사·수거 등 안내 ▌

「식품위생법」에 따라 식품등의 위해방지 및 위생관리 등을 위해 출입·검사·수거하고자 하니 협조하여 주시기 바랍니다.

1. 조사목적

○ (예시) 추석대비 밀가루 등 원료를 대량 구입하는 업체의 원료관리 실태를 점검하여 식품사고 예방

2. 조사기간 및 대상

○ 20 . 00. 00. ~ 00. 00.(0일간)

○ 원료 사용이 많아 원료를 야적할 가능성이 있는 업체

3. 조사의 범위 및 내용

○ 식품등의 보존 및 유통기준

- 원료의 위생적 보관, 야적행위, 냉장·냉동 보관의 적절성 등

○ 식품위생법령 위반여부

- 영업자 준수사항, 원료관리, 자가품질검사, 위생적 취급기준 등

4. 조사담당자의 성명 및 소속

○ OOO, OOO / 00지방식품의약품안전청 식품안전관리과

5. 제출자료의 목록

○ 영업등록(신고)증, 품목제조보고서, 수입신고서

○ 생산·작업일지, 원료수불일지, 제품 거래기록서류 등

6. 조사 관계 법령

○ 「식품위생법」 제22조(출입·검사·수거 등)

※ 출입·검사·수거를 거부·방해, 기피한 자는 『식품위생법』제97조(벌칙)에 따라 3년 이하의 징역 또는 3천만원 이하의 벌금에 처함

7. 그 밖에 해당 조사와 관련하여 필요한 사항

○ 필요시 기재

▮ 압류·폐기처분 등 안내 ▮

「식품위생법」을 위반한 위해식품 등을 압류 · 폐기조치 하고자 하니 협조하여 주시기 바랍니다.

1. 조사목적

○ (예시) 위해식품의 압류 · 폐기를 통한 유통 · 판매금지로 소비자 보호

2. 조사기간 및 대상

○ 20 . 00. 00.

○ 업체명 : 000식품(00시 00구 000로 000)

3. 조사의 범위 및 내용

○ 생산일지, 거래기록 등을 조사하여 위해(부적합) 식품의 생산량, 판매량, 재고량 조사 및 재고량에 대한 압류

○ 판매업소별 판매량 조사, 판매업소의 재고량 파악 등

- 판매업소 재고량에 대한 신속회수 방안 마련 요청

4. 조사담당자의 성명 및 소속

○ OOO, OOO / 00지방식품의약품안전청 식품안전관리과

5. 압류 · 폐기 대상 제품

○ 제품명 : 0000 (소비기한 : 20 .00.00)

○ 압류 · 폐기사유 : 식중독균 기준 위반

- 기준 : 음성, 결과 : 살모넬라 양성

6. 조사 관계 법령

○ 「식품위생법」 제72조(폐기처분 등)

※ 압류 · 폐기를 거부·방해, 기피한 자는 『식품위생법』제97조(벌칙)에 따라 3년 이하의 징역 또는 3천만원 이하의 벌금에 처함

7. 그 밖에 해당 조사와 관련하여 필요한 사항

○ 필요시 기재

▮ 영업소 폐쇄조치 등 안내 ▮

「식품위생법」에 따라 영업등록을 하지 않고 영업한 것에 대하여 영업소 폐쇄조치 등을 하고자 하니 협조하여 주시기 바랍니다.

1. 조사목적

○ 소비자 보호 및 영업질서 유지를 위해 무등록 업소 폐쇄조치

2. 조사기간 및 대상

○ 20 . 00. 00.

○ 업체명 : 000식품(00시 00구 000로 000)

3. 조사의 범위 및 내용

○ 영업소의 간판 등 영업 표지물의 제거·삭제, 적법한 영업소가 아님을 알리는 게시문 등의 부착

○ 영업소의 시설물과 영업에 사용하는 기계·기구 등을 사용할 수 없도록 봉인조치 등

4. 조사담당자의 성명 및 소속

○ OOO, OOO / 00지방식품의약품안전청 식품안전관리과

5. 조사 관계 법령

○ 「식품위생법」 제79조(폐쇄조치 등)

※ 관계 공무원이 부착한 봉인 또는 게시문 등을 함부로 제거·손상시킨 자는 「식품위생법」제97조(벌칙)에 따라 3년 이하의 징역 또는 3천만원 이하의 벌금에 처함

6. 그 밖에 해당 조사와 관련하여 필요한 사항

○ 필요시 기재

▮소비자식품위생감시원 업무 등 안내▮

식품위생법(법 제33조제7항 및 같은법 시행령 제18조제7항)에 따라 소비자식품위생감시원 활동을 수행하고자 하오니 조사에 협조해 주시기 바랍니다

1. 조사목적

○ (예시) 식품접객업자의 식품위생법령 준수 여부 등 지도·점검을 통해 식중독 예방 등 소비자에게 안전한 조리식품 제공

2. 조사기간 및 대상

○ 20 . 00. 00. ~ 00. 00.(0일간) / OO구청 관할 음식점

3. 조사의 범위 및 내용

○ 음식점 옥외가격 표시제 준수여부, 영업신고 준수여부 등

4. 소비자식품위생감시원 성명 및 위촉기관

○ OOO / 00지방식품의약품안전청

5. 소비자식품위생감시원의 소속 단체

○ 한국소비자연맹

6. 그 밖에 해당 조사에 필요한 사항

○ 기타 필요사항 기재

Part

건강기능식품 안전관리

추 진 개 요

◆ 기본방향

○ 소비자가 신뢰할 수 있는 품질관리 체계 확립

○ 신속하고 일관된 영업 허가 및 신고 등 관리

○ 위해 우려 제품 수거·검사 등 실시

○ GMP 준수 확인 등 제조·생산 관리

○ 소비자 피해 방지를 위한 허위·과대 표시·광고 모니터링

○ 소비자의 건강기능식품 올바른 선택을 위한 교육·홍보

◆ 건강기능식품 안전관리 체계

구분	식약처	지방식약청	지방자치단체
허가·신고	○기능성 원료 및 기준·규격 인정	○건강기능식품제조업 영업허가 ○품목제조신고 ○맞춤형건강기능식품 판매업 영업신고	○건강기능식품판매업 영업신고
제조·유통	○우수건강기능식품제조 기준(GMP) 총괄 ○의약품 및 의약외품 제조시설 이용 인정	○우수건강기능식품제조 기준(GMP)적용업소 인정 및 사후관리 ○의약품 및 의약외품 제조시설 이용업체에 대한 사후관리 ○건강기능식품이력추적 관리 심사 등록	
사후관리	○건강기능식품 관련 영업의 지도·단속, 수거·검사 등에 관한 종합계획(맞춤형건기포함) 수립·관리 ○인터넷 등 허위·과대광고 모니터링 ○건강기능식품 바로 알기 교육·홍보 * 의약품 병용 섭취 주의정보 QR 제공	○지도·점검(맞춤형건기포함) ○수거·검사(맞춤형건기포함)	○지도·점검 ○수거·검사

* 건강기능식품수입업은 「수입식품법」에 의한 '수입식품등 수입·판매업'으로 관리('16.2.4.)

추 진 개 요

◆ 추진 일정

구분	추진내용	비고
1월	○ 설 대비 건강기능식품제조・판매업체 지도·점검(합동점검) ※ 선물용 건강기능식품 수거·검사 병행	식약처(지방청)·지자체
2월	○ 자가품질검사 자체 실시 업체 실태조사 및 점검(1차)	식약처(지방청)
4월	○ 가정의달(5월) 대비 다소비 건강기능식품 제조·유통업체 지도점검 및 수거·검사	식약처(지방청)·지자체
6월	○ 이상사례 관련 건강기능식품 업체 지도점검 및 수거검사	식약처(지방청)
8월	○맞춤형 건기업체 지도점검 및 수거·검사(2차)	식약처(지방청)
9월	○ 추석 대비 건강기능식품제조・판매업체 지도·점검(합동점검) ※ 선물용 건강기능식품 수거·검사 병행	식약처(지방청)·지자체
10월	○ 자가품질검사 자체 실시 업체 점검(2차)	식약처(지방청)
11월	○ 다빈도 이상사례 신고 건강기능식품 수거검사(2차)	식약처(지방청)

◆ 건강기능식품 관련 식약처 업무분장

구분	업무	주요 연락처(FAX)
건강기능식품 정책과	건강기능식품 정책 총괄, 건강기능식품법률 개정 및 운영, GMP 관리, 이상사례 관리 총괄, 심의위원회, 교육 총괄, 건강기능식품 생산실적 총괄	043-719-2453∼2460 [FAX: 043-719-2450]
식품표시광고 정책과	건강기능식품의 표시기준 표시광고 자율 심의 및 운영	043-719-2458, 2459, 2461 [FAX: 043-719-2450]
식품안전인증과	건강기능식품 이력추적관리	043-719-2852, 2855 [FAX: 043-719-2850]
식품기준과	건강기능식품의 기준 및 규격 운영 건강기능식품 기준 및 규격 인정에 관한 고시 운영 건강기능식품의 재평가 건강기능식품의 소비기한 설정기준 운영	043-719-2439, 2443 [FAX: 043-719-2400]
영양기능연구과	건강기능식품 원료 인정	043-719-4402∼4430 [FAX: 043-719-4420]
수입유통안전과	수입건강기능식품 사건・사고 대응, 단속계획 수립 수입건강기능식품의 허위과대 광고 등 안전관리	043-719-6252∼6264 [FAX: 043-719-6250]
사이버조사단	건강기능식품 인터넷 등 허위・과대광고 모니터링 관리	043-719-1912~1914 [FAX: 043-719-1900]

1 건강기능식품 제조업 영업허가 및 관리

〈건강기능식품정책과〉

1. 건강기능식품전문(벤처)제조업 영업허가

가. 근거법령

○ 「건강기능식품에 관한 법률」 제5조 및 같은 법 시행규칙 제3조

※ 건강기능식품전문제조업 영업허가를 받고자하는 경우 「건강기능식품에 관한 법률」 제22조의 규정에 따라 우수건강기능식품제조기준(GMP) 지정을 받아야 함('17.2.4.부터)

나. 허가신청대상

1) 건강기능식품을 제조하고자 하는 자

2) 「벤처기업육성에 관한 특별조치법」 제2조의 규정에 의한 벤처기업을 영위하는 자로서 건강기능식품을 건강기능식품전문제조업자에게 위탁하여 제조하고자 하는 자

다. 허가기관

1) 처리기관 : 지방식약청(처리기간 : 전문제조업 14일, 벤처제조업 10일)

2) 수 수 료 : 50,000원(수입인지)(전자민원 신청 시 45,000원)

라. 구비서류

□ 공통 구비서류

1) 영업허가신청서([별지 제1호 서식])

2) 제조하려는 제품의 종류와 제조방법설명서

3) 「건강기능식품에 관한 법률 시행규칙」 제16조에 따른 품질관리인 선임신고서

4) 「건강기능식품에 관한 법률」 제13조제2항에 따른 교육증명서(미리 교육을 받은 경우에만 해당)

□ 전문제조업 구비서류

1) 제조시설의 배치도와 주요 기계·기구류 목록(품질관리실 포함)

2) 「먹는물관리법」 제43조에 따라 먹는물수질검사기관이 발행한 수질검사성적서(수돗물이 아닌 지하수 등을 먹는물 또는 건강기능식품의 제조과정이나 세척 등에 사용하는 경우에만 제출합니다)

3) 우수건강기능식품제조기준(법 제22조)에 따른 실시상황평가표(신규영업허가용) 및 4대 기준서

□ 벤처제조업 구비서류

1) 건강기능식품의 기능성 원료·성분에 대한 기술관련 자료

※ 고시형 원료성분 및 개별인정형 원료성분의 개발 및 제조공법 등에 관한 기술관련 자료

2) 건강기능식품전문제조업소와 체결한 위탁생산계약서

마. 검토사항

□ 공통 검토사항

1) 영업자 및 해당 영업소의 영업허가 제한 대상(건강기능식품법 제9조)여부 확인

※ 영업자의 결격사유는 행정정보공동이용으로 확인(행안부, 결격사유 조회절차 개선에 따른 업무처리 요령 참조)

2) 제조하고자 하는 제품의 종류가 건강기능식품에 해당하는지 여부 및 제조방법 적정여부

3) 품질관리인의 자격(자격증, 학력·경력증명서)확인

※ 품질관리인이 처음으로 선임된 경우에만 해당하며, 선임된 경력이 있는 경우에는 시스템으로 확인

4) 교육필증 구비여부 확인

□ 전문제조업 검토사항

1) 시설기준 적정여부 및 제조설비 구비여부 확인

2) 토지이용계획 및 건축물의 적정여부 확인

※ 공장등록증을 제출한 경우 토지이용계획 및 건축물의 적정여부 확인 시 참조

3) 상수도 또는 지하수 사용 여부(지하수의 경우 검사성적서) 확인

4) 우수건강기능식품제조기준의 준수여부

※ 본 지침 'III. 4. 우수건강기능식품제조기준(GMP) 운영 및 활성화' 참조

□ 벤처제조업 검토사항

1) 「벤처기업육성에 관한 특별조치법」 제25조의 규정에 의한 벤처기업 확인서의 유효기한 내에 있는지 여부

※ 벤처기업확인서는 행정정보공동이용으로 지방청에서 확인

2) 건강기능식품의 기능성 원료·성분에 대한 기술관련 자료 확인

3) 벤처기업 지정 신청시 제출한 건강기능식품관련 특허자료나 학술논문 등 확인·검토

4) 건강기능식품전문제조업체와 체결한 위탁생산계약서의 타당성

바. 참고사항

1) 교육기관 미지정으로 교육이 불가능한 경우나 천재지변, 본인의 질병사고, 업무상 국외출장 등으로 교육을 받을 수 없는 경우에는 영업개시 후 교육을 받을 수 있음

2) 건강기능식품관련 영업자에 대한 교육시 영업에 직접 종사하지 않는 영업자(법인 및 외국기업체 등의 대표자, 시각·청각장애인 등), 2이상의 영업장소에서 영업을 하고자 하는 자, 또는 총리령*으로 정하는 사유로 교육을 받을 수 없는 자는 그 종업원 중 식품위생에 관한 책임자를 지정하여 교육을 받게 할 수 있음

※ 천재지변, 본인의 질병·사고, 업무상 국외출장 등의 사유로 교육을 받을 수 없는 경우

3) 건강기능식품제조업자가 불가피하게 휴업을 하는 경우 기간, 사유 등을 기재하여 신고 조치

4) 건강기능식품벤처제조업 품질관리인 자격기준 확대

가) 벤처제조업의 연구업무 특성을 고려하여 품질관리인 자격기준 중 '제조업무근무' 경력 외에도 '연구업무 근무' 경력을 인정

※ 건강기능식품벤처제조업 품질관리인 자격기준 확대(「건강기능식품에 관한 법률 시행령」2014.11.11.개정)

2. 영업허가사항 변경 허가(신고)

가. 근거법령

1) 「건강기능식품에 관한 법률」 제5조제1항, 같은 법 시행령 제3조 및 같은 법 시행규칙 제4조제1항

2) 「건강기능식품에 관한 법률」 제5조제2항 및 같은 법 시행규칙 제4조제2항

나. 허가기관

1) 처리기관 : 지방식약청

2) 처리기간 : 변경허가(전문제조업은 14일, 벤처제조업은 10일), 변경신고(7일)

3) 수 수 료 : 30,000원(수입인지)(전자민원 신청 시 27,000원)

다. 변경 허가(신고) 대상

1) 변경허가대상 : 영업소 소재지의 변경

2) 변경신고대상

○ 영업자의 성명(법인인 경우 그 대표자의 성명)

○ 영업소의 명칭 또는 상호

○ 제조시설중 작업장(품질관리실 포함), 건강기능식품취급시설 또는 급수시설(건강기능식품전문제조업에 한함)

○ 건강기능식품을 위탁생산하는 제조업소의 명칭 또는 상호(건강기능식품 벤처제조업에 한함)

라. 구비서류

1) 변경허가 구비서류

○ 건강기능식품제조업 영업허가사항 변경 허가신청서([별지 제5호서식])

○ 영업허가증

○ 제조시설배치도 및 주요 기계·기구류 목록

○ 「먹는물관리법」 제43조에 따른 먹는물 수질검사기관이 발행한 수질검사성적서(수돗물이 아닌 지하수 등을 먹는 물이나 건강기능식품의 제조과정이나 세척 등에 사용하는 경우에만 제출합니다)

2) 변경신고 구비서류

○ 건강기능식품제조업 영업허가사항 변경신고서([별지 제5호서식])

○ 영업허가증

○ 제조시설중 작업장, 건강기능식품취급시설 또는 급수시설 변경내역서(평면도 포함)

○ 위탁생산계약서(건강기능식품벤처제조업에 한함)

마. 검토사항

1) 변경허가 검토사항

○ 시설기준 적정여부 및 제조설비 구비여부

○ 토지이용계획 및 건축물의 적정여부

○ 상수도 또는 지하수 사용 여부(지하수의 경우 검사성적서 확인)

2) 변경신고 검토사항

○ 대표자의 성명, 영업체의 명칭 또는 상호 변경시 그 변경을 증명할 수 있는 법인등기부 등본사본등 서류 확인

○ 시설추가·철거 등 변경사항, 시설기준서류 및 현장 확인

- 다만, 작업장 명칭 단순 변경(실명 변경), 기존 보유하고 있던 제조시설의 기계·기구류 설치 대수 증가 또는 감소, 품질관리실 검사기기 변경 등 경미한 사항에 대하여는 현장 확인 생략 가능(변경 완료 증빙할 수 있는 사진 제출 등으로 갈음)

○ 위탁업체의 영업허가 사항 및 제조시설 구비사항 확인

○ 건물을 증축하는 등의 경우 변경허가 해당여부

- 동일한 건강기능식품제조업자가 건물을 증축하는 등 영업소에 변경사항이 있는 경우 품질관리인이 동일하고 제조공정이 통합적으로 연결되어 운영하는 등 하나의 제조업소로 운영하는 경우에는 영업허가사항 변경신고 조치가능

* 다만, 사전에 관할 지방청에 확인 받도록 하여 민원인 피해가 없도록 안내

3. 품목제조신고

가. 근거법령

「건강기능식품에 관한 법률」 제7조 및 같은 법 시행규칙 제8조
「건강기능식품의 기준 및 규격」(식약처 고시)

나. 품목제조신고대상

1) 법 제5조 규정에 의하여 건강기능식품제조업의 영업허가를 받았거나 영업허가를 신청한 업체에서 새로운 제품을 제조하고자 하는 경우

○ 법 제14조제2항의 규정에 따라 개별기준·규격을 인정받은 제품

○ 법 제19조의 규정에 의한 건강기능식품공전상의 기준·규격제품

2) 건강기능식품을 소분 판매 하고자 하는 경우

○ 벌크로 포장된 기능성 원료를 소분 재포장하여 원료로 판매 및 완제 건강기능식품*(소비자 직접 구매 가능하도록 포장된 최종 제품은 제외)을 소분 재포장하여 판매

* 완제 건강기능식품: 모든 제조공정이 완료되어 최종적으로 섭취할 수 있도록 일정한 제형으로 제조된 것(예 : 벌크로 포장된 캡슐·정제 건강기능식품)

※ 「건강기능식품에 관한 법률 시행규칙」 별표 4 1. 건강기능식품제조업 더목은 건강기능식품을 소분제조할 수 있는 기준에 대하여 규정하고 있으며, 동 규정에 따라 자사에서 제조한 제품 이외에 타 업소 제조제품 또는 수입제품까지 활용하여 소분제조가 가능 ('23.7.4, 유권해석)

다. 처리기관

1) 처리기관 : 지방식약청(처리기간 : 7일)

2) 수 수 료 : 20,000원(수입인지)(전자민원 신청 시 18,000원)

라. 구비서류

1) 건강기능식품품목제조신고서([별지 제15호서식])

2) 제조방법설명서(식품의약품안전처장이 정하여 고시하는 기준에 따라 설정한 소비기한 설정사유서를 포함)

3) 원료나 성분의 명칭과 함량

4) 기준과 규격의 검사성적서(수출용 건강기능식품은 제외)

5) 건강기능식품 기준과 규격으로 인정받은 서류나 건강기능식품 기능성원료 또는 성분으로 인정받은 서류(건강기능식품공전에 고시하지 아니한 품목의 경우에만 제출)

마. 검토사항

1) 건강기능식품 기능성 원료로서 고시형 원료 또는 개별인정형 원료를 사용하였는지 확인 및 기타 원료의 식품원료 사용 가능 여부 확인

2) 제조방법설명서

○ 제품명, 원료(성분)배합비율(%), 제조방법(생산제품의 원료구비 단계부터 최종제품 생산까지의 각 단계별 제조공정을 기재), 성상, 섭취량 및 섭취방법, 포장단위, 보존 및 유통기준, 소비기한 등을 구체적으로 작성하고, 위탁하여 제조하는 경우는 위탁여부를 기재하였는지 확인

※ 품목제조신고 시, 사용하는 원료 중 복합원료의 경우 이를 구성하는 모든 원료명 및 배합비율을 기재해야 하며 복합원료의 품목제조보고(신고) 내용 등에서 확인되는 범위 내로 기재하여야 함, 이는 보고(신고) 내용으로 확인되는 복합원료 구성 원재료를 모두 풀어쓰는 것을 의미하며 3차 원료의 정보까지 확인 가능한 경우 모두 기입(건강기능식품정책과-2419호, 2019.5.17. 민원회신)

3) 제품명은 「건강기능식품 표시기준」 제6조(세부표시기준 및 방법) 2. 제품명에 따라 사용할 수 있는 명칭인지 확인

가) 부당한 표시·광고에 해당하는 제품명은 사용할 수 없음

나) 다른 건강기능식품과 오인·혼동할 수 있는 제품명은 사용할 수 없음

다) 부원료는 제품명으로 사용할 수 없음

4) 소비기한 설정 사유서 : 제품의 소비기한 설정은 「식품, 식품첨가물 및 건강기능식품의 소비기한 설정기준」을 참고하여 당해 제품의 제조자가 포장재질, 보존조건, 제조방법, 원료배합비율 등 제품의 특성과 냉장 또는 냉동 등 기타 유통실정을 고려하여 위해방지와 품질을 보장할 수 있도록 설정하였는지 확인

※ 소비기한 설정 실험을 실시한 경우, 실험 시 저장조건, 실험 방법 등이 적정한지 여부 확인

5) 기준·규격 검사성적서

가) '기준·규격 검사성적서'는「식품·의약품분야 시험·검사 등에 관한 법률 시행규칙」에 따른 시험·검사성적서 및 해당 영업소(GMP 적용업체에 한함)의 품질관리실에서 시험·검사한 성적서

※ 「식품·의약품분야 시험·검사 등에 관한 법률 시행규칙」개정(2019.6.19.)과 관련, '품목제조·가공검사'의 업무범위를 지정받은 시험검사기관에서 발급한 성적서만 인정

나) 검사성적서에 기재된 제품의 성상과 품목제조신고서에 기재된 제품의 성상이 동일한지 확인

다) 수출전용으로 품목제조신고 하는 경우 성적서 제출 면제

6) 시중에 유통되지 않는 연구·개발차원의 품목제조는 품목제조신고의 대상이 아니지만 시음용, 견본품 등으로 출고하여 불특정 다수인에게 제공되는 경우에는 신고대상임

7) 건강기능식품의 소분 재포장 판매를 위한 품목제조신고 시 아래의 사항 반드시 확인

가) 우수건강기능식품제조기준(GMP) 적용 업소 여부

나) 소분하려는 제형에 대한 제조시설(소분 시설 포함) 보유 여부

다) 소분 대상 제품이 소분 가능 대상인지 여부

※ 소비자가 직접 구매 가능하도록 포장된 최종 제품은 소분 대상 제외(소분 불가)

라) 그 외 품목제조신고 절차, 구비서류 등은 기존 품목제조신고와 동일

8) 일반식품 또는 식사를 대신할 수 있는 식품유형은 식약처장의 인정 없이 건강기능식품으로 품목제조신고 되지 않도록 주의

9) 개별인정형 기능성 원료제품의 경우 품목제조신고서 및 건강기능식품 기능성 원료 인정서 상의 제조방법이 동일한지 여부 확인

※ 개별인정형 기능성 원료 인정 시 인정내용에 제조방법이 포함되어 있고, 「건강기능식품 기능성 원료 및 기준·규격 인정에 관한 규정」 제3조(심사대상) 제1항제3호에 기능성 내용의 추가, 섭취량 변경 등의 검토 시에 제조방법에 관한 자료가 포함되어 있음

4. 품목제조신고사항 변경신고

가. 근거법령 : 「건강기능식품에 관한 법률」 제7조 및 같은 법 시행규칙 제9조

나. 처리기관

1) 처리기관 : 지방식약청(처리기간 : 5일)
2) 수 수 료 : 10,000원(수입인지)(전자민원 신청 시 9,000원)

다. 변경신고대상

1) 제품명
2) 원료 또는 성분의 함량
※ 기능성을 가진 주원료 또는 주성분의 함량을 변경하여 기능성이 변경된 경우에 새로이 품목제조신고를 하여야 하며, 기능성이 변경되지 아니한 경우에는 품목제조 변경신고 처리(시행규칙 제9조(품목제조신고사항의 변경)제2항)
3) 소비기한의 연장(수출용건강기능식품의 경우에는 제외(시행규칙 제9조제1항 단서))

라. 구비서류

1) 품목제조신고사항 변경신고서([별지 제18호서식])
2) 품목제조신고증

마. 검토사항

1) 제품명 및 원료 또는 성분의 함량 변경이 타당한지 여부 확인
2) 소비기한의 연장을 위하여 과학적으로 적절한 시험을 실시하여 결과를 얻게 되었는지 여부 확인
3) 개별인정서 변경(기준·규격, 섭취량, 섭취시 주의사항, 기능성 내용 등)시 동 원료를 사용한 관련 품목제조신고사항 변경 필요

5. 건강기능식품 위탁제조 관리

가. 근거법령

1) 「건강기능식품에 관한 법률」 제4조 및 같은 법 시행령 제2조

2) 같은 법 시행규칙 [별표 1] 업종별시설기준, 자. 시설기준 적용의 특례

3) 같은 법 시행규칙 [별표 1] 업종별시설기준, 2. 건강기능식품벤처제조업

4) 같은 법 시행규칙 [별표 1] 업종별시설기준, 4. 건강기능식품유통전문판매업

나. 위탁 제조 가능 범위(시설기준 특례)

1) 건강기능식품전문제조업자가 생산능력이 부족하거나 일부 제조시설이 미비한 경우에는 건강기능식품전문제조업의 허가를 받은 자에게 해당 제품 제조공정의 전부 또는 일부를 위탁하여 제조할 수 있음

※ 「건강기능식품에 관한 법률」 제10조(영업자의 준수사항) 및 같은 법 시행규칙 제12조 [별표4] 머에서 건강기능식품전문제조업자는 별표 1 제1호자목(1)에 따라 위탁하여 제조하는 경우 반기별 1회 이상 위탁 제조시설의 관리상태 등을 점검하여야 하고, 모든 제조 공정 또는 원료 칭량(저울 등을 사용하여 무게를 정밀하게 측정하는 것을 말한다) 및 포장 공정을 제외한 모든 제조 공정을 위탁하여 제조한 경우에는 해당 제품에 위탁 제조한 사실을 표시하여야 함

※ 설령 시설을 갖추고 있더라도 응당한 제조활동을 하지 않는 경우에는 다른 영업(유통전문판매업)의 형태에 해당하는 만큼, 전문제조업의 영업을 유지하기 위해서는 직접 제조하는 품목(제형)을 1건 이상 유지하고 합당한 생산실적을 보유할 필요가 있음(건강기능식품정책과-5585호, '18.11.8.) 참조

2) 건강기능식품제조업자 또는 건강기능식품유통전문판매업자로부터 제품생산을 위탁 또는 의뢰받아 생산할 수 있는 건강기능식품전문제조업소는 법 제22조 제2항의 규정에 따라 우수건강기능식품제조기준적용업소로 지정받은 경우에 한함

다. 품목제조신고 관리

1) 위탁자(건강기능식품(전문·벤처)제조업, 건강기능식품유통전문판매업)

① 위탁 제조시 품목제조신고자 : 위탁자

※ 유통전문판매업 영업자에게 위탁받아 제조하는 경우에는 수탁자가 품목제조신고를 하여야 함

② 신규로 위탁하여 제품을 제조·가공하고자 하는 경우에는 [별지 제15호 서식]에 의한 "건강기능식품 품목제조신고서" 제출하되 제조방법 설명서에 "위탁생산내역 : 수탁자(회사명), 소재지"를 기록, 신고

※ 기 생산 품목 중 일부 위탁 시 " 품목제조신고사항변경신고서[별지 제18호 서식]"을 사용 "변경사유"란에 "위탁생산내역 : 수탁자(회사명), 소재지"를 기록, 변경 신고 관리 권장

2) 허가 관청

위탁자가 품목제조신고나 품목제조신고사항변경신고시 위탁제품을 신고하는 경우 "건강기능식품품목제조신고관리대장" [별지 제17호 서식] 제1호 "⑪품목제조조건"란에 참고란(※)으로 수탁자, 소재지 등을 기록, 관리하도록 함

라. 생산제품 관련 품질 등 관리

1) 위탁자는 수탁자에 대한 위생지도 관리를 철저히 하여야 함

2) 수탁자는 수탁된 제품의 생산 및 작업기록에 관한 서류와 원료의 입고·출고·사용에 대한 원료수불 관계서류를 작성하고, 최종 기재일로부터 3년간 보관하여야 함

마. 자가품질검사 등

1) 건강기능식품제조업의 허가를 받은 자가 판매를 목적으로 하는 제품의 품목별로 자가품질검사 실시

2) 품질관리실을 별도로 두지 아니한 경우 자가품질검사는 공인검사기관(식품 등 시험·검사기관)에 의뢰하여 할 수 있음

바. 행정사항

위탁하여 제조한 제품이 「건강기능식품에 관한 법률」을 위반한 경우에는 위탁자를 처벌(형사고발 및 행정처분 등, 경우에 따라 수탁자도 동시 처분 가능)

구 분	건강기능식품제조업에서 위탁하는 경우	건강기능식품유통전문판매업에서 위탁하는 경우
품목제조신고	위탁자	제조영업자(수탁자)
표 시	위탁자	제조영업자, 유통전문판매업자 둘다 표시
자가품질검사	위탁자 또는 수탁자	제조영업자(수탁자)
제품 검사 부적합 시 처분	위탁자	위탁자, 수탁자

6. 생산실적보고 관리

가. 보고방법

1) 보고시기 : 다음해 2월 말까지(매년)*

2) 보고자 : 건강기능식품제조업자

3) 보고체계

영업자가 생산실적 입력[식품안전나라(www.foodsafetykorea.go.kr) → 우리회사안전관리(3월부터 통합민원창구 이용)* → 생산실적보고 → (세부)생산실적보고 화면 접속] → 지방식약청(식품안전관리과) → 식약처(건강기능식품정책과)

* '26년 3월부터 통합민원상담, 우리회사 안전관리 메뉴가 통합민원창구로 통합·변경 예정

나. 확인 사항

1) 영업자가 생산실적을 정확히 보고하였는지 상세검토 후 "승인" 클릭하여 생산실적 보고 승인

- 타 회사에 비해 단가 차이가 크거나 전년도에 비해 수량, 금액이 차이가 클 경우 등 보고내용에 오류가 있는 것으로 판단되는 경우 반드시 업체에 연락하여 확인 필요

2) 생산액, 국내판매액의 단위가 "천원"이므로 "원"으로 입력하지 않도록 할 것

3) 연간생산능력, 생산량, 국내판매량, 국외판매량의 단위가 "kg, ℓ"이므로 "ton, ㎖" 등으로 입력하지 않도록 할 것

4) 국외판매금액의 단위가 "$"이므로 "원"으로 입력하지 않도록 할 것

5) 업체현황 확인(업체명, 대표자명, 영업소재지, 영업장연락처, 종업원수 등)

다. 행정사항

관할 지방청에서는 취합한 자료에 오류가 없도록 최종 검토한 후 최종 보고일로부터 1개월 이내에 그 결과를 식약처(건강기능식품정책과)에 보고

※ 지방청에서는 기한 내 보고토록 관내 업체에 생산실적 보고를 독려할 것

※ 위반 시 법 제47조 관련 시행령 [별표 2]에 따라 과태료 50만원(1차) 부과

2 건강기능식품 판매업 영업신고 및 관리

〈건강기능식품정책과〉

1. 건강기능식품일반(유통전문)판매업 영업신고 수리

가. 근거법령

「건강기능식품에 관한 법률」 제6조제2항 및 같은 법 시행규칙 제6조제1항

나. 신고대상

□ 건강기능식품일반판매업

건강기능식품을 판매하는 모든 영업자(아래 사항을 포함한 모든 판매 방식이 대상임)

1) 건강기능식품을 영업장에서 판매하는 자

가) 건강기능식품을 소비자에게 직접 판매 또는 도·소매하는 모든 영업자

※ 다만, 건강기능식품제조업자 자신이 제조한 건강기능식품을 소비자가 아닌 도·소매업자 등 건강기능식품판매영업자에게 출고·공급하는 형태는 별도로 판매업 영업 신고를 하지 아니할 수 있음

※ 수입식품등 수입·판매업자의 경우 자신이 수입한 건강기능식품을 소비자 및 도·소매업자 등 건강기능식품판매영업자에게 출고·공급하는 형태는 별도로 판매업 영업 신고를 하지 아니할 수 있음

나) 백화점, 대형마트 등의 경우는 직영, 임대매장 또는 수수료 매장의 구분 없이 건강기능식품을 판매하는 실제 영업자(대표자)

다) 건강기능식품제조업, 건강기능식품유통전문판매업을 영업허가(신고) 받은 영업자 중 제조한 건강기능식품을 소비자에게 직접 판매하는 영업자

※ 다만, 건강기능식품유통전문판매업은 자신의 상표로 제조한 제품만을 판매하는 경우는 제외

라) 「약사법」 제20조에 따라 개설 등록한 약국에서 건강기능식품을 판매하는 경우에는 판매업 신고를 하지 아니하나, 약국에서 판매하는 것 이외에 전자상거래 등을 통해 판매를 하는 약사(약국을 주소지로 하는 경우도 포함)

바) 수입식품등 수입·판매업을 받았다 하더라도 자신이 수입한 건강기능식품 외 다른 영업자가 수입한 건강기능식품을 소비자에게 직접 판매하는 영업자

2) 「방문판매 등에 관한 법률」 제2조의 따른 방문판매, 전화권유판매, 다단계 판매, 후원방문판매(이하 방문판매업 등이라 한다) 영업을 하는자

가) 「방문판매 등에 관한 법률」 제5조에 따라 방문판매업 등 영업자(이하 방문판매업자 등이라 한다)가 건강기능식품일반판매업 영업신고를 한 경우 같은 법 제6조에 따라 방문판매업 등의 영업자의 명부에 기록·등재된 판매원은 영업신고를 하지 않을 수 있음

※ 다만, 판매업자의 명부, 사업자 등록증, 개인별 세금 계산서 발행 내역, 4대 보험 지급 내역 등의 객관적인 근거자료를 참고하여 소속 판매원이 아니라고 판단 시 영업신고 대상임

3) 「전자상거래등에서의 소비자보호에 관한 법률」 제2조의 규정에 의한 전자상거래(인터넷 등)·통신판매(TV 홈쇼핑 등) 등의 방법으로 판매영업을 하는 자

※ 해당 매체를 이용하여 위탁 판매하는 영업자도 신고 대상

□ 건강기능유통전문판매업

건강기능식품전문제조업자에게 의뢰하여 제조한 건강기능식품을 자신의 상표로 유통·판매하는 자

다. 처리기관

1) 처리기관 : 시·군·구(처리기간 : 3일)

2) 수 수 료 : 28,000원(수입인지)(전자민원 신청 시 25,000원)

라. 구비서류

1) 영업신고서([별지 제6호서식])

2) 법 제13조제2항에 따른 교육증명서

3) 보관시설 임차계약서(건강기능식품유통전문판매업 중 보관시설을 임차한 경우에 한함)

4) 건강기능식품전문제조업소와 체결한 위탁생산계약서(유통전문판매업을 하려는 경우만 해당)

5) 「유선 및 도선사업법」에 따른 유선사업 및 도선사업 면허증 또는 신고필증(수상구조물로 된 유선장 및 도선장에서 영 제2조제3호가목의 건강기능식품일반판매업을 하려는 경우에 한함)

6) 「국가를 당사자로 하는 계약에 관한 법률」 제11조에 따른 시설운영에 관한 계약서(「군사기지 및 군사시설 보호법」에 따른 군사기지·군사시설 및 「군인복지기본법」 제14조에 따른 군인복지시설에서 영 제2조제3호가목의 건강기능식품일반판매업을 하려는 경우에 한함)

7) 「국유재산법 시행규칙」 제14조제3항에 따른 국유재산 사용허가서(국유철도의 정거장시설에서 영 제2조제3호가목의 건강기능식품일반판매업을 하려는 경우만 해당)

8) 「도시철도법」에 따른 도시철도운영자와 체결한 도시철도시설 사용계약에 관한 서류(도시철도의 정거장시설에서 영 제2조제3호 가목의 건강기능식품 일반판매업을 하려는 경우만 해당)

마. 검토사항

1) 영업신고제한에 해당되는지 여부 확인

2) 영업신고서에 필요한 내용이 빠짐없이 기재되어 있는지 확인

바. 참고사항

1) 전자상거래(인터넷 등) 방식 판매업자, 방문판매원이나 다단계판매원 등과 같이 영업소가 없는 무점포 판매의 경우에는 영업자의 주소지를 소재지로 간주하되, 「국토의 계획 및 이용에 관한 법률」등 법률의 검토 생략가능

2) 법 제9조의 규정에 의한 영업신고 제한

가) 영업체의 폐쇄명령을 받은 영업자(동일영업 1년이내, 동일장소 6월이내)

나) 피성년후견인, 파산선고 된 자 또는 법인(대표자)으로서 복권되지 아니한 자

3) 건강기능식품관련 영업자에 대한 교육시 영업에 직접 종사하지 않는 영업자(법인 및 외국기업체 등의 대표자, 시각·청각장애인 등), 2곳 이상의 영업장소에서 영업을 하고자 하는 자, 또는 총리령*으로 정하는 사유로 교육을 받을 수 없는 자는 그 종업원 중 식품위생에 관한 책임자를 지정하여 교육을 받게 할 수 있음.

※ 천재지변, 본인의 질병·사고, 업무상 국외출장 등의 사유로 교육을 받을 수 없는 경우

4) 판매업자 준수사항

가) 건강기능식품 판매업자는 영업의 종류에 따라 다음의 서류를 비치

○ 건강기능식품일반판매업자 : 영업신고증, 공급받거나 공급한 건강기능식품의 내역(거래업소명, 제품명, 수량, 거래일 및 연락처가 포함된 거래명세내역)

○ 건강기능식품유통전문판매업자 : 영업신고증, 공급한 건강기능식품의 내역(거래업소명, 제품명, 수량, 거래일 및 연락처가 포함된 거래명세내역), 건강기능식품 위해사실(이상사례를 포함) 접수 및 처리 내역

나) 건강기능식품유통전문판매업자는 우수건강기능식품제조기준 적용업체로 지정받은 업체에 한하여 제품생산을 의뢰하여야 함

다) 방문판매업자 등은 방문판매원 등이 판매하려는 건강기능식품에 대하여 질병의 예방 및 치료에 효능·효과가 있거나 의약품으로 오인·혼동할 우려가 있는 부당한 표시·광고 행위를 하지 아니하도록 관리

라) 방문판매업자등은 방문판매원등의 성명·주소·주민등록번호·전화번호·등록일자·등록번호 등을 기록한 명부를 영업체에 비치하여야 하며, 등록된 방문판매원등이 바뀐 경우에는 그 내용을 영업체 소재지 관할 시장·군수·구청장에게 분기별로(다음 분기가 시작되는 달의 월말까지) 통보하여야 함

2. 영업사항의 변경신고

가. 근거법령

「건강기능식품에 관한 법률」 제6조제4항 및 같은 법 시행규칙 제6조

나. 변경신고대상

1) 영업자의 성명(법인인 경우 그 대표자의 성명)

2) 영업소의 명칭이나 상호

3) 영업소의 소재지

4) 보관시설의 소재지(보관시설을 임차한 경우에 한함)

5) 건강기능식품을 위탁생산하는 제조업소의 명칭이나 상호(건강기능식품유통전문판매업만 한함)

다. 처리기관

1) 처리기관 : 시·군·구(처리기간 : 즉시)

2) 수수료

- 영업소 소재지의 변경 : 26,500원(수입인지)(전자민원 신청 시 23,800원)
- 영업자의 성명(법인의 경우 그 대표자의 성명) : 수수료 없음
- 그 외 변경 : 9,300원(수입인지)(전자민원 신청 시 8,300원)

라. 구비서류

1) 영업신고사항 변경신고서([별지 제13호서식])
2) 영업신고증

마. 검토사항

1) 영업신고사항 변경신고서에 필요한 내용이 빠짐없이 기재되어 있는지 확인
2) 영업자가 영업신고 제한에 해당되는지 여부 확인
3) 관할지역 외의 지역으로 업소 소재지 이전시 변경신고를 받은 시·군·구청장은 종전 업소 소재지의 시·군·구청장에게 동 업소 관련서류를 송부하여 줄 것을 요청

바. 참고사항

1) 「건강기능식품에 관한 법률」 제11조에 따른 영업자 지위승계에 의한 변경은 신고하지 아니하여도 됨
2) 「건강기능식품에 관한 법률」제11조에 따른 영업자의 승계 시 양도자가 「부가가치세법」제8조제7항에 따른 폐업신고를 같이 하려는 경우에는 영업자 편의 제공 차원에서 「부가가치세법 시행규칙」별제 제9호 서식의 폐업신고서를 제출받아 관할 세무서장에게 신속히 송부 필요(정보통신망을 이용한 송부 포함)
3) 변경신고를 하지 아니하는 자에 대하여는 행정처분과 「건강기능식품에 관한 법률」 제47조제1항에 따라 300만원 이하의 과태료에 처하게 됨
4) 건강기능식품판매업 신고를 위하여 전차한 영업소가, 그 영업소의 전대인(임차인)이 임대인 동의 없이 건강기능식품판매업을 신고하려는 자에게 전대한 것이라 하더라도 관할청에서「건강기능식품에 관한 법률」제6조에 따른 건강기능식품판매업 신고 수리를 거부할 수 없음

〈 법제처 법령해석 회신, 2018.11.27. 〉

「민법」제629조제1항에서 임차인은 임대인 동의 없이 그 권리를 양도하거나 임차물을 전대(임차인이 임차물을 제3자에게 임대하는 계약)하지 못한다고 규정되어 있으나, 같은 법 제629조제2항에 따라 임대인이 임대차계약 해지권을 행사하기 전까지는 영업소의 사용권을 확보한 것으로 보는 것이 타당함

3 맞춤형건강기능식품 판매업 영업신고(신규·변경) 및 관리

〈건강기능식품정책과〉

1. 맞춤형건강기능식품판매업 영업신고 관리

가. 근거법령

1) 「건강기능식품에 관한 법률」 제6조제2항 및 같은 법 시행규칙 제5조제1항

2) (맞춤형건강기능식품관리사 관련) 같은 법 제12조의3제4항 및 시행규칙 제16조의4

3) (책임보험 관련) 같은 법 제10조의3 및 시행규칙 제3조의4

나. 신고대상 및 시설기준

1) 맞춤형건강기능식품(위탁하여 소분·조합한 건강기능식품을 포함한다)을 판매하는 영업(시행령 제2조제4호)

* 「약사법」에 따라 개설등록한 약국은 영업신고 면제

2) 갖추어야 할 시설기준

- 영업소

* 「전자상거래 등에서의 소비자보호에 관한 법률」 제2조에 따른 전자상거래·통신판매 형태의 영업으로서 소분·조합을 건강기능식품전문제조업자 또는 작업실과 소분·조합 시설 보유한 타 맞춤형건강기능식품판매업자에게 소분·조합 위탁 가능하고, 구매자가 직접 사무소를 방문하지 않은 경우에는 「건축법」에 따른 주택 용도의 건축물을 사무소로 사용 가능

- 작업실

* 건강기능식품 작업실은 독립된 건물이거나 소분·조합 외의 용도로 사용되는 시설과 분리 또는 구획 필요(다만, 소분·조합 과정에서 건강기능식품이 외부로 노출되지 않는 등 소분·조합시설이 안전위생상 위해 우려가 없는 경우에는 작업실을 별도로 갖추지 아니할 수 있음)

- 소분·조합시설

3) 맞춤형건강기능식품관리사 선임 관련

- 별지 제30호서식의 신고서(전자문서 신고서 포함)에 맞춤형건강기능식품관리사 자격증빙서류*를 첨부

* 맞춤형건강기능식품관리사로 선임된 경력이 없는 자를 선임하는 경우에만 해당

다. 처리기관

1) 처리기관 : 지방식품의약품안전청(처리기간 : 3일)

2) 수 수 료 : 28,000원(수입인지)(전자민원 신청 시 25,000원)

라. 구비서류

1) 영업신고서([별지 제6호 서식])
2) 법 제13조제2항에 따른 교육증명서
3) 맞춤형건강기능식품관리사 선임신고서(별지 제30호 서식)

마. 검토사항

1) 영업신고제한에 해당되는지 여부 확인
2) 영업신고서에 필요한 내용이 빠짐없이 기재되어 있는지 확인
3) 맞춤형건강기능식품판매업 영업신고를 위해서는 맞춤형건강기능식품관리사 선임신고서를 첨부하고 영업자의 교육이수가 선행되어야 함

바. 참고사항

1) 법 제9조의 규정에 의한 영업신고 제한
   가) 영업체의 폐쇄명령을 받은 영업자(동일영업 1년이내, 동일장소 6월이내)
   나) 피성년후견인, 파산선고 된 자 또는 법인(대표자)으로서 복권되지 아니한 자
2) 안전위생교육 이수 확인
   가) 맞춤형건강기능식품판매업자는 사전에 3시간의 건강기능식품의 안전성 확보 및 품질관리, 건강기능식품의 표시·광고 등에 관한 교육을 받아야 함 (영업자 보수교육 없음)

구분	기관명	연락처
교육기관	한국건강기능식품협회	☎ 031-628-2390
	대한약사회	☎ 02-581-1201
	대한영양사협회	☎ 02-823-5680
신규(보수) 교육 시간	영업자 : 신규(3시간), 관리사 : 신규(6시간), 보수(3시간)	
근거법령	「건강기능식품에 관한 법률」 제13조	
교육내용	맞춤형건강기능식품 관련 법령 및 제도, 위생관리, 영업자 및 관리사 준수사항 등	

   나) 맞춤형건강기능식품판매업자가 맞춤형건강기능식품관리사인 경우, 관리사 교육 6시간 이수 시 영업자 신규교육으로 인정됨

<영업자 및 관리사 교육 시간 비교 >

구분		영업자	관리사	영업자=관리사
안전위생교육		3시간	-	관리사 교육으로 인정
관리사교육	신규	-	6시간	6시간
	보수	-	3시간	3시간

※ 맞춤형건강기능식품판매업 사전확인 사항

□ 판매업소인 경우

구분	요건 및 절차	비고
영업시설 요건	• 영업소, 작업실 또는 소분·조합 시설 등 구비	필수
영업자 교육	• 영업자=관리사 : 관리사 교육으로 갈음 (사전교육 이수 필요) • 영업자≠관리사 : 영업자 사전 교육 이수	필수
맞춤형건강기능식품 관리사 선임 신고	• 관리사 자격 요건 확인 후 선임	• 영업자=관리사 : 선임 신고 필요 • 영업자≠관리사 : 관리사 선임 및 신고
영업신고 여부	• 영업신고	필수
신고 및 제출 서류	• 영업신고 신청서 • 영업자 교육 이수증 • 맞춤형건강기능식품관리사 선임신고서 (증빙서류 포함)	-
기타	• 영업자=관리사 : 관리사 선임신고 • 영업자≠관리사 : 영업자 사전 교육 이수 여부 확인	• 「지방세법」에 따라 면허세 납부 확인 후 영업신고증 발급가능

□ 약국인 경우

구분	요건 및 절차	비고
영업시설 요건	• 영업소, 작업실 또는 소분·조합 시설 등 구비	필수
영업자 교육	• 영업자=관리사 : 관리사 교육으로 갈음 (사전교육 이수 필요) • 영업자≠관리사 : 영업자 사전 교육 이수	필수
맞춤형건강기능식품 관리사 선임 신고	• 선임신고 필수	• 영업자=관리사 : 선임하지 않으나 선임신고 필요 • 영업자≠관리사 : 관리사 선임 및 신고
영업신고 여부	• 영업신고 면제	-
신고 및 제출 서류	• 맞춤형건강기능식품관리사 선임신고서(증빙서류 포함) • 관리사 신고 화면에서 약국 정보 입력	

사. 맞춤형건강기능식품판매업 영업자 준수사항

1) 건강기능식품의 소분·조합·보존·판매시 보건위생상 위해가 없도록 소분·조합·보관·진열 및 판매시설 등을 정기적으로 점검하고, 위생적인 관리 의무

2) 맞춤형건강기능식품판매업자는 소분·조합 기록에 관한 서류(제품명, 수량, 소분·조합일자 등 소분·조합 내역 및 판매명세내역을 말한다)와 공급받은 건강기능식품의 내역(거래업소명, 제품명, 수량, 거래일 및 연락처가 포함된 거래명세내역을 말한다)에 관한 서류를 작성·비치하여야 하고, 이를 최종 기재일로부터 2년간 보관 의무

3) 맞춤형건강기능식품판매업자는 직접 또는 위탁 소분·조합한 건강기능식품을 소비자와의 상담 결과 등에 따라 상담한 소비자에게 판매해야 하는 의무

4) 맞춤형건강기능식품의 추천·판매를 위한 소비자 대상 상담은 개인별로 맞춤형건강기능식품관리사가 직접 수행(대면·화상·통화 또는 대화형정보통신서비스 등의 방식을 포함한다)하도록 해야 함

5) 건강기능식품을 소분·조합할 때에는 의약품 성분 등이 혼입·전이되지 않도록 해야 함

6) 맞춤형건강기능식품판매업자는 행정처분기준에 따라 시정명령·폐기처분·시설개수명령 등 사후조치가 필요한 행정처분을 받은 경우에는 그 처분에 따른 사후조치를 이행하고, 이행결과를 지체없이 처분청에 보고해야 함

7) 맞춤형건강기능식품판매업자는 건강기능식품의 안전성 또는 기능성에 문제가 있거나 품질이 불량한 사항을 확인하거나 알게 된 때에는 해당 제품을 회수하고, 그 기록을 2년간 보관하여야 함

8) 건강기능식품의 소분·조합을 위탁하고자 하는 경우, 건강기능식품전문제조업의 허가를 받은 자 또는 작업실과 소분·조합 시설을 보유한 다른 맞춤형건강기능식품판매업 영업자에게 의뢰하여야 한다. 이 경우, 위탁계약서를 영업소에 보관하여야 함

아. 책임보험

1) 책임보험 가입 주체 : 맞춤형건강기능식품판매업자

맞춤형건강기능식품을 판매하는 영업자는 건강기능식품의 소분·조합에 따른 건강상 위해로 인하여 발생한 소비자의 손해를 배상하기 위하여 책임보험에 가입할 수 있다는 임의조항을 두고 있음

2) 책임보험의 보상범위

- 보상 대상 : 맞춤형건강기능식품 섭취 등으로 인하여 소비자가 입은 생명·신체 및 재산상의 손해
- 사망 : 1인당 1억5천만원, 다만, 사망에 따른 실손해액이 2천만원 미만인 경우에는 2천만원으로 함
- 부상 : 1인당 3천만원
- 부상 치료 후 그 부상이 원인이 되어 신체장애가 생긴 경우 : 1인당 1억5천만원

2. 영업사항의 변경신고

가. 근거법령 : 「건강기능식품에 관한 법률」 제6조제3항 및 같은 법 시행규칙 제6조

나. 변경신고대상

1) 영업자의 성명(법인인 경우 그 대표자의 성명)

2) 영업소의 명칭이나 상호

3) 영업소의 소재지

다. 처리기관

1) 처리기관 : 지방식품의약품안전청장(처리기간 : 즉시)

2) 수수료

- 영업소 소재지의 변경 : 26,500원(수입인지)(전자민원 신청 시 23,800원)
- 영업자의 성명(법인의 경우 그 대표자의 성명) : 수수료 없음
- 그 외 변경 : 9,300원(수입인지)(전자민원 신청 시 8,300원)

라. 구비서류

1) 영업신고사항 변경신고서([별지 제13호서식])

2) 영업신고증

마. 검토사항

1) 영업신고사항 변경신고서에 필요한 내용이 빠짐없이 기재되어 있는지 확인

2) 영업자가 영업신고 제한에 해당되는지 여부 확인

3) 관할 지역 외의 지역으로 업소 소재지 이전시 변경신고를 받은 지방식품의약품안전청장은 종전 업소 소재지의 지방식품의약품안전청장에게 동 업소 관련서류를 송부하여 줄 것을 요청

바. 참고사항

1) 「건강기능식품에 관한 법률」 제11조에 따른 영업자 지위승계에 의한 변경은 신고하지 아니하여도 됨

2) 「건강기능식품에 관한 법률」 제11조에 따른 영업자의 승계 시 양도자가 「부가가치세법」제8조제7항에 따른 폐업신고를 같이 하려는 경우에는 영업자 편의 제공 차원에서 「부가가치세법 시행규칙」별제 제9호 서식의 폐업신고서를 제출받아 관할 세무서장에게 신속히 송부 필요(정보통신망을 이용한 송부 포함)

3) 변경신고를 하지 아니하는 자에 대하여는 행정처분과 「건강기능식품에 관한 법률」 제47조제1항에 따라 300만원 이하의 과태료에 처하게 됨

3. 맞춤형건강기능식품관리사 선임·해임

가. 근거법령 : 「건강기능식품에 관한 법률」 제12조의3, 같은 법 시행령 제5조의 2 및 같은 법 시행규칙 제16조의3, 제16조의4, 제16조의5

나. 처리기관

1) 처리기관 : 지방식품의약품안전청(처리기간 : 3일)

2) 수 수 료 : 없음

다. 구비서류

1) 영업신고서([별지 제30호 서식])

2) 맞춤형건강기능식품관리사의 자격을 증명하는 서류

라. 맞춤형건강기능식품관리사 고용의무

1) 맞춤형건강기능식품의 신고를 받아 영업을 하고자 하는 자는 신고를 받은 영업소별로 1인 이상의 맞춤형건강기능식품관리사를 선임해야 하며, 1명의 맞춤형건강기능식품관리사가 2개 이상의 영업소에 중복 선임될 수 없음

2) 맞춤형건강기능식품판매업자는 맞춤형건강기능식품관리사의 업무를 방해하여서는 아니되며 그로부터 업무수행상 필요한 요청을 받은 때에는 정당한 사유가 없는 한 이에 응하여야 함

3) 맞춤형건강기능식품판매업자는 맞춤형건강기능식품관리사를 선임하거나 해임하는 경우 식약처장에게 신고하여야 함

마. 맞춤형건강기능식품관리사의 자격기준

1) 「의료법」 제2조에 따른 의료인 중 의사, 치과의사, 한의사, 간호사
2) 「약사법」 제2조제2호에 따른 약사, 한약사
3) 「국민영양관리법」 제15조에 따른 영양사

바. 맞춤형건강기능식품관리사의 직무

1) 맞춤형건강기능식품의 소분·조합 등에 대한 **안전관리**
2) 소분·조합 시설·설비 등에 대한 **위생관리**
3) 맞춤형건강기능식품의 구매, 섭취 등에 대한 **상담**
4) 그 밖에 맞춤형건강기능식품의 안전·위생관리에 관한 사항으로서 총리령으로 정하는 사항

사. 맞춤형건강기능식품관리사의 준수사항

1) 직무 수행일자·내용·결과를 기록하고 이를 2년간 보관할 것
2) 맞춤형건강기능식품 상담·추천 과정에서 「식품 등의 표시·광고에 관한 법률」 제8조에 따른 부당한 표시·광고를 하지 말 것
3) 맞춤형건강기능식품 소분·조합 과정에서 안전성, 품질 및 위생에 문제가 있거나 개선하여야 할 사항이 있는 경우에는 지체없이 영업자에게 알리고 개선을 요청할 것

아. 참고사항

○ 맞춤형건강기능식품관리사 선임 관련

- 맞춤형건강기능식품 판매하는 영업자가 맞춤형건강기능식품관리사의 자격을 갖추고 맞춤형건강기능식품 관리업에 종사하고 있는 경우는 선임하지 않아도 됨

  ☞ 영업자가 7대 보건인력인 경우: 관리사 선임의무 없으나, 선임신고 필요

  ☞ 영업자가 7대 보건인력이 아닌 경우: 관리사 반드시 선임

4. 소분·조합 안전관리 및 판매기준

가. 근거법령 : 「건강기능식품에 관한 법률 시행규칙」 별표 2

나. 소분·조합 안전관리 기준

○ 맞춤형건강기능식품으로 소분·조합할 수 있는 제품의 제형은 「건강기능식품의 기준 및 규격」에 따른 정제, 캡슐, 환 제형으로 한정

○ 맞춤형건강기능식품으로 소분·조합한 건강기능식품의 기능성분 함량이 일일 섭취량을 초과하지 않아야 함

○ 중복·병용 섭취할 경우 안전에 우려가 있다고 식품의약품안전처장이 인정하는 건강기능식품은 함께 소분·조합되지 않도록 하여야 함

다. 판매 기준

1) 맞춤형건강기능식품을 판매할 때에는 해당 제품을 구성하는 건강기능식품의 원래 표시사항(「식품등의 표시 · 광고에 관한 법률」 제4조부터 제6조까지의 규정에 따라 표시한 사항을 말한다. 이하 같다)을 소비자에게 제공(영업소 내에 게시하여 안내하거나 전자적 방법으로 제공하는 경우를 포함한다)해야 함

2) 맞춤형건강기능식품의 용기 또는 포장에는 다음 각 호의 사항을 표기해야 하며, 소분한 건강기능식품의 원래 표시사항과 다른 내용을 표기해서는 안됨

가) 맞춤형건강기능식품이라는 문구와 상담한 소비자의 이름(익명 또는 가명을 포함)

나) 소분 · 조합한 건강기능식품의 제품명 및 기능성 원료 또는 영양성분의 명칭(해당 원료의 특성을 나타내는 명칭의 일부만 사용할 수 있다), 일일 섭취량 및 섭취방법

다) 소비기한(소분 · 조합한 맞춤형건강기능식품의 소비기한 중 가장 짧은 소비기한으로 한다), 소분 · 조합일 및 보관방법

라) 맞춤형건강기능식품판매업자의 영업소의 명칭 및 소재지

마) 소분 · 조합한 영업소의 명칭 및 소재지(위탁하여 소분 · 조합한 맞춤형건강기능식품의 경우만 해당한다)

5. 맞춤형건강기능식품판매업 사후관리

가. 목적 : 맞춤형건강기능식품 제도 시행('25. 3. 19 시행)됨에 따라 제도의 안정적인 안착을 위해 영업신고 업체 대상으로 안전관리 수준 등 지도 및 안전관리 강화

나. 근거법령

1) 「건강기능식품에 관한 법률」 제6조제2항 및 같은 법 시행규칙 제5조제1항

2) (맞춤형건강기능식품관리사 관련) 같은 법 제12조의3제4항 및 시행규칙 제16조의4

다. 대상업체 : 맞춤형건강기능식품판매업체

- '25년 영업신고 판매업소(약국 포함)

라. 점검방법 : 맞춤형건강기능식품판매업 점검표에 따라 지도·점검 실시

- 수거·검사 병행(1회/반기) 실시(지방식품의약품안전청)

마. 중점 지도·점검 사항

1) 시설기준 준수 여부

○ (영업소) 독립된 영업소의 「건축법」 상 적합한 용도의 건축물 확인, 타 영업소와 함께 사용 시 영업활동 지장 여부 확인

○ (작업실) 독립된 건물 또는 소분·조합 외의 용도 시설과 분리 또는 구획 여부 확인

※ 자동 소분기(ATC, Automatic Tablet Counting and Dispensing) 사용 시 별도 구획 필요 없음

○ (위탁소분) 맞춤형건강기능식품판매업자가 작업실과 소분·조합 시설을 보유하지 않은 경우에는 건강기능식품전문제조업자 또는 작업실과 소분·조합시설 보유한 다른 맞춤형건강기능식품판매업자에게 해당 제품의 소분·조합 위탁 가능

※ 위수탁 관련 위탁계약서 작성 여부 확인(판매업소에 보관)

○ (소분·조합 방법) ATC 사용 또는 미사용 시 소분·조합 방법 확인

2) 영업자 준수사항 준수여부

○ (소비기한 확인) 소비기한이 경과된 건강기능식품으로 소분·조합되었는 지를 확인

○ (위생관리) 건강기능식품 소분·조합 시 사용되는 시설, 기구를 위생적으로 관리하는 지 확인

3) 소분·조합 안전관리 준수 여부

○ 맞춤형건강기능식품으로 소분·조합 가능한 제형은 정제, 캡슐, 환으로 한정

○ 맞춤형건강기능식품으로 소분·조합한 건강기능식품의 기능성 원료의 기능성분함량의 합이 일일섭취량을 초과하는 지 확인

4) 판매기준

○ 소분·조합한 제품의 표시 적정성 여부

○ 용기 또는 포장 표시사항 적합 여부

5) 맞춤형건강기능식품관리사 관련

○ 맞춤형건강기능식품관리사 실제 선임 여부 및 관리사 변경 시 변경신고 여부 확인

○ 맞춤형건강기능식품관리사가 아닌 자가 소비자의 맞춤형건강기능식품의 구매, 섭취 등에 대한 상담을 수행하게 하는 경우를 확인

○ 소분·조합 기록, 소분·조합 시설 및 설비 등에 대한 위생관리 기록, 소비자와의 상담 내역(구매, 섭취 등) 기록 및 보관내역 확인

6) 맞춤형건강기능식품판매업자 및 맞춤형건강기능식품관리사 교육 이수 여부

○ 맞춤형건강기능식품영업자 신규 3시간, 맞춤형건강기능식품관리사 신규 6시간 교육 이수 여부 확인

※ 영업자가 맞춤형건강기능식품관리사인 경우 사전에 관리사 신규 교육 6시간의 이수 여부 확인

7) 책임보험 가입 여부 관련

○ 맞춤형건강기능식품영업자는 건강기능식품의 소분·조합에 따른 건강상 위해로 인하여 발생한 소비자의 손해를 배상하기 위한 책임보험에 가입가능(의무사항이 아닌 임의가입)

8) 이상사례 보고 관련

○ 영업자는 해당 이상사례를 알게 된 날부터 7일 이내 건강기능식품에 관한 법률 시행규칙 별지 제27호의2 서식(이상사례 보고서)을 식품안전정보원에 제출 여부 확인

9) 개인정보 보호 관련

○ 소비자가 상담 또는 앱 이용시 개인의 건강정보, 식습관, 의료 정보 등 민감 정보를 다룰 수 있어, 「개인정보보호법」에 따른 개인정보 수집 및 이용 동의서 작성 또는 동의 필요

4 우수건강기능식품제조기준(GMP) 운영 및 관리

〈건강기능식품정책과〉

1. 우수건강기능식품제조기준(GMP)란?

건강기능식품의 제조 및 품질관리를 위하여 총리령으로 정하는 우수건강기능식품제조 및 품질관리기준(이하 "우수건강기능식품제조기준")으로 건강기능식품 제조 시 영업자는 우수건강기능식품제조기준을 준수하여야 함.

2. 건강기능식품전문제조업(GMP 적용) 허가 현황

가. 시·도별

('25.11.11. 기준, 휴업제외)

업종 \ 지역	계	서울	부산	대구	인천	광주	대전	울산	경기	강원	충북	충남	전북	전남	세종	경북	경남	제주
총계	492	3	5	7	10	1	3	2	126	32	89	86	48	18	12	21	21	8

나. 지방청별

('25.11.11. 기준, 휴업제외)

연도	계	서울청	부산청	경인청	대구청	광주청	대전청
업체수	492	71	28	100	28	75	190

3. 기관별 업무 현황

가. 기관별 업무 내용

1) 식약처

기관별	식약처 (건강기능식품정책과)	지방식약청 (식품안전관리과)
업무내용	· 우수건강기능식품제조기준 관련법령, 고시의 제정·개정 및 제도개선 · 우수건강기능식품제조기준 적용업소 인정 및 사후관리의 총괄·조정 · 우수건강기능식품제조기준 제도의 활성화를 위한 재정 및 기술지원 · 우수건강기능식품제조기준 조사관 교육·훈련	· 우수건강기능식품제조기준 적용업소의 인정 및 사후 관리

2) 시·도(시·군·구)

가) 우수건강기능식품제조기준을 지키는 영업자와 이를 지키기 위해 관련 시설 등을 설치하려는 영업자에 대한 식품진흥기금 적극 지원[「식품위생법 시행령」 제61조제1항제14호]

※ 장기 저리융자 및 융자조건의 완화 등

4. 건강기능식품제조업소 GMP 인정

가. 근거 법령

○ 「건강기능식품에 관한 법률」 제22조

○ 「우수건강기능식품 제조기준 운영에 관한 규정」(식약처 고시)

나. 인정기관(처리기한) 및 수수료

지방식품의약품안전청(14일) / 50,000원(수입인지)(전자민원 청구 시 45,000원)

다. 인정신청

○ 건강기능식품전문제조업 영업허가신청서(별지 제1호 서식)와 서류를 구비하여 지방식품의약품안전청에 신청

○ 구비서류

1) 제조하려는 제품의 종류와 제조방법설명서(품목별 제조공정도 사본)

2) 제조공장의 건물 배치도와 작업장 평면도(기계·기구류 배치내역을 포함)

3) 품질관리실의 기계·기구류 목록

4) 품질관리인 선임신고서

5) 법 제13조제2항에 따른 교육증명서

6) 법 제25조의4제1항제2호에 따른 제품표준서, 제조관리기준서, 제조위생관리기준서, 품질관리기준서

7) 법 제22조제1항에 따른 우수건강기능식품제조기준에 따라 1회 이상 적용·운영한 자체평가 결과 및 관련서류

라. 인정절차

○ 영업허가 신청서 접수(지방식약청) → 서류검토(GMP 관리 기준서 등) → 현지확인 및 평가(GMP 실시상황 평가) → 판정(적합) → 건강기능식품전문제조업 영업허가[영업허가증 발급(지방식약청)]

※ GMP 지정절차는 GMP 업무지침(건강기능식품정책과-983호, '17.5.10.) 참조

5. 건강기능식품제조업소(GMP 적용) 사후관리

가. GMP 적용업체 조사·평가(고시 제5조제2항)

1) 지방식품의약품안전청장은 GMP 적용업소로 지정받은 업소에 대하여 별표 3 GMP적용실시평가표(조사·평가용)에 따라 연 1회 불시 조사·평가 실시

※ 관련 법령 위반사항이 발견된 업소의 경우 필요 시 연 1회 불시 조사·평가, 수거검사 실시

○ 조사·평가시 전년도 평가결과 미흡사항 및 법령위반 내역 등에 대한 개선 여부 등을 확인 및 기록관리(서식 3-1-2)

2) 평가결과 미흡 업체에 대하여는 행정처분 및 미흡사항 시정 후 보고토록 조치하고 재평가 실시

우수건강기능식품제조기준적용업소의 행정처분 기준

위반사항	1차	2차	3차
11의3. 법 제22조에 따른 우수건강기능식품제조기준을 위반한 경우			
가. 우수건강기능식품제조기준 중 제조시설 기준 위반으로서 다음의 어느 하나에 해당하는 경우			
1) 공조시설이 필요함에도 불구하고 공조시설이 없거나 가동되지 아니한 경우	영업정지 7일	영업정지 15일	영업정지 1개월
2) 그 밖에 제조시설 기준을 위반한 경우	시정명령	영업정지 5일	영업정지 10일
나. 그 밖에 우수건강기능식품제조기준을 준수하지 않은 경우	시정명령	영업정지 5일	영업정지 10일

나. 우수영업소 선정 및 사후관리

1) GMP 정기 조사·평가 점수 백분율이 95% 이상인 영업소를 당해연도 12월에 우수영업소 선정

○ 「건강기능식품에 관한 법률」 제29조부터 제33조까지 및 제37조에 따른 행정처분을 받은 영업소의 경우에는 처분을 받은 날부터 3년이 경과하지 않은 경우 우수영업소로 선정 제외

2) 전년도 우수영업소로 선정된 경우 당해 연도 GMP 정기 조사·평가 면제

○ GMP 정기 조사·평가가 면제된 우수영업소는 「우수건강기능식품 제조기준 운영에 관한 규정」 제6조제2항에 따라 자체적으로 조사·평가하여 그 결과를 관할 지방식품의약품안전처장에게 제출

※ 자체 조사·평가 결과를 제출하지 않을 경우 GMP 정기 조사·평가 실시

6. 스마트GMP 시스템 적용 및 관리

가. 목적

○ 제조과정에서 발생하는 휴먼에러 최소화, 작업자 허위기록 방지, 제조기록서 전산화 등을 통한 건강기능식품 품질향상 및 공정관리의 효율성·투명성 제고

나. 근거 법령

○ 「우수건강기능식품 제조기준 운영에 관한 규정」(식약처 고시) 제2조 및 제4조

다. 스마트GMP 시스템별 정의

구 분	요 건
원료 칭량 정보 자동 기록·관리 시스템(1단계)	- 바코드(Bar code), 전자태그(Radio Frequency identification) 등을 이용하여 원료의 입·출고를 컴퓨터시스템으로 관리하고 원료 칭량 정보를 자동으로 기록·관리하는 시스템
공정 자동 기록·관리 시스템(2단계)	- 제조설비에서 감시하는 정보를 실시간으로 자동 기록 또는 수집·기록하고 확인·저장·관리하는 시스템
실시간 제조관리기록 시스템(3단계)	- 제조관리기준서에 따라 기록·관리하여야 하는 제조지시 및 기록서의 정보를 실시간으로 전산화하여 컴퓨터시스템으로 확인 및 검토하는 시스템

라. 운영·관리

1) 요건 확인

○ 영업자 별도 신청 절차 없이, GMP 조사관이 GMP 조사·평가 시 요건 확인 후 충족되면 스마트GMP 적용업소로 관리

※ 대장관리: 통합식품안전정보망 → 건기 영업대장관리 → 업소기본정보 → 스마트GMP

2) 우대 조치

○ 스마트GMP 적용업소는 GMP 정기 조사·평가 일정사전 안내

○ '7-9 자동화 장치 등 관련 시스템 관리' 항목 평가 후 가점 부여

※ 스마트GMP 미 적용업소는 7-9 평가항목 '해당 없음'으로 평가

<u>7-9. 자동화 장치 등 관련 시스템 관리</u>

<table>
<tr><th>연번</th><th>평 가 내 용</th><th>비 고</th></tr>
<tr><td>1</td><td>데이터 손상에 대비하여 백업 시스템을 구축·운영하여야 한다.(0-2점)</td><td rowspan="3">원료 칭량정보 자동 기록·관리 시스템</td></tr>
<tr><td>2</td><td>데이터의 수정이 불가능하거나 수정 시 이력이 생성·관리하여야 한다.(0-2점)</td></tr>
<tr><td>3</td><td>컴퓨터시스템 오류 등으로 작업원이 제조기록 등을 직접 작성할 때 이에 대한 관리기준을 마련하여야 한다.(0-2점)</td></tr>
<tr><td>4</td><td>컴퓨터시스템 접근 권한 및 관리기준을 기준서에 반영하여야 한다.(0-2점)</td><td rowspan="2">공정 자동 기록·관리 시스템</td></tr>
<tr><td>5</td><td>자동 기록관리 시스템은 정기적으로 교정 또는 성능점검을 하고 기록·관리 하여야 한다.(0-2점)</td></tr>
<tr><td>6</td><td>데이터 또는 문서관리 시스템은 날짜 및 시간을 포함하여 자료 입력, 확인, 삭제하는 작업원의 신원을 기록할 수 있어야 한다.(0-2점)</td><td rowspan="2">실시간 제조관리 기록 시스템</td></tr>
<tr><td>7</td><td>전자 기록 등을 검토한 결재 정보(전자 서명 등)는 관련된 기록에 영구적으로 연계되고 적용된 날짜 및 시간을 포함하여야 한다.(0-3점)</td></tr>
</table>

3) 사후관리

○ GMP 조사·평가 시 스마트GMP 적용업체는 시스템 운영 여부 확인, 미운영 시 스마트GMP 관리대장에서 제외(우대 조치 미적용)

7. 행정사항

1) 지방식품의약품안전청장은 당해연도 우수영업소 선정한 경우 그 결과를 식약처(건강기능식품정책과)에 보고

2) 지방식품의약품안전청장은 건강기능식품 GMP 적용업소에 대하여 자체 계획을 수립하여 조사·평가 시행

3) 지방식품의약품안전청장은 건강기능식품 GMP 운영현황(서식 3-1-1) 및 GMP 적용업체 관리현황(서식 3-1-2)을 식약처(건강기능식품정책과)에 매분기 종료 익월 15일까지 보고

5 건강기능식품 품질관리

〈건강기능식품정책과〉

1. 품질관리인 선임

가. 근거법령

「건강기능식품에 관한 법률」 제12조, 같은 법 시행령 제4조·제5조 및 같은 법 시행규칙 제16조

나. 품질관리인 고용의무

1) 건강기능식품제조업의 허가를 받아 영업을 하고자 하는 자는 허가를 받은 영업소별로 1인 이상의 품질관리인을 두어야 함

2) 건강기능식품제조영업자는 품질관리인의 업무를 방해하여서는 아니되며 그로부터 업무수행상 필요한 요청을 받은 때에는 정당한 사유가 없는 한 이에 응하여야 함

3) 건강기능식품제조영업자는 품질관리인을 선임하거나 해임하는 경우 식약처장에게 신고하여야 함

다. 품질관리인의 자격기준

1) 「국가기술자격법」에 따른 식품기술사 또는 식품안전기사의 자격이 있는 사람

2) 「국가기술자격법」에 따른 식품산업기사의 자격을 취득한 이후 건강기능식품과 그 원료 및 성분, 그 밖의 일반식품 또는 식품첨가물(이하 "건강기능식품등"이라 한다)을 제조하는 업무(법 제21조제1항 및 제21조의2제1항에 따른 검사업무를 포함하며, 제2조제1호나목에 따른 건강기능식품벤처제조업에 종사하는 품질관리인의 경우에는 건강기능식품등을 연구하는 업무를 포함한다. 이하 같다)에 1년 이상 종사한 경력이 있는 사람

3) 「고등교육법」 제2조 각 호에 따른 학교(같은 조 제4호의 전문대학은 제외한다. 이하 "대학등"이라 한다)에서 식품가공학·식품화학·식품제조학·식품공학·식품과학·식품영양학·위생학·발효공학·농화학·미생물학·유전공학·생명공학 등 식품 관련 분야(이하 "식품관련분야"라 한다)의 학사학위를 취득(법령에서 이와 같은 수준의 학력이 있다고 인정한 경우를 포함한다. 이하 같다)한 이후 건강기능식품등을 제조하는 업무에 1년 이상 종사한 경력이 있는 사람

4) 대학등에서 식품관련분야가 아닌 분야의 학사학위를 취득한 이후 건강기능식품등을 제조하는 업무에 2년 이상 종사한 경력이 있는 사람
5) 「고등교육법」 제2조제4호에 따른 전문대학에서 식품관련분야를 전공하고 전문학사학위를 취득(법령에서 이와 같은 수준의 학력이 있다고 인정한 경우를 포함한다. 이하 같다)한 이후 건강기능식품등을 제조하는 업무에 3년(「고등교육법」 제48조제1항에 따른 수업연한이 3년인 전문대학 졸업자의 경우는 2년을 말한다) 이상 종사한 경력이 있는 사람
6) 「고등교육법」 제2조제4호에 따른 전문대학에서 식품관련분야가 아닌 분야의 전문학사학위를 취득한 이후 건강기능식품등을 제조하는 업무에 4년 이상 종사한 경력이 있는 사람
7) 「초·중등교육법」 제2조제3호에 따른 고등학교·고등기술학교를 졸업(법령에서 이와 같은 수준의 학력이 있다고 인정한 경우를 포함한다)한 이후 건강기능식품등을 제조하는 업무에 5년 이상 종사한 경력이 있는 사람
8) 그 밖에 위에 따른 기준과 같거나 그 이상의 자격·학력 또는 경력이 있다고 인정되는 사람으로서 식품의약품안전처장이 정하여 고시하는 사람

라. 품질관리인의 직무

1) 건강기능식품의 안전성 확보
2) 자가품질검사 등을 통한 제품 및 원료에 대한 품질관리
3) 제조시설 및 제품에 대한 위생관리
4) 종업원에 대한 지도·감독 및 교육·훈련

마. 품질관리인의 공동선임

○ 품질관리인의 공동선임 문제는 업체수를 기준한 것이 아니고 해당 법률규정에 의한 것이므로 다음 기준에 의함

1) 「농어업·농어촌 및 식품산업 기본법」 제3조제2호에 따른 농어업인, 같은 법 제3조제4호에 따른 농업 관련 생산자단체 또는 「농어업경영체 육성 및 지원에 관한 법률」 제2조제2호에 따른 농업법인이 건강기능식품전문제조업의 허가를 받아 국내산 농산물을 주된 원료로 건강기능식품을 제조하는 경우에는 동일 또는 인접 시·군·구내의 다른 영업소와 공동으로 품질관리인을 둘 수 있음

바. 참고사항

1) 품질관리인 자격 중 식품 관련분야의 범위

- 품질관리인의 "식품 관련분야"는 식품제조와 관련된 과목을 이수하고 졸업한 자로서 「국가기술자격법 시행령」에 따른 「국가기술자격의 종목별 관련학과 고시」 (고용노동부 고시)에서 22. 식품가공 관련 기술자격의 관련 학과를 이수한 경우로 판단함

  * 국가기술자격의 종목별 관련학과 고시 [별표2] 직무분야별 학과에 '약학제약학과군'이 포함되어 있으므로 '약학제약학과군'은 "식품 관련분야"에 해당하며, '약학제약학과군'의 학사학위 취득 후 건강기능식품등을 제조하는 업무에 1년 이상 종사한 경력이 있으면 품질관리인으로 선임 가능함

2) 품질관리인의 근무

- 영업허가 신청시 품질관리인의 선임신고가 되었다 할지라도 실제 근무여부가 명확하지 아니할 수 있으므로 지도·점검 시 이의 확인이 필요함

2. 자가품질검사관리

가. 근거법령

1) 「건강기능식품에 관한 법률」 제21조 및 같은 법 시행규칙 제25조

2) 「식품·의약품분야 시험·검사 등에 관한 법률」제11조, 제12조 및 같은 법 시행규칙 제11조, 제12조, 제14조

나. 자가품질검사의 의무

1) 건강기능식품제조업의 허가를 받은 자는 스스로 제조하는 건강기능식품이 기준·규격에 적합한지 여부를 검사하여야 함

2) 검사를 하여야 하는 영업자가 검사시설 및 검사능력 부족 등으로 자체적으로 자가품질검사를 실시하기 어려운 경우에는 법 제14조 및 제15조의 규정에 의한 「건강기능식품의 기준 및 규격」의 검사항목 중 검사하고자 하는 항목의 전부 또는 일부를 공인검사기관(식품 등 시험·검사기관)에 위탁하여 검사할 수 있음

3) 건강기능식품을 위탁하여 제조하는 경우에는 위탁자 또는 수탁자가 자가품질검사를 실시할 수 있음

다. 자가품질검사기준

1) 검사기준

가) 자가품질검사는 판매를 목적으로 제조하는 품목별로 실시

나) 자가품질검사주기의 적용시점은 제품의 제조일 기준으로 산정

다) 검사항목의 적용은 당해 제품의 해당 검사항목에 한함(다만, 건강기능식품 제조과정중 특정 식품첨가물을 사용하지 아니하였을 경우 해당 항목 생략 가능)

라) 제품의 특성상 원료수급 등의 사유로 계절별 또는 특정기간에만 제조하는 제품에 대하여는 그 제조기간 동안 검사주기를 적용하여 자가품질검사를 실시할 수 있음

마) 사용하는 원재료 및 용기·포장의 경우 해당제품의 제조업체에서 자가품질검사 또는 공인검사기관에서 검사한 결과 적합한 시험성적서가 있는 경우에는 검사생략 가능함

2) 검사주기

가) 자가품질검사는 다음의 구분에 의하여 실시하여야 함

구 분	검 사 항 목	검 사 주 기
건강기능식품 (기능성원료 또는 성분제외)	공통 및 개별 기준·규격 항목	1월마다 1회 이상
기능성 원료 또는 성분*	기준·규격 항목	제조단위(롯트)별 1회 이상
사용하는 원재료	해당 원재료 제품별 관련 규정에 의한 기준·규격 항목	1월마다 1회 이상
사용하는 용기·포장	해당 용기·포장 제품별 관련 규정에 의한 기준·규격 항목	6월마다 1회 이상

※ 건강기능식품을 제조하기 위해 사용되는 원료성 건강기능식품을 말함

※ 「건강기능식품의 기준 및 규격」제2.3.5)에 따른 중금속 기준은 기능성 원료(원료성 제품)에 한하여 1월마다 1회 이상 검사하도록 적용(건강기능식품정책과-1237호,'18.3.7. 참조)

나) 자가품질검사를 하여야 하는 기준·규격 항목이 중복될 경우에는 그 중 하나를 생략할 수 있음

(1) 동일한 제조업소에서 제조한 기능성 원료 또는 성분을 원료로 하여 건강기능식품 완제품을 제조하는 경우

(2) 다른 원료 또는 성분의 첨가 없이 기능성 원료 또는 성분에 따른 기준·규격 항목의 검사가 완료된 기능성 원료 또는 성분을 그대로 소분만 하는 경우

3) 검사방법

가) 자가품질검사방법은 법 제14조 및 법 제15조의 규정에 의한 「건강기능식품의 기준 및 규격」에서 정하고 있는 시험방법과 절차에 따라 시험(다만, 성상 및 이물에 관한 검사는 색깔, 풍미(냄새), 조직감(맛), 외관 등을 종합하여 그 적·부를 판단하는 관능검사로 갈음할 수 있음)

나) 기준 및 규격중 합성보존료, 타르색소, 합성감미료, 산화방지제, 합성살균제, 표백제의 식품첨가물 항목이 설정되어 있는 경우, 당해 건강기능식품의 제조과정에 인위적으로 첨가·사용하지 아니하였다면 그 해당 항목에 대하여 자가품질검사를 생략할 수 있음(다만, 당해 건강기능식품을 제조하기 위하여 동 식품첨가물을 직접 사용하지 아니하였더라도 원재료에 사용하여 당해 제품에 이행될 우려가 있는 제품인 경우에는 그러하지 아니함)

라. 검체채취 방법 등

1) 자가품질검사를 위탁하여 검사하고자 하는 영업자는 시행규칙 제23조 관련 [별표 6]의 규정에 의한 수거량에 따라 동일 제조단위에서 검체를 채취하여야 함

2) 검체는 법 제14조 및 제15조의 규정에 의한 「건강기능식품의 기준 및 규격」에서 정하고 있는 방법에 따라 품질관리인이 채취하여 봉인·날인후 검사기관에 의뢰하여야 함

3) 검체를 채취함에 있어 미생물학적인 검사가 필요한 검체는 미생물의 증식이나 부패·변질이 되지 아니하도록 냉장 보관·운반하여야 함(검체는 채취 후 가급적 4시간이내 검사기관으로 냉장 운반)

〈건강기능식품 등의 수거량〉

건강기능식품의 종류	수거량	비 고
액상제품	600g (mℓ)	1. 수거량은 검사대상물의 개수별 무게 또는 용량을 모두 합한 것을 말하며 검사에 필요한 시험재료(검사대상물)는 수거량의 범위안에서 수거하여야 한다. 다만, 검사대상물의 최소포장단위가 수거량을 초과하더라도 검사대상물채취로 인한 오염 등으로 검사결과에 영향을 줄 우려가 있다고 판단될 때에는 최소포장단위 그대로 채취할 수 있다. 2. 세균검사항목이 있는 건강기능식품은 4개(세균발육검사용 3개, 이화학검사용 1개)를 수거하여야 하며 이 경우 수거량을 초과하여 수거할 수 있다. 3. 2개 이상을 수거하는 경우에는 그 용기 또는 포장과 제조연월일이 같은 것이어야 한다. 4. 용량검사를 하여야 하는 경우에는 수거량을 초과하더라도 건강기능식품의 기준 및 규격에서 정한 용량검사에 필요한 양을 추가하여 수거할 수 있다.
정제·캅셀·분말·과립·환제품	200g (mℓ)	
그 밖의 건강기능식품	400g (mℓ)	
원료 또는 성분 ◦ 자연산물 ◦ 성분	 1kg 500g	

마. 부적합품의 처리

1) 영업자는 자가품질검사결과 건강기능식품의 기준 및 규격에 적합하지 아니한 경우에는 지체 없이 당해 제품의 출고를 금지하고, 제품을 폐기 등 조치와 부적합 원인을 규명하여 시정·개선 등 필요한 조치를 하여야 함

〈자가품질검사결과 부적합 판정된 제품에 대한 필요한 조치〉

가) 제조 과정중 최종 포장 이전 중간제품에 대한 자가품질검사결과 부적합 사항을 발견한 경우에는 제조공정 개선 및 폐기 또는 재가공 등 필요한 조치를 취하고 최종 제품에 대하여 반드시 자가품질검사를 실시

나) 자가품질검사 완료 전에 출고된 건강기능식품 중 그 검사결과 부적합으로 판정된 제품은 당해 제품과 동일한 제조단위의 모든 제품을 지체 없이 회수하여 폐기 등 필요한 조치를 취하고 그에 따른 증빙기록을 작성하여 작성일로부터 2년간 보관

다) 자가품질검사를 직접 행하는 영업자는 자가품질검사 결과 해당 건강기능식품이 정해진 기준과 규격을 위반하여 국민건강에 위해가 발생하거나 발생할 우려가 있는 경우에는 지체 없이 식품의약품안전처장에게 보고

2) 검사기관은 의뢰 받은 자가품질검사 대상제품이 부적합 판정된 경우에는 필요한 조치를 취할 수 있도록 당해 검사를 의뢰한 영업자에게 지체 없이 그 내용을 통보하여야 함

바. 자가품질검사 지도 · 점검

1) 자가품질검사 이행 여부 및 기록서 2년간 보관 여부 등

2) 검사실의 장비·기구 및 검사능력, 시약 사용내역 등의 확인을 통해 허위 검사성적서 발급 여부 확인

3) 수거검사결과 부적합 이력이 있거나 또는 자가품질검사와 관련한 행정처분 받은 업체를 특별관리 대상 업체로 선정하여 관리

4) 자가품질검사 결과 부적합제품에 대한 회수·폐기 등 사후관리 이행여부

※ 행정기관에서는 영업자가 지체없이 회수를 하지 아니한 경우 영업자준수사항 위반으로 처분과 동시에 「건강기능식품에 관한 법률」제38조(다른 법률과의 관계)제2항에 따라 행정처분 추가 실시

5) 검사주기 및 규격 적용의 적정성 여부

6) 자가품질검사 미실시에 대하여는 의무사항 미이행에 따른 처분 및 해당 제품 수거·검사로 제품의 이상유무 확인

7) 자가품질검사와 관련 당해 영업자가 제품제조·가공시 특정 식품첨가물(보존료 등)을 사용하지 아니한 경우에는 그 항목을 생략할 수 있도록 함에 따라 그 사실 여부를 철저히 확인

가) 지도·점검 시 특정 식품첨가물의 검사항목 생략시 그 사실 확인

나) 필요시 수거·검사 병행실시

사. 자가품질검사 의무사항 위반시 행정처분 기준

위 반 사 항	행 정 처 분 기 준		
	1차위반	2차위반	3차위반
11. 법 제21조제1항 및 제3항에 따른 자가품질검사 의무 등을 위반한 경우			
가. 자가품질검사를 실시하지 아니한 경우			
1) 검사항목의 전부를 실시하지 아니한 경우	영업정지 15일	영업정지 1개월	영업정지 2개월
2) 검사항목 중 기능(지표)성분 검사를 하지 아니한 경우	영업정지 10일	영업정지 15일	영업정지 1개월
3) 2) 이외의 항목을 검사하지 아니한 경우	영업정지 7일	영업정지 10일	영업정지 15일
나. 자가품질검사 결과 부적합한 사실을 알고도 보고하지 아니하였거나 거짓으로 보고한 경우	영업정지 1개월	영업정지 2개월	영업정지 3개월
다. 자가품질검사를 실시하고 그 기록을 보존하지 않거나 허위로 기록한 경우	품목제조정지 15일	품목제조정지 1개월	품목제조정지 2개월

6 건강기능식품 사후관리

〈건강기능식품정책과〉

1. 목 적

○ 지도·점검 및 수거·검사 등 사후관리 강화로 건강기능식품의 안전성 확보와 건전한 유통판매를 도모함으로써 국민의 건강증진과 소비자 보호

2. 사후관리 체계

번호	구분	담당기관	근거법령
1	지도·점검 (합동단속·이물조사)	• 제조업: 식약처(지방청) • 판매업: 시·도(시·군·구)	「건강기능식품에 관한 법률」 제20조
2	수거·검사	• 식약처(지방청), 시·도(시·군·구)	「건강기능식품에 관한 법률」 제20조
3	회수관리	• 제조·수입업: 식약처(지방청) • 판매업: 시·도(시·군·구)	• 영업자회수: 「식품위생법」 제45조 준용 • 정부회수: 「건강기능식품에 관한 법률」 제30조
4	신고포상금 지급	• 식약처(지방청), 시·도(시·군·구)	「건강기능식품에 관한 법률」 제40조
5	소비자건강기능식품 위생감시원 운영	• 식약처(지방청), 시·도(시·군·구)	「식품위생법」 제33조 준용

※ 위해식품 회수·폐기관리, 소비자건강기능식품위생감시원 운영은 「식품위생법」에 따라 준용

3. 기본 방향

가. 건강기능식품업체 지도·점검

관리대상	주관	추진방법
건강기능식품(전문, 벤처)제조업	식약처 (지방청)	• 특별관리 영업자 선정 및 관리 • 행정처분 이력업체 등 합동점검 • 자가품질검사 직접 수행하는 업체 일제 점검
건강기능식품 판매업	시·도 (시·군·구)	• 소규모 판매업소(슈퍼, 자동판매기 등) 집중 점검 • 무신고 건강기능식품 판매 행위 집중 관리 • 건강기능식품판매업 법정교육 이수 여부 점검 • 부당광고 상습 위반업체 특별점검 및 상시 모니터링

1) 특별관리 업체 지정·관리

가) 목 적

「건강기능식품에 관한 법률」을 반복 위반한 업체 등을 특별관리업체로 지정하여 철저한 관리를 함으로써 행정제제의 실효성 확보 및 건전하고 안전한 건강기능식품 관리

나) 특별관리업체 지정 및 관리방법

(1) 특별관리업체 지정 기준

○ 「건강기능식품에 관한 법률」을 연 2회 또는 최근 3년간 5회 이상 반복적으로 위반한 업체(GMP기준 미준수 제외)

- 대상 업체는 전년도 행정처분 이력을 반영하여 지정

※ 건강기능식품에 이물이 혼입되어 위반한 경우에는 동일 제품에서 연 2회 이상 행정처분을 받은 업체에 한정

○ 허용한 식품첨가물 외의 식품첨가물을 사용하거나 인체에 건강을 해칠 우려가 있는 식품등의 판매 등 중대한 위반행위를 한 업체

○ 위해건강기능식품을 성실히 회수하지 않은 업체

○ 수거·검사 결과(자가품질검사 등 포함) 기능(지표)성분 함량이 기준치에 대하여 10퍼센트 초과로 부족하거나 넘는 제품을 제조한 업체

○ 그 밖의 특별관리가 필요한 업체

(2) 관리방법

○ 건강기능식품제조업체는 지방청, 건강기능식품판매업체는 시·군·구에서 특별관리업체를 지정·관리

○ 특별관리업체 중점 관리 실시

- 특별관리업체로 지정된 업체에 대하여는 지정한 날로부터 3월 이내에 종전의 위반사항 등을 중심으로 업체 전반의 위생관리 상태 등에 대한 특별점검 실시

- 점검 결과 위반사항에 대한 개선의지가 없거나 고의성이 있다고 판단되는 경우 형사고발 병행

- 특별관리업체 단속결과 등은 단속기관 홈페이지 등을 통해 즉시 게재 (필요시 언론 공개)

(3) 특별관리업체 지정 해제

- 3개월 주기로 3회 재점검하여 「건강기능식품에 관한 법률」 위반사항이 없는 경우 해제. 단, 허위·과대광고 위반으로 특별관리업체로 지정된 경우에는 3개월 주기로 2회 재점검 후 「건강기능식품에 관한 법률」 위반사항이 없는 경우 해제

2) 특별관리 영업자 지정·관리

○ 식품안전관리지침 Ⅱ. 식품관련업체 안전관리 3. 식품제조가공업체 안전관리다. 특별관리 영업자 지정·관리 준용

3) 건강기능식품판매업 법정교육 점검

가) 대상업체 : 건강기능식품판매업체(일반판매업, 유통전문판매업)

나) 점검방법 : 지자체는 '24년도 1월 1일부터 '24년도 12월 31일까지 건강기능식품판매업 안전위생교육(신규, 보수) 이수 여부 확인

(1) 새올시스템 안전위생교육 이수 여부 확인

(2) 자체교육 실시대상자의 자체교육 실시여부 확인

※ 자체교육 실시대상 :「방문판매 등에 관한 법률」제2조의 규정에 의한 방문판매업자·전화권유판매업자·다단계판매업자 또는 후원방문판매업자에게 등록한 판매원으로서 건강기능식품판매업을 하고자 하는 자, 국군복지단에서 유영하는 건강기능식품 일반판매업의 위생관리책임자(일반사병)

(3) 해당 업체의 폐업 여부 등 확인

(4) 교육 미이수 판매업체에 대하여 행정처분

<위반자별 과태료부과금액>

근 거 법 령	위 반 사 항	과 태 료
법 제13조제1항 본문 (식약처장의 명령에 따른 교육)	가. 교육을 받지 아니한 영업자 나. 교육을 받지 아니한 종업원	100만원 30만원
법 제13조제1항 단서 (건강기능식품판매업 보수교육)	교육을 받지 아니한 영업자	20만원
법 제13조제2항 (영업자 신규교육)	교육을 받지 아니한 영업자	200만원
법 제13조제3항 (품질관리인 정기 교육)	교육을 받지 아니한 품질관리인	50만원

4) 정기점검(합동점검)

가) 대상업체 선정기준

(1) 최근 5년간 위반내역이 있는 업체 우선 선정

(2) 매출액 규모가 큰 제조업체 및 대형 유통판매업체(백화점, 대형마트 등)

(3) 홍삼, 프로바이오틱스, 영양성분 등 선물용 제품 제조업체

나) 점검 방법

(1) 허가(신고)사항 변경신고 여부

(2) 영업자 준수사항 이행여부

(3) 원료사용 적절성 확인(고시되지 않은 첨가물, 의약품용도 원료 등)

(4) 품목제조신고 내용(기능성원료, 공정)과 현장 제조방법 일치 확인

(5) 행정처분 이행여부

(6) 회수·폐기 이행여부

(7) 무허가(신고) 및 무표시 제품의 유통·판매행위

(8) 표시기준 및 허위·과대광고 위반여부
- 「건강기능식품의 표시기준」 위반여부
- 소비(유통)기한 또는 제조일자를 위·변조하여 제조·판매하는 행위
- 질병의 예방 및 치료에 효능·효과가 있다고 허위·과대

※ 질병치료에 효과가 있는 것처럼 허위·과대광고하는 건강기능식품은 관련 위해성분 함유 여부 수거검사 실시

(9) 정당한 사유 없이 6개월 이상 휴업하거나, 영업소의 시설물 철거여부 등 확인

(10) 「건강기능식품의 원재료 진위검사에 관한 규정」(고시)에 따른 시험검사 실시여부 확인(백수오, 한속단)

5) 자가품질검사 직접 수행 업체 일제 점검

가) 대상업체 : 건강기능식품전문제조업체

(1) '24년~'25년 점검결과 부적합 업체

(2) 자가품질검사 직접 수행 업체 중 일부항목 검사 실시 업체 위주로 점검

나) 점검방법 : 단계별 점검절차에 따라 점검 실시

(1 단계) 점검대상 업체 별 자가품질검사 실시 방법 사전 조사(유선연락 등)

※ 자가품질검사 전부 위탁 또는 자체 검사(전항목 또는 일부항목) 실시 여부 조사

(2 단계) 자가품질검사 자체 실시 업체 대상 점검 실시

※ 자가품질검사 법적 주기 준수 및 허위성적·부실검사, 부적합 사항 개선 확인

다) 주요 점검사항

(1) 자가품질검사 실시 관리

- 법적 주기에 따른 자가품질검사 실시 여부, 자체 검사를 수행할 수 있는 검사실 및 장비·기구·시약류 등 보유 여부 등

(2) 부적합 제품 적정처리

- 자체 검사 결과 부적합 제품의 유통 여부, 부적합 제품의 재사용 여부 등

(3) 검사성적서 허위 작성 및 검사방법 적정 여부

- 검사결과 판정을 실제 검사 결과와 다르게 판정하거나 위·변조 여부 등

(4) '24년~'25년 점검결과 부적합 업체는 부적합 사항 집중 점검

6) 부당광고 상습 위반업체 특별점검 및 상시 모니터링

가) 대상업체: 광고매체를 활용하여 건강기능식품을 판매하는 건강기능식품유통전문·일반판매업체

(1) 관내 업체의 판매단계 현장점검 등 특별관리 및 상시 모니터링

나) 점검방법

(1) 부당광고 상습 위반업체(연 3회 이상 위반)에 대한 자율심의 이행 여부 및 부당한 표시·광고 여부 확인

(2) 광고 매체별 상시 모니터링

7) 행정사항

가) 정기점검 등의 계획 및 결과는 식품행정통합시스템에 반드시 입력·관리

8) 행정처분 차수적용 관련 참고사항

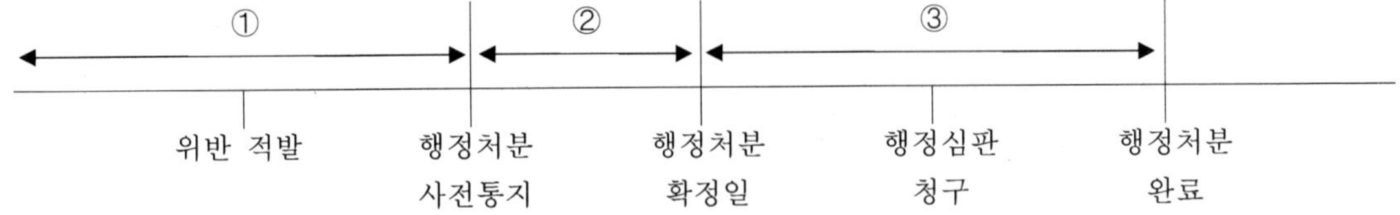

「건강기능식품에 관한 법률」위반사항 적발에 따른 행정처분 진행 중 같은 위반사항의 재 적발기간(① ~ ③)에 따른 행정처분 관련

① 기간에 같은 위반행위 적발 시 동일 건으로 처리

② 기간에 같은 위반행위 적발 시 행정처분을 하기 위한 절차가 진행되는 기간 중에 반복하여 같은 사항을 위반하는 경우에는 그 위반횟수마다 행정처분 기준으로 2분의 1씩 더해서 처분

③ 기간에 같은 위반행위 적발 시 행정처분 효력이 발생한 이후로 행정심판을 청구하였더라도 행정처분을 하기 위한 절차가 진행되는 기간 중에 반복하여 위반하는 경우에 해당하지 않으므로 새로운 차수 적용

나. 유통제품 수거・검사

식약처	지방청	시·도(시·군·구)
○ 종합계획 수립 ○ 수거검사 결과 분석 및 평가	○ 사건사고 사전 예방 및 조치를 위한 본부 지시사항 수거검사 ○ 다빈도 이상사례 신고 건강기능식품 수거검사 ○ 위해정보(회수이력 등)에 따른 기획조사를 위한 수거검사 ○ 관내 제조업체 개별인정형 제품의 수거검사	○ 시・도별 연간 수거검사 계획 수립 ○ 관내 유통 고시형 건강기능식품 수거검사(시・도 및 시・군・구)

1) 기본방향

가) 공통사항

(1) 기능(지표)성분에 대한 검사 및 위해항목 중심의 선별 검사

(2) 검사결과는 즉시 해당 기관에 통보하여 부적합 건강기능식품이 신속하게 회수・폐기 등의 조치가 이루어질 수 있도록 조치

※ 부적합식품긴급통보시스템에 부적합 식품 정보를 신속히 입력

(3) 관내 부적합 건강기능식품에 대한 부적합 항목에 대하여 원인조사 실시 및 문제점이 개선될 수 있도록 조치

(4) 중복 수거・검사 방지를 위하여 태블릿 PC를 이용하고, 모든 수거는「유상수거」를 원칙으로 함

나) 지방청

(1) 관내 업체의 제조・가공단계 기획 수거・검사

- 회수이력업체, 부적합 이력 업체, 이상사례 다빈도 발생 업체 등

(2) 위해정보에 따른 기획조사를 위한 수거・검사

(3) 인터넷 쇼핑몰, 홈쇼핑 등 판매제품에 대한 위해항목 위주의 수거・검사

다) 시 · 도(시 · 군 · 구)

(1) 시 · 도는 기관별 수거·검사 건수, 중점 검사유형 및 검사항목을 참고하여 자체 계획 수립(「붙임 1」, 「붙임 2」)

(2) 관할 지역내에서 제조 · 판매되는 건강기능식품 우선 책임 수거 · 검사

(3) 백화점, 대형할인점 등의 PB(자체브랜드) 제품 수거 · 검사 강화

(4) 지역별 특성 등을 고려하여 수거 · 검사

2) 주요내용

가) 지방청

(1) 사건사고 사전 예방 및 조치를 위한 본부 지시사항 수거 · 검사 등

(가) 국내외 검출 이력 등 의도적으로 불법 혼입된 성분에 대한 모니터링

대상	주요 품목
성기능 개선 표방 제품	인삼·홍삼, 옥타코사놀, 스피루리나, 영양보충용(비타민·무기질·단백질 등) 제품 등
근육 강화 표방 제품	
다이어트(체지방 감소) 표방 제품	가르시니아캄보지아껍질추출물, 식이섬유, 녹차추출물 제품 등
특정 계층 겨냥 제품 (노인, 여성, 당뇨, 관절염 환자 등)	글루코사민, 영양보충용(비타민·무기질·단백질 등), 동결건조누에분말, 실크단백질효소 제품 등

(나) 기타 국민의 안전과 관련되어 긴급하게 수거 · 검사가 필요한 건강기능식품에 대한 수거 · 검사

(2) 이상사례 관련 제품에 대한 수거 · 검사

(가) 주기 : 반기별 1회(6, 11월)

(나) 수거 · 검사 대상 : 다빈도, 중대한 이상사례 및 실마리정보 등 안전성과 기능성 확보가 필요한 제품(본부에서 통보)

(다) 수거 · 검사 항목 : 기준 · 규격 항목 및 첨가 우려 위해물질 등

(3) 회수이력업체 출고 전 검사

(가) 주기 : 연 2회(자체 계획)

(나) 수거 · 검사 대상 : 전년도 회수이력이 있는 건강기능식품제조업체의 동일 품목류 출고전 제품

(다) 검사항목 : 회수 사유가 된 부적합 항목

※ 회수 사유가 수거·검사 불가능한 경우 지도·점검으로 대체

(4) 관내 업체 개별인정형 제품에 대한 수거 · 검사

(가) 개별인정형 건강기능식품의 안전관리를 위하여 관내 제조업체에서 제조 · 판매되는 개별인정형 제품에 대한 수거 · 검사

(나) 개별인정형 제품 수거 시 '시험방법', '표준물질'(유상수거 원칙)을 함께 제출받아 검사 실시

나) 시 · 도(시 · 군 · 구)

(1) 소비트렌드 반영한 관내 유통 건강기능식품 수거 · 검사

(가) 대상 : 전국에 유통 · 판매되는 **고시형** 건강기능식품

※ 고시형이란 '건강기능식품 공전'에 등록된 기능성원료를 말함

(나) 언론보도, 온라인 시장 등 국민 관심동향을 반영한 이슈 제품을 집중적으로 수거 · 검사(관내 제조·유통·판매 제품)

(다) 주기 : 월 1회 이상(반기별 실적 점검)

(라) 수거 · 검사 항목 : 기능(지표)성분 검사 및 위해우려물질 위주 검사

(2) 부적합 이력 및 허위 과대광고 제품에 대한 수거 · 검사

(가) 부적합 이력이 있거나 질병 예방 등에 효과가 있는 것처럼 허위 · 과대광고하는 제품에 대한 수거 · 검사 강화

(나) 대상 : 부적합 이력 제품(식품행정통합시스템), 허위 · 과대광고 제품

(다) 주기 : 월 1회 이상

(라) 검사항목 : 부적합 이력 제품의 경우 부적합 항목 위주, 허위 · 과대광고 제품의 경우 해당 광고내용과 관련한 위해물질 검사

3) 행정사항

가) 지방식약청 및 시 · 도는 수거 · 검사 계획에 따라 자체 세부추진계획을 수립하여 자체 수행

나) 수거검사 종합 계획에 따른 수거 · 검사는 세부계획 및 결과를 식품행정통합시스템에 입력 · 관리

다) 모든 수거는「유상수거」를 원칙으로 함

라) 부적합 제품이 회수 · 폐기 대상인 경우 신속히 압류조치하고 해당 기관에 통보, 제조일자 등이 다른 동일 제품에 대한 수거 · 검사 실시

[참고] 불법 함유성분 검사 항목

*** 「식품의 기준 및 규격」제2.3.10) 부정물질 참고**

가) 실데나필, 타다라필, 바데나필, 유데나필, 미로데나필, 아바나필, 호모실데나필, 홍데나필, 하이드록시호모실데나필, 아미노타다라필, 슈도바데나필, 하이드록시홍데나필, 디메칠실데나필), 잔소안트라필, 하이드록시바데나필, 노르네오실데나필, 데메틸홍데나필, 피페리디노홍데나필, 카보데나필, 치오실데나필, 디메틸치오실데나필, 아세틸바데나필, 벤질실데나필, 노르네오바데나필, 옥소홍데나필, 치오호모실데나필, 데설포바데나필, 니트로데나필, 싸이클로펜티나필, 옥틸노르타다라필, 클로로데나필, 신나밀데나필, 치오퀴나피페리필, 하이드록시치오호모실데나필, 클로로프레타다라필, 하이드록시클로로데나필, 디클로로데나필, 데메칠타다라필, 아세트아미노타다라필, 메틸하이드록시호모실데나필, 프로폭시페닐치오호모실데나필, 프로폭시페닐치오하이드록시호모실데나필, 프로폭시페닐치오실데나필, 프로폭시페닐치오아일데나필, 호모타다라필, 아세틸산, 겐데나필, 이미다조사가트리아지논, cis-사이클로펜틸타다라필, trans-사이클로펜틸타다라필, 이소프로필노르타다라필, 데스카본실데나필, 디치오프로필카보데나필, 데설포닐클로로실데나필, 데스메칠피페라지닐프로폭시실데나필 등

나) 비만치료제 및 그 유사물질
시부트라민, 오르리스타트, 데스메틸시부트라민, 디데스메빌시부트라민, 클로로시부트라민, 클로로시펜트라민 등

다) 당뇨병치료제 및 그 유사물질
글리벤클라미드, 글리클라짓, 글리메피리드, 글리피짓 등

라) 기타 의약품 성분
리오치로닌, 레보치록신, 에페드린, 플루옥세틴, 펜플루라민, N-니트로소펜플루라민, 페놀프탈레인, 요힘빈, 이카린, 센노사이드, 카스카로사이드 등

다. 부적합식품 긴급통보 및 위해 건강기능식품 등의 회수관리

1) 부적합식품 긴급통보

○ 수거·검사, 건강기능식품 법령 위반사항 등을 확인한 경우 신속한 회수·폐기를 위하여 부적합 긴급통보시스템에 통보

※ 긴급통보시스템 적용기관 : 식약처(지방청), 시·도(시·군·구), 보건환경연구원, 식품 등 시험·검사기관(또는 자가품질위탁 시험·검사기관), 자가품질검사 직접 실시하는 영업자

2) 위해 건강기능식품 등의 회수관리

구분	의무회수	자율회수
내용	정부회수: 정부기관 수거·검사 및 단속결과에 따른 회수(건강기능식품에 관한 법률 제30조3항)	의무회수에 속하지 않으나, 품질결함 등으로 인해 업체가 자발적으로 회수
	영업자회수 : 영업자 자가품질검사 결과에 따른 회수(식품위생법 제45조)	
회수대상	• 위해식품 회수지침의 1~3등급에 포함되는 경우	

※ 건강기능식품의 영업자 회수에 관한 사항은 「식품위생법」제45조에 따른 위해식품등의 회수 규정을 준용토록 하고 있음

3) 자세한 사항은 본 지침 'Ⅱ.5-1 '부적합식품 긴급통보시스템 운영 및 위해식품 등의 회수관리' 참조

라. 건강기능식품에 관한 법률의 신고포상금 제도

1) 신고자 1인당 연간 포상금 지급금액은 식품과 건강기능식품별로 각 300만원을 초과할 수 없으며, 지급 기관별로 지방식약청 당 각 50만원, 시·도 당 각 100만원을 초과하여 지급할 수 없다. 다만, 신고내용이 별표1 제1호 및 별표2 제3호가목에 해당되는 경우 초과 지급 가능

※ 부정불량 식품 및 건강기능식품 등의 신고포상금 지급에 관한 규정 참조(제2022-25호, '22.3.31)

2) 자세한 사항은 본 지침 'Ⅱ. 7. 4. 포상금' 참조

마. 소비자건강기능식품위생감시원 운영

1) 「건강기능식품에 관한 법률」제38조에 따른 소비자건강기능식품위생감시원의 운영에 관한 사항은 「식품위생법」을 준용

2) 식약처가 확보한 소비자감시원 활동 예산은 필요한 경우 지방식약청 및 지방자치단체의 소비자감시원 활동을 위해 지원할 수 있음

3) 자세한 사항은 본 지침 'Ⅱ. 6. 3. 소비자식품(건강기능식품)위생감시원 운영' 참조

[붙임 1]

지자체별 수거·검사 건수

시도별	수거·검사 건수	시도별	수거·검사 건수
계	1,720	경기	170
서울	180	강원	70
부산	100	충북	100
대구	100	충남	100
인천	100	전북	100
광주	100	전남	100
대전	100	경북	100
울산	100	경남	100
세종	50	제주	50

* 영양소(비타민 및 무기질) 제품은 서울, 경기도 20건 이상, 부산, 대구, 인천 15건 이상, 그 외의 지역은 10건 이상 수거 실시

※ 기관별 수거·검사 대상 선정 기준

- 기능성 원료는 6개 지방청 권역별로 보건환경연구원을 묶어 7개 성분씩(2개 기관 6개) 배분
  * 필요한 경우 보건환경연구원와 협의하여 추가 성분(지표) 검사 실시

- 영양소(비타민 및 무기질) 제품은 서울, 경기도 20건 이상, 부산, 대구, 인천 15건 이상, 그 외의 지역은 10건 이상 수거·검사

[붙임 2]

기관별 중점 검사유형 및 검사항목

순번	기능성 원료명(고시형)	지표·성분규격	검사기관
합 계			
1	글루코사민	글루코사민염산염 또는 황산염	서울 강원
2	밀크씨슬추출물	실리마린	
3	마리골드꽃추출물	루테인	
4	엠에스엠	엠에스엠(MSM)	
5	코엔자임 Q10	코엔자임Q10	
6	쏘팔메토열매추출물	로르산	
7	포스파티딜세린	포스파티딜세린	
8	폴리감마글루탐산	폴리감마글루탐산	부산 울산 경남
9	차전자피식이섬유	식이섬유	
10	난소화성말토덱스트린	식이섬유	
11	이눌린/치커리추출물	식이섬유	
12	폴리덱스트로스	식이섬유	
13	녹차추출물	카테킨	
14	프락토올리고당	프락토올리고당	
15	토마토추출물	all-trans-라이코펜	경기 인천
16	홍삼	진세노사이드 Rg1, Rb1 및 Rg3의 합	
17	인삼	진세노사이드 Rg1과 Rb1의 합	
18	옥타코사놀함유유지	옥타코사놀	
19	알로에겔	총 다당체	
20	히알루론산	히알루론산	
21	알콕시글리세롤 함유 상어간유	알콕시글리세롤	
22	가르시니아캄보지아 추출물	총(-)-Hydroxycitric acid	대구 경북
23	클로렐라	총 엽록소	
24	스피루리나	총 엽록소	
25	구아검/구아검가수분해물	식이섬유	
26	콜레우스 포스콜리 추출물	포스콜린	

순번	기능성 원료명(고시형)	지표·성분규격	검사기관
27	홍국	총 모나콜린 K	
28	은행잎추출물	플라보놀 배당체	
29	EPA 및 DHA 함유 유지	EPA와 DHA의 합	광주 전북 전남 제주
30	바나바잎추출물	코로솔산	
31	테아닌	L-테아닌	
32	홍경천추출물	로사빈(Rosavin)	
33	키토산/키토올리고당	키토산 또는 키토 올리고당	
34	감마리놀렌산 함유 유지	감마리놀렌산	
35	프로바이오틱스	프로바이오틱스 수	
36	공액리놀레산	공액리놀레산	대전 충북 충남 세종
37	N-아세틸글루코사민	N-아세틸글루코사민	
38	스쿠알렌	스쿠알렌	
39	헤마토코쿠스추출물	아스타잔틴	
40	회화나무열매추출물	소포리코사이드	
41	프로폴리스추출물	총 플라보노이드	

* 검사능력 배양 등을 위해 위 검사항목을 3년 주기로 '27년까지 유지 후 검사항목 변경 예정('28년)

7 의약품 및 의약외품제조시설의 건강기능식품 제조시설 이용 및 관리

〈건강기능식품정책과〉

1. 근거법령

1) 「건강기능식품에 관한 법률」 제4조 및 같은 법 시행규칙 제2조 관련[별표1] 제1호 자목(3)

2) 「의약품 및 의약외품제조시설의 건강기능식품제조시설 이용기준」(식약처 고시)

2. 인정기준

1) 제조하고자 하는 건강기능식품의 제조공정은 이용하는 시설에서 생산되는 의약품 또는 의약외품과 제조공정이 유사하여야 함

2) 이용하고자 하는 의약품 또는 의약외품제조시설에서 제조되는 건강기능식품이 당해 시설에서 제조되는 의약품 또는 의약외품의 성분에 의해서 오염이 되어서는 아니됨

3) 생물학제제, 항생·항균성제제, 성호르몬제제, 마약류, 방사성의약품, 주사제, 연고제 의약품 제조시설은 제외

※ 해당 의약품을 원료로 사용하는 경우도 해당
(예시: 일반의약품(감기약) 제조 시 마약류 의약품이 원료로 사용되는 경우 등)

4) 의약외품의 경우 의약외품 범위 지정(식품의약품안전처고시) 제2호아목에 따른 내복용 제제가 아닌 의약외품을 제조하는 시설은 건강기능식품제조시설로 이용할 수 없음

5) 건강기능식품과 의약품 또는 의약외품과의 상호전이를 방지하기 위한 세척·소독 등에 관한 관리기준 설정 운용

3. 대상 의약품 또는 의약외품 제조시설

○ 작업장(작업실), 기계·기구류, 탈의실 및 수세실, 창고 등 보관시설

※ 의약품 또는 의약외품 제조시설 중 품질관리실은 "시행규칙 제2조 관련 [별표 1] 업종별시설기준 1.건강기능식품전문제조업 아. 품질관리실" 규정에 따라 별도의 인정 승인 없이 영업허가 절차에 따라 공동 사용가능함(2006.11.20 개정)

※ 급수시설, 화장실은 제조시설로 보기 어렵고, 의약품 또는 의약외품으로 인한 상호 전이 또는 오염에 문제가 없어 삭제함(2007.06.19.)

4. 인정절차(품목변경 포함) 및 구비서류

가. 인정신청

1) 신청인 ⇒ 식약처장에게 지정신청서(별지 제1호 서식) 제출 ⇒ 서류검토⇒ 시설조사 등 현장확인(필요한 경우 전문가 자문) ⇒ 적합한 경우 인정 승인

※ 건강기능식품전문제조업 영업허가를 받은 업체에서는 인정 승인받은 의약품 또는 의약외품 제조시설에 한하여 건강기능식품제조시설로 이용 가능

2) 구비서류

가) 의약품 또는 의약외품 제조품목허가 또는 신고증 사본(해당 설비로 제조하는 모든 품목)

나) 생산하고자 하는 건강기능식품의 종류와 제조방법설명서(생산하고자하는 모든 품목)

다) 공장시설 배치도(이용하고자 하는 의약품 또는 의약외품 제조시설 명시)

라) 건강기능식품과 의약품 또는 의약외품의 상호전이방지를 위한 관리기준서

나. 품목변경신청

1) 신청인 ⇒ 식약처장에게 변경신청서(별지 제3호 서식) 제출 ⇒ 서류검토⇒ 시설조사 등 현장확인(필요한 경우 전문가 자문) ⇒ 적합한 경우 변경 승인

2) 구비서류

가) 생산하고자 하는 건강기능식품의 종류와 제조방법 설명서(건강기능식품 품목 추가하는 경우)

나) 의약품 또는 의약외품 제조품목허가 또는 신고증 사본(의약품 또는 의약외품 품목 추가하는 경우)

5. 영업허가(변경) 신청

○ 신청인 ⇒ 지방식약청장에게 건강기능식품전문제조업 영업허가(변경)신청 (구비서류 및 의약품 또는 의약외품 제조시설 인정승인서류) ⇒ 서류검토 ⇒ 현장실사 및 시설조사 ⇒ 적합한 경우 허가증 교부

6. 의약품 또는 의약외품제조시설 이용업체에 대한 사후관리

가. 시설관리

1) 의약품 또는 의약외품제조시설을 이용하여 건강기능식품을 제조할 경우에는 반드시 "건강기능식품제조중"이라는 표시

2) 건강기능식품과 의약품 또는 의약외품과의 상호전이를 방지하기 위하여 업체 자체에서 설정한 관리기준 준수여부 점검

나. 제품 및 서류관리

1) 의약품 또는 의약외품 제조시설을 이용하여 건강기능식품을 제조하는 경우 「우수건강기능식품제조기준」에 의한 제조기록 작성 및 보관(3년)여부 확인

2) 의약품 또는 의약외품 제조 후 건강기능식품을 제조할 때마다 의약품 또는 의약외품 성분의 전이여부 확인검사 및 검사기록서 보관(3년)여부 확인

3) 관리기준서에 따른 전이방지를 위한 세척이나 소독관련 기록, 교차 오염 방지기록관리기준에 따른 이행여부 확인

4) 지방식약청장은 의약품 또는 의약외품제조시설을 이용하여 건강기능식품을 제조하는 업체에 대하여 적정기준 이행여부 등을 연 1회 이상 조사하여 보고

다. 품목변경 승인관리

1) 의약품 또는 의약외품 제조시설을 이용하여 제조하는 품목(건강기능식품 또는 의약외품)이 식품의약품안전처장에게 승인 받았는 지 여부 확인

※ 「의약품 및 의약외품제조시설의 건강기능식품제조시설 이용 기준」 제3조 제3항 준수 여부 확인

7. 위반업체에 대한 조치

1) 고시 제3조의 규정에 의하여 인정승인된 의약품 또는 의약외품제조시설을 이용하여 건강기능식품을 제조·가공하여 생물학적제제, 항생·항균성제제, 성호르몬제제, 마약류, 내복용 제제 등이 건강기능식품에 전이된 때에는 「건강기능식품에 관한 법률」 제23조의 규정에 위반되어 영업허가취소 또는 영업소폐쇄와 당해제품폐기의 행정처분과 동법 제43조의 규정에 따라 10년 이하의 징역 또는 1억원 이하의 벌금에 처하거나 이를 병과할 수 있도록 되어 있음

2) 고시 제3조의 규정에 의한 인정승인된 의약품 또는 의약외품제조시설을 이용한 경우라도 건강기능식품에 사용할 수 없는 원료를 사용하거나 유사한 건강기능식품을 제조한 때에는 동법 제24조의 규정에 위반되어 제조정지와 당해제품 폐기의 행정처분과 동법 제44조의 규정에 따라 5년 이하의 징역 또는 5천만원 이하의 벌금에 처하거나 이를 병과할 수 있도록 되어 있음

3) 「의약품 및 의약외품제조시설의 식품제조가공시설 이용기준」에 따라 해당 의약품제조시설을 **식품의 제조**에 이용 가능하도록 지정받은 경우라도, 건강기능식품을 제조하기 위해서는 「의약품 및 의약외품 제조시설의 건강기능식품 제조시설 이용기준」에 따른 **추가 지정이 필요**하며, 지정 없이 건강기능식품을 제조한 경우 행정처분 기준에 따라 처분

8 영업자 및 품질관리인 교육관리

〈건강기능식품정책과〉

1. 영업자등 교육

가. 근거법령

「건강기능식품에 관한 법률」 제13조, 같은 법 시행규칙 제17조부터 제20조

나. 교육의 종류

1) 식약처장이 명하는 교육(법 제13조제1항)

국민건강상 위해를 방지하기 위하여 필요하다고 인정하는 경우 영업자 및 종업원에게 명하는 교육(다만, 법 제4조제1항제3호에 따른 건강기능식품판매업의 영업자는 영업소별로 안전위생교육을 매년 받아야 함)

2) 건강기능식품 관련 영업자등이 받아야 하는 교육(법 제13조제2항·제3항·제4항)

건강기능식품 관련 영업자, 품질관리인, 맞춤형 건강기능식품관리사가 의무적으로 받아야 하는 교육

다. 영업자 법정교육

1) 신규교육 : 건강기능식품을 제조·판매영업을 하고자 하는 자는 미리 건강기능식품의 안전성 확보 및 품질관리에 관한 교육을 받아야 함

2) 보수교육 : 건강기능식품판매업의 영업자는 영업소별로 안전위생교육을 매년 받아야 함

라. 영업자교육의 갈음

1) 신규 교육을 받은 자가 2년 이내 다음 중 어느 하나에 해당하는 경우

가) 교육을 받은 업종과 동일한 업종의 영업을 하고자 하는 경우

나) 건강기능식품제조업의 교육을 받은 자가 건강기능식품판매업 또는 맞춤형 건강기능식품판매업 영업을 하고자 하는 경우

다) 건강기능식품유통전문판매업 영업을 위해 교육을 받은 자가 건강기능식품 일반판매업 영업을 하고자 하는 경우

라) 맞춤형건강기능식품판매업 영업을 위해 교육을 받은 자가 건강기능식품 일반판매업 영업을 하고자 하는 경우

2) 보수교육을 받은 건강기능식품판매업 영업자가 그 교육을 받은 날부터 1년 이내 다음 중 어느 하나에 해당하는 경우

가) 건강기능식품유통전문판매업 또는 건강기능식품일반판매업의 교육을 받은 자가 해당 업종과 동일한 업종의 영업을 하고자 하는 경우

나) 건강기능식품유통전문판매업의 교육을 받은 자가 건강기능식품일반판매업 영업을 하고자 하는 경우

3) 보수교육을 받은 건강기능식품판매업 영업자가 다음에 해당하는 경우

가) 해당 연도에 교육을 받은 영업의 영업소 소재지가 속한 특별시·광역시·특별자치시·도·특별자치도에서 다른 건강기능식품판매업을 함께 하고 있는 경우

4) 법 시행규칙 제18조제4항, 제5항, 제6항 규정에 따라 자체교육을 실시한 경우

가) 「방문판매 등에 관한 법률」 제2조의 규정에 의한 방문판매업자·전화권유판매업자·다단계판매업자 또는 후원방문판매업자에게 등록한 판매원으로서 건강기능식품판매업을 하고자 하는 자에 대한 신규교육을 해당 방문판매업자·전화권유판매업자·다단계판매업자 또는 후원방문판매업자가 자체적으로 실시하는 경우

나) 「방문판매 등에 관한 법률」 제2조의 규정에 의한 방문판매업자·전화권유판매업자·다단계판매업자 또는 후원방문판매업자에게 등록한 판매원인 건강기능식품판매업자(법 제32조에 따른 영업정지 처분을 받은 자는 제외한다)에 대한 보수교육을 해당 방문판매업자 등이 자체적으로 실시하는 경우

⇒ 가) 또는 나)에 따라 같이 자체교육을 실시한 방문판매업자·전화권유판매업자·다단계판매업자 또는 후원방문판매업자는 교육대상자에게 교육필증을 교부하고, 교육을 받은 건강기능식품판매업자는 교육일시, 교육대상자 명부 및 교육내용 등의 세부사항을 작성하여 관련 증빙서류와 함께 교육 실시한 날부터 15일 이내에 신고관청에 제출하여야 함

<신고관청 업무 처리 >

1. '신고관청'이라 함은 다단계판매업자에게 등록한 건강기능식품판매업자가 영업소를 개설한 소재지의 관할 시 · 군 · 구청을 말함
2. 업무 처리 방법
 - 제출서류 검토 (교육필증, 교육일시, 교육대상자 명부, 교육 내용 등)
 - 교육 내용의 적절성 확인(건강기능식품의 안전성 확보 및 품질관리와 「식품 등의 표시 · 광고에 관한 법률」에 따른 건강기능식품의 표시 · 광고 등에 관한 교육)
3. 해당 업자가 제출한 증빙자료가 적절하다고 판단되는 경우 이수한 것으로 조치

마. 영업자 교육 관련 참고사항

1) 영업을 하고자 하는 자는 영업개시 전에 미리 교육을 받아야 하는 것이 원칙이나, 총리령이 정하는 사유로 미리 교육을 받을 수 없는 경우에는 영업개시 후 교육을 받을 수 있음

2) 영업을 하고자 하는 자가 총리령으로 정하는 사유로 교육을 받지 아니한 경우에는 사유가 해소된 이후 즉시 교육을 받아야 함

3) 법 제13조의 규정에 의한 교육을 받아야 하는 자 중 영업에 직접 종사하지 않는 영업자(법인 및 외국기업체 등의 대표자, 시각·청각장애인 등)나, 둘 이상의 영업장소에서 영업을 하고자 하는 자 또는 총리령이 정하는 사유로 교육을 받을 수 없는 자는 그 종업원 중 식품위생에 관한 책임자(식품위생 관리책임자)를 지정하여 대신 교육을 받게 할 수 있음

※ 총리령이 정하는 사유
가) 천재지변, 본인의 질병·사고, 업무상 국외출장 등 사유로 교육을 받을 수 없는 경우
나) 교육실시기관의 미지정 등으로 교육이 불가능한 경우

바. 영업자 교육 사후관리

○ 판매업자(약국개설자 포함)의 보수교육 이수 여부 점검 및 미이수 업소 과태료 처분

○ 교육이수자가 퇴사 등으로 당해 영업소에 교육 이수자가 없는 경우 교육을 받도록 지도

사. 품질관리인 및 맞춤형건강기능식품관리사 교육

1) 신규교육 : 법 제12조에 의한 품질관리인 및 법 제12조의3에 의한 맞춤형건강기능식품관리사로 선임된 자는 선임된 날부터 3개월 이내 건강기능식품 및 맞춤형건강기능식품의 안전위생교육을 받아야 함

2) 보수교육 : 법 제12조에 의한 품질관리인 및 법 제12조의3에 의한 맞춤형건강기능식품관리사는 신규교육 후 매년 보수교육을 받아야 함

3) 품질관리인 및 맞춤형건강기능식품관리사 교육의 갈음

가) 신규교육을 받은 자가 2년 이내 다음 중 어느 하나에 해당하는 경우

○ 맞춤형건강기능식품판매업 영업을 위해 교육을 받은 자가 건강기능식품일반판매업 영업을 하려는 경우

나) 신규교육과 보수교육을 받은 맞춤형건강기능식품관리사가 그 교육을 받은 날부터 1년 이내 다음 중 어느 하나에 해당하는 경우

○ 맞춤형건강기능식품관리사 교육을 받은 자가 맞춤형건강기능식품판매업 또는 건강기능식품일반판매업 영업을 하려는 경우

○ 맞춤형건강기능식품관리사 교육을 받은 자가 건강기능식품일반판매업 영업자가 매년 받아야 하는 교육을 받아야 하는 경우

다) 선임된 날 이전 1년 이내 신규교육 또는 보수교육을 받은 경우

※ 이 경우 해당 신규교육 또는 보수교육 받은 날을 기준으로 매년 1회 보수교육을 받아야 함

아. 판매원 교육

1) 자체교육 실시대상

가) 「방문판매등에관한법률」 제2조의 규정에 의한 방문판매업자·전화권유판매업자 또는 다단계판매업자에게 등록한 판매원으로서 건강기능식품 판매입을 하고자 하는 자 또는 법 제13조제1항 단서에 따라 보수교육을 받아야 하는 자

나) 예외적으로 군의 특수성을 감안하여 국군복지단에서 운영하는 건강기능식품일반판매업의 위생관리책임자(일반사병)

2) 교육방법

가) 교육을 받은 방문판매업자·전화권유판매업자 또는 다단계판매업자가 자체교육을 실시할 수 있으며, 이 경우 자체 교육필증을 발급

나) 위생관리책임자(일반사병)가 아닌 군 마트 관리관(군무원, 여러 개의 마트를 관리) 또는 판매원 점장(군무원, 한 개의 마트를 관리)이 연 1회 안전위생 보수교육을 받고, 해당 교육 내용에 대하여 마트별 위생관리책임자(일반사병)에게 자체 전달 교육할 수 있으며, 이 경우 국군복지단 자체 교육필증을 발급

다) 시 · 군 · 구에서는 자체교육을 실시하고자 하는 자가 자체교육필증 등 교육 이수 증빙자료를 15일 이내 제출하도록 지도하고 15일 초과하여 제출하는 경우 미이수 처리

2. 교육실시기관

가. 근거법령 : 「건강기능식품에 관한 법률」 제13조제5항, 같은 법 시행규칙 제18조, 「건강기능식품 안전위생교육기관의 위탁 및 운영 등에 관한 규정」 (식약처 고시)

나. 교육기관 및 교육대상

지정번호	기관명	소재지	교육대상
제1호	(사)한국건강기능식품협회	경기도 성남시 분당구 대왕판교로 700 비동 102호 (삼평동)	- 건강기능식품제조업 영업자 및 품질관리인 - 맞춤형건강기능식품판매업 영업자 및 관리사 - 건강기능식품판매업 영업자
제2호	(사)대한약사회	서울특별시 서초구 효령로 194(서초동)	- 맞춤형건강기능식품판매업 영업자 및 관리사 - 건강기능식품일반판매업 영업자 ※ 약사 면허 소지자에 한함
제3호	(사)대한영양사협회	서울특별시 영등포구 63로 40, 202호(여의도동)	- 맞춤형건강기능식품판매업 영업자 및 관리사 ※ 영양사 면허 소지자에 한함

3. 교육시간

가. 근거법령 : 「건강기능식품에 관한 법률」 제13조, 같은 법 시행규칙 제19조

나. 대상자별 교육시간

1) 건강기능식품제조업 : 신규교육 8시간

2) 건강기능식품판매업(약국개설자 포함)

가) 유통전문판매업 : 신규교육 4시간, 보수교육 2시간

나) 일반판매업 : 신규교육 2시간, 보수교육 2시간

※ 유통전문판매업 신규교육을 이수한 자는 일반판매업 신규교육을 별도로 이수할 필요 없음

3) 맞춤형건강기능식품판매업(약국개설자 포함) : 신규교육 3시간

4) 품질관리인: 신규교육 16시간, 보수교육 6시간

5) 맞춤형건강기능식품관리사(약국개설자 포함): 신규교육 6시간, 보수교육 3시간

4. 행정제재

가. 근거법령 : 「건강기능식품에 관한 법률」 제47조, 같은 법 시행령 제21조

- 교육을 받지 아니한 자는 300만원 이하의 과태료 부과

<위반자별 과태료부과금액>

근 거 법 령	위 반 사 항	과 태 료
법 제13조제1항 본문 (식약처장의 명령에 따른 교육)	가. 교육을 받지 아니한 영업자 나. 교육을 받지 아니한 종업원	100만원 30만원
법 제13조제1항 단서 (건강기능식품판매업 보수교육)	교육을 받지 아니한 영업자	20만원
법 제13조제2항 (영업자 신규교육)	교육을 받지 아니한 영업자	200만원
법 제13조제3항 (품질관리인 정기 교육)	교육을 받지 아니한 품질관리인	50만원
법 제13조제4항 (맞춤형건강기능식품관리사 정기 교육)	교육을 받지 아니한 맞춤형건강기능식품관리사	50만원

5. 행정사항

1) 교육기관은 신규영업자나 신규 품질관리인이 교육기관의 사정으로 교육을 받지 못하여 영업개시 또는 과태료 처분 등 불이익을 받지 않도록 충분한 교육안내 및 정기적인 교육 실시

2) 영업자지위승계 및 품질관리인 선임 시에는 교육장소, 시간 지정안내

3) 시·도(시 · 군 · 구)에서는 개정된 건강기능식품판매업 영업자의 보수교육 관련 규정이 올바르게 정착되도록 관리감독

9 건강기능식품의 표시 관리

〈식품표시광고정책과〉

1. 목적

○ 건강기능식품에 표시하여야 하는 내용과 방법 등에 관한 기준을 정함으로써 건강기능식품의 품질향상을 도모하고 소비자에게 정확한 정보를 제공함

2. 근거법령

1) 「식품 등의 표시·광고에 관한 법률」 제4조

2) 「건강기능식품의 표시기준」 (식약처 고시)

3. 검토사항

건강기능식품 품목제조 또는 수입신고 시 중점적으로 검토해야 하는 건강기능식품의 표시 사항이며 세부사항은 「건강기능식품의 표시기준」 (식약처 고시) 참고

1) 일반사항

가) 표시는 한글로 하는 것을 원칙으로 하되, 소비자의 이해를 돕기 위하여 한자나 외국어를 함께 표시할 수 있으며, 이 경우 한자나 외국어를 한글표시보다 크게 표시하여서는 안 됨(수입 건강기능식품, 상표등록된 경우 제외)

나) 표시는 소비자에게 판매되는 최소 판매단위별 용기·포장에 하여야 함

다) 인쇄 또는 기재된 라벨 등으로 변경 가능한 사항

- 영업허가·신고 또는 품목제조신고 한 내용이 변경되어 허가·신고관청에 변경허가·신고 수리된 경우
- 단순 표시 오류에 따른 경미한 사항(다만, 소비기한의 표시는 변경처리 할 수 없음)

※ 표시내용의 오·탈자, 영양·기능(또는 지표)성분의 단위 및 캡셀기제 표시의 누락, 용기·포장재질 표시의 누락, 섭취량을 정수로 표시하지 아니 한 경우(예 : 1회 1~3정)

2) 제품명

가) 제품명은 「건강기능식품 표시기준」 제6조(세부표시기준 및 방법) 2. 제품명에 따라 사용할 수 있는 명칭인지 확인

나) 제품명은 그 제품의 특성을 나타내는 고유명칭으로, 영업허가 또는 신고관청에 품목제조신고서 또는 수입신고서에 기재한 명칭을 표시하여야 함

다) 「건강기능식품에 관한 법률」제14조제1항에 따른 기준·규격에서 정하고 있는 영양성분·기능성 원료 명칭(해당 제품의 특성을 나태내는 명칭의 일부만 사용할 수도 있다) 또는 법 제14조제2항에 따른 식품의약품안전처장이 인정한 명칭 사용하여야하며, 이 경우 상호 또는 가상의 명칭을 함께 사용할 수 있음

라) 기준·규격상의 명칭을 제품명에 포함하지 아니하는 경우(가상의 명칭 등) 제품명 주변(바로 위·아래·옆)에 해당 기준·규격상의 명칭 등이 뚜렷이 보이도록 가장 큰 제품명 활자크기의 2분의 1이상 크기로 표시하여야 함

마) 「식품표시광고법」 제8조에 따른 부당한 표시 또는 광고행위에 해당하는 표현이나, 다른 건강기능식품과 오인·혼동할 수 있는 표현을 포함하여 사용하여서는 안 됨

▶ 제품명으로 사용 부적절
① '질병의 예방 및 치료에 효능·효과가 있다'라는 내용의 제품명
② 인정된 기능성이 아닌 '다른 기능성'을 나타내는 제품명
③ '의약품 용도로만 사용되는 명칭(한약 처방명 포함)'을 사용하는 제품명
④ 기능성과 관련 없는 '인체 조직이나 인체 조직의 특정 세포 명칭'을 사용하는 제품명
⑤ 기능성과 관련 없는 '특정 계층'을 지칭하는 명칭을 사용하는 제품명
⑥ '성(性)과 관련된 기능성' 또는 '성(性)기능 개선'을 연상시킬수 있는 제품명
⑦ 기타 '소비자 오인·유발 우려'가 있는 용어를 사용하는 제품명

3) 위탁 제조한 사실의 표시

가) 「건강기능식품에 관한 법률」 제10조(영업자의 준수사항) 및 같은 법 시행규칙 제12조 [별표4] 머에서 건강기능식품전문제조업자는 별표 1 제1호 자목(1)에 따라 해당 제품을 전부 위탁한 경우 위탁 제조한 사실을 표시하여야 함

4) 기능성 내용의 표시

가) 기능성 표시는 법 제14조 또는 제15조에 따른 기준·규격에서 정한 기능성이나 기타 식품의약품안전처장이 인정한 기능성을 표시하였는지 확인

① 고시형 원료를 사용한 제품은 「건강기능식품의 기준 및 규격」중 제3. 개별기준 및 규격의 '최종제품의 요건' 기능성 내용 기재
② 「건강기능식품 기능성 원료 및 기준·규격 인정에 관한 규정」에 따라 개별인정 받은 원료를 사용한 제품은 '기능성 원료 인정서' 상의 식약처장이 별도로 인정한 내용 기재
③ 일반 식품 형태*는 「건강기능식품 기능성 원료 및 기준·규격 인정에 관한 규정」에 따라 개별인정 받은 제품의 기능성 내용 기재
* 12개 제형(정제, 캡슐, 환, 과립, 액상, 분말, 편상, 페이스트상, 시럽, 겔, 젤리, 바) 이 외

5) 섭취량, 섭취방법 및 섭취 시 주의사항

가) 섭취량 및 섭취방법은 해당 제품에 대한 섭취 대상별 1회 섭취하는 양과 1일 섭취횟수 및 방법을 표시하였는지 확인

- 「건강기능식품의 기준 및 규격」 또는 「건강기능식품 기능성 원료 및 기준·규격 인정에 관한 규정」에 따른 설정된 섭취량에 맞게 명확하게 기재

※ "1일 ○회, 1회○○정" (O), "1일 2~3회, 1회 1~2정" (X)

나) 섭취 시 주의사항은 해당제품의 섭취 시 이상증상이나 부작용 우려대상, 과다 섭취 시 부작용 가능성 및 그 양 등 주의해야 할 사항이 표시되었는지 확인

- 「건강기능식품의 기준 및 규격」 또는 「건강기능식품 기능성 원료 및 기준·규격 인정에 관한 규정」에 따라 설정된 섭취 시 주의사항을 반드시 기재

6) 알레르기 표시 방법

가) 알레르기 표시대상

- 알레르기 유발 식품

난류(가금류에 한한다), 우유, 메밀, 땅콩, 대두, 밀, 고등어, 게, 새우, 돼지고기, 복숭아, 토마토, 아황산류(이를 첨가하여 최종제품에 SO_2로 10mg/kg 이상 함유한 경우에 한한다), 호두, 닭고기, 쇠고기, 오징어, 조개류(굴, 전복, 홍합 포함)를 원재료로 사용한 경우

- 알레르기 유발 식품으로부터 추출 등의 방법으로 얻은 성분
- 이들 식품 및 성분을 함유한 식품 또는 식품첨가물을 원료로 사용한 경우

※ 알레르기 유발식품은 제품에 함유된 양과 관계없이 표시

나) 알레르기 유발물질 표시는 원재료명 표시란 근처에 바탕색과 구분되도록 별도의 알레르기 표시란을 마련하여 알레르기 표시대상 원재료명 표시

(예시) | 계란, 우유, 새우, 이산화황, 조개류(굴), 함유 |

※ 원재료명을 제품설명서에 기재하였을 경우, '섭취량, 섭취방법' 또는 '섭취시 주의사항' 표시란 근처에 표시(제2022-59호, '22.8.12. 개정, '24.1.1. 시행)

다) 알레르기 주의표시는 알레르기 유발 성분을 사용하는 제품과 사용하지 않은 제품을 같은 제조 과정(작업자, 기구, 제조라인, 원료보관 등 모든 과정)을 통하여 생산하게 될 경우 불가피하게 혼입 가능성이 있다는 내용의 표시

(예시) "이 제품은 메밀을 사용한 제품과 같은 제조시설에서 제조하고 있습니다" 등의 표시

10 건강기능식품 관련정보 공개

〈건강기능식품정책과〉

1. 허가(신고)사항 공개

건강기능식품제조업 허가 및 품목제조신고사항을 실시간으로 식품안전나라 홈페이지에 공개하여 소비자가 제품을 구입하기 전 허가(신고)된 제품임을 확인하고 선택 및 섭취할 수 있도록 함으로서 건전한 유통·판매 기반 구축

2. 공개 범위

가. 건강기능식품 업체 정보 : 업체명, 영업의 종류, 인허가번호, 소재지 및 전화번호 등

나. 건강기능식품 제품 정보 : 제조업체명, 제품명, 신고번호, 소비기한, 기능성 내용, 기준 및 규격, 기능성 원료 및 기타 원재료 정보 등

3. 접속 및 검색 방법

가. 국내제품

식품안전나라(https://www.foodsafetykorea.go.kr) ⇒ 식품·안전 ⇒ 건강기능식품 ⇒ 건강기능식품 검색

나. 수입제품

수입식품 정보마루(imfood.mfds.go.kr) ⇒ 수입식품 조회

다. 의약품 병용섭취 주의 정보

4. 행정사항

건강기능식품제조업체 및 제품 정보 등 검색으로 식약처에 허가(신고)된 건강기능식품인지 여부를 확인하도록 소비자 등에게 적극 홍보

11 건강기능식품 위해사실(이상사례 포함) 보고

〈건강기능식품정책과〉

1. 목적

건강기능식품 시장의 급속한 성장으로 건강기능식품으로 인한 것으로 추정되는 이상사례 증가가 예상됨에 따라 위해사실(이상사례 포함) 보고 및 그에 따른 관리체계를 마련하여 선제적 안전관리를 도모함으로서 소비자를 보호하고 건강기능식품에 대한 신뢰도 제고

2. 근거 법령

가. 「건강기능식품에 관한 법률」제10조의2 및 같은법 시행규칙 제12조의2

> 법 제10조의2제1항에 따른 이상사례(이하 "이상사례"라 한다)를 보고하려는 영업자(「약사법」 제20조에 따라 등록한 약국개설자 및 「수입식품안전관리 특별법」 제15조에 따라 등록한 수입식품등 수입·판매업자를 포함한다)는 해당 이상사례를 알게 된 날부터 7일 이내에 별지 제27호의2서식의 건강기능식품 이상사례 보고서(전자문서로 된 보고서를 포함한다)를 「식품위생법」 제67조제1항에 따른 식품안전정보원에 제출해야 한다.

※ 건강기능식품 표시면에 "이상사례 신고는 국번없이 1577-2488" 표시 의무화, 「건강기능식품의 표시기준」개정(2013.9.25.) 고시(제2013-224호)

※ 「건강기능식품에 관한 법률」 시행규칙 개정('20.6.4)으로 이상사례 보고 대상 영업자에 약국개설자, 수입식품등 수입판매업자를 포함

다. 「건강기능식품에 관한 법률 시행규칙」제12조의2

- 보고 기관을 '식품안전정보원'으로 정하고 있음

라. 건강기능식품 표시명령제

- 부작용 발생 등으로 소비자에게 정보제공이 필요한 경우 제품에 '섭취 시 주의사항에 관한 표시 내용 변경' 법적근거 마련('18.6 개정, '18.12 시행)

> 「건강기능식품에 관한 법률」제30조제3항
> ㅇ 식품의약품안전처장 또는 특별자치시장·특별자치도지사·시장·군수·구청장은 위생상의 위해가 발생하였거나 발생할 우려가 있다고 인정될 때에는 영업자에게 유통 중인 해당 건강기능식품을 회수·폐기하게 하거나 그 건강기능식품의 원료, 제조방법, 성분이나 그 배합비율의 변경 또는 섭취 시 주의사항에 관한 표시 내용의 변경(신설을 포함한다)을 할 것을 명할 수 있다.

마. 중대한 이상사례 및 다빈도 이상사례에 대한 사후조치

- 중대한 이상사례 발생 시 유사 사례가 있는지 분석하고, 필요 시 해당 제품 및 기능성 원료에 대한 지도·점검 및 수거·검사(지방식약청)

○ 중대한 이상사례
√ 사망하거나 생명에 대한 위험이 발생한 경우
√ 입원할 필요가 있거나 입원 기간을 연장할 필요가 있는 경우
√ 영구적이거나 중대한 장애 또는 기능 저하를 가져온 경우
√ 태아에게 기형 또는 이상이 발생한 경우
√ 응급실 치료를 받은 경우

- 이상사례가 월 10회 이상 다빈도로 발생하거나, 신규 실마리 정보로 탐색된 해당 제품에 대하여 주기적(연 2회)으로 수거·검사 실시(지방청)

※ Ⅳ. 건강기능식품관리, 5. 건강기능식품의 사후관리, 나. 유통제품 수거검사 참조

- 입원 등 중대한 이상사례 및 다빈도 이상사례 발생 제품에 대하여 긴급 대응 후 전문가 자문 및 심의를 거쳐 인과관계 여부 결정 후 사후조치(2회 이상/년)

√ 인과관계를 검토하여 영업자에게 경고(권고) 서한문 발송
√ 섭취 제품 및 이상 증상 등 안정 정보를 공개(홈페이지 등)
√ 관련성 확인 시 섭취 시 주의사항 표시 명령
√ 기능성 및 안전성 문제로 위해하다고 판단되는 경우 재평가 및 허가 취소

3. 보고된 위해사실(이상사례 포함)에 대한 처리절차

가. 위해사실(이상사례 포함) 정보수집 · 확인

- 식품안전정보원에서 소비자, 영업자 등으로부터 보고(신고)되는 정보 수집 및 데이터 검증 실시

나. 위해사실(이상사례 포함) DB 입력

- 식품안전정보원의 건강기능식품 이상사례 관리시스템에 입력
- 일반이상사례와 중대한 이상사례로 구분하여 처리
- 중대한 이상사례는 심층분석을 실시

다. 중대 이상사례 대상 여부 분류

- 입원, 장애, 사망 등 국민의 안전과 관련하여 긴급하게 조치가 필요한 경우

라. 실마리정보 분석

- 식품안전정보원에서 건강기능식품 이상사례 관리시스템을 통하여 실마리정보를 탐색

* 통계적 분석은 보고분율비(PRR) 통계분석법을 사용하여 이상증상이 발생할 가능성이 있는 건강기능식품(기능성원료 포함)을 탐색

마. 심층분석

- 실마리정보로 분석되었거나 중대한 이상사례(다빈도 포함)인 경우가 대상
- 개별 이상사례 조사 대상의 접수 내역, 섭취한 건강기능식품 정보 및 기능성 원료의 기준 및 규격, 동일제품 섭취 후 발생한 이상사례 내역, 섭취한 건강기능식품의 기능성원료 안전성정보 조사 결과 등의 내용을 조사·수집·분석하여 섭취한 건강기능식품과 발생한 이상증상 간 인과관계 분석

* 인과관계 분석을 위하여 필요시 전문가 자문 실시

* 신고자의 동의가 있는 경우 진단서, 개인의무기록, 건강보험요양급여청구내역 등을 추가 수집 및 분석에 활용

바. 개별사례 안전성 자료 검토

- 개별사례 및 각종 안전성 · 기능성 등에 대한 조각정보를 수집하고 검토 실시

사. 인과성 평가(건강기능식품심의위원회)

- 건강기능식품 섭취와 이상 증상 간 의학적 인과성 검토

아. 행정조치

- 건강기능식품심의위원회 검토 결과에 따라 해당업체에 대한 주의 또는 경고 조치, 섭취 시 주의사항 변경 및 표시, 제조사 특별 위생점검 등 안전관리(제조현장실사) 실시

자. 정보공개

- 인과성 평가 결과를 식품의약품안전처 홈페이지, 보도자료 배포 등을 통해 대국민 공개

4. 행정사항

1) 시·군·구 및 지방청은 관할 업체에 건강기능식품으로 인해 발생하였다고 의심되는 위해사실(이상사례 포함)을 알게 된 날부터 7일(사망 또는 사람의 생명이나 건강에 중대한 영향을 미치는 이상사례) 또는 14일(그 밖에 이상사례) 이내 보고기관으로 보고하고 접수된 내역은 2년간 보관하여야 함을 적극 지도·계몽

※ 위반시 과태료

위반 사항	1차 위반	2차 위반	3차 이상
법 제10조의2제1항을 위반하여 이상사례 보고를 하지 않은 경우	50만원	75만원	100만원

위반 사항	업종	과태료
건강기능식품 위해사실(이상사례 포함) 접수 및 처리 내역을 비치하지 아니하거나 이를 2년간 보관하지 아니한 경우	제조업	50만원
	판매업	30만원

2) 보고(신고)되는 이상사례가 월 10회 이상이거나 중대한 이상사례로 신속대응반이 구성·운영되는 경우, 해당 제품 제조업체 관할 지방청은 인력 등 지원

3) 건강기능식품 위해사실을 접한 의료인이나, 이상사례를 경험하여 신고하려는 소비자는 식품안전정보원의 이상사례신고센터(국번없이 1577-2488)로 신고하도록 안내

※ 의료인 등은 보고의무 대상자가 아님

12 '24년도 「건강기능식품에 관한 법률」 등 주요 개정내용

〈건강기능식품정책과〉

□ 「건강기능식품에 관한 법률」 주요 개정내용

개정일 (시행일)	개정 주요내용
'24.1.2. ('25.1.3)	○ 맞춤형건강기능식품의 정의에 대한 근거 신설(제3조) - 맞춤형건강기능식품의 정의, 맞춤형건강기능식품판매업 영업을 신설하고, 업소별로 맞춤형건강기능식품의 안전관리와 소분시설의 위생관리 등의 직무를 수행하는 맞춤형건강기능식품관리사를 두도록 함 ○ 우수건강기능식품제조기준 상향입법(제22조) - 건강기능식품을 제조하는 영업자가 지켜야 하는 우수건강기능식품제조기준을 고시가 아닌 총리령으로 상향하고, 우수 영업소에 대해서는 다음 연도의 조사·평가를 면제할 수 있는 근거 마련

□ 「건강기능식품에 관한 법률 시행령」 주요 개정내용

개정일 (시행일)	개정 주요내용
'24.12.31. ('25.1.3.)	○ 맞춤형건강기능식품판매업 영업의 세부 종류·범위 규정(제2조) - 맞춤형건강기능식품판매업 세부 영업 범위를 소비자 상담을 통해 직접 또는 위탁 소분·조합한 제품을 판매하는 것으로 규정 ○ 맞춤형건강기능식품 책임보험의 종류 규정(제3조의4) - 맞춤형건강기능식품판매업 영업자가 가입할 수 있는 책임보험의 종류·한도를 규정 ○ 맞춤형건강기능식품관리사 자격 기준 규정(제5조의2) - 맞춤형건강기능식품관리사의 자격기준을 의사·치과의사·한의사·간호사, 약사·한약사 또는 영양사로 정함 ○ 법에서 정한 과태료 상한 범위내에서 업무 특성, 위반 경중, 유사 사례 참고하여 적정 금액 부과(제21조, 별표 2)

□ 「건강기능식품에 관한 법률 시행규칙」 주요 개정내용

개정일 (시행일)	개정 주요내용
'25.3.19. ('25.3.19.)	○ 맞춤형건강기능식품판매업 시설기준(제2조, 별표 1) - 소분·조합의 특성을 고려하여 영업소, 작업실, 소분·조합시설, 시설기준 특례를 구분하여 규정 ○ 맞춤형건강기능식품판매업 영업신고 절차(제5조, 제6조) - 영업의 특성(소분·조합, 소비자 상담)에 맞게 신고 서식 정비하고 맞춤형건기관리사 선임신고서 제출 규정 ○ 영업자 준수사항(제12조, 별표 2, 별표 4) - 영업의 특성(소분·조합, 소비자 상담)에 맞게 규정 ○ 맞춤형건기관리사 선임 기준·절차·준수사항(제16조의3~5) - 영업소별 1명 이상 두도록 하고, 자격 확인을 위해 선임신고 시 자격증빙 서류 제출 - 직무 수행내역 기록·보관(2년), 상담·추천 과정에서의 부당 표시·광고 금지, 소분·조합 과정에서 문제 발생 시 영업자에게 통보 ○ 영업자, 맞춤형건기관리사 교육(제19조) - 영업자 : (신규) 3시간, 맞춤형건기관리사 (신규) 6시간, (보수) 매년 3시간 보수 ○ 행정처분, 과태료(제31조, 제36조, 별표 9, 별표 12) - (행정처분) 건강위해 제품 및 기준규격 위반 제품 소분·조합·판매 (영업정지 15일~1개월) - (과태료) 영업자 및 맞춤형건기관리사 준수사항 위반(30만원~100만원)
'25.5.30.~ '25.7.9. (입법예고)	○ 기능성 원료 인정 신청 수수료 조정(안 별표 11) - 심사인력 확충 등 신속한 심사를 위한 개별인정 기능성 원료 심사 수수료 인상(신규: 190만원→500만원, 변경: 80만원→200만원) ○ 품목제조신고 시 영양성분 정보 제출(안 별지 15) - 건강기능식품의 영양정보를 DB화하여 활용할 수 있도록 영양성분을 기입하는 정보란 추가 ○ 영업신고사항 변경 시 영업신고증 원본 제출 의무 폐지(안 제6조) - 건강기능식품 영업신고관리대장에서 확인할 수 있는 내용의 서류(영업신고증 원본) 제출 의무 폐지 ○ 품목제조변경 신고 시 품목제조신고증 원본 제출 의무 폐지(안 제9조) - 건강기능식품 품목제조신고관리대장에서 확인할 수 있는 내용의 서류(품목제조신고증 원본) 제출 의무 폐지

개정일 (시행일)	개정 주요내용
	○ 건강기능식품 개별 인정 신청자 확대(안 제20조의2) - 기준·규격·원료 등 자체적인 연구개발 능력을 갖추고 있는 '건강기능식품유통전문판매업자'를 신청 대상자에 포함 ○ 외국인 신원확인 서류 인정범위 확대(안 제3조) - 외국인이 영업허가·신고 시 신원확인 서류로 아포스티유(Apostille) 권한이 있는 기관이 발행한 서류도 인정 ○ 건강기능식품의 수거량 기준 개선(안 별표 6) - 통계적 개념이 도입된 미생물 규격(n=5)을 반영하여 세균발육검사에 필요한 검체 수 조정(4개→6개(세균발육검사용 5, 이화학 1))

□ 「건강기능식품 안전위생교육기관의 위탁 및 운영 등에 관한 규정」 주요 개정내용

제정일 (시행일)	개정 주요내용
'25.10.17 ('25.10.17.)	○ 교육대상자 통보 관련 사항(제9조) - 관할 신고관청은 교육기관이 통합식품안전정보망을 통해 교육 대상자 확인이 가능한 경우 교육대상자 명단 통보 생략 가능, 교육기관은 교육 실시 결과를 전자문서로도 보고 가능 ○ 교육비 수지결산 월간 보고 관련 사항(제9조, 별지 7) - 교육기관이 관할 신고관청(지자체 등)으로 매월 보고하는 교육실시결과 내용 중 교육비 수지결산 내역을 삭제

Part

수입식품등 검사 및 사후관리

추 진 개 요

◆ 기본방향

○ 국민에게 안심 주는 원활한 수입검사 업무체계 구축
- 식약처·지방식약청·지자체 등 유관기관 간의 입체적 업무 공조

○ 담당공무원의 역량강화를 위한 프로그램 운영

◆ 역할분담

구분	식품의약품안전처	지방식약청	시·군·구청 등
1. 수입식품 관련 영업의 등록 및 관리		·영업등록	
2. 수입식품 등 사전 안전관리	·해외제조업소 및 작업장 등록 ·식품등 해외제조업소 위생관리 ·축·수산물 작업장(등록시설) 위생관리 ·수입위생평가	·OEM수입식품 수입자에 대한 사후관리 ·현지실사 참여	
2-1. 수입식품등 사전 안전관리			
2-2. 수입 축산물 사전 안전관리			
2-3. 수입 수산물 사전 안전관리			
2-4. 수출국 사전평가제 운영			
3. 수입식품등 검사	·수입식품(건강기능식품 및 축·수산물 포함)검사 총괄	·수입식품(건강기능식품 및 축·수산물 포함) 검사	-
4. 수입식품 신속통관	·조건부 수리제 총괄	·신속통관·사후관리	·사후관리
4-1. 계획수입 신속통관제도 운영	·계획수입 신속통관 총괄	·계획수입 신속통관 승인	
5. 부적합 수입식품에 대한 신속대응	·부적합 총괄 ·유해물질 검출제품수출국에 개선요청 ·교육명령 총괄	·부적합 반송·폐기 확인 ·유해물질 검출시 잠정 수입신고 보류 권고조치 ·교육명령 및 처분(지방청에 한함)	-
6. 식품등에 대한 검사 명령제 운영	·검사명령 총괄	·수입신고 시 제출서류 확인	
7. 유통관리대상 수입식품 관리	·유통 수입식품(건강기능식품 및 축·수산물 포함)관리 총괄	·유통 수입식품(건강기능식품 및 축·수산물 포함)관리 통보 및 사후관리	·유통관리 대상 사후관리

구분	식품의약품안전처	지방식약청	시·군·구청 등
8. 수입식품 현황(사진) 데이터베이스(D/B) 구축 및 사진제출	·현황(사진) D/B 관리	·수입검사시 사진촬영 및 행정 포털에 등록	-
9. 수입식품등의 유통단계 관리 추진전략 및 과제	·추진전략 및 과제 수립	· 추진전략 및 과제 수행	
10. 수입식품등 수거·검사	·수거·검사계획 수립	· 수거·검사 시행	· 수거검사 시행
11. 수입식품 업체 지도·점검 관리	·지도·점검계획 수립	· 지도·점검실시	
12. 수입식품 유통이력추적 관리	·유통이력추적 총괄 관리	· 업체등록 독려, 지도·홍보	
13. 정식 수입절차를 거치지 않은 수입식품 등 안전관리	·안전관리 총괄	· 검사실시 및 결과 입력	
14. 허위과대광고 관리	·허위과대광고 관리총괄		·적발업소 홈페이지 게시 협조
15. 유전자변형농산물 표시조사	·표시조사 총괄	·표시조사 수행	
16. 지도·점검시 영업자별 교육·홍보실시	·교육·홍보 총괄	·교육·홍보 수행	

◆ 연간 추진일정

구분	추진내용	비고
연중	· 수입검사, 유통관리, 부적합 신속대응, 사진 D/B 등록, 계획수입 신속통관	
수시	· 보세창고 합동 위생관리, 수입자 교육·홍보(지방청)	
반기별	· 현지실사 점검관 교육(식약처)	한국보건복지인재원, 식품안전관리인증원
11월	· 재외공관 설명회	
	·수입식품안전관리 담당공무원 교육	한국보건복지인재원

1 수입식품 관련 영업의 등록 및 관리

〈수입식품정책과〉

1. 수입식품등 영업등록

가. 근거법령

「수입식품안전관리 특별법」 제15조제1항 및 같은 법 시행규칙 제16조

나. 등록대상

1) 수입식품등 수입·판매업

- 수입식품등을 수입하여 판매하는 영업(다만, 식품등의 채취·제조 또는 가공에 사용되는 기계를 수입하는 경우 제외)

2) 수입식품등 신고 대행업

- 수입식품등 수입판매업자를 위하여 수입신고를 대행하는 영업

3) 수입식품등 인터넷 구매 대행업

- 국내 소비자의 요청에 따라 해외 판매자의 사이버몰(컴퓨터 등과 정보통신설비를 이용하여 재화 등을 거래할 수 있도록 설정된 가상의 영업장) 등으로부터 수입식품등의 구매를 대행하여 수입하는 영업

4) 수입식품등 보관업

- 수입신고의 대상이 되는 수입식품등을 「관세법」제154조에 따른 특허보세구역 또는 종합보세구역에 소재한 보세창고(다만, 컨테이너전용보세창고는 제외) 또는 「자유무역지역의 지정 및 운영에 관한 법률」 제11조에 따라 입주허가를 받은 자의 보관시설 또는 장소에 보관하는 영업

다. 등록기관

1) 처리기관 : 지방식품의약품안전청(처리기간 : 3일)
2) 수 수 료 : 28,000원(수입증지)

라. 구비서류 : 「수입식품안전관리 특별법 시행규칙」 제16조제1항 참조

1) 영업등록신청서([별지 제17호서식])

2) 교육이수증(법 제17조제2항에 따라 미리 교육을 받은 경우만 해당)

3) 보관시설 임차계약서(보관시설을 임차한 경우에 한함)

4) 영업장의 시설내역 및 배치도(수입식품등 보관업만 해당)

5) 제15조제2항에 따른 보세창고·보관시설에 대한 「관세법」·「자유무역지역의 지정 및 운영에 관한 법률」에 따른 특허·신고·허가에 관한 서류(수입식품등 보관업만 해당)

6) 「국유재산법 시행규칙」 제14조제3항에 따른 국유재산 사용허가서(국유철도의 정거장시설에서 수입식품등 수입·판매업을 하려는 경우만 해당)

7) 「도시철도법」에 따른 도시철도운영자와 체결한 도시철도시설 사용계약에 관한 서류(도시철도의 정거장시설에서 수입식품등 수입·판매업을 하려는 경우만 해당)

마. 영업등록 관련 확인 사항 등

1) 도시계획 및 건축물의 용도에 관한 사항은 관련 대장을 통해 확인(「전자정부법」 제36조제1항에 따른 행정정보의 공동이용을 통하여 토지이용계획 확인서 및 건축물대장 확인)

2) 영업등록을 하려는 자가 피성년후견인이거나 파산선고를 받고 복권되지 아니한지를 확인하여야 하고, 내부적으로 확인할 수 없는 경우에는 신원확인에 필요한 자료(전자문서를 포함)를 제출하게 할 수 있음

가) 신청인이 외국인인 경우에는 해당 국가의 정부나 그 밖의 권한 있는 기관이 발행한 서류 또는 공증인이 공증한 신청인의 진술서로서 「재외공관 공증법」에 따라 해당 국가에 주재하는 대한민국공관의 영사관이 확인한 서류를 제출하게 할 수 있음

3) 법 제15조제7항 규정에 따른 영업등록 제한

가) 해당 영업시설이 시행규칙 [별표 7] 영업의 종류별 시설기준에 맞지 아니한 경우

나) 영업등록이 취소되고 6개월이 지나기 전에 같은 장소에서 같은 종류의 영업을 하려는 경우(다만, 영업시설 전부를 철거하여 영업등록이 취소된 경우 제외)

다) 판매 등의 금지된 제품을 판매하여 영업등록이 취소되고 5년이 지나기 전에 같은 대표자가 취소된 영업과 같은 종류의 영업을 하려는 경우

라) 영업등록이 취소되고 2년이 지나기 전에 같은 대표자가 취소된 영업과 같은 종류의 영업을 하려는 경우

마) 피성년후견인이거나 파산선고를 받고 복권되지 아니한 경우

4) 수입식품등 보관업 등록 신청의 경우에는 등록 전에 해당 영업소의 시설을 확인하고, 그 외 영업등록의 경우에는 신청 서류를 검토한 후 영업등록증을 발급

5) 신규교육을 받은 날부터 2년이 지나지 아니하거나 해당 연도에 보수교육을 받은 자가「수입식품안전관리 특별법」에 따른 영업을 하려는 경우에는 신규교육을 받은 것으로 인정

6) 해당 연도에 보수교육을 받은 자가 「수입식품안전관리 특별법」에 따른 다른 영업을 하고 있는 경우에는 해당 영업에 대하여 보수교육을 받은 것으로 인정

※ 동일 업종의 다른 영업도 보수교육 받은 것으로 인정

7) 영업을 하려는 자는 시설기준에 맞는 시설을 갖추어야 하나, 수입식품등 수입·판매업, 신고대행업, 인터넷 구매대행업으로서 「전자상거래 등에서의 소비자보호에 관한 법률」 제2조제1호 · 제2호에 따른 전자상거래 · 통신판매 형태의 영업을 하여 구매자가 직접 사무소를 방문하지 않는 경우에는 사무소를 주택에서 가능함

8) 외국인이 영업등록을 하려는 경우 국내 일정기간 거주하지 않아 외국인 등록증을 발급받지 못하는 경우, 법인등기부등본 또는 사업자등록증 확인을 통해 영업등록이 가능함

9) 영업등록 또는 등록사항을 변경할 경우에는 법인여부를 확인하고자 법인 등기부등본은 확인하고 있으며, (법인)사업자등록증으로 확인 가능

10) 동일한 소재지(동일한 사무실 내에서 일부 면적을 분할하여 신청하는 경우 포함)에서 동일인이 (동일 또는 다른 상호로) 동일한 종류의 수입식품 영업을 하는 것은 영업정지 등 행정처분을 피하기 위한 목적으로 악용될 우려가 있음에 따라 신규(변경) 영업등록을 제한

2. 영업등록의 변경등록·신고

가. 근거법령 : 「수입식품안전관리 특별법」 제15조제1항 및 제3항, 같은 법 시행규칙 제17조 제1항 및 제2항

나. 변경등록대상

1) 영업소 소재지

다. 변경신고대상

1) 영업자의 성명(법인의 경우 그 대표자의 성명)
2) 영업소의 명칭 또는 상호
3) 보관시설의 소재지(보관시설을 임차한 경우만 해당)
4) 영업장의 면적(수입식품등 영업등록대상)

라. 처리기관

1) 처리기관 : 지방식품의약품안전청(처리기간 : 3일)
2) 수 수 료
- 소재지의 변경 : 26,500원
- 소재지의 외 변경 : 9,300원
- 영업자 성명 변경(법인의 경우 그 대표자의 성명) : 수수료 면제

마. 구비서류 : 「수입식품안전관리 특별법 시행규칙」 [별지 제21호서식] 참조

1) 영업자가 영업등록사항 변경등록 및 변경신고를 하는 경우에는 변경사항을 확인할 수 있는 서류(전자문서를 포함)를 확인

가) 영업소 소재지 변경에 따른 변경등록 신청의 경우에는 영업등록에 필요한 서류(영업등록증과 「수입식품안전관리 특별법 시행규칙」제16조제1항제2호부터 제6호까지의 서류)를 제출

나) 영업소 소재지 외의 사항을 변경한 경우에는 영업등록증과 변경사항을 확인할 수 있는 서류를 제출(「수입식품안전관리 특별법」제16조의 영업자 지위승계에 따른 변경의 경우는 제외)

바. 등록사항의 변경 관련 확인 사항 등

1) 수입식품등 보관업의 영업을 하는 자는 등록된 영업장의 면적이 변경될 경우에 변경신고를 하여야 함
2) 변경사유가 발생한 날부터 30일 이내에 등록사항의 변경등록 또는 변경신고를 하지 아니한 자에 대해서는 행정처분이 있음

3. 영업의 승계

가. 근거법령 : 「수입식품안전관리 특별법」 제16조제3항 및 같은 법 시행규칙 제21조제1항

나. 등록기관

1) 처리기관 : 지방식품의약품안전청(처리기간 : 3일)

2) 수 수 료 : 9,300원

다. 구비서류 : 「수입식품안전관리 특별법 시행규칙」 제21조 참조

1) 영업등록증

2) 권리의 이전을 증명하는 서류

가) 양도의 경우에는 양도·양수를 증명할 수 있는 서류 사본

나) 상속의 경우에는 「가족관계의 등록 등에 관한 법률」 제15조제1항제1호의 가족관계증명서와 상속인임을 증명하는 서류

다) 그 밖에 해당 사유별로 영업자의 지위를 승계하였음을 증명할 수 있는 서류

3) 교육이수증(법 제17조제1항 본문에 따라 미리 교육을 받은 경우만 해당)

4) 위임인의 자필서명이 있는 위임인의 신분증명서 사본 및 위임장(양도인 또는 양수인이 영업자 지위승계 신고를 위임한 경우만 해당)

라. 검토사항

1) 영업자의 지위를 승계한 자는 승계한 날부터 1개월 이내에 그 사실을 신고하여야 함

2) 양수인의 결격 사유가 있는지 여부 확인

가) 「보건범죄 단속에 관한 특별조치법」에 따라 형을 선고받고 5년이 지나지 아니한 자에 대하여는 승계를 제한함

나) 양수인(승계를 받는 사람)이 피성년후견인 이거나 파산선고를 받고 복권되지 아니한 경우에 해당하는지의 여부를 내부적으로 확인할 수 없는 경우는 신분확인이 필요한 자료를 제출하게 할 수 있음

3) 영업자 지위승계 신고를 하는 자가 영업소의 명칭 또는 상호를 변경하려는 경우 같이 신고할 수 있음

영업등록 절차 및 검토사항

단계	검토사항
접수 전 상담	• 민원인의 재산상 손실을 최대한 방지하는 차원에서 영업등록 신청 시 반드시 등록처리 담당자와 상담을 한 후 접수하도록 할 것 • 다른 법령에 위반되거나 저촉되는 사항이 있는지에 대하여 등록신청인 이 직접 확인하여야 하고, • 다른 법령에 위반되거나 저촉이 되면 그 법령에 의거 고발되거나 처분되므로 수입식품안전관리 특별법령에 의하여 등록되더라도 영업하기가 어렵다는 것을 반드시 알려주기 바람(※)
접 수	• 수수료 확인
서류검토	• 제출서류의 완비여부 검토 • 제출서류 검토 - 건축법, 소방법 등 이 법에 명시된 타법령 관련사항에 대하여는 그 법령에 위반되거나 저촉되는 사항이 있는지 여부 확인 - 이 법 및 관련 법령에서 규정한 사항에 적합한 때에는 등록하고, 적합하지 아니하거나 제출서류가 미비한 때에는 보완요청하거나 반려할 것
현장실사 및 시설조사 (수입식품등 보관업 해당)	• 업종별 시설기준에 적합한지 여부 검토
결 재	• 신원조회(법 제15조제7항제5호) • 서류검토로 적합하다고 판단될 경우 등록
등록증 교부	• 영업등록증 교부 후 등록사항을 영업등록관리대장을 작성·보관하거나 전산망에 입력 관리 - 시설기준에 위반되거나 등록한 사항과 다를 경우 확인서를 징구하여 행정처분 기준에 따라 시설개선 명령을 하거나 영업정지 등 행정처분

※ 신청인이 영업등록과 관련하여 다음 법령에 위반되거나 저촉여부를 검토하도록 적극 홍보할 것

○ 「국토의 계획 및 이용에 관한 법률」, 「하수도법」, 「농지법」, 「학교보건법」, 「옥외광고물등 관리법」, 「하천법」, 「한강수계상수원 수질개선 및 주민지원 등에 관한 법률」, 「수질 및 수생태계 보전에 관한 법률」, 「소음·진동규제법」, 「관광진흥법」, 「학원의 설립·운영 및 과외교습에 관한 법률」, 「청소년보호법」, 「근로기준법」, 「산업집적활성화 및 공장설립에 관한 법률」, 「주차장법」, 「지방세법」 등 그 밖의 관련 법령

4. 장기간 영업실적이 없는 수입식품 영업자 관리

가. 목적

장기간 영업하지 않는 실질적인 폐업 상태 업소의 비중이 지속 증가하고 있어 위생관리 및 위생교육 등 안전관리를 위한 영업자 및 행정기관의 행정 부담을 완화하기 위함

* 1년 이상 영업 이력이 없는 업체 비율(%): ('22) 68.6 → ('23) 70.2 → ('24) 71.9

나. 근거법령

「수입식품안전관리 특별법」 제29조제2항

다. 장기간 영업실적이 없는 영업자(영업등록 취소 대상) 판단 기준

1) 법 제29조제2항에서 "정당한 사유없이 6개월간 계속 휴업한 경우" : 10년 이상 수입식품등의 수입신고 실적 또는 보관 실적이 없는 등 영업을 하지 않는 것으로 판단되는 경우 영업등록 취소 가능

- 다만, 위생교육 실적이 있는 경우는 제외

2) 영업자가 다음 어느 하나의 사유로 휴업한 경우에는 1)의 적용대상에서 제외 가능

- 영업자(법인인 경우 대표자를 포함한다) 또는 그 직계가족의 질병이나 부상으로 6개월 이상의 치료가 필요한 경우
- 화재, 수해, 지진 등 천재지변이나 그 밖의 재해로 인하여 영업시설이 멸실되거나 파손되어 복구에 장기간이 소요되는 경우
- 관계 행정기관에 의해 영업소의 폐쇄, 압류, 봉인 등이 되거나 영업과 관련된 소송 절차가 진행 중인 경우
- 영업시설의 중대한 개수 또는 보수를 위해 영업이 불가능한 경우
- 상기 사유에 준하는 사유로서 사회통념상 영업을 계속할 수 없다고 식품의약품안전처장(지방식품의약품안전청장)이 객관적인 자료에 근거하여 인정하는 경우

〈참고〉

교육종류별 수입식품 교육기관 누리집 및 연락처

교육종류	교육기관명	교육기관 누리집	연락처
수입식품 위생교육 (신규·보수)	한국식품산업협회	www.kfia21.or.kr	T) 1577-3869 F) 02-586-4906
	한국건강기능식품협회	https://edu.khff.or.kr	T) 1661-2371 F) 0507-0317-4338
	한국식품안전협회	https://safetyfoodimp.or.kr	T) 02-2051-7006 F) 02-2651-7006
수입식품 안전교육	한국식품안전관리인증원	https://www.haccp.or.kr	T) 1599-1102 F) 043-928-0019
	한국식품산업협회 부설 한국식품과학연구원	http://food.hullaro.com	T) 02-3470-8170 F) 02-3472-8980

2 수입식품등 사전 안전관리

〈현지실사과〉

2-1 수입식품등 사전 안전관리

1. 해외제조업소 현지실사

가. 목 적

해외제조업소에 대한 안전 및 위생관리 실태를 확인하여 현지 제조단계부터 위해우려 식품의 국내 유입 사전 차단

나. 근거법령

1) 「수입식품안전관리 특별법」제6조(해외제조업소의 현지실사)

2) 「수입식품안전관리 특별법 시행규칙」제3조(수입중단 조치 및 해제조치의 절차)

3) 「해외제조업소 및 해외작업장 현지실사 방법 및 기준」(식약처 고시)

다. 주요내용

1) 해외제조업소의 현지실사

가) 수입식품등의 위해방지를 위한 해외제조업소의 사전안전관리

나) 국내외에서 수집된 수입식품등의 안전정보에 대한 사실 확인

2) 수출국 기관 간 업무 협의

수출·입식품의 안전성 제고 방안 및 관련 제도 등 정보 공유

라. 현지실사 추진 절차

① 계획수립	▶	② 사전준비	▶	③ 현지실사	▶	④ 결과 조치
실사 대상 선정, 수출국 정부 및 해외제조업소와 일정 협의		점검관 확정 및 사전 교육 등 실시		시작회의, 서류 및 현장점검, 종료회의		실사 결과 보고, 적부 결과에 대한 조치

1) 계획수립

가) 부적합·위해정보 등을 고려하여 실사대상 선정

* 등록취소, 유효기간 만료, 수입 중단업소는 대상에서 제외

나) 실사계획을 수립하여 수출국 정부 및 해외제조업소의 설치·운영자에게 통보

* 소재지, 운영 여부(휴업, 폐업 등), 제조시설 보유 여부 등 파악

다) 현지실사 방문일정 협의 및 일정 통보

* 해외제조업소의 설치·운영자는 통보 받은날로부터 15일 이내(또는 통보한 날부터 20일 이내) 실사 여부 회신

* 통보받은 실사 일정을 수용할 수 없는 경우 조정 가능(2개월 범위 내)

* 현지실사를 거부·방해·기피(정당한 사유없이 무응답)하는 경우 수입중단 조치

2) 사전준비

가) 현지실사 자격요건을 갖춘 점검관을 추천받아 현지실사 절차 및 방법, 점검 시 주요 확인사항, 안전유의사항 등 사전교육 실시

나) 공무국외 출장 허가, 통역원 선정 등 출장계획 준비

3) 현지실사

가) 인사, 점검단 소개, 출장목적, 실사일정 및 평가절차 안내, 제조업소측 위생관리 현황* 브리핑 등 시작회의 실시

* HACCP, GMP, ISO 등 국제인증서 현황 확인

나) 점검관은 「해외제조업소 및 해외작업장 현지실사 방법 및 기준」에 따라 위생점검 실시

다) 시정요구사항 설명, 주요항목 부적합은 신속 개선토록 현장 통보, 지적사항에 대한 상대방 의견 청취 등 종료회의 실시

4) 결과 조치

가) 귀국 후 복귀한 날부터 30일 이내 귀국보고서 제출

- (요약보고서) 현지실사 개요, 시정요구 항목, 해외제조업소 확인사항 등 첨부, 향후 조치계획

* 부적합 판정 업소는 현지에서 요약보고서 제출

- (결과보고서) 점검업소 현황, 점검결과, 시정요구사항, 실사 결과 총평, 점검표 사본, 기타(확인서, 영업등록증 등)

- (그 외 서류) 점검표 원본, 제조업소 서류 일체, 영수증 등

나) 점검 결과에 따른 조치사항

점검결과	85% 이상	85% 미만 70% 이상	70% 미만
	적합	개선필요	부적합
해외제조업소	등록유지	시정요청* 및 수입검사강화 → 미이행시(수입중단)	수입중단 (선적일 기준)

* 시정기한은 통보받은 날부터 60일 이내(1회 한해 30일 연장 가능), 시정완료 시 까지 검사강화 → 시정요구사항 이행 결과를 제출하지 않거나 완료되지 않은 경우 부적합 판정하여 수입중단

다) 현지실사 결과 통보
- (수입중단 알림) 해당 해외제조업소, 수출국 정부기관, 수입식품국, 지방청 수입검사 부서에 통보
- (검사강화 알림) 해당 해외제조업소, 수출국 정부기관에 개선요청사항 통보, 수입검사관리과에 검사강화 조치 요청

2. 해외제조업소 비대면 조사

가. 목 적

천재지변, 감염병 발생 등의 사유로 현지실사가 어렵다고 판단되는 경우나 신속한 점검 등 효율적인 조사를 위하여 컴퓨터·화상통신 등 정보통신기술을 활용한 비대면 조사를 실시하여 위해 우려 식품의 국내 유입 사전 차단

나. 근거법령

1) 「수입식품안전관리 특별법」 제9조의2(해외제조업소에 대한 비대면 조사)
2) 「수입식품안전관리 특별법 시행규칙」제6조의 2(비대면 조사의 방법 등)

다. 주요내용

1) 제외국 비대면 온라인 시스템 영상장치 가능 여부 및 현장촬영 동의·개인정보 동의서 작성
2) 해외제조업소로부터 현장의 증빙자료 등을 받아 서류 조사를 실시한 후 정보통신기술을 활용한 영상조사를 통해 현장 점검
3) 비대면 조사를 거부, 기피, 방해 시 수입중단 조치

라. 비대면 조사 추진 절차

① 계획수립	② 서류조사	③ 영상조사	④ 결과 조치
조사대상 선정, 수출국 정부 및 해외제조업소와 일정 협의	제출서류 검토 및 보완 요청, 서류조사결과 영상조사 시 활용	시작회의, 작업장 영상조사, 종료회의	실사 결과 보고, 적부 결과에 대한 조치

3. 수입식품 안전관리인증기준

가. 목 적

수입식품 중 원료관리·생산 등 과정에서 위해물질 혼입·오염 우려 품목에 대해 국내 식품안전관리인증기준(HACCP)과 동등 수준의 안전관리를 적용하여 수입 전 사전안전관리 확보

나. 근거법령

1) 「수입식품안전관리 특별법」제6조의2
2) 「수입식품안전관리 특별법 시행령」제1조의2
3) 「수입식품안전관리 특별법 시행규칙」제3조의2부터 제3조의5까지
4) 「수입식품 안전관리인증기준 운영 규정」(식약처 고시)
5) 「수입김치 안전관리인증기준 운영 규정」(식약처 고시)

다. 적용 대상 및 시기

1) 의무적용 품목

가) 대상: 절임류 또는 조림류의 김치류 중 김치(배추를 주원료로 하여 절임, 양념혼합과정 등을 거친 그대로의 것 또는 발효시킨 것이거나 이를 가공한 것으로 한정한다)

나) 시행일

단계	시행일	수입 규모
1단계	2021.10.1	'19년 수입량 1만톤 이상
2단계	2022.10.1	'20년 수입량 5천톤 이상
3단계	2023.10.1	'21년 수입량 1천톤 이상
4단계	2024.10.1	모든 김치 해외제조업소

2) 자율적용 품목

가) 대상: 수입식품등별 식품안전관리인증기준 적용 해외제조업소로 인증을 받으려는 자

나) 시행일: 2021.7.1.부터

라. 인증 평가 등 주요 내용

1) 인증기관: 한국식품안전관리인증원

2) 인증 기준

가) 의무 품목: 「수입김치 안전관리인증기준 운영 규정」에서 정한 기준

나) 자율 품목: 「수입식품 안전관리인증기준 운영 규정」에서 정한 기준

3) 신청절차

인증신청(구비서류 첨부)→서류검토→현지 확인 및 평가→판정→인증서 발급

4) 제출서류

가) 수입식품안전관리인증기준적용업소 인증 신청서

나) 수입식품안전관리인증계획서(중요관리점의 한계 기준, 모니터링 방법, 개선조치 및 검증방법을 기술한 자체 계획서 등)

※ 제출방법 : 한국식품안전관리인증원 홈페이지(www.haccp.or.kr) 또는 전자우편(haccp@haccp.or.kr)

5) 비용부담: 한국식품안전관리인증원장이 정하는 수수료

6) 인증 유효기간: 인증을 받은 날부터 3년

8) 인증취소

가) 거짓이나 부정한 방법으로 인증받은 경우

나) 조사·평가를 거부, 방해 또는 기피한 경우

다) 식품안전관리인증기준을 지키지 않은 경우

- 미실시 항목: 자체검사, 작업장 세척·소독, 종사자 위생관리, 중요관리점 모니터링, 중요관리점 개선조치, 지하수 살균·소독, 위해요소 분석
- 조사·평가 결과 만점의 60퍼센트 미만을 받은 경우

라) 해외제조업소 등록이 취소된 경우

마) 식품안전관리인증기준 미흡으로 2회 이상 시정명령을 받고도 이를 이행하지 않은 경우

바) 조사·평가 부적합 업소가 시정명령을 이행하지 않은 경우

마. 기관별 역할

1) 식약처
수입식품 안전관리 정책방향 및 제도개선 추진

2) 한국식품안전관리인증원
수입식품 안전관리인증기준 적용업소 인증 및 조사·평가 실시

4. 우수수입업소

가. 목 적

해외제조업소 또는 해외작업장의 위생관리상태를 사전에 확인·점검하는 영업자를 우수수입업소로 등록하여 수입신고 시 우대조치를 부여하는 등 수입·판매영업자가 스스로 해당 수입식품 등의 안전성을 확보하도록 책임감 유도

나. 근거법령

1) 「수입식품안전관리 특별법」제7조(우수수입업소 등록 등)

2) 「수입식품안전관리 특별법 시행규칙」제4조(우수수입업소 등록 등)

3) 「우수수입업소 등록 및 관리기준」(식약처 고시)

4) 「해외제조업소 및 해외작업장 현지실사 방법 및 기준」(식약처 고시)

다. 등록제품에 대한 우대조치

1) 무작위표본검사 제외

2) 우수수입업소의 명칭, 소재지 등을 인터넷 홈페이지에 게재

3) 제품포장지에 우수수입업소 도안표시 가능

4) 등록한 수입식품등의 신속한 수입검사 지원

※ 우수수입업소 준수사항 미이행. 수입식품등 부적합, 현지실사 결과 부적합 시 우대조치 일시중단 가능

라. 주요내용

1) 신청자격
수입식품안전관리 특별법 제20조에 따라 수입신고한 자(수입식품등 수입·판매업소)

2) 대상식품 : 식품, 식품첨가물, 기구 및 용기·포장, 건강기능식품, 축산물

※ 식품의 경우 농·임·수산물 등의 1차 생산품 및 그 단순가공품 제외, 축산물의 경우 식육·원유·식용란 및 포장육 제외

3) 신청절차

수입자가 해외제조업소(해외작업장) 1차 위생점검 ⇒ 등록 신청(구비서류 첨부) ⇒ 서류 검토 ⇒ 현지실사(식약처) ⇒ 검토 및 적합 판정 ⇒ 등록 처리

※ 본부(현지실사과)에서 등록업무 수행

4) 구비서류

가) 등록신청 제품에 관한 사항

1) 식품 또는 식품첨가물의 경우: 제품명, 사용한 원료명 및 제조·가공의 방법

2) 기구 또는 용기·포장의 경우: 재질·용도·바탕색 등에 관한 사항

3) 건강기능식품의 경우: 건강기능식품의 종류 및 명칭과 제조·가공의 방법, 사용한 원료명 및 그 배합비율

4) 축산물의 경우: 제품명, 사용한 원료명 및 제조·가공의 방법

나) 식품의약품안전처장이 정하는 기준에 따라 실시한 해외제조업소 또는 해외작업장의 위생관리 점검보고서

다) 해외제조업소 또는 해외작업장이 수출국의 식품 관련 법령에 따라 허가·등록·신고 등이 되어 있음을 증명하는 서류

5) 비용부담 : 신청 수수료 28,000원

6) 등록의 유효기간 : 등록한 날부터 3년

7) 위생점검(현지실사) 확인사항

기본서류, 건축물, 작업장 시설 및 관리, 식품취급시설 및 관리, 급수시설, 화장실, 창고 보관관리, 출고·운반관리, 개인위생관리, 원부재료 및 완제품관리, 기타분야

※ 「해외제조업소 및 해외작업장 현지실사 방법 및 기준」에 따른 위생관리 점검표

5. 주문자상표부착수입식품등의 사전 위생관리 강화

가. 목 적

국내 생산제품으로 오해되기 쉬운 '주문자상표부착방식으로 해외제조업소에 제조·가공을 위탁한 식품등'에 대한 위생관리점검의 필요성 및 해당 수입식품등에 대한 안전성 확보 및 해당 영업자의 책임감 유도

나. 근거법령

1) 「수입식품안전관리 특별법」 제18조제2항 및 같은 법 시행규칙 제25조
   - 적용대상 : 주문자상표부착방식으로 해외제조업소에 제조·가공을 위탁하여 생산된 식품등을 수입·판매하는 영업자

2) 「주문자상표부착수입식품등의 현지 위생점검 기준 및 위생평가 방법」(식약처 고시)

다. 해외제조업소 위생점검 사항

1) 점검내용

주문자상표부착수입식품등을 수입·판매하는 영업자는 해외식품 위생평가기관에 위탁하여 위생점검 주기에 따라 해당 제조업소에 대해 위생점검 실시

2) 위생점검 주기

가) 특수영양식품 중 영아용 조제식, 성장기용 조제식, 영·유아용 이유식 및 부적합 수입식품등 : 평가주기 1년

나) 가)에 해당하지 않는 수입식품 등

○ 기구 및 용기·포장 : 평가주기 3년

○ 그 외 수입식품등 : 평가주기 2년

3) 해외식품 위생평가기관

가) 해외식품 위생평가기관의 자격
   - 법 제10조 및 시행규칙 제7조에 따라 지정된 해외식품 위생평가기관

4) 위생점검 확인사항

기본서류, 건축물, 작업장 시설 및 관리, 식품취급시설 및 관리, 급수시설, 화장실, 창고 보관관리, 출고·운반관리, 개인위생관리, 원부재료 및 완제품 관리, 기타분야

※ 「해외제조업소 및 해외작업장 현지실사 방법 및 기준」에 따른 위생관리 점검표

5) 현지 위생점검 생략 가능한 경우

가) 영업자가 법 제7조에 따른 우수수입업소로 등록된 경우

나) 위생평가 주기 내에 해당 해외제조업소(또는 해외작업장)에서 동일 품목류(건강기능식품에 한함)에 대하여 식약처에서 실시한 현지실사에서 '적합' 판정된 경우

라. 주문자상표부착방식 수입식품 수입·판매 영업자 사후관리(수입유통안전과 소관)

1) 대상업체 : 반기별 주문자상표부착방식 수입식품 수입실적이 있는 업체중 아래 항목에 해당하는 업체를 신고제품구분*별 6% 이상 자체 선별 점검

* 가공식품, 식품첨가물, 기구 및 용기·포장, 건강기능식품, 축산물

가) 수입실적(건수, 중량) 상위 업체

나) 지도·점검 및 수거·검사(통관, 유통) 결과 부적합 이력이 있는 수입업체

다) 주문자상표부착방식 수입식품 사후관리 점검 실적이 없는 업체

2) 수행부서 : 지방청 식품안전관리과, 농축수산물안전과

3) 주요 점검사항

가) 「해외제조업소 및 해외작업장 현지실사 방법 및 기준」에서 정하는 위생점검 기준에 따라 점검주기별 현지 위생점검 실시 여부

※ 해외제조업소 폐업, 생산라인 철거 등으로 더 이상 수입이 진행되지 않은 경우, 관련 증빙서류 제출

나) 「식품위생법」제31조에 따른 검사 실시 여부 및 기록서 2년간 보관 여부 등

4) 점검계획 및 결과

가) 반기별 점검계획을 수입유통안전과로 제출

나) 점검결과는 "수입식품통합시스템"에 당일 입력 완료

- 시스템 입력시 내용이 누락되거나 상이하지 않도록 입력 철저

마. 기관별 역할

1) 식약처

가) (본부) 주문자상표부착수입식품등 수입·판매영업자의 위생점검에 관한 사항 총괄, 위생평가기관 등에 대한 지정·관리 등

나) (지방청) 주문자상표부착수입식품등의 수입·판매영업자의 위생점검 실시 여부확인 및 행정처분 등

2) 해외식품 위생평가기관

가) 수입자의 의뢰에 따라 해외제조업소 위생점검을 실시한 결과를 식약처(현지실사과)로 보고

나) 위생점검 시 기준 미달사항은 신속히 의뢰자 및 식약처에 보고

바. 행정사항

1) 지방식약청은 사후관리 점검 계획에 따라 자체 세부추진계획을 수립하여 자체 수행

2) 위반행위 확인된 업체에 대해서는 「수입식품안전관리 특별법」제46조 및 같은 법 시행규칙 제52조에 따라 과태료 부과

위반행위	과태료 금액(단위: 만원)		
	1차	2차	3차
법 제18조에 따라 영업자가 지켜야 할 사항 중 경미한 사항을 지키지 아니하여 이 규칙 제 51조에 해당하는 경우(법 제46조제2항)			
1. 법 제18조제2항제1호을 위한반 경우	200	250	300
1의2. 법 제18조제2항제2호을 위한반 경우	50	100	150

2-2 수입 축산물 사전 안전관리

1. 목 적

축산물을 수출 또는 수출예정인 해외작업장에 대한 축산물 안전 및 위생관리 실태를 확인하여 현지 제조단계부터 위해우려 축산물의 국내 유입 사전 차단

2. 근거법령

1) 「수입식품안전관리 특별법」 제9조의2, 제11조~제13조
2) 「수입식품안전관리 특별법」 시행규칙 제6조의2, 제11조~제14조
3) 「해외제조업소 및 해외작업장 현지실사 방법 및 기준」(식약처 고시)
4) 「축산물 또는 동물성 식품의 수입허용국가(지역) 및 수입위생요건」(식약처 고시)
5) 국가별·축종별 「수입위생요건」(식약처 고시)
6) 「해외작업장 등록에 관한 규정」(식약처 예규)

3. 주요 내용

가. 해외작업장의 현지실사
1) 수입축산물의 위해방지를 위한 해외작업장의 사전안전관리
2) 국내외에서 수집된 수입축산물의 안전정보에 대한 사실 확인

나. 필요시 부처 합동점검(식약처, 검역본부)
1) 목적: 작업장 신규등록 및 위해우려가 높은 국가에 대한 관계부처 합동점검
2) 기관별 점검 사항
가) 식약처: 해외작업장의 위생분야, 수입위생요건 준수 여부
나) 검역본부: 수출국정부의 검역·방역 분야, 수입위생조건 준수 여부

4. 현지실사(비대면 조사 포함) 추진절차

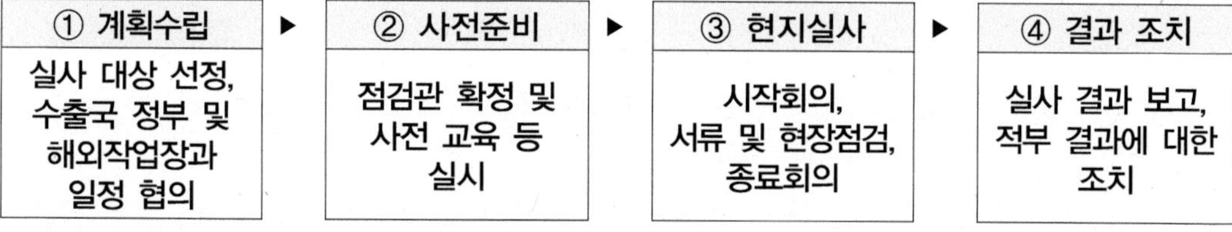

※ 비대면 조사 : 「수입식품안전관리 특별법」 제9조의2에 따라 천재지변이나 감염병 발생 등의 사유로 수출국 현지실사가 어려운 경우 컴퓨터·화상통신 등 정보통신기술 활용 조사 가능

가. 계획수립

1) 신규등록·부적합·위해정보 등을 고려하여 실사대상 선정

＊ 수출국 질병발생에 따른 수입금지, 통관단계 부적합 등에 따른 수입 중단업소는 대상에서 제외

2) 실사계획을 수립하여 수출국정부 및 해외작업장과 일정 협의

＊ 소재지, 운영 여부(휴업, 폐업 등), 작업장 보유 여부 등 파악

3) 현지실사 방문일정 협의 및 일정 통보

＊ 수출국 정부는 통보 받은날로부터 15일 이내(또는 한국정부가 통보한 날로부터 20일 이내) 실사 여부 회신

＊ 통보받은 실사 일정을 수용할 수 없는 경우 조정 가능(2개월 범위 내)

나. 사전준비

1) 현지실사 자격요건을 갖춘 점검관을 추천받아 현지실사 절차 및 방법, 점검 시 주요 확인사항, 안전유의사항 등 사전교육 시행

2) 공무국외 출장 허가 등 출장계획 준비

다. 현지실사

1) 수출국 정부기관 회의

가) 시작회의: 실사내용 설명, 수출국정부의 작업장 위생관리 현황 등 확인

나) 종료회의: 현지실사 결과 공유, 시정 및 보완사항 전달

2) 작업장 점검

가) 점검관은 관련 규정에 따라 위생점검 실시

나) 시정요구사항 설명, 주요항목 부적합은 신속 개선토록 현장 통보, 지적사항에 대한 작업장 측 의견 청취 등

5. 결과조치 및 통보

가. 귀국 후 복귀한 날부터 30일 이내 귀국보고서 제출

1) 요약보고서: 현지실사 개요, 시정요구 항목, 해외작업장 확인사항 등 첨부, 향후 조치계획

* 부적합 판정 업소는 현지에서 요약보고서 제출

2) 결과보고서: 작업장 현황, 점검결과, 시정요구사항, 실사결과 총평, 점검표 사본, 기타(인증서 등)

3) 그 외 서류: 점검표 원본, 작업장 서류 일체, 영수증 등

나. 점검결과에 따른 조치사항

점검결과	85% 이상	85% 미만 70% 이상	70% 미만
	적합	개선필요	부적합
해외작업장(기존)	등록유지	시정요청* 및 수입검사강화 → 미이행시(수입중단)	수입중단
해외작업장(신규)	등록	시정요청* → 미이행시(미등록)	미등록

* **시정기한**은 통보받은 날부터 **60일 이내(1회 한해 30일 연장 가능)**, 시정완료 시 까지 **검사강화** → 시정요구사항 이행 결과를 제출하지 않거나 완료되지 않은 경우 부적합 판정하여 **수입중단**

다. 현지실사 결과 통보

1) 관계부서 및 수출국 정부에 알림

[붙임]

축산물 해외작업장 등록 및 현지실사 관련 주요 내용

구분		세부사항
해외작업장 등록	등록대상	· 수입축산물의 도축·집유·제조·가공·보관 등을 하는 해외에 소재하는 작업장
	등록시기	· 수입신고 전
	등록주체	· 해외작업장의 설치·운영자
	신청방법	· 수출국 정부를 통하여 요청
	등록방법	· 현지실사, 서류검토 또는 국가간 상호 협의된 방법
		·(현지실사) 개선필요시 시정기한 60일, 30일 연장 가능, 시정조치 미흡 또는 기한 내 미시정 시 미등록 ·(서류검토) 수출국 정부의 작업장 위생점검표 또는 정기적인 관리감독 문서, 영업 인허가 서류, 작업장 위생관리기준 등 ·(국가간 협의된 방법) 수출국과의 수입위생요건 등에 명시된 방법
	유효기간	· 해당 없음
	부정등록 시 조치	· 등록 취소
해외작입장 현지실사	실사목적	· 해외작업장 신규 등록 · 등록된 해외작업장에 대한 사후관리(수입위생요건 이행 확인 등) · 위해물질 검출 등으로 수입중단 또는 등록취소 조치의 해제 검토
	실사협의	· 수출국 정부를 통하여 협의
	계획통보	· 수출국 정부를 통하여 통보
	수용여부 회신	· 수출국 정부를 통하여 협의
	실사항목 및 판단기준	·(위생 관리) 해외작업장 관리 기준에 따른 적정 여부 등 확인 ·(HACCP, SSOP) 국제기준에 준하는 식품안전관리인증기준(HACCP) 또는 이와 동등 이상의 식품안전관리시스템 운영 여부 ·(수입 위생 요건) 수출축산물 위생 관리, 잔류 물질 및 미생물 관리, 정부 정기 위생 점검 내역 등 해외작업장 관리 현황 등
		· 일반항목 적부의 백분율 + 중요항목 적부제 -(백분율) 85% 이상 '적합', 85% 미만 70% 이상 '시정필요', 70% 미만 '부적합' -(중요항목 적부) 위해도가 높은 항목, 1개 이상 부적합 시 '부적합'
	결과 조치	· (시정조치) 60일 기한, 30일 연장 가능 · (수입중단) 현지실사 거부, 현지실사 부적합, 시정미흡 또는 기한내 미시정 등
	수입중단 해제	· 원인규명 및 개선사항 제시 증빙서류 제출 시 현지실사 또는 서류 검토로 해제 검토

2-3 수입 수산물 사전 안전관리

1. 목 적

주요 수산물 교역국과의 위생약정에 따른 수산물 등록시설 및 냉동어류머리 등 특별위생관리식품 가공시설에 대한 현지 위생점검으로 안전한 수산물 국내 수입 유도

2. 근거법령

1) (위생약정) 「수입식품안전관리특별법」 제37조, 「농수산물품질관리법」 제69조, 제70조, 제74조, 제88조 등

2) 「수입식품안전관리특별법」 제10조의2

3) 「특별위생관리식품의 수입위생요건 등에 관한 고시」(식약처 고시)

3. 업무처리 절차

가. 위생약정 등록시설 현지 위생점검

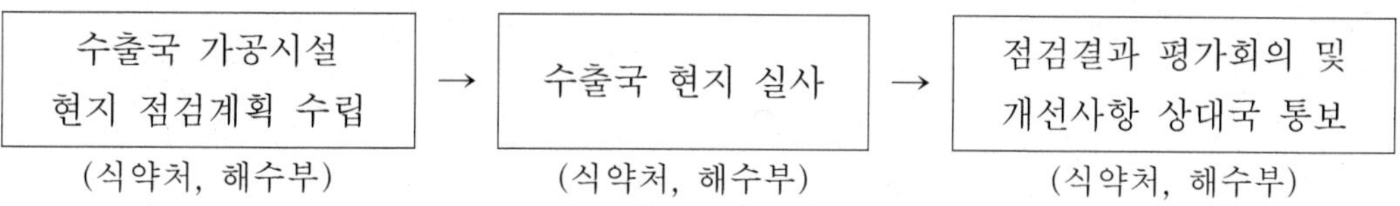

나. 특별위생관리식품 가공시설 현지 위생점검

(사전관리)

< 특별위생관리식품 사전안전관리 절차 >

① 수출국 승인요청 → **② 수출국 위생시스템 서면평가** → ③ 현지조사(정부기관+제조업소) → **④ 수입허용여부 결정** → ⑤ 수출위생증명서 협의 → ⑥ 수출 제조업소 등록→ ⑦ 수입 승인

(사후관리)

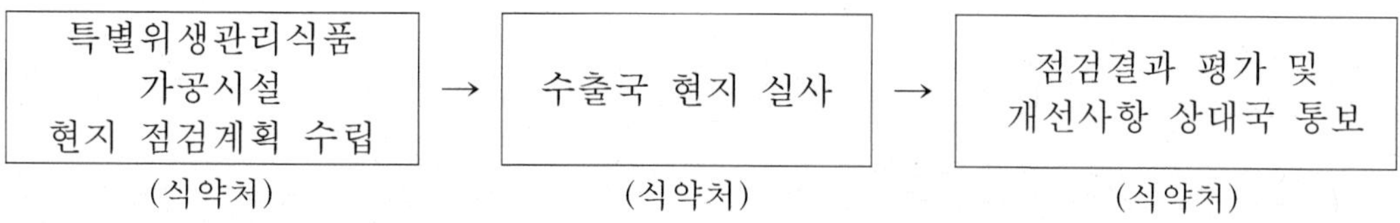

4. 점검결과 조치사항

가. 위생약정 : 위생약정에 따른 현지 위생점검 결과 평가회의를 개최하여 최종 확정

나. 특별위생관리식품 : 특별위생관리식품에 대한 현지 위생점검 결과, 위생적으로 처리되는 것이 확인된 경우 상대국에 수입승인 통보

2-4 수출국 사전평가제(수입위생평가) 운영

1. 목 적

수출국 안전관리 체계 등에 대한 수입위생평가*를 실시해 국내와 동등한 수준 이상의 관리가 이루어지는 경우 수입을 허용으로써 현지에서 사전에 안전관리 된 식품의 수입환경 조성

* 수입위생평가 : 수출국 정부가 우리나라에 축산물 등 수입허용 요청 시 수출국 위생관리 실태 전반을 평가하여 수입허용 여부를 결정하는 제도

2. 근거법령

1) 「수입식품안전관리 특별법」 제10조의2(특별위생관리식품의 수입위생평가 등)

2) 「수입식품안전관리 특별법」 제11조(축산물 및 동물성 식품의 수입위생평가 등)

3) 「수입식품안전관리 특별법 시행령」 제1조의2(동물성 식품의 범위), 제1조의4(특별위생관리식품의 대상)

4) 「수입식품안전관리 특별법 시행규칙」 제10조의2(특별위생관리식품의 수입위생평가 등)

5) 「수입식품안전관리 특별법 시행규칙」 제11조(축산물 또는 동물성 식품의 수입위생평가 등)

6) 「축산물 또는 동물성 식품의 수입허용국가(지역) 및 수입위생요건」(식약처 고시)

7) 「특별위생관리식품의 수입위생요건 등에 관한 고시」(식약처 고시)

8) 축산물 또는 동물성 식품 수입위생평가 절차의 세부 기준(식약처 예규)

3. 평가대상

1) 축산물 : 「축산물 위생관리법」 상 가축의 식육, 원유, 식용란, 식육가공품, 유가공품, 알가공품

2) 특별위생관리식품 : 냉동식용어류머리, 냉동식용어류 및 연체류 내장

3) 동물성 식품* : 동물의 식육·원유·알 또는 이를 원료로 하여 가공한 「식품위생법」에 따른 식육함유가공품, 알함유가공품, 기타식육 및 기타알(타조고기 및 타조의 알)

4. 수입위생평가 절차 및 항목

1) 수출국으로부터 축산물 등의 수입허용 요청 시, 6단계 평가절차* 진행

* ①평가 설문서 송부 → ②답변서 검토 → ③현지조사 → ④수입허용여부 결정 → ⑤수입위생요건 및 수출위생증명서식 협의 → ⑥ 해외작업장·해외제조업소 등록

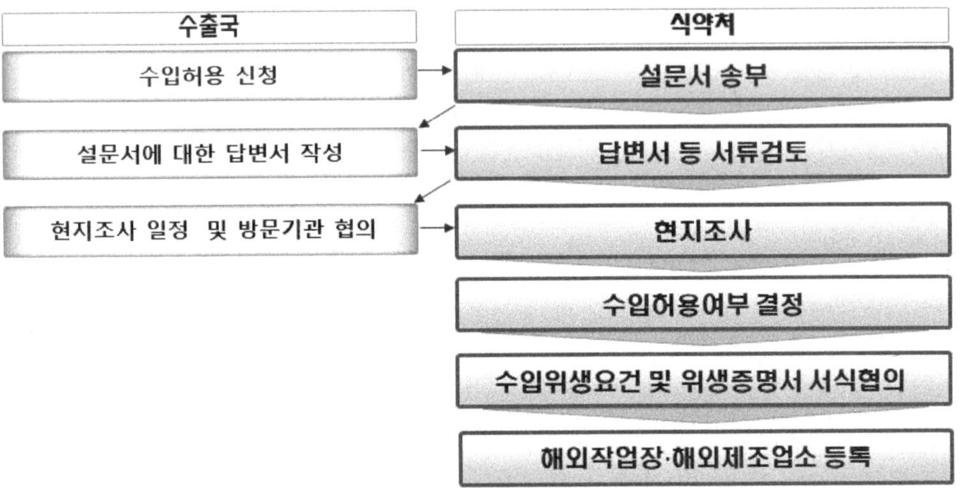

2) 수출국 안전관리 체계 등 조사·분석을 위한 수입위생평가 항목

가) 축산업(수산업, 동물성 식품산업) 및 관련 산업에 관한 정보

나) 축산물(수산물, 동물성 식품) 위생 및 공중위생 관련 조직·운영현황

다) 축산물(수산물, 동물성 식품) 위생 법령 및 운영현황

라) 축산물(수산물, 동물성 식품) 수출입 법령 및 운영현황

마) 병원성 미생물 관리사항

바) 국가잔류물질관리시스템

사) 국가실험실 운영현황 등

5. 평가결과 조치사항

수입위생평가 결과 확인된 위해요소에 대해 적절한 위험관리를 통하여 위해를 제거·최소화하도록 관리가 필요한 사항에 대해 수출국에서의 위생요건 준수 및 위생증명를 통하여 안전관리가 이루어지는 경우, 수입허용 목록 등재*

* 「축산물 또는 동물성 식품의 수입허용국가(지역) 및 수입위생요건」 [별표]
「특별위생관리식품의 수입위생요건 등에 관한 고시」 [별표]

3 수입식품등 검사

〈수입검사관리과〉

1. 검사대상

판매를 목적으로 하거나 영업상 사용하는 수입식품등* 중 식품 등의 기준 및 규격과 식품등의 표시기준 적합 여부를 확인할 필요성이 있는 수입식품등, 위생상의 위해가 발생할 우려가 있는 수입식품등, 기타 식품위생상의 위해에 관한 정보 등을 검토한 결과, 국민 보건 향상을 위해 검사가 필요하다고 인정되는 수입식품등

* 수입식품등: 해외에서 국내로 수입되는 「식품위생법」 제2조에 따른 식품, 식품첨가물, 기구, 용기·포장, 「건강기능식품에 관한 법률」 제3조에 따른 건강기능식품 및 「축산물 위생관리법」 제2조에 따른 축산물(「수입식품안전관리특별법」제2조제1호)

2. 검사종류 및 방법

가. 서류검사

신고서류 등을 검토하여 그 적부를 판단하는 검사(「수입식품안전관리특별법 시행규칙」 제30조 별표 9 제2호가목.)

1) 사용 원재료, 제조·가공기준 및 표시사항 적합 여부, 자사제품 제조용 원료 해당 여부, 국내외 공인검사기관 검사성적서 확인, 동일사 동일수입식품 등 해당여부 검사

2) 식약처장이 통보하는 수거·검사 결과 부적합 수입식품등 관련 자료를 참고하여 정밀검사 대상식품이 서류검사로 처리되지 않도록 조치

3) 구매대행 수입식품등

나. 현장검사

제품의 성질·상태·맛·냄새·색깔·표시·포장상태·정밀검사 이력 등을 종합하여 그 적부를 판단하는 검사로서 「수입식품등 신고 및 검사에 관한 규정」 제10조제1항 관련 [별표2] 수입식품등 관능검사 기준에 따라 실시(수입식품안전관리특별법」시행규칙 제30조 별표 9 제2호나목)

1) 부패·변질 여부, 이물함유 등 검사

2) 해충류에 의한 포장지 등의 훼손 및 배설물 혼입 여부

3) 다른 식품 등과 혼합 포장 여부

4) 보관온도 준수 여부

5) 농·임산물의 경우 기준·규격 설정여부 확인

다. 정밀검사

물리적·화학적 또는 미생물학적 방법에 따라 실시하는 검사로서 서류검사 및 현장검사를 포함(「수입식품안전관리특별법」시행규칙 제30조 별표 9 제2호다목)

1) 최초로 수입되거나 최초로 수입되어 정밀검사를 받은 후 기준 및 규격이 신설 또는 강화된 수입식품등(축산물의 경우 자사제품 제조용 원료를 포함한다)

2) 국내외 식품안전정보 등에 따라 문제가 제기되어 식품의약품안전처장이 정밀검사가 필요하다고 인정하는 수입식품등

3) 법 제21조에 따른 정밀검사, 무작위표본검사 또는 법 제25조에 따른 수거검사 결과 부적합 처분을 받은 후 5년 이내 다시 수입되는 경우로서 다음의 기준에 따라 합산하여 5회까지 실시

가) 부적합 처분을 받은 날부터 1년이내에 재수입하는 식품등 : 수입신고 횟수를 기준으로 하지 않고 임의로 정밀검사 대상을 정하여 실시

나) 부적합 처분을 받은 날부터 1년을 초과하여 재수입하는 식품등 : 수입신고 횟수를 기준으로 실시

4) 법 제19조에 따른 특별관리영업자*가 수입하는 수입식품등

* ① 시행규칙 별표 13 Ⅱ. 개별기준의 제3호나목1)·2)·4)·5), 같은 호 다목1)·3) 및 같은 Ⅱ. 개별기준의 제8호바목에 따라 행정처분을 받아 그 효력이 발생한 날(영업정지 처분을 갈음하여 과징금을 부과하는 경우에는 과징금처분을 받은 날)부터 1년이 지나지 아니한 자 ② 시행규칙 제34조제1항 각 호의 어느 하나에 해당하는 조치를 위반한 후 1년이 지나지 아니한 자 ③ 별표 8 제2호저목부터 커목까지 또는 같은 표 제3호나목부터 라목까지를 위반하여 행정처분을 받고 불복절차가 진행 중인 자로서 계속하여 영업을 하는 자

가) 제26조제1항제3호가목 및 나목에 해당하는 자가 수입하는 수입식품등의 경우에는 그 수입자가 제26조제1항제3호가목 및 나목에 해당하는 기간 동안 실시(①, ②)

나) 제26조제1항제3호다목에 해당하는 자가 수입하는 수입식품등의 경우에는 제품별 수입신고 횟수를 기준으로 연속하여 10회 실시(③)

5) 식품의약품안전처장이 정하여 고시하는 유해물질이 검출된 수입식품등의 해외제조업소(농산물·임산물의 경우 수출업소, 축산물의 경우 해외작업장을 말한다)에서 제조 또는 수출하는 것으로서 부적합 처분을 받은 날부터 2년 이내에 수입하는 수입식품등

6) 구매대행 수입식품등으로서 「식품위생법」 제4조부터 제6조까지 및 같은 법 제8조, 「건강기능식품에 관한 법률」 제23조 및 제24조, 「축산물 위생관리법」 제15조의 2에 따른 위해식품 등에 해당한다고 의심되는 수입식품등.(구매대행을 요청한 자의 동의를 미리 받아야 함.)

7) 수입신고 위반사항에 대한 보완 지시를 이행하지 아니하고 다시 수입신고하였거나 수입신고가 반려된 횟수를 합산하여 3회 이상인 자가 수입하는 수입식품등

라. 무작위표본검사

정밀검사대상을 제외한 식품등에 대하여 식약처장의 표본추출계획에 의하여 물리적·화학적 또는 미생물학적 방법에 따라 실시하는 검사(「수입식품안전관리 특별법 시행규칙」 제30조 별표 9 제2호라목)

1) 정밀검사를 받은 수입식품등이나 서류검사 또는 현장검사 대상 수입식품등 중 수입식품등의 종류별 위해도 등을 감안하여 표본추출계획에 따라 검사가 필요하다고 인정하는 수입식품등

2) 수입식품 안전관리에 필요한 정보를 수집하기 위하여 필요하다고 인정하는 수입식품등

3. 수입식품 검사지시 및 유의사항 등 철저

가. 지방식약청장은 식약처장이 위해정보 등에 따라 검사 지시한 품목에 대하여 철저한 검사를 실시할 것

나. 수입식품등의 신속하고 원활한 유통 추적조사를 위하여 수입신고시 여러 제조일자(또는 소비기한)가 혼재된 제품의 경우 「수입식품안전관리특별법 시행규칙」 제27조 관련 [별지 제25호 서식] 「수입식품등의 수입신고서」 3쪽에 모든 제조일자(또는 소비기한)별 수량, 중량, 금액을 기재토록 할 것

다. 지방식약청장은 수입식품 전산망 품목입력에 철저를 기하고 코드 등을 입력할 경우 누락되거나 오기되지 않도록 할 것

라. 국내외 검사성적서, BSE 관련 증명서, 유전자변형 관련증명서, 일본 방사능 증명서 등 구비서류를 반드시 통합수입검사시스템에 등록

- 수출국 정부와의 협약 등에 따라 수출국 정부기관의 통신망을 통해 전송된 전자위생증명서는 통관단계 구비서류로 인정함

4. 현장검사 및 무작위표본검사 활성화

가. 「수입식품안전관리특별법 시행규칙」 제30조 별표9 제2호나목 2)에 따라 지방식약청장은 현장검사가 필요하다고 인정하는 식품등에 대한 자체계획을 수립하여 시행

나. 「수입식품안전관리특별법 시행규칙」 제30조 별표9 제2호라목 2)에 따라 식품의약품안전처장은 수입식품 안전관리에 필요한 정보를 수집하기 위하여 검사가 필요하다고 인정하는 식품등에 대한 무작위 표본검사 계획을 수립하여 시행

5. 수입안전 전자심사 및 신고수리 자동화

가. 수입안전 전자심사24란?

위해 발생 우려가 낮고 반복적으로 수입되는 식품등에 대하여 자동으로 검사하여 신고 수리하는 시스템

* 근거규정 : 「수입식품법」 제20조의2, 같은 법 시행규칙 제29조의2

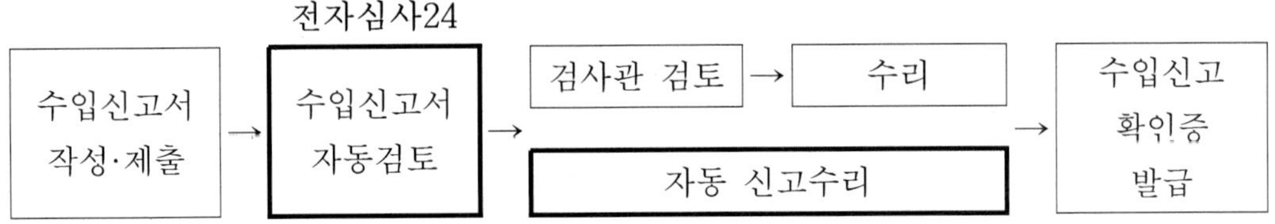

나. 자동 수입신고 수리 적용 대상

모든 수입식품의 신고서는 자동으로 검토되어, 그 결과 아래 3가지 조건을 모두 충족하는 경우 자동 수입신고 수리

1) 재수입되는 서류검사 대상 수입식품 등이면서

2) 추가적인 현장·정밀·무작위 표본검사가 필요하지 않고

3) 전자심사 결과 모든 검토항목에서 적합한 경우

다. 전자심사 절차

1) 영업자가 수입신고서를 제출하면 전자심사 시스템이 최초 수입 검사 이력, 금지원료 사용 여부 등 신고 항목을 자동으로 검토하고 이를 모두 충족하면 자동으로 수입신고를 수리

2) 검토항목이 1개라도 충족하지 못하면 전자심사 결과와 함께 신고정보를 지방청 검사관에게 전달하여 검토·수리하는 절차로 전환

라. 전자심사 자동 신고수리 적정성 확인

1) 자동화된 방식의 수입신고 수리 적정 수행 여부를 정기적으로 확인하여야 함

＊ 근거규정 : 「수입식품법안전관리 특별법」 시행령 제4조의2(수입신고 수리의 자동화)

2) 자동 신고수리 적정성 확인 계획에 따라 적정성 확인을 실시하고, 오류 확인 시에는 적정성 확인 결과 입력, 오류내역 정정 등 필요한 조치 실시

3) 자동 신고수리 적정성 검토 결과, 단순 경미한 오류를 제외한 신고오류 발견 시에는 수입신고 확인증을 우선 취소하고 검사관이 검사할 수 있음

＊ 근거규정 : 행정기본법 제18조(위법 또는 부당한 처분의 취소)

4) 반복적 신고오류인에 대해서는 일정 기간 자동 신고수리를 제외할 수 있음

＊ 근거규정 : 수입식품등 수입신고 수리의 자동화 운영 규정(예규) 제7조(반복적 신고 오류의 처리)

마. 지방식약청 검사관 유의사항

지방청 검사관이 신고수리한 정보가 전자심사24의 자동 신고수리를 위한 기준 정보가 되니 검사관은 아래 항목을 철저히 검토하여 처리

1) 서류검사 과정에서 전자심사 결과 '검토필요'로 분류된 해당 검토항목에 대한 이상 여부 꼼꼼히 검토

2) 서류검사 과정에서 전자심사 결과 '검토필요'로 분류되지 않은 다른 항목도 검토

- 특히, 한글표시사항 정보란에 신고된 정보가 신고서 기재사항과 제품 사진에 표시된 내용이 모두 일치하는지 확인 후 처리

3) 기타 수입신고 수리의 자동화에 오류를 일으킬 수 있는 사항을 발견하는 즉시 수입식품안전정책국 디지털수입안전기획팀에 해당 사실을 공유할 것

〈붙임 1〉

수입식품등의 수입신고 수리 절차

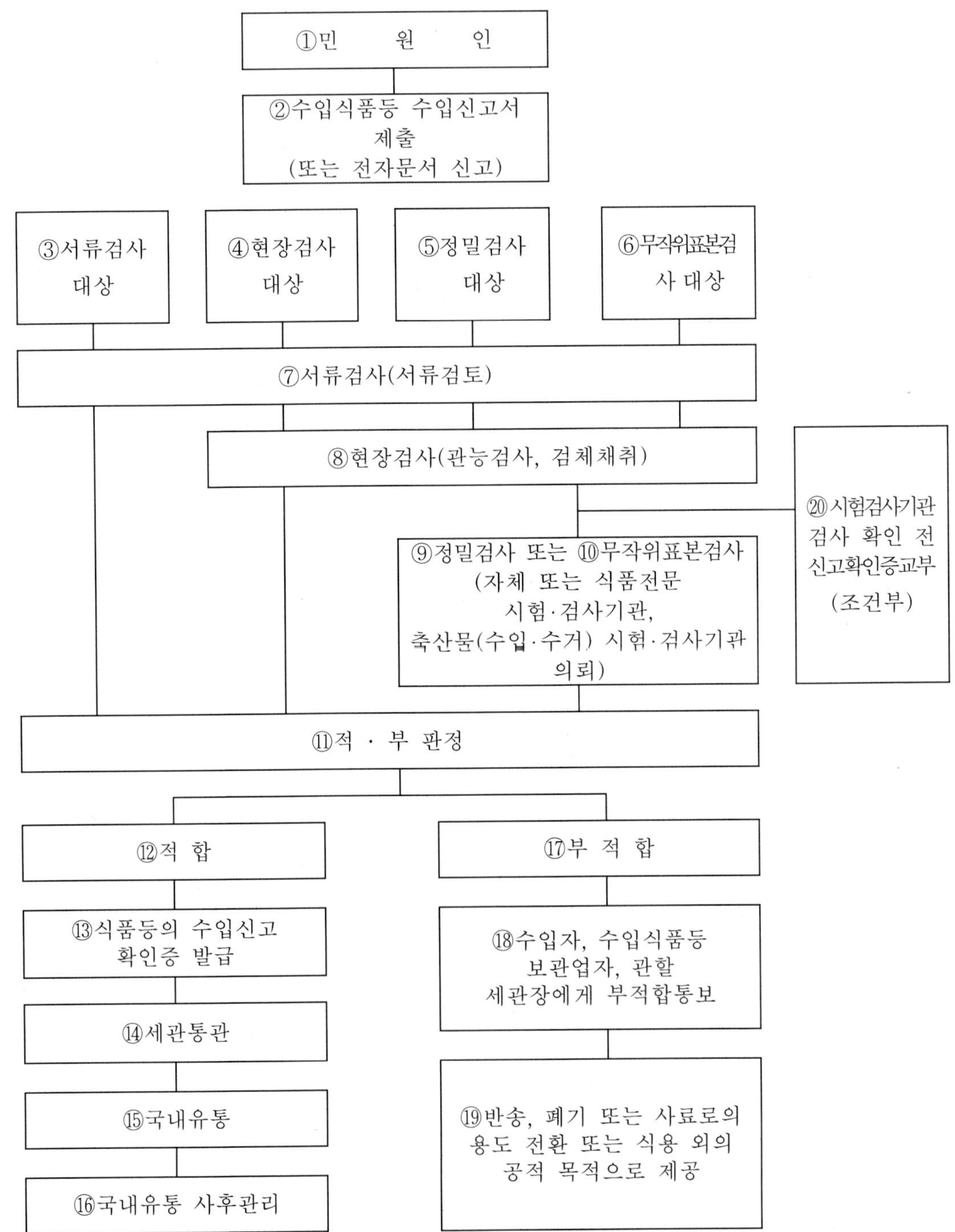

식품등의 수입신고 수리 절차

① 민원인 : 수입식품등을 수입하고자 하는 자

② 수입식품등수입신고서 제출 : 「수입식품안전관리특별법」제20조 및 같은 법 시행규칙 제27조제1항

○ 지방식약청장에게 제출
(수입식품등의 도착예정일 5일전부터 사전 수입신고할 수 있음)

※ 식품유형이 어린이 기호식품 범위에 해당하는 경우[별지 제25호 서식]을 작성함에 있어 고열량·저영양 식품 해당여부를 표시하도록 함

③ 서류검사 대상(처리기간 : 2일)

○ 신고서류 등을 검토하여 그 적부를 판단하는 검사를 말하며, 한글 표시기준 검토 포함

○ 대 상 : 자사제품 제조용 원료, 동일사 동일 수입식품등

④ 현장검사 대상(처리기간 : 3일)

○ 제품의 성질, 상태, 맛, 냄새, 색깔, 표시, 포장상태, 정밀검사 이력 등을 종합하여 적부를 판단하는 검사를 말함

○ 대 상 : 농·임·수산물, 서류검사 대상 중 지방청장이 현장검사가 필요하다 인정하는 수입식품등

⑤ 정밀검사 대상(처리기간 : 10일, 단, 진균수시험대상 10일, 방사선조사식품 14일, 가온보존시험대상식품은 15일, 축산물 : 14일(가온보존시험대상 15일)

○ 물리적, 화학적 또는 미생물학적 방법에 따라 실시하는 검사를 말함

○ 대 상 : 최초로 수입하는 식품등, 국내외에서 유해물질 함유 문제제기 식품 등

⑥ 무작위표본검사 대상(처리기간 : 5일, 단, 진균수시험대상 10일, 방사선조사식품 14일, 가온보존시험대상식품은 15일, 축산물 : 14일[조제유류를 제외한 냉장보관 축산물 7일(리스테리아 또는 다이옥신 검사대상 10일)]

○ 정밀검사 대상을 제외한 식품등에 대하여 식약처장이 전산프로그램에 의한 표본추출 계획에 의하여 검체로 선정된 식품등을 물리적, 화학적 또는 미생물학적 방법에 따라 실시하는 검사를 말함

○ 대 상 : 정밀검사를 받았던 식품등, 지방식약청장이 안전성 확보를 위하여 필요하다고 인정하는 식품등

⑦ 서류검사: 수입신고 서류를 검토하여 그 적합 여부를 판단하는 검사

* 제품명, 생산국, 제조업소, 제조방법, 원재료, 표시사항, 수입량 적정 여부 등 수입신고서 내용 확인하고 시행규칙 제27조제1항에 대한 서류 확인

⑧ 현장검사: 수입신고된 제품이 보관되어 있는 보세창고로 출장하여 수입신고서와 동일한 제품인지 신고량, 표시사항 등을 확인하고, 해당제품의 성질, 상태, 맛, 냄새, 색깔, 표시, 포장상태 및 정밀검사 이력 등을 종합하여 그 적합 여부를 판단하는 검사로 관능검사 포함

○ 보관창고 등 현장에 출장하여 현장검사요령에 따라 실시

○ 수거량은 수입식품안전관리 특별법 시행규칙 [별표 12]에 따라 실시

○ 시료채취는 식품공전 제7. 검체의 채취 및 취급방법에 따라 실시

⑨ 정밀검사: 『식품의 기준 및 규격』에 따라 식품 유형별로 정해진 검사항목을 물리적, 화학적 또는 미생물학적 방법으로 실시하는 검사

○ 식품공전과 식품첨가물공전의 성분규격, 시험방법 등에 따라 검사

⑩ 무작위표본검사: 수입식품등의 종류별 위해도 등을 고려, 표본추출에 따라 무작위 선정된 수입신고 건에 대하여 정밀검사와 동일하게 물리적, 화학적 또는 미생물학적 방법으로 실시하는 검사

○ 식품공전과 식품첨가물공전의 성분규격, 시험방법 등에 따라 검사

⑪ 적·부 판정

○ 식품공전, 식품첨가물공전 및 「식품등의 표시기준」 또는 「축산물의 표시기준」에 따라 판정

⑫ 적 합 : 「수입식품안전관리특별법」 및 관련 규정에 따라 식품으로 적합

⑬ 신고확인증 발급 : 「수입식품안전관리특별법 시행규칙」 [별지 제28호서식]

⑭ 세관통관 : 관세 납부 후 내국 물품화

⑮ 국내유통 : 수입식품등을 제조·가공·판매 등으로 활용

⑯ 국내유통 사후관리 : 지방식약청, 시·도 및 시·군·구

⑰ 부적합 : 「수입식품안전관리특별법」 및 관련 규정에 따라 수입식품등으로 부적합

⑱ 수입자 및 관할세관장에게 부적합 통보 : 관할 세관장 통보시 보세구역 운영자로 하여금 별도의 장소에 보관하거나 명확하게 식별되는 표시를 하여 일반물품과 구별되게 관리할 수 있도록 협조를 구하는 내용 포함

⑲ 반송 및 폐기 등

○ 「수입식품안전관리특별법 시행규칙」 제34조제1항에 따라 처리

⑳ 정밀검사 확인 전 수입신고확인증 교부(조건부)

○ 「수입식품안전관리특별법 시행규칙」 제31조제1항의 신선한 수입식품등

인터넷 구매대행 식품등의 수입신고 수리 절차

① 민원인(수하인) : 식품등을 수입하고자 하는 자

② 신고인 : 구매대행업체

② 식품등수입신고서 제출 :「수입식품안전관리특별법」 시행규칙 제27조제2항에 따라 통관지 관할 지방식품의약품안전청에 신고

③ 서류검사 대상(처리기간 : 식품등(2일), 축산물(3일))

○ 신고서류 등을 검토하여 그 적부를 판단하는 검사를 말하며, 신고대상은 가공식품, 식품첨가물, 기구 또는 용기·포장, 건강기능식품, 축산물 임

④ 정밀검사 대상(처리기간 : 식품등(10일, 단, 진균수시험대상 10일, 식품조사처리식품 14일, 가온보존시험대상식품 15일), 축산물(18일))

○ 물리적, 화학적 또는 미생물학적 방법에 따라 실시하는 검사를 말함

○ 대 상 : 위해식품등에 해당된다고 의심되는 식품등

⑤ 적·부 판정

⑥ 적합한 경우 신고확인증 발급 :「수입식품안전관리특별법 시행규칙」 [별지29호]

부적합한 경우 부적합통보서 발급 :「수입식품안전관리특별법 시행규칙」 [별지 제31호]

⑦ 구매대행업체 및 관세청(특수통관과) 통보

⑧ 반송 및 폐기 등

○「수입식품안전관리특별법 시행규칙」 제34조제1항에 따라 처리

4 수입식품 신속통관

〈수입검사관리과〉

1. 조건부 신고수리제 운영

가. 통관지연 시 상품가치 하락 등 품질저하가 우려되는 실온 또는 냉장상태의 신선 농산물·임산물 또는 살아있거나 냉장한 수산물, 원료의 수급 또는 물가 조절을 위하여 긴급히 수입하는 수입식품 등 선정

예: 망고, 브로콜리, 셜롯, 송이버섯, 아스파라거스, 양상추, 체리, 치커리, 표고버섯, 회향 등

나. 조건부신고수리 신청 보관창고의 저장능력을 확인하기 위하여 해당 제품 보관창고의 면적, 온도조건 등 사전확인

1) 최초 조건부신고수리 대상은 사전에 보관창고에 대한 확인(필요시 해당 지방식약청에 사전확인 요청)

2) 보관창고 현황을 데이터베이스화하여 타 지방식약청과 메모보고(수입업소명, 보관창고 소재지, 면적, 온도조건 등) 공유

다. 조건부신고수리 신청 제한 적용(「수입식품안전관리특별법 시행규칙」 제31조 제5항)

1) 수입신고조건을 위반한 영업소에서 신청한 수입식품등

2) 최근 2년 이내에 제34조제1항에 따라 부적합 통보를 받은 사실이 있는 수입식품등 (해당 부적합 통보를 받은 수입식품등의 제조·가공 등이 이루어진 국가에서 수입되는 경우로 한정한다)

3) 위해식품등에 관한 정보 등이 확인되어 따로 검사중인 수입식품등

4) 그 밖에 위해발생 우려가 있어 조건부 수입신고확인증을 발급하기에 적합하지 아니하다고 식품의약품안전처장이 정하여 고시하는 수입식품등

라. 시험분석센터(유해물질분석과, 수입식품분석과)에서는 조건부신고수리 대상제품에 대하여는 우선적으로 검사실시

2. 수입신고 신속처리

가. 수입신고서는 부득이한 경우를 제외하고 즉시 접수

1) 보관창고의 원거리 소재 등을 사유로 부득이하게 접수가 지연될 경우에는 반드시 신고자에게 접수가 지연된 사유를 충분히 설명하여 민원이 발생되지 않도록 조치
2) 유기농/유전자변형식품 등 구비서류가 제출되지 않았을 경우 접수 후 즉시 서류 제출 보완 요구
3) 수입신고서를 검토 결과 신청서류 오류 등 보완 필요 시 접수한 후 즉시 보완 요구

나. 수입신고서 오류예방을 위하여 지방식약청별로 수입자 및 수입식품 신고 대행업자에 대해 신고요령 교육 실시

다. 담당자 부재로 접수가 지연되는 사례를 방지하기 위한 출장조 편성 개선 등 지방식약청 자체 접수 지연방지책 마련 시행

3. 수입신고 처리 사전예고

가. 시험분석으로 인한 지연이 예상되는 경우 최종 처리기일 4시간 이전에 민원인에게 “검사로 인한 지연” SMS/MMS 서비스 실시

○ 지연사항에 대하여 구체적인 지연내용을 기록하여 SMS/MMS 서비스

※ 각 지방식약청은 수입검사와 시험분석부서가 협의하여 시험지연 건에 대하여 최종처리 시간 4시간 전에 민원인에게 지연내용을 SMS/MMS 할 수 있도록 조치

나. 시약·표준품 미확보로 검사가 불가능할 경우 본부 해당과에 문의하여 시약·표준품을 확보하고, 시약등 확보가 어려운 경우 수입검사관리과에 처리방안 문의

다. 서류 요청사항은 반드시 보완 요구하여 서류 요청사항으로 인한 지연이 발생하지 않도록 조치

라. 본부 질의 등으로 지연시 최종 처리일 이전에 민원인에게 지연통보

마. 수입식품 처리시 일과시간 이후에 수리되는 경우에는 통관에 어려움이 있으므로 가능한 한 관세청에 신고가 가능한 시간대에 수입식품 신고처리

4-1 계획수입 신속통관제도 운영

〈수입검사관리과〉

1. 목적

장기간 안전성이 확보된 제품에 대하여 신속통관 혜택(서류검사 및 현장검사 생략 가능)을 부여하는 제도

※ 우수수입업소에서 등록한 수입식품등은 무작위표본검사 면제 대상임

2. 근거법령 등

1) 「수입식품안전관리특별법 시행규칙」 제30조제1항 [별표9] 2. 가 및 나

2) 「수입식품등 신고 및 검사에 관한 규정」 제6조(식약처 고시)

3. 신청절차

1) (대상) 우수수입업소 등록제품, 수입식품안전관리 특별법 제15조제6항에 따라 영업등록을 한 것으로 보는 영업자가 원료로 수입신고한 수입식품등(외화획득용 원료, 정제·가공을 거쳐야 하는 식품·식품첨가물·축산물의 원료, 「식품위생법」 제7조제1항 또는 제2항에 따른 식품첨가물의 기준·규격에 맞는 향료, 안전성이 확보되었다고 식약처장이 인정한 품목, 국외시험검사성적서를 제출한 품목)

2) (신청) '수입식품등의 연간 계획수입 신청서'를 해당 영업등록을 관할하는 지방청장 (수입관리과 또는 식품안전관리과)에게 신청

※ (민원인신청) 수입식품정보마루(http://impfood.mfds.go.kr) > 전자민원 > 민원안내·신청 > 수입식품등 계획수입 등록신청

※ (담당자접수) 수입식품통합시스템 > 민원접수관리 > 민원접수 > 처리

3) (승인) 지방청장은 다음의 조건이 충족되는지를 확인하여 적합한 경우 '수입식품등의 연간 계획수입 확인서(전자문서 포함)'를 발급

※ 충족 요건: ① 최근 3년간 해당 해외제조업소에서 해당 품목의 부적합 이력이 없는 경우, ② 최근 3년간 연평균 5회 이상 해당 품목을 수입신고한 경우

4. 수입신고 방법 및 우대조치 등

1) (수입신고) 계획수입 신속통관 대상 수입신고 시, 신고서 하단의 '서류검사 또는 현장검사 생략 대상 여부'에 "예[√]"로 체크하고, '우수수입업소 등록번호'에 해당 제품 등록번호 기재(우수수입업소 등록제품에 한함)하여 신고

2) (우대조치) 연간 계획수입 승인받은 물량에 대해 수입신고 시 서류, 현장, 무작위표본검사(우수수입업소의 경우에 한함)가 생략되고 전산에서 자동 신고수리 조치됨

- 다만, 해당 제품이 정밀검사대상(기준규격 신설·강화 검사, 위해정보에 따른 검사 등)에 해당하는 경우에는 전산 자동 수리되지 않고 담당자가 접수하여 정밀검사 진행

3) (영업자 주의사항) 구비서류 원본 제출 대상(BSE 증명서, GMO 검사성적서 등)인 경우, 해당 영업자는 수입신고일로부터 7일 이내에 수입신고 관할 지방청으로 원본서류 제출해야 함

※ 준수사항 미 이행 시 차년도 계획수입 신청 시 제외될 수 있음

5. 행정 사항

가. 주기적으로 계획수입 신속통관 내역 확인하여 구비서류 등 관리

- 계획수입 신속통관 내역 확인하여 수입신고 시 제출하여야 하는 구비서류(원본) 등 확인 및 미제출시 민원인에게 제출 요구

※ 통합수입검사시스템 → 검사관리 → 접수 → 계획수입신고서 내역

나. 아래 사항 발생 시 계획수입 신속통관 승인 철회 조치

- 통관검사 및 국내 유통 수거검사 시 해당 제품이 부적합된 경우
- 해당 제조업소가 현지실사 결과 부적합이 발생된 경우
- 수입신고 시 거짓으로 신고한 것이 확인된 경우

5 부적합 수입식품에 대한 신속 대응

〈수입검사관리과〉

1. 수입검사 검사결과 부적합 내역 보고

가. 유해물질 부적합 제품 보고

1) 각 지방식약청은 수입검사단계 부적합 사항 중 다음 보고 대상 물질이 검출될 경우 식약처(수입검사관리과, 수입유통안전과)에 즉시 메모 보고

2) 유해물질 부적합 제품 보고 대상

- ✓ 포름알데히드, 방향족탄화수소(벤조피렌 등), 다이옥신 등 IARC 그룹1에 해당되는 물질
- ✓ 병원성대장균 O157:H7, 리스테리아 모노사이토제네스, 클로스트리듐 보툴리눔, 엔테로박터 사카자키균 등 식중독균
- ✓ 마비성 패독 및 설사성 패독이 초과 검출된 경우
- ✓ 아플라톡신이 초과 검출된 경우
- ✓ 방사능이 초과 검출된 경우
- ✓ 사용금지 동물용의약품(말라카이트그린, 니트로푸란계대사산물, 크리스탈바이올렛, 클로람페니콜 등)
- ✓ 발기부전치료제유사물질(호모실데나필, 홍데나필 등)
- ✓ Glibenclamide, 시부트라민, N-nitroso fenfluramine, 요힘빈, 이카린성분 등 의약품성분 등
- ✓ 옥수수(Event 32), 쌀(Bt63, LLRice601, KeFeng6, KMD1, CpTI), 아마씨(FP967), 파파야(PRSV-YK, 55-1, PRSV-SC), 밀(MON 71800)), 연어(AAS3,5)
- ✓ 수단색소, 로다민, 오렌지II, 파라레드, 아조루빈, 퀴놀린 등 식품에 사용할 수 없는 색소
- ✓ 「식품첨가물의 기준 및 규격」에 고시되지 않은 화학적 합성품
- ✓ 그 외 식품등의 일반기준 중 MCPD, 곰팡이 독소(파툴린 등), 동물용의약품이 초과 검출된 때 또는 신속한 조치가 필요한 경우

3) 보고 서식

기관	접수 번호	처리 일자	제조국	제품명	제품유형	수입 업소명	제조 업소명	부적합 사유			비고
								항목	기준	검출치	

4) 신속대응 보고 구분

<table>
<tr><th rowspan="2">검사종류</th><th colspan="3">부적합 보고 대상 구분</th></tr>
<tr><th>보고대상 유해물질 검출</th><th>보고대상 유해물질 외 검출</th><th>비고</th></tr>
<tr><td>정밀검사
및
무작위표본 검사</td><td>•본부(수입검사관리과, 수입유통안전과) 메모 보고
-동일제품(제품명, 제조사, 소비기한 포함) 수입실적 확인하여 보고

•지방청 통보
-동일제품(제품명, 제조사, 소비기한 포함) 수입실적 확인하여 “수거 · 검사결과 안전성 확인 시 까지 잠정 유통 · 판매 중단” 토록 관할 지방청에 통보</td><td>•지방청통보
- 동일제품(제품명, 제조사, 소비기한 포함)의 수입실적 확인하여 “수거 · 검사 요청” 및 “수거 · 검사 결과 안전성 확인 시 까지 잠정 · 유통 판매 중단” 토록 관할 지방청 통보</td><td>•본부 메모보고 또는 지방청 통보 시 동일 제품 수입내역 확인 후 첨부 할 것.

•지방청 공문 발송 시 “수거 · 검사 결과 안전성 확인 시 까지 잠정 · 유통 판매 중단” 문구 내용 포함 할 것

•본부 메모 보고 시 전직원 수신자 지정</td></tr>
</table>

나. 신속보고 대상 제품 보고

1) 각 지방식약청은 수입검사단계 부적합 사항 중 다음 보고 대상 물질이 검출될 경우 식약처(수입검사관리과)에 즉시 메모 보고

2) 신속보고대상

- 안전성이 확보되었다고 식약처장이 인정하는 서류검사 대상에서 부적합이 발생한 경우

2. 부적합 제품 분석 및 수거·검사 등 신속 조치

가. 수입단계에서 유해물질이 검출된 제품과 동일 또는 유사제품에 대해 신속수거검사 지시(본부)

1) 각 지방식약청(식품안전관리과, 농축수산물안전과)은 해당 제품에 대하여 검사결과 확인 전까지 잠정적으로 판매금지조치하고, 신속하게 수거·검사

2) 수거·검사 결과 부적합제품에 대하여는 위해식품 회수지침에 따라 신속하게 회수, 압류·폐기 조치

나. 수거·검사 등 조치결과 보고(식약처 식품관리총괄과, 수입유통안전과(수입식품), 농·수산물은 농수산물안전정책과, 축산물은 축산물안전정책과에 통보)

수거검사등 조치 결과

기관명 :

제조국	제품명	제품 유형	수입 업소명	제조 업소명	수거 검사 여부	수거 검사 건수	부적합 사유			수입량	판매량	압류량	비고*
							항목	기준	검출치				

※ 미수거한 경우 미수거 사유 기재

3. 부적합 수입자 등에 대한 조치

유해물질 검출 원인규명 및 개선조치에 대한 제조국 정부에 개선 협조 요청 (수입검사관리과)

※ 상대국이 부적합을 줄이기 위한 개선 조치 논의 요청 시, 이를 논의할 수 있음

※ 해외 작업장 수입중단, 원인규명 및 예방조치를 시행하고 그 결과를 수출국 정부가 제출한 경우 수입중단 조치 해제 검토(축산물에 한함)

4. 부적합 수입자에 대한 확인 조치

수입단계 부적합 식품등에 대하여는 반송·폐기 등 내역을 수시로 확인하고, 부적합 판정 후 3개월 이상 조치하지 않은 제품에 대하여는 수입자에게 반송·폐기 등 독려(지방식약청)

5. 부적합 제품 수입자에 대한 식품안전 교육 명령

가. 목적

부적합 수입식품 영업자에 대하여 교육명령제도가 도입되어 수입식품등 안전성 확보에 대한 영업자의 의식과 책임을 제고

나. 명령 대상 영업자

1) 수입식품안전관리특별법 제21조에 따른 검사 결과 부적합 수입식품등을 수입한 영업자
2) 동법 제25조에 따른 출입·검사·수거 등을 실시한 결과 제29조에 따른 영업정지 처분을 받은 영업자

3) 그 밖에 인체에 위해를 끼칠 우려가 있다고 식품의약품안전처장이 지정한 수입식품등을 수입하는 영업자

※ '영업자'라함은 "수입식품안전관리특별법 제15조제1항에 따라 영업등록을 한자"임

다. 명령기관

지방식약청(서울, 부산, 경인청은 수입관리과 및 각 수입식품검사소, 대구, 광주, 대전청은 식품안전관리과)

라. 행정사항

1) 수입단계 부적합 식품등에 대하여 지방식약청장은 해당 식품등을 수입한 영업자 및 영업자가 지정한 수입식품 위생에 관한 책임자에게 3개월 이내에 지정된 교육기관에서 식품안전교육(3시간 이상)을 받도록 지체 없이 명령

2) 지방식약청장은 국내 유통 중인 수입식품에 대하여 수거·검사한 결과 부적합 되어 영업정지 처분을 받은 영업자 및 영업자가 지정한 수입식품 위생에 관한 책임자에게 3개월 이내에 지정된 수입식품 안전 교육기관에서 3시간 이상의 교육을 받도록 지체 없이 명령

가) 시·도지사, 시장·군수·구청장은 국내 유통 중인 수입 식품등에 대하여 제22조제1항에 따른 출입·검사·수거 등을 실시한 결과 영업정지 처분을 받은 영업자를 지방식약청장(서울, 부산, 경인청은 수입관리과, 대구, 광주, 대전청은 식품안전관리과)에게 통보

3) 교육명령 미이행시 처벌 : (1차위반) 과태료 30만원 , (2차위반) 과태료 60만원, (3차위반) 과태료 90만원 부과

6 식품등에 대한 검사명령제 운영

〈수입검사관리과〉

1. 목적

국민에게 안전한 식품을 제공하고, 인체에 위해를 유발할 수 있는 식품등을 취급하는 영업자의 위생 관리 책임을 강화하기 위하여 검사명령 제도 도입

2. 검사명령 대상

가. 식품 중 검출되어서는 아니 되는 **동물용의약품, 발기부전치료제, 비만치료제** 등이 검출되었거나 검출될 우려가 있는 식품

※ 식품의 기준 및 규격 제2. 식품일반에 대한 공통기준 및 규격, 3. 식품일반의 기준 및 규격, 8), (1), ①에 해당하는 물질과 10) (1)에 해당하는 물질

나. 식품첨가물의 기준 및 규격에 **고시되지 아니한 화학적 합성품인 첨가물이** 검출되었거나 검출될 우려가 있는 식품등

다. **수입검사 부적합률이 높은 식품등** 중 식약처장이 검사명령 대상으로 지정하는 식품등

라. 국내외에서 위해발생우려가 제기되었거나 제기된 식품등 중 식약처장이 정하는 식품등

3. 대상 영업자

검사명령 대상식품등의 **채취·제조·수입·가공·사용·조리·저장·소분·운반 또는 진열**하는 영업자 중 식약처장이 정하는 자

1) 해당 제품에 대한 **책임소재가 분명한 경우**(채취, 제조, 수입, 가공, 사용 영업자)에 한하여 제한적으로 검사를 명령
2) 국내외 위해정보 등으로 **긴급한 조치**가 필요한 경우에는 **직접 정부**에서 수거·검사 등 조치

4. 명령방법

검사명령 대상 영업자에게 대상식품, 검사항목, 검사기간 등이 포함된 검사명령서를 송달

※ 수입식품 통관단계 검사명령의 경우 식약처 홈페이지에 게재

5. 제출서류

식품전문 시험·검사기관 또는 식약처장이 지정한 국외 시험·검사기관에서 발행한 시험·검사성적서

※ 다만, 검사로써 위해성분을 확인할 수 없다고 식약처장이 인정하는 경우에는 관련자료

6. 이행기한

가. 명령일로부터 20일 이내(검사장비 부족 등 불가피한 경우에는 이행기간 연장 가능)

나. 수입하고자 하는 식품의 경우에는 수입신고 시 제출

7. 검사방법

식품공전, 식품첨가물 공전에 게재된 방법 또는 식약처장이 별도로 정하는 방법

※ 수입신고시 검사명령에 따른 검사성적서를 제출한 경우 검사결과를 인정하여 정밀 검사 시 해당 검사항목의 검사를 생략할 수 있음

8. 검사해제기준

다음의 어느 하나에 해당하는 경우 검사명령의 전부 또는 대상 수입식품등·대상 국가·대상 해외제조업소 중 일부를 해제할 수 있다.

✓ 검사명령 기간이 종료되는 경우

✓ 검사명령일로부터 300건 이상 검사를 실시한 결과 해당 검사항목에서 부적합이 발생하지 않은 경우

✓ 검사명령일로부터 2년간 검사를 실시한 결과 해당 검사항목에서 부적합이 발생하지 않은 경우

✓ 그 밖에 식품의약품안전처장이 검사명령 원인이 해소되는 등 검사명령 해제가 필요하다고 인정하는 경우

9. 행정사항

가. 검사명령 대상 식품 수입신고 시 검사성적서 미제출시 수입신고서 반려 조치

나. 검사성적서 결과에 부적합에 따른 조치
회수·폐기(유통단계) 또는 부적합 처분(수입단계)

다. 검사명령 미이행시 처벌 : 과태료 300만원 부과

※ 유통 수입식품의 경우 행정처분

라. 검사명령 대상 식품 수입신고 시 해당 식품의 이중검사 여부를 수입신고 시스템에서 반드시 확인

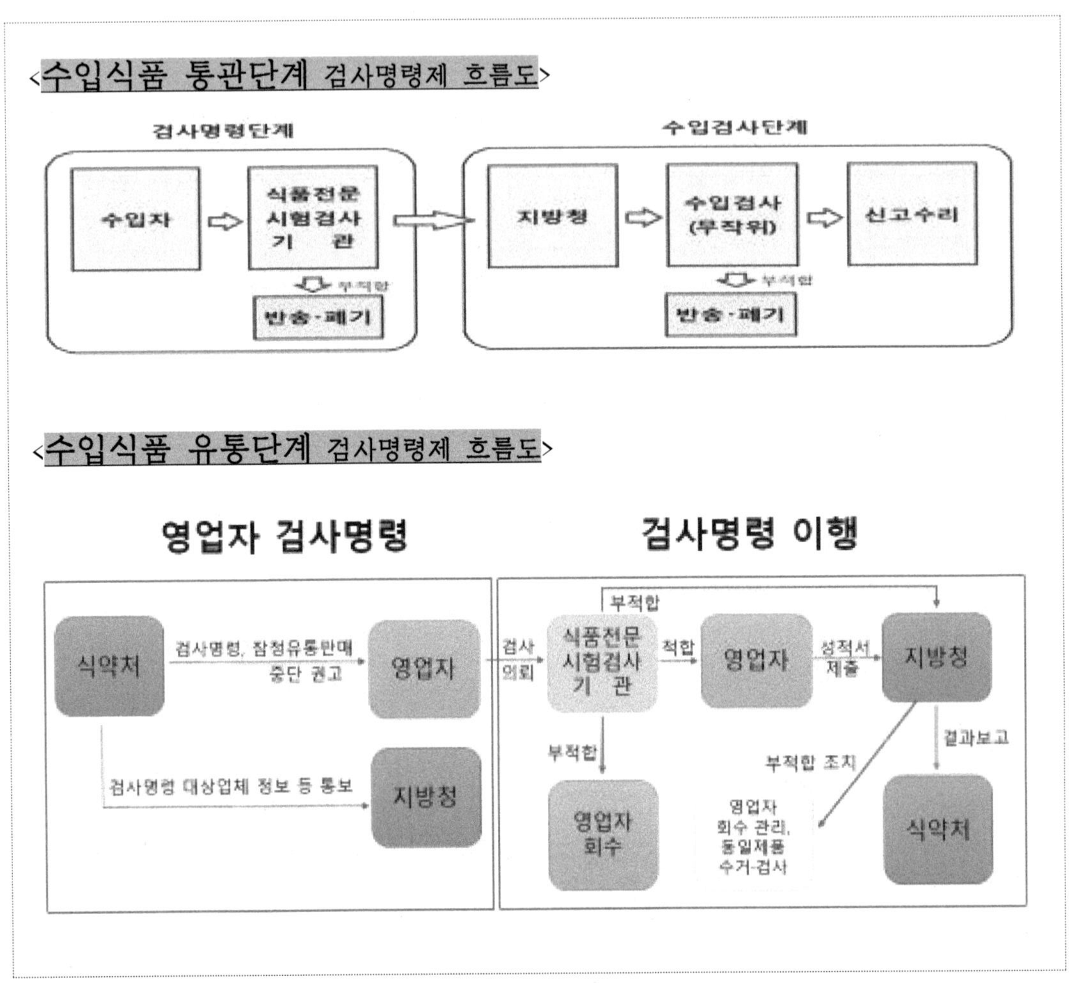

7 수입식품 등 사후 관리

〈수입유통안전과〉

1. 유통관리대상 수입식품 관리 철저

가. 관련 규정

1) 「수입식품안전관리 특별법 시행규칙」제34조

2) 「수입식품등 신고 및 검사에 관한 규정」(식약처 고시)제20조

나. 주요 내용

1) 유통관리대상 수입식품등

○ 자사제품 제조용 수입식품등

○ 연구·조사에 사용하는 수입식품등

○ 「대외무역법 시행령」제26조에 따라 외화획득용으로 수입하는 수입식품등 (다만, 같은 조 제1항제3호에 따라 관광용으로 수입하는 수입식품등은 제외)

○ 그 밖에 지방식약청장이 유통관리가 필요하다고 인정한 수입식품등

2) 조치사항

○ 지방식약청으로부터 유통관리대상 수입식품등을 통보받은 관할기관은 해당식품 등이 수입신고 용도에 적합하게 사용되었는지 확인하고 반기별 점검결과를 「수입식품등 신고 및 검사에 관한 규정」 [별지 8호] 서식에 따라 유통관리를 요청한 지방식약청장에게 통보

- 지방식약청에서 수행하는 유통관리대상은 별도로 문서 통보를 하지 않고, 사후관리 부서에서 전산시스템을 통해 점검대상을 조회하여 점검 실시

※ (유통관리대상 확인 방법) 수입식품통합시스템 > 사후관리 > 유통관리대상품목에서 수신기관명, 신고수리기관(전체), 처리일자 등 조건을 입력한 후 점검대상 조회

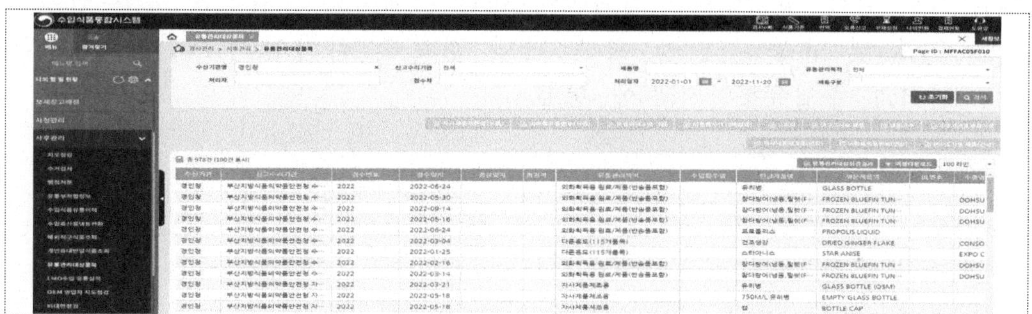

* 별도 제조·가공 없이 수입 원상태 그대로 재수출되는 외화획득용 제품은 수출증빙서류를 제출받아 수입신고 용도 적합여부 확인 가능함. 다만, 수출 증빙서류를 제출하지 않는 경우 분기별 현장 확인·점검 실시

○ 위반사항이 적발될 때에는 행정처분 등의 조치를 취한 후 위반내용, 처분결과를 즉시 유통관리를 요청한 지방식약청장에게 통보

* 사후관리 통보 서식 : 수입식품등 신고 및 검사에 관한 규정(식약처 고시) 별지 서식 참조

2. 행정사항

가. 식품제조·가공업소, 식품첨가물제조업소, 유통·전문판매업소, 수입식품등 수입판매업소, 용기·포장류제조업소 중 영업정지의 행정처분을 받은 업소는 영업정지 기간 동안 수입신고를 할 수 없음

나. 지방식약청장은 유통전 표시보완을 조건으로 수입신고를 수리한 때에는 즉시 그 내용을 표시보완 작업장 소재지 관할 지방청장에게 통보

○ 동 내용을 통보받은 지방식약청장은 즉시 사후관리를 실시하고 그 결과를 사후관리를 요청한 지방식약청장에게 통보

다. 영업등록(신고)관청은 영업소 폐쇄, 영업등록 취소 및 영업정지, 품목제조정지, 품목류제조정지 등의 행정처분을 한 때에는 「식품위생법」시행규칙 제91조제3항 및 에 따라 지체 없이 그 영업소의 명칭, 영업등록(신고)번호, 위반내용, 행정처분 내용, 처분기간 및 처분대상 품목명 등을 「식품위생법」 시행규칙 [별지 제65호 서식]에 따라 즉시 식약처장(현지실사과, 수입검사관리과)에게 보고하고 전산시스템(새올행정시스템, 식품행정통합시스템)에 지체 없이 입력

※ (유의사항) 식품등 수입신고서를 접수·처리할 때 행정처분 여부를 전산 조회하여 처리하는데, 행정처분 사항의 전산입력이 지연될 경우 행정처분 업소가 신고 수리될 가능성이 있어 행정처분 즉시 전산시스템에 입력해야 함

라. 지도·점검 과정에서 수입식품에 대한 위해정보를 입수할 경우 위해식품의 수입 및 유통 차단을 위해 관련 정보를 식약처(현지실사과, 수입검사관리과, 수입유통안전과)에 통보

8 수입식품 현황(사진) 데이터베이스(D/B) 구축 및 사진제출

〈수입검사관리과〉

1. 목적

가. 소비자에게 긴급하게 위해정보 등을 알려야 할 사안이 발생할 경우 수입식품 전산망에 D/B로 구축된 사진을 활용하여, 즉시 관련제품 현황 등 홈페이지 게재하여 올바른 정보 제공

나. 수입식품 검사시 동일사 동일식품 확인시 현품 사진 활용

다. 수입신고시 현품·표시사항 등의 사진 제출을 통해 영업자의 성실신고 유도

2. 사진 입력 대상

가. 최초수입품, 무작위표본검사, 대상일 경우 반드시 사진 촬영하여 행정포탈의 수입식품 검사시스템에 입력(지방식약청)

나. 주표시면(제품명, 내용량), 일괄표시면(식품유형, 소비기한, 원재료 등)은 반드시 촬영하고, 기타 제품의 특성을 확인할 수 있는 면을 촬영

※ 농·임·수산물 및 수입식품 검사시스템을 확인하여 기존 사진이 게재된 제품 제외

3. 사진 입력 및 확인 방법

수입식품 검사시스템 → 수입신고 접수내역 → 조건 입력(제품명 등) → 조회 → 해당제품 선택 → 사진 등록/조회 → 사진 확인

4. 수입신고 사진 제출 대상 및 확인

가. (대상) 수입신고 대상의 수입식품등

- (면제 대상)

1) 「수입식품안전관리 특별법」 시행규칙 [별표9] 제2호가목 1)부터 3)까지의 어느 하나에 해당하는 수입식품등 : 자사제조용, 연구조사용, 외화획득용 원료(제품)

2) 그 밖에 식품의약품안전처장이 정하여 식품의약품안전처의 인터넷 홈페이지에 게시하는 수입식품등 : 활·냉장 및 포장에 넣어지지 아니한 자연상태의 수산물, 농·임산물, 식육, 탱크로리로 수입되는 식품등(조주정, 식용유지, 식품첨가물 등), 정제·가공을 거쳐야하는 식품원료(판매용), 식품첨가물(향료 및 향료제제)

※ 관련 근거 : 「수입식품안전관리 특별법」시행규칙 제27조제1항제1의2(시행일 2022.11.25.)

나. 사진제출 범위

1) 제품 전면 사진(기구·용기·포장의 경우 식품과 닿는 면의 재질과 색상을 확인할 수 있는 사진)

2) 최소포장단위 주표시면(제품명, 내용량)

3) 최소포장단위 수출국표시 제조회사, 원재료명, 제조일자(포장일자) 또는 소비기한, 수입신고서 상의 표시* 포함

* 주문자상표부착식품, 유전자변형식품, 유기식품등, 할랄인증 수입식품, 식품조사처리 여부 등 표시

4) 한글표시사항 또는 현품에 부착된 한글표시사항 사진

* 자사품제조용, 외화획득용, 연구조사용 등 한글표시사항 생략 대상인 경우 수출국표시사항 첨부 가능

다. 사진제출 방법 : 컬러본으로 촬영일자 명시

* 반드시 국내 반입하여 촬영해야 하는 것은 아니며, 수출지에서 선적전에 촬영한 것도 인정 가능

9 수입식품등의 수거·검사

〈수입유통안전과〉

가. 목 적

수입(통관)단계에서 서류검사, 현장검사 등으로 통관된 수입식품등과 국·내외 위해정보(부적합 정보 등) 관련 제품 수거·검사를 통해 수입식품 위해 사전 차단

나. 법적근거

「수입식품안전관리 특별법」 제24조(유통관리 계획 수립·시행)
「수입식품안전관리 특별법」 제25조(출입·검사·수거 등)

다. 기본 방향

1) 국민 다소비 식품 및 계절별 성수식품 검사를 통한 소비자 안심 확보
2) 국·내외 위해정보에 따른 수거·검사를 통해 선제적 안전관리 강화
3) 부적합 이력이 있는 품목을 중점관리 품목으로 선정·관리
4) 수입식품 위해도 예측 정보를 활용한 선제적 안전관리

라. 세부 계획 : 지방청별 수거·검사 세부계획은 '26년 수입식품 유통관리계획 참고(별도 시달)

마. 공통사항(주의사항)

1) 검체의 특성에 따른 검체 채취기준을 준수하고, 중복 수거·검사 방지를 위해 태블릿 PC를 이용하여 식품의 유형별로 구분하여 수거·검사
2) 검사결과는 즉시 해당 기관에 통보하여 부적합 수입식품등이 신속하게 회수·폐기 등의 조치가 이뤄질 수 있도록 조치

* 해당 업체로부터 회수계획서를 제출받을 때 제품의 유통경로, 소비주기 등을 정확히 파악하여 회수계획량(회수 목표량)을 산출하도록 관리하고 회수 목표량을 모두 회수 조치하도록 결과 검증 관리

3) 부적합 수입식품의 확산 방지 및 신속한 회수를 위해 유통 초기 제품 수거·검사 원칙. 다만, 곰팡이독소·미생물 오염 등 유통과정에서 위해 발생 우려가 있는 소비기한이 긴 제품 등은 제외

* 소비기한 1/10(단, 소비기한 1월 이하 경우 1/5)이 경과하지 않은 제품, 최근 2개월 내 서류검사 통관 제품 수거 권장, 소비기한 만료 임박 제품은 수거검사 지양

4) 관할지역 내 수입식품에 대한 부적합 항목을 분석·평가하고 매년 반복된 부적합 항목에 대해 원인조사 실시 및 문제점 개선

5) 통관단계 정밀검사(무작위 검사 포함)를 실시한 제품검사결과 부적합 이력이 없는 식품등 중 안전성이 확보되었다고 식약처장이 인정하는 수입식품, 통관단계 검사명령 대상은 수거·검사 대상 제외

* 수거한 경우 통관단계에서 검사한 항목은 검사의뢰 제외

6) 일본산 수입식품(농·축·수산물 포함)은 수입 통관단계에서 전수 방사능 검사를 실시하고 있음에 따라 유통 제품에 대해서는 방사능 검사 제외

7) 위해정보 등에 따른 수거·검사는 해당 수입업소에서 수거가 불가한 경우, 1차 판매업소까지 확인하여 수거 필요

8) 수입 신선 농산물의 경우 관할지역 내 자체 수거·검사 계획에서 제외

바. 행정사항

1) 세부 추진계획 수립 시행 (지방식약청, 시·도)

- 지방식약청 및 시·도는 수거검사 종합 계획에 따라 자체 세부추진계획을 수립하여 자체 수행 또는 시·군·구에 시달

2) 검체 수거 시 유의사항

가) 모든 수거는『유상수거』를 원칙으로 하며, 세금계산서 발행을 하지 않는 곳에서 수거한 경우 간이영수증 등의 정확한 증빙자료를 첨부하여 내부 결재 후 입체불 청구

구 분	대 상 식 품
무상수거 대상식품 등	○ 「수입식품법」시행규칙 제43조제1항에 따라 검사에 필요한 식품등을 수거할 때 ○ 유통 중인 부정·불량식품등을 수거할 때 ○ 부정·불량식품등을 압류 또는 수거·폐기하여야 할 때 ○ 수입식품등을 검사할 목적으로 수거할 때
유상수거 대상식품 등	○ 도·소매업소에서 판매하는 식품등을 시험검사용으로 수거할 때 ○ 식품등의 기준 및 규격 제정·개정을 위한 참고용으로 수거할 때 ○ 기타 무상수거대상이 아닌 식품등을 수거할 때 다만, 긴급을 요하는 등 필요한 경우에는 무상으로 수거 가능

나) 「수입식품법」에 따른 수입식품 등의 수거·검사는 반드시 관계공무원이 적법절차에 따라 검체를 수거하고 수거증을 작성, 식품전문 시험·검사기관에서 검사 후 그 결과를 관계기관에 통보

다) 연구사업의 경우에도 식품 등 시험·검사기관에서는 이를 준수하여야 하며, 민간용역 연구사업인 경우에는 기준·규격 초과 시 즉시 주관기관에 보고토록 하여 필요한 조치

3) 수거·검사기관은 식품행정통합시스템에 수거검사 결과 등이 누락되지 않도록 관리 철저

4) 검사기관에서는 접수된 검체에 대해 농산물은 가급적 5일 이내*, 가공식품은 7일 이내** 검사를 완료하고 그 결과를 수거기관(부서)에 통보

* 검사항목 잔류농약, 중금속에 한함

** 유통특별관리대상(유통관리계획 별도시달)에 우선 적용, 그 외 수거·검사시에도 적용 가능

5) 다소비 수입식품(김치 등)의 경우 부적합 확인시 신속한 회수를 위해 수입업체 보관 재고, 도매상 등 유통 초기 물류 거점에서 수거·검사

6) 수거·검사 부적합 시 조치사항

가) 수거검사 기관은 수거·검사 결과 부적합 제품이 폐기 대상인 경우 당해 제품 수거장소에 재차 출입·검사하여 당해 제품을 압류조치하고 해당 지방청에 통보, 제조일자(소비(유통)기한) 등이 다른 전·후 제품에 대한 수거 검사 확대 실시

나) 원료성 제품 부적합 시 유통조사를 통해 사용 제조업소를 파악하여 관할 기관(지자체 등)으로 부적합 내역 통보

다) 수입식품 소분제품 부적합 시 수입업체 관할 지방식약청에서 해당 수입식품 수거·검사 실시

라) 검사결과 부적합 판정 시 신속한 사후조치를 위해 수입식품등의 수입신고 확인증, 수거증, 시험성적서, 제품포장지 등 증거자료를 해당 기관에 신속히 통보

* 회수대상 식품은 본 지침 'II.5-1 부적합식품 긴급통보시스템 운영 및 위해식품 등의 회수 관리' 참조

* 식중독균 검출 시 식중독균추적관리시스템에 입력·등록
(자세한 사항은 Ⅷ. 식중독 예방 및 관리 [4] 식중독균 추적 관리 사업 내용 참조)

<유 의 사 항>

✓ **모든 수거·검사 실적은 식품행정통합시스템에 즉시(당일 내)입력**

* 수거내역 입력(지방청 식품안전관리과, 농축수산물안전과, 시·도(시·군·구) 식품위생담당부서)

✓ **모든 수거·검사는 식품행정통합시스템을 통해 림스 의뢰**

✓ **미입력 또는 잘못 입력된 자료가 있을 경우에는 즉시 수정요청**

* 매 분기별 실적 취합 마감 / 이후 수정 불가

✓ **회수 관리(명령) 기관은 부적합 수입식품 회수명령 시 Ⅱ. 5-1. <붙임1> '회수단계별 체크리스트(영업자용)'을 영업자에게 반드시 전달하여 체계적이고 신속·정확하게 회수할 수 있도록 관리**

✓ **회수 관리(명령) 기관은 신속한 회수가 진행될수 있도록 식약처 및 타 시·도(시·군·구)에 회수 정보(사실) 알림 및 홈페이지 게시 요청 실시(보도자료 배포는 회수등급 등을 고려 식약처 본부에서 실시)**

10 수입식품 업체 지도·점검 관리

〈수입유통안전과〉

1. 유통안전관리를 위한 수입식품 업체 지도·점검

가. 목적

본부와 지방청 간에 합리적인 지도·점검 관리를 통하여 수입식품 안전관리 강화

나. 근거법령

「수입식품안전관리특별법」제25조(출입·검사·수거 등)

다. 기본방향

1) 수입식품 업체는「수입식품안전관리특별법 시행규칙」제25조 관련 [별표 8] 영업자 준수사항을 기본적으로 준수하여야 함
2) 형식적, 관행적 지도·점검을 지양하고 소비자 기만행위 항목 및 위해 우려 항목 위주로 집중 점검
3) 각 지방청별 지도·점검은 지침 계획에 따라 일정 등을 탄력적으로 조정하여 운영
4) 지도·점검 부적합에 따른 조치 사항은 본 지침에 '국내 식품 유통식품 등 안전관리(부적합식품 긴급통보시스템 운영 관리, 위해식품 등의 회수 관리, 위해식품회수지침 등)'와 동일하므로 해당 사항에 따라 조치

※ 수입식품 이물 관련 사항은 식품 이물관리 업무매뉴얼 준용

라. 대상업종(4개 업종)

수입식품등 수입·판매업, 수입식품등 신고 대행업, 수입식품등 인터넷 구매대행업, 수입식품등 보관업

마. 주요점검내용

1) 불법 수입식품등 취급·판매행위
   가) 수입신고하지 아니한 불법 수입식품등 판매행위 등
   나) 수입식품등의 용도(불법판매자가소비용, 외화획득용, 자사제품 제조용 원료, 연구·조사용 등)외 판매여부

2) 표시기준 및 허위·과대광고 위반여부 등
가) 무신고 및 무표시 제품의 유통·판매행위
나) 소비(유통)기한 또는 제조일자를 위·변조하여 판매하는 행위
다) 식품등의 표시기준 위반여부 등
※ 질병치료 표방 허위·과대광고 식품은 관련 위해성분 함유 여부 수거검사 실시
3) 유통관리 적정여부
가) 소비(유통)기한 경과제품 진열·보관행위
나) 부패·변질식품 보관행위
다) 냉장·냉동제품 등의 적정 보존·보관·운반·진열·판매여부(온도계 등 활용)

바. 지도·점검 계획

1) 특별관리 영업자, 냉동전환 축산물 판매 영업자 등 현장점검
2) 행정처분 다빈도 이력 업체, 위해도 점수 상위 업체 비대면 점검
3) 지도·점검 이력이 없는 수입실적 상위업체 대상 자율점검
※ 1), 2), 3) 대상업소 등 점검 관련 세부사항은 '26년도 수입식품 유통관리계획'으로 통보
4) 설·추석 성수식품 수입업체 지도·점검
※ 설·추석 합동점검 계획 시달시 수입업체 포함하여 시달 예정
5) 특별 지도·점검 계획
- 위해정보, 언론보도 등 수입식품안전관리 관련 이슈발생 시 지도·점검, 계통 조사
※ 해당 사항 발생 시 해당 건 별로 별도 공문 지시

사. 행정사항

가) 각 지방청에서는 지도·점검 자체 세부추진계획을 수립·시행
(1) 특정 기간에 집중되지 않도록 매월 지도·점검 실시
※ 지도·점검 결과에 대하여는 점검자 종합의견을 "점검내용"에 반드시 등록하여 다음 점검자가 참고할 수 있도록 필수 입력

□ 점검내용(점검자 의견) (ex) 영업자의 위생 인식 여부, 위생관리가 잘되고 있는 부분 또는 미흡한 부분, 현장에서 지도한 내용 등 후임 점검자가 영업장의 전반적인 위생관리를 알 수 있도록 육하원칙을 적용하여 작성

나) 무신고 제품, 무표시 제품, 발기부전치료제 및 유사물질 등 첨가 위해제품, 무신고 수입제품 및 소비(유통)기한 변조제품 등을 적발하였을 경우에는 유통경로를 추적 조사하여 행위자 적발 후 형사고발 조치

※ 자가소비 목적으로 통관된 무신고 수입제품을 국내 사이트 등을 통해 판매하는 행위에 대하여 형사고발하고, 관세청(특수통관과)으로 통보(국민권익위원회 건의사항)

다) 인체 위해발생 우려가 있거나 소비(유통)기한 또는 함량을 허위 표시하는 등 소비자 기만행위에 대하여는 당해 업체에 불시 출장하여 수입신고 전반에 관한 정밀조사를 실시하고 위반사항에 대한 엄중한 행정제제 조치

라) 원산지증명서, GMO 관련 증명서 등이 필요한 제품을 수입하는 업체 지도·점검시 원본 여부 등 해당 서류를 확인

마) '식품행정통합시스템'에 자료 입력

(1) 식품위생 모바일웹을 이용하여 당일 점검 및 제품 수거·검사 내역 입력

※ 수입유통안전과에서 지도·점검별 점검 계획을 일괄 등록 예정이니, 자체 계획 생성 금지 및 해당 계획에 반드시 실적 입력(다른 계획에 따른 점검시 수입업체 관련 지도·점검 사항이 있으면 수입유통안전과 해당 계획에도 반드시 입력)

바) 위반제품이 타 지방청 신고 품목인 경우 즉시 해당 지방청에 통보하여 사후관리 조치

사) 점검 업체 출입 시 영업자에게 "출입·검사·수거 등의 조치 시 제시하는 서류"를 세시하고, 기관장(부시장) 명의의 "협조서한문" 교부 및 시설의 책임자가 확인·서명한 수령증 회수(복명서에 첨부)

아) 원산지·건축법·탈세 등 타 법률 위반행위 정보사항을 취득한 경우 증빙 서류 및 사진 등 증거물을 확보하여 관련 기관에 통보 조치

【붙임 1】

▮식품 위생관리 업무 수행 시 제시 서류(예시)▮

수입식품안전관리특별법(법 제25조제3항 및 같은법 시행령 제6조제2항 또는 법 제31조제5항 및 같은법 시행령 제8조)에 따라 식품 위생관리 업무를 수행함에 있어 아래의 서류를 제시합니다.

1. 조사목적

○ **수입식품등 수입 · 판매업체 등 지도 · 점검**

2. 조사기간 및 대상

○ '26.00.00. ~ '26.00.00. / 수입식품등 수입・판매업체 등

3. 조사의 범위 및 내용

○ **(범위)** 수입식품등 수입・판매업체의 관련 규정 위반 여부

○ **(내용)** 영업자 준수사항, 시설기준, 위생교육 등

4. 조사담당자의 성명 및 소속

○ OOO, OOO / 00지방청 식품안전관리과

5. 제출자료의 목록 또는 압류 · 폐기 대상 제품

○ 영업등록증, 수입신고확인증 등

○ 식품위생법 제72조 등에 따른 압류·폐기대상 제품 특정

6. 조사 관계 법령

○ 수입식품안전관리 특별법 제25조(출입・검사・수거 등)

7. 그 밖에 해당 조사와 관련하여 필요한 사항

2. 냉동전환 축산물 안전관리

가. 목적

수입 냉장축산물의 냉동전환으로 소비(유통)기한 연장가능, 이에 축산물안전에 대한 국민 불안감을 예방하고 위생적인 축산물 유통을 위한 영업자 신고 지도와 점검을 통해 안전한 수입축산물 유통 확립

나. 근거법령 등

1) 「수입식품안전관리 특별법 시행규칙」 제25조(영업자 준수사항)

가) 「별표8」 영업자의 준수사항 제2호 수입식품등 수입·판매업자 준수사항, 버목 축산물을 수입하는 영업자가 냉장제품을 냉동제품으로 전환하려는 경우에는 사전에 지방식품의약품안전청장에게 전환 품목명, 중량, 보관방법, 소비(유통)기한(냉장제품 및 냉동전환 제품의 소비(유통)기한을 말한다), 냉동으로 전환하는 시설의 소재지, 냉동전환을 실시하는 날짜와 냉동전환이 완료되는 날짜 및 수입식품등의 수입신고확인증번호를 신고(전자문서로 된 신고서를 포함한다)하여야 하며, 다음 사항을 준수하여야 한다.

> 1) 냉동전환 대상 축산물에 「식품 등의 표시·광고에 관한 법률」 제4조에 따른 축산물의 표시기준을 준수하여 표시
> 2) 냉동전환 신고 사항 변경 시 해당 변경내역을 지체 없이 신고
> 3) 신고일부터 10일 이내에 냉동전환을 실시하여야 하며, 냉농선환 완료일이 냉장제품의 소비(유통)기한을 초과하지 아니하도록 할 것

2) 「식품등의 표시기준」 Ⅱ. 공통표시기준 1. 표시방법 머목.

가) 냉동전환한 축산물에는 냉장상태 기존의 표시사항을 가리거나 제거하여서는 아니되며 다음의 사항을 표시

> 1) "이 제품은 냉장제품을 냉동시킨 제품입니다."
> 2) "냉동전환일"
> 3) 냉동제품의 "소비(유통)기한" 및 "보관온도"

다. 냉동전환 신고요령(영업자)

1) 식품안전나라(www.foodsafetykorea.go.kr) 화면 위쪽의 "우리회사 안전관리(3월부터 통합민원창구 이용)*" 클릭 후 로그인(회원가입 필요)하여 "민원신청"란의 "축산물 냉동전환" 메뉴에서 냉동전환 보고

* '26년 3월부터 통합민원상담, 우리회사 안전관리 메뉴가 통합민원창구로 통합·변경 예정

- 전환완료한 제품의 표시사항*이 나오도록 촬영한 사진

> "기존 냉장제품의 소비(유통)기한을 포함한 표시사항", "냉동제품의 소비(유통)기한", "이 제품은 냉장제품을 냉동시킨 제품입니다.", "냉동전환일", "냉동제품의 보관온도"

2) 냉동전환 보고사항을 위 시스템으로 보고하여야 하며, 부득이하게 문서로 보고하는 건에 대해서는 담당공무원이 수동 등록

3) 보고한 내용에 변경사항 발생 시 즉시 관할 지방청에 '냉동전환 보고사항 변경보고' 제출(보고된 내용은 임의로 영업자가 수정 불가)

* 보고내용 변경은 관할 지방청만 수정 가능

4) 냉동전환 보고에 대해 관할 지방의 별도 승인조치가 없으므로 성실하게 보고사항 입력하고 신속하게 급속냉동을 실시

* 전산시스템에서 보고사항 출력하여 냉동전환하는 시설의 영업자에게 제시

※ 수입 영업자는 냉동전환 물량을 줄이기 위한 냉장제품 수입량 조절에 노력해 줄 것을 당부

※ 냉동전환 신고사항에 변경이 있는 경우 냉동전환 실시 전 반드시 변경 신고하고 냉동전환하여야 함. 미신고시 사실과 다르게 신고한 행위에 해당

라. 냉동전환 축산물 지도·점검

1. 원칙

1) 전산등록 내역을 활용하여 냉동전환 점검 실시

가) 점검대상: 냉동전환시점이 소비(유통)기한 만료일에 임박(3일전부터)하여 신청한 수입업체

* 수입업체에서 점검한 신고 건과 연계하여 냉동창고(보관업소)에서 냉동전환 자료 확인 또는 점검

나) 점검방법: 분기별 냉동전환 신고사항을 확인하여 점검 대상이 있을 경우 다음 분기에 지방청별 자체점검계획에 의해 연간 지도·점검

* 점검대상이 타지방청 관할 냉동창고인 경우, 냉동창고 관할 지방청에 협조 요청하여 점검대상이 누락되는 일이 발생하지 않도록 수입업소 관할 지방청에서 관리

** 냉동창고 점검시 타지방청(지자체) 관할 수입업소(판매업소 등)의 위반사항이 확인된 경우, 위반사항 관련 증빙서류 등을 첨부하여 관할 지방청(지자체)에 통보

다) 주요점검 사항

(1) 냉동전환 보고사항 일치 여부

* 제품명, 중량, 보관방법, 냉동 전후 소비(유통)기한, 냉동전환 시설, 냉동전환 실시일과 완료일, 축산물수입신고필증번호

(2) 소비(유통)기한 경과 후 냉동전환 보고 및 실시 여부

(3) 냉동전환 완료 전에 소비(유통)기한 경과 여부

(4) 타사의 제품 냉동전환 여부

(5) 냉동전환 축산물에 표시 적정 여부

√ 기존 냉장제품의 표시사항을 가리거나 제거하는 행위

√ 표시사항 누락 여부

① "본 제품은 냉장제품을 냉동시킨 제품입니다."

② "냉동전환일"

③ "냉동제품에 해당하는 소비(유통)기한과 보관온도"

(6) 냉동전환 미신고 제품의 냉동전환 여부

(7) 보관온도 준수 여부 등

2. 결과보고

1) 식품행정통합시스템 > 통합사후관리 > 지도·점검 관리 > 냉동전환 수입 축산물 특별점검(점검계획명)에 점검 결과 입력

* 통합망에 점검 결과 입력 시 '지도점검표' 탭 하단 '점검사항/평가자의견'란에 보관 창고를 입력

2) 냉동창고 점검 시 적정 냉동전환 가능 물량 확인을 위한 조사 실시 및 보고

마. 냉동전환 축산물 수거·검사

1) 대상 : 냉동전환 축산물

* 소비(유통)기한 만료일에 임박하여 냉동전환된 제품 위주 수거

2) 기관 및 건수 : 50건(서울, 경인식약청 15건 / 그 외 지방청 5건)

3) 검사항목 : 식품의 기준 및 규격 제2. 식품일반에 대한 공통기준 중 식육에 대한 규격 적용

4) 추진방법 : 자체 세부 추진계획 수립 시행

참고 1 냉동전환 신고 처리 흐름도 (냉동전환신고시스템)

단계	내용
식품행정 통합시스템	로그인(공인인증서) *인터넷 활용이 어려운 민원인이 종전처럼 문서로 신고하는 경우에는 공무원이 식품행정통합시스템에 접속하여 신고사항 등록 처리(모든 신고사항 전산기록관리)

관할기관 선택	냉동전환 영업자의 허가 · 신고기관

영업자 정보 입력	조회기능으로 불러오기

냉동전환 신고내역 입력	제품명, 중량, 냉동시작일자, 냉동완료예정일, 냉동전환 전·후 소비(유통)기한, 냉동전환 시설 소재지 * 소비(유통)기한 경과 후 신고 또는 냉동전환완료 전에 소비(유통)기한이 경과하는 사례 자동 차단

첨부서류 업로드	제품의 표시사항 사진 등

신고 버튼 클릭	완료

신고확인서 출력	냉동하는 시설의 영업자에게 증빙자료로 제출

[붙임 1]

냉동전환 관리실태 점검표

□ 영업장 현황

업 종		허가(신고)번호	
업소명		전화번호	
소재지			
보관창고 (소재지)			
대표자		생년월일 (법인등록번호)	

점검사항	점검결과
ㅇ 냉동전환 신고내용과 일치 여부 * 전환품목명, 중량, 보관방법, 냉장제품 및 냉동전환 제품의 소비(유통)기한, 냉동전환 시설, 냉동전환 실시일 및 완료일 (참고서류: 스티커 인쇄 · 부착 비용, 냉동전환 수수료, 입·출고대장 등)	
ㅇ 냉동전환 완료일 전에 냉장제품의 소비(유통)기한 초과 여부 ㅇ 소비(유통)기한 경과 후 냉동전환 신고 여부	
ㅇ 냉동전환 제품 표시기준 준수 여부 - 본 제품은 냉장제품을 냉동시킨 제품입니다. - 당해 제품의 냉동전환일 - 냉동제품에 해당하는 소비(유통)기한과 보관온도 - 기존의 표시사항을 가리거나 제거하는 행위	
ㅇ 보관방법에 따른 보관온도 준수 여부	
ㅇ 미신고 수입축산물의 냉동전환 여부	
ㅇ 급속 동결 가능 용량 확인 - 면적: ㎡, 전환능력: 톤/일 (톤/년)	

20 . . .

확인자 : 소속 직 성명 (서명)

점검자 : 소속 직 성명 (서명)

소속 직 성명 (서명)

3. 외국 식료품 전문판매업소(자유업) 안전관리 강화

가. 목적

외국 식료품 판매업소(자유업, 300㎡이하)의 무신고(무표시) 및 소비(유통)기한 경과제품 판매(개인휴대 및 보따리상 반입 등) 행위관리를 통한 소비자 보호

나. 근거법령

「수입식품안전관리특별법」제25조(출입·검사·수거 등)
「식품위생법」제22조(출입·검사·수거 등)

다. 기본방향

- 외국인 밀집지역 등 외국 식료품 판매업소 집중 단속 및 예방 홍보 강화

상시점검	특별단속(합동)	인터넷차단	계도 · 홍보
■ 상시점검(월 1회 이상, 지자체) ■ 담당관 지정	■ 위반업체단속(수시) ■ 정부합동단속(필요시 식약처·검역본부·지자체 등)	■ 상시모니터링 ■ 불법사이트 차단 조치	■ 홍보전단지 배포

* '25년 신규 판매업체 발생여부 등은 관할 시·군·구에서 지속 모니터링하여 점검대상에 반영

라. 관리 대상

- 주로 외국 식료품을 전문적으로 판매하는 업소(자유업, 300㎡미만)
- 특정 국가(중국, 일본, 동남아 등) 또는 다국적 식료품을 전문적으로 판매하는 업소
- 정식 수입통관제품이 아닌 '개인휴대반입품(보따리)' 등을 납품받아 판매하는 업소(도·소매업<자유업> 포함)

※ 개인휴대반입품은 「수입식품안전관리특별법」에 따른 정식 수입신고 되지 않은 자가소비용으로 반입한 제품임

☞ **대상** : 지역별 외국인 밀집지역, 재래·도깨비 시장 및 동네주변 외국 식료품 전문 판매업소

☞ **제외대상** : 기타식품판매업소(300㎡이상), 24시편의점(CU, GS 25, 세븐일레븐 등), 나들가게(동네슈퍼), 문방구, 식자재 마트 등 주로 국내 식품을 판매하는 업소

마. 주요점검내용

1) 불법 수입식품등 취급·판매행위
가) 수입신고하지 아니한 불법 수입식품등 판매행위
나) 무신고 소분 수입제품 판매행위
2) 무신고 제품 판매 및 표시기준 위반 행위
가) 무신고 및 무표시 제품의 유통·판매행위
나) 소비기한 또는 제조일자를 위·변조하여 판매하는 행위
3) 유통관리 적정여부
가) 소비기한 경과제품 진열·보관행위
나) 부패·변질식품 보관행위
다) 냉장·냉동제품 등의 적정 보존·보관·운반·진열·판매여부(온도계 등 활용)

바. 지도·점검 실시

1) (상시점검) 전국 외국 식료품 판매업소 대상 무신고 수입 가공품·축산물 판매 여부 점검 실시(지자체)
* 실태조사 등을 통해 확인된 신규업소에 대해서도 점검대상에 반영
2) (특별단속) 정부합동 불법 수입식품등 판매행위 집중단속 실시(식약처·검역본부·지자체 등)
* 수입금지된 불법 축산물 판매 사이트(쇼핑몰·개인 SNS 포함) 상시 모니터링 실시, 적발 시 쇼핑몰, 방미통위 등에 판매 사이트 차단 요청(식약처 사이버조사단)

사. 교육·홍보 계획

1) 전광판 활용 등을 통한 무신고 식품판매 금지 홍보 및 포상제도 등 안내
2) 지역 반상회, 지역 축제 등에서 부정 축산물 신고포상제도 등 안내
3) 지자체별 관내 '외국식료품 판매업체' 대상 예방 교육 실시

√ **<전광판 홍보 문구 예시>**
❶ 무신고 수입식품 및 축산물을 판매하시면 안 됩니다.
→ *위반 시 최대 10년 이하의 징역 또는 1억원 이하의 벌금*
❷ '무신고 수입 축산물 판매 행위'를 신고하여 주시기 바랍니다.(포상금 지급)
→ *신고기관 : 전국 지방 식약청, 시·군·구 또는 국번 없이 1399*

아. 행정사항

가) 시·군·구 자체 계획에 따라 소비자식품위생감시원 및 식품위생감시원을 활용하여 지도·점검 등 실시
나) 지도·점검은 시·도에서 시·군·구 통합관리 자료를 취합하여 식약처(수입유통안전과)로 분기별 공문 보고

붙임. (안내문) 외국 식료품 판매자 준수사항 1부.

【붙임】

식품의약품안전처
국민 안심이 기준입니다
YOUR SAFETY IS OUR STANDARD
외국 식료품 판매자 준수사항
아래와 같은 수입식품을 판매해서는 안돼요
① 정식 수입신고하지 않은 식품
No
수입식품 정보마루 누리집에서
확인 가능
https://impfood.mfds.go.kr/
수입신고확인증
② 한글표시사항(스티커)이 없는 식품
No
CHIPS
③ 소비기한이 경과한 식품
No
소비기한:
20YY.MM.DD 까지
소비기한 경과제품 진열·판매 시
과태료가 부과됩니다.
1차 30만원 / 2차 60만원 / 3차 90만원
*「식품위생법」제3조위반
판매하는 식품의 소비기한을 수시로 확인해 주시고, 소비기한 경과 식품이 진열·판매되지 않도록 주의하세요.
④ 여행자가 해외에서 구매하여 국내 반입한 식품
No
⑤ 해외직구·구매대행으로 국내 반입한 식품
No
※ 정식 수입신고하지 않거나 한글표시사항이 없는 제품을 판매하면 고발 등 행정조치를 받을 수 있어요.
*「식품위생법」 제4조,「축산물위생관리법」 제33조 위반

11 수입식품 유통이력추적 관리

〈수입유통안전과〉

가. 목 적

수입식품등의 수입단계부터 판매단계까지 각 단계별로 정보를 기록·관리하여 해당 식품에 안전성 등에 문제가 발생할 경우 해당 식품등을 추적하여 원인을 규명하고 신속한 유통 차단 및 회수 등 필요한 조치를 할 수 있도록 함

나. 기본방향

「수입식품안전관리 특별법」에 따른 연도별 매출액(수입액의 110%) 기준 의무 등록 지속

다. 근거법령

1) 「수입식품안전관리 특별법」 제23조(수입식품등의 유통이력추적관리) 및 시행규칙 제35~제41조

2) 「수입식품안전관리 특별법」 제40조 및 시행령 제14조 제1항, 제2항

3) 「식품 등 이력추적관리기준」 (식약처 고시)

라. 등록기준

1) 「수입식품안전관리 특별법」('16.2.4)이 시행되면서 수입식품등의 연도별 매출액 기준으로 단계별 의무등록을 추진하도록 법제화

가) 등록대상

- 영유아식품(영아용조제식, 성장기용조제식, 영·유아용 곡류조제식, 기타 영·유아식), 건강기능식품[품목류별 연매출액이 1억이상이 되는 영업자], 조제유류, 임산·수유부용 식품, 특수의료용도 등 식품 및 체중조절용 조제식품, 영업자가 등록하려는 수입식품등

나) 세부절차는 「식품 등 이력추적관리기준(식약처 고시)」과 동일하게 적용

마. 등록절차

1) 등록신청

가) 수입식품등의 유통이력추적관리 등록을 하려는 자는 수입식품등의 유통이력추적관리 등록신청서(전자문서로 된 신청서를 포함)에 필요한 구비서류(전자문서를 포함)를 첨부하여 지방식약청장에게 신청

나) 등록신청 시 제출서류

(1) 수입식품등의 유통이력추적관리 등록신청서(「수입식품안전관리 특별법 시행규칙」 별지 제32호 서식)

(2) 수입식품등의 수입신고확인증(「수입식품안전관리 특별법」 시행규칙 별지 제28호서식)

(3) 식품의약품안전처장이 정하여 고시하는 사항을 포함한 수입식품등의 유통이력추적관리계획서

* 「식품 등 이력추적관리기준(식약처 고시)」 별표1 내용 포함

2) 등록심사

가) 등록신청을 받은 지방식약청장은 유통이력에 관한 전산시스템을 갖추고 있는지 등 등록대상에 적합한 품목인지를 심사하고, 적합하다고 인정되는 경우 수입식품등의 유통이력추적관리 등록증 발급

나) 유통이력추적관리 등록심사 세부사항(식품 등 이력추적관리기준 별표 2)

(1) 신청서류 구비요건

- 수입신고확인증, 이력추적관리계획서 작성내용 검토

(2) 정보시스템이 이력관리 목적에 적합 여부

- 기준정보 입력상태 확인 및 식약처와의 정보 연계가능 여부

(3) 안정적인 관리를 위한 정보시스템 운영환경 구비

- H/W 및 Network 사양 확인, 운용과 관리인력 확인

(4) 관리번호, 바코드 등을 부착할 수 있는 시설을 갖추고 있는지 여부

- 관리번호 체계 확인, 표시를 위한 장비와 방식 점검

(5) 정보를 연계할 수 있는 기록·보관·관리가 되어있는지 여부

- 이력관리의 전반적인 환경을 확인 차 현장, 판매업소 등 전반적 점검

(6) 정보자료를 표준화 요건에 맞게 전송이 가능한지 여부

- 기본정보 입력상태 확인, 정보연계 실시→ tfood 사이트에서 조회여부

(7) 문제발생시 회수 등 요구 시 사후관리 체계 확립 여부

- 사후관리계획에 따라 관리되는지 점검

[수입식품등의 유통이력추적관리 등록 절차도]

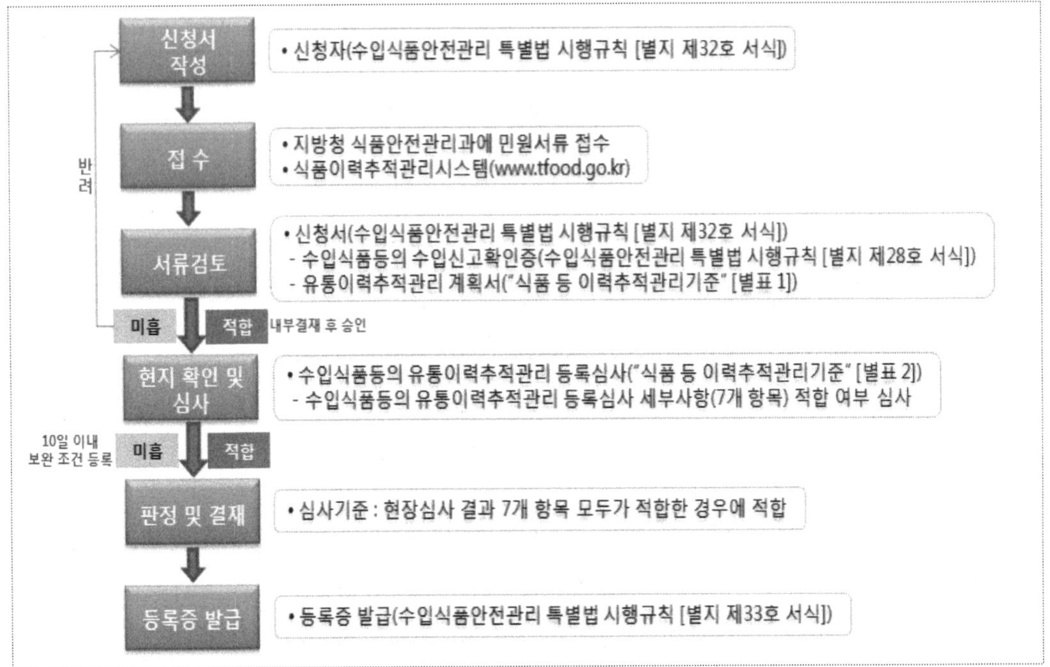

3) 등록사항 변경신고

가) 등록사항의 변경신고를 하려는 자는 그 변경사유가 발생한 날부터 1개월 이내에 수입식품등의 유통이력추적관리 등록사항 변경신고서(시행규칙 별지 제34호)에 기존 등록증을 첨부하여 관할 지방청장에게 제출

나) 지방식약청장은 수입식품등의 유통이력추적관리 등록증에 변경사항을 작성하여 다시 발급

바. 조사·평가

1) 지방식약청장은 조사·평가 계획을 작성하고, 이력추적관리 등록을 한 자에게 조사·평가 일정을 1개월 이내에 통보하여야 함(의무업소는 2년, 자율업소는 3년)

* 최초 등록일자를 기준으로 등록자별로 모든 등록제품에 대한 조사·평가 계획 작성

2) 수입식품등의 유통이력추적관리의 조사·평가는 서류검사 및 현장조사의 방법으로 실시

* 다만, 식품안전정보원이 기술지원(화상통신, 컴퓨터 등 정보통신기술 등을 활용한 원격지원을 포함한다)한 결과 식품이력시스템 운영에 적합하다고 확인한 경우 현장방문을 생략할 수 있으며, 기술지원한 결과 부적합 판정한 경우 지방청은 위반 사실을 확인하고 사전통지서 작성 후 처분 의뢰하여야 함

가) 수입식품등의 유통이력추적관리 조사·평가의 점검 세부사항(식품 등 이력추적관리기준 별표3)

(1) 등록사항

- 품목 등록증의 내용과 영업신고증, 수입신고필증의 내용 일치 여부

(2) 시스템 구축 및 운영

- 정보시스템이 식품이력추적 목적에 적합하게 구축·운영 여부
- 이력추적관리번호 부여 시설 구축·운영 여부
- 시스템 운영자의 시스템사용법 숙지 및 적정 사용 여부

(3) 기록의 작성 및 보관

- 이력추적관리정보를 전산기록장치에 기록하고, 기록물을 소비기한 경과한 날로부터 2년 이상 보관 여부

(4) 정보연계

- 이력추적관리시스템 연계정보가 현장의 제품 생산, 출고 및 판매정보 등과 일치하는지 여부
- 이력정보가 식품이력추적관리시스템으로 전송되고 있는지 여부

(5) 이력추적관리번호 표시

- 이력추적관리 기준에 따라 제품 포장지에 표시되어 있는지 여부
- 부착되어 있는 이력추적관리번호가 시스템과 일치하는지 여부

(6) 사후관리

- 식품위해 사고 발생시 회수계획의 숙지 및 수행 여부
- 회수대상 등에 대한 정보를 이력추적관리시스템으로 적절히 전송하고 있는지 여부
- 회수결과에 대하여 적절히 관리하고 있는지 여부

나) 적합기준 : 점검세부사항 12개 항목 모두 적합한 경우 적합

사. 수입식품등 유통이력추적관리 등록 품목의 표시

1) 등록자는 등록품목에 대해 다음과 같이 유통이력추적 관리 표시할 수 있음

구 분		
표지도표	Traceability 이력추적 식품의약품안전처	Traceability 이력추적 식품의약품안전처

2) 수입식품등의 유통이력추적관리번호 부착

가) 등록자는 수입식품등의 이력추적관리를 위하여 소비자에게 판매하는 최소판매단위 용기포장 및 유통단위별 용기·포장에 수입식품등의 유통이력추적관리번호를 부착 또는 인쇄하여야 함

나) 수입식품등의 유통이력추적관리번호 부착방법

소비자에게 판매하는 최소판매단위 용기·포장	유통단위별 포장
○ 수입식품등의 유통이력추적관리번호 인쇄 또는 부착(필수) ○ 수입식품등의 유통이력추적관리번호의 바코드 인쇄 또는 부착(선택) ○ 수입식품등의 유통이력추적관리번호가 저장된 전자식별 태그부착(선택) ※ 수입식품등의 유통이력추적관리번호는 자율적 선택 예시) ① 상품바코드(GTIN) + 소비기한 또는 제조일자 또는 식별번호 예시) ② 이력추적등록번호 + 소비기한 또는 제조일자 또는 식별번호	○ 해당식품의 수입식품등의 유통이력추적관리번호와 그 수량에 관한 정보를 표시(바코드 또는 전자식별태그를 함께 부착할 수 있음) ※ 유통단위별 포장에 표시가 어려운 경우 수입식품등의 유통이력추적관리번호와 그 수량에 관한 정보를 해당 식품 구매자 또는 그 식품을 판매하고자 하는 자에게 전자기록, 문서 등의 형태로 제공해야함

아. 수입식품등의 유통이력추적관리정보 연계

1) 등록자는 수입식품등의 유통이력추적관리정보를 식품의약품안전처장이 운영하는 식품이력추적관리시스템에 전자기록으로 연계하여야 함

2) 수입식품등의 유통이력추적관리정보는 이력추적관리 이외의 목적으로 사용할 수 없음

3) 연계대상정보

(1) 수입식품등의 유통이력추적관리번호, (2) 수입업소 명칭 및 소재지 (3) 제조국, (4) 제조회사 명칭 및 소재지, (5) 유전자변형식품표시, (6) 제조일자, (7) 소비기한 또는 품질유지기한, (8) 수입일자, (9) 원재료명 또는 성분명, (10) 기능성 내용(건강기능식품에 한함), (11) 제품명, (12) 수입일자, (13) 출고일자, (14) 출고량, (15) 거래처 또는 도착장소, (16) 상품바코드(바코드가 있는 제품에 한함), (17) 회수 대상 여부 및 회수사유(회수사유가 발생한 경우 즉시 정보사항 연계) 등

자. 수입식품등의 유통이력추적관리 기록의 작성

등록자는 수입식품등의 이력추적정보를 전산기록장치에 기록·보관하고 해당 제품의 소비기한 등이 경과한 날부터 2년 이상 보관하여야 함

차. 수입식품등의 유통이력추적관리 관련 조치사항

1) 지방식약청장은 등록을 한 자가 유통이력추적관리기준을 준수하지 아니한 때에는 그 등록을 취소하거나 시정을 명할 수 있음
2) 등록취소를 받은 자는 유통이력추적관리 품목 등록증을 지체없이 지방식약청장에게 반환하여야 함

카. 행정사항

1) 지방식약청장은 수입식품법에 의한 의무적용 대상업체에 대하여 기간 내 등록될 수 있도록 업체 등록 독려, 지도 및 홍보
2) 업체의 의무대상 제외신청 등 발생시 본부(수입유통안전과) 즉시 보고
3) 조사·평가가 도래한 등록업체에 대한 조사·평가 실시

12 정식 수입절차를 거치지 않은 수입식품 등 안전관리

〈수입유통안전과〉

1. 해외직구식품 구매·검사 등 안전관리

가. 목적

○ 비대면 문화 확산으로 해외직구 시장이 더욱 확대됨에 따라 해외직구로 반입되는 위해 식품으로부터 소비자 피해 예방

나. 법적 근거

○ 「관세법」제237조제1항제3호 : 국민보건 등을 해칠 우려가 있는 제품의 경우 관할 세관장이 통관 보류

다. 해외직구 식품 안전관리 개괄

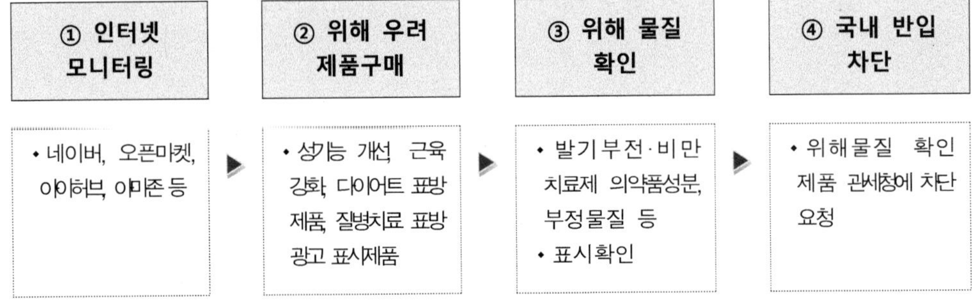

* 방미통위 및 포털사를 통한 사이트 차단 요청은 사이버조사팀에서 수행

라. 구매·검사

○ 구매 품목

- 성기능 개선, 근육강화, 다이어트 표방 등 오·남용 우려 식품
- 질병치료 표방 광고 표시 제품 등
- 마약성분 함유 식품

○ 구매처 : 네이버, 쿠팡, 11번가, 아이허브, 아마존 등 해외 직구 사이트

○ 구매기관 : 본부(수입유통안전과)

○ 검사기관 : 평가원 첨단분석센터·신종유해물질과 및 6개 지방청 시험분석센터

○ 검사의뢰 주기 : 1회 이상/월

- 지방청별 검사주기는 서울・부산・경인청 1~2회/월, 대구・광주・대전청 및 평가원 1회 내외/월

< 검사기관별 연간 검사건수(단위 : 건) >

검사기관	계	평가원	서울청	부산청	경인청	대구청	광주청	대전청
계	1,000	200	140	150	150	120	120	120

마. 행정사항

○ 검사결과 입력(지방청, 평가원) : 검사결과 확인 즉시 「식품행정통합시스템」 입력

○ 검사결과 통지(수신:수입유통안전과) : 검사의뢰 후 1개월 이내 공문 통지

2. 휴대반입식품 안전관리

가. 목적

○ 보따리상 휴대반입식품 구매검사 실시로 유해 반입식품을 차단함으로써 정식 수입절차를 거치지 않은 수입식품으로 인한 피해 예방

■ '보따리상(일명 다이궁)' 이란 한국과 중국을 오가는 화객선에 탑승하여 관세 및 시세차익 목적으로 월 3회 이상 자가소비용 중국산 농산물을 국내로 반입하고 국내산 화장품 등 공산품을 중국으로 반출하는 개인

나. 법적 근거

○ 「관세법」제237조제1항제3호 : 국민보건 등을 해칠 우려가 있는 제품의 경우 관할 세관장이 통관 보류

다. 구매 검사 추진계획

○ 주체·주기: 지방청 / 항별(인천, 평택, 군산, 부산) 자체 일정에 따라 시행

○ 연간 구매·검사(400건) : 인천항(120), 평택항(120), 군산항(150), 부산항(10) (단, 운항상황 고려 탄력적 운영 가능)

○ 구매·검사 대상: 휴대반입 농산물, 가공식품 등

○ 구매품 선정 방법: 수거 담당자가 세관 협조를 얻어 구매대상 물품 선정

○ 검사항목

- 농산물: 잔류농약 등(무작위 표본검사 기준)
- 가공식품: 유사 식품유형의 기준규격 항목(무작위 표본검사 기준)

○ 부적합 발생 시 조치

- 동일 제품의 동일 제조사 상표 3개월간 반입 금지
- 반입금지 기간 이후(3개월후) 동일 제조사의 식품을 반입하고자 하는 경우 지방식약청에 시험·검사 요청

  → 시험·분석 결과 기준·규격 적합 시 반입 가능

라. 행정사항

○ 검사결과 입력(지방청): 검사결과 확인 즉시 '식품행정통합시스템' 입력

13 지도·점검시 영업자별 교육·홍보 실시

〈수입유통안전과〉

가. 목적

수입식품등 수입판매업 등 수입식품 관련 영업자 대상으로 유통유형별·영업자별 합리적인 교육·홍보를 통하여 안전한 식품 수입을 유도하고 수입식품 안전관리 수준 제고

나. 교육·홍보 방법

영업자 지도·점검 시 현장 교육·홍보 병행 실시

다. 교육·홍보 내용

1) 수입신고시 주요 오류사항, 허위기재 등 주의사항

2) 소비자 기만행위 및 위해 우려 항목은 집중 교육·홍보

3) 수입식품등 수입판매업 및 인터넷 구매대행업체의 허위·과대광고

4) 전자상거래를 통한 무신고 수입식품 판매 행위

라. 대상업종(4개 업종)

수입식품등 수입·판매업, 수입식품등 신고 대행업, 수입식품등 인터넷 구매대행업, 수입식품등 보관업

마. 영업자별 주요 교육홍보 내용

1) 수입식품등 수입·판매업자

- 수입신고하지 아니한 불법 수입식품등 판매행위 등
- 수입식품등의 용도(불법판매자가소비용, 외화획득용, 자사제품 제조용 원료, 연구·조사용 등)외 판매
- 무신고 및 무표시 제품의 유통·판매
- 소비(유통)기한 또는 제조일자를 위·변조하여 판매
- 식품등의 표시기준 위반여부 등

2) 수입식품등 신고 대행업자
- 수입식품 신고서 작성시 유의사항 등

3) 수입식품등 인터넷 구매대행업자
- 구매 대행 대상 수입식품 위해정보 등

4) 수입식품등 보관업자
- 소비(유통)기한 경과제품 진열·보관 여부
- 부패·변질식품 보관 여부
- 냉장·냉동제품 등의 적정 보존·보관·운반·진열여부(온도계 등 활용)

※ 기타 사회적으로 문제가 되었던 식품 지속관리(공통)
- 신맛 캔디 주의문구표시, 식품첨가물 아산화질소의 흡입용도 판매행위 등

사. 행정사항

1) 각 지방식약청에서는 지도·점검시 영업자별 교육·홍보 계획 병행 수립·시행
2) 지방식약청은 교육·홍보 수입자를 대상으로 애로사항 및 제도개선에 대한 설문 및 의견 수렴실시
3) 각 지방식약청은 교육홍보 참석자와 수입업소 네트워크를 구축하여 수입식품 관련 법령의 제·개정사항, 기준규격 제·개정사항 등 관심사항을 확인할 수 있도록 정보 제공

14 수출식품 영문증명서 발급

〈수입식품정책과〉

가. 목적

국내에서 제조한 식품등을 국외로 판매하는 식품업체에 대한 수출지원의 목적으로 민원편의 및 수출진흥을 위해 발급

나. 근거법령

1) 수입식품안전관리 특별법 제38조(수출식품등 안전성 지원)

> ② 식품의약품안전처장은 수출하려는 자가 해당 수출식품등의 위생 등을 증명하기 위하여 위생증명서 등을 신청할 경우 그 사실 관계를 확인하고 위생증명서 등을 발급하여야 한다.
> ④ 제2항에 따른 위생증명서 등의 신청 및 발급 절차 등에 필요한 사항은 총리령으로 정한다.

2) 수입식품안전관리 특별법 시행규칙 제48조(수출식품 등의 위생증명서 등 발급)

다. 영문증명 발급 대상

1) 위생증명서
「식품위생법」, 「건강기능식품에 관한 법률」 및 「축산물 위생관리법」(이하 "법"이라 한다)에 따라 적합하게 제조·생산·가공·관리되고 있는 제품임을 증명하는 서류

2) 자유판매증명서
법에 따라 적합하게 제조·생산·가공·관리·유통되고 있는 제품으로서 국내에서 자유롭게 판매되고 있는 제품 또는 수출용으로 제조·생산·가공·관리되고 있는 제품임을 증명하는 서류

3) 분석증명서
법에 따라 기준 및 규격이 적합한 제품임을 증명하는 서류

4) 제조증명서
제조방법 및 원재료명이 법에 따라 품목제조보고한 내용대로 제조된 제품임을 증명하는 서류

5) 우수건강기능식품제조기준 적용업소 지정서
「건강기능식품에 관한 법률」에 따른 우수건강기능식품제조기준에 적합한 업소임을 증명하는 서류

6) 건강기능식품이력추적관리등록 증명서
「건강기능식품에 관한 법률」에 따른 건강기능식품이력추적관리등록 제품임을 증명하는 서류

7) 건강기능식품 기능성원료 인정 증명서
「건강기능식품에 관한 법률」에 따라 인정받은 건강기능식품 기능성원료임을 증명하는 서류

8) 그 밖에 수출국에서 요구하여 식품의약품안전처장이 인정하여 증명하는 서류
* 중국 수산식품위생증명서 등 상대국과 협의된 서식에 한함

라. 발급기관

1) 발급기관 : 지방식약청(운영지원과)(처리기간 : 3일). 다만, 건강기능식품 기능성원료 인정 증명서는 식약처장(식품기준과)이 발급.

※ 「농수산물 품질관리법」에 따라 검사를 받아야 하는 수출농산물, 수출수산물 및 수출수산가공품에 대한 검사증명서의 발급은 그 법령에 따름.

2) 수 수 료 : 없음

마. 구비서류

1) 수출식품등 위생증명 신청서(전자문서로된 신청서를 포함한다)

2) 영업허가·신고 또는 등록증

3) 품목제조보고서(기구, 용기포장의 경우 검사성적서를 말하며, 농산물·임산물·수산물의 경우에는 법에 따라 허가·등록·신고된 영업소에 납품했다는 것을 증명할 수 있는 거래명세서 등 관련서류를 말한다)

4) 수출신고필증(샘플용, 사전협의용, 전시용 및 기타 타당한 경우 제외) 또는 수출사실을 확인할 수 있는 선하증권 등 선적 관련 서류

5) 수출식품등 검사성적서(분석증명서를 발급 받는 경우에 한함)

※ 검사성적서는 시험·검사기관에서 당해 수출식품등의 법에 따른 기준 및 규격에 대한 항목을 검사한 영문검사성적서 원본이어야 하며, 검사목적(수출용), 검사기관명, 제품명(검체명), 의뢰인, 제조업체명, 소재지, 제조번호, 제조일자(소비(유통)기한), 검사항목 및 검사결과 등이 포함되어야 함. 다만, 온라인 등을 통하여 영문검사성적서의 사실 여부가 확인되는 경우에는 영문검사성적서 사본을 제출할 수 있다.

바. 참고사항

1) 각 증명서에는 식품의약품안전처장 또는 지방식약청의 압인과 외교부에 등록된 발행자 영문인장을 날인 하여야 함.(다만, 전자문서로 발급하는 경우에는 압인을 생략)

※ 인사이동 등으로 영문인장이 변경되는 경우에는 영문증명 발행에 따른 인장 변경내용임을 알리는 '영문인장 변경 등록 신청서'를 작성하여 외교부 영사서비스과에 신청하여 변경하여야 함.

2) 식품의약품안전처장 및 지방식약청장은 추가 증명을 요구하는 사항에 대하여 해당 위생증명내용과의 관련성을 확인하고, 그 내용을 비고란 (Remark)에 추가하여 발급 가능

3) 해당 증명서는 1부를 발급(다만, 제출처가 명확한 경우에는 추가로 발급할 수 있음)

※ 추가 발급시 증명서 우측 상단에 원본스탬프(ORIGINAL)와 부본스탬프 (DUPLICATED)를 각각 적색으로 날인하고 발급

4) 수출 축산물 위생증명서는 상대국과 협의된 조건이 있을 경우 그 조건에 따라 증명서를 발급할 수 있으며, 위생증명서와 위생증명 대상 축산물의 밀봉용기 등에 수출 검사필증인(Official stamp)으로 표지할 수 있음

15 '25년도 「수입식품안전관리 특별법」 주요 개정내용

〈수입식품정책과〉

□ 「수입식품안전관리 특별법」 주요 개정내용

조항	개정일 (시행일)	주요 개정내용
제25조의2	'25.3.18. ('26.1.1.)	○ 제25조의2(직접구매 해외식품등에 관한 위해 정보 게시) - 마약류 원료·성분이 포함되거나 포함될 가능성이 있는 직접구매 해외식품등 정보를 인터넷 홈페이지에 연 1회 이상 게시 의무화
제25조의4	'25.3.18. ('26.1.1.)	○ 제25조의4(직접구매 해외식품등에 대한 검사 및 관계기관 정보 제공) - 마약류 원료·성분이 포함되거나 포함될 가능성이 있는 직접구매 해외식품등 검사 의무화

□ 「수입식품안전관리 특별법 시행규칙」 주요 개정내용

조항	개정일 (시행일)	주요 개정내용
제28조	'25.7.23. ('25.7.23.)	○ 제28조(수입식품등의 용도변경 승인) - 자사제조용 원료 용도변경* 시 시험·검사성적서 제출 면제 대상 확대 * 폐업, 파산 또는 원료 사용 중단 등 사유로 다른업소에 제조용 원료로 판매 허용 ** (기존) 수입시 무작위 검사를 받은 경우에 한해 검사 성적서 제출 면제 → (개선) 수입시 최초정밀 검사를 받은 자사제조용 축산물 원료 추가
제35조	'25.7.23. ('25.7.23.)	○ 제35조(유통이력추적관리 대상 수입식품등) - 국민 건강 보호를 위해 수입 건강기능식품 부적합 확인시 신속한 회수를 위해 유통이력추적 등록 시기 단축(1년 5개월 → 11개월)
별표10	'25.7.23. ('25.7.23.)	○ [별표10] 수입식품등의 구분기준 - 수입검사 시 부적합된 제품의 정밀검사 적용 기간을 5년으로 설정 * (기존) 오랜기간 이후 재수입되더라도 기한 없이 5회 정밀검사 → (개선) 5년 이내 5회 실시
별표13	'25.7.23. ('25.7.23.)	○ [별표13] 행정처분의 기준 - 일정 요건*을 갖춘 우수수입업소의 경우 법령 위반사항 발생시 행정처분 경감이 가능하도록 경감 대상 확대 * 매년 1회 이상 해외제조업소 또는 해외작업장 위생관리상태를 점검한 결과 적합하고, 최근 3년간 행정처분 및 부적합 이력이 없는 경우 - 수입검사의 종류에 영향을 주는 식품유형 또는 제품상태를 허위로 다르게 신고한 행위에 대한 행정처분 기준 마련 * 1차: 시정명령, 2차: 영업정지 5일, 3차: 영업정지 10일

Part

유전자변형식품등 신소재식품 안전관리

추 진 개 요

◆ 기본방향

○ 유전자변형농수산물, 유전자변형식품, 한시적으로 승인된 식품원료 등의 수입·제조·유통단계에 대한 안전관리체계 구축으로 안전한 식품 공급망 확보 및 국민 신뢰 제고

◆ 역할분담

구 분	본 부	지 방 청	시·도(시·군·구)
유전자변형 식품등 관리	○ GMO 표시제도 및 사후관리 총괄 - GMO 표시기준 제·개정 - 수입·유통단계 등의 수거·검사 및 지도점검 계획 수립	○ 수입신고서 접수 처리 - 수입식품 GMO 검사 (본부지시, 무작위 등) - 자사제품제조용 원료에 대해 지자체 사후관리 요청 ○ 유통단계에서의 수입 GMO 농산물·가공식품에 대한 수거·검사 및 표시 사후관리 ○ 지자체 수거식품 등에 대한 정량검사 지원	○ 시·도 - 관할 시·군·구 GMO 표시제 사후관리계획 수립 및 업무 총괄 ○ 시·군·구 - 관할업체에 대한 GMO 표시제 지도점검 및 수거·검사계획 수립·집행 - 수입 GMO(자사제조용 원료)에 대한 사후관리
미승인 유전자변형 식품 관리	○ 미승인 GMO 관리 총괄 - 미승인 GMO 관련 국내외 정보 및 국내유입에 대한 대응관리	○ 미승인 GMO 수입·유통 단계 관리 - 미승인 GMO 수입단계 검사 - 국내 유입 미승인 GMO 긴급 수거·검사·점검관리 등	○ 미승인 GMO 유통단계 관리 - 국내 유입 미승인 GMO 긴급 수거·검사·점검·회수·폐기관리 등
유전자변형 생물체(LMO) 관리	○ LMO 생산·수입승인 관리 - 안전성이 승인된 LMO의 생산·수입승인 - LMO 취급업체 사후관리(지도점검) 총괄 및 교육	○ LMO 수입검사, 수입승인 관련 현장점검(분기) ○ LMO 취급업체 사후관리 ○ LMO 환경방출시에 따른 비상조치	
한시적 기준·규격 인정 식품원료 안전관리	○ 새로운 식품원료의 한시적 기준규격 인정 (평가원 신소재식품과) ○ 한시적 기준·규격 인정 식품원료 사후관리	○ 수입관리 및 사후관리 지원 - 새로운 식품원료 수입 관리 및 국내 제조식품에 대한 특별점검 지원 등	○ 사후관리 - 품목제조보고서 상의 원료명, 사용용도, 사용량 준수 여부 확인 - 허위·과대광고 단속

1 수입단계 유전자변형식품등 안전관리

〈수입유통안전과〉

1. 목 적

○ 수입단계에서 유전자변형농수산물, 유전자변형생물체, 유전자변형식품 등에 대한 안전성을 확보하고 표시 적정여부를 확인하여 유전자변형식품등의 안전관리기반 구축

2. 근거법령

○ 「식품위생법」 제12조의2(유전자변형식품등의 표시), 제18조(유전자변형식품등의 안전성 심사 등)

※ 축산물가공품의 유전자변형식품 등의 표시는 타 법령과의 관계에 따라 식품위생법 적용

○ 「수입식품안전관리특별법」제20조(수입신고 등)

○ 「건강기능식품에 관한 법률」 제17조2(유전자변형건강기능식품의 표시 등)

○ 「식품 등의 표시 광고에 관한 법률」 제4조(식품등의 표시기준), 제8조(부당한 표시 또는 광고행위의 금지)

- 「유전자변형식품등의 표시기준」

○ 「유전자변형생물체의 국가간 이동 등에 관한 법률」 제7조2(신규 유전자변형생물체에 대한 위해성심사), 제8조(수입승인 등), 제12조(생산승인 등), 제24조(표시)

○ 「유전자변형 생물체의 국가간의 이동등에 관한 통합고시」제1-3조(권한의 위임), 제8장 식품용 또는 의료기기용 유전자변형생물체의 위해성심사, 수입· 생산승인, 표시·취급관리, 보고 및 검사 등(제2절 수입·생산승인, 제4절 표시·취급관리, 제5절 보고 및 검사 등)

3. 관리대상

○ 유전자변형생물체(Living Modified Organism)

- 식품용으로 안전성 심사 승인된 「유전자변형생물체의 국가간 이동 등에 관한 법률」 제2조제2호의 유전자변형생물체와 같은 조 제3호의 후대교배종 농산물

※ 농산물 6종(콩(대두), 옥수수, 면화, 카놀라(유채), 알팔파, 사탕무)이 증식이 가능한 상태로 수입될 경우

○ 유전자변형식품(Genetically Modified Organism)

- 「유전자변형식품등의 표시기준」제3조제1항에 따라 식품용으로 안전성 심사 승인된 유전자변형농산물(콩나물, 콩잎처럼 해당 품목의 종자를 싹틔워 기른 채소 등을 포함)과 이를 원재료로 하여 제조·가공한 후에도 유전자변형 DNA 또는 유전자변형단백질이 남아있는 유전자변형식품 등(식품/식품첨가물/축산물/건강기능식품)

※ 단, 외화획득용(관광용 제외) 및 연구용은 관리대상에서 제외

4. 유전자변형생물체 수입단계 안전관리

① 안전성 심사	⇒	② 수입승인	⇒	③ 수입신고수리

① (평가원 신소재식품과) 최초로 수입 또는 생산되는 유전자변형생물체는 사전에 「식품위생법」 제18조에 따라 안전성 심사를 통하여 안전성을 승인 받은 후 수입 허용

② (본부 수입유통안전과) 안전성을 승인받은 유전자변형생물체는 매수입시 마다 「유전자변형생물체의 국가간 이동 등에 관한 법률(이하 "LMO법"이라 한다)」에 따라 본부에 수입승인 신청을 하여야 하고 서류검토(본부) 및 현지 확인*을 통해 수입승인서 발급

* 지방청 수입관리과, 수입식품검사소(주관) / 식품안전관리과 및 농축수산물안전과(필요 시 협조)

◇ **현지확인 내용**

식품안전관리지침 서식 5-1-1호에 따라 수입·생산업체, 하역업체, 운반업체에 대해 LMO 안전관리기준 준수 적정성 등에 대해 현장 확인

※ 수입승인 후(통관전) 폐기 발생시 조치 사항

① 하역 중 부적합 확인 * 업체에서 본부 수입유통안전과에 보고 후 변경승인(또는 변경신고)	⇒	② 수입승인 변경승인(또는 변경신고) 수리(공문) : 수입유통안전과 ③ 폐기명령 등 사후관리* : 관할 지방청 농축수산물안전과

* 「유전자변형생물체의 국가간 이동 등에 관한 통합고시」제8-22조

③ (지방청) 안전성심사를 받은 농산물이 증식이 가능한 형태(종자, 신선상태의 뿌리, 줄기 등)로 수입신고 시 「LMO 통합고시」 제8-20조제1항에 따라 유전자변형생물체 수입승인서*를 첨부서류로 확인 후 「수입식품안전관리 특별법」제20조에 따라 수입신고 처리

* 본부 수입유통안전과에서 발급하는 「LMO법」시행규칙 별지 제6호 서식의 수입승인서

※ 수입(통관)검사결과 부적합 시 조치사항

① 부적합 보고(메모보고) * 수신자: 수입유통안전과 및 수입검사관리과	⇒	② 수입승인 취소 알림(공문) (폐기 또는 사료용 등 타 용도 수입승인 가능함을 안내 병행) * 수신자: 수입업소 ③ 폐기명령 등 사후관리*
수행기관 : 지방청(검사소)		② 수입유통안전과, ③ 농축수산물안전과

* 「유전자변형생물체의 국가간 이동 등에 관한 법률」 제10조, 시행령 제12조

5. 미승인 유전자변형식품 등 수입단계 안전관리

① 미승인 GMO 정보 수집·분석	⇒	② 미승인 GMO 검사법 마련 및 검사지시	⇒	③ 수입단계 검사실시	⇒	④ 결과에 따른 조치 실시

① (본부 수입검사관리과, 수입유통안전과, 위해정보과, 평가원 신소재식품과) 제외국 미승인 유전자변형식품등 검출 정보 수집 및 분석

② (평가원 신소재식품과) 미승인 유전자변형식품등 검사법 마련 및 교육실시 등
- (평가원 신소재식품과) 수입단계에서 미승인 검사지시 협조 요청(수입검사관리과)
- (본부 수입검사관리과) 6개 지방청에 미승인 유전자변형식품등에 대한 검사지시

③ (지방청) 본부 검사지시에 따라 수입단계 미승인 유전자변형식품등 검사실시

④ (지방청) 미승인 유전자변형성분이 검출되었을 경우에는 해당 제품 반송 또는 폐기 조치

6. 유전자변형식품등 수입단계 표시관리

① 표시대상 여부 판단	⇒	② 표시된 유전자변형식품등 관리 ③ 미표시된 유전자변형식품등 관리

① 표시대상 여부 판단

가. 표시대상 유전자변형식품등 여부확인

1) 「식품위생법」제18조에 따른 안전성 심사 결과 식품용으로 승인된 유전자변형 농산물

- 대두, 옥수수, 면화, 카놀라, 사탕무, 알팔파(콩나물, 콩잎처럼 해당품목의 종자를 싹틔워 기른 채소 등을 포함)

※ 현재 식품용으로 승인된 유전자변형축수산물은 없음

- 유전자변형이 아닌 농산물에 비의도적 혼입치가 3% 이하인 경우에는 유전자변형농산물이란 표시를 하지 아니할 수 있음
- 다만, 이 경우에는 표시면제서류(구분유통증명서, 정부증명서, 시험·검사 성적서 등)를 구비하여야 함

2) 상기 1)을 원재료로 사용하여 제조·가공한 식품 중 제조·가공 후에도 유전자변형 DNA 또는 유전자변형 단백질이 남아 있는 식품등

※ 표시면제대상 : 간장, 식용유, 당류(설탕, 포도당, 과당, 엿류, 당시럽류, 올리고당류), 변성전분, 주류(맥주, 위스키, 브랜디, 리큐르, 일반증류주, 기타 주류등)

3) 표시대상이 아닌 원재료 성분

- 가공보조제(「식품첨가물의 기준 규격」에 따른 가공보조제로써 식품의 제조과정에서 기술적 목적을 달성하기 위하여 의도적으로 사용되고 최종 제품 완성 전 분해, 제거되어 잔류하지 않거나 비의도적으로 미량 잔류할 수 있는 식품 첨가물), 부형제(식품성분의 균일성을 위하여 첨가하는 물질), 희석제(식품의 물리·화학적 성질을 변화시키지 않고, 그 농도를 낮추기 위하여 첨가하는 물질), 안정제(식품의 물리·화학적 변화를 방지할 목적으로 첨가하는 물질)의 용도인 성분

② 표시된 유전자변형식품등 관리

가. 수입신고서, 제품 등에 '유전자변형○○' 또는 '유전자변형○○포함가능성 있음' 등으로 표시·신고한 경우

○ 유전자변형식품등으로 표시한 식품은 수입식품 사진 제출 의무화('16.6.1) 이후 표시기준 적합 여부를 사진으로 확인하고, 수입신고 수리. 다만, 사진이 없거나 담당자 필요 시 현장검사 실시(최초의 경우 현장검사 실시)

- 식품 제조·가공업소가 수입신고한 자사제품 제조용 원료는 유통관리대상으로서 해당 제조·가공업소 소재지 관할 시·군·구에 사후관리 요청
  ※ 수입 영업자, 건기제조업, 주류제조업에서 수입신고한 자사제조용은 지방청에서 사후관리

나. 표시가 훼손 또는 손상되었을 경우에는 표시 보완 조치

다. 비유전자변형식품, 무유전자변형식품, Non-GMO, GMO-Free 표시

○ 표시 : 표시대상 원재료 함량이 50%이상이거나 또는 1순위로 사용한 식품에 한하며, 최종제품의 비의도적 혼입치는 인정되지 않음

○ 해당제품의 정밀검사 결과, GM 성분 검출 시 강조표시삭제 등 표시보완 요구

③ 미표시 유전자변형식품등 관리

가. 표시면제 증명서류 확인

○ 구분유통증명서, 정부증명서, 시험·검사성적서 등을 제출받아 확인하고 처리

〈 표시면제 증명서류 검토 방법 〉

◆ 구분유통증명서(Identity Preserved Certificate)

○ 구분유통증명서 종류

<개별형> : 취급단계별 각각의 관리자가 개별적으로 확인하는 경우

- 최종제품의 공급자나 판매자 또는 제조・가공업자가 종자구입·생산·제조·보관·운반·선적 등 취급과정에서 유전자변형식품등과 구분하여 관리하였음을 증명하는 서류 증명시를 수집히여 제출

※ 사본도 가능. 단, 공급자 및 판매자 또는 제조·가공업자 등 최종 단계 증명은 원본 제출

<대행형> : 대행업자(또는 수출업자)가 일괄적으로 관리하는 경우

- 구분유통 대행업자(또는 수출업자)가 직접 원료 종자의 파종부터 재배・유통 등 전 과정에 걸쳐 유전자변형식품등과 일괄적으로 구분관리하고 발급한 증명서를 제출
- 이 경우 종자구입·생산·제조·보관·운반·선적 등 단계별로 구분 관리한 내용이 있어야 함

※ 사본도 가능. 단, 공급자 및 판매자 등 최종 단계 증명은 원본 제출

<혼합형> : '개별형'과 '대행형'이 혼합되어 있는 경우

- 일부 단계는 단계별 개별 관리자가 각각 확인하고, 나머지 단계는 대행업자가 일괄 관리하여 전체 구분관리 내용이 혼합되어 발급되는 경우

○ 구분유통증명서 검토 기준

- (구분관리 적정성) 종자구입·생산·제조·보관·운반·선적 등의 과정에서 혼입이 우려되는 취급단계별 유전자변형식품과의 구분관리 내용과 그 적정성 여부를 판단
- (이력 추적성) 종자구입·생산·제조·보관·운반·선적 등 취급단계 간 해당제품에 대한 구분유통이력의 추적성 여부를 판단
- (내용의 실질성) 구분관리 사실의 객관적 확인을 위하여 서류의 형식과 분량보다는

〈 표시면제 증명서류 검토 방법 〉

실질적인 내용으로 판단하며, 취급 단계 또는 주체가 명확히 구분되지 않아 구분관리 내용과 서명 등의 확인이 함께 기재될 수 있는 등 다양한 형태가 존재할 수 있으므로 전체 구분관리 흐름을 감안하여 유연하게 판단

◈ 정부증명서(원본)

<정부증명서> 생산국의 정부(주립정부 포함)가 발행하는 것으로 아래의 내용이 포함되어야 함

- 당해 제품은 유전자변형식품이 아님
- 당해 제품은 구분유통관리(Identity Preserved)된 것임
- 당해 제품은 수출국(또는 생산국) 정부가 직접 검사하여 검사한 결과(불검출 또는 검사 불능) 유전자변형식품이 아님
- 당해 제품은 수출국(또는 생산국) 정부가 검사기관의 검사결과(불검출 또는 검사 불능)를 인정하여 유전자변형식품이 아님
- 당해 제품은 농산물 또는 식품등에 사용된 원재료가 유전자변형농산물을 재배하지 않는 국가의 것임에 따라 유전자변형식품이 아님

<공증된 자가증명서> : 수출국 정부가 인정한 변호사가 공증(미국산 가공식품에 한정)

- 구분유통관리 또는 검사결과

◈ 시험·검사성적서(원본)

○「식품·의약품분야 시험·검사 등에 관한 법률」제6조 및 제8조에 따른 시험·검사기관. 에서 직접 검사하고 발행한 국내·외 시험·검사성적서

※ 수입하고자 하는 해당제품을 검사한 것임이 확인되어야 함

- 유전자변형 DNA 또는 유전자변형 단백질이 남아 있지 않음을 증명한 시험·검사성적서

○ 국내 식품위생검사기관에서 발급한 GMO 시험·검사성적서 확인 시 유의사항

- 수입식품 검사시스템을 통해 해당 제품의 GMO 검사 이력을 확인하고, 여러 번 검사한 것으로 확인될 경우 그 검사결과가 한 번이라도 '검출' 판정받은 제품은 유전자변형식품등으로 표시하도록 조치

나. 유전자변형식품등의 표시대상이 아님을 입증하는 증명서류를 제출하지 못하는 경우

○ 유전자변형농산물이 3%초과한 경우에는 「유전자변형생물체의 국가 간 이동 등에 관한 법률」에 따른 수입승인 절차를 거치도록 안내 또는 반려 조치

○ 가공식품등은 유전자변형식품임을 표시하도록 보완 또는 반려 조치

※ 표시보완이 이루어진 경우 행정포탈시스템 '수입신고접수' 화면의 '유전자변형식품표시' 메뉴에서 '표시함'으로 정정

다. 무작위 표본 검사

○ 아래의 경우에는 무작위 표본검사 우선 실시

- 표시면제 증명서류 내용이 미비하거나 진위 확인 등이 필요한 경우

- 유전자변형 성분 검출에 따른 표시 보완 이력이 있는 제품이 유전자변형 식품등이 아닌 것으로 신고된 경우

※ 행정포탈 시스템의 "GMO 검출 이력 등" 참조

- 공증된 자가 증명서(미국산 가공식품) 또는 시험·검사성적서(가공식품)를 제출한 경우

○ 각 지방청의 검사 능력 등을 고려한 자체 검사계획 수립 및 표본검사 실시

- 표시 관리대상 수입 농산물은 5%, 가공식품등은 10%의 비율로 표본검사 실시(자사제조용 포함)

※ 구분유통증명서 또는 정부증명서를 제출하는 가공식품 등은 서류내용이 미비하는 등 필요한 경우에만 무작위 표본검사 실시

○ 검사결과에 따른 조치 사항

- 농산물은 반드시 정성검사부터 실시하고 그 결과 검출된 경우, 정량검사까지 실시하여 비의도적 혼입허용치 3%를 초과한 경우 반려하고, 「유전자변형생물체의 국가 간 이동 등에 관한 법률」에 따른 수입승인 절차 및 표시 보완 후 수입신고 하도록 안내

- 가공식품등은 검사결과 검출 시 표시보완 또는 구비서류 보완 요구(구분유통증명서 또는 정부증명서)

2 제조·유통단계 유전자변형식품등 안전관리

〈수입유통안전과〉

1. 목 적

○ 제조·유통단계 식품의 유전자변형식품 표시제도 준수여부 확인을 위한 지도·점검 및 수거·검사를 통하여 유전자변형식품등에 대한 소비자 신뢰도 제고

2. 근거법령

○ 「식품위생법」 제12조의2(유전자변형식품등의 표시), 제18조(유전자변형식품등의 안전성 심사 등)

※ 축산물가공품의 유전자변형식품 등의 표시는 타 법령과의 관계에 따라 식품위생법 적용

○ 「식품 등의 표시 광고에 관한 법률」 제4조(식품등의 표시기준), 제8조(부당한 표시 또는 광고행위의 금지), 「유전자변형식품등의 표시기준」

○ 「건강기능식품에 관한 법률」 제17조의2(유전자변형건강기능식품의 표시 등)

○ 「수입식품안전관리특별법」 제20조(수입신고 등)

○ 「유전자변형생물체의 국가간 이동 등에 관한 법률」(약칭 유전자변형생물체법, LMO법) 제8조(수입승인 등), 제22조의3(생산공정이용시설의 설치·운영), 제22조의4(유전자변형미생물의 이용), 제24조(표시), 제25조(취급관리), 제26조(관리·운영기록의 보존)

3. 안전관리

가. 유전자변형농산물(「LMO법」에 따른 유전자변형생물체 제외)

1) 기관별 역할

가) 지방청 농축수산물안전과(식품안전관리과)

- 유전자변형 표시대상 수입농산물 수거·조사 계획(붙임 1)에 따라 자체 세부계획 수립 및 추진

나) 지방청 유해물질분석과(팀)

- 유전자변형 표시 관리대상 농산물 정성·정량검사 및 지자체 정량검사 지원

* 보건환경연구원과 지방청 유해물질분석과 사전협의 후 정량검사 의뢰

2) 관리대상

○ 「식품위생법」제18조에 따른 안전성 심사 결과 식품용으로 승인된 유전자변형농산물*을 수입·제조하여 판매하는 자(업체), 또는 판매할 목적으로 보관·진열하는 자(업체)

* 대두, 옥수수, 면화, 카놀라, 사탕무, 알팔파(콩나물, 콩잎처럼 해당품목의 종자를 싹틔워 기른 채소 등을 포함)

3) 조사 및 수거·검사방법

가) 조사 및 수거장소는 할인점, 백화점 등 대형 식품판매점을 지양하고 가급적 농산물 전문판매장, 직거래장터, 재래시장 등에서 실시

나) 조사 및 수거는 한 특정장소에서 판매되는 농산물을 일괄 조사·수거하는 등 건수 위주의 조사·수거는 지양

다) 관리대상 농산물을 취급하는 곳에서 농산물의 원산지 확인시 수입산(국내산인 경우는 제외)에 해당할 경우 수입신고서, 구분유통증명서, 정부증명서, 시험·검사성적서 등을 확인하여야 하며, 관련 증명자료를 갖추지 못한 농산물은 원료구입처 등을 확인하여 추적·관리하고, 해당 원료는 수거하여 간이 검사 실시

* 증명서류가 미비하거나, 진위확인 등이 필요한 경우 반드시 수거하여 간이 검사를 실시(출장자)하고, 간이검사결과 양성인 경우 유해물질분석과(팀)에 정성 및 정량 검사 실시

** 수거검사 결과 음성이고, 장기간 보관 시 부패 변질이 우려되는 제품일 경우에는 지방청장이 판단하여 자체 처리 가능

라) 비유전자변형식품, 무유전자변형식품, GMO-Free, Non-GMO 강조표시 및 유사 표시는 적정성 여부를 확인

마) 자사제조용이 아닌 판매용으로 수입된 유전자변형식품 표시대상 농산물(대두, 옥수수, 유채 등) 수입·보관업체의 GMO표시 및 GMO 표시면제 농산물의 유통·판매 경로조사와 수거검사 실시

바) 조사 또는 수거검사 결과 위반사항에 대해서는 즉시 처분

☞ 표시대상인 제품에 유전자변형식품 표시가 미표시된 경우

: 구분유통증명서, 정부증명서, 시험·검사 성적서 등을 구비한 경우에는 관련서류 확인 후 종결하나 관련서류가 없는 경우 반드시 수거·검사를 실시하여 GM 성분 검출 여부를 확인.

GM 성분이 검출될 경우에는 정량검사까지 진행하고 검사 결과 3% 초과 시 관련법(식위법, 건강기능식품에 관한 법률, LMO법 등)에 따라 표시삭제 및 행정처분, 폐기 또는 반송

☞ Non-GMO 표시 또는 유사표시가 있는 경우

< 비유전자변형식품, 무유전자변형식품, Non-GMO, GMO-free >

① 유전자변형식품 표시대상 중 유전자변형식품등을 사용하지 않은 경우로서, 표시대상 원재료 함량이 50%이상이거나, 또는 해당 원재료 함량이 1순위로 사용한 경우에 표시할 수 있음. 다만, 비의도적 혼입치를 인정하지 않음.

② 국내산임을 확인할 수 있는 원산지증명서 등 표시면제서류 확인 후 종결가능하나 이를 입증하지 못하는 경우에는 강조표시 삭제 및 행정처분, 관련법에 따른 고발조치

③ 증명서류가 미비(허위표시 여부, 진위확인 등)할 경우 반드시 수거·검사를 실시하여 GM 성분 검출 여부를 확인하고 GM 성분이 검출될 경우에는 관련법(식위법, 식품 등의 표시·광고에 관한 법률, LMO법 등)에 따라 표시삭제 및 행정처분, 폐기 또는 반송

4) 행정사항

○ 조사 개시 7일전까지 반드시 조사대상자(영업자)에게 서면통지 실시

○ 유전자변형농산물 조사 및 수거·검사 실적은 매분기 종료 후 익월 15일 이내에 보고(수입유통안전과)

○ 유전자변형농산물 조사 및 수거검사 실적은 전산시스템에 입력

< 유전자변형농산물 제조·유통단계 안전관리 >

◈ 유전자변형표시가 없는 수입농산물

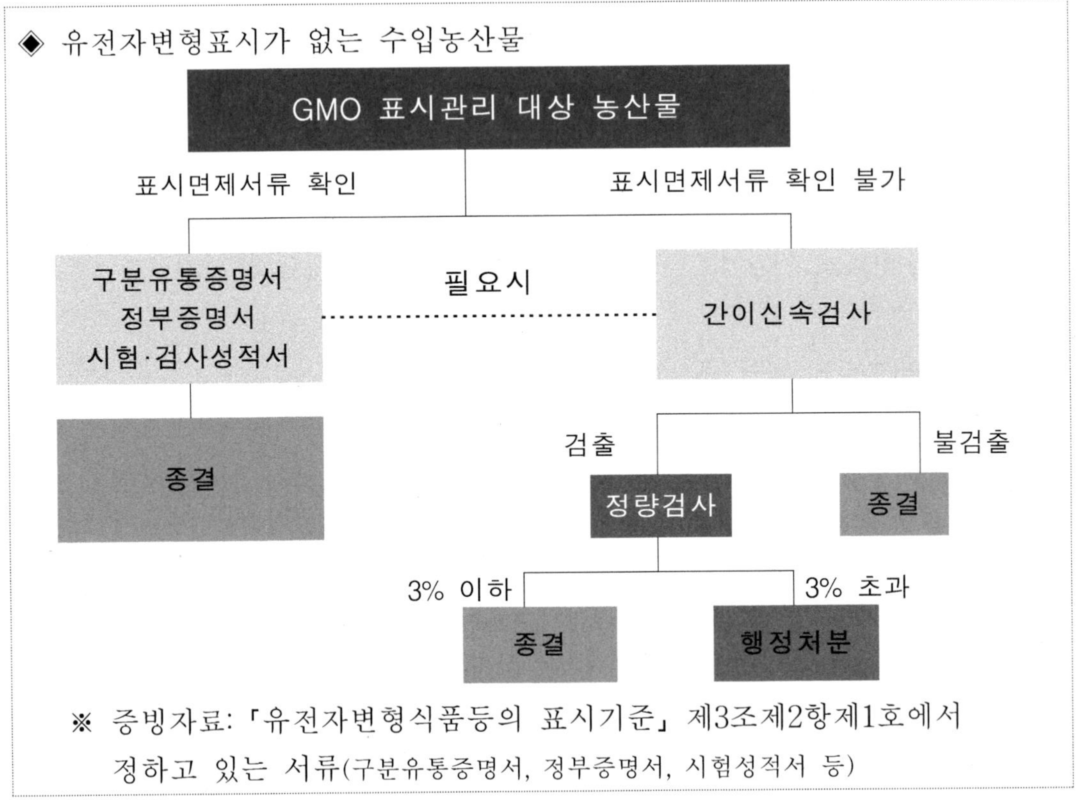

※ 증빙자료: 「유전자변형식품등의 표시기준」 제3조제2항제1호에서 정하고 있는 서류(구분유통증명서, 정부증명서, 시험성적서 등)

나. 유전자변형식품등(유전자변형농산물 및 「LMO법」에 따른 유전자변형생물체 제외)

1) 기관별 역할

가) 지방청 식품안전관리과 · 농축수산물안전과 · 유해물질분석과(팀)
- 특별(기획)점검에 따른 유전자변형식품 표시 점검 및 수거·검사
- 지자체 수거 식품 등에 대한 정량검사 지원(지방청 유해물질분석과)

나) 시 · 도
- 유전자변형표시 관리대상 식품 수거·검사 계획(붙임 2)에 따라 시·도별 연간 지도·점검계획을 수립·시달
- 관할 시·군·구에서 자체 세부 계획 수립·실시토록 추진 총괄관리

다) 시·군·구
- 시·도 연간 계획에 따른 시·군·구별 자체세부계획 수립 및 추진
- 점검 대상업체에 대한 유전자변형식품등 표시 적정성 지도·점검 및 해당 제품 수거·검사 관리
- 수입 유전자변형 자사제조용 원료(농산물)에 대한 사후관리

라) 시·도 보건환경연구원

- 수거된 식품 등의 정성검사 실시 및 필요시 원료의 정량검사 진행

* 정량검사가 어려운 보건환경연구원의 경우 지방청 유해물질분석과와 사전 협의 후 의뢰

2) 표시의무자

○ 「식품위생법 시행령」제21조에 따른 식품제조·가공업, 즉석판매제조·가공업, 식품첨가물제조업, 식품소분업, 유통전문판매업 영업을 하는 자, 「수입식품안전관리 특별법 시행령」 제2조에 따른 수입식품등 수입·판매업 영업을 하는 자, 「건강기능식품에 관한 법률 시행령」 제2조에 따른 건강기능식품제조업, 건강기능식품유통전문판매업 영업을 하는 자 또는 「축산물 위생관리법 시행령」 제21조에 따른 축산물가공업, 축산물유통전문판매업 영업을 하는 자

3) 표시대상

○ 「유전자변형식품등의 표시기준」 제2조 제1호

- 「식품위생법」제12조의2제1항의 유전자변형식품 및 유전자변형식품첨가물
- 「건강기능식품에 관한 법률」제17조의2의 유전자변형건강기능식품
- 「축산물 위생관리법」제2조제2호에 따른 축산물 중 유전자변형농축산물을 원재료로 하여 제조·가공한 축산물

○ 「식품위생법」제18조에 따른 안전성 심사 결과 식품용으로 승인된 유전자변형 농산물(대두, 옥수수, 면화, 카놀라, 사탕무, 알팔파(콩나물, 콩잎처럼 해당 품목의 종자를 싹틔워 기른 채소 등을 포함))를 원재료로 사용하여 제조·가공한 식품 중 제조·가공 후에도 유전자변형 DNA나 유전자변형 단백질이 남아 있는 식품등

- 원재료에서 제외되는 가공보조제(「식품첨가물의 기준 규격」에 따른 가공보조제로써 식품의 제조과정에서 기술적 목적을 달성하기 위하여 의도적으로 사용되고 최종 제품 완성 전 분해, 제거되어 잔류하지 않거나 비의도적으로 미량 잔류 할 수 있는 식품 첨가물), 부형제(식품성분의 균일성을 위하여 첨가하는 물질), 희석제(식품의 물리·화학적 성질을 변화시키지 않고, 그 농도를 낮추기 위하여 첨가하는 물질), 안정제(식품의 물리·화학적 변화를 방지할 목적으로 첨가하는 물질)의 용도로 사용한 것은 표시제외 대상

※ 표시면제대상 : 간장, 식용유, 당류(설탕, 포도당, 과당, 엿류, 당시럽류, 올리고당류), 변성전분, 주류(맥주, 위스키, 브랜디, 리큐르, 일반증류주, 기타 주류등)

4) 지도·점검

가) 점검대상

- 3)의 표시대상을 제조·가공·수입·판매 등을 하는 표시대상 의무자
- 지방식약청으로부터 유통관리대상 식품으로 통보받은 자사제조용 원료 중 유전자변형식품으로 수입된 원료를 사용하는 제조업체

나) 중점관리대상

- 유전자변형표시 관련 위반으로 행정처분을 받은 이력이 있는 업체
- 표시관리대상 원료의 사용빈도가 높은 특수용도식품(영아용 조제식 등) 제조·가공업체 등

  * 품목제조보고상 유전자변형식품 표시관리대상 원료사용이 많은 업체 등
- 지방식약청으로부터 유통관리대상 식품으로 통보받은 자사제조용 원료(유전자변형) 사용업체
- 집단급식소(학교 등 단체급식소)에 납품하는 식품을 제조하는 업체
- 비유전자변형식품, 무유전자변형식품, GMO-Free, Non-GMO 표시 등 유사 표시 제품이나 이를 제조·가공한 업체

다) 지도·점검 및 수거·검사방법

- 관내 제조·가공업소 등의 품목제조보고내용을 확인하여 관리대상 원료를 원재료로 사용하고 있을 경우 제품의 표시 적정여부 확인
- 원료수불대장, 창고 보관 제품 등 확인 시 유전자변형식품 표시대상 원료를 사용하고*, 원료 또는 완제품에 유전자변형식품이라는 표시가 없는 경우 구분유통증명서, 정부증명서(필요 시 원산지증명서) 등 증명자료 확인**

  * 대두, 옥수수 등 또는 이를 원재료로 하여 생산한 제품(대두박, 옥수수전분 등)등이 주요 원재료로 사용되고 있는지 확인

  ** 국내 제조·가공업체가 유전자변형식품이라는 표시가 없는 수입 원료를 재포장, 소분 등의 과정 없이 단순 납품받아 보관·사용 중이고, 해당 원료의 수입신고확인증('GM 표시: 표시하지 않음[√]'인 경우에 한함)을 보관하고 있다면 원료의 표시면제 증명자료는 구비한 것으로 판단할 수 있음

  ** 증명서류가 미비하거나, 진위확인 등이 필요한 경우 추적조사, 수거·검사 병행 실시
- 수입된 유전자변형 자사제조용 원료를 원재료로 사용하고 있을 경우 최종 완제품의 표시 여부 확인
- 비유전자변형식품, 무유전자변형식품, GMO-Free, Non-GMO등 강조 표시 및 유사 표시는 적정성 여부를 확인

☞ 표시대상인 제품에 유전자변형식품 표시가 미표시된 경우

: 구분유통증명서, 정부증명서, 시험·검사성적서 등을 구비한 경우에는 관련서류 확인 후 종결하나 관련서류가 없는 경우 관련법에 따른 행정처분

☞ Non-GMO 표시 또는 유사표시가 있는 경우

< 비유전자변형식품, 무유전자변형식품, Non-GMO, GMO-free >

① 유전자변형식품 표시대상 중 유전자변형식품등을 사용하지 않은 경우로서, 표시대상 원재료 함량이 50%이상이거나, 또는 해당 원재료 함량이 1순위로 사용한 경우에 표시할 수 있으며 비의도적 혼입치가 인정되지 않음

② 증명서류 미구비 시 강조표시 삭제 및 행정처분

③ 증명서류 미비(허위표시 여부, 진위확인 등) 시 반드시 수거·검사를 실시하여 GM 성분 검출 여부를 확인하고 GM 성분이 검출될 경우 관련법(식위법, 식품등의 표시·광고에 관한 법률, LMO법 등)에 따라 표시삭제 및 행정처분, 폐기 또는 반송

- 수거는 중점관리 대상업체에서 제조·생산한 식품을 위주로 실시하고 건수 위조를 위한 대형 식품판매점 및 백화점에서 일괄 수거는 지양

  * 식품 등 수거는 유상수거를 원칙으로 실시

- 수거는 대형 식품판매점 및 백화점에서 관내 제조업소 생산제품이 아닌 것을 일괄 수거하는 등 건수 위주의 수거검사는 지양

5) 행정사항

○ 시·도는 시·군·구의 유전자변형식품등 표시기준 지도·점검 및 수거·검사실적을 취합하여 매분기 종료 후 15일 이내 식품의약품안전처(수입유통안전과)에 보고

- 유전자변형식품 표시기준 지도·점검 및 수거검사 실적은 전산시스템에 입력
- 표시기준 위반에 따른 처분 또는 통보처분을 한 경우 처분결과에 대한 사후관리 철저
- 표시위반 사항이 발견될 경우 식품의약품안전처(수입유통안전과)에 즉시 통보하고, 인터넷 홈페이지 등에 처분사실을 지체 없이 공표(「식품위생법」 제84조(위반사실 공표))
- 행정 처분 후에도 동일한 위반행위로 2회 이상 반복하여 위반하는 경우 특별관리 대상 업소로 지정 관리

< 유전자변형식품등 제조·유통단계 안전관리 >

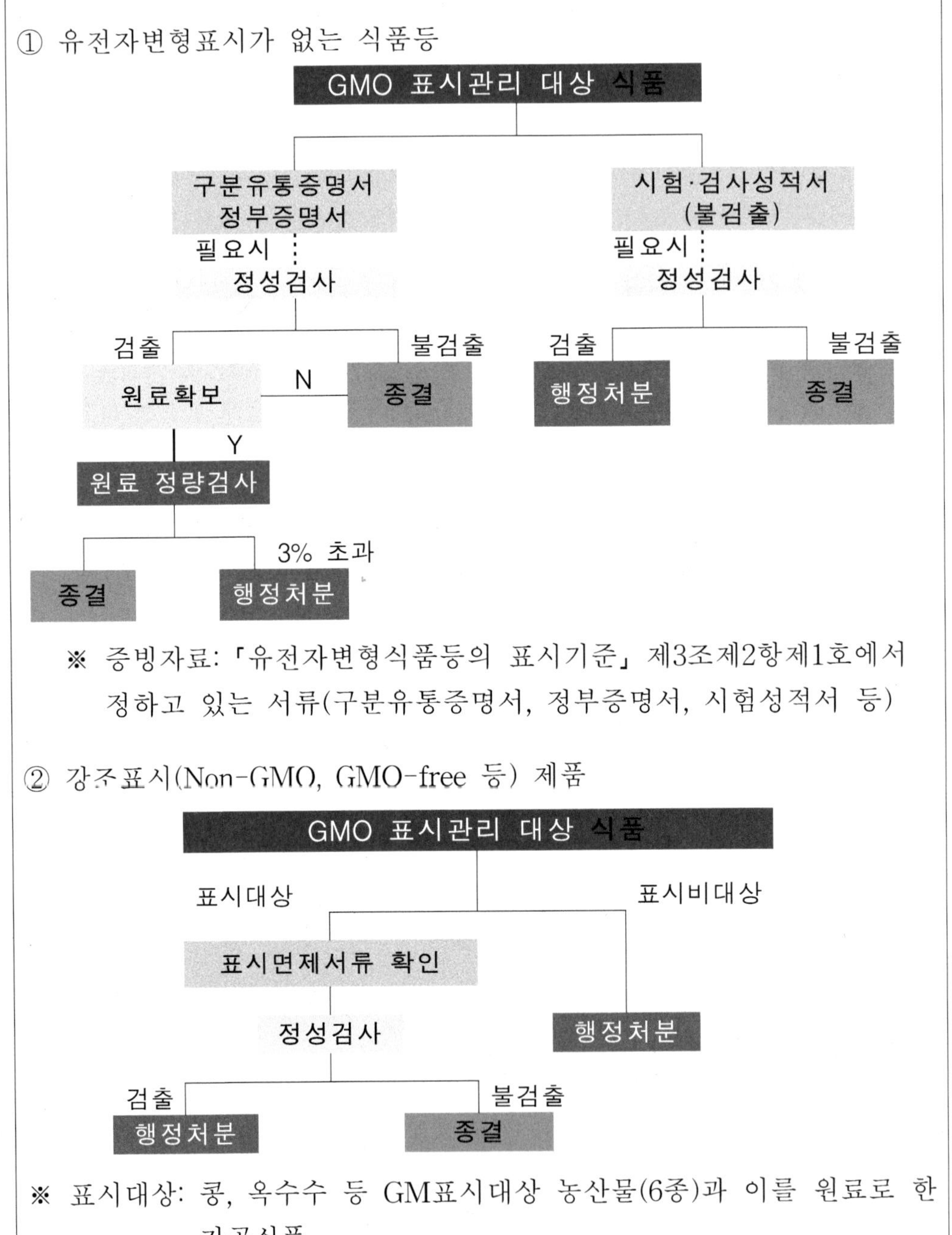

※ 증빙자료: 「유전자변형식품등의 표시기준」 제3조제2항제1호에서 정하고 있는 서류(구분유통증명서, 정부증명서, 시험성적서 등)

※ 표시대상: 콩, 옥수수 등 GM표시대상 농산물(6종)과 이를 원료로 한 가공식품

표시비대상: 표시대상제품을 제외한 모든 농산물과 식품등

다. 국내 유입 미승인 유전자변형식품등

1) 기관별 역할

가) 본부

- 수입으로 인한 국내 유입 미승인 유전자변형식품등의 안전관리 총괄(수입식품안전정책국)
- 미승인 유전자변형식품등 검사법 마련·검사 및 교육 총괄(평가원 신소재식품과)

나) 지방식약청 및 지자체(시·도, 시·군·구)

- 본부 지시에 따른 미승인 유전자변형식품등 관련 제품 수거·검사 및 미승인 유전자가 검출된 제품의 회수폐기 등 후속조치

2) 세부 안전관리 내용

가) 미승인 유전자변형식품등의 수입·유통 현황 파악

나) 미승인 유전자변형식품등의 수입신고수리보류와 잠정 유통·판매 중단조치 실시 및 검사법마련

다) 본부 지시에 따른 미승인 유전자변형식품등 관련제품 수거·검사, 유통현황(재고량, 보관장소 등) 조사 실시 및 보고(지방식약청, 지자체)

라) 미승인 유전자가 검출되었을 경우에는 해당 제품 즉시 회수·폐기 조치 및 보고(지방식약청, 지자체)

마) 미승인 유전자변형식품등의 회수·폐기 완료 등에 따른 상황종료 조치

3) 행정사항

가) 수거·검사결과 미승인 유전자변형식품등이 검출될 경우 본부 즉시 보고

나) 관내 업체에서 미승인 유전자가 검출된 경우 해당 제품즉시 압류 및 회수·폐기조치 등 행정처분 진행

[붙임 1]

유전자변형농산물 지도·점검 계획

(단위 : 건)

지방식약청	계	지도·점검 건수	
		상반기	하반기
계	1,000	500	500
서울지방청	200	100	100
부산지방청	200	100	100
경인지방청	200	100	100
대구지방청	100	50	50
광주지방청	200	100	100
대전지방청	100	50	50

※ 식품안전관리과가 업무를 수행하는 지방청은 건수 조정

※ 본 계획은 지도·점검 건수이므로 실적 보고 시 수거·검사 건수를 구분하여 보고

[붙임 2]

유전자변형식품 지도·점검 계획

(단위 : 건)

구 분	계	지도·점검 건수	
		상반기	하반기
계	2,000	1,025	975
서 울	155	80	75
부 산	130	65	65
대 구	90	45	45
인 천	90	45	45
광 주	60	30	30
대 전	60	30	30
울 산	45	25	20
세 종	30	15	15
경 기	240	120	120
강 원	145	75	70
충 북	145	75	70
충 남	155	80	75
전 북	145	75	70
전 남	155	80	75
경 북	155	80	75
경 남	155	80	75
제 주	45	25	20

※ 제조단계 수거는 제품 및 원료를 동시에 수거하고 수거건수는 1건으로 집계

3 유전자변형생물체(LMO) 안전관리

〈수입유통안전과〉

1. 목 적

○ 식품용 유전자변형생물체(LMO)의 부적절한 취급관리로 인한 환경방출(또는 환경유출)을 예방하여 유전자변형생물체의 수입·유통·제조단계의 안전성 확보

2. 근거법령

○ 「유전자변형생물체의 국가간 이동 등에 관한 법률」(약칭 유전자변형생물체법, LMO법) 제8조(수입승인 등), 제12조(생산승인 등), 제22조의3(생산공정이용 시설의 설치·운영), 제22조의4(유전자변형미생물의 이용), 24조(표시), 25조(취급관리), 제26조(관리·운영기록의 보존)

○ 「유전자변형생물체의 국가간 이동 등에 관한 통합고시」 제8-8조(수입·생산 승인 신청 등), 제8-12조(생산공정이용시설 설치·운영신고), 제8-14조(생산공정 이용시설 설치·운영신고사항의 변경신고), 제8-15조(생산공정이용시설의 폐쇄신고), 제8-16조(유전자변형미생물의 이용승인), 제8-17조(유전자변형 미생물 이용승인사항의 변경), 제8-22조(폐기처분 등)

3. 관리대상

○ 「유전자변형생물체의 국가간 이동 등에 관한 법률」에 따라 「식품위생법」에서 안전성이 승인된 식품용 유전자변형생물체*를 생산, 수입, 운송, 하역, 보관, 제조 등 취급하는 모든 업체

* 생산공정 중에 이용되는 유전자변형미생물 포함

4. 안전관리

가. 관리기관

○ 본부 수입유통안전과

- 「유전자변형생물체의 국가간 이동 등에 관한 법률」에 따른 유전자변형생물체의 안전성과 생산·수입 승인 및 안전관리(유전자변형미생물 이용승인 포함) 총괄

○ 지방식약청(식품안전관리과, 농축수산물안전과)

- 유전자변형생물체의 안전성과 생산·수입 승인 관련 취급관리 및 유전자변형미생물의 생산공정이용시설에 따른 업체점검

나. 관리방법

○ 수입승인된 유전자변형생물체의 국내 제조·가공·생산·수입·운송·보관 등 취급과정에서 국민건강과 생물다양성에 위해를 미치거나 미칠 우려가 없도록 업체의 각 단계별 취급관리 실태와 사용에 따른 표시적정 여부를 정기적으로 확인

※ 생산공정 중에 이용되는 유전자변형미생물도 동일하게 관리함

○ 연 1회 이상 점검하되 수입(생산)업체, 사용업체(운송, 하역), 유전자변형미생물 생산공정 이용업체 등으로 구분하여 실시

※ 필요시 본부 수입유통안전과와 같이 점검

○ 지도·점검 종료 후 15일 이내 식품의약품안전처(수입유통안전과)에 보고

다. 관리단계별 점검내용 및 방법

1) 공통 점검사항

- 유전자변형생물체 안전관리계획의 준수 여부
- 유전자변형생물체 관리 전담인력 지정상황 여부
- 유전자변형생물체 작업종사자 교육 기본 계획 준수 여부
- 유전자변형생물체 환경방출 등 비상조치 절차 준수 여부
- 유전자변형생물체 환경방출 등 사고 대비 원인제거 및 피해방지에 관한 조치 이행 여부

2) 업체별 현지 확인사항([서식 5-1-1]의 조사표 사용)

〈 **수입·생산업체** 〉

- 유전자변형생물체 취급관리기준 준수 여부
- 생산·수입·판매·보관 관리대장 작성 여부
- 유전자변형생물체 작업종사자 교육·훈련 기준 준수 여부
- 유전자변형생물체 안전 교육·훈련 기록 유지 여부
- 취급장소 및 운송수단 등에 대한 유전자변형생물체 식별표시 기준 준수 여부
- 유전자변형생물체의 환경방출 등 방지 시설·설비 적절성 여부
- 관련 시설·설비 관리 기준 준수 여부
- 비상사태 발생 시 비상조치 계획 적절성 여부
- 업체 주변 유전자변형생물체 자생여부 및 처리 적절성 여부 등

〈 **하역업체** 〉

- 보관 관리대장 작성 여부
- 유전자변형생물체 작업종사자 교육·훈련 기준 준수 여부
- 유전자변형생물체 안전 교육·훈련 기록 유지 여부

- 취급장소 및 운송수단 등에 대한 유전자변형생물체 식별표시 기준 준수 여부
- 운송설비 및 저장시설의 유전자변형생물체의 환경방출 등 방지 시설·설비 적절성 여부
- 관련 시설·설비 관리기준 준수 여부
- 비상사태 발생 시 비상조치 계획 적절성 여부 등

〈 운반업체 〉
- 운반관리대장 작성 여부
- 운송조직도, 운반계획서 및 운송노선 등 운영기준 적절성 여부
- 유전자변형생물체 작업종사자 교육·훈련 기준 준수 여부
- 유전자변형생물체 안전 교육·훈련 기록 유지 여부
- 운송수단에 대한 유전자변형생물체 식별 표시기준 준수 여부
- 운송설비의 유전자변형생물체의 환경방출 등 방지 시설·설비 적절성 여부
- 유전자변형생물체 운송차량 유지보수 등 관리기준 준수 여부
- 비상사태 발생 시 비상조치 계획 적절성 여부 등

〈 생산공정이용시설 〉
- 생산공정이용시설의 신고사항 확인
- 생산공정 관련 작업자 위생관리, 취급 시 주의사항
  유전자변형미생물의 취급·보관 등에 대한 안전관리
- 생산공정 중에 이용되는 유전자변형미생물의 이용 승인을 위한 취급시설 안전관리 점검

3) 생산공정 중에 이용되는 유전자변형미생물의 취급·보관 등에 대한 안전관리
- 생산공정이용시설의 신고사항 확인
- 생산공정 관련 작업자 위생관리, 취급 시 주의사항
- 생산공정 중에 이용되는 유전자변형미생물의 이용 승인을 위한 취급시설 안전관리 점검

라. 점검결과에 따른 조치

○ 「유전자변형생물체의 국가간 이동 등에 관한 법률」 위반사실(취급관리 등) 적발 시 관할지방청에 통보하여 벌칙 또는 과태료 처분 조치
  * 관련: 「LMO법」제40조, 제42~44조

4 한시적 기준·규격 인정 식품원료 안전관리

〈신소재식품과〉

1. 목 적

○ 국내에서 섭취경험 등이 없어 식품의 제조·가공에 사용할 수 없는 원료이나 안전성 등의 검토를 거쳐 식품원료로 한시적으로 기준 및 규격이 인정된 원료에 대한 사전·사후 안전관리를 통한 안전성 확보

2. 근거법령

○ 식품위생법 제7조(식품 또는 식품첨가물에 관한 기준 및 규격)제2항 및 같은법 시행규칙 제5조(식품등의 한시적 기준 및 규격의 인정 등)
○ 「식품등의 한시적 기준 및 규격 인정 기준」(식약처 고시)

3. 관리 대상

○ 「식품등의 한시적 기준 및 규격 인정 기준(식약처 고시)」에 따라 식품원료로 한시적 기준 및 규격이 인정된 원료(이하 "새로운 식품원료"라 한다)
○ 새로운 식품원료를 사용하여 제조·가공된 식품(단, 식품첨가물 제외)

4. 기관별 업무

가. 평가원 신소재식품과

○ 새로운 식품의 안전성 평가 및 한시적 기준·규격 인정
○ 지방식약청 및 시·도(시·군·구)에 인정사항 통보

* "식품원료의 한시적 기준 및 규격 인정" 최신 현황은 식품의약품안전처 '식품안전나라' 누리집(foodsafetykorea.go.kr) > '전문정보' > '식품원료' > '식품원료 한시적 인정'에서 확인할 수 있음

나. 지방식약청

○ 새로운 식품원료의 원료명, 제조기준 등 인정 요건 준수 여부 확인
○ 새로운 식품원료를 사용하여 제조·가공된 수입식품의 경우 새로운 식품원료의 사용 가능 식품유형 해당 여부, 사용량 준수 여부, 허위·과대광고 여부 등 확인

다. 시·도(시·군·구)

○ 새로운 식품원료의 원료명, 제조기준 등 인정 요건 준수 여부 확인

○ 새로운 식품원료를 사용하여 제조·가공된 식품의 경우 새로운 식품원료의 사용 가능 식품유형 해당 여부, 사용량 준수 여부, 허위·과대광고 여부 등 확인

5. 위반 시 행정처분 및 벌칙

가. 행정처분

○ 식품원료로 한시적 기준 및 규격을 인정받지 않은 원료를 영업에 사용한 경우, 제조기준, 중금속 기준 등 한시적 기준·규격을 위반한 경우 식품위생법 제7조제4항 위반으로 처분

나. 벌칙

○ 식품위생법 제95조 제1호에 해당되는 자는 5년 이하 징역 또는 5천만원 이하의 벌금에 처하거나 이를 병과할 수 있음

Part

축산물 위생관리 제도 및 지도·감독

1 축산물 관련 영업허가 등 관리

〈축산물안전정책과〉

1. 기본 방향

가. 다음 표에 기재된 바와 같이 업종별로 허가·신고 절차를 준수하도록 조치

1) 「축산물 위생관리법」에 따른 영업은 허가업과 신고업으로 구분됨

2) 업종별 구비서류 및 관련사항을 철저히 검토하여 허가·신고 적정관리 도모

구 분	시, 도지사	시·군·구청장
허 가	ㅇ도축업 ㅇ집유업 ㅇ축산물가공업(품목제조보고) (식육가공업, 유가공업, 알가공업) ㅇ식용란선별포장업	ㅇ식육포장처리업(품목제조보고) ㅇ축산물보관업
신 고		ㅇ축산물운반업 ㅇ축산물판매업(식육판매업, 식육부산물전문판매업, 우유류판매업, 축산물유통전문판매업, 식용란수집판매업) ㅇ식육즉석판매가공업

* 허가 : 법령에 의한 일반적 금지를 일정한 경우에 해제하여 제3자의 일정한 사실행위 또는 법률행위를 적법하게 허용해 주는 행정행위로서 허가과정에서 여러 규제조치가 취해짐
* 신고 : 법률의 규정에 의하여 국가 또는 지방자치단체나 기타 공공단체에 법률 사실이나 어떤 사실에 대해 서면으로 작성된 서류를 제출하는 행위를 의미

나. 원료 등의 배합비율에 따라 축산물가공품으로 분류되는 유형에 대해 영업허가 및 품목제조보고 시 확인철저

분류기준	식품 유형	축산물 유형
유고형분, 유지방 함량	▪ **빙과** - 먹는 물에 식품 또는 식품첨가물을 혼합하여 냉동 - 무지유고형분 2% 미만	▪ **아이스크림류, 아이스크림믹스류** - 원유·유가공품에 식품 또는 식품첨가물을 혼합하여 냉동 - 무지유고형분 2% 이상
	▪ **영아용 조제식, 성장기용 조제식** - 분리대두단백 또는 단백질함유식품이 주원료 - 분말상 : 유성분 60% 미만 - 액상 : 유성분 9.0% 미만	▪ **영아용 조제유, 성장기용 조제유** - 원유 또는 유가공품이 주원료 - 분말상 : 유성분 60.0% 이상 - 액상 : 유성분 9.0% 이상
	▪ **모조치즈, 기타가공품 등** - 치즈 유래 유고형분 18% 미만	▪ **치즈** - 원유 또는 유가공품을 응고시킨 후 유청을 제거하여 제조·가공한 유고형분 18% 이상(다만 응고 공정 이후 추가된 유고형분은 제외) ▪ **가공치즈** - 치즈 유래 유고형분 18% 이상
	▪ **발효음료류 등** - 무지유고형분 3% 미만 발효유	▪ **발효유류** - 무지유고형분 3% 이상

분류기준	식품 유형	축산물 유형
육 함량	▪ **식육함유가공품** - 식육 함량 60% 미만 양념육 제품 - 식육 함량 50% 미만 분쇄가공육제품 ※ **기타 동물성가공식품** - 「축산물 위생관리법」의 식육에 해당되지 않는 동물성원료*를 주원료로 하여 제조·가공한 제품 * 타조, 오소리, 개구리, 달팽이, 메뚜기 등	▪ **햄류** - 식육*(「축산물 위생관리법」의 식육에 한함)함량 75% 이상, 전분 8% 이하 * 소, 말, 양, 돼지, 닭, 오리, 사슴, 토끼, 칠면조, 거위, 메추리, 꿩, 당나귀 (13종) ▪ **소시지류** - 식육함량 70% 이상 ▪ **건조저장육류** - 식육함량 85% 이상 건조 (육포 등) ▪ **양념육** - 식육함량 60% 이상 ▪ **분쇄가공육제품** - 식육함량 50% 이상(햄버거 패티, 미트볼, 돈가스 등)
	▪ **추출가공식품** - 식용동물성소재(축산물 제외)를 주원료로 하여 물로 추출한 것 또는 이를 가공한 것	▪ **식육추출가공품** - 식육을 주원료로 하여 물로 추출한 것 또는 이를 가공한 것
	▪ **간편조리세트** - 육함량이 60% 미만(분쇄육인 경우 50% 미만)	▪ **식육간편조리세트** - 육함량이 60% 이상(분쇄육인 경우 50% 이상)
	▪ **기타식육** 또는 기타알 - 「축산물 위생관리법」의 식육에 해당되지 않는 동물성원료 100% 제품 * 기타알 : 「축산물 위생관리법」의 식용란(닭, 오리, 메추리의 알) 에 해당되지 않는 동물의 알	▪ **포장육** - 식육함량 100%
알내용물 함량	▪ **알함유가공품** - 알 내용물 80~90% 미만의 액란, 난분 제품 - 알가열제품 중 알 내용물 30% 미만 ※ **기타 동물성가공식품** - 「축산물 위생관리법」의 식용란(닭, 오리, 메추리의 알)을 제외한 동물의 알(타조알 등)을 가공한 것	▪ **알가공품** - 「축산물 위생관리법」의 식용란(닭, 오리, 메추리의 알)을 가공한 것 - 알 내용물 80~90% 이상의 액란, 난분 제품 - 알가열제품 중 알 내용물 30% 이상

* 유청 또는 유당에 식품첨가물이 사용된 제품은 기존에 기타가공품으로 분류되었으나 '20.1.1부터 유가공품(유청류 또는 유당 중 해당 유형)으로 분류(식품기준과-11278, '18.12.3)

2. 영업의 허가

가. 근거법령 : 「축산물 위생관리법」 제22조 및 같은 법 시행규칙 제30조

나. 허가기관(처리기한)

1) 시, 도지사(8일) : 도축업, 집유업, 축산물가공업, 식용란선별포장업
2) 특별자치시장, 특별자치도지사, 시장, 군수, 구청장(8일) : 식육포장처리업, 축산물보관업

다. 작성서류 : 「축산물 위생관리법 시행규칙」제30조 및 별지 제16호 서식참조

1) 영업의 허가에 관한 사무를 수행하기 위해서 「개인정보 보호법 시행령」 제19조제1호에 따른 주민등록번호가 포함된 자료를 처리할 수 있음

2) 영업의 허가를 받고자 하는 자가 피성년후견인이거나 파산선고를 받고 복권되지 아니한 자 등 영업제한 사유에 해당하는지를 여부를 확인하여야 함

3) 「전자정부법」 제36조제1항에 따른 행정정보의 공동이용을 통하여 다음의 서류를 확인하여야 함(다만, 신청인이 확인에 동의하지 아니하는 경우에는 건강진단서의 사본을 첨부)

1. 법인 등기사항증명서(법인인 경우만 해당) 2. 건축물대장 및 토지이용계획확인서 3. 건강진단서(「축산물 위생관리법 시행규칙」제44조에 따른 건강진단 대상자만 해당)

4) 영업허가 신청서 서식 기재사항 누락 여부 등을 확인하고 첨부서류 구비 여부를 확인하여야 함

<첨부서류>

1. 작업장의 시설내역 및 배치도 2. 책임수의사 지정승인신청서(집유업만 제출) 3. 「먹는물관리법」에 따른 먹는물 수질검사기관이 발행한 수질검사(시험)성적서 사본 (수돗물이 아닌 지하수 등을 사용하는 경우만 제출) 4. 작업장에 대하여 작성한 자체안전관리인증기준(「축산물 위생관리법」제9조제2항에 따라 자체안전관리인증기준 적용 대상만 제출)

3. 영업의 신고

가. 근거법령

「축산물 위생관리법」제24조 및 같은 법 시행규칙 제35조

나. 신고기관(처리기한)

1) 특별자치시장, 특별자치도지사, 시장, 군수, 구청장(3일)
축산물운반업, 축산물판매업(식육판매업, 식육부산물전문판매업, 우유류판매업, 축산물유통전문판매업, 식용란수집판매업), 식육즉석판매가공업

다. 작성서류 : 「축산물 위생관리법 시행규칙」제35조 및 별지 제23호 서식 참조

1) 영업의 신고에 관한 사무를 수행하기 위해서 「개인정보 보호법 시행령」제19조제1호에 따른 주민등록번호가 포함된 자료를 처리할 수 있음

2) 영업소 폐쇄명령을 받고 6개월이 지나기 전에 같은 장소에서 같은 종류의 영업을 하려는 경우 등 영업신고 제한 사유에 해당하는지를 여부를 확인하여야 함

3) 「전자정부법」제36조제1항에 따른 행정정보의 공동이용을 통하여 다음의 서류를 확인하여야 함(다만, 신청인이 확인에 동의하지 아니하는 경우에는 건강진단서의 사본을 첨부)

1. 법인 등기사항증명서(법인인 경우만 해당) 2. 건축물대장 및 토지이용계획확인서 3. 건강진단서(「축산물 위생관리법 시행규칙」제44조에 따른 건강진단 대상자만 해당)

4) 영업신고서 서식 기재사항 누락 여부 등을 확인하고 첨부서류 구비여부를 확인하여야 함

<첨부서류>

1. 영업장의 시설내역 및 배치도 1부 2. 시설사용계약서 사본(시설을 임대하여 사용하는 경우만 해당한다) 1부. 3. 가공하려는 식육가공품의 유형 및 제조방법 설명서(식육즉석판매가공업의 경우에만 해당) 4. 「먹는물관리법」에 따른 먹는물 수질검사기관이 발행한 수질검사성적서(식육즉석판매가공업 신고를 하는 경우로서 수돗물이 아닌 지하수 등을 먹는 물 또는 축산물의 가공과정 등에 사용하는 경우만 해당) 5. 「전통시장 및 상점가 육성을 위한 특별법」에 따른 전통시장의 점포 외 영업장소에서 축산물을 진열하려는 경우에는 다음 각 목의 서류(식육판매업, 식용란수집판매업 또는 식육즉석판매가공업의 영업자만 해당) 가. 「전통시장 및 상점가 육성을 위한 특별법」 제65조에 따른 전통시장 상인회의 정관 또는 규약 나. 가목에 따른 정관 또는 규약에서 별도로 지정한 점포 외 영업장소에 설치할 축산물 진열시설 내역서

라. 영업신고 관련 확인 사항 등

식육판매업의 영업자가 사물인터넷 자동판매기*를 영업장 외의 장소(영업신고한 영업장과 같은 특별자치시·특별자치도·시·군·구인 경우만 해당)에 설치하려는 경우에는 사물인터넷 자동판매기의 설치대수 및 설치장소를 함께 신고하여야 함

* 인터넷을 기반으로 모든 사물을 연결하여 사람과 사물 또는 사물과 사물 간 정보를 상호 공유·소통하는 지능형 기술)을 적용하여 밀봉한 포장육의 보관온도, 소비(유통)기한 등의 정보를 실시간으로 확인·관리할 수 있는 자동판매기

영업허가·신고 절차 및 검토사항

단계	검토사항
접수 전 상담	● 민원인의 재산상 손실을 최대한 방지하는 차원에서 영업허가·영업신고 시 반드시 축산물의 허가·신고처리 담당자와 상담을 한 후 접수하도록 할 것 ● 허가·신고에 대하여는 다른 법령에 위반되거나 저촉되는 사항이 있는지에 대하여 허가신청인 또는 신고인이 직접 확인하여야 하고 ● 다른 법령에 위반되거나 저촉이 되면 그 법령에 의거 고발되거나 처분되므로 「축산물 위생관리법령」에 의하여 허가 또는 신고수리가 되더라도 영업하기가 어렵다는 것을 반드시 알려주기 바람(※)
접 수	● 수수료 확인(1만원, 온라인신청 시 9천원)
서류검토	● 「축산물 위생관리법령」으로 규정한 구비서류의 완비여부검토 ● 제출된 구비서류 검토 - 건축법 등이 법에 명시된 타 법령 관련사항에 대하여는 그 법령에 위반되거나 저촉되는 사항이 있는지 여부 확인 - 이 법 및 관련 법령에서 규정한 사항에 적합한 때에는 즉시 처리하되, 적합하지 아니하거나 제출서류가 미비한 때에는 보완요청하거나 반려할 것
현장실사 및 시설조사	● 「축산물 위생관리법 시행규칙」 상 업종별 시설기준에 적합한지 여부 판별
결 재	● 영업허가의 경우 영업허가를 받으려는 자의 결격사유 조회(등록기준지) 필요
허가·신고필증 교부	

※ 영업의 허가를 받거나 영업신고를 하고자 하는 자는 「축산물 위생관리법령」외에 해당 영업허가·신고와 관련된 다음 법령에 위반되거나 저촉여부를 검토하도록 적극 홍보할 것

○ 「국토의 계획 및 이용에 관한 법률」, 「한강수계 상수원수질개선 및 주민지원 등에 관한 법률」, 「물환경보전법」, 「산업집적활성화 및 공장설립에 관한 법률」, 「지방세법」등 그 밖의 관련 법령

4. 축산물가공품 및 포장육의 품목제조보고

가. 근거법령 : 「축산물 위생관리법」제25조 및 같은 법 시행규칙 제37조

나. 대상 업종 및 보고기관

1) 축산물가공업: 시 · 도지사
2) 식육포장처리업 : 시장 · 군수 · 구청장

다. 보고기한 : 제품생산 개시 전이나 개시 후 7일 이내

라. 미보고시 과태료 처분

제품별로 품목제조보고를 하여야 하며 이를 위반한 때에는 시행령 제32조 관련 [별표 4] 과태료의 부과기준 2. 개별기준 파목 따라 품목제조보고를 하지 아니하거나 이를 거짓으로 보고한 자에 대하여 품목별로 200만원(1차 위반)의 과태료 부과

마. 구비서류 : 「축산물 위생관리법 시행규칙」제37조제1항 및 별지 제28호 서식

<첨부서류>

1. 제조방법설명서 2. 축산물 시험·검사기관이 발급한 축산물의 한시적 가공기준 및 성분규격 검토서(축산물의 가공기준 및 성분규격이 정해지지 아니한 축산물만 해당) 3. 소비(유통)기한 및 식품의약품안전처장이 정하여 고시한 기준에 따라 작성한 소비(유통)기한의 설정 사유서

바. 검토사항

1) 품목제조보고를 받은 허가관청은 보고 받은 사항이 「축산물 위생관리법」에 위반되거나 저촉되는 사항이 있는지 여부 및 내용이 구체적인지 상세 검토

가) 축산물로 사용가능한 원료사용 여부 및 「식품의 기준 및 규격」(식품공전) 위반 여부

○ 「식품의 기준 및 규격」에 따른 식품원료 기준 적합 여부 철저 검토

※ 품목제조보고 시 원재료 입력은 문장형태에서 식품원재료 표준코드로 입력하고 사용금지 원료 식품행정통합시스템[품목조회 → 품목조회(금지원료포함)]에서 확인

나) 「식품등의 표시기준」에 따른 제품명의 적정성 여부 등 검토

다) 소비(유통)기한 설정사유서 검토

라) 포장방법 및 포장단위 등의 항목이 실제 생산제품별로 구체적으로 명시되었는지 검토

마) 영양성분 정보 기입 철저 및 기재사항 검토

* '23.7.1 이후 신규 품목제조보고 축산물 등은 영양성분 정보 반드시 입력, '23.7.1. 이전 보고된 축산물 등도 가급적 영양성분 정보 입력 요청

* 「품목제조보고 영양성분 정보 등록·관리 요령」 참고(식품안전나라>건강·영양>영양정보>자료실)

2) 축산물가공품은 「식품의 기준 및 규격」의 축산물군에 따른 가공온도를 제조방법 설명서에 상세히 보고받아 전산입력(「식품의 기준 및 규격」제2. 2. 제조·가공기준, 제5. 식품별 기준 및 규격)

가) 유가공품

- 저온 장시간 살균법(63~65℃에서 30분간), 고온단시간 살균법(72~75℃에서 15초 내지 20초간), 초고온순간처리법(130~150℃에서 0.5초 내지 5초간) 또는 이와 동등 이상의 효력을 가지는 방법으로 실시하고 살균제품은 살균 후 즉시 10℃ 이하로 냉각(살균 또는 멸균 공정이 따로 정하여진 경우 제외)

나) 식육가공품

- 살균제품 : 중심부 온도를 63℃이상에서 30분간 가열살균하거나 또는 이와 동등이상의 효력이 있는 방법으로 가열 살균한 후 오염되지 않도록 위생적으로 포장 또는 취급

다) 알가공품

- 가열살균하는 경우 알가열제품은 90℃에서 20분간, 전란액은 64℃에서 2분 30초간, 난황액은 60℃에서 3분 30초간, 난백액은 55℃에서 9분 30초간 가열살균하거나 이와 동등이상의 효력이 있는 방법으로 가열살균

3) 보고받은 사항은 즉시 새올행정시스템에 입력 조치

2 「식품의 기준 및 규격」 중 축산물 유형

〈축산물안전정책과, 식품기준과〉

1. 관련 근거

가. 「축산물 위생관리법」 제4조(축산물의 기준 및 규격)

나. 「식품의 기준 및 규격」(식약처 고시)

2. 관련기관 : 시·도, 시·군·구

3. 관리사항

가. 「축산물 위생관리법」에 따른 축산물가공품과 「식품위생법」에 따른 축산물 함유 가공식품에 대하여 관련 법령의 영업 허가(축산물 위생관리법) 및 영업 등록(식품위생법) 등에 따른 소관 부서를 명확히 구분하여 관리 필요

※ 축산식품의 유형 분류에 따라 자치단체별로 영업허가 또는 등록관청이 다르거나 법령 적용에 차이가 있는 등 관리방법이 다르므로 관리 철저(축산물은 허가, 식품은 등록)

나. 「축산물 위생관리법」적용대상 품목(26종 74유형) 이외의 축산물 함유 가공식품(식육함유가공품, 알함유가공품, 유함유가공품)은 「식품위생법」 적용대상임

「축산물 위생관리법」적용대상 유형

군	종	유 형
유가공품 (35)	우유류(2)	우유, 환원유
	가공유류(4)	강화우유, 유산균첨가우유, 유당분해우유, 가공유
	산양유(1)	산양유
	발효유류(6)	발효유, 농후발효유, 크림발효유, 농후크림발효유, 발효버터유, 발효유분말
	버터유(1)	버터유
	농축유류(5)	농축우유, 탈지농축우유, 가당연유, 가당탈지연유, 가공연유
	유크림류(2)	유크림, 가공유크림
	버터류(3)	버터, 가공버터, 버터오일
	치즈류(2)	치즈, 가공치즈

군	종	유 형
	분유류(4)	전지분유, 탈지분유, 가당분유, 혼합분유
	유청류(3)	유청, 농축유청, 유청단백분말
	유당(1)	유당
	유단백가수분해식품(1)	유단백가수분해식품
특수영양식품(2)	조제유류(2)	영아용 조제유, 성장기용 조제유
빙과류(10)	아이스크림류(5)	아이스크림, 아이스밀크, 샤베트, 저지방아이스크림, 비유지방아이스크림
	아이스크림믹스류(5)	아이스크림믹스, 아이스밀크믹스, 샤베트믹스, 저지방아이스크림믹스, 비유지방아이스크림믹스
식육가공품 및 포장육 (19)	햄류(3)	햄, 생햄, 프레스햄
	소시지류(3)	소시지, 혼합소시지, 발효소시지
	베이컨류(1)	베이컨류
	건조저장육류(1)	건조저장육류
	양념육류(4)	양념육, 분쇄가공육제품, 갈비가공품, 식육케이싱
	식육추출가공품(1)	식육추출가공품
	동물성유지류(4)	원료우지, 식용우지, 원료돈지, 식용돈지
	식육간편조리세트(1)	식육간편조리세트
	포장육(1)	포장육
알가공품류 (8)	알가공품 (8)	전란액
		난황액
		난백액
		전란분
		난황분
		난백분
		알가열제품
		피단
	계 :	74개 축산물유형

3 축산물 안전성 검사

〈축산물안전정책과〉

1. 목적

가. 국내산 원유, 식육 및 식용란에 대한 동물용의약품, 농약 등 잔류물질 검사를 통하여 축산물의 안전성을 확보하고 소비자 신뢰 향상 및 국제경쟁력 강화

나. 도축장, 식육포장처리장, 식육판매장의 위생관리수준 파악 및 미생물의 오염 감소

다. 식용란의 검사항목인 분변·혈액 등 이물질 및 변질·부패란의 관리와 미생물의 효율적 검사 실시

2. 축산물 안전성 검사의 개요

가. 관련 부처(기관) : 식품의약품안전처, 농림축산식품부(농림축산검역본부), 시·도 축산물 위생관리 담당 부서 및 시·도 동물위생시험소

나. 검사 분야

1) 식육의 잔류물질 및 미생물 검사

2) 식용란의 잔류물질 및 미생물 검사

3) 원유 위생검사 및 잔류물질 검사

다. 검사 대상

1) 국내 도축장에 출하되거나 출하하고자 하는 소, 돼지, 닭, 오리, 양(염소), 말 등 식육

2) 식육포장처리장 및 식육판매장에서 처리·가공·판매되는 소, 돼지, 닭, 오리 및 양(염소)의 식육

3) 국내 닭, 오리, 메추리에서 생산되는 식용란

4) 판매 또는 판매를 위한 처리 · 가공을 목적으로 하는 국내 착유 원유

5) 기타 위해 발생 우려 축산물 등

라. 관련 기관 간 업무수행 체계

1) 시·도는 자체 실정에 맞게 차년도 안전성 검사 계획을 수립하여 생산단계는 검역본부에 유통단계는 식약처에 제출(10월말)
2) 검역본부는 차년도 생산단계 안전성 검사 계획을 수립하여 농식품부에 보고(11월말)
3) 농식품부는 식약처와 협의하여 차년도 안전성 검사 계획을 확정하여 식약처장에게 통보(12월)하고 식약처는 생산단계 안전성 검사 계획을 포함한 전 단계 검사계획을 마련하여 관계기관에 통보
4) 시·도 동물위생시험소는 「축산물 위생관리법령」및 관련 고시에 따라 검사 수행
5) 시·도 축산물 시험·검사기관장은 매 분기별 실적(원유는 반기별)은 아래와 같이 검역본부로 제출하고, 검역본부는 다음 분기(원유는 반기) 첫 달 말일까지 종합 분석보고서를 식약처 및 농식품부에 제출

* 「식육 중 미생물 검사에 관한 규정」: 다음 분기 첫 달 5일까지 보고

* 「식육 중 잔류물질 검사에 관한 규정」, 「식용란의 미생물 및 잔류물질 등 검사에 관한 규정」: 다음 분기 첫 달 10일까지 보고

* 「원유 중 잔류물질 검사에 관한 규정」: 다음 반기 첫 달 10일까지 보고

3. 축산물 안전성 검사 세부 대상

가. 생산단계 축산물 안전성 검사

1) 식육·식용란의 생산과정 중 오염될 수 있는 동물용의약품, 호르몬 및 농약 등 잔류물질에 대하여 모니터링 및 규제검사 실시
2) 식육은 영업장에서 일반세균수 및 대장균수 등 미생물 모니터링 검사 실시
3) 식용란은 농장에서 살모넬라 모니터링 검사 실시
4) 정규 검사항목 이외의 병원성 미생물 및 국내 허용기준 미설정 물질 등 식육 및 식용란의 안전성 확보를 위한 탐색조사 실시

* 해당 연도에 별도의 탐색조사 계획을 수립 및 시행

5) 원유의 생산과정 중 오염될 수 있는 동물용의약품 및 농약 등 잔류물질에 대한 검사 실시

나. 유통단계 축산물 안전성 검사

1) 식육포장처리장 및 식육판매장에서 처리되는 식육에 대하여 일반세균수 및 대장균수 등 미생물 모니터링 검사 실시

4. 축산물 안전성 검사방법

가. 생산단계 축산물 안전성 검사

1) 식육의 잔류물질 검사

- 시·도 동물위생시험소 소속 검사관이 관내 도축장에서 월별 계획에 따라 출하 농장이 중복되지 않도록 시료 채취

2) 식육의 미생물 검사

- 시·도 동물위생시험소 소속 검사관이 관내 도축장을 대상으로 월 4회 이상, 매회 축종별 각 3건 이상의 시료 채취

3) 식용란의 잔류물질 및 미생물 검사

- 시·도 동물위생시험소 소속 검사관이 산란계 사육농장을 방문하여 직접 채취

4) 원유 검사

- (원유 위생 검사) 시·도 축산물 시험·검사기관(또는 집유장)에서 집유 전 검사 및 실험실 검사 실시
  - 세균수시험 및 체세포수시험은 각각 농가별로 15일에 1회 이상 실시
  - 그 외 항목(적정산도, 세균수시험, 체세포수시험, 세균발육억제물질검사, 성분검사 등)은 필요한 기간을 정하여 정기적으로 실시
- (잔류물질 검사) 집유장 책임수의사, 시·도 축산물 시험·검사기관 소속 검사관이 집유장에 집유되는 원유(농장시료, 차량시료, 저유조시료)에 대하여 검사
  - 상시검사: 집유장 책임수의사가 집유된 원유에 대해 자체적으로 실시
  - 계획검사: 시·도 소속 검사관이 국가 잔류물질 검사 계획에 따라 실시

나. 유통단계 축산물 안전성 검사

1) 식육의 미생물 검사

- 시·도 동물위생시험소에서 년간 배정 물량 및 월별 계획에 따라 시료 채취

5. 축산물 안전성 검사 결과 조치

가. 생산단계 축산물 안전성 검사

1) 식육의 잔류물질 검사

- 모니터링검사 결과 잔류물질 검출 시 동거축 출하 및 양도 제한, 도축장 출고제한 조치 및 규제검사 실시(6개월 간 잔류위반농가로 관리, 규제검사 실시 후 출고)
- 산란노계의 잔류농약 관리를 위해 농장에서 동물용의약품 뿐만 아니라 잔류농약도 출하 전 사전 의뢰검사가 가능
- 유통단계 수거·검사 부적합인 경우 결과를 공유하여 잔류위반농가로 지정·관리하도록 함

* 식육포장처리장, 식육판매장에서의 포장육, 식육에 대한 잔류물질 검사결과 부적합 시 관할 지자체에 위반농가 정보 등을 공유하여 잔류위반농가로 지정

2) 식용란의 잔류물질 검사

- 모니터링검사 결과 잔류물질 검출 시 출하 보류 조치 및 규제검사를 실시하고 위반 시 6개월간 잔류위반농가로 관리하며 규제검사 실시 후 적합 시 출고

3) 식육의 미생물 검사

- 모니터링 검사 결과 권장기준을 초과한 경우, 작업장의 영업자에게 위생감독 강화 지시 및 「축산물 위생관리법」에 따른 관련 규정 위반 사항이 없는지 점검 실시

4) 식용란의 미생물 검사

- 이물질 및 변질·부패란에 대하여는 폐기조치
- 살모넬라균 검출 시 오염원인 조사 및 2주 간격 4회 연속 검사 후 출고 조치

5) 원유의 잔류물질 검사

- (부적합 시) 책임수의사 및 검사관은 부적합 원유가 제조·가공공정에 투입되지 않도록 해당 집유장 영업자에게 통보 → 집유업 영업자는 해당 원유 폐기 또는 식용외 다른 용도로 전환조치하고 조치 결과를 기록·2년간 보관
    - 상시검사: 책임수의사는 불합격 원유 납유 농가에 대한 잔류원인조사를 실시하고, 해당 농장 위생관리 지도 등 재발방지를 위한 필요 조치 실시(계획검사 대상인 경우 농가별 시료와 집유차량 시료를 시·도 검사기관에 송부)
    - 계획검사: 시·도 동물위생시험소는 농장에 대한 잔류원인조사를 실시하고, 해당 업체 및 관련 기관에 통보 등의 조치

나. 유통단계 축산물 안전성검사

1) 식육의 미생물 검사

- 모니터링 검사 결과 권장기준을 초과한 경우, 작업장의 영업자에게 위생감독 강화 지시 및 「축산물 위생관리법」에 따른 관련 규정 위반 사항이 없는지 점검 실시

4 축산물 위생감시 중점 추진사항

〈축산물안전정책과〉

1. 달걀 안전관리

□ 달걀 관련 업종

구 분	담당기관	업종	정의
허 가	시·도지사	○ 식용란선별포장업	식용란 중 달걀을 전문적으로 선별·세척·건조·살균·검란·포장하는 영업, 이 경우 자신이 직접 선별·세척·건조·살균·검란·포장한 달걀을 판매하는 것을 포함한다.
신 고	**시·군·구청장**	○ 식용란수집판매업	식용란(달걀만 해당)을 수집·처리 또는 구입하여 전문적으로 판매하는 영업

○ 무허가·신고 영업 관련 행위

- 식용란수집판매업소의 업종 외 영업 행위 단속(예: 허가없이 액란제품 제조 등)
- 관할 내 유통·판매되는 식용란 제품에 표시된 영업자 정보(판매자명 및 소재지)를 기준으로 정상 영업자의 제품 여부 확인

* 영업장 정보는 "식품행정통합시스템"에서 확인(업체조회)하고 확인되지 아니한 경우 현장 점검(단, 타 관할의 경우에는 해당 관청에 조사토록 통보)

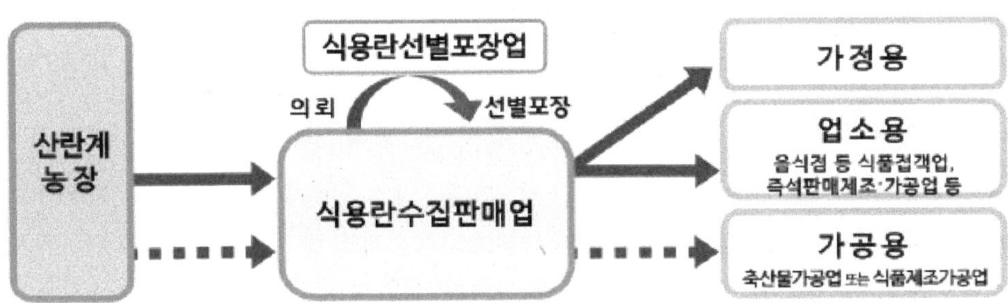

< 그림: 선별·포장 유통제도 >

□ 식용란선별포장업 점검 사항

1) 시설기준 준수여부

○ 식용란 선별·세척·포장·보관시설 등이 설비된 건축물의 위치 등

- 건물위치는 축산폐수·화학물질 그 밖의 오염물질의 발생시설로부터 식용란의 선별포장에 나쁜 영향을 주지 않을 정도의 거리를 두어야 하며, 「축산법」 제22조에 따라 가축사육업의 허가를 받거나 등록을 한 자의 축사(가금류만 해당)와는 그 경계를 기준으로 500미터 이상 떨어져 있어야 한다.

* 다만, '20.6.17 이전에 식용란선별포장업의 허가를 받은 경우는 종전의 규정 적용

○ 작업장

- 검란기(부패된 알, 혈액이 함유된 알, 난황이 파괴된 알 등 식용에 부적합 알을 검출하는 기기)·파각검출기·중량선별기·세척기·건조기·살균기 등 선별 및 포장에 필요한 장비나 시설을 갖추어야 하며, 일괄 작업이 가능하도록 자동화시설로 설치해야 함

2) 영업자 준수사항 준수여부

○ 식용란수집판매업자가 제출한 식용란 선별·포장 의뢰서를 최종 제출일부터 2년간 보관(「축산물 위생관리법 시행규칙」별지 제41호 서식)

○ 식용란 선별·포장 처리대장을 작성하고 최종 작성일부터 2년간 보관(「축산물 위생관리법 시행규칙」별지 제42호 서식)

○ 식용으로 부적합한 식용란은 검란후 폐기해야 하며, 다른 식용란이 오염되지 않도록 안전조치를 취해야 한다. 이 경우 식용으로 부적합한 식용란은 색소와 섞은 후 "폐기용"으로 표시한 폐기용기에 담아 식용으로 사용할 수 없도록 해야 한다.

* 중량선별기, 검란기, 파각검출기 등의 장비나 시설을 이용하여 검란해야 한다.

* 부패, 곰팡이 발생, 이물 혼입, 혈액 함유, 내용물 누출, 난황 파괴된 알 등

○ 영업장 외의 장소에서 선별·포장·보관해서는 안되며, 식용란선별포장업 영업자는 포장된 달걀을 재포장하여 판매해서는 안된다. 다만, 달걀의 품질 개선 등을 위해 필요한 경우에는 다른 식용란선별포장업 영업자가 선별, 포장하였거나 「수입식품안전관리 특별법」 제12조에 따라 등록한 해외작업장에서 포장되어 수입된 달걀을 재포장하여 판매할 수 있다.

○ 정당한 사유 없이 식용란수집판매업자가 의뢰하는 식용란의 선별·포장 등 처리 요구를 거부하거나 지연처리해서는 안됨

○ 물세척 달걀의 경우 냉장보관(10℃)해야 하고 식용란의 보존 및 유통기준에 적합하게 관리하여야 함

○ 달걀 껍데기 표시에 식품첨가물공전에서 허용하는 식용색소를 사용하여야 함

○ 식용란선별포장업 영업자 자신이 직접 선별·세척·건조·살균·검란·포장한 달걀을 판매하는 경우에는 별표 13 제1호 및 제3호머목에 따른 준수사항을 준수해야 함

□ 식용란수집판매업 점검 사항

1) 수집 및 판매·폐기 기록관리 점검

○ 가정용 및 업소용(음식점, 급식소 등)으로 유통·판매하려는 달걀은 식용란선별포장장에서 선별·포장처리하여야 함. 다만, 다음의 어느 하나에 해당하는 경우에는 제외

- 축산물가공업 또는 식품제조·가공업의 원료로 사용하기 위하여 달걀을 유통·판매하는 경우
- 「수입식품안전관리 특별법」제12조에 따라 등록한 해외작업장에서 위생적으로 선별·포장 처리된 달걀을 유통·판매하는 경우
- 다음의 어느 하나에 해당하는 식용란수집판매업 영업자가 「축산법」제22조에 따라 허가받거나 등록한 가축사육업을 경영하면서 자신이 생산한 달걀을 선별·포장 처리하여 판매하는 경우[(1)은 최종 소비자에게 직거래 형태로 판매하는 경우만 해당한다]
  (1) 「동물보호법」제29조에 따른 동물복지축산농장의 인증 및 법 제9조에 따른 식용란수집판매업 안전관리인증업소의 인증을 모두 받은 경우
  (2) 「친환경농어업 육성 및 유기식품 등의 관리·지원에 관한 법률」제19조에 따른 유기식품등의 인증 및 법 제9조에 따른 식용란수집판매업 안전관리인증업소의 인증을 모두 받은 경우
  (3) 「가축 및 축산물 이력관리에 관한 법률」제4조에 따른 농장식별번호를 부여받고, 같은 법 제19조에 따른 가축및축산물식별대장에 등록된 닭의 사육두수가 1만마리 이하인 영업자로서 법 제9조에 따른 식용란수집판매업 안전관리인증업소의 인증을 받은 경우. 다만, 해당 영업자가 생산한 달걀의 10퍼센트 이상을 직접 검란하여 그 결과를 6개월 이상 기록·관리하는 때에는 식용란수집판매업 안전관리인증업소의 인증을 받은 것으로 갈음할 수 있다.

○ 식용란 선별·포장 의뢰서를 식용란선별포장업 영업자에게 제출해야 함. 다만, 식용란수집판매업 영업자가 식용란선별포장업 영업을 함께 하는 경우에는 식용란 선별·포장 처리 대장의 작성으로 그 제출을 갈음할 수 있음

○ 식용란 거래·폐기내역서에 식용란의 수집·포장 및 판매내역을 기록하고 그 기록을 식용란 수집일로부터 6개월 이상 보관[「축산물 위생관리법 시행규칙」 별지 제40호 서식] 하여야 하고, 그 기록을 거짓으로 작성하여서는 아니된다. 다만, 「가축 및 축산물 이력관리에 관한 법률」 제27조제2항에 따른 이력관리 시스템을 이용하여 별지 제40호 서식에 기록해야 하는 내용을 기록·관리한 경우에는 거래·폐기내역서를 기록·보관한 것으로 본다.

○ 가축사육업을 경영하는 자가 발급하는 거래명세서를 최종 발급일부터 1년간 보관

* 「축산법」제2조제8호에 따른 가축사육업을 경영하는 자는 식용란을 출하하는 때에는 산란일자, 사육방식 등을 포함한 거래명세서를 발급

○ 식용으로 부적합한 식용란은 "폐기용"으로 표시한 폐기용기에 담고, 해당 식용란을 색소와 섞어 판매할 수 없도록 관리하고 폐기내역 기록(폐기일로부터 6개월 이상 보관)

2) 판매용 계란 안전관리 점검

○ 「식품의 기준 및 규격」제2.1. 식품원료 기준 1) 원료 등의 구비요건을 위반한 식용에 부적합 알을 판매하거나 판매목적으로 보관·운반하는 행위

- 식품 제조·가공 등에 사용하는 식용란은 부패된 알, 산패취가 있는 알, 곰팡이가 생긴 알, 이물이 혼입된 알, 혈액이 함유된 알, 내용물이 누출된 알, 난황이 파괴된 알(단, 물리적 원인에 의한 것은 제외한다), 부화를 중지한 알, 부화에 실패한 알 등 식용에 부적합한 알이 아니어야 하며, 알의 잔류허용기준에 적합하여야 함

○ 식용란수집판매업 자가품질검사 기준에 따른 식용란 검사 여부

3) 판매용 계란 표시 및 광고 점검

○ 포장지 및 달걀 껍데기의 표시기준 준수 여부

- (최소포장단위) 제품명, 영업소(장)의 명칭(상호) 및 소재지, 소비기한, 내용량, 기타 표시사항(보관방법 및 보관온도, 냉장 보관 안내), "구입 후 냉장 보관하시기 바랍니다."라는 안내표시 등
- (달걀 껍데기) ①산란일자, ②고유번호, ③사육환경번호(예: 1012M3FDS2)
  (① 1012, ② M3FDS, ③ 2)

○ 소비자를 오도하거나 혼돈시키는 제품명 사용 및 허위・과대의 표시・광고

- 영양성분 강조, 사육환경, 사육방법 등에 관하여 소비자를 기만하는 표시・광고(그림, 사진 포함)
- GMO 표시 대상이 아닌 축산물에 Non-GMO 등 표시 여부

○ 산란일자가 상이한 식용란을 최소 포장단위에 함께 포장하는 행위

4) 영업자 중점 지도사항

○ 식용란을 영업장 외의 장소에서 보관·진열·판매하여서는 아니되며, 소비자에게 배달하는 경우 외에 차량을 이용하여 식용란을 불특정다수인에게 판매금지

○ 축산물의 가공기준 및 성분규격에 따라 식용으로 부적합한 식용란은 "폐기용"으로 표시한 폐기용기에 담아 색소와 섞어 판매할 수 없도록 한다. 이 경우 식용란 거래·폐기내역서에 폐기내역기록하고 식용란의 폐기일부터 6개월 이상 보관한다.

○ 실금란은 정상란과 달리 견고하지 못해 쉽게 난각막이 손상될 우려가 있어 소비자용이 아닌 가공용으로 신속하게 공급

- 실금란·오염란·연각란은 미생물 등 위해요소 혼입의 우려가 높으므로 비살균 액란제품 원료로 사용 금지

○ 식용란수집판매업 영업자는 수집하는 달걀이 휴약기간을 준수한 닭에서 생산되었는지 여부를 확인하여 잔류위반 달걀 유통 방지

○ 달걀과 관련 없는 문자, 그림, 사진 등을 사용하여 소비자를 기만하는 행위 금지 (사실과 다른 사육환경, 사육방법 등)

○ 달걀 껍데기 표시에 사용하는 인쇄용 색소는 「식품첨가물의 기준 및 규격」에서 허용하는 식용색소만 사용

○ 달걀을 물로 세척할 때는 아래와 같이 실시하고 즉시 건조하여 냉장(10℃)으로 보관·유통·판매하고 포장에 '냉장보관'을 반드시 표시

- 달걀을 세척하는 경우 30℃ 이상이면서 품온보다 5℃ 이상의 깨끗한 물(100~200 ppm 차아염소산나트륨 함유 또 물일 것, 이 때 차아염소산나트륨을 사용하지 않는 경우 150 ppm 차아염소산 나트륨과 동등 이상의 살균 효력이 있는 방법을 사용할 수 있다.

  * 달걀은 가능한 0~15℃에서 보존 및 유통하여야 한다.
  * 물로 세척한 달걀은 냉장(0~10℃)에서 보존 및 유통하여야 한다.
  * 냉장된 달걀은 지속적으로 냉장으로 보존 및 유통하여야 한다.

2. 축산물 가공품 안전관리

1) 영업장 위생관리 점검

○ 원료의 건전성, 가공 전 원료 취급상태, 가공 작업장의 청결유지, 주기적 소독상태, 가공작업실 실내온도 적정 유지 등 자체위생관리기준 준수 여부 등을 확인

○ 비살균제품을 생산하는 가공장은 신선한 원료 사용, 오염방지를 위한 시설 청결유지, 작업실 및 제품보관실 온도 관리 등을 중점 점검

2) 중점 점검 사항

○ 원료의 입고·사용에 관한 원료출납서류, 생산·작업기록에 관한 서류, 제품의 생산단위(로트)별로 생산일, 생산량, 판매처 및 판매량 등에 관한 거래내역서류 작성·보관 여부

○ 원료의 구비요건을 위반하여 부적정 원료 사용 행위

○ 원료 및 제품 보관 온도 준수 여부 확인

○ 품목제조보고에 따른 원료사용 및 배합비율 준수 여부

○ 축산물 가공품별 제조·가공기준 등 준수여부(「식품의 기준 및 규격」제2. 2. 제조·가공기준)

○ 제조일자, 소비기한 관련 허위·초과표시(미표시 행위 포함)

○ 살균여부에 따른 멸균·살균·비살균제품 표시 누락 행위

○ 폐기대상 축산물의 부적정 보관 행위(폐기용 표시 및 구분 보관)

○ 자체위생관리기준 미작성·운용행위

* 안전관리인증작업장 또는 안전관리인증업소로 인증을 받거나 받은 것으로 보는 경우 예외

○ 영업자 자가품질검사 미실시 및 부적합 제품 부적정 처리 행위

3) 행정사항

○ 점검 및 수거검사 실적은 전산시스템(식품행정통합시스템)에 입력

3. 포장육 안전관리

1) 영업장 위생관리 점검

○ 원료의 건전성, 가공 전 원료 취급상태, 가공 작업장의 청결유지, 주기적 소독상태, 가공작업실 실내온도 적정 유지 등 자체위생관리기준 준수 여부 등을 확인

2) 중점 점검 사항

○ 원료의 입고·사용에 관한 원료출납서류, 생산·작업기록에 관한 서류, 제품의 생산단위(로트)별로 생산일, 생산량, 판매처 및 판매량 등에 관한 거래내역서류 작성·보관 여부

○ 원료의 구비요건을 위반하여 부적정 원료 사용 행위

- 소비기한이 경과한 원료·제품을 보관하였다가 재포장하는 행위

○ 작업실(15℃ 이하), 원료육보관실(냉장 -2~10℃(가금육은 -2~5℃), 냉동 -18℃ 이하), 제품 보관실(냉장 -2~10℃(가금육은 -2~5℃), 냉동 -18℃이하)

○ 식육제품의 등급 및 인증(안전관리인증기준) 등 부당한 표시 또는 광고

○ 제조연월일, 소비기한 관련 허위·초과표시(미표시 행위 포함)

○ 폐기대상 축산물의 부적정 보관 행위(폐기용 표시 및 구분 보관)

○ 자체위생관리기준 미작성·운용행위

* 안전관리인증작업장 또는 안전관리인증업소로 인증을 받거나 받은 것으로 보는 경우에는 제외하는 사항 확인 필요

3) 제품표시사항 관리

가. 제품명 : 품목제조보고한 제품명 기재

예) 품목제조보고 : 한우고기(냉장) - 제품명 : 한우고기(냉장)

품목제조보고 : 한우 안심살 - 제품명 : 한우 안심살

나. 유형 표시 : 포장육(식육의 종류와 부위명 표시*)

※ 식육의 종류와 부위명을 제품명이나 제품명 일부 사용 시 생략 가능

다. 소비기한(다만 포장육을 재포장하는 경우, 그 제품에 재포장일자를 표시하고자 하면 제조연월일 및 소비기한)

라. 영입소(징)의 명칭(상호) 및 소재지, 내용량, 보관방법, 주의사항 등 표기

4. 냉동 전환 축산물 안전관리

1) 냉동 전환 신고 절차(축산물가공업 또는 식육포장처리업 영업자)

○ 냉장제품(축산물가공품 또는 포장육)을 냉동제품으로 전환하려는 경우 사전에 영업허가 시·도지사 또는 시장·군수·구청장에게 전환 품목명, 중량, 보관방법, 소비기한(냉장제품 및 냉동 전환 제품의 소비기한), 냉동으로 전환하는 시설의 소재지 및 냉동 전환 실시 날짜와 냉동 전환이 완료되는 날짜를 신고(전자문서 신고 포함)하여야 함

- 신고일부터 10일 이내에 냉동 전환을 실시하고 냉동 전환 완료일이 냉장제품의 소비기한을 초과하지 아니하도록 할 것

- 냉동 전환 대상 축산물에 「식품 등의 표시·광고에 관한 법률」 표시기준을 준수하여 표시할 것

- 신고사항 변경 시 해당 변경 내역을 지체 없이 신고할 것

○ 식품안전나라(www.foodsafetykorea.go.kr)을 이용하는 경우

- 화면 위쪽의 "우리회사 안전관리(3월부터 통합민원창구 이용)*" 클릭 후 로그인(회원가입 필요) 하여 "민원신청"란의 "축산물 냉동 전환" 메뉴에서 냉동 전환 보고

* '26년 3월부터 통합민원상담, 우리회사 안전관리 메뉴가 통합민원창구로 통합·변경 예정

- 문서로 신고하는 건에 대해서는 담당 공무원이 수동 등록 가능
- 신고한 내용에 변경사항 발생 시 즉시 관할 관청에 '냉동 전환 보고사항 변경신고' 제출(신고된 내용은 임의로 영업자가 수정 불가)

* 신고내용 변경은 관할 관청만 수정 가능

○ 냉동 전환 신고사항은 성실하게 입력하고 신속하게 급속냉동을 실시

* 전산시스템에서 신고사항 출력하여 냉동 전환하는 시설의 영업자에게 제시

○ 냉동전환 완료 후 전환완료한 제품의 **표시사항***이 나오도록 촬영한 사진을 시스템에 입력할 것

* "기존 냉장제품의 소비기한을 포함한 표시사항", "냉동제품의 소비기한", "이 제품은 냉장제품을 냉동시킨 제품입니다.", "해당 제품의 냉동 전환일", "냉동제품의 소비기한 및 보관온도"

2) 냉동 전환 축산물 안전관리(관할 관청)

○ 식품행정통합시스템(admin.foodsafetykorea.go.kr)에서 냉동 전환 보고내역 주기적으로 관리

* 지방청 : 행정업무처리[식약처], 지자체 : 행정업무처리[공통]

○ 전산 등록 내역을 활용하여 냉동 전환 실태점검을 실시(연중)

점검기관	점검대상	점검회수	점검시기	결과입력
지자체	냉동 전환 축산물 신청업소	신청 업소별 1회 이상	냉동 전환 신청 후 10일 이후	통합전산망에 결과 입력 *계획명 : 냉동 전환 축산물 점검

3) 주요 점검 사항

○ 냉동 전환 신고사항 일치 여부

* 제품명, 중량, 보관방법, 냉동 전후 소비기한, 냉동 전환 시설, 냉동 전환 실시일과 완료일, 축산물수입신고필증번호(수입축산물에 한함)

○ 소비기한 경과 후 냉동 전환 신고 및 실시 여부

○ 냉동 전환 완료 전에 소비기한 경과 여부

○ 타사의 제품 냉동 전환 여부

○ 냉동 전환 축산물에 표시 적정 여부

√ 기존 냉장제품의 표시사항을 가리거나 제거하는 행위

√ 표시사항 누락 여부

① "이 제품은 냉장제품을 냉동시킨 제품입니다."

② "해당 제품의 냉동 전환일"

③ "냉동제품의 소비기한 및 보관온도"

< 냉동 전환 관련 확인사항 >

<table>
<tr><td>1. 영업자는 냉동 전환 물량을 줄이기 위한 냉장제품 생산 및 수입량 조절에 노력</td></tr>
<tr><td>2. 냉장제품을 원료로 냉동제품을 생산하는 것은 품목제조보고된 냉동제품 생산 활동이므로 냉동 전환 신고대상이 아님</td></tr>
<tr><td>3. 축산물가공품 또는 포장육 생산 영업자가 직접 냉동전환 가능
* 축산물가공업 영업자가 원료로 반입한 포장육은 직접 냉동전환할 수 없음</td></tr>
<tr><td>4. 포장육이 아닌 식육의 경우, 냉동 전환 신고 대상이 아님(냉동전환 불가)
* 식육판매업 영업자는 냉장식육의 냉동전환 신고 불가</td></tr>
<tr><td>5. 닭·오리 등의 가금류 도축장에서 냉장보관, 소비기한 등을 표시하여 반출된 닭·오리 등의 식육은 표시된 소비기한이 경과하면 원료사용 및 판매가 불가하므로 식육가공업, 식육포장처리업 또는 식육판매업 영업자는 반드시 자신의 생산능력이나 판매현황 등의 여건을 고려하여 적당한 물량을 입고하여야 함. 냉장보관 및 소비기한이 표시된 동 식육을 임의로 냉동하여 보관하는 경우 보존 및 유통기준 위반 또는 소비기한 경과제품의 판매목적 보관 행위에 해당
* 축산물가공업·식육포장처리업 영업자가 자신이 생산한 냉장축산물만 냉동 전환이 가능하므로 도축장에서 반출된 냉장 닭·오리 식육은 냉동 전환 불가</td></tr>
<tr><td>6. 냉동 전환 신고사항에 변경이 있는 경우 냉동 전환 실시 전 반드시 변경 신고하고 냉동 전환하여야 함</td></tr>
</table>

5. 축산물가공품 등 자가품질검사 관리

1) 근거법령

○ 「축산물 위생관리법」제12조제3항, 제4항 및 같은 법 시행규칙 제14조제1항 [별표 5]

○ 「축산물 위생관리법」제12조제2항·제6항·제7항 및 같은 법 시행규칙 제12조 [별표 4]

○ 「축산물의 자가품질검사 규정」(식약처 고시)

2) 검사 항목 및 검사주기

○ 검사기준[시행규칙 제14조 [별표 5] 및 축산물의 자가품질검사 규정(식약처 고시)]

<table>
<tr><th>구분</th><th>업종</th><th>대상제품</th><th>검사주기</th><th>검사항목</th></tr>
<tr><td rowspan="4">가공품</td><td>축산물가공업
(식육·유·알)</td><td>식육가공품, 알가공품, 유가공품*</td><td>매월 1회 이상</td><td rowspan="6">「축산물의 자가품질검사 규정」 고시에서 정하는 검사항목</td></tr>
<tr><td>식육즉석판매가공업</td><td>식육즉석판매가공업 영업자가 생산하는 식육가공품</td><td>9개월마다 1회 이상</td></tr>
<tr><td>식육포장처리업</td><td>식육간편조리세트</td><td>매월 1회 이상</td></tr>
<tr><td colspan="3">동일 생산단위별로 1회 이상 성상·이물 검사 실시</td></tr>
<tr><td>포장육</td><td>식육포장처리업</td><td>포장육(분쇄에 한함)</td><td>매월 1회 이상</td></tr>
<tr><td>식용란</td><td>식용란수집판매업</td><td>식용란을 생산한 가축사육시설별로 검사</td><td>6개월에 1회 이상</td></tr>
</table>

* 일 1톤 이하의 원유를 사용하여 유가공품을 생산하는 영업자는 2개월에 1회 이상

3) 검사기준

가. 축산물가공업·식육포장처리업 및 식육즉석판매가공업 영업자는 판매를 목적으로 제조·가공하는 품목별로 자가품질검사를 실시함

- 단, 「식품의 기준 및 규격」고시에서 정한 동일한 검사항목을 적용받는 축산물가공품 및 식육즉석판매가공업 영업자가 생산하는 식육가공품은 유형별(여러 품목 중 대표 품목 한 개)로 검사를 실시할 수 있음

※ 동일한 유형이라 하더라도 살균한 제품과 살균을 하지 않은 제품은 미생물 규격이 각기 다르므로 각각의 제품별로 자가품질검사를 실시하여야 함

- 축산물가공업 영업자는 자가품질검사를 유형별로 실시할 시 1년의 기간을 기준으로 전년에 생산된 해당 동일 유형의 품목 수가 12개 이하인 경우에는 모든 품목의 50퍼센트(소수점 이하는 반올림) 이상의 품목에 대해 1회 이상 검사해야 하고, 품목 수가 12개를 초과하는 경우에는 최소 6개 이상의 품목(생산중량 상위 3개인 품목 포함)에 대해 1회 이상 검사하여야 함

나. 식육포장처리업 영업자는 판매를 목적으로 제조하는 포장육의 품목별로 자가품질검사를 실시하여야 함

다. 식용란수집판매업 영업자는 수집·판매하는 식용란을 생산한 가축사육 시설별로 자가품질검사를 실시하여야 함

라. 검사항목의 적용은 식품의약품안전처장이 정하여 고시하는 항목에 한하고, 검사항목의 규격은 축산물의 가공기준 및 성분규격에서 정한 규격을 준수함. 다만, 축산물의 가공과정 중 특정 식품첨가물을 사용하지 아니한 경우에는 그 항목을 생략할 수 있음.

마. 자가품질검사 주기의 적용시점은 제품제조일(식용란의 경우 산란일)을 기준으로 함

4) 검사면제 요건

가. (안전관리인증작업장) ①자가품질검사 항목이 포함된 안전관리인증기준을 준수하거나 ②안전관리인증 조사·평가 결과가 그 총점의 95퍼센트 이상인 점수에 해당될 경우

※ ① 기준 준수여부 결과가 나온날로부터 1년간 면제 / ② 조사·평가 결과가 나온날로부터 1년간 면제

나. (식용란수집판매업) 해당 식용란에 대하여 「식품·의약품분야 시험·검사 등에 관한 법률」제6조에 따라 지정을 받은 시험·검사기관이 검사한 경우

※ 시험·검사기관에서 검사한 해당 날샬의 산란일을 기준으로 자가품질검사를 실시한 것으로 봄

5) 검사관리 부적합제품의 처리

가. 축산물가공업 등 영업자는 자가품질검사 결과 식품 등의 기준 및 규격에 적합하지 아니한 경우에는 지체 없이 관할 지자체에 통보하여야 하고, 다음에 따른 조치를 취하여야 함

가) 회수대상 부적합 사항은 「축산물 위생관리법」제31조의2 규정에 따라 회수 폐기 조치

나) 회수대상이 되지 않은 자가품질검사 부적합 사항에 대하여도 부적합 원인을 분석하여 개선하고, 필요한 경우 재검사를 실시하는 등 필요한 조치를 취하도록 조치

※ 식약처 식품안전나라 (www.foodsafetykorea.go.kr) → 통합민원상담(3월부터 통합민원창구 이용)* → 협업시스템 → 부적합긴급통보 시스템으로 통보

* '26년 3월부터 통합민원상담, 우리회사 안전관리 메뉴가 통합민원창구로 통합·변경 예정

나. 「식품·의약품분야 시험·검사 등에 관한 법률」제6조제2항제2호에 따른 축산물 시험·검사기관의 자가품질위탁검사 결과 부적합 판정되어 이를 통보받은 등록(신고)관청은 의뢰한 축산물 등의 영업자가 해당 부적합제품에 대하여 회수·폐기 등 필요한 조치를 신속히 이행하도록 조치

다. 자가품질검사 결과 식용란에서 잔류물질이 검출될 경우, 농장 관할 지자체는 「식용란의 미생물 및 잔류물질 등 검사에 관한 규정」제16조 규정에 따라 부적합 식용란을 생산한 농장에 대해 규제검사 실시

6) 자가품질검사 지도·점검 등

○ 자가품질검사 지도·점검

가) 지방식약청, 시·도, 시·군·구는 위생감시 계획에 자가품질검사 기준 준수 여부를 포함하여 지도점검 실시

- 자가품질검사 주기에 따른 이행 여부
- 자가품질검사 부적합 제품의 유통 및 재사용 여부
- 검사 결과 부적합 사항 관할 기관 보고 여부
- 자체 검사를 수행할 수 있는 인력, 검사실 및 장비·기구·시약류 등 보유 여부
- 검사성적서 허위작성 여부 확인(실제 검사 여부, 시험검사 결과와 다르게 판정, 검사관련 기록 위·변조, 다른 제품의 검사 결과 인용 등)

※ 자가품질검사를 직접 실시하는 업체는 검사결과의 위조·변조를 방지할 수 있는 기록관리 시스템 설치·운영하여야 함(동일 생산단위별로 1회 이상 실시하는 성상·이물 검사결과는 입력대상 제외)

- 검사관련 장부 작성 및 보관 여부 확인(검사일시 기재, 검사 실시대장·검사일지·시약 장부대장 작성, 장비 사용·점검·유지보수 일지, 초자 구입대장 등 구비)
- 식품 및 식품첨가물 공전 등에서 정한 기준 및 규정에 따라 검사하는지 여부(표준물질 사용 여부, 미생물 배양시간 준수, 필요시 확인시험 및 공시험 여부, 유효기간 경과 표준물질 사용, 판정이 모호한 피크(Peak) 확인검사 등)
- 회수·폐기 대상 식품의 적정 처리 여부
- 회수·폐기 대상이 아닌 경우 원인규명 및 개선조치 등 필요한 조치를 하지 않았다고 판단될 경우에는 신속하게 유통 중인 해당제품을 수거·검사하여 그 결과에 따라 조치
- 자가품질검사에 관한 기록서 2년간 보관 여부 등

나) 자가품질검사와 관련 당해 영업자가 제품 제조·가공 시 특정 식품첨가물(보존료 등)을 사용하지 아니한 경우에는 그 항목을 생략할 수 있도록 함에 따라 그 사실 여부를 철저히 확인

- 지도·점검 시 특정 식품첨가물의 검사항목 생략 시 그 사실 확인
- 필요 시 수거·검사 병행실시

다) 법에서 정한 자가품질검사 면제요건에 해당되는지 확인

○ 자가품질검사제도 홍보

가) 영업허가(신고), 품목제조보고 시 자가품질검사 의무사항, 행정처분 내용 안내

- 축산물의 자가품질검사 항목 및 검사주기, 유형별 검사 등

나) 축산물가공업 영업자 등은 자가품질검사 결과 「식품의 기준 및 규격」에 부적합한 경우 지체 없이 식약처 식품안전나라 (www.foodsafetykorea.go.kr) → → 통합민원상담(3월부터 통합민원창구 이용)* → 협업시스템 → 부적합긴급통보 시스템으로 통보

* '26년 3월부터 통합민원상담, 우리회사 안전관리 메뉴가 통합민원창구로 통합·변경 예정

다) 제품 출고 전 자가품질검사 실시 권장 등

6. 염소 불법도축 및 염소고기 취급업체 집중관리

1) 배경

○ 염소고기는 보양식 시장에서 개고기 대안으로 염소관련 제품(포장육, 액기스 등) 생산물량 증가함에 따라 안전관리 필요

※ 개의 식용 목적의 사육·도살 및 유통 등 종식에 관한 특별법(개식용종식법) 제정('24.1, 시행 '27.1)

○ 사육두수에 따른 염소 출하 마릿수 추정 대비 실제 도축 실적과 비교한 결과 일부만이 도축장을 경유하는 것으로 추정

※ 제주에서 무허가 흑염소를 불법 도축하고 이를 '흑염소즙'으로 가공해 판매한 일당 검거(KBS뉴스, 10.22)

2) 추진계획

○ 위생감시 및 수거·검사

가) 대상: 식육포장처리업, 식육가공업

나) 주요 착안사항

- 염소고기 위생적 취급 여부 및 표시사항 등 점검
- 정상도축 원료 사용 여부* 등 점검을 통해서 불법도축 여부 점검

※ 원료 염소고기 도축검사증명서, 거래명세서 등 확인 → 추적 조사 및 행정처분·고발 등

- 소비자 기만 허위·과대광고 위주 점검
- 명예위생감시원 등 활용·점검 참여를 통한 소비자 신뢰도 제고

○ 교육·홍보

가) 교육자료: 염소 불법 도축·불법 도축 축산물 유통 예방을 위한 리플릿* 및 축산물신고포상금제도 리플릿

* 주요 내용: ①염소는 허가된 도축장에서 도축·검사 해야 함 ②전국 도축장 현황 ③불법도축 시 처벌규정

나) 대국민 및 염소 취급 대상자별 불법도축 및 부정사용 방지 맞춤형 교육·홍보

- **(대국민)** 불법도축 등 부정행위 적발에 대한 신고포상금 제도 안내(행안부 반상회보, 문체부 전광판 송출)
- **(염소 사육 농가)** 염소는 허가된 도축장에서 도축 후 유통되어야 함을 안내하고, 불법도축 가담 시 처벌 규정 및 신고포상금 제도 등 홍보
- **(관계기관·단체* 등)** 불법도축 및 부정 축산물 사용 방지 및 신고포상금 제도 안내

* 식육가공업·포장처리업·식품접객업·건강원 관련 협회, 축산물·식품 위생교육기관 등

5 축산물 위생감시 요령

〈축산물안전정책과〉

1. 축산물 위생감시 목적 및 법적 근거

가. 목적: 가축의 도살·처리, 축산물의 제조·가공·유통·판매 등 전반적인 과정에 대한 위생상 문제점을 조사하고 수거·검사의뢰 등의 수단을 통하여 안전하고 위생적인 축산물을 소비자에게 공급하는 것

나. 법적 근거

1) 출입·검사·수거 권한 : 「축산물 위생관리법」제19조(출입·검사·수거)

2) 법령에 따른 축산물 위생감시 관계자

① 검사관(「축산물 위생관리법」제13조 관련)

② 축산물위생감시원(「축산물 위생관리법」제20조의2 관련)

③ 명예축산물위생감시원(「축산물 위생관리법」제20조의3 관련)

2. 축산물 검사 및 감시관계자의 주요임무

구 분		근 거	주 요 임 무
공무원	검사관	「축산물 위생관리법」 제13조 및 같은 법 시행령 제14조	○ 규격 등에 적합한 용기 등의 사용 여부 확인 ○ 식품 등의 표시기준 위반 여부 확인 ○ 가축, 식육, 원유 및 식용란의 검사 ○ 자체위생관리기준 작성·운영 여부 확인 ○ 자체안전관리인증기준의 작성·운영 여부 확인 및 조사·평가에 관한 업무 ○ 안전관리인증작업장등에 대한 점검·지도, 조사·평가 및 적정성 검증 등에 관한 업무 ○ 착유하는 소 또는 양의 검사 ○ 축산물가공업, 식육포장처리업 및 식육즉석판매가공업의 영업자가 실시하는 검사의 적정 여부 확인 ○ 책임수의사 및 검사원의 업무 이행 여부 확인 ○ 검사에 불합격한 가축 및 축산물의 처리 ○ 출입·검사·수거에 관한 사항 ○ 행정처분의 이행 여부 확인 ○ 영업자 및 그 종업원의 준수사항 이행 여부 확인·지도 ○ 허위·과대·비방의 표시·광고 또는 과대포장 금지의 위반 여부에 관한 점검·지도

구 분		근 거	주 요 임 무
			○ 판매 등의 금지의 위반 여부에 대한 점검·지도 ○ 축산물의 압류·폐기·회수 ○ 가축 외 동물 및 그 지육·정육·내장 그 밖의 부분에 대한 검사·처리 ○ 축산물의 유통에 관한 지도 ○ 그 밖에 가축 및 축산물의 위생관리에 관련된 업무
	축산물 위생 감시원	「축산물 위생관리법」 제20조의2 및 같은 법 시행령 제20조의2	○ 규격 등에 적합한 용기 등의 사용 여부 확인 ○ 식품 등의 표시기준 위반 여부 확인 ○ 자체위생관리기준 작성·운영 여부 확인 ○ 자체안전관리인증기준의 작성·운영 여부 확인 및 조사·평가에 관한 업무 ○ 안전관리인증작업장등에 대한 점검·지도, 조사·평가 및 적정성 검증 등에 관한 업무 ○ 축산물가공업, 식육포장처리업 및 식육즉석판매가공업의 영업자가 실시하는 검사의 적정 여부 확인 ○ 검사에 불합격한 가축 및 축산물의 처리 ○ 출입·검사·수거에 관한 사항 ○ 행정처분의 이행 여부 확인 ○ 영업자 및 그 종업원의 준수사항 이행 여부 확인·지도 ○ 허위·과대·비방의 표시·광고 또는 과대포장 금지의 위반 여부에 관한 점검·지도 ○ 판매 등의 금지의 위반 여부에 대한 점검·지도 ○ 축산물의 압류·폐기·회수 ○ 축산물의 유통에 관한 지도 ○ 그 밖에 가축 및 축산물의 위생관리에 관련된 업무
비공무원	책임 수의사	「축산물 위생관리법」 제13조 및 같은 법 시행령 제15조	○ 원유의 검사 ○ 영업장 시설의 위생관리 ○ 종업원에 대한 위생교육 ○ 검사에 불합격한 원유의 처리 ○ 검사기록의 유지 및 검사에 관한 보고 ○ 검사원의 업무이행 여부 확인 ○ 착유하는 소 또는 양의 위생관리에 관한 지도 ○ 그 밖에 원유의 위생관리에 관련된 업무

구 분	근 거	주 요 임 무
검사원	「축산물 위생관리법」 제14조 및 같은 법 시행령 제18조	○ 검사관이 수행하는 가축 및 그 식육의 검사에 대한 보조업무 ○ 검사관이 수행하는 도축장의 자체위생관리기준 및 자체안전관리인증기준 이행 여부 확인에 대한 보조업무 ○ 검사에 불합격한 가축 및 축산물의 처리에 관한 보조업무 ○ 검사관이 수행하는 실험실 검사의 보조업무 ○ 검사기록부 등 검사와 관련된 문서의 정리 ○ 영업장의 기구·장비·시설 등의 위생관리 ○ 그 밖에 가축 및 축산물의 위생관리 업무와 관련하여 검사관이 지시하는 업무
명예 축산물 위생 감시원	「축산물 위생관리법」 제20조의3 및 같은 법 시행령 제20조의3	○ 축산물위생감시원이 수행하는 축산물의 수거·검사·압류·폐기 지원 ○ 법령 위반행위자에 대한 신고 및 정보제공 ○ 그 밖에 축산물의 위생 및 거래질서 유지를 위한 홍보·계몽 등의 업무

3. 위생감시 역할 분담

가. 기본방향

1) 업무의 전문성과 효율성을 최대한 높이기 위해 중앙과 지방의 기능별 역할 분담 추진
2) 중앙과 지방의 유기적 협조체계 구축을 통한 축산물 안전관리 추진

나. 역할분담체계

중앙과 지방의 행정여건, 감시단속 업무의 세부 활동별 특성, 축산물 안전관리 여건, 업무의 전문성 등을 종합적으로 고려하여 합리적인 「기능적 역할 분담체계」 구축

다. 세부기능별 업무 분담체계

1) 식품의약품안전처(이하 "식약처"), 농림축산식품부(도축·집유장에 한함. 이하 "농식품부"), 지방자치단체별 세부기능별 업무분담체계는 아래 표와 같다.

[감시체계 및 기본 역할분담 사항]

식품의약품안전처*	지방자치단체
○ 전국적으로 생산·유통되는 축산물에 대한 기획단속 활동 ○ 위해사고 사전예방을 위한 기획감시 ○ 유해물질 중심의 축산물 안전관리 ○ 수입축산물의 위생안전관리 ○ 각종 감시단속 매뉴얼 및 가이드라인 개발 ○ 전국 회수 안전관리 총괄 ○ 국내·외 정보의 수집·분석·전파 ○ 당해년도 중점감시 추진	○ 지역 내에서 생산·판매·유통되는 축산물에 대한 정기적인 감시단속 활동 ○ 관할 허가·신고 영업장의 정기점검 활동 ○ 시설, 개인위생 등 기초위생 안전관리 ○ 현장 중심의 지도·계몽 활동 ○ 지역 내 회수 안전관리 ○ 지역 내에서 발생되는 정보 수집 및 공유 ○ 당해년도 중점감시 추진

* 집유·도축장에 관해서는 농림축산식품부

2) 식약처는 기획·계통조사, 소비자·언론 제보 등에 따른 특별조사와 필요한 경우 기획점검계획 추진 및 지자체 교육·기술·정보 전파
3) 농림축산검역본부(이하 "검역본부")는 도축장·집유장에 대한 기획감시 계획 수립 및 활동 수행
4) 시·도는 도축업, 축산물가공업소, 식용란선별포장업소의 시설 및 안전관리 중점 감시단속 활동 수행
5) 시·군·구는 식육포장처리업소, 축산물보관·운반·판매업소 및 식육즉석판매가공업소의 시설 및 안전관리 중점 감시단속 활동 수행

라. 지방식약청, 검역본부 및 지방자치단체간의 파트너십 위생감시 체계구축

1) 지방식약청, 검역본부 및 시·도(시·군·구)는 「축산물 위생감시 협의체」를 구성·운영하고, 정기 또는 수시로 긴밀한 업무협의 관계 유지
2) 지방식약청, 검역본부 및 시·도(시·군·구)는 축산물 위생관리에 관한 각종 정보 교류 등 협력
3) 지방식약청, 검역본부 및 시·도(시·군·구)는 자체적으로 감시단속을 실시할 경우 사전에 상호 협의하여 중복단속 등을 방지하고, 필요할 경우 합동단속 실시 또는 감시·단속인력 상호 지원 등 유기적으로 협조
4) 상호 시험분석 관련 업무 협조

[세부 기능별 업무 분담체계]

업무별	식품의약품안전처 (지방식약청)	농림축산식품부 (농림축산검역본부)	시·도 (시·군·구)
1) 축산물위생 감시지침 운용	·위생감시지침 개정 ·지침에 따른 위생감시	·위생감시지침 개정의견제출 ·지침에 따른 위생감시	·위생감시지침 개정의견제출 ·지침에 따른 위생감시
2) 중앙감시반 운영	·중앙감시반 운영계획 수립·시행 - 위생관리취약·사각지대 감시	·중앙감시반 운영계획 수립·시행	·중앙감시 협조
3) 작업장·영업장 위생관리	·기획·계통 조사	·도축·집유장 위생관리 총괄	·관할 업소 관리
4) 허위·과대광고 단속	·정보수집·분석·전파	·농장·도축·집유장의 표시·광고 지도·단속	·관할 내 생산·유통 축산물 표시·광고 지도·단속
5) 축산물 안전성 조사	·정보수집·분석·평가 ·유통단계 축산물 수거·검사	·생산단계 안전성조사	·관내 생산·유통 축산물 수거 검사 ·생산단계 안전성조사
6) 하절기 축산물 특별점검	·점검계획 수립·시행	·도축·집유단계 점검계획 수립·시행	·시·도 단위 계획 수립·시행
7) 성수기 축산물 특별점검	·점검계획 수립·시행	·도축·집유단계 점검계획 수립·시행	·시·도 단위 계획 수립·시행
8) 위해축산물 등의 회수·폐기	·전국 회수 안전관리 총괄 ·유통 축산물 회수·폐기 관리	·도축·집유단계 회수·폐기 관리	·관내 영업장 회수·폐기대상 축산물 조치·관리
9) 부정·불량식품 민원업무 처리	·식품안전소비자신고 센터 구축·운영 - (지방청)부정·불량식품 신고접수 및 식품안전 소비자신고센터 관리, 수입축산물 관련 소비자 신고 처리		·부정·불량식품 신고접수 및 식품안전소비자신고센터 관리 ·국내 축산물 관련 소비자 신고 처리
10) 명예축산물위생 감시원 운영	·제도 운영 및 운영계획 수립 ·활동수당 지급		·자체 운영계획 수립·시행 ·활동수당 지급

4. 위생감시 구분

감시는 목적, 취지, 성격 등에 따라 아래와 같이 '정기감시', '특별감시' 및 '기획감시'세 가지로 구분한다.

4-1. 정기감시

영업의 허가·신고 등의 업무를 관할하는 기관에서 「축산물 위생관리법 시행규칙」제25조 제1항에 따라 실시하는 것으로써 예방중심의 지도·홍보·교육 활동 포함

가. 업소별 점검

1) 도축업·집유업

가) 도축업

(1) 현장점검

(가) 도축업의 경우 냉장(냉동)실에서부터 시작하여 작업실·도살실·내장처리실·가축의 하차·계류장 등 청정구역에서 오염구역으로 점검하는 것을 원칙으로 한다.

(나) 점검 중 위반사항이나 의심되는 사항이 있으면 증거물을 확보(수거·압류 또는 사진촬영 등)한다.

① 냉장실 : 외부에 온도계 설치 여부, 규정에 위반된 도체 보관 여부 등

② 작업실

㉮ 바닥에서 해체작업을 하는 행위, 외부인 출입 여부

㉯ 장기 및 내장을 바닥에서 끄는 행위

㉰ 바닥에 닿은 채로 도체를 이동시키는 행위

㉱ 종업원의 위생복, 위생모, 위생화 착용 여부 등

③ 도살실 : 매달지 않고 방혈하는 행위 등

④ 계류장 : 도살금지 가축 및 급수시설 및 샤워시설 설치 확인 등

(2) 사무실(서류점검)

(가) 안전관리인증기준(HACCP) 및 자체위생관리기준(SSOP) 운용 확인

(나) 도축검사신청서 확인 및 검사원 지정 확인

(다) 건강진단 및 위생교육 확인 등

나) 집유업

(1) 현장점검

(가) 점검 중 위반사항이나 의심되는 사항이 있으면 증거물을 확보(수거·압류 또는 사진촬영 등)한다.

① 주차장·차도 : 도로포장 등

② 원유 취급실 : 저유조의 원유 저장 여부 등

③ 검사실 : 검사 장비 및 기구 비치 및 면적 등

(2) 사무실(서류점검)

(가) 안전관리인증기준(HACCP) 및 자체위생관리기준(SSOP) 운용 확인

(나) 책임수의사의 검사 및 지정 여부 등

2) 축산물가공업·식육포장처리업·식용란선별포장업

가) 축산물가공업

(1) 현장점검

구입 원료부터 제품생산·검사에 이르기까지 제조공정 순서에 따르되, 청정구역에서 오염구역으로 점검하는 것을 원칙으로 한다. 점검 중 위반사항이나 의심되는 사항이 있으면 증거물(위반제품, 포장지, 기계기구류 등)을 확보(수거·압류 또는 사진촬영 등)한다.

(가) 생산제품 확인 : 생산되는 제품의 종류를 파악(영업허가증, 품목제조보고서, 생산일지 등으로 확인)

(나) 제조공정 확인 : 제품의 종류에 따라 공정이 다를 수 있으므로 제조공정을 확인하여 제조공정 순으로 점검을 한다.(입회한 관계직원에게 제조공정 도면을 요구하거나 설명요구)

(다) 종사자수 확인 : 각 공정별 현장 근무자를 확인(건강진단서와 대조)

(라) 제조가공실

① 원료배합이 보고한 품목제조보고서와 일치 여부 확인

② 축산물의 가공기준 및 성분규격에 적합 여부 확인

- 기준 및 규격 준수, 세척시 식품첨가물 또는 위생용품(세척제) 사용 및 허용량 초과 여부 등 확인

③ 원료의 보관상태 확인

(마) 원료처리장

① 원료 등의 구비요건에 위반되는 사항이 없는지 확인

② 원료선별, 세척 등이 제대로 이루어지는지 확인

③ 소비기한 경과 제품 및 반품된 제품 재사용 여부 확인

(바) 포장실

① 제품의 포장상태가 안전한지 확인

② 포장과정에서의 위해요소는 없는지 확인

③ 사용 포장지는 적절한지 확인

④ 표시기준 위반 및 부당한 표시 또는 광고행위는 없는지 등을 확인

(사) 제품창고

① 생산된 제품은 선입선출로 관리 여부 확인

② 소비기한, 제조일자 등이 허위로 표시된 것은 없는지 확인

③ 완제품의 보관상태(냉동, 냉장 등) 적합 여부 확인

(아) 원료창고 점검

① 생산제품에 대한 원료 등이 구입되어 있는지 확인

② 비식용 원료, 무허가(신고)원료, 소비기한 경과제품, 표시기준 위반 제품 등이 보관되어 있는지 확인

(자) 검사실

① 실험실 기기류 및 시약류 비치 여부

② 실험실 요원 근무상태 및 실험적정 여부

③ 법령에 의한 검사항목 및 검사 주기 준수 여부 등

(차) 기타

① 탈의실에는 위생복, 위생모 등이 충분히 확보되어 있으며 위생적으로 관리되는지 여부

② 냉장제품을 냉동 전환 신고 없이 냉동제품으로 보관·판매 했는지 여부

③ 식품용 기구·용기·포장 등 사용 여부(예: 식품용 흡수패드 사용 여부 등)

(2) 사무실(서류점검)

(가) 사무실에서는 아래와 같이 서류 확인으로 점검

① 영업허가증, 품목제조보고서

② 자가 검사자 지정 유무

③ 종업원 현황 : 사무직원, 생산직원, 기타

④ 생산·작업기록에 관한 서류

⑤ 자가검사 : 원료 및 부원료 검사일지, 완제품 검사일지, 시약 사용대장 및 실험실 기계, 기구류 사용대장 등)

⑥ 자체위생관리기준서 및 점검일지

* 안전관리인증작업장 또는 안전관리인증업소로 인증을 받거나 받은 것으로 보는 경우에는 제외하는 사항 확인 필요

⑦ 종업원 건강진단서 및 위생교육일지

⑧ 제품포장지(생산품목 전체)

⑨ 원료의 입고· 사용에 관한 원료출납서류

⑩ 먹는물(지하수) 수질검사성적서

⑪ 제품의 생산단위(로트)별로 생산일, 생산량, 판매처 및 판매량 등에 관한 거래내역서류(이하 거래내역서류)

⑫ 원료 또는 기구·용기·포장지 검사관계 서류

⑬ 수입 축산물 및 일반식품 현황 및 관계서류

⑭ 출입·검사 등 기록부

나) 식육포장처리업

(1) 현장점검

구입 원료부터 제품생산·포장에 이르기까지 제조공정 순서에 따르되, 청정구역에서 오염구역으로 점검하는 것을 원칙으로 한다. 점검 중 위반사항이나 의심되는 사항이 있으면 증거물(위반제품, 포장지, 기계기구류 등)을 확보(수거·압류 또는 사진촬영 등)한다.

(가) 생산제품 확인 : 생산되는 제품의 종류를 파악(영업허가증, 품목제조 보고서, 생산일지 등으로 확인)

(나) 종사자수 확인 : 현장 근무자를 확인(점검 후 건강진단서와 대조)

(다) 원료보관실

① 원료 등이 구입되어 있는지 확인

② 무허가(신고)원료, 소비기한 경과제품, 표시기준 위반제품 등이 보관되어 있는지 확인

③ 원료의 보관상태 확인

④ 소비기한 경과 제품 및 반품된 제품 재사용 여부 확인

(라) 포장실

① 사용 포장지는 적절한지 확인

② 표시기준 위반 등이 없는지 등을 확인

(마) 완제품보관실

① 소비기한, 제조일자 등이 허위로 표시된 것은 없는지 확인

② 완제품의 보관상태(냉동, 냉장 등) 적합 여부 확인

(바) 기타

① 탈의실에는 위생복, 위생모 등이 충분히 확보되어 있으며 위생적으로 관리되는지 여부

② 냉동 전환 신고 없이 냉장 축산물을 냉동으로 전환 여부

③ 식품용 기구·용기·포장 등 사용 여부(예: 식품용 흡수패드 사용 여부 등)

(2) 사무실(서류점검)

(가) 사무실에서는 아래와 같이 서류 확인으로 점검

① 영업허가증, 품목제조보고서

② 원료출납서류, 생산·작업기록에 관한 서류, 거래내역서류

③ 종업원 현황 : 사무직원, 생산직원, 기타

④ 종업원 건강진단서 및 위생교육일지

⑤ 먹는물(지하수) 수질검사성적서

⑥ 자체위생관리점검일지

* 안전관리인증작업장 또는 안전관리인증업소로 인증을 받거나 받은 것으로 보는 경우에는 제외하는 사항 확인 필요

⑦ 출입·검사 등 기록부

다) 식용란선별포장업

(1) 현장점검

구입 원료부터 제품생산·포장에 이르기까지 제조공정 순서에 따르되, 청정구역에서 오염구역으로 점검하는 것을 원칙으로 한다. 점검 중 위반사항이나 의심되는 사항이 있으면 증거물(위반사항, 포장지, 기계기구류 등)을 확보(수거·압류 또는 사진촬영 등)한다.

(가) 제품 확인 : 선별·포장처리되는 식용란의 종류를 파악(영업허가증, 식용란 선별·포장처리 대장 등으로 확인)

(나) 종사자수 확인 : 현장 근무자를 확인(점검 후 건강진단서와 대조)

(다) 작업장

① 작업실 내의 환기시설 및 방충·방서 시설 설치 여부

② 검란기·파각검출기·중량선별기·세척기·건조기·살균기 등 필요한 장비나 시설 여부 확인

③ 원료의 보관상태 확인

④ 일괄 작업이 가능한 자동화시설 설치 및 작동 여부 등

- 검란기·파각검출기·살균기 등 시설 작동기록 등을 참고하여 확인

⑤ 식용으로 부적합한 식용란은 색소와 섞은 후 '폐기용'으로 표시한 폐기용기에 담아 처리하는 지 여부 확인

⑥ 물로 세척한 달걀의 경우 냉장으로 보존 및 유통 여부 확인

- 물세척시 식품첨가물로 허용된 차아염소산나트륨 100~200ppm 사용 (또는 차아염소산나트륨 150ppm 동등 이상의 살균효력이 있는 방법)

⑦ 산란일자 허위표시 여부 확인

(2) 사무실(서류점검)

(가) 사무실에서는 아래와 같이 서류 확인으로 점검

① 영업허가증

② 식용란 선별·포장의뢰서, 식용란 선별·포장 처리내장

③ 종업원 현황 : 사무직원, 생산직원, 기타

④ 종업원 건강진단서 및 위생교육일지

⑤ 먹는물(지하수) 수질검사성적서

⑥ 출입·검사 등 기록부

3) 축산물보관업, 축산물운반업, 축산물판매업, 식육즉석판매가공업

가) 공통 점검사항

(1) 허가(신고)대상 업종의 허가(신고) 이행 여부

(2) 축산물의 표시기준 위반제품 점검

(가) 무허가·무표시 및 미포장 제품의 제조 및 보관·판매 행위

(나) 소비기한 또는 제조일자를 변조하여 보관·판매하는 행위

(다) 수입축산물을 신고내용과 다르게 표시하여 보관·판매하는 행위

(라) 수입쇠고기에 국내 등급 표시·광고 행위 여부 등

(3) 유통 및 위생관리에 대한 점검
(가) 소비기한 경과제품 보관·진열·판매 행위
(나) 부패·변질축산물 보관·판매 행위
(다) 운반차량 온도조작, 냉장·냉동제품의 보존·유통기준 미준수 여부
(라) 자체위생관리기준 작성 및 운용 여부(최종 기재일로부터 3개월간 보관)
* 안전관리인증작업장 또는 안전관리인증업소로 인증을 받거나 받은 것으로 보는 경우에는 제외하는 사항 확인 필요
(마) 식품용 기구·용기·포장 등 사용 여부
(4) 불법 수입 축산물 취급 판매행위 점검
(가) 수입신고미필 축산물의 불법 판매 행위
(나) 자가소비용, 외화획득용, 자사제품제조원료, 연구·조사용 등 수입축산물의 시판 행위
(5) 부당한 표시 또는 광고 행위 점검
(6) 영업자(직접 종사자) 및 종업원 건강진단서 및 위생교육일지 확인

나. 지도점검 및 조치요령

1) 무허가 제품, 표시 없는 제품, 소비기한 변조 또는 부당한 표시 제품 등에 대해서는 유통경로를 추적하여 행위자 적발, 고발 등 필요한 조치
2) 위반제품이 타 시·도(시·군·구) 허가(신고)품목인 경우 즉시 해당 시·도(시·군·구)에 통보
3) 고의적이거나 상습적인 위반행위에 대해서는 고발조치 병행

다. 압류·폐기 요령 및 절차

1) 무허가(미신고) 축산물영업소
가) 시설 : 폐쇄조치
나) 축산물 등 : 압류조치
다) 영업자 : 확인서, 관계서류 및 증거사진 확보, 관계기관 고발
2) 부정·불량축산물
가) 압류·폐기 대상품목에 대한 압류증 교부 및 확인서 징구
나) 해당 제품을 일정 장소에 모아 사진 촬영
다) 해당 제품 폐기(소각·매몰) 등

라) 폐기 증거자료 확보, 폐기보고

※ 「축산물 위생관리법 시행규칙」제24조 [별표9] 검사불합격품의 용도전환의 방법과 기준에 따라 처리 가능

4-2. 특별감시

공중위생 또는 축산물의 거래질서 유지를 위해 당해 년도 위생감시 지침에서 정하는 특별 위생점검으로써 계절별·분야별 위해사고의 사전예방에 중점을 두어 실시한다. 주요 감시사항은 정기 감시에 준한다.

가. '26년 주요 특별감시 활동계획

구분	감시활동	시기	비고
공 통	○ 달걀 선별포장 처리, 위생적 취급 등 점검	연중	
	○ 공휴일, 야간시간 등 단속 취약시기 특별 점검	연중	단속계획에 포함하여 실시
	○ 국제 행사 등에 축산물을 생산·납품 영업소 점검	수요발생시	
	○ 식중독균 부적합 축산물가공업 영업장 위생점검 및 수거검사	연중	
	○ 냉장축산물 냉동 전환 신고 이행사항 점검	수시	공통
	○ 유통단계 식용란 수거검사 및 공급업체 점검	6 ~ 11월	별도 지시
	○ 염소 고기 취급업체 일제 점검	10 ~ 11월	별도 지시
시기별	○ 성수기(설, 추석) 대비 점검 ※ 추석대비 점검시 축산물 운반업 및 보관업 점검 포함	1월 / 8~9월	일제점검추진 (식약처, 지자체)
	○ 하절기 축산물위생 취약분야 점검 ※ 축산물 운반업 및 보관업 점검 포함	6월	
분야별	○ 식육가공품 제조·유통업체 점검	2월	지자체 (지방청)
	○ 식육·포장육(부산물포함) 제조·유통업체 점검	3월	지자체 (지방청)
	○ 온라인·비대면 유통 축산물 점검	4월	지자체 (지방청)
	○ 액란 등 알가공품 제조업체 점검	5월	지자체 (지방청)
	○ 유가공품 제조·유통업체 점검	7월	지자체 (지방청)

나. 기본방향

1) 부정·불량축산물 근절을 위한 사회적 감시 분위기 조성하여 안전한 먹을거리 제공
2) 국민건강 위해우려 축산물, 문제업소 및 취약지역을 선정 중점단속
3) 계절적 요인, 사회적 분위기 등에 기인한 위해발생 우려 업소 중점관리
4) 온라인유통 축산물, 가정간편식 등 소비가 증가하는 축산물에 대한 맞춤형 안전관리 강화
5) 국내에서 개최되는 국제 행사 등에 납품하는 축산물에 대한 안전관리
6) 식중독균 검출 및 멸균제품 세균발육 부적합 영업장에 대한 안전관리 강화
7) 축산물 보관·운반 시 보존·유통기준 위반, 온도조작 행위 등 중점단속
8) 축산물 제조·판매 등에 사용하는 기구·용기·포장 관리 강화

4-3. 기획감시

언론동향, 국내·외 정보수집에 의하여 감시 사각지대 및 취약시기에 위해방지 또는 위해 해소를 위한 활동으로써, 사육·도축·가공·운반·판매 등의 단계별 위해발생 요인을 분석하여 해당 위해요인 해소를 위한 활동

가. 기본방향

1) 언론보도 및 사회적 이슈화 된 축산물에 대한 신속한 대응조치 또는 사전예방활동을 통해 국민 불안감 해소
2) 고의·상습적인 위반행위 근절하여 축산물 안전체계 구축

나. 준비사항

1) 언론·업계·소비자 동향 등 정보 수집·분석 및 고의·상습적 위반행위 분류
2) 실시목적, 기간, 인력 등을 고려하여 위해의 신속한 해소를 선별적 감시대상 및 항목 선정

다. 추진사항

1) 신속·집중 감시 실시
2) 감시결과의 평가 및 보고(결과에 따라 필요한 경우 일제점검으로 확대)
3) 필요 시 신속한 보도자료 배포로 정보 공개

5. 위생관리 취약업소·시기 관리

가. 목 적

업종별 영업특성에 따라 위생관리가 상대적으로 소홀할 수 있는 전통시장·영세업소 및 취약시간 영업활동 업소 대상 특별지도·단속을 강화하여 공중 위생상 위해의 사전 예방

나. 감시대상

1) 소규모 영세 축산물가공업소 또는 전통시장 소재 축산물판매업소
2) 토요일·공휴일 및 야간시간대 영업이 이루어지는 업종
3) 행사 또는 축제기간의 축산물 이동판매 차량(특장차)

다. 주요 감시사항

1) 축산물 비위생적 취급행위 여부
2) 보존 및 유통기준 위반, 온도조작 행위 여부
3) 소비기한 위·변조 행위 여부
4) 비정상적인 원료의 사용 여부
5) 소비기한 경과제품의 판매 여부
6) 시설기준 준수 여부
7) 승인된 장소 및 차량 여부 등

라. 감시요령

지방식약청, 검역본부, 시·도 및 시·군·구에서는 특별·기획감시 추진 시 위생관리 취약우려 영업장(차량)을 감시대상으로 선정하여 주요 감시사항에 대하여 점검

* 연간 자체 감시계획 수립 시 하절기 유통·온도 준수 여부 중점점검 적극 권장

6. 행정사항

가. 지침에서 정하는 정기·특별·기획감시는 기관별로 자체 실시계획에 따라 실시 시기와 기간을 정하되, 식품의약품안전처장이 수립한 감시계획 또는 지방식약청과 시·도 간 협의에 따라 합동으로 실시할 수 있다.

나. 타 기관(부서) 관할 영업장(불법도축·무허가·미신고 영업장도 포함)의 위반사항에 대하여는 그 사실을 해당 기관(부서)에 지체없이 통보하여 가공·처리업소 추적 및 행정처분 등이 적기에 이루어질 수 있도록 하고, 행정처분 기관은 처분완료와 동시에 처분결과를 식품행정통합시스템에 등록하고 그 결과를 통보기관에 문서로 회신하여야 한다.

다. 고발조치의 주체는 위반행위가 일어난 지역의 관할 기관으로 하되, 수입축산물과 관련한 위반행위는 그 행위가 일어난 지역의 관할 지방식약청장으로 한다.

라. 고의적인 위반행위에 대해서는 행정처분과 고발조치를 병행하는 것을 원칙으로 한다.

<행정처분 입력>

1) 위생감시 결과를 식품행정통합시스템에 입력 시, 부적합 업소는 행정처분대상 여부에 체크 표시 후 행정처분 의뢰(타 기관 의뢰 시 공문발송 요망) 2) 식품행정통합시스템 → 통합사후관리 → 행정처분관리 → 행정처분대상목록 조회에서 행정처분 대상 업소를 선택하여 행정처분사항 입력

6 축산물 수거·검사

〈축산물안전정책과〉

1. 기본방향

가. 그 간 수거검사 결과 등 데이터를 분석하여 부적합 가능성이 높은 품목 위주로 지역별 및 계절별 특성을 고려한 사전 예방적 기획수거 집중관리 실시

나. 축산물가공업소 등 점검에서 제조공정상 문제가 있는 것으로 확인되거나 실마리 정보에 의한 부정·불량축산물 단속 시 수거·검사를 병행 실시

다. 어린이 기호 축산물 및 집단급식소 납품 축산물, 가정간편식, 다소비 축산물 등 시기적 특성 등을 고려하여 집중 수거·검사 실시

라. 신규제품, 제조방법이 변경된 제품, 냉동 전환 제품, 언론이나 소비자단체 등에서 문제제기한 축산물에 대하여 수거검사 실시

마. 온라인 소비·유통이 증가하는 소비환경 변화에 맞춘 시기·테마별 온라인 수거 적극 실시

바. 소비자가 그대로 섭취하는 축산물에 대한 식중독균 집중검사

사. 식육간편조리세트 유형 신설에 따른 안전관리 강화

아. 재래시장 등 위생관리가 특히 필요한 지역의 축산물에 대한 기획수거 실시

자. 달걀 중 살모넬라균, 살충제, 동물용의약품 집중검사

2. 수거검사 대상품목

가. 축산물 : 식육(포장육 포함)·식용란·식육가공품·유가공품·알가공품

나. 중점수거대상

1) 하절기·성수기 등 유통량 증가로 관리 소홀이 우려되는 축산물
2) 공중위생상 중대한 문제가 있었거나 발생될 우려가 높은 축산물(달걀 · 액란제품의 살모넬라균, 포장육(분쇄에 한함)의 장출혈성대장균 등)
3) 과거 수거검사에서 부적합 이력이 있는 업소의 축산물
4) 육사시미, 뭉티기, 육회 등 익히지 않고 섭취할 목적으로 생산·유통되는 생식용 식육
5) 소비량이 증가하고 있는 가정간편식(삼계탕·갈비탕·불고기·양념육 등), 더 이상 조리·가공 없이 바로 섭취할 수 있는 축산물 등
6) 기타 공중위생상 문제발생 우려 축산물 등

3. 수거·검사기관

가. 수거기관 : 식약처(지방식약청 포함), 시·도(보건환경연구원 및 동물위생시험소 포함), 시·군·구

나. 검사기관 : 식품의약품안전평가원, 지방식약청, 시·도 축산물 시험·검사기관

4. '26년도 기관별 수거·검사 물량

가. 지방청·지자체에서는 자체 수거검사 계획 수립

나. 기관별 수거목표량은 최소 수거량으로, 각 기관은 목표량 이상을 수거검사

다. 품목별 수거목표량은 자체 실정에 따라 조정 가능

라. 시·도에서는 목표 수거량에 맞춰 시험·검사기관 및 시·군·구에 수거 물량 재배정

(단위 : 건수)

기관명＼구분		합계	식육 · 포장육	식용란	식육가공품	유가공품	알가공품
계		10,000	1,823	1,140	4,330	2,290	417
식약처		1,355	255	490	350	180	80
지자체	서 울	1,145	210	80	630	210	15
	부 산	430	70	35	235	83	7
	대 구	465	105	35	205	100	20
	인 천	380	85	35	195	53	12
	광 주	350	105	35	135	70	5
	대 전	420	85	40	165	120	10
	울 산	265	45	35	150	35	0
	세 종	173	23	30	40	75	5
	경 기	1,672	245	45	1,005	300	77
	강 원	440	70	35	165	163	7
	충 북	475	70	35	155	163	52
	충 남	450	70	35	155	163	27
	전 북	444	70	35	150	163	26
	전 남	390	70	35	165	103	17
	경 북	415	70	35	195	83	32
	경 남	450	105	35	165	123	22
	제 주	281	70	35	70	103	3

5. 검사시료의 채취 및 취급방법

「식품의 기준 및 규격」 제7. 검체의 채취 및 취급방법 준용

※ 특히, 부패·변질 우려가 있는 축산물의 경우 수거 후 보존 및 유통기준을 준수하며 신속히 검사기관으로 운반될 수 있도록 철저히 관리

6. 수거방법

가. 수거기준

1) 「축산물 위생관리법 시행규칙」제16조 관련 「별표 6」 "검사시료의 채취 및 축산물의 수거기준"에 따라 제품 수거

※ 단, 수거량 등은 별도 조정 가능

2) 지방식약청 및 지자체는 계절별 성수품 등을 고려한 월별 수거계획을 수립하여 수거

3) 제품수거 시 특정업소나 품목에 편중되지 않도록 수거 대상 업소 및 품목을 최대한 적절히 배분

※ 지방식약청 또는 지자체에서 수거한 검사시료는 해당 검사기관에 의뢰하여 검사하는 것을 원칙으로 하되, 미생물검사 등 신속을 요하는 검사시료의 경우에는 수거 장소와 가까운 검사기관을 이용

나. 온라인 유통 축산물, 재래시장·영세업소 등 상대적으로 위생관리가 취약한 지역의 축산물 수거·검사 물량을 지속적으로 확대(수거기관은 수거물량 중 일정 비율을 위생취약 지역·시기에 수거)

다. 수거·검사 시 명예축산물위생감시원을 적극 참여시켜 공정성 확보

라. 수거·검사 제품에 대한 확인 철저

1) 「식품 등 표시·광고에 관한 법률」위반 여부

- 표시기준 위반, 부당한 표시 또는 광고 제품은 검사 의뢰 전 사진으로 증거 확보하고 관할 기관에 행정조치 요청

2) 표시하지 않은 식품첨가물(보존료 등) 사용 여부

3) 부적합 발생 시 신속한 회수 및 판매차단을 위해 제품 사진, 제조일자, 소비기한, 바코드(해당 제품에 한함) 등의 정보 기록 보관

- 부적합 식용란은 난각사진, 난각코드, 제품사진(제품명 등 표시사항 포함)을 반드시 확보하고 난각코드와 생산자 정보 사실관계 확인 후 수거증 작성·교부

7. 검사항목 : 「식품의 기준 및 규격」(식약처 고시)에 따름

가. 식육·포장육·식용란

1) 식육(분쇄육) 및 포장육(분쇄에 한함)은 장출혈성 대장균 중점검사 실시

2) 육회 등 생식용 식육제품 식중독균 중점검사 실시

* 식중독균 검출시 환경검사(칼·도마·앞치마) 등 실시(검사방법은 별도 송부 예정)

3) 식용란은 살모넬라균, 잔류물질(농약, 항생제) 중점검사 실시

* 계란 잔류물질 검사항목은 별도 송부 예정

나. 축산물가공품(식육가공품·유가공품·알가공품)

1) 「식품의 기준 및 규격」제5. 식품별 기준 및 규격'에서 정하고 있는 축산물은 그 기준 및 규격을 우선 적용

2) 축산물 등은 「식품의 기준 및 규격」'제2 식품일반에 대한 공통기준 및 규격' 에 적합하여야 하며, 식품 등의 특성을 고려할 때 그 필요성이 희박하거나 실효성이 적은 경우 그 중요도에 따라 선별 적용

- 미생물 검사항목의 경우 반드시 검사제외 사항 등을 확인하여 검사의뢰
- 위해정보, 축산물 특성 등을 고려하여 공통기준 검사항목 선정하여 진행

* 예: 조제유류(납, 아플라톡신 M_1, 벤조피렌) 우유(아플라톡신 M_1), 식육·유·알가공품(잔류물질 항목) 등

3) 영·유아 또는 고령자를 섭취대상으로 표시하여 판매하는 식품과 장기보존 식품은 축산물가공품 유형별 기준 및 규격과 함께 각각 식품공전 '제3. 영·유아 또는 고령자를 섭취대상으로 표시하여 판매하는 식품'과 '제4. 장기보존식품의 기준 및 규격'을 동시에 적용하여야 하며, 기준 및 규격 항목이 중복될 경우에는 강화된 기준 및 규격 항목을 적용

8. 행정사항

가. 검체수거

1) 유상으로 수거하는 것을 원칙으로 하여 시·도지사는 유상수거를 위한 예산을 적극 확보할 것. 다만, 「축산물 위생관리법」제19조제1항에 따라 검사에 필요한 최소량의 축산물은 무상으로 수거할 수 있음

2) 검체 특성에 따른 검체 채취기준을 준수하고, 중복 수거·검사 여부 확인

3) 대형마트·백화점 등에서 동일 날짜에 일괄 수거를 지양하고, 수거제품이 특정 제조업체 또는 특정 품목에 편중되지 않도록 실시

4) 연구사업 검체수거 시 반드시 축산물위생감시원이 검체채취 및 취급방법을 준수하여 수거하고 부득이 축산물위생감시원이 아닌 자가 수거한 축산물이 부적합한 경우에는 이를 해당 지자체에 즉시 통보하고 부적합 통보를 받은 영업허가(신고) 관청은 다시 수거·검사하여 그 결과에 따라 행정처분 등 조치

나. 수거 및 검사결과 관리

1) 생산 업소에서 수거하는 경우에는 부적합 축산물의 유통을 조기에 차단할 수 있도록 가급적 유통 초기의 축산물에 대해 실시하여야 한다.
   - 소비기한의 1/10이 경과하지 않은 제품(단, 소비기한이 1개월 이하인 경우에는 1/5이 경과하지 않은 제품)

2) 수거기관의 수거·검사 의뢰 및 검사기관의 결과통보는 법 제37조의2 및 시행규칙 제55조의3에 따라 반드시 **식품행정통합시스템**을 활용하여야 한다.

3) 수거기관의 장은 식품행정통합시스템에 수거·검사 결과 등이 누락되지 않도록 관리·감독을 철저히 하여야 한다.

4) 검사기관에서는 접수된 검체에 대해 가급적 15일 이내에 검사를 완료하고 그 결과를 수거기관(부서)에 통보하여야 한다.

다. 부적합 제품에 대한 신속·정확한 처리

1) 검사결과 부적합으로 판정되었을 경우 검사기관은 지체 없이 검사의뢰기관에 통보하고 식품행정통합시스템(부적합긴급통보)에 부적합 정보를 등록한다.

2) 유통 매장 등 판매단계에서 위해축산물의 판매차단을 위해서 수거검사 부적합 정보 입력을 철저히 한다.
   * 수거자는 수거증에 수거한 제품의 **바코드** 기록 관리 선행

<판매차단 개요>

- 수거기관이 **식품행정통합시스템**에 수거검사 의뢰
- 검사기관이 **식품행정통합시스템(부적합긴급통보)**에 부적합 결과 입력
- 식품의약품안전처(축산물안전정책과)에서 대한상공회의소의 위해상품차단시스템에 해당 내용 전송
- 대한상공회의소에서 전국 가맹 유통매장 등에 해당 내용 전송
- 가맹 유통매장에서 해당 제품 판매 중단

9. 축산물 수거·검사 온라인 신속알림 서비스

가. 목적

축산물 수거·검사의 영업자 알권리를 보장하고 생산제품에 대한 품질관리에 활용하도록 검사결과를 이메일, SNS(카카오톡)로 즉시 제공하기 위해 도입('26~)

* 서비스 사용방법은 추후 지자체·업계 대상으로 별도 안내, 설명 예정('26.상반기)

나. 온라인 신속알림 서비스 절차

절차	축산물 현장 수거	전자수거증 발송	축산물 검사결과 통보
수거 담당 공무원	식품위생웹(모바일웹) 통해 휴대폰에 축산물 수거정보 작성 ▶	축산물 전자수거증 통합망 발송 클릭 ▶	통합망 수거·검사 결과 입력 검사성적서 발송 클릭 * 판정결과 즉시 발송
영업자	축산물 수거증 서식의 개인정보* 제공 동의 * 휴대전화, 이메일 등	안내 메세지와 함께 수거증 이메일 수신	안내 카카오톡과 함께 검사결과 이메일 수신 자가품질검사로 활용

1) 온라인 신속알림 서비스는 피수거자의 검사결과 수신 여부와 개인정보 제공 동의가 필요하므로 수거 담당 공무원이 해당 제품을 생산하는 작업장에서 직접 수거하는 경우에 한해 정보 제공

2) 현장에서 담당 공무원이 수기로 수거증을 작성하여 피수거자에게 직접 수거증 사본을 전달한 경우 전자수거증을 발송하는 절차는 생략 가능함

3) 피수거자에게 수거검사 시험검사성적서 전송 전 검사항목, 규격, 시험결과, 적부판정 결과가 정확히 입력되었는지 확인 후 발송

7 위해 축산물 회수

〈축산물안전정책과〉

제1장 총 칙

1. 목 적

위해축산물을 신속하고 체계적으로 회수하기 위하여 축산물위생 행정기관에서 필요한 일관적인 업무처리 절차와 기준 등을 정함

2. 근거법령

가. 식품안전기본법

법	시행규칙
제19조(식품등의 회수) ① 사업자는 생산·판매 등을 한 식품등이 식품안전법령등으로 정한 식품등의 안전에 관한 기준·규격 등에 맞지 아니하여 국민건강에 위해가 발생하거나 발생할 우려가 있는 경우 해당 식품등을 지체없이 회수하여야 한다.	제16조(회수계획의 공개)

* 사업자: 축산물 위생관리법 등에서 정한 영업자 이외 일반사업자 모두 포함

* 식품안전법령 등: 식품위생법, 축산물 위생관리법, 수입식품안전관리특별법 등

나. 축산물 위생관리법

법	시행령	시행규칙
제31조의 2 (위해축산물의 회수 및 폐기 등)	제26조의5 (위해 축산물을 회수한 영업자에 대한 행정처분의 감면)	제51조의2(회수대상 축산물의 기준) 별표 14의3(회수대상 축산물의 기준) 제51조의3(회수 및 폐기 계획 등)
제36조 (압류·폐기 또는 회수)	-	제54조의2(축산물의 회수명령 등) 제54조의3(축산물 회수의 지도감독 등) 제55조(**압류증**), **별지6호 서식**
제37조 (공표)	제28조 (공표의 방법 등)	제55조의2(위해 축산물 긴급회수문 등) **별표 14의4(긴급회수문)**

다. 식품 등의 표시·광고에 관한 법률

법	시행규칙
제15조(위해식품등의 회수 및 폐기처분 등)*	제15조(회수·폐기처분 등의 기준)

* 식품표시광고법에 따른 회수·압류·폐기 조치는 식품위생법 제45조, 제72조를 준용할 것

3. 용어 정의

회수	축산물 위생상 위해가 발생하였거나 발생할 우려가 있는 경우에 영업자가 해당 축산물이 더 이상 유통·판매·진열·사용되지 않도록 거두어 들이는 것
생산(수입)량(kg)	회수대상 축산물과 동일한 소비기한 또는 제조일자의 생산(수입)량 전체 * 생산(수입)량 = 창고재고량 + 출고량(유통재고량 + 소비량)
창고재고량(kg)	회수영업자가 자가 또는 계약된 물류창고(수입축산물의 경우 보세창고 등)에 보관하고 있는 양 회수량이나 회수실적과는 무관한 압류·폐기 등의 조치 대상
판매(출고)량(kg)	회수영업자의 자가 또는 계약된 물류창고에서 판매를 목적으로 출고된 양으로서 유통단계에서 보관·진열중인 유통재고량과 소비자에게 최종 판매된 소비량을 합한 양 * 출고량 = 유통재고량 + 소비량
회수계획량(kg)	영업자가 회수 제품의 유통경로, 소비기한, 소비량, 평균 소비주기 등을 고려하여 조사·산출한 유통재고량(창고재고량 제외)
유통재고량(kg)	출고량 중 최종 소비자에게 판매된 소비량을 제외한 유통·판매업소에서 판매를 목적으로 보관·진열하고 있는 양 * 유통재고량 = 출고량 – 소비량
소비량(kg)	최종 소비자에게 판매된 양 * 수거검사, 자가품질검사 등으로 소진된 물량도 소비량에 포함
회수량(kg)	회수계획량 중 실제로 회수가 된 양
폐기량(kg)	생산량(수입량) 중 실제로 폐기가 된 양 * 폐기량 = 창고재고량+회수량 (≤생산량)
회수실적(%)	회수계획량(유통재고량) 대비 회수량의 비율 * 회수실적(%) = (회수량/유통재고량) × 100
회수효율성 점검	영업자가 회수를 위해 1차, 2차 및 3차 거래처 등 각 유통단계의 거래처에 전화, 또는 기타의 방법으로 신속하고 정확하게 정보를 전달하였는지, 또한 회수사실을 통보받은 거래처에서는 회수대상 축산물의 판매중지 및 반품 등의 적절한 조치를 신속하게 취했는지 점검하는 것

[회수 용어의 이해]

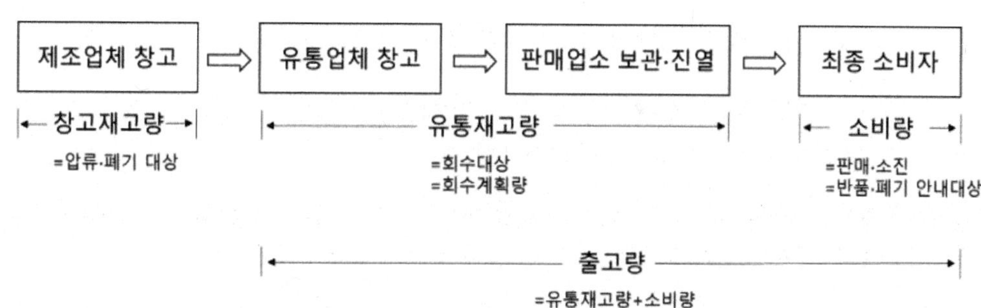

제2장 회수의 종류, 대상 및 회수공표

1. 회수의 구분

구분	의무회수		자율회수
법적근거	축산물 위생관리법 제31조의2 (위해축산물의 회수 및 폐기 등)	축산물 위생관리법 제36조 (압류·폐기 또는 회수)	-
내용	**<영업자 회수>** 자가품질검사, 시험검사기관의 위탁 검사 결과 등에 따른 회수	**<정부 회수>** 수거검사 또는 지도·점검 결과 등에 따른 회수	
회수 개시주체 (회수 출발점)	영업자	회수명령기관* (시·도, 시·군·구)	영업자
행정처분	회수량에 따른 감면처분 가능	감면처분 해당없음	-
회수사유	위해 발생 또는 위해 발생 우려		품질결함 등
회수절차	식품안전관리지침(축산물 분야)		자율(지침 참고)
회수공표	O	O	-
회수대상	O 「축산물 위생관리법 시행규칙」 별표 제14의3 O 위해 축산물 회수대상 1~3등급에 포함되는 경우 O 「식품표시광고법 시행규칙」제15조(회수·폐기처분 등의 기준)		

* 영업의 종류가 수입식품등 수입판매업인 경우: 지방식품의약품안전청

가. **영업자 회수** : 「축산물 위생관리법」(이하 법) 제12조제3항에 따른 자가품질검사 또는 축산물 시험검사기관의 위탁검사 결과 회수대상에 해당하는 경우 법 제31조의2에 따라 회수하는 것

* 영업자가 해당 축산물이 법 제4조, 제5조 또는 제33조에 위반된 사실을 알게 된 경우(축산물의 위해와 관련이 없는 위반사항은 제외)

* 자가품질검사 결과(위탁검사도 포함), 자체점검, 국내외 위해정보 등

나. **정부회수** : 법 제19조에 따른 정부 수거검사 또는 지도·점검 결과 위반사항 등이 회수대상인 경우 법 제36조에 따라 관할기관이 영업자에게 공중위생상 위해가 발생하지 않도록 회수를 명령하는 것

* 공중위생상 위해가 발생하였거나 발생할 우려가 있다고 인정되는 경우

다. **자율회수** : 의무회수 이외의 위생상 위해우려가 의심되거나, 품질결함 등의 이유로 영업자가 스스로 실시하는 회수

* 영업자가 품질결함을 인지하고 자율회수 시 이를 관할기관에 알리도록 함(관할기관은 자율회수 여부를 확인하고 회수 계획 및 완료보고를 받고 회수조치의 적절성을 검토할 것)

2. 회수대상 및 회수등급

○ 회수대상 축산물은 「축산물 위생관리법 시행규칙」제51조의2(회수대상 축산물의 기준) 별표 14의3(회수대상 축산물의 기준)에 따르며, 그 외 표시·광고에 따른 회수는 「식품표시광고법 시행규칙」제15조(회수·폐기처분 등의 기준)에 따른다.

○ 회수등급은 위해요소의 종류, 인체 건강에 영향을 미치는 위해의 정도, 위반행위의 경중 등을 고려하여 1~3등급으로 분류한다. 다만, 위해물질 등이 기준을 초과한 정도, 사회적 여건 등을 종합적으로 고려하여 필요시 회수등급을 조정할 수 있다.

1등급	2등급	3등급
장출혈성대장균, 리스테리아 모노사이토제네스, 클로스트리디움 보툴리늄, 크로노박터	살모넬라, 황색포도상구균, 장염비브리오균, 클로스트리디움 퍼프리젠스, 캠필로박터 제주니/콜리, 바실러스 세레우스, 여시니아 엔테로콜리티카	대장균, 대장균군, 세균수, 세균발육
방사능, 곰팡이독소, 포름알데히드, o-톨루엔설폰아미드, 다이옥신, 폴리옥시에틸렌	비소·카드뮴·납·수은·중금속, 멜라민, 3-MCPD, 메탄올 및 시안화물	바륨, 방사선 조사처리 기준 위반, 주석, 포스파타제, 암모니아성질소, 아질산이온, 형광증백제, 프탈레이트 시험 부적합 등
식품첨가물공전 미등재된 공업용 첨가물 사용 알레르기 유발물질 미표시 소비기한을 거짓 표시하거나 미표시 한글표시사항 전부 미표시 법 제5조에 따른 기준·규격이 정해지지 않은 기구·용기·포장인 것	동물용의약품 또는 잔류물질 잔류허용기준 위반	식품첨가물 사용 및 허용 기준 위반 (10% 미만 초과한 것은 제외) 법 제5조에 따른 기구·용기·포장의 기준 및 규격을 위반한 것으로서 총용출량 기준을 위반한 경우

가. 1등급

축산물의 섭취 또는 사용으로 인해 인체건강에 미치는 위해영향이 매우 크거나 중대한 위반행위로서 다음 각 항목에 해당하는 경우

1) 식품(축산물)에 사용이 금지된 아래 각 항목의 것을 사용한 경우
   ① 식품공전에서 정하는 식품에 사용할 수 없는 원료
   ② 식용으로 부적합한 비가식부분
   ③ 기타 식품의약품안전처장이 식용으로 부적절하다고 인정한 것
   ④ 소비기한이 경과한 제품
2) 장출혈성대장균, 리스테리아 모노사이토제네스, 클로스트리디움 보툴리눔, 크로노박터의 기준·규격을 위반한 경우

3) 방사능, 곰팡이독소, 패독소, 포름알데히드, o-톨루엔 설폰아미드, 다이옥신, 벤조피렌, 폴리염화비페닐(PCBs) 또는 폴리옥시에틸렌의 기준을 위반한 경우
4) 부정물질이 검출된 경우
5) 인체에 직접적인 위해나 손상을 줄 수 있는 금속성 이물 · 유리조각 등(이물 혼입의 원인이 규명된 단발성인 경우는 제외)이 혼입된 경우
6) 섭취 과정에서 심한 혐오감을 주는 이물(위생동물의 사체 등)이 혼입된 경우
7) 허용된 식품첨가물 외의 인체에 위해한 공업용 첨가물을 사용한 경우
8) 영업허가·신고를 하지 않고 축산물을 제조·수입한 경우
9) 「축산물 위생관리법」제33조(판매등의 금지)를 위반한 경우
10) 표시 대상 알레르기 유발물질을 표시하지 않은 경우
11) 제조연월일 또는 소비기한을 사실과 다르게 표시하거나 표시하지 않은 경우
12) 한글표시사항 전부를 표시하지 않은 경우
13) 국제기구 및 외국의 정부 등에서 위생상 위해우려를 제기하여 식품의약품안전처장이 사용금지한 원료나 성분이 검출된 경우
14) 「축산물 위생관리법」 제5조에 따른 기준·규격이 정해지지 않은 기구·용기·포장인 것
15) 기타 인체건강에 미치는 위해의 정도나 위반행위의 정도가 위의 항목과 동등하거나 유사하다고 판단되는 경우로서 식품의약품안전처장이 1등급으로 결정하는 경우

나. 2등급

축산물의 섭취 또는 사용으로 인해 인체건강에 미치는 위해영향이 크거나 일시적인 경우로서 다음 각 항목에 해당하는 경우

1) 비소·카드뮴·납·수은·중금속, 멜라민, 3-MCPD, 메탄올 및 시안화물의 기준을 위반한 경우
2) 살모넬라, 황색포도상구균, 장염비브리오균, 클로스트리디움 퍼프리젠스, 캠필로박터 제주니/콜리, 바실루스 세레우스, 여시니아 엔테로콜리티카가 기준을 초과하여 검출된 경우
3) 축산물의 농약 등 잔류물질 잔류허용기준을 초과한 경우
4) 동물용의약품 등의 잔류허용기준을 초과하거나 또는 초과한 것을 원료로 사용한 경우
5) 에틸렌옥사이드(Ethylene oxide) 기준을 위반한 경우
6) 테트라하이드로칸나비놀(THC) 또는 칸나비디올(CBD) 기준을 위반한 경우
7) 국제기구 및 외국의 정부 등에서 위생상 위해우려를 제기하여 식품의약품안전처장이 사용금지한 원료나 성분이 검출된 경우
8) 기타 인체건강에 미치는 위해의 정도나 위반행위의 정도가 위의 항목과 동등하거나 유사하다고 판단되는 경우로서 식품의약품안전처장이 2등급으로 결정하는 경우

다. 3등급

축산물의 섭취 또는 사용으로 인해 인체의 건강에 미치는 위해 영향이 비교적 적은 경우로서 다음 각 항목에 해당하는 경우

1) 대장균, 대장균군, 세균수 또는 세균발육 기준 및 규격을 위반한 경우
2) 산가, 과산화물가, 바륨 또는 셀레늄이 기준을 위반한 경우
3) 축산물 방사선 조사처리기준을 위반한 경우
4) 주석, 포스파타제, 암모니아성질소, 아질산이온, 형광증백제, 프탈레이트 또는 2-클로르에탄올 시험에서 부적합하다고 판정된 경우
5) 제조과정 중에 파리, 바퀴벌레, 기생충과 알 등 곤충이 혼입되어 인체의 건강을 해할 우려가 있는 경우
6) 기타이물 중 제조과정 중에서 혼입될 가능성과 인체에 위해한 영향을 줄 가능성이 있는 것으로서 식품의약품안전처장이 회수가 필요하다고 인정하는 이물
7) 영업자가 스스로 제품의 안전한 공급을 위하여 회수가 필요하다고 판단하는 경우로서 제품의 안전성이 의심되는 경우
8) 식품첨가물의 사용 및 허용기준을 위반한 경우(사용 또는 허용량 기준을 10% 미만 초과한 것은 제외)
9) 「축산물 위생관리법」 제5조(용기등의 규격 등)에 따라 식품의약품안전처장이 정한 기구 또는 용기·포장의 기준 및 규격을 위반한 것으로서 총용출량 기준을 위반한 경우
10) 기타 인체건강에 미치는 위해의 정도나 위반행위의 정도가 위의 항목과 동등하거나 유사하다고 판단되는 경우로서 식품의약품안전처장이 3등급으로 결정하는 경우

제3장 회수절차

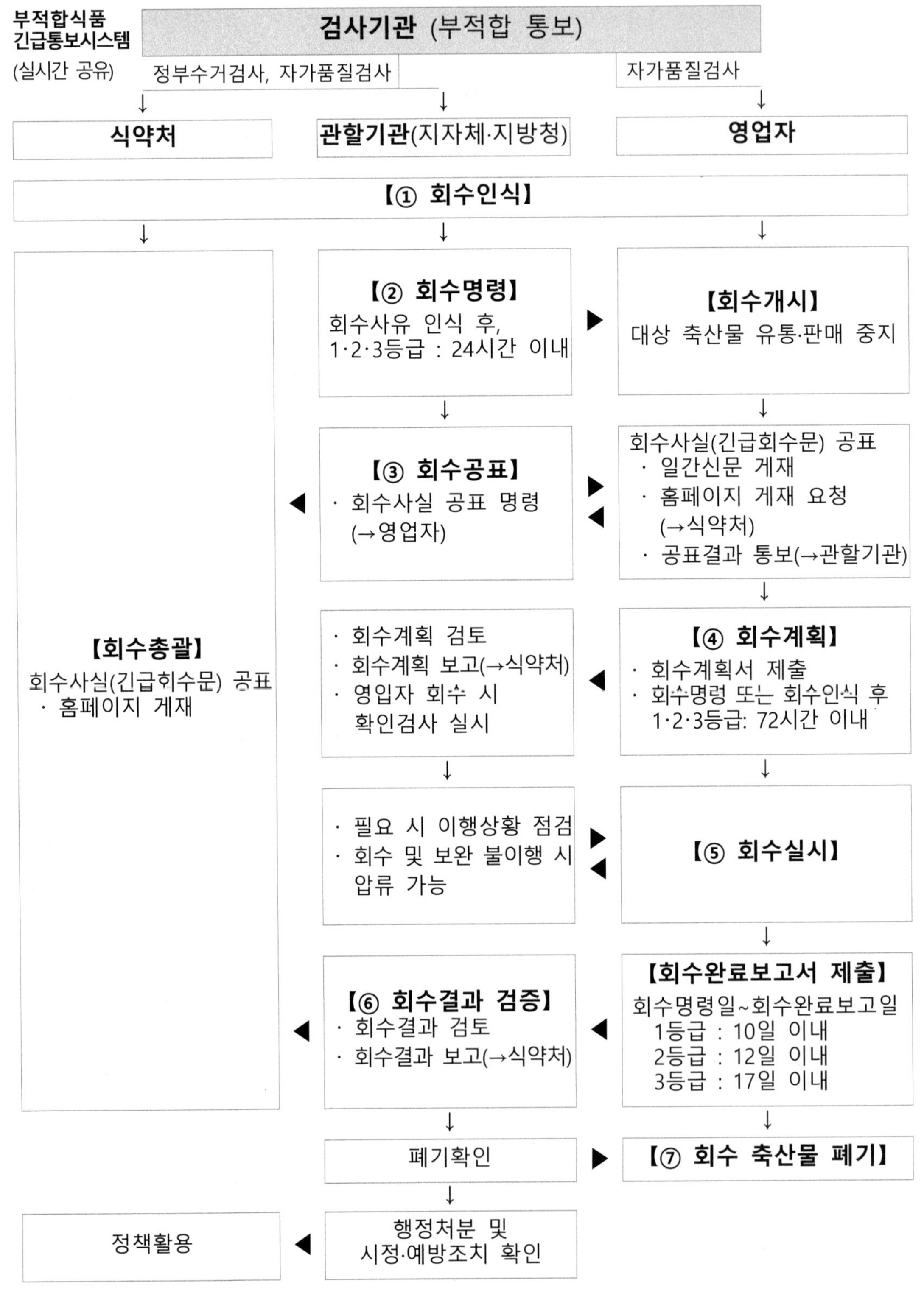

부적합식품 긴급통보시스템
(실시간 공유)
검사기관 (부적합 통보)
정부수거검사, 자가품질검사
자가품질검사
식약처
관할기관(지자체·지방청)
영업자
【① 회수인식】
【② 회수명령】
회수사유 인식 후, 1·2·3등급 : 24시간 이내
【회수개시】
대상 축산물 유통·판매 중지
【③ 회수공표】
· 회수사실 공표 명령 (→영업자)
회수사실(긴급회수문) 공표
· 일간신문 게재
· 홈페이지 게재 요청 (→식약처)
· 공표결과 통보(→관할기관)
【회수총괄】
회수사실(긴급회수문) 공표
· 홈페이지 게재
· 회수계획 검토
· 회수계획 보고(→식약처)
· 영업자 회수 시 확인검사 실시
【④ 회수계획】
· 회수계획서 제출
· 회수명령 또는 회수인식 후 1·2·3등급: 72시간 이내
· 필요 시 이행상황 점검
· 회수 및 보완 불이행 시 압류 가능
【⑤ 회수실시】
【⑥ 회수결과 검증】
· 회수결과 검토
· 회수결과 보고(→식약처)
【회수완료보고서 제출】
회수명령일~회수완료보고일
1등급 : 10일 이내
2등급 : 12일 이내
3등급 : 17일 이내
폐기확인
【⑦ 회수 축산물 폐기】
정책활용
행정처분 및 시정·예방조치 확인

1. 부적합 내용 검토 및 회수 인식

가. 관할기관은 수거검사 또는 자가품질검사, 지도점검 등 위반사항이 회수대상 축산물에 해당하는지 확인하고 해당 제품의 유통 여부 및 유통재고량을 파악하여 회수 실시 여부를 결정해야함

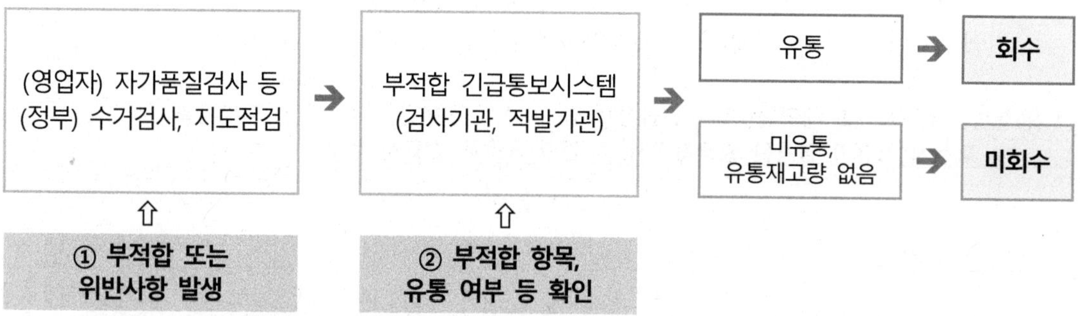

*** 부적합 긴급통보 확인방법**
식품행정통합시스템(이하 **통합망**) → 통합사후관리, 부적합긴급통보 → 부적합긴급통보/회수폐기→ 부적합식품긴급통보조회 → '식품분류: 축산물' 설정 후 조회 → 해당 부적합 내역 선택 → **긴급통보 창**

★ 부적합 긴급통보는 시·도 회수담당자에게 문자메시지로 자동 전송
부적합 업체가 시·군·구 관할인 경우, 시·도담당자가 시·군·구로 안내
회수담당자 변경 시 통합망에 별도등록(1899-5590) 및 식약처 축산물안전정책과에 통보 요망

나. 관할기관은 영업자가 보관 중인 제품에 대해 신속히 압류 등 사전조치

- 현장 확인을 위한 출장(즉시 출장이 어려운 경우 유선으로 1차 확인)
- 재유통·판매·사용 방지를 위해 영업자가 보관 중인 해당 제품 압류·봉인 조치
- 거래처(유통단계) 보관 제품 압류: 관할지역은 직접, 관할지역 외부는 해당 관할기관에 협조 요청하여 신속히 압류(*3곳 이상 사·도에서 압류조치 필요 시 식약처에 업무지원 협조 요청)

※ **자가품질검사 부적합 등 '영업자 회수'인 경우 → 수거검사 실시**(시행규칙 제51조의3제3항3호, 남은 제품이 없거나 수거가 불가능한 경우 다른 생산일자의 제품 등 검사)

※ **반드시 현장 확인하여 유통재고량 여부(회수 필요 여부)를 확인**

* (통합망) 해당 부적합 내역 선택 → **긴급통보 창** → 참고사항[탭] → 지자체 비공개(하단)
→ 유선 1차 확인한 **생산량, 유통재고량, 확인시점** 등 우선 기록

다. 협조를 요청받은 기관은 압류·봉인 조치 등 실시

- 압류 등 협조 요청 시 즉시 회수영업자의 거래처에 출장하여 회수대상 축산물을 압류·봉인하고 그 결과를 요청기관에 통보
- 압류제품 반품을 위해 회수영업자의 거래처에서 봉인 해제를 요청하면 압류·봉인을 해제하고 그 결과를 요청기관에 통보

라. 해당 제품 회수사유가 없는 경우(미유통, 전량 압류조치, 전량 소진 등) 관할기관이 회수명령을 미실시할 수 있음

- 회수명령을 미실시하는 경우 축산물안전정책과에 유선 보고하고, 반드시 관련 공문을 통합망에 첨부하여 기록을 관리해야함
- 인터넷 판매 등 소비자와 직거래 방식으로 판매한 경우, 영업자가 소비자에게 문자, 전화, 이메일 등 방법으로 지체 없이 알려 섭취 중단하도록 관할기관이 행정지도

* (통합망) 해당 부적합 내역 선택 → **긴급통보 창** → 참고사항[탭] → (하단) 첨부파일
→ ★ **미실시 사유가 명시된 출장복명서 등 관련 공문을 반드시 첨부**

2. 회수명령

가. 관할기관은 영업자에게 회수대상 축산물을 신속히 회수하도록 명령함

- 24시간 이내 실시

영업자에게 유선으로 통보 *통화일시, 수화자, 통화내용 기록	➔	② 부적합 긴급통보시스템 (식약처, 전국 지자체 통보)	➔	③ 영업자에게 **회수명령 공문 전달** (직접 전달 또는 FAX 등)

- 영업자에게 회수단계별 체크리스트를 제공하고, 회수 모니터링(p. 474 붙임 1서식)
  * 정확한 유통재고량 산출 유도, 온라인 판매시 온라인 유통물량의 회수 방법을 명시토록 조치

나. 영업자 조치사항

- 부적합 제품은 신속히 판매 중단하고 해당 제품의 재고량*을 확인함
  * (창고보관량)자가 창고나 계약한 물류창고에 보관중인 양, (유통재고량)유통·판매업체가 보관중인 양
- 1차·2차·3차 거래처 및 소비자에 부적합 정보 알림(유선, 팩스, 메일, 문자 등)
- 판매장·인터넷(자사 홈페이지, 타사 판매창 등)에 회수 사실, 반품 방법을 게시하여 알림
  * 각 유통단계별 회수사실을 전파한 일시 및 시간, 통화자, 통화내용 등 기록·보관

[참고] 자율회수 시 권장사항
- **(영업자)** 품질 결함 등의 사유로 회수하는 경우에도 관할기관에 회수계획을 보고
- **(관할기관)** 회수계획을 통합망에 기록·관리(긴급통보 사유: 자율회수) 및 결과를 검증하고 유통 중인 해당 제품에 대해 수거검사하여 제품 안전성 여부를 확인(근거: 법 제19조)

3. 회수 공표

★ **부적합(위반) 인지시점에 유통재고량이 있는 경우 반드시 회수조치* 시행**

※ 단, 회수공표 명령 전에 **소비기한이 경과**하거나 **출고(판매)량 전량이 회수·압류 조치**된 경우 **공표 명령을 하지 아니할 수 있고**, 공표 중에도 **공표를 중단**할 수 있음 (시행령 제28조제1항)

가. 관할기관은 「축산물 위생관리법」 제37조 요건에 해당하는 경우 영업자에게 회수 공표를 명령함

* 식약처 또는 영업허가(신고)관청은 회수 제품, 제조업체 정보를 자체 홈페이지에 신속히 공개하고, 위해 정도가 심각하여 사회적 문제가 야기될 가능성이 있는 경우 회수사실을 언론보도 등을 통해 공개할 수 있음

- 영업자에게 긴급회수문(시행규칙[별표 14의4] 서식)을 제출토록 함

* 반드시 공표결과(공표일, 공표매체, 공표횟수, 공표사본 또는 내용)를 확인

- 관할기관은 회수사실 공표를 요청하는 공문을 식약처·타 시·도에 발송하고 **(시·군·구는 시·도를 경유),** 반드시 긴급회수문을 첨부할 것

* 단, 반드시 회수대상 여부 및 회수물량이 있는지 철저히 확인한 후 공표 요청할 것

나. 영업자 조치사항

- 회수 공표를 명령받은 영업자는 회수사실에 대해 공표하여야 함(시행령 제28조제1항)

* 공표방법 : 전국을 보급 지역으로 하는 일반 일간신문에 긴급회수문 게재
식품의약품안전처 인터넷 홈페이지에 게재요청(관할기관 경유)

* 긴급회수문 크기 : 일반일간신문 게재용 5단 10센티미터 이상
인터넷 홈페이지 기재용 : 긴급회수문의 내용이 잘 보이도록 크기 조정 가능

- 영업자는 관할기관에 공표 결과를 통보

구분	회수 사실 공표	
법적근거	**축산물 위생관리법 제37조제1항**	식품표시광고법 제15조
	회수 사실의 공표를 명할 수 있음 ① 영업자 회수계획을 보고받은 경우 ② 정부회수를 명령한 경우	식품위생법 제45조, 같은 법 시행규칙 제59조에 따라 회수 사실에 대한 공표를 명할 수 있음
공표 주체	영업자	
공표 방법	- 전국을 보급지역으로 하는 일반일간신문에 **긴급회수문** 기재 - 식품의약품안전처 홈페이지에 게재하도록 식약처에 요청 * 다만, 관할기관이 영업자가 제출한 긴급회수문을 식약처장에게 게재요청 가능	
게재 제외	출고량 전량이 회수되었거나 소비기한이 경과한 경우 (시행령 제28조제1항)	-
게재 장소	식품안전나라 홈페이지(www.foodsafetykorea.go.kr) → 위해·예방 → 위반식품 및 업체정보 → 회수·판매중지	

[참고] 회수사실 공표

- 소비자에게 회수한다는 사실을 공유함으로서 피해 확산을 방지하고 위해 발생을 최소화하기 위한 제도로 적극적으로 공표하는 것이 바람직함
- 공표는 관할기관의 별도 명령이 아니더라도 영업자 스스로 판단하여 공표할 수 있음
- 출고(판매)량 전량이 회수된 경우, 공표하지 않거나 공표를 중단할 수 있음(시행령 제28조제1항)
- 공개내용: 제품명, 제조회사, 회수 사유 등 회수대상 축산물 정보 및 검사(단속)기관, 회수 기관 등
- 게재: 식품안전나라 홈페이지(www.foodsafetykorea.go.kr) → 위해·예방 → 위반식품 업체정보 → 회수·판매중지(제품명 등으로 검색 가능)
- 홈페이지에 게시하는 기간: 해당 제품의 소비기한까지 공개됨(시행령 제28조제1항), 다만, 소비기한이 없는 아이스크림류의 경우 최대 2년 이내 게시

[참고] 법 제37조제2항에 따른 **'위해 축산물의 공표'(=부적합 공표)**

정부 수거검사 부적합인 경우 식약처 인터넷 홈페이지에 공표됨(게재일부터 6개월간)
게재 : 식품안전나라 홈페이지 → 위해·예방 → 위반식품 및 업체정보 → 국내식품 부적합
※ 영업자 자가품질검사 결과 부적합하여 이미 회수 공표된 경우로서 관할기관에서 실시한 확인검사 결과 부적합한 경우 부적합 공표 대상에서 제외

4. 회수계획

가. 관할기관은 영업자로부터 회수계획을 받은 경우 신속히 식약처장에게 통보

- 회수계획서에 회수계획량 회수방법 등 필수사항을 확인하고, 회수계획 타당성(실효성) 등에 대하여 검토하여야 함, 특히 회수계획량 산정이 적절한지 생산일지, 거래내역 등과 비교하고 미흡한 경우 영업자에게 보완하도록 함

  * 관할기관이 회수·폐기계획 및 그 결과에 대해 보완을 요구하는 경우 영업자는 보완조치를 완료하고 7일 이내에 결과를 보고(시행규칙 제54조의3제2항)

- 관할기관에서 검토완료한 회수계획서는 식약처에 공문 발송<u>**(시·군·구는 시·도를 경유)**</u>

※ **자가품질검사 부적합 등 '영업자 회수'인 경우 →** <u>**수거검사 실시**</u>(시행규칙 제51조의3제3항3호, 남은 제품이 없거나 수거가 불가능한 경우 다른 생산일자의 제품 등 검사)

- 통합망을 이용한 회수 기록관리
  (회수대상 목록 생성 → **회수명령/회수계획**/회수실적/회수결과/회수제품폐기)

* **[회수대상 목록 생성]**
통합망 → 통합사후관리, 부적합긴급통보 → 부적합긴급통보/회수폐기 → 부적합식품긴급통보조회 → '식품분류: 축산물' 선택 후 조회 → 해당 부적합 내역의 왼쪽 체크박스 선택 → 우측 상단 <u>**회수대상지정**</u> 선택

[참고] 회수계획서 및 회수완료보고서 검토 방법

영업자가 제출한 회수계획서는 **반드시 검토 후 계획을 승인**하고 식약처로 공문 발송

* 특히 회수계획량 산정이 적절한지 생산일지, 거래내역 등과 비교하고, 미흡한 사항은 영업자에게 보완토록 함)

① **생산(수입)량**: 검사량을 포함한 총 생산량(또는 수입된 양)

자가품질검사 또는 정부수거검사 등 검사량으로 소진된 양은 별도표기

예) 생산량 100 kg (검사량: 6 kg)

→ 제조 당일 **생산일지, 원료사용 내역 등**과 비교, 확인

② **창고보관량**: 출고되지 않은 제조업체의 창고 보관량

→ 현장에서 물량 확인 후 **압류·봉인 조치**

③ **회수계획량**: 유통업체 혹은 최종판매처에 남아있는 유통재고량

④ **판매내역**: 회수대상 제품이 유통업체로 간 양

- 판매경로(1차·2차 거래처 등, 회수업체와 해당 제품을 거래한 유통업체)
- 판매처별 판매량(해당 유통업체로 판매된 양)
- 유통재고량(해당 유통업체에 남아있는 재고량 = 회수계획량)

→ **거래내역서와 비교**하여 사실 여부 확인

나. 영업자 조치사항

- 회수명령을 받은 영업자는 회수계획서를 작성하여 관할기관에 제출

회수계획서에는 생산판매 관련 서류(생산일지, 판매, 거래내역 등)을 첨부할 것

* 관할기관이 회수·폐기계획 및 그 결과에 대해 보완을 요구하는 경우 영업자는 보완조치를 완료하고 7일 이내에 결과를 보고(시행규칙 제54조의3제2항)

< 회수계획서 작성 >

- 회수계획량은 식품 등의 평균 소비주기, 잔존 소비기한 등을 고려하여 산출
- 판매처 현황은 판매된 제품의 유통경로를 의미하며, 유통경로에 따라 1차, 2차, 3차로 구분하고, 각 판매처 업체명, 연락처를 파악하여 작성
- 신속한 회수와 피해 확산 방지를 위해서 생산 판매하는 제품에 대한 유통·판매경로(판매처 현황)를 사전파악하여 작성·보관해야 하며, 회수시 작성하여 보관중인 판매처 현황을 바탕으로 '즉시' 회수 사실을 판매처에 알리고 진열 및 판매 중단조치와 반품조치를 요청해야함

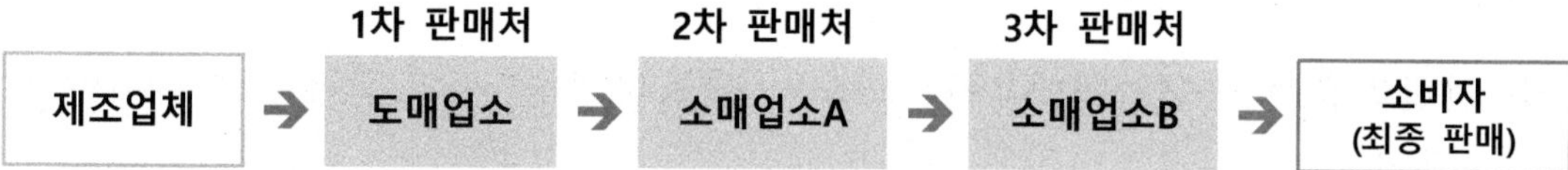

* 회수계획서 제출기한 - 회수 등급에 관계 없이 3일 이내 제출

** 기한 내 제출이 어려운 경우 관할기관(회수명령 기관)에 이를 알리고 승인받은 뒤 연장가능, 제출한 회수계획서 내용에 변동사항이 발생하면 즉시 관할기관에 수정보고 해야 함

5. 회수 실시

가. 관할기관은 회수완료 시점까지 회수 진행사항 전반을 지속 모니터링해야함

- 영업자에게 회수단계별 체크리스트 작성 안내(p. 474 붙임 1 서식 활용)
  영업자가 판매처별로 회수사실을 통보하였는지, 판매처는 진열판매 중지, 반품 등 적절한 조치를 하고 있는지 여부(회수사실 통보 증빙자료 제출 요구, 현장 또는 유선확인)
  * 공문사본 또는 유선 통화 내용기록자료(통화자·일시·내용), 이메일출력본 등

- 회수가 이행되지 않거나 신속하게 진행되지 않는 경우
  영업자 및 판매처에 보관된 제품을 압류하고 행정처분 등 조치
  * 행정처분 기준: 영업자 회수 미실시(영업정지 2개월), 영업자 회수 미(거짓)보고(과태료 500만원) 회수명령 미이행(영업정지 1개월), 회수명령을 이행한 것으로 속인 경우(영업소 폐쇄)

- 통합망을 이용한 회수 기록관리
  (회수대상 목록 생성 → **회수명령/회수계획**/회수실적/회수결과/회수제품폐기)

> * **[회수명령 입력 등]**
> 통합망 → 통합사후관리, 부적합긴급통보 → 부적합긴급통보/회수폐기 → **회수대상 목록 조회** → '회수종류: 축산물' 선택 후 조회 → 해당 부적합 내역 선택 → **회수폐기관리 창**→ **회수명령** 입력, 저장
> **회수명령 클릭** → **회수계획** 입력, 저장 (회수계획서 첨부)
> 회수계획 검토, 확정 이후 **회수계획 승인 클릭** → 판매내역에서 행추가 클릭, **업체 등록**

나. 영업자 조치사항

- 신속한 회수를 위해 판매처에 회수사실을 공지하고, 제출한 회수계획에 따라 회수를 실시해야함
- 회수대상 식품의 상세정보와 반품방법 등을 자사 홈페이지 등에 게재
- 판매처에 공문, 이메일, 유선 등으로 회수사실을 알려 진열·판매중지를 요청하고 판매처에서 보관중인 재고량을 파악하여 회수 실시
- 인터넷 쇼핑몰, 전화권유 판매 등의 소비자와 직거래 방식으로 판매한 경우, 소비자에게 문자, 전화 이메일 등 방법으로 지체 없이 알려 섭취 중단 조치
- 회수한 제품은 다른 제품과 구분하여 일정한 장소에 보관함

6. 회수 결과 검증

가. 관할기관은 회수계획에 따라 회수가 완료되었는지 그 결과를 확인해야함

① 회수완료보고서 검토
- 판매처에 회수사실 공지 여부(증빙자료 및 실제 공지 여부 확인)
- 판매처별 유통재고량이 회수영업자에게 반품 또는 회수되었는지 확인
- 회수완료보고서 검토 이후 식약처에 공문으로 발송(시·군·구는 시·도를 경유)

② 회수제품 압류 봉인
- 최종 회수량 및 실제 회수대상 제품이 회수되었는지 여부 확인(폐기 시 입회하여 확인)

③ 통합망을 이용한 회수 기록관리
(회수대상 목록 생성 → 회수명령/회수계획/**회수실적/회수결과/회수제품폐기**)

* **[회수실적, 결과 입력 등]**
회수폐기관리 창(회수계획 승인 후) → **회수실적[탭]** → 회수실적 등록, 저장
→ **회수결과[탭]** → 결과 입력, 저장 후 **회수결과 승인** → 회수결과검증 란 입력 → 회수검증완료 클릭
→ **회수제품폐기 [탭]** → 입력 및 회수결과보고서 첨부

나. 영업자 조치사항
- 회수계획에 따라 회수를 완료한 영업자는 회수완료보고서 작성 및 관할기관에 보고
- 회수한 제품은 다른 제품과 구분하여 일정한 장소에 보관함
* 관할기관이 회수·폐기계획 및 그 결과에 대해 보완을 요구하는 경우 영업자는 보완조치를 완료하고 7일 이내에 결과를 보고해야함(시행규칙 제54조의3제2항)

7. 회수 축산물 폐기 등

가. 관할기관은 부적합 제품이 유통·사용되지 않도록 적절한 방법으로 폐기 조치
① 소각·매몰 등: 시행령 별표2(검사불합격품의 폐기처리방법과 기준) 준용
② 용도전환: 시행규칙 별표9(검사불합격품의 용도전환 방법과 기준) 준용
③ 반송: 반송계획서·수출계약서·B/L 등 관련서류를 검토, 반송 완료 후에는 관련서류(수출면장 등)을 제출받아 반송 여부를 확인

나. 관할기관은 행정처분을 실시하고, 영업자가 재발방지 대책을 이행하는지 확인
- 영업자의 자가품질검사 부적합만으로 행정처분을 부과하지는 않으며, 관할기관에서 실시한 확인검사(수거검사) 결과가 부적합인 경우에는 행정처분 대상이 됨
* 자가품질검사 부적합 제품을 회수한 실적에 따라 확인검사결과(부적합)에 대한 행정처분이 감면될 수 있음(시행령 제26조의5), 다만 법 제36조에 따른 회수(정부 수거검사, 지도점검시 회수사유 적발)는 감면대상이 아님

※ 부적합 발생 원인별 자율개선 조치방안
- 원료인 경우: 원료변경 또는 사전검사 실시, 원료 검수 방법 개선
- 제조방법 또는 제조시설: 제조방법 변경 및 시설 개보수
- 위생적 취급관리 및 종사자: 위생적 취급관리, 세척소독관리, 개인위생교육 실시
- 유통과정: 포장·운송·방법이 적절한지 검토, 포장재질 변경, 취급 사용자에 대한 주의 문구 표시 등

축산물 위생관리법 시행규칙 [별표 14의4] 위해 축산물의 긴급 회수문

위해축산물 긴급회수

「축산물 위생관리법」 제31조의2 또는 제36조에 따라 아래의 축산물을 긴급 회수합니다.

가. 회수제품명 :

나. 제조일ㆍ소비기한 또는 품질유지기한
※ 제조번호 또는 롯트번호로 제품을 관리하는 업소는 그 관리번호를 함께 적을 것

다. 회수사유 :

라. 회수방법 :

마. 회수영업자 :

바. 영업자 주소 :

사. 연락처 :

아. 그 밖의 사항 : 위해 축산물 긴급회수 관련 협조 요청
- ○ 회수 대상 축산물을 보관하고 있는 판매자는 판매를 중지하고 회수 영업자에게 반품하여 주시기 바랍니다.
- ○ 회수 대상 축산물을 구입한 소비자께서는 구입한 업소에 되돌려 주시는 등 위해 축산물 회수에 적극 협조하여 주시기 바랍니다.

[별지 제1호 서식] 회수계획서

회 수 계 획 서

「축산물 위생관리법」제31조2 또는 제36조 의 규정에 의하여 회수명령을 받거나 영업자 회수결정 축산물에 대한 회수를 아래와 같이 실시합니다.

제품내역 및 회수계획	회수제품명	냉동 갈비탕	
	제조일자(소비(유통)기한)	'23.1.16 (: '23.7.16까지)	
	수입일자 및 신고수리번호 (수입식품에 한함)	-	
	업소명 및 소재지	OOO육가공(OO도 OO시 OO로)	
	생산(수입)량(kg)	100kg(1봉당 1kg, 총 100개) *자체검사량: 5kg	
	창고보관량(kg)	25kg(총 25개)	
	회수계획량(kg)	30kg(총 30개)	

판매내역	판매업소명		판매량	판매업소 유통재고량
	1차	네O스토어(인터넷)	30kg(30개)	20kg(20개) *소비자 판매소진(10kg)
	1차	OO유통	40kg(40개)	유통재고량 없음 *OO마트(20kg),소비자(20kg)
	2차	OO마트	20kg(20개)	10kg(10개) *소비자 판매소진(10kg)
	3차	없음	-	-

○ 판매 · 유통경로(1차, 2차, 3차 거래처로 구분하여 제출)
 - 일반(1차: OO유통 40kg, 2차: OO마트 20kg), 인터넷(1차: 네네네스토어 30kg)

○ 회수사유 : 자가품질검사 부적합(대장균 기준 초과)

○ 회수방법 : 네O스토어 유통재고는 택배 반품(도착예정 1.30), OO마트 제품은 1.27일 반품 처리

○ 회수효율성 점검계획 : 각 판매업소별 회수사실 제공, 판매처별 협조 이행 여부 점검(1.30일)

○ 회수완료 예정일 : 1월 30일

○ 회수제품 처리계획 : 폐기물 처리업체 위탁 예정

○ 회수공개 및 정보교류 방법 등
 - 소비자: 홈페이지, 네O스토어 판매페이지 게시 및 개별연락하여 섭취중단 및 환불·폐기 안내
 - 거래처: 각 판매업소에 유선 또는 공문으로 알림

2023 년 1 월 26 일

보 고 인 OOO육가공 품질담당 김OO (서명 또는 인)

지방자치단체장(시·도지사, 시장 · 군수 · 구청장), 지방식품의약안전청장 귀하

[별지 제2호 서식] 회수완료 보고서

회 수 완 료 보 고 서

「축산물 위생관리법」제31조2 또는 제36조 의 규정에 의하여 회수명령을 받거나 영업자 회수결정 축산물에 대한 회수를 아래와 같이 실시합니다.

제품 내역	회수제품명	냉동 갈비탕
	제조일자(소비(유통)기한)	'23.1.16 (: '23.7.16까지)
	수입일자(수입식품에한함)	-
	업소명 및 소재지	OOO육가공(OO도 OO시 OO로)
회수내역 (kg)	생산(수입)량	100kg(1봉당 1kg, 총 100개) *자체검사량: 5kg
	출고량	70kg(총 70개)
	회수계획량	30kg(총 30개)
	회수량	30kg(네O스토어 20kg, OO마트 10kg)
	미회수량	소비자 판매소진(40kg)

○ 미회수량에 대한 조치계획

- OO유통, OO마트 각 판매장에 회수사실 지속 게시
- 네O스토어(인터넷)는 모든 구매자(O명) 개별연락하여 환불조치 및 폐기요청 완료(1.30)

○ 폐기 등 사후처리 계획

- 1.31일 폐기물업체 위탁 예정(회수량 30kg+창고보관량 25kg, 총 55kg)

○ 시정 및 예방조치 계획

- 주요 내용: 살균공정 점검, 포장실에서 사용하는 기구 살균·소독 강화, 종업원 위생교육 실시
- 완료 예정일: '23년 2월 7일

2023 년 1 월 30 일

보 고 인 OOO육가공 품질담당 김OO (서명 또는 인)

지방자치단체장(시·도지사, 시장 · 군수 · 구청장), 지방식품의약안전청장 귀하

〈붙임 1〉

회수단계별 체크리스트 [영업자용]

업체현황	업체명		업 종		
	소재지		연락처		
회수대상 제품현황	제품명		제조일자 ()		
	회수구분	의무( ), 자율( )	회수사유		
평가항목별 평가표					
평가영역	**평가항목 및 배점**			**체크결과**	**비고**
회수사실통보 (1단계)	**1-1. 회수사실 통보 및 판매중단 요청** - 회수사실을 안 시점부터 즉시 거래업체에 회수사실 통보 및 보관 물량에 대한 진열·판매 중단 등 요청 * 유선전화를 활용 즉시 전파				
	1.2. 회수사실 공지 - 회수사실을 홈페이지 공개, 판매 매장 게시, 보도자료 배포 등				
유통재고량 파악 (2단계)	**2-1. 생산량(또는 수입량) 확인** - 증빙문서: 원료수불대장, 생산일지, 수입신고서, 수입필증 등 * 창고재고량 파악 포함				
	2-2. 영업자가 거래처별(1차→2차 등)로 납품한 내역 확인 - 증빙문서: 거래명세표(내역) 등				
	2-3. 거래처별(1차→2차 등) 판매내역 및 재고량 확인 - 증빙문서: 유선통화 내역서(업소명, 연락처, 통화자, 재고량 등)				
회수시행 (3단계)	**3-1. 회수계획서 제출** - 증빙문서: 회수계획서 (권장: 회수명령 후 24시간 이내)				
	3-2. 회수 모니터링 실시 - 회수 영업자는 거래업체로부터 회수가 신속하고 적절하게 이루어지고 있는지를 모니터링하고 거래업체에 독려				
	3-3. 회수완료보고서 제출 - 증빙문서: 회수완료보고서 (권장; 회수종료후 24시간 이내)				
사후조치 (4단계)	**4-1. 재발방지대책 마련** - 부적합 원인 파악 및 재발방지를 위한 개선대책				
영업자의견					

20 년 월 일

작성자(영업자) (직위) (성명) (서명)

〈붙임 2〉

회수단계별 체크리스트 [공무원용]

평가영역	검토 항목	확인
회수인식 (1단계)	**1-1. 부적합긴급통보시스템 확인** - **(제품확인)** 해당제품의 품목제조보고와 일치 여부, 표시기준 준수 여부 등 확인	
	1-2. 부적합사실 통보 및 판매중단 요청 - **(통보)** 부적합 사실을 통보받은 즉시 해당 업체에 유통재고량 파악(거래처 판매중단) 및 보관 물량에 대한 진열·판매 중단 등 요청(유선전화 활용 즉시 전파) - **(현장확인)** 생산량, 창고재고량, 판매량, 유통재고량(판매처 재고 등), 유통경로 등 확인 및 창고재고량 압류 √ 회수 명령을 미실시(미유통, 전량 판매소진, 경과 등) 할 경우 미실시 사유가 명시된 출장복명서 등 관련 공문을 부적합긴급통보시스템 참고사항에 반드시 첨부	
회수명령 (2단계)	**2-1. 회수명령 및 홈페이지 공개 요청** - **(시스템 등록)** 우선 유선으로 신속히 명령하고 부적합긴급통보시스템에서 회수명령 등록(회수지정 → 회수명령) √ 회수제품 사진, 포장단위, 바코드번호(없을시 사업자등록번호) 철저 확인 - **(공문 시행)** 전국 지자체, 식약처에 회수명령 및 회수사실 홈페이지 게재요청 √ 회수제품 온라인 판매 금지를 위해 '(사)한국온라인쇼핑협회'도 수신자에 포함하여 공문발송 - **(영업자)** '회수단계별 체크리스트(영업자용)'을 영업자에게 반드시 전달 √ 자가품질검사 부적합의 경우 유통 제품 확인검사 실시	
회수계획서 검토 (3단계)	**3-1. 회수계획서 검토** - **(서류검토)** 회수계획서의 **회수계획량 적정성** 및 첨부서류의 진위여부 확인 √ 인터넷 판매사실 명시여부 확인, 미흡 사항이 있을 경우 수정 보완 요구 - **(시스템 등록)** 회수 계획 내용 입력 후 **회수계획승인**(회수계획서 첨부)	
회수 모니터링 (4단계)	**4-1. 회수 이행 여부 모니터링** - 회수 이행 및 온라인 판매 모니터링(해당 제품 미판매 또는 회수 알림 문구 게시) √ 미흡 시 시정될 수 있도록 조치	
회수검증 (5단계)	**5-1. 회수완료보고서 검토 및 검증** - **(서류검토)** 회수량, 미회수 사유 및 첨부서류 진위여부 확인, 미흡시 수정 보완 요구 - **(현장확인)** 회수된 제품과 회수 제품 동일여부 확인 및 회수제품 압류·봉인 - **(시스템 등록)** 회수완료 내용 및 회수량·폐기결과 등 시스템 등록 √ 수정시 식약처 축산물안전정책과 등 주관부서에 유선보고 - **(공문)** 전국 지자체 및 식약처에 회수완료 공문 실시	
폐기확인 (6단계)	**6-1. 회수제품 폐기** - **(폐기 등)** 소각, 매몰, 수출국 또는 제3국반송(수입식품), 식용외 용도(사료)전환의 방법으로 폐기 조치(폐기 시 공무원 입회) √ 식용외 용도(사료)전환은 가능여부 검토 후 승인 - **(시스템 등록)** 폐기 내역(폐기결과, 폐기일자, 폐기량 등) 시스템 등록 √ 회수제품폐기 사항에 회수완료보고서 및 폐기관련 서류 파일 업로드 **6-2. 시정 및 예방조치** - 부적합 원인 파악 등 재발방지를 위한 개선대책 마련 지시 및 이행결과 확인 - 필요시 다른 제품 수거검사 실시 등 적극 사후조치	

8. 부적합 축산물 회수 관련 Q&A

Q.1 부적합 판정 및 회수 사유 인식 시점에서 이미 소비기한이 경과하거나 유통·판매되지 아니하고 전량 보관중인 경우에도 회수조치가 필요한가요?

□ 소비기한이 경과된 제품은 유통 자체가 불가하며, 시중에 판매되지 아니하므로 사실상 회수조치가 필요하지 않습니다.

□ 생산한 제품 전량이 유통·판매되지 아니하고 영업자가 보관하고 있는 경우도 회수조치가 필요하지 않으며, 이 경우 유통·판매되지 않도록 반드시 압류·폐기 조치하고, 동일한 부적합이 재발하지 않도록 원인분석 및 재발방지대책을 수립하고 이행토록 조치해야 합니다.

Q.2 부적합한 원료로 제조·가공한 제품은 회수 대상인가요?

□ 부적합 축산물(1차)을 원료로 하여 제조가공한 제품(2차)은 축산물 위생관리법 4조에 따라 판매하거나 판매를 목적으로 제조·수입·가공·사용 등을 해서는 아니되며,

□ "식품(축산물)에 사용이 금지된 아래 각 항목의 것을 사용한 경우"와 "동물용의약품 등의 잔류허용기준을 초과한 것을 원료로 사용한 경우"에 해당하는 축산물은 회수 대상에 해당됩니다. * 회수대상 및 회수등급 참고

□ 상기의 경우를 제외한 제품의 회수 대상 여부는 해당 원료(1차)의 부적합 내용과 2차 제품에서의 기준·규격 설정여부 등을 고려하여 정하는 사항입니다.

Q.3 축산물유통전문판매업체가 판매하는 제품이 회수대상일 때, 회수 주체는 누구인가요?

□ 축산물유통전문판매업체와 해당 축산물을 제조한 업체 모두 회수 주체이며, 상호 협력하여 회수를 실시해야 합니다.

Q.4 자가품질검사 부적합에 이의가 있는 경우 재검사가 가능한가요?

□ 자가품질검사 부적합 판정된 축산물에 대한 재검사는 불가능합니다.

Q.5 유통재고량이 없는 경우에도 현장 확인을 꼭 해야하나요?

□ 축산물의 안전성 확보를 위해 현장 및 증빙서류 확인이 필요합니다.

Q.6 회수 명령을 철회하고 싶어요

□ 회수명령 제품은 명령과 동시에 홈페이지 공개 및 위해식품판매차단시스템으로 관련 정보가 공개되므로, 회수 조치는 신속하고 정확하게 판단하여 조치하여야 합니다.

□ 그럼에도 불구하고 '회수명령을 철회'(미유통, 전량압류, 전량소진 등 회수명령 미실시 사유 해당)를 하고자 하는 경우, 회수 취소 전에 식약처 축산물안전정책과로 유선통보하고 업체와 전국 지자체에 회수명령이 철회되었음을 알리는 공문 등의 조치를 취해야 합니다.

Q.7 회수효율성 및 시정예방조치 이행 여부를 반드시 확인하여야 하나요?

□ 회수 조치가 효율적으로 성실히 이행되는지에 대한 확인이며, 향후 동일한 문제가 발생하지 않도록 조치하는 과정입니다. 반드시 확인하고 미흡한 부분에 대해서는 보완 조치하여야 합니다.

Q.8 유통매장에서 계산 시 제품의 바코드가 인식되지 않아 판매가 안돼요

□ 부적합 축산물의 신속한 유통·판매차단을 위한 위해식품판매차단시스템 운영하고 있습니다.
- 해당 제품 바코드를 이용하여 최종 소비단계인 계산대(POS기)에서 이를 판매 차단함

□ 유통업체는 판매차단 제품을 제조업체에 신속 반품 조치하는 등, 전체 매장에서 해당 제품을 제거한 이후 POS기 판매차단을 해제하도록 합니다.

Q.9 회수한 제품 폐기는 어떻게 해야하나요? 사료로 용도전환이 가능한지요?

□ 폐기는 회수 조치된 제품이 재사용 또는 판매되는 것을 방지하기 위한 조치로 행정기관에서는 반드시 폐기 과정에 입회하여 폐기하여야 합니다.

□ 폐기방법은 별도로 규정되어 있지는 않으므로 폐기 목적이 달성될 수 있는 적절한 방법을 선택하여 폐기하면 되나, 가급적 전문 폐기물처리업체를 통하여 처리하는 것이 바람직합니다.

□ 자체 폐기시설이 있는 경우는 자체 폐기도 가능하나 이 경우에는 폐기물 처리 관련법률(환경부 소관)에 저촉되는지 여부를 사전에 확인 후 폐기하여야 합니다.

□ 사료로 용도 전환하는 것은 시행규칙 제24조 및 별표9에 따라 가능하나, 이 경우에 반드시 「사료관리법」에 따라 사료로 적합한 경우에 한하여 가능하며, 사료 전환 제한 기준에 해당되는 경우에는 사료로 용도전환이 불가합니다.

□ 항생물질·농약 등 유해성 물질의 잔류허용기준 및 병원성 미생물의 검출기준을 초과한 축산물의 경우에는 해당 축산물을 검사한 축산물 시험·검사기관의 장이 기준초과 또는 안전성 확보방법 등을 고려하여 동물의 사료 및 비료 이용여부를 결정하여야 합니다.(시행규칙 별표 9)

□ 사료로 용도 전환한 경우에는 사료로 적정 사용되었는지에 대해 사후관리를 실시하여야 합니다.

Q.10 회수는 회수등급별 회수완료 기한 내에 꼭 완료하여야 하나요?

□ 등급별 회수 완료 기한을 규정한 이유는 신속한 회수조치를 통해 소비자 피해 예방을 하기 위한 것이며, 유통판매 경로, 거래처, 생산량, 판매량 등을 고려하여 회수기간이 다소 길어질 경우 사전에 회수명령기관에 이를 고지하고 탄력적 운영이 가능합니다.

※ 회수 완료 기한을 준수하기 위하여 회수가 충분히 이루어지지 않았음에도 불구하고 회수를 중단하여서는 아니 됨

8 부적합 축산물 긴급통보시스템 운영 관리

〈축산물안전정책과〉

1. 목적

○ 부적합 축산물 및 회수대상 축산물 정보를 관계기관 간에 신속히 통보하여 상호 공유, 활용함으로써 부적합 축산물 등의 유통을 조기 차단함을 목적으로 한다.

2. 적용기관 및 긴급통보대상

적용기관	긴급통보 대상	통보시기
식약처 (지방식약청)	○ 점검 또는 검사결과 부적합 사실이 확인된 축산물 ○ 공중위생상 위해 방지를 위한 회수명령 대상 축산물	즉시
시·도 (시군구)	○ 점검 결과 부적합한 사실이 확인된 축산물 ○ 공중위생상 위해 방지를 위한 회수명령 대상 축산물 ○ 영업자가 기준 및 규격 위반이나 위해정보를 인지하여 회수계획보고 후 회수하는 축산물	즉시
보건환경연구원 및 동물위생시험소	○ 검사결과 부적합 판정 축산물	즉시
(민간)축산물 시험·검사기관	○ 검사결과 부적합 판정 축산물	즉시
자가품질검사를 직접 실시하는 영업자	○ 검사결과 부적합 판정 축산물	즉시

3. 부적합 긴급통보 등록(입력매뉴얼 참조)

○ 지방식약청, 보건환경연구원 및 동물위생시험소에서는 수거검사 및 자가품질검사 결과 일부 항목에서 부적합이 확인되면, 전체 항목 시험 완료전이라도 해당제품에 대한 회수와 판매차단이 신속히 이루어질 수 있도록 즉시 부적합 정보를 등록

* 식품행정통합시스템(https://admin.foodsafetykorea.go.kr) -> 통합사후관리, 부적합 긴급통보 -> 부적합식품긴급통보등록

○ 제품의 전면과 주표시면, 소비기한이 보이는 사진을 부적합식품긴급통보시스템의 '제품 이미지 등록'에 첨부하고, 바코드가 있는 제품은 반드시 바코드 번호 입력

* 부적합 식용란은 난각사진, 난각표시, 제품사진, 최소포장단위 표시사항을 확보

4. 행정사항

○ 통보된 부적합 축산물에 대해서는 우선 회수 조치하고, 행정처분 등은 전체 시험 완료 후 진행

9 1399 신고시스템 활용 민원신고 처리

〈축산물안전정책과〉

1. 1399 신고시스템 활용 축산물 민원신고 처리

가. 목적

1399 부정·불량식품 신고시스템으로 접수된 축산물에 대한 소비자 신고에 적극 대응하여 신속한 민원 해결과 사후관리의 강화

나. 운영체계 및 방법

1) 1399 전화

○ 업무흐름

민원인 1399 신고전화 → 부정·불량식품 신고시스템(식품안전정보원) 민원상담 → 민원사항 식품행정통합시스템 입력 → 관할기관(지방식약청, 지자체 등) 이첩 → 관할기관 조사·처리 → 민원인에 결과 환류

< 1399 부정·불량식품 신고시스템 운영 체계 >

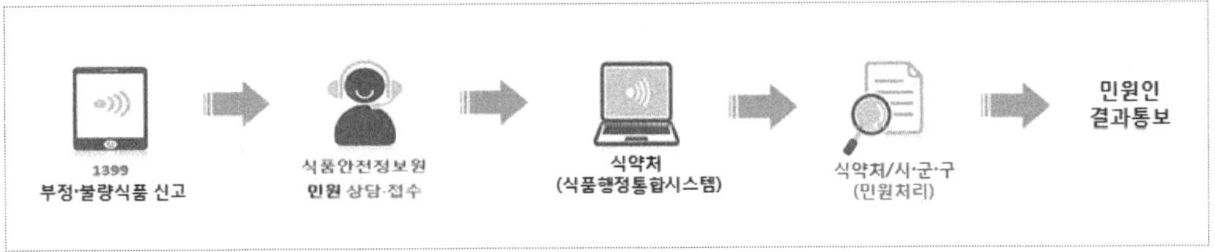

○ 운영방법

- 전문상담원이 식품안전정보원에 상주하며 식품, 축산물, 건강기능식품, 수입식품 접수 및 처리
- 운영시간 : 평일 9:00~18:00(토요일, 공휴일, 야간은 콜백*서비스 연결)

※ 콜백 : 업무시간 이후의 민원신고에 대해 다음날 전문상담원이 연락하는 시스템

2) 인터넷 신고

○ 인터넷 웹사이트 '식품안전나라(https://www.foodsafetykorea.go.kr)' 또는 모바일앱 '내손안(安) 식품안전정보'를 통해 접수된 민원의 경우 식품안전정보원에서 접수 후 민원처리기관에 이첩(1399와 동일)

※ 인터넷 신고 중 '영업자 이물 보고'는 식약처 축산물안전정책과에서 관할기관에 이첩

3) 방문, 전화, Fax 등 신고

○ 관할기관에 민원인이 직접 방문하거나 전화, Fax 등으로 신고할 경우에도 반드시 '식품행정통합시스템'에 입력하여 민원 관리

※ 민원 접수 : 식품행정통합시스템 > 1399신고센터, 광고모니터링 > 통합신고관리 > 접수관리(이첩, 등록, 조회) > 민원신청접수

2. 신고처리 방법·절차

가. 민원내용에 따른 조사·처리기관

※ 이물 원인조사와 같이 별도로 조사기관이 정해진 경우를 제외하고, 행정권한이 있는 기관(허가·신고관청 또는 권한을 위임·위탁받은 경우 등)이 조사기관으로서 조사·처리

※ 민원인의 요구 등 신고내용에 따라 최초 조사기관은 변동될 수 있음

1) **소비·유통단계 지자체**(제조단계 조사 필요시 해당 지자체로 협조/유선 통화 후 이첩)

가) 살아있는 벌레, 곰팡이

나) 소비기한 경과 신고

2) **제조단계 지자체**(소비·유통단계 필요시 해당 지자체로 협조/유선 통화 후 이첩)

가) 소비·유통단계 지자체에서 조사 처리하는 신고 건 이외 모든 민원

3) 기관 이첩이 잘못된 경우 또는 조사 진행 중 타 기관 관할로 확인되는 등 관할 기관이 아닌 곳으로 이첩된 경우

가) 조사 요청받은 기관에서는 '부서이첩' 기능으로 재 이첩이 가능하므로 해당 관할 기관으로 '부서이첩'으로 재 지정한 후 관할기관에 유선 통보

나. 조사·처리기간

1) 중대 피해사고 민원신고에 대한 보고

○ 축산물로 인한 **소비자의 중대 피해사고 민원신고에 대한 신속한 조사·처리**를 위해 식약처(축산물안전정책과)로 **유선 보고 및 협의**

○ 신속조치대상(가)~다))은 **접수받은 즉시 처리 및 보고**

가) 어린이, 노약자 등 소비자의 생명·신체에 피해가 발생한 신고

나) 식품으로 아나필락시스(쇼크) 및 심각한 알레르기 등 피해 신고

다) 처리기관에서 위해하거나 중대한 피해 사례로 판단되는 신고 등

※ 민원신고 후 7일 이내 처리 불가 시 신고인에게 중간 조사 진행상황 통보

2) 민원신고 후 **15일 이내 최종 조사결과 민원인에게 통보**

3) 조사·처리가 지연될 경우(추가조사, 수거·검사 진행 등) 신고인에게 민원처리 기간 연장 통보

다. 조사결과 등 통보

1) 민원인이 신고 접수 시 선택한 조사종결 통보방식(휴대전화 문자메세지, 서신, 식품안전나라 홈페이지)으로 중간 조사 진행상황, 처리기한 연장 또는 조사 결과 통보

※ 회신방법이 '휴대전화 문자메세지'나 '홈페이지'인 경우에는 시스템에 입력 시 자동으로 통보

※ 회신방법이 '서신'인 경우에는 공문 형식으로 민원인에게 우편 통보

3. 조사기관 임무

가. 해당기관 : 식약처(지방청 포함), 시·도, 시·군·구

나. 적용 대상 : 「축산물 위생관리법」을 적용 받는 축산물

다. 세부 역할

1) 식품의약품안전처(축산물안전정책과)

○ 통합관리자로 신고시스템 통계관리 및 정보 분석 활용

○ 접수민원 처리, 중대 피해사고 민원 검토·소지 및 소사 요청 등

○ 신고시스템 개선 제안 취합 및 조치

2) 지방식약청(농축수산물안전과, 식품안전관리과)

○ 지방식약청 홈페이지의 신고시스템 접수민원 처리

○ 타 기관으로부터 부서 이첩된 민원 처리

○ 민원 신고 사항을 동 신고시스템에 등록 관리

3) 시·도(시·군·구)

○ 각 지자체 홈페이지의 신고시스템 접수 민원 처리

○ 타 기관으로부터 이첩된 민원 처리

○ 민원 신고 사항을 등록 관리

※ (공통)조사기관 민원 종결처리 시 반드시 종결처리 기관에서 민원인에게 결과 회신

라. 운영 관리

1) 1399 신고 전담관리 직원 지정·운영(지방청 및 지자체)

가) 담당자를 2명 이상 지정하여 담당 부재 시 신고관리 철저

나) 담당자는 신고사항을 매일 수시관리하고 제조회사를 정확히 확인 입력

※ 타 기관의 조사 요청은 별도 공문 시행이 없음에 따라 매일 수시관리 필수

2) **민원 정보보호 철저(※중요사항)**

○ 「민원 처리에 관한 법률」제7조(정보보호) 및 「개인정보 보호법」제19조(개인정보를 제공받은 자의 이용·제공 제한) 규정 준수

- 민원사항의 내용과 민원인의 신상정보 등이 누설되어 민원인의 권익이 침해되지 않도록 정보관리 철저

3) ID 및 비밀번호 관리 철저

가) 인사이동 및 업무 변경 등에 따른 담당자 변경 시

○ ID, 비밀번호 및 신고시스템 사용 방법 등 인수·인계 철저

○ 회원정보에서 담당자, 핸드폰번호(문자전송), 메일주소 등 반드시 수정 관리

※ 부서이첩 시 문자전송 기능이 있으므로 반드시 담당자 지정·핸드폰번호 입력

<문자전송 내용 : 1399 신고시스템으로부터 oo번이 접수·배정되었습니다. 확인·조치바랍니다>

○ 담당자 교체 시에는 식품행정통합시스템(1899-5590)에 알려 연락처 즉시 수정

나) 민원 내용이 노출되지 않도록 비밀번호 수시 변경(관리대장 비치 등) 관리

< 부정·불량 축산물 등록 관리 >

1. 신고방법 : 전화, 온라인, 일반우편(서면), FAX, 방문 등
2. 지방식약청 및 시·도(시·군·구)에서는 부정·불량축산물 등록·관리 담당자를 지정·운영
3. 부정·불량신고 민원은 반드시 최초 접수받은 기관에서 접수·처리(이첩)토록하고 관할기관이 아니라는 사유로 접수를 거부하지 말 것

4) 행정사항 및 처리절차

가) 민원 신속 조사·처리

○ 신고시스템에 접수 또는 이첩된 신고사항에 대해 처리지연 및 누락 등으로 인한 민원발생이 없도록 신속 조사 후 결과 등록(통보)

※ 타 기관에서 이첩된 건은 문자 전송되므로 문자 받은 즉시 신고센터 확인 조치

나) 조사결과 ⇒ 신고시스템에 "조사종결"에 결과 등록

○ 조사완료 후 **'진행상태 관리'**에서 **'조사종결'**을 선택 후 민원 답변 사항 등록 종결

※ 포상금 지급 대상 여부 및 행정처분 대상 여부를 확인·입력하여 종결

※ 민원 답변 내용을 입력하였더라도 '진행상태 관리' 탭을 '조사종결'로 선택하지 않으면 '미종결' 상태로 남으니 주의

다) 조사결과 '민원인'에게 통보 방법

○ 민원인이 조사결과를 인지하지 못하여 중복신고하지 않도록 **최종 조사기관**에서는 **반드시 민원인에게 조사결과 통보**

※ 민원인이 신고한 경우에는 조사종결 시 입력한 결과가 자동 통보되어 민원인이 확인할 수 있으나, 조사기관이 신고내용을 우편, 방문접수 등으로 직접 접수한 경우에는 조사결과가 자동으로 통보되지 않으므로 별도 통보 필요

4. 행정처분

가. 조사기관과 행정처분 기관이 동일한 경우, 조사기관이 직접 신고센터에 행정처분 내역 등록

나. 조사기관과 행정처분 기관이 상이한 경우, 조사기관이 행정처분 기관에 조사결과 통보(공문시행) 시 행정처분 내역을 회신 요청하여, 그 내역을 회신받아 신고센터에 등록

10 축산물의 이물보고(신고) 관리

〈축산물안전정책과〉

1. 축산물의 이물 보고(신고) 관리

가. 목적

축산물에서 발견되는 이물관련 소비자 신고와 업체의 보고에 신속 대응하고 이물의 혼입 원인에 대한 철저한 분석과 시정조치를 통한 소비자 피해예방 및 축산물 안전성 제고

나. 근거법령

○ 「축산물 위생관리법」제31조의6 및 같은 법 시행규칙 제52조
○ 「보고 대상 이물의 범위와 조사·절차 등에 관한 규정」

다. 주요내용

1) 각 기관은 이물조사 전담자를 반드시 지정·운영
2) 각 기관은 식약처 "식품행정통합시스템"에 매일 접속하여 소비자 또는 영업자의 신고(보고)사항을 확인하고, 전화·우편 등 신고사항도 반드시 동 신고시스템에 등록하여 관리하고, 소비·유통·제조 단계별 관할기관으로 이첩 및 통보
※ 수입 축산물(식육, 식육부산물 등)의 경우 수출국 표시사항이 있는 원박스 우선 확보
3) 방문·전화·우편·국민신문고 등 신고사항도 반드시 동 신고시스템에 등록하여 관리
※ 시·도지사 또는 시장·군수·구청장이 소비자 이물발견 신고 접수사항을 신고시스템에 등록하는 경우, 이를 「축산물 위생관리법」제31조의6 제3항에 따른 식품의약품안전처장에게 통보한 것으로 인정

> < 이물조사 관련 유의사항>
> 1. 조사과정 등에서 신고인 신상정보가 피신고업체에 알려지지 않도록 주의
> 2. 1399 이물 신고에 따라 관할 지자체로 이첩(담당자 문자 통보)되었으나 신고이물이 배송되지 않은 경우 조사종결 처리금지
>   * 반드시 신고자와 통화하여 이물 택배 및 현물 확인
> 3. 신고 이물의 택배 송수신시 반드시 내용물 확인(증거사진 촬영)
>   * 지자체↔신고자 택배 송수신시 이물이 없다거나 신고이물과 다른 이물(이물 교체·변질) 등 사례가 다수 발생

4. 타 기관 이첩 필요시(유통→제조·소비, 제조→유통·소비, 유선 통화 후 이첩)
  · 통합망→통합신고관리→접수관리→해당신고건→진행상태관리→진행 사항선택에서 "**답변/조사진행**" 선택→내용(공개) 입력→진행사항 저장→이첩

5. 조사 종결하는 경우
  · 통합망→통합신고관리→접수관리→해당신고건→진행상태관리→진행사항 선택에서 "조사종결" 선택→내용(공개) 입력→진행사항 저장

※ '조사종결' 시 '내용(공개)' 란을 공란으로 두지 말고 반드시 종결내용 입력

라. 행정사항

1) 지방식약청 및 시·도(시·군·구)는 「식품행정통합시스템」 관리 철저

- 이물 보고(신고)가 처리기한* 내 신속하게 원인조사를 실시하고 특별한 사유로 조사기한을 연장할 경우에는 반드시 그 사유를 식품행정통합시스템에 명시할 것

  * 영업자 이물보고 : 접수일로부터 7일 이내 / 소비자 이물신고 : 접수일로부터 15일 이내 (토요일 및 법정 공휴일 제외)

- 보고(신고)접수 누락(또는 미확인)으로 인한 조사지연이 되지 않도록 하고, 원인조사 후 즉시 조사결과 입력

2) 이물 보고, 원인조사 방법, 조사결과 판정* 등 세부내용은 「보고 대상 이물의 범위와 조사·절차 등에 관한 규정」(식약처 고시)과 '축산물 이물관리 업무메뉴얼**'을 참조

  * 「보고 대상 이물의 범위와 조사·절차 등에 관한 규정」 별표 2 판정기준에 따라 등록

  ** 식약처 홈페이지-법령자료-법령정보-공무원지침서-"축산물 이물관리 업무매뉴얼"

3) 행정처분

- 이물혼입 및 영업자 준수사항 위반 등 행정처분 시 반드시 「식품행정통합시스템」에 행정처분 결과 입력

  * 차수적용 및 2개 이상의 위반행위에 대한 가중처분 시 명확한 근거 및 행정처분 기준 입력

- 동일유형 제품에서 연 2회 이상 또는 최근 3년간 5회 이상 유사 이물 혼입 발생업체는 특별관리업소로 지정하여 반복적 위생점검(3개월 주기) 실시

11 명예축산물위생감시원 운영

〈축산물안전정책과〉

1. 목적

「축산물 위생관리법 시행령」제20조의3에 따라 위촉된 명예축산물위생감시원의 운영을 통해 축산물위생 관리를 위한 지도·계몽

2. 근거법령 등

가. 「축산물 위생관리법」제20조의3(명예축산물위생감시원),

나. 「축산물 위생관리법 시행령」제20조의3(명예축산물위생감시원의 위촉 등)

다. 「명예축산물위생감시원 운영요령」(식약처 고시)

3. 명예축산물위생감시원 자격

가. 축산물의 위생 및 유통에 관한 지식이 풍부한 사람(단, 「축산물 위생관리법」 제21조에 따른 영업을 하는 영업자 및 종업원은 제외)

1) 축산관련 공무원으로 근무한 경력이 있는 자

2) 축산물품질평가원 등 축산관련 기관에서 근무하는 자

3) 수의사, 축산기사 또는 식육처리기능사 자격증 소지자로서 육류유통 관련 업체에서 근무하는 자

4) 축산 및 식육관련 신문·잡지사에 근무하는 자

나. 소비자단체, 축산 관련 생산자단체 또는 협회(법 제21조에 따른 영업을 하는 영업자의 공동이익을 도모하기 위하여 설립한 단체 또는 협회는 제외)의 소속 직원 중에서 해당 단체 등의 장이 추천한 사람

4. 명예축산물위생감시원의 업무범위

가. 축산물위생감시원이 수행하는 축산물의 수거·검사·압류·폐기 지원

나. 법령 위반행위자에 대한 신고 및 정보제공

1) 밀도살, 물먹인 소 도축 등 부정·불법 축산물 유통행위자 신고

2) 축산물의 운반·보관·가공·판매업자 등의 위법행위 신고

3) 식육판매업소에 대한 식육의 부위별·등급별·종류별 구분표시제 등의 홍보 및 위반업소에 대한 신고

4) 수입 축산물의 부정유통 행위자 신고

다. 축산물위생감시원의 단속활동에 참여

라. 그 밖에 축산물의 위생 및 거래질서 유지를 위한 홍보·계몽 등의 업무

5. 명예축산물위생감시원 교육

가. 교육내용 : 명예감시원의 임무, 「축산물 위생관리법령」등 안전관리 제도, 위생감시 실무요령, 부정·불량 축산물 신고요령 등

나. 위 교육내용에 대하여 연 1회 이상 정기교육 및 필요시 수시교육 실시

6. 명예축산물위생감시원의 활동 등 수당 지급

가. 활동수당은 1일 4시간 이상의 활동 시 1인당 연 50일 범위안에서 50,000원 지급

나. 교육 참석 수당은 50,000원 지급

7. 행정사항

가. 지방식약청장, 시·도지사는 축산물 위생관리를 위한 활동에 교육 이수자를 우선적으로 활용

나. 위촉기간은 3년으로 하고, 특별한 사유가 없으면 위촉기간 만료 후에 재 위촉 가능(이 경우 위촉장 및 명예감시원증의 재발급 생략 가능)

다. 소속 명예축산물위생감시원에 대하여 해촉 사유 발생 시 지체없이 해촉하는 등 주기적으로 명예축산물위생감시원을 정비하여야 한다.

라. 지방식약청 및 시·도는 명예감시원 업무수행 실적, 교육 실적, 수당 지급 현황 등을 식약처(축산물안전정책과)에 매분기 종료 익월 15일까지 식약처장에게 보고

마. 지방식약청 및 시·도는 연간 자체 명예감시원 운영계획을 매년 2월말까지 수립·시행

12 축산물분야 통계 관리

〈축산물안전정책과〉

1. 축산물위생 관련 통계 보고

가. 도축실적 보고

1) 보고시기 : 월간보고

2) 보고방법 및 체계 : 영업자는 월별 도축실적을 다음달 5일까지 시·도지사 또는 시장·군수·구청장에게 통보 → 시·도지사는 종합하여 보고 받은 날부터 5일 이내에 식약처장에게 통보

나. 집유실적 보고

1) 보고시기 : 월간보고

2) 보고방법 및 체계 : 영업자는 월별 집유실적을 다음달 5일까지 시·도지사 또는 시장·군수·구청장에게 통보 → 시·도지사는 종합하여 보고 받은 날부터 5일 이내에 식약처장에게 통보

다. 축산물가공품, 포장육 생산실적 보고

1) 보고시기 : 연간보고(연도 종료 후 2개월 이내)

2) 보고방법

가) 방법 1 : 영업자가 식품안전나라(www.foodsafetykorea.go.kr) (3월부터 통합민원창구 이용)* 메뉴의 “식품 및 식품첨가물 생산실적보고” 사이트에 직접 생산실적 입력한 것을 확인 보고

※ 통합식품안전정보망 구축에 따라 '15년도 생산실적부터 식품안전나라 > ‘우리회사 안전관리(3월부터 통합민원창구 이용)*’에서 회원가입 후 작성

* '26년 3월부터 통합민원상담, 우리회사 안전관리 메뉴가 통합민원창구로 통합·변경 예정

나) 방법 2 : 영업자가 직접 전산입력을 하지 않는 경우 관할 기관에서는 영업자로부터 별지 제36호 서식(축산물 위생관리법)으로 생산실적을 보고받아 식품행정통합시스템(admin.foodsafetykorea.go.kr)의 “식품 및 식품첨가물 생산실적보고” 사이트에 생산실적 입력

※ 신속한 자료취합 및 통계작성을 위해 영업자가 직접 입력토록 적극 유도(보고업체용 가이드는 식약처 홈페이지 → 법령·자료 → 자료실 → 매뉴얼/지침란에 ‘영업자대상 식품 및 식품첨가물 생산실적 보고서 매뉴얼’에 게재

2. 행정사항

1) 축산물 생산실적을 보고하는 시·도 및 시·군·구 담당자는 식품의약품안전처 통보 전에 반드시 작성된 내용을 검토하여 오기 또는 과장보고(업체규모 대 매출액 등) 등이 없는지 확인 후 보고 조치

2) 생산실적 보고실시 이전에 보고대상 업체를 검토하여 누락되는 업체가 없는지 확인 후 수정(추가) 조치

※ 생산실적 보고시작 1개월 전 담당 관할지역의 보고대상 업체목록 확인 후 수정/추가 조치

3) 생산실적을 보고하지 않거나 거짓으로 보고한 업소에 대한 과태료 부과 조치

※ 「축산물 위생관리법」 제47조 제2항 제4호 위반 : 30만원

<행정처분 입력>

1) 위생감시 결과를 식품행정통합시스템에 입력 시, 부적합 업소는 행정처분대상 여부에 체크 표시 후 행정처분 의뢰(타 기관 의뢰 시 공문발송 요망) 2) 식품행정통합시스템 → 통합사후관리 → 행정처분관리 → 행정처분대상목록조회에서 행정처분 대상 업소를 선택하여 행정처분사항 입력

13 부정축산물 신고포상금 지급

〈축산물안전정책과〉

1. 목적

이 지침은 「축산물 위생관리법」 제39조에 따른 불법도축, 무허가·미신고 영업행위 등을 신고한 자에게 포상금을 지급하기 위하여 필요한 업무처리 절차를 정함을 목적으로 한다.

2. 근거법령 등

가. 「축산물 위생관리법」 제39조 및 같은 법 시행령 제30조, [별표 3의2]

나. 「축산물 위생관리법 시행규칙」 제57조, 별지 제37호서식(포상금 지급신청서)

다. 「부정축산물 신고포상금 지급요령」(식약처 고시)

3. 포상금 지급대상 (관련고시 별표)

	신고포상금 지급 관련 위반행위	지급 세부기준(건당)	
		부정행위 물량 실거래가액	포상금액
1	법 제4조제6항의 규정을 위반하여 가축을 도살·처리, 집유, 또는 축산물을 가공	100만원 미만	5만원
		100~300만원 미만	10만원
		300~500만원 미만	15만원
		500만원 이상	20만원
2	법 제7조제1항 위반 - 도축장 외에서 가축을 도살·처리 법 제7조제5항 위반 - 기립불능 가축을 도살·처리하여 식용으로 사용·판매	관할 시·군·구청장이 조사·결정한 당해 가축(이하 당해 가축)의 시가의 전액	
3	법 제10조 위반 - 가축에게 강제로 물을 먹이는 등 부정행위	당해 가축 시가의 2분의 1 금액	
4	법 제12조제1항 위반 - 미검사한 식육을 판매하거나 판매목적으로 처리·가공·사용·보관·운반·진열	관할 특별자치도지사·시·군·구청장이 인정하는 해당 식육의 소비자가격의 2분의 1 금액	
5	법 제22조제1항 위반 - 무허가 영업행위 법 제33조제1항 위반 - 판매금지 축산물을 판매하거나 판매목적으로 처리·가공·사용·보관·운반·진열 (제7호 제외)	100만원 미만	5만원
		100만원~500만원 미만	15만원
		500만원 이상 및 무허가 영업	30만원
6	법 제24조제1항 위반 - 미신고 영업행위	100만원 미만	5만원
		100만원 이상	10만원
7	법 제33조제1항제8호 위반 - 표시된 소비기한이 지난 축산물의 소비기한을 위·변조하여 판매 목적으로 처리·가공·포장·보관·운반·진열	100만원 미만	10만원
		100만원~300만원 미만	20만원
		300만원~500만원 미만	30만원
		500만원 이상	50만원

* 포상금 지급(부정행위 물량)은 관계 공무원이 현장에서 직접 확인한 가축이나 축산물에 한정

4. 포상금 신청 및 처리 절차

절 차	관련 기관	내 용
① 위반사항 신고	신고자 → 시군구/수사기관	포상금 지급대상 위반사항 신고
② 포상금 신청	신고자 → 시군구	포상금 신청서 작성 및 제출
③ 포상금 지급 요청	시군구 → 시도 → 지방청/검역본부	포상금 신청서, 확인서 및 증명서류 등을 구비하여 포상금 지급 요청
④ 포상금 산정검토	지방청/검역본부	포상금 지급여부 및 지급액 결정
⑤ 포상금 지급	지방청/검역본부 → 시도	포상금 결정통보 및 포상금 지급

① 위반사항 신고 - 신고자는 포상금 지급대상 위반사항을 시·군·구 담당부서(또는 수사기관)에 신고하여야 한다.

* 신고 시에는 위반행위에 대한 객관적인 증명자료(사진 등)을 제시하여야 하며, 단순 인터넷 검색자료 등은 불인정

② 포상금 신청 - 신고자가 포상금을 지급받고자 하는 경우에는 '포상금 지급 신청서(별지 제37호서식)'를 작성하여 시·군·구 담당부서에 제출하여야 한다.

* 신청서 작성 시 유의 사항 : 신청서의 '포상금액/수량/조치사항'은 공란(빈칸)으로 제출하도록 신고자에게 안내하고, 관할 시·군·구 담당자가 검토한 사항을 기입

* 신청 시점 : 관련 신고 건에 대해 검사의 공소제기·기소중지·기소유예, 사법경찰관의 피의자중지 결정 또는 법원의 즉결심판 종료 이후 신청 가능(무혐의인 경우 지급 제외)

③ 포상금 지급 요청 - 시·군·구에서는 필요 서류를 구비하고 시·도를 경유하여 지방식약청(또는 검역본부)에 포상금 지급을 신청하여야 한다.

지급기관	신고포상금 지급 대상	필요 서류
지방식약청	-도축·집유 관련 영업장 외부에서의 위반행위 (불법도축 등) -유통단계 축산물 관련 위반행위	-신고 및 검거확인서 -수사중지 결정 서류[1] 등 -해당 축산물 가격증명서류[2] -확인서, 경위서 등 관련 서류
농림축산 검역본부	-도축·집유 관련 영업장 내부에서의 위반행위	

1) 수사중지 결정 등 사법기관 관련 증명 발급이 어려운 경우, 시·군·구청장 확인으로 갈음 (지급 요청 공문에 수사중지 결정일자 등 확인사항을 적시할 것)

2) 관계 공무원이 위반사항을 적발(확인)한 당일의 가축 시가* 또는 축산물의 가격을 적용하되, 당일 가격정보가 없는 경우에는 적발 전 최근 가격을 기준으로 적용

* 농협 축산정보센터 경매가격 외 축산물품질평가원 축산유통정보 산지가격(농가수취가격) 또는 생계유통가격 등을 참고하여 적용 가능

④ **포상금 산정 검토** - 지방식약청(또는 검역본부)에서는 신고내용, 신청서류 등을 검토하여 당해연도 예산의 범위 내에서 포상금 지급여부 및 지급액을 결정한다. 단, 동일한 신고자에 대한 포상금 지급 시에는 기존 지급내역(식품행정통합시스템) 및 관련 고시 제2조* 규정을 면밀히 검토하여 초과 지급하지 않도록 유의한다.

* 관련 고시 별표 제1호·제5호·제6호·제7호를 합산하여 1인당 연 100만원까지
별표 제2호·제3호·제4호는 1건당 최대 300만원까지(소 5마리 이상 밀도살은 최대 500만원)

<신고 포상금 산정 시 유의 사항>

1. 공무원이 직무상 인지하여 신고하거나 고발한 경우 : 지급 제외
2. 하나의 신고 건에 대해 둘 이상의 위반행위를 적용 가능한 경우 : 적용 가능한 위반행위 중 포상금액이 가장 높은 위반행위(1건)에 대해서만 지급하고, 중복 지급 금지
   * 예시 : 무허가/미신고 업자가 불법도계 후 판매한 경우, 고시 별표 제2·4·5·6조 중에서 가장 높은 포상금액에 해당하는 위반행위(1건)에 대해서만 지급
3. 이미 신고된 사항이나 인지되어 행정처분이 진행 중(또는 완료) 등 조치 된 업소를 신고한 경우 : 지급 제외
4. 위반행위에 대한 객관적 증거 없이 단순 인터넷 검색 등으로 신고한 경우 : 지급 제외
   * 예시) 업소 명칭을 단순 인터넷 검색 후 해당 업소사진을 캡쳐하여 신고한 경우 등

⑤ **포상금 지급** - 지방청(또는 검역본부)에서는 지급결정 사항을 시·도에 통보하고, 신고자에게 포상금을 지급 후, 식품행정통합시스템*에 지급 내역을 입력한다.

* https://admin.foodsafetykorea.go.kr, 1399신고센터 > 포상금관리 > 신고포상금 지급 관리 > 신규등록 > 지급관련법령(축산물 위생관리법) 등 입력

** 포상금 지급 시 「개인정보 보호법 시행령」 제19조제1호에 따른 고유식별정보(주민등록번호) 처리 가능(「축산물 위생관리법 시행령」 제31조의2)

14 축산물 차량 이동 판매 안전관리

〈축산물안전정책과〉

1. 목적

인구감소지역 등에서 소비자의 축산물 구매 편의를 향상시키기 위해 냉장·냉동 차량을 이용한 축산물의 이동 판매 시 안전관리 사항 준수를 통한 안전성 확보

2. 근거법령 등

가. 「축산물 위생관리법」 제21조(영업의 종류 및 시설기준)

나. 「축산물 위생관리법 시행령」 제21조(영업의 세부 종류와 범위)

3. 이동 판매 적용범위

가. (판매주체) 「농업협동조합법」 상 중앙회·조합이 식품을 소매로 판매하는 점포를 경영하는 경우에만 축산물 이동 판매 주체로 허용

나. (판매지역) 시·도지사가 관할 시장·군수·구청장 의견을 들어 지정하는 장소

- 인구감소지역 등은 변동가능성이 있고 이동 판매 차량 운영 여건이 지역마다 달라 지자체에서 지역 상황과 안전관리 등을 고려하여 이동 판매 장소를 선정

※ 시·도지사가 이동 판매 지역을 승인알림 시, 관련 공문 수신처에 '식품의약품안전처(축산물안전정책과)'도 반드시 포함

다. (판매품목) 포장육 및 닭·오리의 식육, 포장된 냉장 달걀

4. 이동 판매 확인사항

가. 시·도지사에 이동 판매 장소 사전인정 필요

- 이동 판매 사업자가 시·도지사에게 이동 판매 장소가 기재된 사업 계획서를 제출하여 시·도지사에게 이동 판매 지역을 인정받아야 함

이동 판매 계획 제출		이동 판매 지역 검토		이동 판매 지역 인정
이동 판매 사업자가 시장·군수·구청장을 거쳐 시·도지사에게 제출	▶	시·도지사가 점포접근성, 지역주민 요구, 인구구성비율, 안전관리 등 종합적으로 고려 및 검토	▶	시·도지사가 시장·군수·구청장 및 사업자에게 공문으로 인정 여부 회신

나. 판매품목 확인사항

구 분		확 인 사 항
포장육	형 태	○ 식육포장처리업 영업자가 식육을 절단(세절 또는 분쇄를 포함)하여 포장한 상태로 냉장하거나 냉동한 것 ○ 첨가물이나 다른 식품을 첨가하지 않은 것
	주 의	○ 식육판매점에서 식육을 포장한 것(판매불가)과 구별 필요 (표시사항의 품목제조보고번호 확인) ○ 포장육을 뜯어 진열하거나 판매해서는 안됨
닭·오리의 식육	형 태	○ 도축장에서 포장하여 외부에 합격표시가 된 것
	주 의	○ 포장을 뜯어 진열하거나 판매해서는 안됨
식용란	형 태	○ 식용란선별포장업 영업자가 선별·포장한 것
	주 의	○ 포장된 달걀을 임의로 재포장하거나 포장을 뜯어 낱개로 판매해서는 안됨 ○ 냉장보관 식용란인지 확인(실온보관 판매 불가)

다. 판매차량 확인

- 판매품목에 따라 냉장·냉동시설을 갖추고 위생적으로 식품 보관이 가능한 차량을 이용하여야 함

5. 안전관리 준수사항

가. 축산물의 보존 및 유통기준 준수

※「축산물 위생관리법」제4조, 「식품의 기준 및 규격」제2. 4. 보존 및 유통기준

○ 포장육, 닭·오리의 식육, 식용란은 규정된 온도에서 보존 및 유통하여야 함

분 류	포장육(분쇄육, 가금육 제외)	분쇄 포장육	닭 · 오리의 식육, 포장육	식용란	냉장 달걀
보존 및 유통온도	냉장 -2~10℃	냉장 -2~5℃	냉장 -2~5℃	0~15℃	냉장 0~10℃
	냉동 -18℃ 이하	냉동 -18℃ 이하	냉동 -18℃ 이하		

- 냉장제품을 실온 또는 냉동에서 보존 및 유통하면 안됨
- 냉동제품을 해동하여 실온제품 또는 냉장제품으로 보존 및 유통하면 안됨
- 포장축산물은 재분할 판매할 수 없음

* (재분할) 표시 및 포장이 완료된 축산물의 최소포장단위를 뜯어 나누는 것

나. 위해 축산물 판매 금지

※「축산물 위생관리법」제33조

○ 다음의 축산물은 판매하거나 판매할 목적으로 보관·운반·진열하지 못함

- 썩었거나 상한 것으로서 인체의 건강을 해칠 우려가 있는 것
- 유독·유해물질이 들어 있거나 묻어 있는 것 또는 그 우려가 있는 것
- 병원성미생물에 의하여 오염되었거나 그 우려가 있는 것
- 불결하거나 다른 물질이 혼입 또는 첨가되었거나 그 밖의 사유로 인체의 건강을 해칠 우려가 있는 것
- 해당 축산물에 표시된 소비기한이 지난 축산물

다. 식품 등의 위생적 취급 의무

※「식품위생법」제3조

○ 누구든지 판매를 목적으로 식품을 운반 또는 진열할 때에는 깨끗하고 위생적으로 해야 함

- 식품을 운반 또는 진열할 때에는 이물이 혼입되거나 병원성 미생물 등으로 오염되지 않도록 위생적으로 취급해야 함
- 식품등의 보관·운반·진열시에는 보존 및 유통기준에 적합하도록 관리하여야 하고, 이 경우 냉동·냉장시설 및 운반시설은 항상 정상적으로 작동시켜야 함
- 소비기한이 경과된 식품 등을 판매하거나 판매의 목적으로 진열·보관해서는 안됨

라. 표시사항이 없거나 표시방법을 위반한 축산물 판매 금지

※「식품 등의 표시·광고에 관한 법률」 제4조

○ 제품명, 내용량 및 원재료명 등 표시사항이 없거나 표시방법을 위반한 식품 등은 판매하거나 판매할 목적으로 보관·진열 또는 운반하거나 영업에 사용해서는 안됨

구 분	포장육	닭 · 오리의 식육	식용란
표시사항	ㅇ 제품명 ㅇ 영업소 명칭 및 소재지 ㅇ 내용량 ㅇ 소비기한 ㅇ 원재료명 ㅇ 용기·포장 재질 ㅇ 품목보고번호 ㅇ 성분명 및 함량 ㅇ 보관방법	ㅇ 합격표시 ㅇ 작업장 명칭 및 소재지 ㅇ 생산연월일(도축일) ㅇ 소비기한 ㅇ 내용량 ㅇ 보관방법	ㅇ 제품명 ㅇ 영업소 명칭 및 소재지 ㅇ 소비기한 ㅇ 내용량 ㅇ 보관방법 ㅇ 보관온도 ㅇ 구입 후 냉장보관 요함 등 안내표시
주의사항	ㅇ 부정·불량식품 신고표시 ㅇ 알레르기 유발물질 (쇠고기, 돼지고기, 닭고기) ㅇ 냉동제품의 경우 해동 후 재냉장 금지 표시	ㅇ 부정·불량식품 신고표시 ㅇ 알레르기 유발물질 (닭) ㅇ 냉동제품의 경우 해동 후 재냉장 금지 표시	ㅇ 부정·불량식품 신고표시 ㅇ 알레르기 유발물질 (알류)
기타 표시사항	ㅇ 국내산 쇠고기, 돼지고기, 닭고기, 오리고기의 경우 도축장 업소명 ㅇ 국내산 쇠고기의 경우 축산물등급판정 확인서에 표시된 등급 표시 ㅇ 식육의 종류 및 부위명	-	(난각에 표시) ㅇ 산란일 ㅇ 고유번호 ㅇ 사육환경번호

15 '25년도 「축산물 위생관리법」 주요 개정내용

〈축산물안전정책과〉

□ 「축산물 위생관리법 시행령」 주요 개정내용

법조항	개정일 (시행일)	주요 개정내용
제21조	'25.8.26. ('25.8.26.)	○ 식품점포경영자로서 「농업협동조합법」에 따른 중앙회 또는 조합이 시·도지사가 지정하는 장소에서 차량에 설치된 냉장·냉동 시설 내 보관·진열된 닭·오리의 식육, 포장육 및 달걀을 판매할 수 있도록 허용
제21조	'25.8.26. ('25.8.26.)	○ 식육즉석판매가공업 영업자가 통신판매업자로부터 포장육 등의 보관·관리·배송을 위탁받아 판매할 수 있도록 허용
제31조	'25.8.26. ('25.8.26.)	○ 농식품부 위탁 업무 중 생산단계 정보시스템 구축·운영 및 안전관리인증기준 교육기관 지정 등에 관한 근거 마련

□ 「축산물 위생관리법」 관련 주요 유권해석

Q.1 축산물가공업에서 자가품질검사를 실시하지 않은 경우 처분 기준

Q. 양념육(살균제품) 품목을 5가지 생산하면서 자가품질검사를 실시하지 않은 경우

A) 축산물가공품의 검사는 판매를 목적으로 제조·가공하는 품목별로 실시하여야 함. 다만 동일한 유형의 품목들 중에서 축산물의 가공기준 및 성분규격에 따른 검사항목이 모두 같은 축산물은 1개 이상의 품목을 선정하여 검사가 가능함

따라서 유형별로 1개 이상의 품목을 검사하지 않은 경우 영업자는 각각의 품목에 대하여 자가품질 검사를 실시하지 않은 것이 되므로, 동일한 유형의 품목 전체에 대하여 품목제조정지 1개월의 행정처분이 타당함

Q. 축산물가공업에서 자가품질검사 미실시 관련 처분시 검사항목의 수를 산정하는 기준은?

A) 「축산물 위생관리법 시행규칙」 제14조, 별표5 및 「축산물 자가품질검사 규정 고시」 별표1에서 정한 검사항목을 기준으로 검사항목 수를 산정함

Q.2 축산물 합포장제품의 품목제조보고

A) 영업자가 자신이 품목제조보고하고 생산한 축산물을 타 영업자가 생산한 식품 등과 합포장할 시, 합포장 제품에 대하여 별도의 품목제조보고가 필요치 않음. 이때 합포장하는 제품은 각각 포장 및 표시가 완료되어야 하며, 각 제품의 보존 및 유통기준을 준수하여 판매하여야 함.

Q.3 식품점포경영자가 포장된 계란을 식당 또는 급식소에 납품한 경우 식용란수집판매업 신고 제외대상에 해당하는지 여부

A) 축산물 위생관리법령에서는 식품접객업·집단급식소를 영업자의 범주에 넣어 최종 소비자와 개념적으로 구별하고 있으므로, '최종소비자'는 계란을 소량으로 구매하여 소비하는 일반적인 소비자로 보는 것이 타당함. 따라서, 포장된 계란을 식당 또는 급식소에 납품하고자 하는 자는 식용란수집판매업을 신고하고 영업하여야 함

Q.4 수거검사 시 보관 중인 제품이 없어 검사를 위해 생산한 축산물을 검사한 경우 검사 결과가 유효한지 여부

A) 축산물 위생관리법령의 축산물은 판매를 목적으로 제조된 것임을 전제로 하며, 축산물의 유통·관리를 위해 실시하는 수거·검사의 대상은 판매 목적의 축산물이어야 할 것임. 따라서, 판매를 목적으로 하지 않고 별도로 제조된 제품을 검사하는 것은 법령의 취지에 어긋남

Q.5 축산물보관업 영업장에서 위생에 관한 책임자로서 영업자를 대신하여 위생교육을 받은 종업원이 퇴사한 경우 위생교육 수료 기준

A) 위생에 관한 책임자가 축산물보관업 영업자를 대신하여 위생교육(신규교육)을 수료하였고 그 종업원이 퇴사한 경우라면, 위생에 관한 책임자를 새로 지정하여 신규교육을 수료하도록 하거나 영업자가 직접 신규교육을 수료해야 함. 참고로 축산물보관업은 보수교육 대상 영업자는 아님

Q.6 축산물가공업 영업자가 다른 영업자에게 일부 공정을 위탁하여 축산물가공품 생산 가능 여부

A) 축산물 위생관리법령에서는 축산물의 가공·포장 및 보관은 허가를 받은 작업장에서 하여야 한다고 규정하고 있으며, 시설 등이 부족하여 다른 영업자에게 일부 공정을 위탁하여 생산하는 것에 대해 원칙적으로 허용하고 있지 않음. 다만, '밀봉포장된 축산물의 살균, 멸균 또는 급속냉동' 공정을 위해 다른 영업자의 시설을 임차하여 사용하는 것은 예외적으로 허용

※ 「축산물 위생관리법」과 관련된 유권해석 사례 확인 방법 :
(공무원) 국민신문고 홈페이지 > 민원 > 업무자료실 > 키워드 조회
(민원인) 식품안전나라 > 전문정보 > 법령정보 > 법령 유권해석(FAQ) > 키워드 조회

※ 「축산물 위생관리법」과 관련하여 자체(시·군·구) 검토 결과 판단이 어려운 경우 시·도에 유권해석을 요청하고, 시·도에서 검토한 결과 판단이 어려워 식약처 유권해석이 필요한 경우에는 반드시 시·도를 경유하여 질의하여 주시기 바람

Part

농수산식품 안전관리

2026년 식품안전관리지침
MINISTRY OF FOOD AND DRUG SAFEY

농산물 안전관리

1 농산물 안전관리 개요

추 진 개 요

◆ 기본방향

○ 범정부 협업을 통한 생산부터 유통까지 전 주기 안전관리 강화
○ 소비패턴을 반영한 사각지대 농산물 안전관리
○ 데이터에 기반한 테마별 농산물 안전관리 강화
○ 농산물 생산·채취·유통·가공·판매자 및 소비자 등에 대한 안전관리 지도·교육 및 홍보 강화

◆ 역할분담

식약처	지방식약청	농식품부(농관원)	시·도(시·군·구)
◎국내 농산물 안전관리 총괄 - 농산물 안전관리 계획 수립 - 농산물 안전 관련 지도점검 및 수거검사 총괄 - 농산물 재배환경 위험평가에 관한 업무 총괄 - 위험평가를 위한 농산물 잔류실태조사 및 그 생산에 이용되는 농지, 용수, 자재의 유해물질 조사 분석 총괄 - 관계부처 및 유관기관(단체) 협업업무 조정·총괄 - 위해정보 등 농산물 사건·사고 긴급대응 총괄 - 농산물 안전 관련 지도·단속, 행정처분, 수거·검사 결과 등 통계 관리 총괄 - 농수산물품질관리법 관련 법령 및 고시 제·개정	◎국내 농산물 안전관리 - 유통단계 농산물 안전관리 세부 계획 수립 - 기획단속 및 수거검사 - 농산물 생산·판매업체 지도점검 - 관계부처 및 유관기관(단체) 협업업무 및 조사·검사 지원 - 농산물 관련 사건·사고 발생 시 긴급대응 * 위해정보에 따른 기획·계통조사 - 농산물 안전 관련 지도·단속, 수거·검사 결과 등 통계 관리	◎ 생산단계 농산물 안전성조사 - 안전성조사 세부계획 수립 - 농산물 안전성조사 및 결과에 따른 조치 - 농산물 생산에 이용·사용되는 농지, 용수, 자재 등 안전성조사 - 농산물 안전성 검사기관의 지정, 취소 처분 등 관리 - 생산자 및 생산자단체 등 지도·교육 및 대국민 홍보 - 분석방법 등 기술의 연구 개발 및 보급 - 농산물 관련 생산단계 사건·사고 발생 시 긴급대응 - 관계부처 및 유관기관(단체) 협업업무 및 조사·검사 지원	◎관할지역 농산물 안전관리 - 관내 생산·유통 농산물의 안전관리 계획 수립 및 추진 - 생산단계 농산물 안전성 조사 및 결과 조치 - 유통단계 농산물 수거 검사 및 결과 조치 - 부적합 유통농산물의 원인 규명 및 안전성조사 등 조치 - 생산·유통·판매자 지도·점검 - 생산단계 농산물 출하 연기 등 조치 및 유통농산물 회수·폐기 등 행정제재 - 부적합 농산물 유통 방지를 위한 유통·판매 금지 조치 등 - 농산물 생산·유통 종사자 등 안전 관련 교육·홍보 - 농산물 관련 생산·유통단계 사건·사고 발생 시 긴급대응 - 농산물 안전 관련 지도·단속, 행정처분, 수거·검사 결과 등 통계 관리 - 관계부처 및 유관기관(단체) 협업업무 및 조사·검사 지원

◆ 연간 추진 일정

연번	추진내용	추진일정	기관
1	설 명절 성수 농산물 수거·검사	1.19~23 (5일)	지방청
2	학교 등 집단급식소 납품업소 농산물 수거·검사	2.9~13 (5일)	지자체
3	식품에 사용할 수 없는 농·임산물 등 지도·점검	3.9~13 (5일)	지방청
4	봄철 다소비 농산물 수거·검사	3.16~20 (5일)	지자체
5	식약공용 농·임산물 수거·검사	4.6~10 (5일)	지자체
6	상반기 온라인 다소비·인기 농산물 수거·검사 (친환경 인증 농산물 포함)	4.13~21 (7일)	지방청
7	단순처리 농산물 생산업체 지도·점검	4월 (1개월)	지방청 지자체
8	로컬푸드직매장 등 판매 농산물 수거·검사	5.4~15 (9일)	지방청
9	여름철 부적합 빈발 농산물 집중 수거·검사	6월~8월 (3개월)	지자체
10	농산물 곰팡이독소 수거·검사	6월~9월 (4개월)	지방청
11	학교 등 집단급식소 납품업소 농산물 수거·검사	8.24~28 (5일)	지자체
12	추석 명절 성수 농산물 수거·검사	8.31~9.4 (5일)	지방청
13	친환경 인증 농산물 수거·검사	9.14~18 (5일)	지방청
14	로컬푸드직매장 등 판매 농산물 수거·검사	10.1~8 (5일)	지자체
15	하반기 온라인 다소비·인기 농산물 수거·검사 (식약공용 농·임산물 포함)	10.12~20 (7일)	지방청
16	김장철 다소비 농산물 수거·검사	시·도 자체수립	지자체
17	단순처리 농수산물 생산업체 지도·점검	11월 (1개월)	지방청 지자체

※ 농산물 관련 위해정보 및 사건·사고 등 발생 시 별도계획 수립 추진

2 생산단계 농산물 안전관리

〈농수산물안전정책과〉〈농식품부 농축산위생품질팀〉

1. 목 적

○ 「농수산물 품질관리법」에 의거 생산단계 농산물 또는 농산물의 생산에 이용·사용하는 농지·어장·용수·자재 등에 대하여 안전기준 적합 여부를 조사

○ 농산물의 과학적인 안전관리를 위한 농산물의 유해물질 잔류실태 조사

○ 부적합 농산물의 시중 유통을 사전 차단함으로써 농산물의 안전성 확보

2. 개요

가. 관련 부처(기관) : 식약처, 농식품부(국립농산물품질관리원), 시·도(농수산물 품질관리법 담당부서, 농업기술원 등)

나. 법적근거 : 「농수산물 품질관리법」 제60조～제68조

다. 대상지역 : 농산물의 생산 장소(저장장소 포함), 유통 · 판매단계 일부(미곡종합처리장(RPC), 산지유통시설(APC), 재래시장(노점상 포함) 등)

라. 조사대상

1) 출하·유통되기 전 농산물(생산, 저장, 집하장 등)

2) 농산물의 생산에 이용·사용하는 농지, 용수, 자재 등

3) 출하유통판매 농산물(국무총리실 복지여성정책관-411호 : 2010. 7. 20 의함)

가) 생산단계와 밀접한 정미소, 미곡종합처리장(RPC), 산지유통시설(APC)

나) 농업인, 영농법인, 생산자단체가 직접 개설·운영하는 전자상거래 농산물

다) 재래시장(노점상 포함), 직거래장터, 양곡상 등

※ 로컬푸드 직매장 납품 농가의 농산물은 농식품부(농산물품질관리원)에서, 매장 내 유통·판매 농산물은 식품의약품안전처(지방식약청·지자체)에서 관리

3. 농산물 안전관리

가. 조사 대상

< 생산단계 >

1) (잔류농약) 최근 3년간 부적합 발생 이력이 있는 품목 및 다소비 품목 중심으로 상시 조사, 부적합 취약시기 및 분야·취약품목 등에 대한 기획조사 등

2) (잔류농약-기획조사) 부적합 취약분야 및 시기, 취약품목에 대한 특별조사
3) (잔류농약-실태조사) 생산단계 농산물에 잔류하는 유해물질 실태조사를 통한 안전관리로 농산물 안전성 향상을 도모
4) (잔류농약-정책지원) GAP·친환경 인증농가, 로컬푸드 직매장 납품 계약 농가, 수출 농가, 공익직불금 신청 농가 등의 농산물 안전성 조사
5) (중금속) 휴·폐광산 주변과 농경지 오염우려 지역에서 생산되는 농산물 조사
6) (곰팡이독소) 곰팡이병 발생, 고온다습, 환기불량 등 열악한 환경에서 곰팡이 독소 발생이 우려되는 농산물 조사
7) (방사능) 일본 원전사고 이후 국민 불안감 해소를 위한 원전 및 방사능 측정소 주변 노지재배 농산물 조사
8) (식중독균) 생식채소류 등을 대상으로 식중독균 오염여부 실태조사
※ 식중독 많이 발생하는 시기(6~9월) 및 노로바이러스 취약시기, 지하수·하천수를 재배에 사용하거나, 가축 매몰지 인근에서 재배되는 생식채소류 등 우선 조사
9) (유기오염물질) 소각장 인근 등에서 재배되는 농산물 다이옥신류 오염여부 실태조사
10) (이산화황) 수확 후 보관·저장 중인 식약공용 농산물 등에 대한 잔류 실태조사
11) (항생제) 새롭게 기준이 설정되는 항생제 계열 농약에 대한 안전관리

< 유통·판매단계 >

1) 재래시장, 전자상거래, 직거래장터, 미곡종합처리장(RPC), 산지유통시설(APC) 등에 대한 정기·수시 특별조사
- 생산단계와 밀접한 정미소, 미곡종합처리장, 산지유통시설
- 농업인, 영농법인, 생산자단체가 직접 개설·운영하는 전자상거래 농산물
- 재래시장(노점 포함), 직거래판매, 양곡상 등
※ 「식품위생법」에 따른 영업신고·등록업체(예시: 기타식품판매업소, 식품제조가공업소 등)는 조사 대상에서 제외
2) 친환경농어업법에 따른 친환경 인증 농산물 안전성 조사

나. 조사 결과에 대한 조치

1) 조치기관 : 농림축산식품부(국립농산물품질관리원), 시·도(「농수산물 품질관리법」 담당기관·부서)

2) 생산단계 안전기준 위반 농산물 조치

가) 조사결과 부적합 농산물은 「농수산물 품질관리법」 및 같은 법 시행규칙, 업무처리요령 등에 따라 필요한 조치

나) 해당 농산물의 유해물질이 「식품위생법」 등에 따른 잔류허용기준 이하로 감소될 때까지 출하연기

※ 출하연기 기간이 긴 경우 「농산물 등의 안전성조사 업무처리요령」(식약처 고시)에 따라 재조사

다) 해당 농산물을 국내에 식용으로 출하할 수 없으나, 사료·공업용 원료 및 수출용 등 다른 용도로 사용할 수 있다고 판단되는 경우 용도 전환

라) 나), 다)에 따른 방법으로 처리할 수 없는 농산물은 일정기간을 정하여 폐기

3) 안전기준 위반 농산물을 생산하거나 해당 농산물 생산에 이용·사용되는 농지·용수·자재 등의 소유자에 대한 조치

가) 객토·정화 등의 방법으로 유해물질 제거가 가능하다고 판단되는 경우 해당 농산물 생산에 이용·사용되는 농지·어장·용수·자재 등 개량 조치

나) 일정기간이 지난 후에 이용, 사용하는 데에 문제가 없다고 판단되는 경우 유해물질이 감소하는 기간 동안 해당 농지·용수·자재 등 사용, 이용 중지

다) 가), 나)에 따라 조치할 수 없는 경우 해당 농지·용수·자재 등 사용 및 이용 금지 조치

4) 안전기준 위반 농산물 생산자 등에 대하여 농산물 안전에 관한 교육 등 조치

가) 지자체(시·도, 시·군·구)에서는 농림축산식품부의 계획에 따라 부적합 농가에 대한 농약사용기준 등 지속적인 지도·교육 및 홍보 등

4. 재배환경 관리

가. 농지(배지포함), 농업용수

1) (잔류농약) 농지(배지포함) 및 농업용수에 대한 잔류농약 실태조사

2) (중금속) 공항, 고속도로, 저수지 등 중금속 오염우려지역 농지 및 농업용수에 대한 실태조사

3) (유기오염물질) 소각장 인근 등 농지 대상 다이옥신류 오염 여부 실태조사

4) (식중독균 등) 취약시기 농업용수에 대한 식중독균, 노로바이러스 실태조사

5. 지도·점검

가. 기관 : 시·도(시·군·구) 「농수산물 품질관리법」담당부서

나. 대상 : 미곡처리장, 대규모집하장 등 농산물 생산시설

다. 방법 : 농산물 생산 시기별 위해우려 품목 등을 고려하여 자체 계획 수립·시행

1) 관할 지역 내 농약사용실태

2) 농약안전사용기준, 휴약기준 준수 여부 등

3) 미곡처리장, 대규모집하장 등 생산시설 위생관리 실태

4) 식품첨가물(이산화황) 또는 사용금지물질에 대한 실태조사 및 사용 지도

6. 행정사항

가. 농식품부(농관원)는 안전성조사 추진계획을 수립하여 매년 12월말까지 식약처에 공유하고, 식약처는 농산물 안전관리계획을 수립·시행

※ 시·도는 자체 실정에 맞게 세부 추진계획 수립하여 매년 2월말까지 식약처에 보고

나. 안전성조사 기관(농산물품질관리원 및 시·도(시·군·구))은 농산물 안전성조사 실적을 매 분기 익월 15일까지 식약처에 공유(보고). 다만, 분기별 안전성조사 실적을 농식품안전안심서비스(SafeQ)에 입력한 경우 분기보고를 한 것으로 간주

다. 시·도는 부적합 농산물 등 생산자에 대한 지도·교육 추진실적을 반기 익월 15일까지 식약처(농수산물안전정책과)에 보고

라. 유통·판매 중인 농산물 안전성조사 결과 「식품위생법」 등에 따른 유해물질의 잔류허용기준 등을 위반한 사실이 확인될 경우 위반농산물 생산지 해당 행정기관에 즉시 알려 아래에 따른 조치요청

1) 위반 농산물 생산지 또는 생산자 관할 행정기관의 장은 기준초과 농산물에 대해 출하연기, 폐기 등 조치하고 생산자에 대해 농약 안전사용기준 등에 대해 지도 교육

2) 수거장소 관할 행정기관(식품위생 관련 부서)에 즉시 통보하고 「농수산물 품질관리법」에 의한 부적합 통보를 받은 관할기관(식품위생 관련 부서)은 식품위생법령 절차에 따라 수거·검사 등 조치

※ 조치결과는 “식품행정통합시스템의 행정업무처리[공통] > 안전성조사·검사 부적합관리”에 즉시 입력

3 유통단계 농산물 안전관리

〈농수산물안전정책과〉

1. 목적

유통 농산물에 대한 잔류농약 등 수거·검사 및 농산물 판매업체 등에 대한 지도·점검을 통한 유해농산물 유통 사전 차단으로 안전한 농산물 공급

2. 개요

가. 법적근거 :「식품위생법」 제22조(출입·검사·수거 등)

나. 관련부처(기관) : 식약처(지방식약청) 및 시도(식품위생부서)

다. 대상품목 : 유통 판매 농산물(단순처리 농산물 포함)

※ 단, 생산단계 안전성 조사 대상(생산단계와 밀접한 정미소, 미곡종합처리장(RPC), 산지유통시설(APC), 농민·영농법인·생산자단체가 직접 개설·운영하는 전자상거래 농산물, 재래시장(노점 포함), 직거래장터, 양곡상 등)은 제외

라. 기본방향

1) 그간 수거검사 결과 등 데이터를 분석하여 부적합 우려가 높은 품목 위주로 지역별 및 계절별 특성을 고려한 사전 예방적 기획수거 집중관리 실시

2) 온라인 소비·유통이 증가하는 환경 변화에 맞춘 시기·테마별 온라인 유통 농산물 수거·검사 적극 실시

※ 인터넷 카페, 블로그 등에서 생산자가 직접 소비자에게 판매하는 농산물 집중 수거

3) 위해 우려가 높은 품목 및 검사항목 중심으로 수거·검사 실시

4) 섭취량 상위 품목, 특별관리대상 및 최근 소비가 증가하는 농산물 등을 고려하여 수거

5) 대형마트·백화점 등 특정 시설에서 동일 날짜에 일괄 수거를 지양하고, 수거 품목이 특정 품목에 편중되지 않도록 수거

6) 농산물 유통 길목인 공영도매시장 반입 농산물 검사 강화

※ 현장검사소 확대 설치: ('18) 17개소 → ('19) 24개소 → ('20) 26개소

7) 중복 수거·검사 방지를 위해 관할 지역 생산·유통 농산물 우선 수거

8) 도매시장, 국도변 농산물 직거래장 등 위생취약 지역 농산물 관리 강화

9) 검사결과는 즉시 해당 기관에 통보하여 부적합 식품이 신속하게 회수·폐기 등의 조치가 이루어질 수 있도록 조치

※ 식품행정통합시스템(부적합식품긴급통보)에 부적합 식품 정보를 신속·정확히 입력

10) 유통 농산물 부적합 시 식약처(농수산물안전정책과)에 즉시 보고

11) 온라인 수기·검사 결과 부적합 시 해당 쇼핑몰에 판매 중단 요청

12) 부적합 발생 건중 사례를 선정하여 관계부처 합동 부적합 농산물 원인조사 실시(필요시)

13) 농산물 기획 수거·검사 시 온라인 비율 20% 확대(로컬푸드직매장 등 오프라인 필수 건 제외)

※ 식약처에서 기본계획 별도 시행 예정

마. 수거방법

1) 「식품위생법」, 「식품의 기준 및 규격」등에서 규정하는 검체의 채취 및 취급방법에 따라 수거

3. 수거·검사

가. 일반 수거·검사

1) 일상검사

가) 대상 : 학교급식지원센터, 대형유통업체 물류센터, 로컬푸드 직매장 등 관내 섭취량 상위 농산물(붙임1) 및 월별 특별관리대상 농산물(붙임2)

나) 기관 : 시도(시·군·구)

다) 주기 : 월 1회 이상

라) 검사항목 : 잔류농약, 중금속 등 위해우려 항목

마) 추진방법 : 자체 세부 추진계획 수립 시행

(1) 자체 계획은 2월말까지 식약처(농수산물안전정책과)에 보고

(2) 유통농산물별 잔류농약 부적합 현황(붙임3), 농산물 중 부적합 농약 현황(붙임4) 등을 반영하여 검사항목 선정

(3) 농산물우수관리(GAP)의 경우 시도별 연 20건 이하 수거·검사

* 검사필요성이 있다고 판단되는 경우 추가 검사 가능

** 수거정보 입력(식품행정통합시스템)시 제품명 앞에 GAP 기재 특정 필수

2) 공영도매시장 유통 농산물 수거·검사

가) 대상 : 전국 32개 공영도매시장 유통 농산물(20,000건)

※ 섭취량 상위 농산물(붙임1) 및 월별 특별관리대상 농산물(붙임2)

나) 기관 : 시도(시·군·구)

다) 주기 : 연중

라) 검사항목 : 잔류농약, 중금속 등 위해우려 항목

마) 추진방법 : 자체 세부 추진계획 수립 시행

(1) 현장검사소 설치 공영도매시장 : 상시 경매 전 농산물 수거·검사

(2) 현장검사소 미설치 공영도매시장 : 매월 10건 이상 경매 전 농산물 수거·검사 (경매 전 검사가 불가능한 경우 공영도매시장 유통 농산물 수거검사)

※ 부적합 생산자(단체) 및 출하자 정보를 다른 도매시장 개설자 및 해당 시·군·구에 통보하여 지도·교육 등 조치

3) 온라인 판매 농산물 수거·검사

가) 대상 : 인터넷 쇼핑몰, 홈쇼핑 등 온라인 판매 농산물 등

나) 기관 : 지방식약청

다) 주기 : 연중

라) 검사항목 : 잔류농약, 중금속 등 위해우려 항목

마) 추진방법: 자체 세부 계획 수립 시행

(1) 자체 계획은 섭취량 상위 농산물, 특별관리대상 농산물, 최근 소비증가 농산물 등을 반영하여 자체 세부 계획 수립 시행

※ 농수산물안전정책과에서 「온라인 판매 농산물 수거·검사」계획 등록 예정으로, 자체 계획 생성 금지 및 해당 계획에 입력

(2) 구입 영수증, 택배영수증, 관련 제품 사진 등 구매증거를 명확히 확보하고, 수거증의 피수거란에 인터넷 구매로 표시·작성(업무계획 수립 시 수거방법 명확히 할 것)

나. 기획 수거검사

1) 위해정보에 따른 수거·검사

가) 대상 : 국내·외 위해정보, 언론 등 사회적으로 문제 제기된 위해우려 농산물

나) 기관 : 지방식약청, 시도(시·군·구)

다) 주기 : 수시

라) 검사항목 : 이슈가 되거나 위해우려가 있는 항목 등

2) 테마별 농산물 안전관리

가) 대상 : 명절 등 취약시기·분야 유통 농산물 등

※ <붙임2> 월별 특별관리대상 품목 위주로 수거·검사

나) 기관 : 지방식약청, 시도(시·군·구)

다) 주기 : 명절(1월, 9월), 봄철 다소비(3월) 등

라) 검사항목 : 잔류농약, 중금속 등 위해우려 항목

※ 식약처에서 기본계획 별도 시행 예정

3) 학교 등 집단급식소 납품 농산물 수거·검사(680건)

가) 대상 : 학교급식지원센터 및 집단급식소 식품판매업체 등 판매 농산물

나) 기관 : 시도(시·군·구)

다) 주기 : 연 2회(2월, 8월)

라) 검사항목 : 잔류농약, 중금속 등 위해우려 항목

※ 식약처(농수산물안전정책과)에서 기본계획 별도 시행 예정

4) 식약공용 농·임산물 수거·검사(400건)

가) 대상 : 식품이외의 다른 용도로 사용 가능한 농·임산물

나) 기관 : 지방식약청, 시도(시·군·구)

다) 주기 : 연 2회

라) 검사항목 : 잔류농약, 중금속, 이산화황 등

마) 식품 원료로 사용할 수 없는 농·임산물에 대한 교육·홍보 강화

※ 식약처(농수산물안전정책과)에서 기본계획 별도 시행 예정

5) 온라인 판매 농산물 수거·검사(500건)

가) 대상 : 인터넷 쇼핑몰, 홈쇼핑 등 온라인 판매 농산물(단순처리 농산물 포함)

나) 기관 : 지방식약청

다) 시기 : 4월, 10월

라) 검사항목 : 잔류농약, 중금속 등

- 구입영수증, 택배영수증, 제품사진 등 구매증거를 명확히 확보하고, 수거증의 피수거란에 인터넷 구매로 표시·작성

※ 식약처(농수산물안전정책과)에서 기본계획 별도 시행 예정

6) 로컬푸드 직매장 판매 농산물 수거·검사(600건)

가) 대상 : 로컬푸드 직매장 등에서 생산자가 소비자에게 직접 판매하는 농산물

나) 기관 : 지방식약청, 시도(시·군·구)

다) 시기 : 5월, 10월

라) 검사항목 : 잔류농약, 중금속 등

※ 식약처(농수산물안전정책과)에서 기본계획 별도 시행 예정

7) 여름철 부적합 빈발 농산물 집중 수거·검사(510건)

가) 대상 : 여름철 특별관리대상 농산물<붙임2>

나) 기관 : 시도(시·군·구)

다) 주기 : 6월~8월

라) 검사항목 : 잔류농약 등 위해우려항목

※ 식약처(농수산물안전정책과)에서 기본계획 별도 시행 예정

8) 유통 농산물 곰팡이독소 안전관리(300건)

가) 대상 : 곡류, 두류, 견과종실류, 건고추 등 곰팡이독소 발생 우려 농산물

나) 기관 : 지방식약청

다) 시기 : 6~9월(장마철 등 고온다습한 시기 집중 검사)

라) 검사항목 : 총 아플라톡신, 오크라톡신A, 제랄레논, 데옥시니발레놀, 푸모니신 등

※ 식약처(농수산물안전정책과)에서 기본계획 별도 시행 예정

9) 친환경인증 농산물 수거 검사(60건)

가) 대상 : 유기농, 무농약 등 친환경 인증 농산물

나) 기관 : 지방식약청

다) 시기 : 9월

라) 검사항목 : 잔류농약, 중금속 등

※ 식약처(농수산물안전정책과)에서 기본계획 별도 시행 예정

4. 지도·점검

가. 식품에 사용할 수 없는 농·임산물 등 지도·점검

1) 대상 : 전국 약령시장 등의 약초상·식품판매업 및 한약재 도매상

2) 기관 : 지방식약청, 시도(시·군·구)

3) 주기 : 연 1회 이상

4) 추진방법

가) (일상 점검) 각 기관별 자체 세부 추진계획을 수립, 연중 지도 · 점검(시도)

나) (기획 점검) 식약처(농수산물안전정책과)에서 기본계획 별도 시행(3월)

다) 식품 원료로 사용할 수 없는 농·임산물에 대한 교육·홍보 강화

- 서울약령시협회 등 관련단체에 식품에 사용할 수 없는 농·임산물 판매금지 요청 및 한약 유통 채집상 · 판매자(업소) 불법유통판매 근절 교육 · 홍보

※ 관련단체 : 서울약령시협회, 한국한약유통협회, 한국한약도매협회, 영천한약유통단지, 금산인삼약령시장회 등

5) 착안사항

가) 식품에 사용할 수 없는 농·임산물 식품 용도 판매 여부

나) 제한적 사용 농·임산물에 대한 주의 사항(사용 부위·조건 등) 교육 안내 지도

(예시) 판매자가 제한적 사용 농·임산물 판매시 소비자에게 사용·섭취 방법을 안내하도록 지도

<「식품의 기준 및 규격」[별표 2] "식품에 제한적으로 사용할 수 있는 원료"의 목록 참고>

명칭(생약명)	사용 부위	사용 조건
큰조롱(백수오)	덩이뿌리	물추출물에 한함
석창포(석창포)	뿌리줄기	물추출물에 한함
목화(면실자, 면화자, 목면자)	씨앗	유지제조용에 한함
생강나무(황매목)	꽃	다류의 원료로만 사용
…	…	…

다) 식품용 농·임산물과 한약재 구분 판매 여부

- 한약재와 식품용 농·임산물 분리 보관 및 진열 유도

라) 포장제품의 경우 표시기준 준수 여부

나. 단순처리 농산물 생산업체 지도·점검

1) 대상 : 농산물을 세척, 건조, 절단 등 단순처리하는 업체(「식품위생법」상 영업등록(신고) 제외업체 대상)

※ 간편조리세트 등 밀키트 원료로 납품되는 단순처리 농산물 위주

2) 기관 : 지방식약청, 시도(시·군·구)

3) 추진방법

가) (일상 점검) 각 기관별 관내 농산물 단순처리 업체 현황을 조사하여 자체 세부 추진계획을 수립, 연중 지도·점검 후 식약처 결과 제출(시·도)

나) (기획 점검) 식약처(농수산물안전정책과)에서 기본계획 별도 시행(5월, 11월)

다) 점검결과 위생관리 미흡 업체는 사후관리를 통해 미흡사항이 개선될 때까지 집중 점검 실시

4) 착안사항

가) 농산물의 처리·포장·보관·판매과정 및 작업장 전반에 대한 '식품 등 위생적 취급기준' 준수 여부(「식품위생법」 제3조)

- 농산물 입고·저장·작업장 등의 내부 위생관리 여부
- 세척, 건조, 절단 등 단순처리에 사용하는 시설·설비, 도구 등 세척·소독 관리 여부
- 영업장 내 종사자 개인위생(위생모 착용, 손세척 등) 관리 여부
- 농산물 단순처리 과정에 사용되는 용수관리 여부

나) 포장제품의 경우 표시기준 준수 여부

다) 냉장·냉동 농산물, 단순처리 농산물 등의 적정 보존·보관·운반·진열·판매 여부(온도계 등 활용)

라) 식품제조가공업 영업등록(신고) 대상임에도 등록(신고)하지 않고 생산판매하는 영업 행위 등

- 식품첨가물 또는 다른 식품을 첨가·혼합하여 생산된 식품(농산물) 등

5. 행정사항

※ 모든 수거·검사 및 지도·점검 실적은 「식품행정통합시스템」에 즉시(당일 내) 입력

* 수거내역 입력(지방청 농축수산물안전과·식품안전관리과, 시도(시·군·구) 식품위생담당부서)
* 검사결과입력(지방청 유해물질분석과, 시·도 보건환경연구원)

※ 모든 수거·검사는 식품행정통합시스템을 통해 림스 의뢰 및 결과통보

* 수거검사 세부정보 입력 철저 : 품목유형, 국내/수입 구분, 생산국가, 수거세부장소(온라인 여부), 시험검사항목, 적부판정, 경매전검사여부, 부적합 폐기(압류)량, 친환경인증여부 등

※ 미 입력 또는 잘못 입력된 자료가 있을 경우에는 즉시 수정요청

* 매 분기별 실적 취합 마감/ 이후 수정 불가

1) 검체 수거 시 유의사항

가) 모든 수거는『유상수거』를 원칙으로 하며, 세금계산서 발행을 하지 않는 곳에서 수거한 경우 간이영수증 등의 정확한 증빙자료를 첨부하여 내부 결재 후 입체불 청구

구 분	대 상 식 품
무상수거 대상 식품 등	○ 「식품위생법」 시행규칙 제19조제1항에 따라 검사에 필요한 식품등을 수거할 때 ○ 유통 중인 부정·불량식품등을 수거할 때 ○ 부정·불량식품등을 압류 또는 수거·폐기하여야 할 때 ○ 수입식품등을 검사할 목적으로 수거할 때
유상수거 대상 식품 등	○ 도·소매업소에서 판매하는 식품등을 시험검사용으로 수거할 때 ○ 식품등의 기준 및 규격 제정·개정을 위한 참고용으로 수거할 때 ○ 기타 무상 수거대상이 아닌 식품등을 수거할 때, 다만, 긴급을 요하는 등 필요한 경우에는 무상으로 수거 가능

나) 검체수거는 반드시 식품위생감시원이 검체채취 및 취급방법을 준수하여 수거하고 연구사업(위탁사업 등)과 같이 부득이 식품위생감시원이 아닌 자가 수거한 식품등이 부적합한 경우에는 연구사업(위탁사업 등) 주관부서에서 해당 지자체에 즉시 통보하고 부적합 통보를 받은 관할기관은 다시 수거·검사하여 그 결과에 따라 행정처분 등 조치

다) 식품공전 제7. 검체의 채취 및 취급방법 준수하고, 포장제품인 경우 생산연도, 포장일자 등이 동일한 검체 수거

라) 수거제품의 생산자 등 수거관련 정보 파악 철저 및 수거증에 수거정보 상세내용 기재

마) 수거·검사기관은 식품행정통합시스템에 수거검사 결과 등이 누락되지 않도록 관리 철저(시·도 보건환경연구원 자체 수거검사 포함)

2) 부적합 농산물 조치

가) 검사결과 부적합 판정 시 신속한 사후조치를 위해 검사기관은 통합식품안전정보망-식품행정통합시스템- 「부적합식품긴급통보시스템」에 부적합 제품 입력(식품분류: 농산물), 부적합 판정 시 잔류농약 등 기준·규격 반드시 확인

※ 일부 항목에서 부적합이 확인될 경우, 검사 의뢰된 모든 항목에 대한 검사가 완료되기 전이라도 즉시 「부적합식품긴급통보시스템」에 입력

1) 「부적합식품긴급통보시스템」이 연계되어 있지 않은 기관(농식품부(농관원), 교육부(학생건강정책과), 농촌진흥청(농자재산업과)), 시·도(농산물 관련 부서)는 부적합 확인 즉시 유선 및 공문으로 통보

2) 「부적합식품긴급통보시스템」에 등록시 「업체 및 제품정보」탭의 '제품 이미지 등록'에 부적합 제품 사신파일(예: 부적합 농산물의 원물 사진) 침부하고, 바코드가 있는 제품은 바코드 번호 입력

3) 회수량이 있는 경우 「부적합식품긴급통보시스템」에 반드시 입력, 회수 사유가 없을 때는 「부적합식품긴급통보시스템」에 해당 부적합 통보건을 조회 후 참고사항 탭에 회수 미실시 사유(유통이 되지 않았거나, 전량 압류조치, 전량 소진* 등) 입력

* 시간경과에 따라 제품성상·품질 변화로 구매 이전과 상품성이 동일하다고 볼 수 없는 경우 등

나) 수거검사 기관은 부적합 농산물의 수거장소에 재차 출입·검사하여 해당 농산물을 신속히 판매금지 및 회수하도록 하고 계통조사 실시

1) 부적합 농산물을 압류조치하고 관할 시·군·구에 통보, 포장일자 등이 다른 전·후 제품에 대한 수거 검사 확대 실시.(다만, 보건환경연구원이 직접 수거·검사한 경우에는 수거장소 관할 시·군·구에 신속한 압류조치 등을 요청할 수 있음)

※ 판매경로 파악이 가능한 경우 추적 조사하여 회수·폐기

다) 부적합 농산물에 대한 신속한 사후조치를 위해 수거증, 시험성적서, 제품 포장지(사진) 등 증거자료를 해당 기관에 신속히 통보

1) 통보기관 : 식약처(농수산물안전정책과), 부적합 관할 시·도(시·군·구 위생부서 및 농정부서), 농산물품질관리원[본원(소비안전과) 및 지원(품질관리과)] 등

※ 유통 수입 농산물은 식약처(수입유통안전과)에도 통보

라) 부적합 관할 시·도(시·군·구 위생부서 및 농정부서)는 부적합 농산물에 대한 신속한 사후조치 후 파악된 부적합 제품 정보 및 조치결과(유통재고량, 압류·폐기량 등)를 「부적합식품긴급통보시스템」의 참고사항 탭의 지자체 비공개란에 입력

마) 온라인 수거·검사 결과 부적합 판정 시 해당 쇼핑몰 및 판매자에게 부적합 사실을 통보하고, 판매 중단 요청

바) 부적합 농산물 생산·판매자(단체) 또는 출하자에 대하여는 특별한 사유가 없는 한 부적합 통보를 받은 행정기관에서 「식품위생법」 제95조제1호의 규정에 따라 고발 등 조치 및 수거검사기관으로 조치내용 공유

※ 조치사항 등을 '참고사항' 탭 '비공개'란에 각 기관별 기입(회수량 및 고발조치 여부 등)

사) 친환경 인증농산물에서 농약이 검출될 경우 검사기관은 재배지 관할 국립농산물품질관리원(재배지 관할지원) 및 인증기관에 통보(보고)

지원명	본원	경기	강원	충북	충남	전북	전남	경북	경남	제주
관할 지역	전국	서울 인천 경기	강원	충북	대전 세종 충남	전북	광주 전남	대구 경북	부산 울산 경남	제주

※ 인증농산물 부적합 통보(보고) 시 생산자 성명, 인증번호, 수거일 및 장소, 검사기관, 검사결과(성분명, 기준, 검출치) 등을 반드시 기재

아) 수출 부적합 농산물(국내 기준 부적합 시)은 관할 지자체(시·군·구)에서 해당 제품의 생산자 정보 및 국내 유통·판매 여부·경로 등을 확인하고 필요 시 수거·검사 등 실시

※ 생산자 정보는 재배지 관할 국립농산물품질관리원에 공유 등

〈붙임 1〉

농산물 섭취량 상위 100품목

분 류	품 목
곡 류 (8품목)	쌀, 현미, 보리, 옥수수, 찹쌀, 귀리, 조, 수수
서 류 (3품목)	감자, 고구마, 마
두 류 (4품목)	대두, 완두, 강낭콩, 팥
견과종실류 (7품목)	밤, 땅콩, 참깨, 아몬드, 들깨, 호두, 캐슈넛
과일류 (24품목)	사과, 수박, 귤, 배, 바나나, 참외, 포도, 감, 복숭아, 딸기, 오렌지, 자두, 키위, 블루베리, 파인애플, 멜론, 망고, 체리, 자몽, 살구, 대추, 크랜베리, 아보카도, 무화과
채소류 (48품목)	양파, 무, 오이, 토마토, 양배추, 파, 콩나물, 호박(애호박, 주키니호박, 늙은호박), 배추, 당근, 상추, 시금치, 마늘, 고추, 가지, 부추, 양상추, 들깻잎, 고사리, 숙주나물, 무청, 파프리카, 브로콜리, 미나리, 고구마(줄기), 취나물, 우엉, 마늘종, 피망, 콜라비, 도라지, 생강, 토란대, 두릅, 머위, 연근, 쑥갓, 청경채, 열무, 아욱, 참나물, 더덕, 죽순, 호박(잎), 근대, 셀러리, 냉이, 비트
버섯류 (6품목)	표고버섯, 새송이버섯, 느타리버섯, 팽이버섯, 양송이버섯, 목이버섯

※ '23년 국민영양통계(한국보건산업진흥원)_식품별 섭취량 중 상위 100품목

〈붙임 2〉

월별 특별관리대상 농산물 현황

월	품 목
1월	엇갈이배추, 파, 고수(잎), 상추, 시금치, 치커리(잎), 부추, 들깻잎, 쑥갓, 참나물
2월	부추, 상추, 엇갈이배추, 들깻잎, 시금치, 파, 머위, 쑥갓, 고수(잎), 근대, 참나물
3월	시금치, 상추, 부추, 파, 열무, 치커리, 고수(잎), 당귀(잎), 들깻잎, 방풍나물, 취나물
4월	시금치, 두릅, 부추, 갯기름나물(방풍나물), 구기자(건조), 근대, 쑥갓, 들깻잎, 엇갈이배추, 치커리(잎), 파, 고수(잎), 머위, 오미자, 취나물
5월	시금치, 상추, 고수(잎), 열무, 파, 취나물, 들깻잎, 고춧잎, 당귀(잎), 부추, 엇갈이배추
6월	상추, 들깻잎, 고수(잎), 바질(잎), 쑥갓, 열무, 고춧잎, 파, 고추, 근대
7월	상추, 들깻잎, 취나물, 근대, 엇갈이배추, 쑥갓, 고수(잎), 열무, 치커리(잎), 당귀(잎)
8월	상추, 들깻잎, 고춧잎, 고수(잎), 열무, 쑥갓, 엇갈이배추, 취나물, 치커리(잎), 근대, 아욱
9월	들깻잎, 상추, 취나물, 엇갈이배추, 열무, 고춧잎, 파, 고수(잎), 당근, 부추, 쑥갓, 근대, 바질(잎)
10월	쑥갓, 상추, 고수(잎), 들갯잎, 바질(잎), 고춧잎, 파, 취나물, 엇갈이배추, 부추
11월	시금치, 바질(잎), 들깻잎, 상추, 갓, 근대, 고수(잎), 파, 엇갈이배추, 쑥갓
12월	파, 시금치, 고수(잎), 엇갈이배추, 유채(가랏,동초), 치커리(잎), 당귀(잎), 들깻잎, 바질(잎), 근대, 머위, 무(뿌리), 부추, 상추, 쑥갓, 참나물

※ 최근 3년간(2022.11.～2025.10.) 월별 부적합 건수 상위품목(약 10품목)

〈붙임 3〉

유통 농산물별 잔류농약 부적합 현황('23.11.~'25.10.)

연번	품목	검출농약
1	상추	다이아지논, 디메투에이트, 오메토에이트, 이미시아포스, 플루아아지남, 노발루론, 디니코나졸, 리뉴론, 메타벤즈티아주론, 메토밀, 메페나셋, 뷰프로페진, 아이소프로티올레인, 아이소피라잠, 알라클로르, 에마멕틴벤조에이트, 오리사스트로빈, 옥사딕실, 이피엔, 클로로탈로닐, 클로르페나피르, 클로르펜손, 터부포스, 테부코나졸, 테트파코나졸, 페니트로티온, 페림존, 포레이트, 프로사이미돈, 플룩사메타마이드, 피리다벤, 피플루뷰마이드
2	들깻잎	디니코나졸, 디메토에이트, 메타벤즈티아주론, 아이소프로티올레인, 엔도설판, 옥사딕실, 이프로벤포스, 카벤다짐, 클로르피리포스, 페노뷰카브, 플루벤디아마이드, 피플루뷰마이드, 나프로파마이드, 다이아지논, 디니코나졸, 디메토에이트, 디에토펜카브, 디클로르보스, 루페뉴론, 리뉴론, 메타벤즈티아주론, 모노크로토포스, 뷰프로페진, 스피로테트라맷, 아바멕틴, 에토프로포스, 에트리디아졸, 오리사스틀빈, 오메토에이트, 카두사포스, 클로로탈로닐, 트리사사이클라졸, 파라티온, 파클로부트라졸, 페노뷰카브, 페니트로티온, 페림존, 펜디메탈린, 펜피록시메이트, 포레이트, 프로샷이미돈, 프로파닐, 플루벤디아마이드, 플루아지남, 피리다벤, 피베로닐부톡사이드, 피플루뷰마이드, 헥시티아족스
3	고수(잎)	나프로파마이드, 다이아지논, 디니코나졸, 디페노코나졸, 루페뉴론, 리뉴론, 메타플루미존, 사이아조파미드, 사이안트라닐리프롤, 상이클라닐리프롤, 에토프로포스, 카벤다짐, 터부포스, 테부페노자이드, 테트라코나졸, 티아메톡삼, 파클로부트라졸, 플루디옥소닐, 플루톨라닐, 플루페녹수론, 플룩사피록사드, 디메토프르프, 디에토펜카브, 리뉴론, 메타벤즈티아주론, 스피네토람, 스피로테트라맷, 시마진, 알라클로르, 인독사카브, 카바릴, 클로르펜손, 테부피림포스, 테부코나졸, 페나자퀸, 펜디메탈린, 펜사이큐론, 포레이트, 프로사이미돈, 플루설파마이드, 플룩사메타마이드, 피디플루메토펜, 피리달릴
4	쑥갓	다이아지논, 디니코나졸, 디메토에이트, 뷰타클로르, 뷰프로페진, 사이플루메토펜, 아이소프로티올레인, 에마멕틴벤조에이트, 에탈플루랄린, 에트리디아졸, 오리사스트로빈, 오메토에이트, 옥사디아존, 클로르피리포스, 트리플루랄린, 파클로부트라졸, 페네트로티온, 펜디메탈린, 플루벤디아마이드, 플룩사피록사드

연번	품목	검출농약
5	시금치	다이아지논, 디메토에이트, 리뉴론, 메타벤즈티아주론, 뷰프로페진, 아이소피라잠, 에마멕틴벤조에이트, 오메토에이트, 유니코나졸, 클로르플루아주론, 터부포스, 트리사이클라졸, 파목사돈, 페림존, 펜디메탈린, 펜피록시메이트, 포레이트, 프로사이미돈, 프로파닐, 플로니카미드, 플루아지남, 피리다벤
6	치커리(잎)	나프로마아이드, 노발루론, 다이아지논, 디니코나졸, 메타벤즈티아주론, 메타플루미존, 메토밀, 사이플루메토펜, 아이소프로티올레인, 에폭시코나졸, 이미시아포스, 이프로벤포스, 카두사포스, 카벤다짐, 터부포스, 트리플루랄린, 파클로부트라졸, 포레이트, 플루벤디아마이드, 플루아지남
7	파	디메토에이트, 튜페뉴론, 리뉴론, 만디프로파미드, 메타벤즈티아주론, 스피로디클로펜, 아이소프로티올레인, 이프로발리카브, 크레속심메틸, 클로티아니딘, 터부포스, 티플루자마이드, 펜디메탈린, 펜토에이트, 포레이트, 프로사이미돈, 플루트리아폴, 피리다벤, 오메토에이트, 이미시아포스
8	취나물	다이아지논, 메티다티온, 벤티아발리카브아이소프로필, 사이플루메토펜, 아이소프로티올레인, 에토프로포스, 에톡사졸, 오메토에이트, 이미시아포스, 이프로벤포스 카두사포스, 카바릴, 클로르펜손, 테부코나졸, 퍼메트린, 페노뷰카브, 페녹사닐, 펜디메탈린, 프로페노포스, 피리다벤, 피리다릴, 뷰프로페진, 디메토에이트, 페노뷰카브
9	고춧잎	노발루론, 디노테퓨란, 디페노코나졸, 보스칼리드, 브로모뷰타이드, 스피네토람, 이미다클로프리드, 카벤다짐, 다이아지논, 클로르피리포스, 터부포스, 테부코나졸, 테트라코나졸, 티아클로프리드, 플룰벤디아마이드, 플루아지남, 플루오피람, 플루페녹수론, 피페로닐부톡사이드, 프로파닐, 옥사딕실, 피플루뷰마이드, 스피로테트라맷, 클로르피리포스, 클로로탈로닐, 플루아지남, 플로니카미드, 사이안트라닐리프롤, 헥사코나졸, 플루벤디아마이드
10	바질(잎)	디메토모르프, 플로니카미드, 플루피라디퓨론, 플룩사피록사드, 디노테퓨란, 디메토모르프, 디에토펜카브, 디플루벤주론, 루페뉴론, 만디프로파미드, 메탈락실, 벤조에이트, 사이안트라닐리프롤, 아미설브롬, 아족시스트로빈, 에마멕틴, 에토펜프록스, 에토프로포스, 클로란트라닐리프롤, 클로르페나피르, 클로티아니딘, 터부포스, 테부코나졸, 티아메톡삼, 파목사돈, 파클로부트라졸, 펜티오피라드, 프로사이미돈, 프로파모카브, 플로니카미드, 플루오피람, 플루오피콜라이드, 플루피라디퓨론, 플룩사메타마이드, 플룩사피록사드, 피라클로스트로빈, 피리다벤, 피리달릴, 피리플루퀴나존
11	부추	다이아지논, 루페뉴론, 메토밀, 뷰프로페진, 비펜프린, 터부포스, 테트라코나졸, 티아메톡삼, 파목사돈, 펜디메탈린, 포레이트, 프로사이미돈, 설폭사플로르, 피리다벤

연번	품목	검출농약
12	당귀(잎)	나프로파마이드, 다이아지논, 디클로베닐, 리뉴론, 메톨라클로르, 보스칼리드, 사이에노피라펜, 스피로테트라맷, 에토프로포스, 카두사포스, 카벤다짐, 클로르페나피르, 터부포스, 테부펜피라드, 테부피림포스, 티오벤카브, 펜디메탈린, 플루벤디아마이드
13	미나리	디노테퓨란, 뷰타클로르, 뷰프로페진, 알라클로르, 에톡사졸, 옥사디아존, 이프로벤포스, 이피엔, 터부포스, 테부피림포스, 페림존, 펜디메탈린, 펜토에이트, 프로사이미돈, 피페로닐부톡사이드, 페노뷰카브, 포레이트
14	열무	다이아지논, 플로오피람, 메타벤즈티아주론, 뷰프로페진, 시마진, 오메토에이트, 이메토에이트, 카벤다짐, 터부포스, 테트라코나졸, 펜디메탈린, 포레이트
15	근대	다이아지논, 사이플루메토펜, 아이소프로티올레인, 에폭시코나졸, 이미시아포스, 클로르페나피르, 디니코나졸, 터부포스, 파클로부트라졸, 플루아지남
16	갯기름나물 (방풍나물)	다이아지논, 디노테퓨란, 페니트로티온, 디페노코나졸, 아이소피라잠, 이프로벤포스, 이페인, 플루벤디아마이드, 클로로탈로닐, 터부포스 페노뷰카브, 파목사돈, 펜디메탈린, 포레이트, 플루아지남, 피페로닐부톡사이드
17	엇갈이배추	다이아지논, 디니코나졸, 디메토모르프, 디페노코나졸, 메타벤즈티아주론, 메타플루미존, 뷰프로페진, 사이플루메토펜, 시마진, 에마멕틴, 벤조에이트, 에토펜프록스, 에토프로포스, 에톡사졸, 카바릴, 터부포스, 티아클로프리드, 파클로부트라졸, 포레이트, 플루벤디아마이드, 플루오피람, 피리다벤, 헥사코나졸
18	아욱	메타벤즈티아주론, 포레이트, 터부포스, 보스칼리드, 스피로디클로펜, 클로로탈로닐, 펜디메탈린, 플루벤디아마이드, 피리다벤
19	참나물	나프로파마이드, 다이아지논, 디노테퓨란, 디페노코나졸, 뷰프로페진, 이프로벤포스, 카벤다짐, 테트라코나졸, 펜디메탈린
20	당근	메트로코나졸, 에트리디아졸, 이미시아포스, 이프로디온, 카두사포스, 클로티아니딘, 터부포스, 테부피림포스, 페니트로티온, 포레이트, 플루퀸코나졸
21	머위	다이아지논, 디페노코나졸, 메톨라클로르, 뷰프로페진, 사이안트라닐리프롤, 사이플루메토펜, 스피로테트라맷, 오리사스트로빈, 터부포스, 테부펜피라드, 테트라코나졸, 펜디메탈린
22	고추	디니코나졸, 스피로테트라맷, 아이소프로티올레인, 아마멕틴, 벤조에이트, 오메토에이트, 디메토에이트, 이미시아포스, 클로르피리모스, 에마멕틴벤조에이트, 트리사이클라졸, 피클로부트라졸, 페니트로티온, 펜토에이트
23	구기자	메톡시페노자이드, 사이클라닐리프롤, 아세타미프리드, 카벤다짐, 클로로탈로닐, 펜티오피라드, 플루디오소닐, 페나자퀸, 플루벤디아마이드, 플룩사메타마이드
24	가지	디노테퓨란, 스피로테트라맷, 오메토에이트, 디메토에이트, 이미시아포스, 클로로탈로닐, 티아메톡삼, 펜토에이트, 포스티아제이트, 프로사이미돈, 플루벤디아마이드, 피플루뷰마이드

연번	품목	검출농약
25	유채 (가랏, 동초)	루페뉴론, 에토프로포스, 터부포스, 티오벤카브, 포레이트, 플루벤디아마이드
26	냉이	디메토에이트, 이클로베닐, 아이소프로티올레인, 에톡사졸, 엔도설판, 카벤다짐, 터부포스, 펜디메탈린
27	두릅	알라클로르, 카두사포스, 카벤다짐, 터부포스, 펜디메탈린
28	무(잎)	보스칼리드, 플루오피람, 뷰프로페진, 오메토에이트, 디메토에이트, 카벤다짐, 클로르피리포스, 터부포스, 포레이트, 포레이트, 플루퀸코나졸
29	케일	디노테퓨란, 뷰프로페진, 에폭시코나졸, 테트라코나졸, 파클로부트라졸, 플루아지남
30	갓	디노테퓨란, 디니코나졸, 메트로코나졸, 에마멕틴 벤조에이트, 클로르펜손, 펜디메탈린, 플루벤디아마이드, 피플루뷰마이드, 헥사코나졸, 클로르펜손
31	고구마(줄기)	디노테퓨란, 뷰프로페진, 인독사카브, 테부코나졸, 페노트린, 포레이트, 플로니카미드, 피페로닐부톡사이드
32	살구	메토밀, 플루벤디아마이드, 피디플루메토펜, 비스트리플루론, 크로마페노자이드, 페니트로티온, 플루벤디아마이드, 피리메타닐
33	오이	디노테퓨란, 디니코나졸, 디메토에이트, 디클로르보스, 메토밀, 오메토에이트, 트리사이클라졸
34	청경채	다이아지논, 메타미도포스, 아미설브롬, 플루벤디아마이드, 아이소프로티올레인, 카벤다짐, 플루설파마이드, 플루아지남
35	무(뿌리)	메트코나졸, 포레이트, 보스칼리드, 피리다벤, 아이소프로티올레인, 터부포스,
36	셀러리	디노테퓨란, 에트리디아졸, 터부포스, 카두사포스, 피플루뷰마이드
37	쑥	디클로베닐, 카바릴, 터부포스, 펜디메탈린, 포레이트
38	파슬리	사이플루메토펜, 카바릴, 테부피림포스, 포레이트
39	돌나물	디노테퓨란, 사이플루메토펜, 에마멕틴벤조에이트, 프로사이미돈, 피플루뷰마이드
40	루꼴라	사이플루메토펜, 카벤다짐, 프루벤디아마이드, 플루아지남, 피리플루퀴나존
41	갯개미자리 (세발나물)	디노테퓨란, 리뉴론, 이프로디온
42	겨자채	다이아지논, 디니코나졸, 파클로부트라졸, 플루설파마이드, 플루아지남
43	배추	스피로테트라맷, 에토펜프록스, 이미다클로프리드, 터부포스, 테트라코나졸
44	참외	터부포스, 페노뷰카브
45	호박(잎)	메페나셋, 오메토에이트, 디메토에이트, 테트라코나졸, 펜디메탈린
46	방아잎(배초향)	트리플록시스트로빈, 델타메트린, 펜피라자민, 카벤다짐, 플루디옥소닐, 디노테퓨란, 피리달릴
47	비름나물	카벤다짐, 클로로탈로닐, 프루벤디아마이드
48	호박	클로로탈로닐, 티아클로프리드, 프로파모카브, 이미시아포스
49	고들빼기	카벤다짐, 터부포스, 펜디메탈린, 테플루트린
50	공심채	사이플루메토펜, 피리다벤
51	다채	다이아지논, 메타벤즈티아주론, 아이소피라잠
52	독활	다이아지논, 에토프로포스, 디메노에이트, 알라클로르, 카두사포스
53	민들레	노발루론, 피리다벤

연번	품목	검출농약
54	토마토 (방울토마토 포함)	메토밀, 사이에노피라펜, 펜사이큐론, 이미시아포스
55	배	메티다티온, 페노뷰카브
56	복숭아	트리사이클라졸, 페니트로티온, 펜토에이트
57	비트	터부포스, 포레이트, 플루퀸코나졸
58	서양자초(딜)	디노테퓨란, 알라클로르, 파클로부트라졸, 메트코나졸, 아속시스트로빈
59	오미자	메톡시페노자이드, 클로르피리포스, 플루오피람
60	자두	디메토에이트, 오메토에이트, 페니트로티온, 프로사이미돈
61	곤달비	사이플루메토펜, 플루벤디아마이드
62	달래	다아이지논, 메타베즈티아주론
63	마	포레이트
64	메밀(순)	디노테퓨란, 아이소프로티올레인
65	복분자(산딸기)	사이아조파미드, 플루오피콜라이드, 프로파모카브, 알라클로르
66	소나무(순)	사이에노피라펜, 에마멕틴벤조에이트, 아세타미프리드, 에마멕틴, 벤조에이트, 아세타미프리드
67	쌀	피페로니부톡사이드
68	양상추	이미시아포스, 포레이트
69	여주	카벤다짐, 디노테퓨란, 에톡펜프록스, 설폭사플로르, 플루설파마이드, 디노테퓨란
70	우엉(잎)	에토프로포스, 피플루뷰마이드
71	파프리카(잎)	피리다벤, 카벤다짐, 피플루뷰마이드
72	풋마늘	인독사카브, 포레이트
73	가죽나무	카벤다짐
74	감	클로르피리포스
75	고구마	포레이트
76	뉴그린	플루피라디퓨론, 메타플루미존
77	대추	피플루메토펜
78	딸기	디클로르보스
79	마늘종	메트코나졸
80	매실	노발루론
81	메밀	디노테퓨란
82	멜론	프로사이미돈
83	민트(박하)	프로사이미돈
84	보리순	뷰타클로르
85	브로콜리	프로사이미돈
86	블루베리	디메토에이트, 오메토에이트
87	생강	디노테퓨란
88	쑥부쟁이	터부포스
89	양배추	메트코타졸
90	양송이버섯	터부포스
91	원추리	폭심
92	위트루프	플루퀸코나졸
93	키위	테부페노자이드
94	파프리카	디노테퓨란
95	포포나무(열매)	디노테퓨란

〈붙임 4〉

유통단계 농산물 중 부적합농약 현황('22.11.~'25.10.)

연번	농약성분명	연번	농약성분명	연번	농약성분명	연번	농약성분명
1	나프로파마이드	26	사이에토피라펜	51	인독사카브	76	펜디메탈린
2	노발루론	27	사이플루메토펜	52	카두사포스	77	펜사이큐론
3	다이아지논	28	설폭사플로르	53	카바릴	78	펜토에이트
4	디노테퓨란	29	스피네토람	54	카벤다짐	79	펜피록시메이트
5	디니코나졸	30	스피로테트라맷	55	클로란트라닐리프롤	80	포레이트
6	디메토모르프	31	시마진	56	클로로탈로닐	81	포스티아제이트
7	디메토에이트	32	아미설브롬	57	클로르페나피르	82	프로사이미돈
8	디에토펜카브	33	아세타미프리드	58	클로르펜손	83	프로파모카브
9	디클로르보스	34	아이소프로티올레인	59	클로르피리포스	84	플로니카미드
10	디클로베닐	35	아이소피라잠	60	클로티아니딘	85	플루디옥소닐
11	디페노코나졸	36	아족시스트로빈	61	터부포스	86	플루벤디아마이드
12	루페뉴론	37	알라클로르	62	테부코나졸	87	플루설파마이드
13	리뉴론	38	에마멕틴벤조에이트	63	테부펜피라드	88	플루아지남
14	메타벤즈티아주론	39	에토펜프록스	64	테부피림포스	89	플루오피람
15	메타플루미존	40	에토프로포스	65	테트라코나졸	90	플루퀸코나졸
16	메탈락실	41	에톡사졸	66	트리사이클라졸	91	플루톨라닐
17	메토밀	42	에트리디아졸	67	티아메톡삼	92	플루페녹수론
18	메톨라클로르	43	에폭시코나졸	68	티아클로프리드	93	플룩사메타마이드
19	메트코나졸	44	오리사스트로빈	69	파목사돈	94	플룩사피록사드
20	메티다티온	45	오메토에이트	70	파클로부트라졸	95	피라다벤
21	벤티아발리카브아이소프로필	46	옥사딕실	71	파클로스트로빈	96	피리다벤
22	보스칼리드	47	이미다클로프리드	72	페노뷰카브	97	피리달릴
23	뷰타클로르	48	이미시아포스	73	페노트린	98	피리플루퀴나존
24	뷰프로페진	49	이프로디온	74	페니트로티온	99	피페로닐부톡사이드
25	사이안트라닐리프롤	50	이프로벤포스	75	페림존	100	피플루뷰마이드
101	헥사코나졸						

〈붙임 5〉

생산단계 농산물 중 부적합농약 현황('22.11.~'25.10.)

연번	농약성분명	연번	농약성분명	연번	농약성분명	연번	농약성분명
1	가스가마이신	53	사이프로디닐	105	카보퓨란	157	포스티아제이트
2	나프로파마이드	54	사이플루메토펜	106	카탑	158	포스파미돈
3	네레이스톡신	55	사이플루페나미드	107	크로마페노자이드	159	폭심
4	노발루론	56	사이할로트린	108	클레토딤	160	폴펫
5	니텐피람	57	사플루페나실	109	클로란트라닐리프롤	161	프로사이미돈
6	다이아지논	58	설폭사플로르	110	클로로탈로닐	162	프로클로라즈
7	델타메트린	59	스피네토람	111	클로르메콰트	163	프로파닐
8	디노테퓨란	60	스피노사드	112	클로르페나피르	164	프로파모카브
9	디니코나졸	61	스피로디클로펜	113	클로르플루아주론	165	프로파자이트
10	디디티	62	스피로메시펜	114	클로르피리포스	166	프로페노포스
11	디메토모르프	63	스피로테트라맷	115	클로티아니딘	167	프로피코나졸
12	디메토에이트	64	시마진	116	클로펜테진	168	플로니카미드
13	디에토펜카브	65	아메톡트라딘	117	키노메티오네이트	169	플루디옥소닐
14	디코폴	66	아미설브롬	118	터부포스	170	플루벤디아마이드
15	디클로르보스	67	아바멕틴	119	테부코나졸	171	플루설파마이드
16	디클로베닐	68	아사이노나피르	120	테부페노자이드	172	플루아지남
17	디티오카바메이트	69	아세퀴노실	121	테부펜피라드	173	플루오피람
18	디페노코나졸	70	아세타미프리드	122	테부피림포스	174	플루오피콜라이드
19	디플루벤주론	71	아세페이트	123	테트라메트린	175	플루퀸코나졸
20	루페뉴론	72	아시벤졸라-에스-메틸	124	테트라코나졸	176	플루톨라닐
21	리뉴론	73	아이소사이클로세람	125	테플루벤주론	177	플루트리아폴
22	만데스트로빈	74	아이소프로카브	126	테플루트린	178	플루페녹수론
23	만디프로파미드	75	아이소프로티올레인	127	톨클로포스메틸	179	플루피라디퓨론
24	메타미도포스	76	아이소피라잠	128	트리사이클라졸	180	플룩사메타마이드
25	메타벤즈티아주론	77	아족시스트로빈	129	트리아조포스	181	플룩사피록사드
26	메타플루미존	78	알라클로르	130	트리클로피르	182	피디플루메토펜
27	메탈락실	79	알레트린	131	트리플록시스트로빈	183	피라지플루미드
28	메토밀	80	에디펜포스	132	트리플루랄린	184	피라클로스트로빈
29	메톡시페노자이드	81	에마멕틴 벤조에이트	133	티아디닐	185	피리다벤
30	메톨라클로르	82	에타복삼	134	티아메톡삼	186	피리달릴
31	메트코나졸	83	에토펜프록스	135	티아클로프리드	187	피리메타닐
32	메티다티온	84	에토프로포스	136	티오벤카브	188	피리미포스메틸
33	메페나셋	85	에톡사졸	137	티플루자마이드	189	피리프록시펜
34	메펜트리플루코나졸	86	에트리디아졸	138	파목사돈	190	피리플루퀴나존
35	발리페날레이트	87	엔도설판	139	파클로부트라졸	191	피메트로진
36	베나락실	88	오리사스트로빈	140	퍼메트린	192	피콕시스트로빈
37	벤타존	89	오메토에이트	141	페나자퀸	193	피페로닐부톡사이드
38	벤티아발리카브아이소프로필	90	옥사디아존	142	페노뷰카브	194	피프로닐
39	보스칼리드	91	옥사딕실	143	페노트린	195	피플루뷰마이드
40	뷰타클로르	92	옥시플루오르펜	144	페녹사닐	196	할록시포프
41	뷰프로페진	93	육-비에이	145	페니트로티온	197	헥사코나졸
42	브로모뷰타이드	94	이미다클로프리드	146	페림존	198	헥시티아족스
43	비스트리플루론	95	이미시아포스	147	펜디메탈린	199	헵타클로르
44	비터타놀	96	이사-디	148	펜사이큐론		
45	비페나제이트	97	이프로디온	149	펜타클로로벤조니트릴		
46	비펜트린	98	이프로벤포스	150	펜토에이트		
47	빈클로졸린	99	이프코나졸	151	펜티오피라드		
48	사이아조파미드	100	이피엔	152	펜프로파트린		
49	사이안트라닐리프롤	101	인독사카브	153	펜피라자민		
50	사이에노피라펜	102	카두사포스	154	펜피록시메이트		
51	사이클라닐리프롤	103	카바릴	155	펜헥사미드		
52	사이퍼메트린	104	카벤다짐	156	포레이트		

[참고자료 1]

전국 농산물 공영도매시장 현황

번호	도매시장명	소재지	현장 검사소
1	서울특별시 가락동 농수산물도매시장	서울특별시 송파구 양재대로 932	○
2	서울특별시 강서 농산물도매시장	서울특별시 강서구 발산로 40	○
3	부산광역시 엄궁동 농산물도매시장	부산광역시 사상구 농산물시장로 9번길 11	○
4	부산광역시 반여동 농산물도매시장	부산광역시 해운대구 수영강변대로 626	○
5	대구광역시 북부 농수산물도매시장	대구광역시 북구 매천로 18길 34	○
6	인천광역시 남촌 농산물도매시장	인천광역시 남동구 남동대로 671	○
7	인천광역시 삼산 농산물도매시장	인천광역시 부평구 영성동로 46	○
8	광주광역시 각화동 농산물도매시장	광주광역시 북구 동문대로 260	○
9	광주광역시 서부 농수산물도매시장	광주광역시 서구 매월2로 16	○
10	대전광역시 오정 농수산물도매시장	대전광역시 대덕구 한밭대로 987	○
11	대전광역시 노은 농수산물도매시장	대전광역시 유성구 노은동로 33	○
12	울산광역시 농수산물도매시장	울산광역시 남구 삼산로 324	○
13	수원시 농수산물도매시장	경기도 수원시 권선구 세권로 243	○
14	안양시 농수산물도매시장	경기도 안양시 동안구 흥안대로 313	○
15	안산시 농수산물도매시장	경기도 안산시 상록구 충장로 312	○
16	구리시 농수산물도매시장	경기도 구리시 동구릉로 136번길 90	○
17	춘천시 농수산물도매시장	강원도 춘천시 마장길 39	○
18	원주시 농산물도매시장	강원도 원주시 서원대로 33	
19	강릉시 농산물도매시장	강원도 강릉시 유산로 60	
20	청주시 농수산물도매시장	충북 청주시 흥덕구 백봉로 254	○
21	충주시 농수산물도매시장	충북 청주시 목행산단5로 54	○
22	천안시 농수산물도매시장	충남 천안시 서북구 천안대로 1347	○
23	전주시 농수산물도매시장	전북 전주시 덕진구 동부대로 1183	○
24	익산시 농수산물도매시장	전북 익산시 번영로 1길 20	
25	정읍시 농산물도매시장	전북 정읍시 황토현로 1213-15	
26	순천시 농산물도매시장	전남 순천시 해룡면 해광로 1	○
27	포항시 농산물도매시장	경북 포항시 북구 흥해읍 동해대로 1182	○
28	안동시 농수산물도매시장	경북 안동시 풍산읍 유통단지길 99	○
29	구미시 농산물도매시장	경북 구미시 고아읍 선산대로 309	
30	창원시 팔용 농산물도매시장	경남 창원시 의창구 차상로 18번길 45	
31	창원시 내서 농산물도매시장	경남 창원시 마산회원구 내서읍 유통단지로 33	○
32	진주시 농산물도매시장	경남 진주시 남강로 1689	○

[참고자료 2]

농수산물 유관기관 연락처

부 처	담당과	연락처
식품의약품안전처	농수산물안전정책과	043-719-3202(농산물) 043-719-3223(수산물)
	수입유통안전과	043-719-6257
	유해물질기준과	043-719-3854
식품의약품안전평가원	식품위해평가과	043-719-4504
	잔류물질과	043-719-4204
	오염물질과	043-719-4253
	미생물과	043-719-4303
	신종유해물질과	043-719-4452
농림축산식품부	농축산위생품질팀	044-201-2972
국립농산물품질관리원	소비안전과	054-429-4132
농촌진흥청	농자재산업과	063-238-0824
농촌진흥청(농업과학원)	독성위해평가과	063-238-3381
국립종자원	종자검정연구센터	054-912-0221
해양수산부	어촌양식정책과	051-773-5621
국립수산물품질관리원	품질관리과	051-400-5781
국립수산과학원	식품안전가공과	051-720-2640

[참고자료 3]

농수산물 관련기관 연락처

부 처	구분	생산단계		유통단계	
		담당과	연락처	담당과	연락처
서울지방식품의약품안전청	농산물	농축수산물안전과	02-2640-5018	농축수산물안전과	02-2640-5018
	수산물	농축수산물안전과	02-2640-5017	농축수산물안전과	02-2640-5017
부산지방식품의약품안전청	농산물	농축수산물안전과	051-602-6141	농축수산물안전과	051-602-6141
	수산물	농축수산물안전과	051-602-6140	농축수산물안전과	051-602-6140
경인지방식품의약품안전청	농산물	농축수산물안전과	02-2110-8065	농축수산물안전과	02-2110-8065
	수산물	농축수산물안전과	02-2110-8067	농축수산물안전과	02-2110-8067
대구지방식품의약품안전청	농수산물	식품안전관리과	053-589-2764	식품안전관리과	053-589-2764
광주지방식품의약품안전청	농수산물	농축수산물안전과	062-602-1476	농축수산물안전과	062-602-1476
대전지방식품의약품안전청	농수산물	식품안전관리과	042-480-8724	식품안전관리과	042-480-8724
서울특별시	농산물	농수산유통과	02-2133-4462	식품정책과	02-2133-4709
부산광역시	농산물	농축산유통과	051-888-4985	보건위생과	051-888-3377
	수산물	수산진흥과	051-888-5421		
대구광역시	농산물	농산유통과	053-803-6520	위생정책과	053-803-3412
	수산물	농산유통과	053-803-6520		
인천광역시	농산물	농축산과	032-440-4377	위생정책과	032-440-2784
	수산물	수산과	032-440-4881		
광주광역시	농산물	농업동물정책과	062-613-3970	건강위생과	062-613-4373
	수산물	농업동물정책과	062-613-3970		
대전광역시	농산물	농생명정책과	042-270-3804	식의약안전과	042-270-4883
	수산물				
울산광역시	농산물	농축산과	052-229-2940	식의약안전과	052-229-3684
	수산물	농축산과	052-229-2940		
세종특별자치시	농산물	농업정책과	044-300-4310	보건정책과	044-300-5755
	수산물	동물정책과	044-300-7610		

부 처	구분	생산단계		유통단계	
		담당과	연락처	담당과	연락처
경기도	농산물	농식품유통과	031-8008-5458	식품안전과	031-8008-3684
	수산물	해양수산과	031-8008-4530		
강원특별자치도	농산물	농산물유통과	033-249-2715	보건식품안전과	033-249-2431
	수산물	환동해본부 수산정책과	033-660-8334		
충청북도	농산물	농식품유통과	043-220-3674	식의약안전과	043-220-3174
	수산물	축수산과	043-220-3741		
충청남도	농산물	농식품유통과	041-635-4151	건강증진식품과	041-635-2656
	수산물	수산자원과	041-635-7750		
전북특별자치도	농산물	스마트농산과	063-280-4563	감염병관리과	063-280-2440
	수산물	수산정책과	063-280-2728		
전라남도	농산물	농식품유통과	061-286-6453	식품의약과	061-286-5764
	수산물	수산유통가공과	061-286-6980		
경상북도	농산물	농식품유통과	054-880-3347	보건정책과	054-880-3845
	수산물	해양수산과	054-880-7710		
경상남도	농산물	농식품유통과	055-211-6416	식품위생과	055-211-5034
	수산물	해양수산과	055-211-3910		
제주특별자치도	농산물	친환경농업정책과	064-710-3026	보건위생과	064-710-2942
	수산물	수산정책과	064-710-3216		

2026년 식품안전관리지침

MINISTRY OF FOOD AND DRUG SAFEY

수산물 안전관리

1 '26년도 수산물 안전관리 기본방향

추 진 개 요

◆ 기본방향

- ㅇ 범정부 협업으로 생산부터 유통까지 전 주기 안전관리 강화
- ㅇ 생산단계 및 유통 길목 수산물 안전관리 강화
- ㅇ 온라인 거래, 1인 가구 증가 등 소비트렌드 변화를 반영한 안전관리
- ㅇ 수산물 생산·유통·판매자 및 소비자 등에 대한 안전관리 지도·교육 및 홍보 강화

◆ 역할분담

식약처	지방청	해수부(수품원,수과원)	시·도(시·군·구)
ㅇ 국내 수산물 안전관리(총괄) - 생산·유통 수산물 안전관리 계획(기본) 수립 총괄 - 수산물 안전관련 지도점검 및 수거검사 총괄 - 수산물 생산환경 위험평가에 관한 업무 총괄 - 위험평가를 위한 수산물 잔류실태조사 및 그 생산에 이용되는 어장, 용수, 자재의 유해물질 조사 총괄	ㅇ 국내 수산물 안전관리 - 유통단계 수산물 안전관리 세부 계획 수립 - 수산물 생산·판매업체 지도점검 및 수거검사 - 위험평가를 위한 수산물 잔류실태조사 실시	ㅇ 생산단계 수산물 안전성조사 - 안전성조사 세부계획 수립 - 수산물 및 수산물 생산에 이용되는 어장, 용수, 자재 등 안전성 조사 - 생산단계 수산물의 안전성 조사 결과에 따른 조치 - 부적합 유통수산물의 원인 규명 및 안전성 조사 등 조치 ㅇ 수산물 안전성검사기관의 지정·취소 등 관리	ㅇ 관할지역 수산물 안전관리 - 관내 생산·유통 수산물(단순처리 포함)의 안전관리 계획 수립 및 추진 - 생산단계 수산물 안전성 조사 및 결과 조치 * 양식장, 위·공판장 출하 전 단계 등 - 유통단계 수산물 수거검사 및 결과 조치 - 부적합 유통수산물의 원인 규명 및 안전성조사 등 조치 - 생산·유통·판매자 지도·점검 - 생산단계 수산물 출하 연기 등 조치 및 유통수산물 회수·폐기 등 행정제재 - 불량 수산물 유통 방지를 위한 유통·판매 금지 조치 등
ㅇ 수산물 생산·유통 종사자 등 관계자 교육·홍보	ㅇ 수산물 생산·유통 종사자 등 관계자 교육·홍보	ㅇ 생산자(단체) 등 지도·교육 및 대국민 홍보 - 교육홍보의 위탁 및 예산지원	ㅇ 수산물 생산·유통 종사자 등 안전 관련 교육·홍보
ㅇ 관계부처 및 유관기관(단체) 협업업무 조정·총괄	ㅇ 관계부처 및 유관기관(단체) 협업업무 및 조사·검사 지원	ㅇ 관계부처 및 유관기관(단체) 협업업무 조사·검사 지원	ㅇ 관계부처 및 유관기관(단체) 협업업무 조사·검사 지원
ㅇ 위해정보 등 수산물 사건·사고 긴급대응 총괄	ㅇ 수산물 관련 사건·사고 발생 시 긴급대응 - 위해정보에 따른 기획·계통조사	ㅇ 수산물 관련 생산단계 사건·사고 발생 시 긴급대응	ㅇ 수산물 관련 생산·유통단계 사건·사고 발생 시 긴급대응
ㅇ 수산물 안전관련 지도·단속, 행정처분, 수거·검사 결과 등 통계 관리 총괄	ㅇ 수산물 안전 관련 지도·단속, 수거·검사 결과 등 통계 관리	ㅇ 수산물, 안전 관련 지도·단속, 행정처분, 안전성조사 등 통계 관리	ㅇ 수산물 안전 관련 지도·단속, 행정처분, 수거·검사(안전성조사 포함) 결과 등 통계 관리
ㅇ 농수산물품질관리법 관련 법령 및 고시 제·개정			

◆ 연간 추진일정

연번	추진내용	추진일정	기관
1	설 명절 성수 수산물 수거검사	1.19~23 (5일)	지자체
2	봄철 패류독소 안전관리	2~6월 (4개월)	지방청
3	단순처리 수산물 생산업체 점검	4월 (1개월)	지방청·지자체
4	상반기 온라인 인기 수산물 수거검사	4.13~21 (7일)	지방청, 지자체
5	여름철 수산물 안전관리	6~9월 (4개월) * 해양환경 변화에 따라 변동 가능	해수부, 지방청, 지자체
	바닷가 주변 횟집 등 특별관리	7~8월 (2개월)	지방청, 지자체
6	추석 명절 성수 수산물 수거검사	8.31~9.4 (5일)	지자체
7	공영·유사도매시장 등 생식용 굴 수거검사	11.23~12.18. (1개월)	지방청
8	하반기 온라인 인기 수산물 수거검사	10.12~20. (7일)	지방청
9	단순처리 수산물 생산업체 점검	11월 (1개월)	지방청·지자체
10	김장철 다소비 수산물 수거검사	시·도 자체 수립	지자체
11	겨울철 수산물 안전관리	11월~'27.2월 (4개월)	지방청, 지자체
12	불법 증량 의심 냉동수산물 검사	상시	지방청
13	유사품종 등 수산물 유전자 검사	반기별	식약처, 지방청
14	부적합 다빈도 수산물 수거검사	상시	지자체

* 수산물 위해정보 및 사건·사고 시 식약처에서 별도계획 수립 및 조정 시행

2 수산물 안전관리 체계

〈농수산물안전정책과〉

1. 효율적인 식품안전관리 체계 구축

가. 목적

생산부터 소비까지 안전한 수산물 공급환경 및 안전관리 체계 구축을 위해 정부 부처 및 지방정부 간 협력하여, 체계적이고 신속하게 대응

나. 기본방향

1) 식품안전관리업무의 효율성을 극대화하고 위해식품 등에 대한 신속 대응체계 마련 및 식품안전관리 업무 수행을 위해 중앙정부와 지방정부 간 행정응원 및 상호 파트너쉽 구축

2) 중앙정부와 지방정부의 행정 여건, 지도·점검업무의 세부 활동별 특성, 식품안전관리 여건, 업무의 전문성 등을 종합적으로 고려하여 합리적이고 체계적인 「기능적 역할 분담체계」를 구축·시행

다. 지방식약청, 시·도 등 유관기관간 협업체계 강화

1) 지방식약청은 관할지역의 시·도 및 국립수산물품질관리원(지원), 국립수산과학원(수산연구소) 및 수협 등 유관기관(단체)과 「수산물 안전관리 실무협의체」를 구성할 수 있으며, 정기 또는 수시로 업무협력체계를 유지

2) 수산물 수거·검사 및 지도·점검 등을 실시 시 사전에 관계기관 간 상호 협의, 인력 및 기술지원 등 유기적으로 협조체계 유지

3) 지방식약청, 시·도, 해수부(수품원, 수과원)는 관할 지역 내 수산물 위생·안전 관계기관 직원교육, 정보제공, 시험분석 기술지원 등 상호 업무협조

라. 지방식약청과 시·도간 역할 분담체계 확립

1) 지방식약청은 사회적 이슈 및 소비환경 변화에 대응하는 기획검사 중심 업무를 수행, 시·도는 관할지역 내 사건·사고 대응을 중심으로 수산물 안전관리 실시

2. 지도·점검 실적 등 통계보고 기관별 주기

가. 식품행정통합시스템을 통해 입력이 가능한 각종 지도·점검, 안전성조사 및 수거·검사 실적은 조사 익일까지 반드시 입력을 완료하여 통계 관리

* 지자체 생산단계 수산물 안전성 조사는 식품행정통합시스템의 수거시스템에 입력하여 관리

구분	시스템
시·군·구	새올행정시스템
시·도(생산·유통)	식품행정통합시스템
식약처(지방식약청)	식품행정통합시스템
해수부(수품원)	수산안전정보시스템
해수부(수과원)	e-푸른바다
안전성조사기관(시·도 소속)	식품행정통합시스템

※ ① 지도·점검 시 적발사항이 없는 경우도 점검여부를 판단할 수 있도록 지도·점검 여부 입력 철저 (식품행정통합시스템 지도점검 실적관리 미등록업소 추가)
② 서식을 통한 보고(문서시행)는 시스템 입력으로 대체(기획·수거검사 제외)

나. 시스템 입력 시 수거 건이 누락 되거나 수거검사 결과, 검사항목 등이 누락 되지 않도록 관리 철저

다. 보고경로
1) 수산물품질관리원, 수산과학원 → 해수부 → 식약처
2) 지방식약청 → 식약처
3) 시·군·구 → 시·도 → 식약처·해수부

라. 문서보고 사항 및 주기

번호	보고 사항	관련서식	보고기관	주기
1	생산단계 안전성조사 추진실적	서식 6-1	수품원, 수과원, 시·도→ 해수부 → 식약처	분기
2	부적합 수산물 등 생산자 지도·교육 결과	서식 6-2	시·도(시·군·구) → 식약처, 해수부	반기

* 국정과제 추진사항, 방사능검사실적 및 기타 위해정보사항 조사보고 등 식약처의 별도 계획에 따라 추진된 실적은 문서 시행 시 적시된 제출 시일까지 보고(통보)

3 생산단계 수산물 안전관리

〈식약처 농수산물안전정책과, 해수부 수산물안전기획과〉

1. 목 적

「농수산물 품질관리법」에 따라 수산물 또는 수산물의 생산에 이용·사용하는 어장·용수(用水)·자재 등에 대한 유해물질 안전성조사를 통해 부적합 수산물의 유통 차단 및 수산물 안전성 확보

2. 안전성 조사 개요

가. 근거 : 「농수산물품질관리법」제60조 ~ 제67조

나. 조사대상

1) (생산단계) 저장과정을 거치지 아니하고 출하하는 수산물
2) (저장단계) 저장과정을 거치는 수산물 중 생산자가 저장하는 수산물
3) (출하되어 거래되기 전 단계) 수산물의 도매시장, 집하장, 위판장 또는 공판장 등에 출하되어 거래되기 전 단계에 있는 수산물
4) 수산물의 생산에 이용·사용되는 어장, 용수, 자재 등
5) 원전사고 및 화학물질 누출사고 등에 의한 오염우려 해역(지역) 수산물

다. 조사항목: 「식품위생법」제7조에 따른 '식품의 기준 및 규격'에서 정한 중금속, 동물용의약품, 방사능 및 위해우려 항목

구분		조사항목(196개)
오염물질(16)	중금속(5)	수은, 납, 카드뮴, 메틸수은, 무기비소
	유기물질(3)	다이옥신, 폴리염화비페닐(PCBs), 다환방향족탄화수소(PAHs)-벤조피렌
	패류독소(3)	마비성(PSP)·설사성(DSP)·기억상실성(ASP) 패류독소
	방사능(5)	요오드(^{131}I), 세슘($^{134}Cs+^{137}Cs$), 삼중수소(^{3}H), 플루토늄($^{238\sim240}Pu$), 스트론튬(^{90}Sr)
동물용의약품(143)		항균제(78), 구충제(20), 살충제(8), 진정제(3), 항원충제(11), 비스테로이드성항염증제(6), 성장보조제(4), 항히스타민제(2), 지사제(2), 기타(9)
식중독균(3)		비브리오패혈증균, 비브리오콜레라, 장염비브리오
식품 중 검출되어서는 아니되는 물질(28)		말라카이트그린, 클로람페니콜, 니트로푸란계(푸라졸리돈, 푸랄타돈, 니트로푸라존, 니트로푸란토인, 니트로빈), DES, MPA, 메틸렌블루, 겐티안바이올렛, 노르플록사신, 오플록사신, 페플록사신, 카바독스, 올라퀸독스, 클로르프로마진, 콜치신, 답손, 디메트리다졸, 이프로니다졸, 메트로니다졸, 로니다졸, 피리메타민, 록사손, 클렌부테롤, 반코마이신, 살부타몰, 티오우라실, 스트리키닌, 카비마졸/티아마졸, 페나세틴
기타물질(6)		멜라민, 복어독, 히스타민, 에톡시퀸, 디코폴, 엔도설판

* PLS 시행('24.1.1): 수산물의 경우 "어류"는 이 고시에 별도로 잔류허용기준이 정해지지 아니한 경우 0.01 mg/kg 이하를 적용한다. 다만, 성장보조제(성장촉진, 체중증가 등의 목적으로 사용하는 성분 등), 스테로이드성 항염증제는 '불검출' 적용

라. 조사장소: 수산물의 생산 장소, 저장장소, 집하장, 위판장 또는 공판장, 원양 어획물 저장장소

마. 조사기관: 해양수산부(국립수산물품질관리원, 국립수산과학원), 시・도(수산부서)

바. 조사방법: 해양수산부(국립수산물품질관리원, 국립수산과학원) 및 각 시・도(수산부서)는 자체실정에 맞게 안전성 조사계획을 수립 시행

3. 안전성 조사 추진사항

가. 생산시기·생산량 등을 고려한 효율적 안전관리

1) 국민 다소비 수산물 안전 확보를 위해 생산시기·생산량, 부적합 이력을 고려한 안전성 조사 지속 실시

* ('24년 계획) 21,000건 → ('25년 계획) 22,000건 → ('26년 계획안) 22,500건

2) 5년간 안전성조사 이력 없는 양식장을 우선 조사하여 사각지대 발생 최소화

3) 생산량, 소비량 등을 고려한 양식수산물, 연근해·원양 어획 수산물의 조사 실시

4) 활어 등 살아있는 상태로 2개 이상 수조에 분산되어 수용되어 있는 경우 수조별 품질상태, 크기, 중량, 출하 상황 등을 고려하여 대표성 있게 검체 수거

나. 부적합 양식장 집중 관리

1) 최근 5년간 부적합이 반복적으로 발생한 품종 및 항목 관리를 위해 부적합 양식장 연 1회 이상 안전성조사 실시

2) 식품 중 검출되어서는 아니되는 물질(이하 "금지물질"이라 한다) 불법 사용 양식장 집중관리(1년간 매 2개월마다 조사)

3) 수산용 동물용의약품 불법사용 근절을 위한 지도·점검 강화

* 금지물질 검출 양식장은 약품 사용 지도·점검 대상으로 우선 선정

다. 수산물 기획조사 강화로 촘촘한 안전관리

1) 국내·외 위해정보 등을 활용한 수산물 기획조사를 통한 위해요소 선제적 대응 방안 마련

2) 수산물 소비가 많아지는 특정시기별(명절 등)·취약우려별 집중검사로 선제적 안전관리 추진

* 설·추석 명절 다소비 수산물, 제철 수산물(2월 홍게·대게, 4월 멍게, 7월 민어, 9월 전어·대하 등)

3) 육상의 오염물질 유입* 가능성이 있는 연안 및 하천·호수에서 생산되는 수산물 안전관리 지속

* 해수면 '어장환경조사'(해수부) 및 '하천・호수 퇴적물 오염도 조사'(기후에너지환경부) 활용

4) 위해정보, 사회적 이슈(언론보도 등)에 따른 자체 기획 조사

라. 수산물 방사능 안전관리 강화

1) 일본 원전사고와 후쿠시마 원전 오염수 해양방출 관련 수산물 등 방사능 검사 지속 실시하고 조사 결과 대국민 정보 공개

2) 해수(제주 남부, 울릉 동부 해역) 및 해류에 따른 수산물 안전관리를 위해 수산물 생산에 이용되는 미끼, 자재(가리비패각) 등 모니터링 지속 실시

마. 위해요소중점관리기준 이행 양식장 안전성 조사 강화

1) HACCP 등록 양식장 안전성조사 연 1회 이상 실시

바. 유통단계 부적합 수산물의 생산자(양식장) 안전관리

1) 부적합 수산물의 생산자 정보를 받은 행정기관은 생산업체 내 해당 수산물에 대한 안전성조사 및 필요시, 그 외 수산물에 대하여 조사 확대

* 부적합 발생 건 중 사례를 선정하여 식약처 등과 부처 합동 부적합 수산물 원인조사(필요시)

사. 위해정보 또는 사회적 이슈 수산물 등에 대한 모니터링 조사

1) 기준규격이 정해지지는 않았으나 국내·외 위해정보나 사회적 문제가 제기된 위해요소 등에 대한 모니터링 실시

2) 조사기관 : 해수부, 시·도(수산물 안전관리 관련 부서)

아. 조사결과에 대한 조치

1) 생산단계 안전기준 위반 수산물 조치

① 출하연기 또는 채취금지

- 유해물질이 시간이 경과함에 따라 분해·소실되어 일정기간이 지난 후에 식용으로 사용하는데 문제가 없다고 판단되는 경우

⇒ 출하연기 기간이 종료된 수산물은 안전성조사 후 적합한 경우에 한하여 출하

② 용도전환 : 유해물질의 분해·소실기간이 길어 국내에 식용으로 출하할 수 없으나, 사료·공업용 원료 등 다른 용도로 사용할 수 있다고 판단되는 경우

③ 폐기 : 「식품의 기준 및 규격」에서 식품 중 검출되어서는 아니되는 물질 및 중금속, 패류독소, 복어독, 방사능 등 기준에 부적합한 수산물

④ 일시적 출하정지 : ③의 조치를 받은 양식장 등에서 지속하여 생산되고 있는 수산물에 대한 추가조사가 필요한 경우

2) 안전기준 위반 수산물 생산에 이용·사용하는 어장·용수·자재 등 조치

① 객토, 정화, 용수교체, 세척·소독 등 방법으로 유해물질 제거가 가능하다고 판단되는 경우 해당 수산물 생산에 이용·사용되는 어장·용수·자재 등 개선 조치

② 일정 기간이 지닌 후에 이용·사용이 가능하다고 판단되는 경우 유해물질이 감소하는 기간 동안 이용·사용 중지

③ ① 및 ②에 따라 조치할 수 없는 경우 해당 어장·용수·자재 등의 이용·사용 금지

자. 식품행정통합시스템 사용 활성화

1) 생산단계 안전성조사 결과를 식품행정통합시스템(통합식품안전정보망) 등에 연계하여 관계기관 간 효율적인 업무추진 및 원활한 정보공유

2) 안전성조사 정보(시료수거 및 결과, 부적합 사후관리 등)를 식품행정통합시스템 등에 입력하여 중복·누락 방지

4. 부적합 수산물 등의 오염원 관리 강화

가. 양식장 등 수산용 동물용의약품 사용실태 점검

1) 목적 : 수산용 동물용의약품 등 오・남용 및 미승인 물질 불법사용 근절

2) 점검대상 : 지자체별 관할구역 내 면허·허가·신고 양식어가의 30% 이상 선정(유해물질 불법사용 적발 양식장을 우선 점검대상으로 선정)

3) 점검내용 : 수산용 동물용의약품 관리실태 및 용법・용량・휴약기간 등 안전사용기준 준수 여부, 미승인 약품 보유・사용 여부 등

4) 조사주기 : 연 1회 이상

5) 조사기관 : 해수부(수과원, 수품원), 지자체 등 합동

나. 수산물 등 오염원 안전관리

1) 목적 : 환경오염물질 등 안전한 수산물 생산에 저해되는 오염원의 유입 차단 등 개선 조치로 생산 수산물의 안전성 확보

2) 조사대상 : 공단, 제련소, 폐광산, 유류오염사고, 불법 약품 사용이나 폐기물 투기 등으로 오염 또는 오염우려가 있는 지역

3) 조사항목 : 중금속, 방사능, 유해미생물, 환경유래오염물질 등

5. 행정사항

가. 해수부(수품원, 수과원)와 시·도(시·군·구)는 식품안전관리지침에 따라 수산물 안전성조사 및 위해물질 모니터링 계획을 수립하여 안전성 조사 실시

* 해수부(수품원, 수과원)에서 계획을 수립하고 시·도는 동 계획에 따른 세부추진계획 수립·시행

나. 수산물 안전성조사 실적은 매분기 익월 15일까지 식약처, 해수부에 보고(서식 6-1)

다. 안전성조사 정보는 식품행정통합시스템(통합식품안전정보망) '수산물 안전성 조사 관리 > 안전성조사 등록대장'에 신속히 입력하여 관계기관 간(해수부, 시·도) 안전성조사 중복 또는 누락되지 않도록 관리

* 식품행정통합시스템 > 안전성조사·검사 관리 > 수산물 안전성조사 관리 > 안전성조사 등록대장

라. 시·도지사 또는 시·군·구청장은 부적합 수산물 생산자 등에 대해 안전교육을 실시하고 매반기 익월 15일까지 해수부, 식약처에 보고(서식 6-2)

4 유통단계 수산물 안전관리

〈농수산물안전정책과〉

1. 목적

유통 수산물에 대한 동물용의약품, 중금속 등 수거·검사로 위해 수산물의 유통 차단으로 안전한 수산물 공급

2. 법적근거

「식품위생법」제22조(출입·검사·수거 등)

3. 기본방향

가. 공통사항

1) 연중 생산·출하 품목은 매월 수거·검사하고, 시기별 위해 우려가 높은 품목은 출하 시기 등을 고려하여 수거·검사
2) 온라인 판매(직거래 포함) 수산물, 수산물 전문 배달앱, 가정간편식 등 소비 경향의 변화를 반영하여 위해 항목 중심으로 수거·검사 강화
3) 도매시장, 대형마트 납품 도매업체의 양식수산물 등에 대한 유통 초기 단계에 수거검사하고, 단순처리 수산물 등 위생 취약 우려 수산물 수거검사 강화
4) 국내·외 위해정보, 사회적 이슈 등 관련 수산물 신속 수거·검사
5) 관할 지역내 수산물 및 단순처리 수산물 등 부적합 항목을 분석·평가하여 반복된 부적합 품목·항목에 대한 안전관리 강화
6) 부적합 발생 건 중 사례를 선정하여 관계부처 합동 부적합 수산물 원인조사 실시(필요시)
7) 수산물 기획 수거·검사 시 온라인 수거 포함(20%)하여 실시(단순처리 수산물 생산업체 수거·검사 등 오프라인 필수 건 등 제외)

* 식약처에서 수거·검사 계획에 반영하여 별도 시행 예정

나. 지방식약청

1) 사회적 이슈, 주 생산 시기를 반영한 기획 수거·검사
2) 사건·사고 예방 및 사후조치를 위한 본부 특별지시에 따른 수거·검사
3) 국내외 위해정보 등을 반영한 유통 수산물 잔류조사

다. 시·도(시·군·구)

1) 시·도는 식품안전관리지침을 반영하여, 자체 계획을 수립하고 총괄관리

* '26년도 시도별 특별관리 품목 및 목표 건수 등을 별도 시달 예정이며, 이를 반영하여 자체 계획 수립

2) 관내 지역특산물 등 어촌 직거래 사이트 및 직거래 장터 등에서 유통되는 유통·소비 수산물(단순처리 포함) 우선 관리

3) 관내 제조·가공되는 단순처리 수산물* 등 유통·소비 수산물 우선 관리

* 식품첨가물이나 다른 원료를 사용하지 아니하고 원형을 알아볼 수 있는 정도로 단순히 자르거나 껍질을 벗기거나 소금에 절이거나 숙성하거나 가열(살균의 목적 또는 성분의 현격한 변화를 유발하는 경우는 제외) 등처리과정 중 위생상 위해 발생의 우려가 없고 식품의 상태를 관능적으로 확인할 수 있도록 단순처리한 수산물

4. 주요내용

가. 지방식약청 / 시·도(시·군·구) 합동

1) 계절별 수산물 위해요소 집중관리

① 목적 : 계절별 소비가 증가하는 유통수산물 사전 안전관리 강화

② 대상(시기) : 봄철 패류독소(2~6월), 여름철 비브리오균(6~9월), 겨울철 다소비 수산물(11~2월)

※ 해양환경 변화에 따라 시기 변동 가능

③ 검사항목 : 패류독소, 비브리오패혈증균 포함 식중독균 등

2) 공영·유사 도매시장 등 유통 생식용 굴 수거검사

① 목적 : 부적합 수산물 신속 차단을 통한 선제적 안전관리

② 대상 : 공영·유사 도매시장 등 유통 생식용 굴

③ 검사항목 : 노로바이러스 등 생산단계 위해 우려 항목

나. 지방식약청

1) 온라인 판매 수산물(직거래, 배달회 포함) 수거·검사

① 목적 : 온라인으로 유통되는 수산물에 대한 안전관리

② 대상 : 인터넷 쇼핑몰, 홈쇼핑 등 온라인 판매 수산물(단순처리 수산물 포함)

③ 검사항목 : 동물용의약품, 금지물질, 유해미생물 등 위해 우려항목

④ 검사시기 : 기획(4, 10월), 일상검사*(연중)

- 구입영수증, 택배영수증, 제품사진 등 구매증거를 명확히 확보하고, 수거증의 피수거란에 인터넷 구매로 표시·작성

※ 추적조사 등 조치에 문제가 없도록 업무계획 수립 시 수거방법 등 명시

* 섭취량 상위, 최근 소비 증가 수산물 등을 반영하여 자체 세부 계획 수립 시행 및 농수산물안전정책과에서 「2026년 온라인 판매 수산물 수거·검사」 계획 등록 예정으로 자체 계획 생성 금지 및 해당 계획에 입력 必

2) 위해정보·소비트렌드 반영 기획검사

① 목적 : 국내외 위해정보, 소비트렌드를 반영하여 위해 우려 수산물 수거 검사 등 신속 대응

② 대상 : 위해정보 수산물 및 소비트렌드를 반영한 수산물

③ 검사항목 : 위해우려 항목 등

3) 냉동수산물 내용량 허위표시 등 소비자 기만행위 수거검사

① 목적 : 소비자의 알 권리 보장 및 건전한 거래 질서 확립함으로써 소비자 보호

② 대상 : 얼음막* 과다 사용 우려가 있는 포장된 냉동수산물

* 수산물을 동결하는 과정에서 수분 증발이나 품질 저하를 방지하기 위해 수산물의 표면에 얼음으로 막을 씌우는 것으로 주로 냉동 낙지, 주꾸미, 새우(살), 우렁이살 등

③ 검사항목 : 내용량, 얼음막

④ 검사시기 : 분기별 1회 이상

※ 식품공전 '1.3 식품 중의 내용량 시험법 7) 냉동수산물의 내용량' 시험법 적용, **반드시 얼음막 처리 여부에 따른 시험법 적용 여부 주의**

4) 위해요소 잔류조사(연중)

① 목적 : 소비자 위해 우려 요소에 대한 사전예방적 안전관리 강화

② 대상 : 국내외 위해정보 등 위해 우려 품목

③ 검사항목 : 위해 우려 항목

5) 유사품종 등 수산물 유전자 검사(반기별)

① 목적 : 외형이 유사한 품종의 명칭을 거짓으로 표시하여 판매하는 행위 등 근절

② 대상 : 외형이 유사하여 거짓표시 판매 우려 품종(민어, 옥돔 등)

③ 검사항목 : 유전자판별(신종유해물질과 협조)

※ 식약처(농수산물안전정책과)에서 세부계획 별도 시행 예정

다. 시·도(시·군·구)

1) 부적합 다빈도 수산물 집중 수거검사

① 목적 : 통계를 활용한 특별관리 대상 수산물을 선정하여 집중 수거검사로 효율적 안전관리

② 대상 : 특별관리 품목 선정 수산물[별도 공문 시행]

③ 검사항목 : 품목별 주요 부적합 항목

* 농수산물안전정책과에서 「2026년 부적합 다빈도 수산물 수거·검사」 계획 등록 예정으로 자체 계획 생성 금지 및 해당 계획에 입력 必

2) 명절, 김장철 성수 수산물 등 위해요소 집중관리

① 목적 : 특정 시기 소비가 증가하는 유통수산물 사전 안전관리 강화

② 대상 : 명절(설, 추석) 성수 수산물(1, 9월), 겨울철 노로바이러스 등 (11~익년 2월)

③ 검사항목 : 중금속, 동물용의약품, 대장균, 노로바이러스 등

3) 일반 수거·검사

① 목적 : 관내 생산·유통 수산물, 다소비 수산물 등에 대한 상시검사로 수산물 안전 확보

② 대상 : 위·공판장, 보관창고, 활어유통센터, 횟집 등 관내 유통수산물

③ 검사항목 : 자체 실정에 맞게 검사항목 설정

④ 검사시기 : 자체 세부 추진계획 수립

- 자체 세부계획은 1월말까지 식약처(농수산물안전정책과) 보고

* [붙임] 1. 수산물 섭취량 상위 80품목, 2. 우리나라 양식 품종 현황, 3. 2024년 생산·유통 단계 수산물 동물용의약품 부적합 정보, [참고] 1. 주요 수산물 주 생산(출하) 시기, 2. 공영·유사 수산물 도매시장 현황 등 참조

4) 활어 등 신속검사(키트)

① 목적 : 신속검사키트를 활용하여 도매 단계 양식 활어 동물용의약품을 신속하게 검사함으로써 유통 초기 부적합품 사전차단

※ 신속검사 참여 시·도(서울·인천·부산·경기·경남·충남·제주·전남·울산·전북)

② 대상 : 도매시장 등 유통 양식 수산물(넙치, 조피볼락, 참돔 등 활어)

③ 검사항목 : 신속검사키트로 검사 가능한 12항목

※ 식약처(농수산물안전정책과)에서 세부계획 별도 시행 예정

5. 부적합 수산물에 대한 조치

★ 부적합 수산물(국내산)에 대한 정보는 반드시 식약처(농수산물안전정책과)에 반드시 공유(공문 등)

가. 검사결과 부적합 판정 시 신속한 사후조치를 위해 검사기관은 통합식품안전정보망-식품행정통합시스템- 「부적합식품긴급통보시스템」에 부적합 제품 입력(식품분류: 수산물), 부적합 판정 시 잔류동물용의약품 등 기준·규격 반드시 확인

※ 일부 항목에서 부적합이 확인될 경우, 검사 의뢰된 모든 항목에 대한 검사가 완료되기 전이라도 즉시 「부적합식품긴급통보시스템」에 입력

1) 부적합식품긴급통보시스템이 연계되어 있지 않은 해수부(국립수산물품질관리원, 국립수산과학원), 시·도(수산물 정책부서 및 분석부서_참고자료 3) 및 생산지역 시·군·구 수산물 관련부서는 부적합 확인 즉시 유선 및 공문으로 통보

2) 「부적합식품긴급통보시스템」에 등록시 「업체 및 제품정보」탭의 '제품이미지 등록'에 부적합 제품 사진파일(예: 부적합 수산물의 원물 사진) 첨부하고, 바코드가 있는 제품은 바코드 번호 입력

3) 회수량이 있는 경우 「부적합식품긴급통보시스템」에 반드시 입력, 회수 사유가 없을 때는 「부적합식품긴급통보시스템」에 해당 부적합 통보건을 조회 후 참고사항 탭에 회수 미실시 사유(유통이 되지 않았거나, 전량 압류조치, 전량 소진* 등) 입력

* 시간경과에 따라 제품성상·품질 변화로 구매 이전과 상품성이 동일하다고 볼 수 없는 경우 등

나. 수거검사기관은 부적합 수산물의 수거 장소에 재차 출입·검사하여 당해 수산물을 신속히 판매금지 및 회수하도록 하고 계통조사 실시

1) 유통 활어의 수거검사 결과 동물용의약품 또는 금지물질이 검출된 경우, 유통단계 추적조사로 부적합 수산물 유통업체 보관·판매 중인 수산물에 대한 수거검사 확대

다. 부적합 수산물에 대한 신속한 사후조치를 위해 수거증, 시험성적서, 제품 포장지(사진) 등 증거자료를 해당 기관에 신속히 통보

1) 통보기관 : 부적합 수산물 관할 시·도(시·군·구 위생부서 및 수산부서), 식약처(농수산물안전정책과), 해수부(국립수산물품질관리원, 국립수산과학원)

라. 부적합 관할 시·도(시·군·구 위생부서 및 수산부서)는 부적합 수산물에 대한 신속한 사후조치 후 파악된 부적합 제품 정보 및 조치결과(폐기량, 고발조치 여부 등) 「부적합식품긴급통보시스템」의 참고사항 탭의 지자체 비공개란에 입력

마. 부적합 수산물 생산·판매자(단체) 또는 출하자에 대하여는 특별한 사유가 없는 한 부적합 통보를 받은 행정기관에서는 약사법 제98조제10호에 따른 과태료 부과(동물용의약품 부적합인 경우) 또는 식품위생법 제95조 제1호의 규정에 따라 고발 등 조치 및 식약처(농수산물안전정책과), 수거·검사 기관으로 조치내용 **공유 必**

* 조치사항 등을 **'참고사항'** 탭 '비공개'란에 각 기관별 기입(압류·폐기·회수량 및 고발조치 여부 등)

바. 온라인 수거·검사 결과 부적합 판정 시 해당 쇼핑몰 및 판매자에게 부적합 사실을 통보하고, 판매 중단 요청

사. 수출 부적합 수산물(국내 기준 부적합 시)은 관할 지자체(시·군·구)에서 해당 제품의 생산자 정보 및 국내 유통·판매 여부·경로 등을 확인하고 필요 시 수거·검사 등 실시

※ 생산자 정보는 생산지 관할 국립수산물품질관리원, 국립수산과학원에 공유 등

6. 행정사항

√ 모든 수거·검사 실적은 『식품행정통합시스템』에 즉시(당일 내) 입력하고 미입력 또는 잘못 입력된 자료는 즉시 수정요청

* 수거내역 입력(지방청 농축과 및 식안과, 시·도(시·군·구) 식품위생담당부서)

* 검사결과 입력(지방청 시험분석센터, 시·도 보건환경연구원)

√ 모든 수거·검사는 식품행정통합시스템을 통해 수거검사 의뢰 및 결과통보

√ 검사기관에서는 접수된 수산물에 대한 검사는 15일 이내 완료

* 현장에서 수거대상 식품 정보를 입력하면 품명, 수거장소 등 수거한 제품의 정보가 자동 입력되는 '스마트 수거증' 개발 완료

⇒ 민원인에게 전자수거증을 메일 또는 문자로 전송

가. 수거·검사 시 유의사항

1) 검체 수거

① 모든 수거는 '유상수거'를 원칙으로 하며, 재래시장 등 세금계산서 발행을 하지 않는 영세업소에서 수거한 경우 간이영수증 등의 정확한 증빙자료를 첨부하여 내부결재 후 입체불 청구

구 분	대 상 식 품
무상수거 대상 식품등	◦ 시행규칙 제19조제1항에 따라 검사에 필요한 식품등을 수거할 때 ◦ 유통 중인 부정·불량식품등을 수거할 때 ◦ 부정·불량식품등을 압류 또는 수거·폐기하여야 할 때 ◦ 수입식품등을 검사할 목적으로 수거할 때
유상수거 대상 식품등	◦ 소매업소에서 판매하는 식품등을 시험연구용으로 수거할 때 ◦ 식품등의 기준 및 규격 제정·개정을 위한 참고용으로 수거할 때 ◦ 기타 무상수거대상이 아닌 식품등을 수거할 때 다만, 긴급을 요하는 등 필요한 경우에는 무상으로 수거 가능

② 검체 수거는 반드시 식품위생감시원이 검체채취 및 취급방법을 준수하여 수거하고 연구사업(위탁사업 등)과 같이 식품위생감시원이 아닌 자가 수거한 수산물 등이 부적합 한 경우에는 해당 지자체에 즉시 통보하고 부적합 통보를 받은 관할기관은 다시 수거·검사하여 그 결과에 따라 행정처분 등 조치

③ 수거 제품의 한글 표시사항을 확인(식품유형 및 품목제조고보번호 등)하여 가공식품(기타 수산물가공품 등)은 수거 제외(**'수산물'**만 수거)

⇒ 식품행정통합시스템(새올행정시스템) 등록 시 검체 구분을 '수산물'로 입력

⇒ 시·도 보건환경연구원은 검사결과 입력 시 검체분류 별도 수정 금지 (식품, 잔류물질 또는 공란으로 비우기 금지)

2) 수거대상 수산물이 특정 품목에 편중되지 않도록 수거

3) 수거기관은 생산자(또는 출하자) 및 유통판매자 내역(인적사항, 연락처 등)을 확인할 수 있도록 제품 검사의뢰 시 생산자에 대한 관련 정보를 파악

4) 태블릿PC를 이용하여 식품행정통합시스템 정보를 확인하여 중복수거 방지

5) 온라인 수거제품의 경우 구입 영수증, 택배영수증, 관련 제품 사진 등 구매 증거를 명확히 확보하고, 수거증의 피수거란에 인터넷 구매로 표시·작성

⇒ 판매자에게 수거증 및 해당 제품이 검사 중에 있음을 명확히 고지

나. 수거·검사 결과보고(통보)

1) 시스템 입력 시 수거 건이 누락 되거나 수거검사 결과, 검사항목 등이 누락되지 않도록 관리 철저

2) 식품행정통합시스템에 수거·검사 결과 등 실적이 모두 입력된 경우 결과 보고한 것으로 갈음(기획·수거검사 제외)

5 수산물 취급업체 지도·점검 및 관계기관 협업

〈농수산물안전정책과〉

1. 목 적

위해 우려 수산물의 근원적 유통 차단을 위해 생산부터 유통·판매까지의 수산업체 지도·점검 및 기획조사 등을 통해 안전한 수산물 공급기반 마련

2. 위생취약분야 수산업체 지도·점검

가. 점검기관 : 지방식약청, 시·도(시·군·구) 식품위생부서

나. 지도·점검 대상

1) 단순처리 수산물 : 식품첨가물이나 다른 원료를 사용하지 아니하고 원형을 알아볼 수 있는 정도로 단순히 세척, 절단, 염장 등 처리과정 중 위생상 위해 발생의 우려가 없고 식품의 상태를 관능으로 확인할 수 있도록 처리한 업체(식품제조가공업으로 등록하여 품목제조보고한 제품은 제외)

- 어류 등 처리장 : 마른멸치, 마른명태(북어), 자반고등어, 과메기 등
- 패류처리장 : 조갯살, 생굴(봉지용), 마른홍합, 마른전복 등
- 해조류 처리장 : 마른김, 마른미역, 마른다시마 등

2) 활·어패류 유통센터, 원양산 냉동수산물 등 보관창고, 수산물운반업체 등

다. 추진방법 : 각 기관별 여건을 고려하여 세부 추진계획 수립 시행

1) 관내 수산물 취급업체(단순처리업체, 보관창고 등)의 실태 파악 및 명단을 작성하여 대상 업체에 대해 연 1회 이상 지도·점검 및 수거검사 병행 실시

* 식약처에서 단순처리업체 지도점검 및 수거검사 계획 별도 수립·시행

라. 결과보고: 분기 종료 15일 이내

3. 수산물 생산·유통 종사자 안전관리 역량 강화

가. 목적: 생산자 자율 위생관리 수준 제고를 통한 수산물 안전 확보를 위해 생산자(단체) 등 대상 지도·교육 및 기술개발 보급

나. 추진기관: 식약처, 지자체 및 수협중앙회(회원조합) 등

다. 지도·교육: 생산자, 위·공판장 및 수산시장 종사자, 단순처리수산물 생산업체 종사자 등

라. 자율검사: 생산자(단체) 자율검사 강화(수협중앙회 및 회원조합)

마. 기술지원: 위해요소 예방관리 기술 및 검사법 교육

[붙임 1]

수산물 섭취량 상위 80품목

분류		품목
어류(44)		명태, 멸치, 고등어, 가다랑어, 조기, 넙치, 장어, 갈치, 볼락, 홍어, 가자미, 연어, 대구, 미꾸라지, 다랑어, 아귀, 뱅어, 메기, 복어, 꽁치, 돔, 삼치, 도다리, 쥐치, 임연수어, 전어, 민어, 방어, 서대, 병어, 숭어, 밴댕이, 향어, 가오리, 틸라피아, 문절망둑, 베도라치, 도루묵, 물메기, 박대, 쏘가리, 양미리, 양태, 청어
연체류(27)	패류(17)	바지락, 홍합, 꼬막, 굴, 우렁이, 전복, 가리비, 다슬기, 소라, 재첩, 키조개, 백합, 개량조개, 가무락조개, 동죽, 피조개, 북방대합
	두족류(5)	오징어, 낙지, 주꾸미, 문어, 꼴뚜기
	기타(5)	멍게, 미더덕, 해삼, 해파리, 개불
갑각류(3)		새우, 게, 가재
해조류(6)		김, 미역, 다시마, 매생이, 파래, 톳

* 2023년 국민영양통계(한국보건산업진흥원)

[붙임 2]

우리나라 양식 품종 현황(76종)

구 분	천해양식	내수면
계 (76종) *중복 제외	52종	35종
어 류 (45종)	가자미류, 고등어, 넙치류, 농어류, 능성어, 참다랑어, 감성돔, 참돔, 돌돔, 기타돔류, 민어, 방어류, 복어류, 조피볼락, 기타볼락류, 노래미류, 부세, 송어류, 숭어류, 연어, 붕장어, 전갱이류, 전어, 참조기, 쥐치류 (25종)	가물치, 농어류, 동자개류, 메기, 미꾸라지류, 틸라피아, 뱀장어, 블루길, 큰입우럭, 금붕어, 붕어, 떡붕어, 빙어, 산천어, 송어류, 숭어류, 쏘가리, 연어류, 웅어, 은어, 비단잉어, 잉어, 향어, 피라미, 황복, 철갑상어류, 기타 (27종)
패 류 (16종)	굴류, 전복류, 가리비류, 가무락, 꼬막, 새꼬막, 동죽, 바지락, 새조개, 키조개, 피조개, 홍합류 (12종)	논우렁이, 왕우렁이, 재첩, 다슬기류 (4종)
해조류 (10종)	김류, 개꼬시래기류, 다시마류, 모자반, 미역류, 청각, 톳, 파래류, 매생이, 곰피 (10종)	- -
갑각류 (4종)	흰다리새우 (1종)	게류, 새우류, 기타 (3종)
기타 (5종)	미더덕, 우렁쉥이, 해삼, 오만둥이 (4종)	자라 (1종)

* ①양식 어가 수 등 생산 현황, ②양식기술 수준, ③ 국내 인지도 및 소비선호도 등을 고려

** 어업생산동향(통계청) 및 양식업현황 등을 고려하여 일반적인 품종을 선정

[붙임 3]

2024년 생산·유통단계 수산물 동물용의약품 부적합 정보

품 종 (부적합 건수)	부적합 동물용의약품 (항목 부적합 건수)
넙치(19)	아목시실린(7), 메트로니다졸(5), 옥시테트라싸이클린/클로르테트라싸이클린/테트라싸이클린(4), 벤질페니실린(1), 엔로플록사신/시프로플록사신(1), 플로르페니콜(1)
장어(17)	데하이드콜산(5), 설파제(5), 옥소린산(5), 페플록사신(2)
조피볼락(8)	트리메토프림(8)
도다리(2)	설파제(1), 트리메토프림(1)
메기(1)	플로르페니콜(1)
송어(1)	설파제(1)
틸라피아(1)	데하이드로콜산(1)

* 유통단계(식품행정통합시스템) 및 생산단계(식품안전관리 일일상황 보고자료) 활용

[참고자료 1]

주요 수산물 주 생산(출하) 시기

구 분	분 류	품 목	주 생산(출하)시기(월)												
			기간	1	2	3	4	5	6	7	8	9	10	11	12
내수면 어업	어류	가물치	연중												
		돔(민물돔)	연중												
		동자개	5월 ~ 7월												
		메기	5월 ~ 7월												
		미꾸라지	5월 ~ 9월												
		붕어	5월 ~ 10월												
		빙어	1월 ~ 2월												
		송어류	연중												
		숭어	3월 ~ 4월												
		쏘가리	7월 ~ 10월												
		잉어	5월 ~ 10월												
		장어(뱀장어)	8월 ~ 11월												
		피라미	5월 ~ 10월												
		향어	연중												
	패류	다슬기	5월 ~ 10월												
		우렁이	연중												
		재첩	7월 ~ 10월												
일반 해면	갑각류	게(꽃게)	4월 ~ 12월												
		게(대게)	11월 ~ 익년 5월												
		게(민꽃게)	5월 ~ 11월												
		게(붉은대게)	11월 ~ 익년 5월												
		새우(꽃새우)	5월 ~ 8월												
		새우(젓새우)	3월 ~ 11월												
		새우(중하)	5월 ~ 11월												
		새우(대하)	8월 ~ 12월												
	기타 수산동물	성게	연중												
		우렁쉥이	연중												
		해삼	연중												
	어류	가오리류	연중												
		가자미류	연중												
		갈치	7월 ~ 익년 1월												
		강달이류	연중												
		고등어류	8월 ~ 익년 1월												
		까나리	4 ~ 6월, 11월 ~ 익년 1월												
		꼼치	11월 ~ 익년 2월												
		꽁치	1월 ~ 7월												
		넙치류	연중												
		노래미류	4월 ~ 10월												
		농어	연중												

구 분	분 류	품 목	주 생산(출하)시기(월)												
			기간	1	2	3	4	5	6	7	8	9	10	11	12
		눈볼대	연중												
		다랑어류	연중(소량)												
		대구류	8월 ~ 익년 1월												
일반 해면	어류	도루묵	4월 ~ 12월												
		돔(감성돔)	연중(소량)												
		돔(옥돔)	3월 ~ 7월												
		돔(참돔)	연중												
		망둥어	8월 ~ 익년 1월												
		멸치류	연중												
		민어	8월 ~ 익년 5월												
		반지	연중												
		방어	10월 ~ 익년 2월												
		밴댕이	11월 ~ 익년 3월												
		병어류	연중												
		복어류	11월 ~ 익년 4월												
		볼락(조피볼락)	연중												
		삼치류	9월 ~ 익년 5월												
		서대류	5월 ~ 12월												
		숭어류	연중												
		아귀(황아귀)	10월 ~ 익년 6월												
		양태	4월 ~ 6월												
		장어(갯장어)	6월 ~ 11월												
		장어(붕장어)	연중												
		전갱이류	연중												
		전어	7월 ~ 익년 4월												
		조기(참조기)	8월 ~ 익년 5월												
		쥐치류	8월 ~ 익년 1월												
		청어	연중												
		홍어	연중												
	연체동물	갑오징어류	4월~6월, 10월~익년 1월												
		꼴뚜기	5월 ~ 6월, 10월 ~ 12월												
		낙지	연중												
		문어	연중												
		오징어류	5월 ~ 익년 2월												
		주꾸미	10월 ~ 익년 5월												
	패류	가무락	4월 ~ 10월												
		개조개	연중												
		고둥	연중												

구 분	분 류	품 목	주 생산(출하)시기(월)												
			기간	1	2	3	4	5	6	7	8	9	10	11	12
		고막류	연중												
		굴류	10월 ~ 익년 5월												
		동죽	연중												
		바지락	11월 ~ 익년 4월												
		백합류	5월 ~ 10월												
		새조개	11월 ~ 익년 5월												
		소라	연중												
		키조개	9월 ~ 익년 6월												
		피조개	8월 ~ 익년 1월												
		홍합류	10월 ~ 익년 4월												
일반 해면	해조류	미역	2월 ~ 4월												
		우무가사리	4월 ~ 5월												
		청각	7월 ~ 8월												
		톳	7월 ~ 8월												
천해 양식업	갑각류	새우(대하)	9월 ~ 10월												
		새우(흰다리새우)	9월 ~ 10월												
	기타 수산동물	미더덕	4월 ~ 5월												
		오만둥이	8월 ~ 10월												
		우렁쉥이	3월 ~ 6월												
	어류	가자미류	10월익년 5월												
		고등어류	4월 ~ 6월, 9월 ~ 11월												
		넙치류	연중												
		농어	10월 ~ 익년 5월												
		능성어	9월 ~ 12월												
		돔(감성돔)	9월 ~ 12월												
		돔(돌돔)	9월 ~ 11월												
		돔(참돔)	9월 ~ 12월												
		민어	9월 ~ 11월												
		방어	9월 ~ 11월												
		복어류	9월 ~ 11월												
		볼락(조피볼락)	9월 ~ 익년 5월												
		숭어류	9월 ~ 10월												
		전어	10월 ~ 12월												
		쥐치류	9월 ~ 12월												
	패류	가리비	11월 ~ 익년 4월												
		가무락	4월 ~ 10월												
		고막류	3월 ~ 5월, 9월 ~ 11월												
		굴류	10월 ~ 익년 5월												
		동죽	4월 ~ 11월												

구 분	분 류	품 목	주 생산(출하)시기(월)												
			기간	1	2	3	4	5	6	7	8	9	10	11	12
		바지락	11월 ~ 익년 4월												
		백합류	3월 ~ 4월, 9월 ~ 11월												
		전복류	10월 ~ 익년 3월												
		키조개	12월 ~ 익년 5월												
		피조개	10월 ~ 익년 3월												
		홍합류	10월 ~ 익년 3월												
	해조류	김	11월 ~ 익년 4월												
		꼬시래기	5월 ~ 6월												
		다시마류	5월 ~ 7월												
		말	12월 ~ 익년 3월												
		매생이	12월 ~ 익년 2월												
		미역	12월 ~ 익년 4월												
		청각	6월 ~ 8월												
		톳	1월 ~ 6월												
		파래	1월 ~ 5월												

[참고자료 2]

공영·유사 수산물 도매시장 현황

구분		시장구분			소재지	거래물량('24년)		거래금액('24년)	
						톤	%	백만원	%
총 32개소		공영 (17)	일반 법정 (2)	유사 도매 (4+)	-	294,883	100	1,872,178	100
서울	가락	O			서울 송파구 양재대로 932	77,118	26.2	563,576	30.1
	노량진		O		서울특별시 동작구 노들로 674	45,575	15.5	338,663	18.1
부산	국제	O			부산 서구 원양로 35	106,251	36.0	205,910	11.0
	민락			O	부산 수영구 민락수변로 92				0.0
대구	북부	O			대구시 북구 매천로 18길 34	13,338	4.5	126,223	6.7
인천	연안부두			O	인천 중구 축항대로 22번길 39				0.0
광주	서부	O			광주시 서구 매월2로 16	2,879	1.0	329,587	17.6
대전	오정	O			대전시 대덕구 한밭대로 987	2,571	0.9	23,830	1.3
	노은	O			대전시 유성구 노은동로 33	1,264	0.4	17,088	0.9
울산	울산	O			울산시 남구 삼산로 324	6,095	2.1	26,210	1.4
경기	수원	O			수원시 권선구 세권로 243	3,485	1.2	26,803	1.4
	안양	O			안양시 동안구 흥안대로 313	4,662	1.6	38,830	2.1
	안산	O			안산시 상록구 충장로 312	2,150	0.7	14,606	0.8
	구리	O			경기도 구리시 동구릉로 136번길 90	19,719	6.7	110,458	5.9
	하남			O	경기 하남시 미사동로 40번길				0.0
충북	청주	O			충북 청주시 흥덕구 백봉로 254	938	0.3	6,067	0.3
	충주	O			충북 청주시 목행산단5로 54	345	0.1	2,030	0.1
충남	천안	O			충남 천안시 서북구 천안대로 1347	806	0.3	11,417	0.6
	대천			O	충남 보령시 대천항중앙길 16				0.0
전북	전주	O			전북 전주시 덕진구 동부대로 1183	1,536	0.5	7,677	0.4
	익산	O			전북 익산시 번영로 1길 20	309	0.1	1,597	0.1
경북	안동	O			경북 안동시 풍산읍 유통단지길 99	705	0.2	11,132	0.6
	포항		O		경북 포항시 북구 죽도시장13길 13	5,137	1.7	10,474	0.6

[참고자료 3]

생산단계 수산물 안전성조사기관(지자체, '25년 기준)

연번	지역	담당기관	
		정책부서	분석부서
1	부산	해양농수산국 수산정책과	수산자원연구소 기술보급팀
		해양농수산국 해양수도정책과(패류독소 담당)	
2	울산	경제산업실 해양수산과	
3	인천	해양항공국 수산과	수산기술지원센터
4	경기	농수산생명과학국 해양수산과	경기도 해양수산자원연구소
5	강원	글로벌본부 해양수산국 어업진흥과(안전성) 양식산업과(방사능)	스마트연어연구원, 한해성수산자원센터
6	충북	농정국 축수산과	내수면산업연구소 내수면산업과
7	충남	해양수산국 수산자원과	수산자원연구소 수산물안전성센터
8	전북	새만금해양수산국 수산정책과	수산기술연구소 수산물안전센터
9	전남	해양수산국 수산유통가공과	해양수산과학원 서부지부 목포지원
10	경북	환동해지역본부 해양수산국 해양수산과	환동해지역본부 어업기술원 어업기술지원과
11	경남	해양수산국 수산정책과	수산안전기술원 수산물검사과
12	제주	해양수산국 수산정책과	해양수산연구원 수산물안전과

식품 방사능 안전관리

1 식품 방사능 안전관리 추진 방향

〈농수산물안전정책과〉

추 진 개 요

◆ 기본방향

- ○ 해수부, 농식품부, 지자체 등 협업체계 강화로 국내 생산. 유통식품 방사능 검사 강화 및 확대
- ○ 소비자에게 신속한 식품 방사능 검사 결과 정보 공개
- ○ 정부 방사능 안전관리에 대한 소비자 등에 대한 홍보 강화

◆ 역할분담

<table>
<tr><th>구 분</th><th>식약처</th><th>농식품부</th><th>해수부</th><th>지자체</th></tr>
<tr><td>농 산 물</td><td rowspan="4">◦ 방사능 안전관리 계획 수립(총괄)
◦ 수입 및 유통식품 방사능 검사
◦ 방사능 검사결과 취합 및 검사결과 홈페이지 정보공개
◦ 방사능 관리 홍보</td><td rowspan="2">◦ 생산단계 조사 계획 수립
◦ 생산단계 검사 결과 취합, 식약처 보고 및 정보 공개</td><td></td><td rowspan="4">◦ 관할지역 생산 및 유통식품 방사능 검사 계획 수립
◦ 생산 및 유통식품 방사능 검사
◦ 유통식품 방사능 검사결과 식약처 보고 및 정보공개
◦ 생산단계 방사능 검사결과 농식품부, 해수부 보고 및 정보공개</td></tr>
<tr><td>축 산 물</td><td></td></tr>
<tr><td>수 산 물</td><td></td><td>◦ 생산단계 조사 계획 수립
◦ 생산단계 검사 결과 취합, 식약처 보고 및 정보 공개</td></tr>
<tr><td>가공식품</td><td></td><td></td></tr>
</table>

◆ 연간 추진 일정

구분	추진내용	비고
1월	· 방사능 안전관리 계획 수립	
9월	· 방사능 안전관리 유관기관 협의회	
연중	· 방사능 검사 및 검사 결과 홈페이지 공개 * 수입식품(매일), 수산물(매일), 유통식품(매2주) · 방사능 안전관리 기획 홍보	

2 식품 중 방사능 안전관리

〈농수산물안전정책과〉

1. 목 적

일본 원전사고 이후 일본 원전 오염수 방출 논란에 대한 국민 불안 해소를 위하여 국내 생산·유통 식품에 대한 방사능 안전관리 지속

2. 근거법령

○ 「식품위생법」 제7조(식품 또는 식품첨가물에 관한 기준 및 규격), 제21조(특정 식품 등의 수입·판매 등 금지) 및 제22조(출입·검사·수거 등)

○ 「수입식품안전관리 특별법」 제21조(수입검사 등), 제22조(검사명령), 제24조(유통관리 계획 수립·시행) 및 제25조(출입·검사·수거 등)

○ 「농수산물 품질관리법」 제60~67조(안전성조사 등)

3. 식품 중 방사능 안전성조사·검사

가. 조사·검사 기관

1) 생산단계 : 농식품부(농관원/지역사무소), 해수부(수품원/안전성 조사기관)

2) 유통단계 : 식약처(지방식약청), 시·도(식품위생 관련부서)

나. 검사항목 : 요오드(^{131}I), 세슘(^{134}Cs, ^{137}Cs)

※ 세슘 미량 검출시 추가핵종(^{90}Sr, $^{238\sim240}$Pu) 모니터링 실시

다. 방사능 조사·검사 추진방법

1) 검사대상 : 다소비 식품 및 방사능 검출 이력 식품 등(붙임 1 참조)

2) 계획건수 : 31,170건

가) 대상별·기관별 검사계획

구 분	계	농산물	축산물	수산물	가공식품
계	31,170	1,370	240	28,220	1,340
식약처	3,450	540	240	1,920	750
농식품부(농관원)	330	330	–	–	–
해수부	18,000	–	–	18,000*	–
시 · 도	9,390	500	0	8,300	590

* 천일염 3,000건(민간 기관 활용 검사 용역 실적) 포함

나) 각 기관은 다소비 식품과 방사능 검출 우려 식품에 대해 수거·검사할 수 있도록 연간 세부검사계획을 수립할 것

3) 세부추진계획 수립

가) 지방식약청은 국내에서 유통되는 수입식품(농·축·수산물 포함)과 관할 지역에서 생산·유통되는 식품에 대하여 세부 추진계획을 수립·시행
다만, 유통 중인 수입식품에 대한 검사는 Ⅳ. 수입식품등 검사 및 사후 관리에 따라 추진

나) 농식품부(농관원) 및 해수부(수품원 등)는 생산단계 농·수산물에 대하여 사전에 대상 지역(해역)에 대한 조사를 실시하여 생산량이 많은 품목과 방사능 검출 우려식품 등을 포함시켜 세부 추진계획을 수립·시행

다) 시·도는 관할 지역에서 생산·유통 되는 농·수산물 및 가공식품에 대하여 다소비 식품과 지역문화나 특성을 고려한 식품 및 방사능 검출 우려식품 등을 포함시켜 세부 추진계획을 수립·시행

* 관할지역에서 직접 생산되는 품목이 없는 경우에는 실정에 맞게 탄력적으로 계획 수립

4) 수거 방법

가) 수거품목의 생산시기·지역·장소 등을 고려하여 특정 월에 집중되지 않도록 연중 균등하게 분산·추진

나) 관할 지역에서 생산·제조·가공된 지역특산물 및 전통식품 등은 지역·계절별 특성을 고려하여 생산지 관할 기관에서 책임 수거

다) 할인점, 백화점 등 대형 식품판매점에서 같은 날 한 장소에서 다수의 품목을 일괄 수거하는 방식 지양

라) 검체의 대표성 확보를 위하여 품목별로 고르게 수거하며, 방사능 검출 이력 등을 사유로 해당 품목만을 집중 수거하는 것은 지양

마) 시·도 등은 소속 시·군·구의 인구 수를 고려하여 수거건수 배분

바) 생산·수입 판매자 정보를 확인할 수 있도록 검체 수거 시 수거증에 그 내용을 상세히 기재

사) 유통 수입식품을 수거할 때에는 수입식품검사이력 여부(방사능 검사)를 수입통관식품조회 시스템*을 통해 확인한 후 기 방사능 검사 수입식품은 제외

* 수입식품방사능안전정보(radsafe.mfds.go.kr) > 식품방사능검사현황 > 수입통관제품조회

5) 검체채취 및 취급방법

가) 검체의 종류 및 특성에 맞게 충분한 양을 채취(최소 1kg 이상)

나) 채취한 검체는 반드시 봉함·봉인 후 피수거자 확인 서명

다) 검체번호, 검체명, 식품유형, 생산지(국가, 지역), 채취일, 채취량, 채취 장소 등 확인 기재

* 식품위생법 시행규칙 [별표 8] 및 식품공전 제 7. 검체의 채취 및 취급방법 준수

6) 검사방법

가) 방사능 검사는 「식품의 기준 및 규격」 제8. 일반시험법 9.9 방사능에 명시된 시험법에 따라 시험검사하고 유효 숫자 소수점 첫째자리까지 구한 후 반올림하여 분석 결과값 기록 및 적부 판정

* 표기 예시 - MDA미만: 불검출, 0.5미만 검출: 0, 0.5이상 검출: 1

나) 분석장비는 표준선원(CRM)으로 정기적인 검·교정 실시

다) 매 분석 시(당일 최초분석 시) 마다 자연 방사능(^{40}K), 세슘(^{137}Cs) 등의 정상적인 피크 위치 대조 등 장비의 이상 유무 점검 후 검체 분석

라) 그대로 섭취하지 않는 건조 농·임·축·수산물의 방사능은 수분함량의 변화를 고려하여 생물로 함량을 환산한 후 기준 적용하고, 희석하여 섭취하는 가공식품은 섭취시의 상태를 반영하여 적용 (「식품의 기준 및 규격」 제 2. 식품일반에 대한 공통기준 및 규격)

마) 각 검사기관에서 가)항에 따라 판정하여 방사성 물질(세슘)이 1Bq/kg 이상 검출된 경우 식약처(농수산물안전정책과)로 유선 통보 후 해당 지방식약청 등에 추가핵종(Sr, Pu) 시험 의뢰(세슘 검출에 한함) 다만, 검사기관에서 추가핵종(Sr, Pu) 검사를 직접 수행하는 경우, 검사결과는 식약처(농수산물안전정책과)로 송부

구분	검사기관*		추가핵종 시험의뢰
생산단계 수산물	제주를 제외한 전국 해수부(수품원, 수과원), 시 · 도 안전성 조사기관	→	해수부(수과원)
	제주지역 해수부(수품원, 수과원), 제주도 안전성 조사기관	→	제주도 (해양수산연구원)
생산단계 농산물 및 유통단계 식품 등	농식품부	→	부산청
	인천, 대전, 충남, 충북, 세종, 대전청	→	경인청
	대구, 경북, 강원, 경남	→	대구청
	광주, 전남, 전북, 제주, 울산	→	광주청
	서울	→	서울청

* 경기도, 부산시 자체 검사 수행

라. 행정사항

1) (유통단계) 지방식약청 및 시·도(식품위생관련부서)는 방사능 조사·검사결과를 2주 간격(식품 전체, 수산물 제외, 해당 주 월요일)으로 보고서식('25 1월 중 별도 공지)에 따라 식약처(농수산물안전정책과)에 제출하고 각 기관 홈페이지 게재

* 품목별 통계관리를 위해 농·축·수·가공식품으로 구분하여 서면 제출

2) (생산단계) 농식품부(농관원), 해수부(수품원 등)는 시·도(시·군·구 포함)에서 검사한 결과를 취합하여 2주 간격(해당 주 월요일)으로 보고서식('25. 1월 중 별도공지)에 따라 식약처(농수산물안전정책과)에 제출

3) 보고서식에는 검사기관, 원산지, 품목별 검사건수(적합·부적합), 방사능이 검출된 경우 검출내역(품목 유형, 식품공전에 따른 1Bq/kg 단위 검출량 등) 기재

4) 검사기관은 방사능 검사결과 방사성 물질 검출 시, 즉시(실험실정보관리시스템 입력 전) 식약처(농수산물안전정책과)에 유선 보고

5) 방사능 검사 결과 기준치 이하인 잔여검체는 「시험·검사 등 잔여검체 처리 규정」(식품의약품안전처 예규 제150호)에 따라 처리하고, 기준치 초과 검체는 「방사성폐기물 관리법」에 따라 폐기 조치

6) 생산단계 농·수산물은 「농수산물 품질관리법」에 따라 검사 실시

7) 축산물 및 그 가공식품은 「축산물 위생관리법」 및 절차에 따라 수거·검사 실시

8) **유통단계** 농·수산물 및 가공식품 등은 「식품위생법」에 따라 **식품위생감시원이 수거하여 검사 실시**

* 추적조사 등 필요한 조치가 가능하도록 통합식품안전정보망에 수거내역 입력 및 수거증 등 작성

	관련법령	수거 담당자
농·수산물	(생산단계) 농수산물 품질관리법	안전성조사 공무원
	(유통단계) 식품위생법	식품위생감시원
축산물 및 그 가공식품	축산물 위생관리법	검사관, 축산물위생감시원
가공식품	식품위생법	식품위생감시원

【붙임 1】

섭취량 상위 식품** 및 방사능 검출이력 식품

구 분	품 목 (또는 식품유형)
계	190품목
농산물 (55품목)	가지, 감, 감자, 계피*, 고구마, 고사리*, 귀리, 귤, 호박(늙은호박), 능이버섯*, 당근, 대두, 들깻잎, 딸기, 마늘, 멥쌀, 목이버섯*, 무, 무청, 바나나, 밤, 배, 배추, 버섯류(새송이버섯, 느타리버섯 등), 보리, 복숭아, 부추, 브로콜리, 사과, 상추, 송이버섯, 송화가루, 수박, 숙주나물, 시금치, 애호박, 양배추, 양파, 오렌지, 오이, 옥수수, 자두, 차가버섯*, 참외, 찹쌀, 콩나물, 키위, 토마토, 파, 파프리카, 포도, 표고버섯*, 풋고추, 헤이즐넛*, 현미
축산물 (15품목)	가공육, 건조저장육류(육포)*, 달걀, 닭고기, 돼지고기*, 메추라기알, 샤베트, 소고기, 아이스밀크, 아이스크림, 오리고기, 요구르트, 우유, 유산균음료, 치즈*
수산물 (80품목)	오징어, 고등어, 명태, 새우, 멸치, 가다랑어, 게*, 조기, 낙지, 장어*, 넙치, 갈치, 미꾸라지, 김, 바지락, 홍합, 다시마, 문어, 아귀, 홍어, 미역, 볼락, 우렁이, 대구*, 연어*, 주꾸미, 가자미, 쥐치, 다랑어, 전복, 꽁치, 삼치*, 꼬막, 굴, 돔, 전어, 서대, 임연수, 메기, 송어, 가리비, 복어, 민어, 병어, 소라, 도다리, 다슬기, 농어, 뱅어, 개불, 해파리, 방어, 백합, 가오리, 붕어, 고둥, 재첩, 숭어*, 빙어, 양태, 전갱이, 청어, 개량조개, 북방대합, 접시조개, 키조개, 피조개, 가재, 꼴뚜기, 한치, 도루묵, 박대, 상어*, 성대, 쏨뱅이, 피라미, 개조개, 동죽, 죽합, 톳*
가공식품 (40품목)	견과류가공품, 과·채음료, 과자류, 김치(배추김치 등), 노니주스, 농산가공식품(밀가루, 시리얼 등), 당류(설탕 등), 두부, 두유, 떡, 링곤베리잼, 맥주(소주, 막걸리 등), 메이플시럽*, 면류(건면, 유탕면 등), 베리류혼합잼*, 블랙베리잼, 블루베리분말, 블루베리음료*, 블루베리잼*, 빌베리가공품*, 빌베리원액, 빌베리잼, 빵(케이크 등), 마요네즈, 케첩, 수산가공품류(어묵 등), 식용유지류(콩기름 등), 아로니아분말, 장류(간장, 고추장 등), 즉석식품류(샌드위치/햄버거/피자/만두 등), 차가버섯가공품*, 차류(홍차, 보리차 등), 초콜릿류, 캐슈넛가공품*, 커피, 클로브*, 탄산음료(콜라, 사이다, 탄산수 등), 표고버섯분말, 헤이즐넛가공품*, 황태채*

* 최근 5년간 방사능 검출(미량검출 및 부적합) 이력 품목

** 2023 국민영양통계 식품별 섭취량(보건산업진흥원) 반영

【붙임 2】

생산·유통식품 방사능 검사계획

구 분		계	농산물[1)]	축산물	수산물	가공식품
합 계		31,170	1,370	240	28,220	1,340
식약처	소계	3,450	540	240	1,920	750
	서울	400	50	40	220	90
	부산	430	50	40	250	90
	경인	430	50	40	250	90
	대구	730	130	40	400	160
	광주	730	130	40	400	160
	대전	730	130	40	400	160
농식품부 (농관원)		330	330	–		–
해수부 (수품원, 수과원, 지자체)		18,000	–	–	18,000	–
시 · 도*	소계*	9,390	500	–	8,300	590
	서울	3,190	500	–	3,000	110
	부산	820	80	–	750	40
	대구	150	30	–	100	20
	인천	1,050	30	–	1,000	30
	광주	260	20	–	210	20
	대전	150	30	–	120	20
	울산	540	10	–	500	20
	세종	130	20		100	20
	경기	940	10	–	700	120
	강원	240	120	–	220	10
	충북	210	10	–	150	30
	충남	540	30	–	500	20
	전북	130	20	–	100	20
	전남	220	10	–	200	10
	경북	280	10	–	200	50
	경남	390	30	–	320	40
	제주	150	30	–	130	10

* 통계청의 2024년 11월 인구수와 시·군·구의 수를 고려하여 검사 건수를 배정

【참고자료 1】

식품 방사능 안전관리 유관기관 현황

연번	기관명	부서명	주 소	연락처
1	식 약 처	농수산물안전정책과	충북 청주시 흥덕구 오송읍 오송생명2로 187	043-719-3209
		수입식품정책과		043-719-2154
		수입검사관리과		043-719-2231
		수입유통안전과		043-719-6260
		유해물질기준과		043-719-3857
2	식품의약품안전평가원	오염물질과		043-719-4264
3	서울식약청	식품안전관리과	서울 양천구 목동중앙로 212	02-2640-1374
		농축수산물안전과		02-2640-5017
		유해물질분석과		02-2640-1467
4	부산식약청	식품안전관리과	부산광역시 연제구 거제대로 222 (거제동, 나라키움 부산통합청사)	051-602-6156
		농축수산물안전과		051-602-6138
		유해물질분석과		051-602-6375
5	경인식약청	식품안전관리과	경기도 과천시 관문로 47	02-2110-8032
		농축수산물안전과		02-2110-8065
		식품기준분석과	인천 미추홀구 주안로 137	032-450-3380
6	대구식약청	식품안전관리과	대구광역시 동구 이노밸리로 345	053-589-2726
		유해물질분석과		053-589-2772
7	광주식약청	식품안전관리과	광주 북구 첨단과기로176번길 39	062-602-1402
		농축수산물안전과		062-602-1474
		유해물질분석과		062-602-1507
8	대전식약청	식품안전관리과	대전 서구 청사로 166	042-480-8726
		유해물질분석과		042-480-3895
9	한국원자력안전기술원	환경방사능 평가실	대전 유성구 과학로 62	042-868-0855
10	한국원자력연구원	원자력환경실	대전 유성구 대덕대로 989번길 111	042-868-8961
11	농림축산식품부	농축산물위생품질관리팀	세종시 다솜2로 94	044-201-2975
12	국립농산물품질관리원	소비안전과	경북 김천시 용전로 141	054-429-4140
13	해양수산부	수산물안전정책과	세종시 다솜2로 94	044-200-5418
14	국립수산물품질관리원	품질관리과	부산 영도구 해양로 337	051-400-5782
15	서울특별시	식품정책과	서울시 중구 세종대로 110	02-2133-4727
	서울시보건환경연구원	식품의약품부 생활보건팀	경기도 과천시 장군마을 3길 30	02-570-3246
		강남농수산물검사소 수산물검사팀	서울특별시 송파구 양재대로 932	02-3401-6293

연번	기관명	부서명	주 소	연락처
16	부산광역시	보건위생과	부산 연제구 중앙대로 1001	051-888-3377
	부산시보건환경연구원	식품분석팀	부산 북구 함박봉로140번길 120	051-309-2833
17	대구광역시	위생정책과	대구 중구 공평로 88	053-803-3412
	대구시보건환경연구원	약품화학과	대구 수성구 무학로 215	053-760-1233
18	인천광역시	위생정책과	인천 남동구 정각로 29	032-440-2784
	인천시보건환경연구원	식품분석과	인천 중구 서해대로 471	032-440-5567
19	광주광역시	건강위생과	광주광역시 서구 내방로 111	062-613-4373
	광주시보건환경연구원	약품화학과	광주 서구 무진대로 584	062-613-7562
20	대전광역시	식의약안전과	대전광역시 서구 둔산로 100	042-270-4883
	대전시보건환경연구원	약품화학과	대전 유성구 대학로 407	042-270-6812
21	울산광역시	식의약안전과	울산 남구 중앙로 201	052-229-3684
	울산시보건환경연구원	농수산물검사소	울산 남구 문수로 157	052-229-6203
22	세종특별자치시	보건정책과	세종시 한누리대로 2130	044-300-5755
	세종시보건환경연구원	식품연구과	세종시 조치원읍 서북부2로 12	044-301-4568
23	경 기 도	식품안전과	경기 수원시 팔달구 효원로 1	031-8008-3684
	경기보건환경연구원	농수산물검사부	경기도 수원시 권선구 칠보로1번길 62, 사무동 1층(금곡동)	031-8008-9804
24	강원특별자치도	보건식품안전과	강원도 춘천시 중앙로 1	033-249-2431
	강원보건환경연구원	식품분석과	강원도 춘천시 신북읍 신북로 386-1	033-248-6427
25	충청북도	식의약안전과	충북 청주시 상당구 상당로82(별관2층)	043-220-3174
	충북보건환경연구원	약품화학과	충북 청원군 오송읍 오송생명1로 184	043-220-5965
26	충청남도	건강증진식품과	충남 홍성군 홍북면 충남대로 21	041-635-4340
	충남보건환경연구원	식약품연구부	충남 홍성군 홍북면 홍예공원로 8	041-635-6851
27	전북특별자치도	감염병관리과	전북 전주시 완산구 효자로 225	063-280-2440
	전북보건환경연구원	약품화학과	전북 임실군 임실읍 호국로 1601	063-290-5311
28	전라남도	식품의약과	전남 무안군 삼향읍 오룡길 1	061-286-5764
	전남보건환경연구원	약품화학과	전남 무안군 삼향읍 남악영산길 61	061-240-5283
29	경상북도	보건정책과	경북 안동시 풍천면 도청대로 455	054-880-3847
	경북보건환경연구원	포항농수산물검사소	경북 포항시 북구 흥해읍 동해대로 1182, 청과2동 2층	054-339-5341
30	경상남도	식품위생과	경남 창원시 의창구 중앙대로 300	055-211-5034
	경남보건환경연구원	식의약품연구부	경남 진주시 월아산로 2026	055-254-2162
31	제주특별자치도	보건위생과	제주 제주시 광양9길 10	064-710-2942
	제주보건환경연구원	농수산물검사과	제주 제주시 삼동길 41	064-710-7512

Part

식중독 예방 및 관리

추 진 개 요

◆ 기본방향

○ 범정부 협업을 통한 식중독예방 및 신속대응 강화
○ 식중독 발생취약 시기별 · 시설별 집중 지도 · 점검
○ 식중독 예방을 위한 홍보 · 교육 강화
○ 식중독 추적관리 등 과학적 식중독 대응
○ 식품안심업소 지정 확대로 안전한 외식문화 조성

◆ 역할분담

구 분	본부(평가원)	지방청	시·도(시·군·구, 보환연)
1. 식중독예방관리	○ 법, 운영지침 제·개정 및 식중독 원인·역학조사 총괄 관리 ○ 범정부 식중독대책협의기구 운영 등 조정·관리	○ 식중독 원인·역학조사반 운영[학교(2인이상), 50인 이상 또는 유치원·어린이집(15인 이상) 식중독 발생 시] - 식중독 원인식품 실태조사 및 추적관리	○ 자체 세부 운영계획 수립 및 관리 - 시·도 상황관리 ○ 식중독 원인·역학조사반 운영
2. 노로바이러스 감시체계 사업	○ 노로바이러스 실태조사 총괄 관리 ○ 노로바이러스 실태조사 및 염기서열분석(미생물과)	○ 노로바이러스 계획수립 및 실태조사 ○ 기타 본부지시에 따른 검사업무 수행	○ 시·도 단위 계획 수립 및 시행 ○ 노로바이러스 실태조사(보환연)
3. 식중독균 추적관리 사업	○ 식중독균 추적관리 사업 총괄 관리 ○ 식중독균 통합정보망 운영 및 식중독균 수집·관리(미생물과)	○ 수거검사 등 식중독균 검사 ○ 식중독 원인균 추적조사	○ 수거검사 등 식중독균 검사(보환연) ○ 식중독 원인균 추적조사
4. 식중독 예방 교육·홍보	○ 식중독 예방을 위한 대국민 교육·홍보 총괄 관리	○ 식중독 교육·홍보 지원	○ 시·도, 시·군·구 단위 계획 수립 및 시행

◆ 연간 추진일정

구분	추진내용	비고
연중	· 식중독 비상대응기구(중앙사고수습본부) 구성·운영 · 식중독 발생통계 관리 및 동향 분석 · 식중독 원인식품 조사반 및 현장 신속검사 체계 운영 · 노로바이러스 감시체계 사업 운영 · 식중독 예방교육·홍보(식중독 예방진단 컨설팅 포함) · 식중독균 추적관리 사업운영 · 음식문화개선사업 반기 실적관리 · 식중독 예방 상시점검(산업체 등 학교외 집단급식소)	식중독 원인조사결과 보고서 환류평가
1월	· 상반기 학교급식 관계자 대상 식중독 예방 특별교육(1~3월)	
2월	· 범정부 식중독 대책 협의기구 회의 개최(고위급) · 식중독 신속보고 훈련 · 식중독 예방 전문강사 양성과정 교육(1기)	
3월	· 식중독 예방 합동점검(학교·유치원 집단급식소, 집단급식소 식품판매업체 등) · 식중독 원인조사과정 교육(1기)	
4월	· 식중독 현장대응 훈련(식약처·지방식약청 합동) · 식중독 예방 특별점검(청소년 수련시설) · 사회복지시설 식중독예방 특별교육(4~7월) · 식중독 원인조사과정 교육(2기) · 식중독 예방 전문강사 양성과정 교육(2기)	
5월	· 식중독 현장대응 훈련(시도 주관) · 여름철 범정부 식중독 대책 협의기구 회의 개최(실무급) · 식중독 예방 합동점검(어린이집) · 식중독 원인조사과정 교육(3기) · 음식문화개선사업 우수기관 및 유공자 포상	
6월	· 식중독 예방 특별점검(사회복지 급식시설) · 식중독 예방 전문강사 양성과정 교육(3기)	
7월	· 학교 급식관계자 식중독 예방 특별교육(7~9월) · 식중독 예방 특별점검(위생취약시설)	
8월	· 식중독 예방 합동 점검(학교·유치원 집단급식소, 집단급식소 식품판매업체 등)	
9월	· 식중독 원인조사과정 교육(4기)	
10월	· 식중독 예방 합동 점검(어린이집) · 식중독 신속보고 훈련	
11월	· 겨울철 범정부「식중독대책협의기구」회의 개최(실무급) · 식중독 예방관리 우수기관 및 유공자 표창 · 어린이집 노로바이러스 예방 지도·교육	

1 식중독 예방관리 체계

〈식중독예방과〉

1. 기관별 식중독 예방 · 관리 업무

가. 식약처(식중독예방과)

1) 근거법령 : 식품위생법, 식품안전기본법, 식품의약품안전처와 그 소속기관 직제 시행규칙

2) 임무

가) 식중독 발생에 대한 컨트롤 타워 역할(부처간 조정 및 언론대응, 식중독 발생상황 집계 및 언론발표)

나) 식중독예방종합대책의 수립 및 시행

다) 범정부 식중독대책협의기구 운영

라) 식중독 예방 교육·홍보 및 평가

마) 식중독 실태조사 및 발생에 대한 원인 · 역학조사

바) 식중독 표준업무지침 개발·보급

사) 식중독 관련 위기사항 관리 및 식중독 보고관리시스템의 구축·운영

아) 식중독 관련 법령 및 제도개선

자) 식품용수(지하수) 중 노로바이러스 식중독 예방·관리

차) 식중독 원인균 추적관리사업 운영

카) 집단급식소 등 중점관리시설 식중독 예방 관리

타) 식중독 통계관리 등

파) 음식물쓰레기 감소 등 음식문화 개선사업 관리

하) 식품접객업소 등에 대한 식품안심업소 제도 운영

나. 식약처 식품의약품안전평가원(미생물과)

1) 근거법령 : 식품의약품안전처와 그 소속기관 직제 시행규칙

2) 임무

가) 식중독균시험법 확립 및 교육

나) 식중독균 자원센터 관리(보관 및 검증, 분석)

다) 식중독균 통합정보망 운영·관리 및 시험법 교육

라) 식품매개 바이러스 및 기생충 시험법 확립 및 교육

마) 위해발생 우려 식품 등의 조사 및 모니터링 등

바) 식중독 원인 미생물 조사, 원인균 추적조사 및 유전자 상동성 분석

다. 지방식약청(식품안전관리과, 유해물질분석과)

1) 근거법령 : 식품의약품안전처와 그 소속기관 직제 시행규칙
2) 임무
 가) 식중독 원인식품 실태조사 및 추적관리
 나) 관할 지역 식중독 발생에 대한 컨트롤 타워 역할
 다) 식품안전사고 등에 대한 신속한 조치 및 위기관리
 라) 식품 등 위해정보 수집 및 조사
 마) 위해발생 우려 식품 등의 조사 및 모니터링 등
 바) 식품위생 관련 안전사고 방지를 위한 교육·홍보 지원
 사) 식중독 원인 · 역학조사, 신속검사
 아) 2개 이상 학교에서 동시다발 식중독 발생 시 의심되는 동일 식재료 제조·판매 등 금지
 자) 관내 집단급식소 운영자 또는 영양사 식중독 예방 긴급 연락체계 관리

라. 시·도(식품안전, 위생 · 감염부서, 보건환경연구원)

1) 근거법령 : 식품안전기본법, 식품위생법, 보건환경연구원법
2) 임무 :
 가) 자체 식중독 관리사업 시행계획 수립·추진
 나) 지방식약청 및 시·도 교육청 등 관련기관 간 상호업무 협의
 다) 식중독 발생 보고, 조사결과 보고 등 연락체계 유지
 라) 식중독 비상연락망 체계 유지
 마) 식중독 예방 교육·홍보
 바) 식중독 원인 · 역학조사 및 원인균 분석
 사) 생산·유통·소비단계 식품, 환경에서의 식중독균 모니터링
 아) 관내 집단급식소 운영자 또는 영양사 식중독 예방 긴급 연락체계 관리

마. 시 · 군 · 구(식품안전, 위생 · 감염부서, 보건소)

1) 근거법령 : 식품안전기본법, 식품위생법, 지역보건법
2) 임무 :
 가) 자체 식중독 관리사업 시행계획 수립·추진
 나) 지방식약청 및 지역 교육청 등 관련기관 간 상호업무 협의
 다) 식중독 발생 보고, 원인 · 역학조사 및 조사결과 보고

라) 식중독 비상연락망 체계 유지

마) 식중독 예방 교육·홍보

바) 관내 집단급식소 운영자 또는 영양사 식중독 예방 긴급 연락체계 관리

2. 행정사항

가. 식중독 상시 연락체계 유지(평상시)

1) 식중독 발생사항 접수
2) 비상연락망 가동 및 현장 출동지시 등 상황조치
3) 식중독 보고체계에 따라 관련기관 신속보고·전파
4) 식중독 확산 여부 및 원인·역학조사 등 수시 진행 상황 파악 보고
5) 집단급식소 설치운영자 또는 영양사 대상 식중독 발생 주의 문자 발송

나. 식중독 비상대응기구(중앙사고수습본부) 운영(위기대응 단계)

1) 설치 : 식약처(상황관리반)
2) 구성 : 본부장(식약처 처장), 부본부장(식약처 차장), 정책소통TF(대변인), 상황관리반(식약처 식품안전정책국장장), 위기대응반 총괄책임(식약처 식품안전정책국장), 위기대응반 위원(식약처 식중독예방과장, 식생활영양안전정책과장, 축산물안전정책과장, 농수산물안전정책과장, 식품관리총괄과장, 식품의약품안전평가원 미생물과장, 질병관리청 감염병관리과장, 교육부 학생건강정책과장, 필요 시 식중독 발생 관련 중앙행정기관 담당 부서장 포함)
3) 운영 : 동일 원인으로 추정되는 집단 식중독이 5곳 이상의 집단급식소 등에서 확산 가능성이 있어 위기상황 발생 시 위기경보 발령 및 공동 대응, 중앙행정기관 및 시·도(시·군·구 포함) 비상연락체계유지, 식중독 발생 동향 분석, 일일상황보고(대통령실·국조실), 질병관리청 중앙역학조사반과의 긴밀한 공조체계 유지, 원인·역학조사 등 지방청 및 시·도 업무 총괄 관리

다. 식중독 예방관리 평가 등

1) 목적 : 지역 책임 의식 고취로 지자체의 적극적인 식중독 예방·관리 활동 참여 유도
2) 평가대상기간 : '25.1.1 ~ 12.31
3) 내용 : 식중독 안전관리에 따른 우수기관 및 개인별 표창(처장)

2 식중독 발생·조사결과 보고

〈식중독예방과〉

1. 식중독 보고의무

가. 근거법령

식품위생법 제86조 제1항 및 같은 법 시행규칙 제93조 제1항

나. 용어의 정의

○ "식중독"은 식품 섭취로 인하여 인체에 유해한 미생물 또는 유독물질에 의하여 발생하였거나 발생한 것으로 판단되는 감염성 질환 또는 독소형 질환을 말한다. (식품위생법 제2조제14호)

○ "집단식중독"은 역학조사 결과 식품 또는 물이 질병의 원인으로 확인된 경우로서 동일한 식품이나 동일한 공급원의 물을 섭취한 후 2인 이상의 사람이 유사한 질병을 경험한 사건(WHO, 세계보건기구)

○ "식중독이 의심되는 자"(이하 "식중독 의심환자"라 한다)란 식품 섭취로 인하여 인체에 유해한 미생물 또는 유독물질에 의하여 발생하였거나 발생한 것으로 판단되는 감염성 질환 또는 독소형 질환으로 의심되는 사람을 말한다.

○ "식중독 환자"란 식중독 의심환자 중에 식중독 원인 추정 시간·장소·식품 등에 노출된 사람 중 역학조사관의 자문을 얻어 식중독으로 확정된 사람을 말한다.

○ "식중독 원인·역학조사"란 식중독 확산을 차단하고 재발 방지를 목적으로 식중독 환자나 식중독 의심환자(이하 "식중독 환자등"이라 한다) 발생 규모를 파악하고 발생 원인균, 원인식품 및 발생 경로를 파악하기 위해 실시하는 조사를 말한다.

○ "식중독보고관리시스템"이란 「식품안전기본법」제24조의2제1항에 따른 통합식품안전정보망의 식품행정통합시스템(https://admin.foodsafetykorea.go.kr)에 식중독 발생 보고를 위해 구축된 시스템을 말한다.

다. 의무보고자

1) 의사 또는 한의사

가) 식중독 환자나 식중독이 의심되는 자(이하 "식중독 의심 환자")를 진단하였거나 그 사체를 검안(檢案)한 의사 또는 한의사(이하 "의사 등")는 지체 없이 관할 특별자치시장 · 시장(「제주특별자치도 설치 및 국제자유도시 조성을 위한 특별법」에 따른 행정시장을 포함한다. 이하 이 조에서 같다) · 군수 · 구청장(이하 "시장 · 군수 · 구청장"이라 한다)에게 보고하여야 한다.

나) 의사 등이 법 제86조제1항에 따라 하는 보고에는 다음 각 항의 사항이 포함되어야 한다.

○ 보고자의 주소 및 성명

○ 식중독 환자, 식중독이 의심되는 사람 또는 식중독으로 사망한 사람의 주소·성명·생년월일 및 사체의 소재지

○ 식중독의 원인

○ 발생 연월일, 진단 또는 검사연월일

2) 집단급식소의 설치·운영자

가) 집단급식소에서 제공한 식품등으로 인하여 식중독 환자나 식중독으로 의심되는 증세를 보이는 자를 발견한 집단급식소의 설치·운영자는 지체 없이 관할 시장·군수·구청장에게 보고하여야 한다.

※ 미보고시 과태료 500만원(식품위생법 제86조제1항)

라. 기타 신고 : 의무보고자 외의 음식점, 가정집 등에서 발생한 식중독 환자(의심환자), 보호자 등이 환자발생지 관할 시·군·구에 신고

2. 식중독 발생 및 조사결과 보고

가. 근거법령

식품위생법 제86조제2항 및 같은 법 시행규칙 제93조제2항

나. 발생보고

시장·군수·구청장은 의사 등의 보고를 받은 때에는 지체 없이 그 사실을 식품의약품안전처장, 시·도지사에게 보고하고, 원인을 조사하여 그 결과를 보고하여야 한다.

다. 보고방법

1) 인터넷 식중독보고관리시스템 보고·전파(식약처, 시·도 등)
식품행정통합시스템(https://admin.foodsafetykorea.go.kr, 내부망) 또는 협업시스템(https://coop.foodsafetykorea.go.kr, 외부망) 내 식중독발생 보고
※ 살모넬라 식중독 의심시 식재료 중 달걀(농장, 수집판매업소 정보, 난각표시 포함), 집단급식소 식중독 발생시 김치 공급업체 정보 입력 필수

2) 서면보고 : 식품위생법시행규칙 제93조제2항 관련 별지 제66호 서식(식중독 발생 보고)/[서식 2-1-2], 제67호 서식(식중독 발생 조사결과보고)/[서식 2-1-3]

3. 행정사항

1) 시·군·구청장은 식중독(의심) 환자가 발생한 신고를 접수하는 경우 [서식 2-1-1]의 신고 접수표를 작성하고, 지체 없이 식중독보고관리시스템에 입력·보고
※ 유관기관에서도 미리 준비·대응할 수 있도록 반드시 식중독원인조사 출동 전에 입력하고, 시·군·구, 시·도(보건환경연구원), 식약처(지방식약청 포함) 담당자 핸드폰으로 문자메시지가 전달될 수 있도록 전파 버튼을 반드시 클릭(다만, 긴급 현장대응이 필요할 때는 식품의약품안전처(지방식약청)와 시·도에 문자나 유선으로 상황을 전파하고, 원인을 조사한 후 그 결과를 식중독보고관리시스템에 보고 할 수 있음)
※ **특히, 학교(2인이상), 50인 이상, 유치원·어린이집(15인 이상)에서 식중독 의심신고 환자가 발생한 경우 신속한 대응을 위해 지방식약청이 원인 · 역학 조사에 동시 출동할 수 있도록 해당 시·군·구에서는 발생 신고 신속 전파**

사례1) A시 ㅇㅇ학교에서 5일간 타지역 B에서 수학여행 중 의심환자 발생
▸ B시 여행 중에 의심환자 신고, 발생 보고기관은? B시
▸ 집에 귀환 후 A시에 의심환자 신고, 발생 보고기관은? A시
☞ (A시) 여행지를 관할하는 B시에 즉시 전파 → (B시) 환경조사 → (A시) 역학조사 및 환경조사를 취합하여 최종 식중독조사결과 보고서 작성 및 보고
※ 시·도간 협조가 안되어 발생보고를 지연하거나 조사가 미흡한 상황 방지를 위해, 2개 이상 시·도에서 조사가 필요한 부분은 식약처(식중독예방과)에 신속히 연락·조치

사례2) C시 ㅇㅇ제조업체의 도시락에 의해 D, E, F시에서 의심환자 발생
▸ 발생 보고기관은? C시
☞ (D, E, F시) 역학조사 → (C시) 제조업체 환경조사 및 D, E, F시의 역학조사를 취합하여 최종 식중독조사결과 보고서 작성 및 보고

사례3) ① G구 주거지 신랑측 혼주가 식중독 증상이 있는 다른 시도의 하객을 발견하여 보건소 신고, OO웨딩홀은 H구 소재하는 경우
② G구에서 도시락을 배달받아서 섭취하고 환자가 발생하였으며, 해당 도시락 제조업체는 H구에 있는 경우
▸ 발생 보고기관은? H구

* (원인시설 불명) 식중독 의심신고를 접수한 시·군·구에서 발생보고 → 식중독 원인·역학조사 결과 원인시설 규명 → 원인시설 변경필요시 식중독예방과로 변경 요청

2) 현장조사를 실시한 후 식중독보고관리시스템에 세부사항을 입력·보고하고 조사가 신속히 완료될 수 있도록 조치

3) 검체 검사가 완료되면 식중독 원인균을 식약처 미생물과에 즉시 송부하고, 식중독 원인・역학조사가 완료되면 조사결과를 입력·보고

4) 정전, 전산장애 등으로 식중독보고관리시스템이 작동되지 않을 경우 [서식 2-1-2]를 작성하여 시·도지사, 식약처(지방식약청 포함)에게 먼저 유선 및 Fax로 보고하고, 추후에 시스템에 입력

5) 여러 지역이 서로 관련되는 식중독 발생의 경우

가) 지방식약청 관할지역 내 2개 이상의 시·도가 관련된 경우 지방식약청이 반드시 참여하여 적극적으로 역할 수행

나) 시·도 관할지역 내 2개 이상의 시·군·구가 관련되는 경우 관할 시·도가 반드시 참여하여 적극적으로 역할 수행

3 식중독 원인·역학 조사

〈식중독예방과〉

1. 식중독 원인·역학조사

가. 근거법령

식품위생법 제86조 제2항 및 같은 법 시행령 제59조 제2항

나. 원인·역학조사

1) 시장·군수·구청장은 대통령이 정하는 바에 따라 원인·역학 조사를 한다.

2) 시장·군수·구청장이 하여야 할 조사

가) 식중독의 원인이 된 식품 등과 환자간의 연관성을 확인하기 위한 환경·설문조사

나) 섭취음식 위험도 조사

다) 역학적 조사

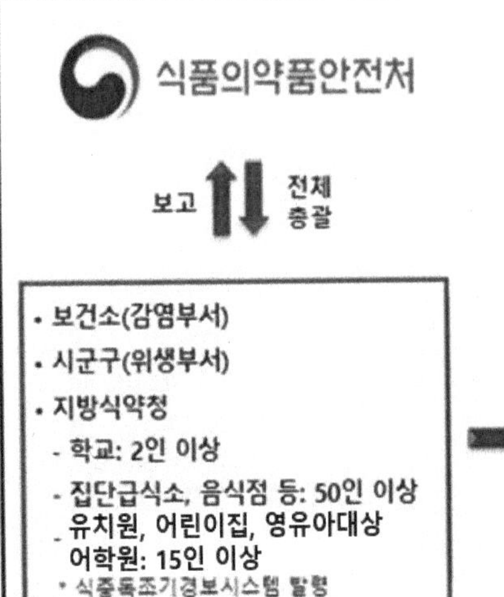

신고

• 의무 : 집단급식소, 의사
• 자율 : 의심환자, 음식점

환자, 조리사 등 설문·역학조사,
환자검체 수거(보건소) ⇒ 검사의뢰

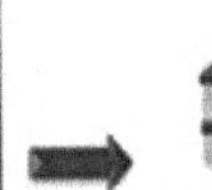

보존식, 섭취식품, 식재료 등
환경검체 수거(시군구) ⇒ 검사의뢰

시설·설비 등 작업환경 및 식재료
공급업체 조사(시군구, 지방식약청)

• 급식중단 의심식재료 사용금지 및 시설개수 조치
• 동일 식재료에 의한 추가 의심환자 발생 여부 확인

미생물학적, 이화학적 시험
(환자검체, 보존식 등 환경검체)
- 보건환경연구원 -

최종결과 보고서 작성
(설문역학조사, 검사결과 취합)
- 시·군·구 -

※ 식중독조기경보시스템: 식중독 발생 집단급식소와 동일 식재료를 사용하는 시설에 주의경보

2. 식중독 원인·역학조사반 운영

가. 식중독 발생시 원인, 역학 및 환경조사 등을 위해서 원인·역학조사반을 구성하고 현장조사를 실시한다.

나. 원인·역학조사반 구성은 다음과 같다.

1) 학교(2인 이상), 50인 이상, 유치원·어린이집(15인 이상) 식중독 발생 시 또는 지자체 요청시 : 식약처(지방식약청), 시·도 및 시·군·구 원인 · 역학조사반

* 학교에서 식중독 발생시 교육청(지원청) 급식 관련 부서 참여

2) 50인 미만 식중독 발생시 : 시 · 군 · 구 원인 · 역학조사반

* 다만, 최초 신고된 환자수가 50인 미만이라 할지라도 섭취자가 많은 음식점(김밥, 도시락, 뷔페 등)에서 10인 이상 발생하거나 입원환자가 5인 이상 발생하는 등 확산 위험이 있어 국민 건강상 중대한 상황이라고 인정되는 경우 :
시군구 위생·감염부서는 ①식약처(043-719-2113) 및 관할 지방청에 즉시 유선보고, ②지방청은 식약처(식중독 예방 대응 전문관 등)의 지시를 받아 합동조사 등 실시

식중독 발생 상황		구 성
①학교(2인이상) ②50인 이상 ③유치원,어린이집 (15인 이상) ④지자체 요청 시	1개 식품시설	식약처(지방식약청), 시·도 및 시·군·구 원인·역학조사반
	다수 식품시설, 동일 식재료에 의한 확산 가능	식약처(본부, 지방식약청), 시·도 및 시·군·구 원인·역학조사반 * 필요시 식약처(본부) 업무 지원
50인 미만 식중독 발생시	1개 시설	시·군·구 원인·역학조사반
	시 · 군 · 구 동시 발생시	시·도(총괄) 및 시·군·구 원인·역학조사반 * 필요시, 지방식약청의 인력 및 신속 검사차량 지원

※ 식중독 원인·역학조사반은 업무여건에 맞게 현장에서 운영하고 학교 식중독 발생 시 교육청 급식부서(식중독 원인·역학조사반 업무에 원활한 협조) 참여

※ 지방식약청 관할지역 및 식중독 담당자 연락처

지방청	관할지역	연락처	지방청	관할지역	연락처
서울청	서울, 강원, 경기1*	02-2640-1380	대구청	대구, 경북	053-589-2718
부산청	부산, 울산, 경남	051-602-6163	광주청	광주, 전북, 전남, 제주	062-602-1401
경인청	인천, 경기2**	02-2110-8036	대전청	대전, 세종, 충북, 충남	042-480-8742

*경기1 : 고양, 의정부, 남양주, 파주, 구리, 포천, 양주, 동두천, 가평, 연천, **경기2 : 경기1 제외한 경기지역

다. 기관(부서)별 세부 수행 업무

구분			기관	내용
50인미만		50인 이상 (학교 등 포함)*		
1곳	2곳 이상			
○	○	○	시·군·구 식품위생 부서	○ 급식시설 현황조사 - 직영/위탁, 타 급식시설 운영, 지하수 사용 여부 등 파악 - 제공 메뉴(음식), 섭취자, 종사자 등 자료 확보 - 식재료 공급업체 현황 및 위생점검 ○ 현장 식품 및 환경조사 ※ 지하수를 식품용수로 사용하는 경우 노로바이러스 검사 의뢰 ○ 인체 및 환경 검체 검사결과 시·도 및 식약처에 신속 공유 ○ 환경 및 식중독 조사 결과보고서 작성 및 보고 - 결과보고서는 시·도(시·군·구), 교육청(교육지원청), 식약처에 보고(통보) ※ 역학조사 결과보고서를 참고하여 식중독 조사 결과보고서 작성 ○ 식중독 발생 업소 등을 대상으로 식중독 예방진단 컨설팅 실시 ○ 행정처분 등
○	○	○	시·군·구 감염부서	○ 식중독 발생 상황을 관계기관에 신속하게 전파 ○ 노출자, 조리종사자 등 설문조사 ○ 인체(환자, 조리종사자) 검체 채취 및 추가환자 발생 모니터링 ○ 역학조사 결과보고서 작성
○	○	○	보건환경 연구원	○ 식중독 관련 인체검체 및 환경검체에서 원인병원체 검사 ○ 검사결과 환류(시·도 및 시·군·구 위생·감염부서, 식약처)
	○	○	시·도 식품위생 ·감염 부서	○ 식중독 원인·역학조사 지원 - 식품위생·감염부서 현장 업무(인력, 장비 등) 지원
		○	지방 식약청	○ 현장조사 참여 및 진행사항 확인 ○ 식중독 신속검사차량 지원 및 신속검사 수행 - 신속검사(원인균 및 원인식품 규명)를 위해 보건소 협조로 인체검체 확보 및 검사실시 - 검사 결과는 식약처(본부), 시·도, 시·군·구 위생·감염부서에 신속 공유 ○ 식재료 공급업체 현황 확인 및 필요시 원인식품 추적조사 실시 ※ 식중독조기경보시스템 등을 활용하여 공동 급식시설, 동일 식자재 납품(급식)시설 유무 확인 ○ 관련식품 사용금지 및 폐기 - 동일 식재료에 의한 식중독 확인 시 식재료 사용금지 등 신속 조치 ○ 식중독 예방진단 컨설팅 실시·협조
		○	식약처 (본부)	○ 식중독 원인·역학·추적조사 총괄 - 전국 규모 확산 등 필요시 원인·역학·추적조사 참여 ※ 식중독 신속검사차량 현장 투입 ○ 식중독 조사 결과보고서 관리

* 학교(2인 이상), 50인 이상, 유치원·어린이집(15인 이상) 환자 발생 시 합동조사 실시

라. 식중독 조사 단계별 수행 업무

구 분	업무 내용	업무 흐름
〈1단계〉 초동조치	○ 식중독 발생 신고 ○ 식중독 발생·유행 분석 ○ 식중독 발생 보고 - 식중독보고관리시스템에 등록 ○ 식중독 원인조사반 구성	○ 신고자 → 시·군·구 ○ 식품위생·감염부서 ↔ 보건소 ○ 식품위생·감염부서 → 식약처 ○ (지방)식약청, 시·도, 시·군·구 별
〈2단계〉 현장조치	○ 식중독 원인조사 수행 ※ 대규모 식중독 발생시는 시군구, 지방식약청 **동시출동** (시·군·구): <u>환경조사 등 현장업무</u> - 위생점검, 설문·역학조사 (서식 2-2-1, 2-2-2) - 검체 수거 및 검사 의뢰 등(서식 2-2-3) (시·도): <u>현장업무 지원</u> - 위생·감염부서 인력·장비 지원 - 지방식약청과 업무 협조 등 (지방식약청): <u>현장업무 조사·지원</u> - 식재료 공급업체 점검 등 실태·추적조사 업무 - 인체검체 채취 및 신속검사 실시 ※ 필요시 관할 구청 협조 요청 (식약처-본부): <u>총괄 업무</u> - 식품 원인·역학·추적조사 총괄	○ 식약처(본부) ↓ 지방식약청↔ 시·도 식품위생·감염부서 ↓ 시·군·구 식품위생·감염부서 * 원인식품과 환자간의 연관성을 확인하는 설문조사 시 1:1 직접 면접법으로 작성하여야 하나 대규모 발생인 경우 조사대상자가 직접 기입한 후 응답오류를 최소화 할 수 있도록 조사요원이 임상증상, 급식·식품 섭취 등에 대해 확인조치(관계기관 조사요원이 함께 현장에서 검토하고 역학보고서 작성 시 설문조사 내용이 어떻게 반영되었는지 검토하여야 함)
〈3단계〉 사후조치	○ 진행사항 확인 보고 ○ 추적조사결과 보고 및 조치 ○ 식중독 원인균주 송부 ○ 관련식품 사용금지 및 폐기 ○ 유증상 환자 지속적 모니터링 ○ 식중독 예방 교육 실시 ○ 환경·역학·원인조사결과 작성 및 보고 ○ 행정처분	○ 지방식약청 → 식약처(본부) ○ 지방식약청 → 시군구, 식약처(본부) ○ 지방식약청, 시·도 → 식약처 ○ 지방식약청 → 시설(업체) ○ 보건소 → 관내 의료기관 ○ 식품위생·감염부서 → 시설(업체) ○ 식품위생·감염부서 → 관계기관 ○ 식품위생·감염부서 → 시설(업체)

마. 학교 식중독 발생 단계별 수행 업무

구 분	수행 사항	관련 담당
〈1단계〉 발생인지	○ 보건실 방문 학생 관찰 및 교내 보고 - 식중독 의심 학생은 인체검체 채취 등을 위하여 원인·역학조사반 도착시 까지 귀가보류(관계기관 협의) ※ 평일 방문 수준의 학생수 및 증상과 비교 필요 - 행정실, 학교장 등에 먼저 (상황)보고 ○ 담임교사를 통한 유증상자 파악(1차 예비조사) - 병결학생과 원인 및 유증상자를 파악하되, 손들기, 문자발송(주말) 등 부적절한 방법으로 조사 금지 ※ 2차 확인조사는 협의체 회의 후에 상담조사. 추가 환자 발생시 관계기관회의 개최 ○ 학교장 주재 대책협의 및 급식 중단여부 협의 - 식중독으로 판단될 경우 학교급식 잠정 중단	○학생 → 보건교사 → 학교장 ○학교(장) ○학교(장)
〈2단계〉 발생보고	○ 학교 식중독 의심환자 발생 보고 - 시·군·구(위생·감염부서), 교육청에 신속하게 보고(유선) - 시·군·구 위생부서는 식약처와 시·도에 지체없이 발생보고 ○ 「식중독 조기경보 시스템」 현행화 - 당월 식재료 납품업체 입력여부 확인 및 식단표 식약처 제공 - 동일 식재료 사용하는 시설에 조기경보 발령	○학교(장) 또는 학교관계자 → 관계기관 ○시군구 위생부서 → 식약처, 사도
〈3단계〉 원인 · 역학조사	○ 식중독 원인·역학조사 협조 - 보존식 및 환경검체(조리도구, 음용·조리용수 등) 수거를 위한 준비 ※ 간식으로 제공된 가공식품(완제품) 포함 - 협의체 운영에 따라 필요사항 협력(환자 규모, 증상 파악) - 설문조사(환자·대조군 조사)는 직접면접법으로 작성. 설문지에 대한 환례적용 타당성 등 확인 - 관계기관에서 이견이 발생하지 않도록 협의체는 3회이상 소집·운영	○영양(교)사 → 식약처, 식품위생부서 ○학교(장) → 감염부서
〈4단계〉 조사 후 조치	○ 급식실 대청소 및 소독 - 급식시설·기구 등 대청소 및 살균·소독 실시로 청결하게 유지·관리	○영양(교)사
〈5단계〉 모니터링	○ 유증상 학생 지속적 모니터링 - 보건실 방문 학생 위주로 긴밀히 주의·관찰 ○ 식중독 예방 교육 실시 - 교직원 및 학생 손 씻기 실천 등 식중독 예방 교육	○보건교사 및 교직원 ○영양(교)사

※ 주의사항 : 식중독 발생 학교는 학교급식위생관리지침서(교육부)를 참고하여 주어진 역할 및 임무에 적극적으로 참여. 학생들이 동시 다발적으로 증상을 호소할 가능성이 높으므로 모든 교직원은 침착하게 대응(조퇴, 휴교 등을 목적으로 의심되는 거짓 학생 선별, 평소 장염이 있는 학생 구별 등)

바. 시·군·구 감염부서와 식품위생부서 역할 분담

구 분	업무 내용
감염부서	○ 신고접수 즉시 발생보고 ○ 식중독 유행 현황 파악 ○ 환자, 종사자 등 현장 기초조사, 사례조사 등 ○ 인체검체 채취(대변 채취를 원칙으로 하며, 어려울 경우 직장도말 채취) ○ 식약처 식중독 신속검사를 위한 추가 인체검체 채취 협조 ○ 역학조사 결과 보고서 작성 후 식품위생부서에 결과 통보
식품위생부서	○ 감염부서와 함께 출동·협업하여 설문조사, 인체검체 채취 등 협조 ○ 보존식, 섭취식품 및 보관중인 관련 식재료 1건 이상, 식품용수, 음용수, 도마·칼·행주 등의 검체를 채취·검사 의뢰 ○ 식재료, 공급업체 현황, 제공 메뉴(음식), 섭취자, 종사자, 판매·유통업체 등 자료 확보 ○ 시설·설비, 방충·방서 등 작업환경, 식품의 취급 과정(검수, 전처리, 조리, 보관, 배식 등), 작업동선 등을 확인하고 오염경로 파악하여 현장 확인 조사표 작성 ○ 환경조사·식중독 조사결과 보고서 작성 ○ 환경조사는 [서식 2-2-1]에 따라 실시하고, 그 결과를 시·군·구/시·도 및 식품의약품안전처(관할 지방식약청 포함)에 보고 ○ 식중독 발생 업소 등을 대상으로 식중독 예방진단 컨설팅 실시

〈 식중독 원인·역학조사 관련 유의사항 〉

○ 평상시 결석 · 조퇴자, 보건실 방문자(시험, 신경성 등으로 복통 · 설사) 파악
○ 독감 · 감기 유증상자(식중독 증세와 유사 : 열 · 복통 · 설사) 여부
○ 가정에서 같은 증상을 나타내는 가족 여부
○ 급식 섭취 이외의 개인 간 접촉에 의한 전파여부(노로바이러스 등)
○ 소규모 발생 시 3~4일 전 배달음식 · 특정음식 등 섭취 여부
○ 교내 지하수 설치시설(샤워 · 청소 등 생활용수 목적) 사용 여부
○ 손들기, 전화 설문조사는 지양하고 1:1 대면 설문 · 면담조사 진행

〈 식중독조사결과보고서 작성 담당 〉

○ 식중독 원인·역학조사반에서는 식품 및 환경, 유통단계조사(지방식약청)를 취합, 환경조사 결과 보고서를 작성하여 보건소 감염부서에 통보

○ 보건소 감염부서는 식중독원인·역학조사반의 환경조사 결과와 환자에 대한 조사결과를 취합하여 역학조사 결과 보고서 작성 완료 및 통보(식품위생부서)

○ 식품위생부서는 역학조사 결과 보고서를 참고하여 최종 식중독 조사결과보고서(별지 제67호 서식)를 작성하고 보고

※ 보고서 작성 시 설문조사서 내용의 사례정의 부합여부, 객관성 등을 확인하여 반드시 식품위생·감염부서간 협의하여 사례수 결정, 보건환경연구원 검사내역(식품, 환경 등) 및 결과, 유통단계 조사 결과(지방식약청), 원인조사 시 특이사항 기술

※ 조사결과를 식품위생부서에 통보하여 행정처분 등 사후관리가 이루어질 수 있도록 조치하고, 여행지 관할 시·군·구청장에게도 최종 조사결과를 통보

※ 식품위생부서는 식중독보고관리시스템에 환경·역학 결과보고서 등록(질병청 대량환자 관리 시스템에 환경·식중독 조사결과보고서가 등록될 수 있도록 보건소 감염부서에 공유)

아. 지방식약청은 관내 시·도 및 교육청이 참여하는 「학교급식 식중독대응 협의체」를 구성하고, 식중독 예방 및 점검계획 등을 사전 협의(연 2회 이상)

- 식약처·지방청 합동, 실제 식중독 발생 상황에서 신속대응이 가능하도록 지자체, 보건소, 학교 등과 '식중독 현장대응 모의훈련' 실시, 비상연락망 상시 유지 등

자. 시·도는 시·군·구, 보건소, 교육지원청이 참여하는 「지역학교급식 식중독 대응협의체」를 구성·운영(연 2회 이상)

- 시·도 주관, 전국 시·군·구 대상으로 식중독 발생 신속보고, 관계기관 전파 등 확인을 위한 '식중독 신속보고 모의훈련' 실시, 실제 식중독 발생 상황에서 신속대응이 가능하도록 시·군·구, 보건소, 학교 등과 '식중독 현장대응 모의훈련' 실시, 비상연락망 상시 유지 등

* '식중독 현장대응 모의훈련' 자체계획 수립·실시 후, 그 결과를 식중독예방과로 제출

학교급식 식중독 발생 시, 지방식약청은 원인조사 진행상황 등에 대해 종합적으로 검토할 수 있도록 시·도와 협업하여 '학교급식 식중독대응협의체' 및 '지역학교급식 식중독대응협의체'를 수시로 공동개최 / * 시·도(위생·감염부서, 역학조사관), 교육청, 시·군·구, 보건소, 교육지원청 참석

3. 보존식 등 검체 채취 및 검사 요령

가. 보존식, 섭취식품(식품접객업체의 경우), 식재료 등

1) 보존식의 경우 전량을 채취하고, 섭취식품 등은 각 반찬별로 150g 이상 (150-250g씩) 채취

※ 반찬의 경우 혼합하지 말고 구분 수거 할 것. 노로바이러스가 의심될 경우 굴 및 엽경채에 대해 노로바이러스 검사 수행

※ 수거시 식품위생법에 따른 "식품 등의 수거요령"을 반드시 준수

2) 환자가 섭취한 식품에 사용되는 재료가 집단급식소 또는 음식점 내 보관 중인 경우 반드시 수거·검사하고, 미보관의 경우는 해당 제품 제조업체 소재지 관할 시·군·구에 수거·검사 요청

※ 음식점 등 보존식이 없는 경우 현장조리식품, 보관중인 계란(판란, 난액 등), 식육, 전처리 재료 등을 수거

※ 「보존식이 없는 경우 식품검체 선정요령」(참고1) 및 「식중독 원인식품 검체 선정 참고 자료」(참고2) 참조

나. 식품용수 및 음용수(정수기물 포함)

1) 식품용수는 1L 이상 채수하여 일반세균, 총대장균군, 분원성대장균 및 잔류 염소 등을 검사*하며, 환자에서 발견된 원인체가 있을 경우 해당 원인체를 중심으로 검사 실시

* 이화학 검사(암모니아성질소, 질산성질소, 과망간산칼륨소비량, 염소이온, 황산이온)는 필요시 실시→ 먹는물관리법 기준에 부적합한 경우, 관할 상수도 사업본부에 부적합 내용 공유

2) 지하수 이용 시설의 경우 노로바이러스 검사 의뢰

3) 음용수(정수기물 포함)는「식품공전」제6. 식품접객업소(집단급식소 포함)의 조리식품 등에 대한 기준 및 규격에 의해 검사를 실시하며, 바이러스의 경우 「식중독 원인조사 시험법」 제3. 식중독 바이러스 시험법에 의해 실시. 단, 여시니아 엔테로콜리티카와 식중독 바이러스는 환자에서 검출될 경우 검사 실시

다. 칼, 도마 등 환경조사는 사용 중인 칼, 도마, 행주 등을 도말하여 환자 분리 원인체를 중심으로 시험

라. 지방식약청은 현장조사 참여 시 식중독 발생 현장에서 신속하게 원인을 규명하기 위해서 유전자 신속검사 및 추적조사를 실시한다.

1) 신속검사용 인체검체는 반드시 보건소(감염부서) 협조를 받아 수거

2) 유증상자의 대변 채취를 원칙으로 하고, 채취가 어려운 경우 직장도말 검체를 수거하며 수거량은 현장상황에 따라 조정 가능

3) 이동식 검사차량 내 신속검사장비를 활용하거나 해당 지방청 검사실에서 유전자 신속검사 실시

4) 검사 결과를 관계기관(식중독예방과, 해당 보건환경연구원 등)에 신속히 공유(문자 등)

5) 관할 지자체와 협의하여 원인식품 추적조사 실시

* 유증상자 공통섭취이력, 가열조리 여부 등에 따른 의심 식재료 유통단계 추적하여 수거검사 실시

마. 수거한 검체는 시·도 보건환경연구원 또는 보건소에 의뢰하여 검사

바. 보존식 및 환경검체에 관하여 환자가검물과 검사항목을 일치하여 수행

1) 가급적 인체검체는 신속검사를 실시하고 확인된 식중독 원인체 중심으로 보존식 및 환경검체를 조사

2) 인체검체에서 식중독 원인체가 확인되지 않은 경우 보존식 및 환경검체를 신속검사 위주로 실시할 수 있음

※ 신속검사를 위해 PCR 또는 Real-Time PCR 등을 이용한 시험법 활용 가능 하며, 신속검사 결과 검출시 식중독균 분리 및 확인시험을 실시하여 최종 판정

사. 인체검체에 대하여 인체검체 표준 검사항목에 따라 식중독 원인조사 시험법을 참고하여 신속검사 수행

아. 『식중독 원인조사 시험법』(식약처), 식품공전 또는 국제적으로 통용되는 AOAC 등의 공인시험방법에 따라 검사 실시

※ 보건환경연구원은 가급적 인체검체에서 신속검사를 실시하여 원인병원체를 확인 후, 위생부서에게 공유. 보존식 등은 환자 분리 원인체 중심으로 시험하고 수거량에 따라 시료량을 조절하여 실시하고 그 결과는 검사 의뢰 부서와 식약처 식중독예방과 및 관할 지방식약청에 송부

자. 식중독 원인조사 항목

1) 세균성식중독(18종) : 살모넬라, 황색포도상구균, 장염비브리오, 비브리오 콜레라, 비브리오 불니피쿠스, 리스테리아 모노사이토제네스, 병원성대장균(EPEC, EHEC, EIEC, ETEC, EAEC), 바실루스 세레우스, 쉬겔라, 여시니아 엔테로콜리티카, 캠필로박터 제주니/콜리, 클로스트리디움 퍼프린젠스, 클로스트리디움 보툴리눔

2) 바이러스성 식중독(7종) : 노로바이러스, A·E형 간염바이러스, 로타바이러스, 아스트로바이러스, 장관아데노바이러스, 사포바이러스

3) 원충성 식중독(5종) : 이질아메바, 람블편모충, 작은와포자충, 원포자충, 쿠도아

4) 자연독 식중독 : 동물성, 식물성, 곰팡이독소

5) 화학적 식중독 : 고의 또는 오염으로 첨가되는 유해물질(식품첨가물), 본의 아니게 잔류혼입되는 유해물질(잔류농약, 유해성 금속 화합물 등), 조리 기구·포장에 의한 중독(녹청, 납, 비소 등), 기타 물질(메탄올 등)

< 참고 1 > 보존식이 없는 경우 식품 검체 선정 요령

검체채취 흐름도		예시 (섭취식품이 '소고기 김밥'일 경우)
1. 현장보존 지시		
2. 환자가 섭취한 것과 동일한 식품이 있는가? —예→	**검체 채취**	✓ 업소나 회사에 보존식 개념으로 보관 중인 '소고기 김밥' 및 기타 반찬등 ☞ 개봉하지 않고 냉장고 등에 보관중인 제품
↓ 아니오		
3. 환자가 섭취한 식품에 사용된 식재료가 현장에 있는가? —예→	**검체 채취**	✓ 소고기, 지단, 단무지, 우엉 등 식재료 ✓ 지단 제조용 액란, 재워둔 고기, 씻어둔 양상추 등 전처리한 식재료
↓ 아니오		
4. 환자가 섭취한 동일 메뉴를 조리가능한가(재현식)? —예→	**검체 채취**	✓ 동일 메뉴 재현식 및 그 식재료 - 환자가 섭취한 동일 메뉴로서 동일 식재료·공정으로 조리된 소고기 김밥 - 소고기 김밥의 식재료 ☞ 수거한 조리식품은 "조리식품 기준 규격" 추가 의뢰 * 단, 순댓국 등 가열 조리 식품은 가열 전 상태로 포장하여 채취하되 기준규격 적용 안함 ✓ 의심 식재료(계란, 육류 등)를 채취할 수 없는 경우 식약처와 상의하여 유통단계 추적하여 동일 lot제품 수거 ☞ 계란의 경우 난각(껍질)번호 확보
↓ 아니오		
5. 환자증상, 발생장소,시기 등을 고려해 **의심식재료 1건 이상 채취** —예→	**검체 채취**	✓ 예시) 여름철 살모넬라 의심시 계란(가공품) 및 계란 취급시 교차오염 가능한 식재료 등 채취(붙임 2, 붙임 3 참조)

* **상기 조건에서 환경검체는 반드시 포함 : 현장조사표에 따라 추정률이 높은 칼, 도마, 행주, 배수구 등(식중독 발생원인 조사절차에 관한 규정 [별지2] 현장확인조사표 참조)**

< 참고 2 > 식중독 원인식품 검체 선정 참고자료

원인균	발생시기	식중독균이 검출된 환경검체(`16~`23)		주요 사례
병원성대장균	**여름 (6~8월)**	육류 어류	소고기(4),* 육회(3), 염지닭, 파닭, 수육, 피꼬막, 해삼, 멍게, 오징어	육류, 샐러드, 채소무침, 나물 등 비가열제품 및 물
		조리식품	샐러드(3), 진미채(3), 김치(3), 초밥(2), 계란말이, 김밥(2), 채소무침(2), 깻잎지, 더덕무침, 겉절이, 카레라이스, 비빔면야채, 상추치커리생채, 나물, 김치말이국수, 편육, 족, 회무침	
		환경	약수, 음용수, 지하수, 도마, 집게, 식기세척수, 수족관물	
살모넬라	**여름, 가을 (6~10월)**	농축수산물	계란(5), 냉동가오리(2), 당근(2), 우엉, 깻잎,콩나물, 돼지고기, 생간, 참치회, 볶음밥재료	계란, 육류, 어류 ※계란껍질 표시사항확보 필요
		조리(가공)식품	지단(7), 김밥(6), 케익(5), 계란말이(2), 스크램블에그(2), 비빔밥(2), 동그랑땡(2), 육수(2), 수육(2), 덮밥(2), 잡채(2), 어묵, 액란, 계란토스트, 수박화채, 햄, 양념장, 절인무, 우엉조림, 육전, 쥐포전, 명태전, 모듬전, 가자미찜, 콩물, 콩국수, 치킨, 김치, 달걀찜, 육전밀면, 냉면, 볶음밥, 양장피, 도시락, 편육, 육회, 돼지부속물	유가공품, 계란가공품, 계란 취급시 교차오염 가능한 식품 등
		환경	도마(3), 칼(2), 계란물통, 행주, 반찬통(바트), 후라이팬	계란물통 등 교차오염 가능한 조리기구
캠필로박터 제주니	**여름 (6~8월)**	조리식품 등	삼계탕(3), 갈비탕, 족발, 치킨용 양념육, 쭈꾸미브로콜리숙회, 콩나물, 조리용 칼	생닭 취급시 교차오염가능한 식재료, 조리기구
클로스트리디움 퍼프린젠스	**연중**	농수산물	양배추, 고춧가루	육류 조리제품, 대량조리 후 대형용기에 보관중인 식품
		조리식품	제육볶음(6), 뼈김치찜(3), 닭볶음탕(2), 바비큐구이, 소갈비찜, 머릿고기, 콩나물돼지불고기, 돼지묵은지볶음, 깍두기, 시금치무침, 장조림, 강된장, 어묵볶음, 잡채, 콩나물국, 참치야채, 주꾸미돈불고기, 돼지수육, 숙성계란장, 돈사태떡찜, 푸딩, 새송이볶음, 마늘쫑볶음	
바실루스 세레우스	**연중**	농축수산물	육회(3), 상추(2), 장어, 연어, 돼지고기, 취나물, 사과, 무잎, 냉동다진마늘	쌀(밥류), 향신료, 육류, 유가공품, 알가공품 등
		조리(가공)식품	김치(11), 샐러드(4), 비빔밥(3), 된장무침(2), 돈까스(2), 밥(3), 잡곡밥, 덮밥(2), 튀김(2), 김밥, 떡, 생선까스, 짜글이, 오리훈제, 돼지고기양념육, 닭볶음, 제육볶음, 건파래볶음, 우유, 전복죽, 어묵국, 메추리알조림, 짬뽕, 육수, 김, 쌈장, 양념장, 고추장, 회무침, 가오리무침, 오이무침, 깍두기, 빵, 아이스크림, 시금치나물, 미나리무생채, 오징어숙회, 들깨찜, 꽈리고추찜, 콘드레싱, 마늘짱아찌, 짜장면, 치킨, 참치야채, 주먹밥, 겉절이, 초밥용새우, 나물류, 볶음밥, 햄버거, 물회소스	
		환경	행주(18), 칼(13), 도마(8), 수족관물(3), 조리용수, 냉장고문, 문고리, 가위	
장염비브리오	**여름 (5~10월)**	조리식품등	게장(7), 수족관물(5), 광어(4), 전어(4), 새우(3), 멍게(2), 고등어, 홍어, 랍스터, 숭어, 농어, 밀치, 해삼, 생굴, 뿔고동무침, 도마, 초밥, 삶은 바지락	
황색포도상구균	**여름, 가을 (6~10월)**	조리식품등	떡(2), 김밥(2), 밥, 삼계탕, 순두부찌개, 연근조림, 게지, 시금치, 참외, 생선전, 고추장불고기, 밥버거, 컵케이크, 보리굴비, 수육, 도시락, 제육볶음	밥, 김밥 등 복합조리식품 등
		환경	행주(2), 냉장고 받침대·손잡이(2), 세면대, 화장실손잡이, 도마	
노로바이러스	**겨울, 봄 (11~5월)**	조리식품등	굴(6), 김치(5), 깍두기(3), 굴국, 생굴무생채, 생굴무침, 어리굴젓, 모듬회, 피조개, 호박국, 홍합, 나물, 시금치, 파인애플, 만두, 방울토마토, 오이콩나물무침, 스파게티, 육회	오염된 물(지하수)로 씻은 채소류, 과일류 및 굴 등 패류
		환경	지하수(11), 조리용수(4), 조리종사자기인(3), 음용수(2), 식기(2), 책장, 문손잡이, 화장실손잡이, 바닥, 놀이매트, 세면대, 칼, 도마, 행주, 조리도구, 장난감(범퍼카), 종사자손	
A 형 간염	**봄, 여름 (4~8월)**	조리식품등	조개젓(5), 어리굴젓	조개젓갈 등
쿠도아충	**연중**	조리식품등	회(14), 초밥(3), 물회(2), 회덮밥	광어등 생선회

*** ( )는 식중독균이 검출된 사례 수**

* 상기표 외 원인식품으로 추정되는 환경검체는 수거·검사할 수 있음

4. 식중독조기경보시스템 정보관리

가. 목 적 : 집단급식소 식중독 발생시 동일한 식재료가 납품된 또다른 집단급식소에 발생 상황 전파로 식중독 확산 차단

나. 운영 기관 및 운영방법

1) 어린이집, 유치원, 산업체 등 집단급식소 : 집단급식소 설치운영자(원장 등) 및 급식 관리자(영양사, 조리종사자 등)는 「식중독조기경보시스템」* 접속하여 주소, 연락처, 담당자 및 식재료 공급업체 등 입력(현행화)

※ 식중독 조기경보시스템 사이트: https://ews.foodsafetykorea.go.kr

2) 교육청: 「식중독 조기경보시스템」조회 후 관할 학교 중 학교급식조달시스템(eaT) 또는 나라장터(G2B) 미이용 학교는 나이스(교육행정정보시스템)에 식재료 공급업체 정보 입력 독려

3) 시·군·구: 「식중독 조기경보시스템」조회 후 관할 집단급식소*(학교 제외) 중 누락 여부 확인 후 누락된 집단급식소에 정보 입력 독려

※ 어린이집, 유치원, 사회복지시설, 병원, 산업체 등

4) 지방식약청: HACCP 정기조사·평가 결과 부적합업체 정보를 「식중독조기경보시스템」에 입력

5) 식약처: 주기적으로 시·도(시·군·구) 및 교육청에 조기경보시스템 입력 독려 및 식중독 발생 시 동일 식재료가 납품된 시설과 식중독 발생 인근 지역에 주의 경보 전파

5. 행정사항

가. 학교에서 발생한 식중독 원인 · 역학조사를 실시한 시·군·구청장은 조사 결과 등을 신속히(1개월내) 해당 교육지원청으로 통보

※ 1개월내 역학조사가 완료되지 아니한 경우는 중간조사 결과 통보

나. 시·군·구청장은 집단급식소 설치·운영자와 의사 또는 한의사가 식중독 환자 또는 그 의심 환자가 발생한 경우 이를 신속히 보고할 수 있도록 관내 의사회 등과 협조체계를 유지하고, 관내 주민 등도 신고를 할 수 있도록 정기적인 홍보 실시

※ 식중독 환자 발생 보고 규정(법 제86조) 위반시 집단급식소 설치·운영자, 의사 또는 한의사에게 과태료 부과

다. 식중독 발생장소에서 보존식 훼손, 소독 등 현장 훼손, 원인규명을 위한 행위 방해가 있는 경우, 즉시 설치신고 관할 기관에 통보하여 조치

※ 집단급식소의 설치·운영자의 준수사항(법 제88조), 위탁급식소 운영자의 준수사항(법 제44조), 벌칙(법 제97조)에 따라 위반시 행정처분, 과태료 및 고발 조치

4 식중독균 추적관리 사업

〈식중독예방과, 미생물과〉

1. 목적

○ 생산단계부터 소비까지 모든 단계를 대상으로 식중독균 탐색하여 식중독균 균주 특성정보 분석 및 정보화 DB 구축

- 식중독 발생 시 인체검체에서 검출된 식중독균 유전자를 구축된 DB와 비교·분석을 통해 신속·정확한 식중독 원인 규명 및 확산 방지에 활용

2. 운영개요

○ 조사기간 : '26. 1. ~ '26. 12.

○ 조사대상 : 유통·수입 단계 식품 또는 생산·유통·소비 단계 농·축·수산물, 식중독 검체, 환경(토양, 용수 등)의 식중독균 오염우려가 있는 검체

○ 조사내용 : 조사대상 식품, 환경에서 식중독균 검사 및 분리 균주 유전적 상동성 특성 분석

○ 조사방법 : 「식중독원인조사 시험법(식품의약품안전평가원, 이하 평가원)」에 따른 '식중독균 스크리닝 검사법' 및 'PFGE 검사매뉴얼(평가원)', 「식품공전」의 '미생물시험법' 등에 따라 실시

○ 참여기관 : 평가원 미생물과, 지방식약청, 시·도 보건환경연구원, PFGE* 전문 분석기관

※ PFGE : Pulsed-Field Gel Electrophoresis(펄스장 전기영동)

○ 목표건수 : 식품, 환경 등 식중독균 검사 12,750건, 분리균주 2,000건

3. 운영 방법

가. 역할분담

1) 식품의약품안전처(식중독예방과)

· 식중독균 추적관리 사업 종합계획 수립 및 운영 총괄

· 식품행정통합시스템(https://admin.foodsafetykorea.go.kr) 펄스넷 관리·운영

2) 식품의약품안전평가원(미생물과)
- 식중독균 신속검사법, 유전적 상동성 분석 등 시험법 개발 및 교육
- 식품·환경유래 식중독균의 다양한 생물·화학·유전적 분석 데이터 확보 및 DB화
- 식품행정통합시스템(https://admin.foodsafetykorea.go.kr) 펄스넷 정보활용
- 식중독균 통합정보망(KIPIN) 운영·관리 및 결과 분석, 식중독균 자원센터 운영

3) 지방식품의약품안전청
- 유통·수입 식품, 수거검사 등에서 식중독균 검출 시 식품행정통합시스템(https://admin.foodsafetykorea.go.kr) 펄스넷 균주 정보 등록 및 균주 송부

4) 시·도 및 시·도 보건환경연구원
- 식중독 검체, 유통·수입 단계 식품 또는 생산·유통·소비 단계 농·축·수산물, 토양, 용수 등 환경 등에서 식중독균 분석
- 식품행정통합시스템(https://admin.foodsafetykorea.go.kr) 펄스넷 균주 정보 등록 및 균주 송부

나. 식품 식중독균 실태조사

1) 대상 식품
- (식중독 원인조사) 관련 보존식, 환경 및 인체 검체 등
- (기준·규격검사) 유통·수입식품, 즉석섭취·편의식품 및 식품접객업소(집단급식소 포함)의 조리식품 등, 연간 점검 계획에 따른 수거 검체(달걀 및 알류가공품) 등
- (식중독균 모니터링) 생산·유통·소비 단계 농·축·수산물과 농장, 목장, 도축장 등 생산 환경(토양, 용수 등), 조리식품 등

  * 연간점검 계획에 따른 수거검사 중 기준규격이 없는 검체(난각)는 모니터링건수에 포함

2) 검사 방법
- 검사법 : 「식중독원인조사 시험법(식품의약품안전평가원, 이하 평가원)」 및 'PFGE 검사매뉴얼(평가원)', 「식품공전」의 '미생물시험법' 등에 따라 실시
- 검사대상균 : 살모넬라, 황색포도상구균, 장염비브리오, 비브리오 콜레라, 비브리오 불니피쿠스, 리스테리아 모노사이토제네스, 병원성 대장균(EPEC, EHEC, EIEC, ETEC, EAEC), 바실루스 세레우스, 쉬겔라, 여시니아 엔테로콜리티카, 캠필로박터 제주니/콜리, 클로스트리디움 퍼프린젠스, 클로스트리디움 보툴리눔
- 기관별 검사계획에 따라 매월 식품 중 식중독균 모니터링 실시

3) 결과 보고

- 결과는 완료 즉시 식품행정통합시스템(https://admin.foodsafetykorea.go.kr) 펄스넷에 입력

- 분리한 균주는 식약처(식중독예방과, 평가원 미생물)에 익월 5일까지 보고

- 각 보건환경연구원에서는 반기별(상반기 7월 중순, 하반기 12월 중순까지)로 식약처(식중독예방과)로 결과보고

다. 유전적 상동성 분석 실시 및 결과 입력

- PFGE 분석은 PFGE 검사매뉴얼(평가원)에 따라 전문분석기관에서 실시

※ 대상균 : 살모넬라, 병원성대장균, 리스테리아, 황색포도상구균, 캠필로박터, 비브리오균(3종)

- 유전적 상동성 분석 결과는 식중독균 통합정보망(KIPIN)에 입력
- 균주송부 : 식품행정통합시스템 "펄스넷" 균주 일련번호 또는 "식중독 발생 보고 관리"의 식중독 발생번호를 기입하여 평가원 미생물과에 송부

라. 식중독균 분리균주 특성 분석 및 균주 관리

- 지방식약청 및 시·도 보건환경연구원에서 송부된 분리균주 특성 분석 및 DB 관리
- 식중독균 자원센터 운영으로 식중독균 보관 및 관리(미생물과)
- 평가원(미생물과)은 KIPIN에 입력된 유전적 상동성 결과 분석 및 식중독 예방과 공유
- 평가원(미생물과)은 식중독 발생 분리균주 및 식품에서 동일한 PFGE 패턴 분석 시 식중독예방과에 공유

5 노로바이러스 감시체계 사업

〈식중독예방과, 미생물과〉

1. 목적

○ 노로바이러스 식중독 상시감시체계 구축 및 강화

- 노로바이러스 등 바이러스 식중독 예방을 위해 지하수 등을 식품용수로 사용하는 식품제조업체 등 위생취약시설을 대상으로 지방식약청 및 광역 지자체별 노로바이러스 등 상시감시체계 구축·운영

2. 운영개요

○ 조사기간 : '26. 1. ~ '26. 12.

○ 조사대상 : 지하수(식품용수) 사용 식품제조업체, 노로바이러스 주의 식품 및 영·유아시설 등

- 조사 대상 시설(또는 제품)은 지방식약청 및 시·도에서 관할구역 내 지하수 등(식품용수) 사용 식품제조업체, 집단급식소 등을 대상으로 자체 선정

○ 검사항목 : 노로바이러스, 잔류염소농도

○ 검사방법 : 「식품공전」식품용수 등의 노로바이러스 시험법(제8-4-25)에 따라 실시 (기준 : 불검출), 식중독원인조사 시험법(식품의약품안전평가원)

○ 참여기관 : 평가원(미생물과), 지방식약청(식품안전관리과, 유해물질분석과), 지자체(시·도 및 시·도 보건환경연구원)

○ 목표건수 : 당해연도 연간 사업계획에 따름(예산범위 내 산정)

3. 운영 방법

가. 역할분담

1) 식품의약품안전처(식중독예방과)

· 노로바이러스 감시체계 사업 종합계획 수립 및 운영 총괄

· 식품행정통합시스템(https://admin.foodsafetykorea.go.kr) 펄스넷 관리·운영

2) 식품의약품안전평가원(미생물과)

· 지방식약청 및 시·도 보건환경연구원 등의 노로바이러스 등 검출 시 염기서열 분석, 결과 검증 및 확인

· 노로바이러스 표준양성대조군 분양, 평가 및 교육

· 지방식약청 및 지자체 농축액(검출, 불검출 모두 포함)을 활용하여 A·E형 간염바이러스 상시 감시(200건)

3) 지방식품의약품안전청
- 노로바이러스 실태조사 계획수립 및 채수, 검출시설 사후관리(식품안전관리과)
- 노로바이러스 실태조사 및 식품행정통합시스템(http://admin.foodsafetykorea.go.kr) 펄스넷 결과 등록(유해물질분석과)
- 검사가 완료된 시료의 농축액(검출, 불검출 모두 포함)을 평가원 미생물과로 송부

4) 지자체
- 노로바이러스 실태조사 계획수립 및 채수(시·도 및 시도보건환경연구원)
- 노로바이러스 검출시설 사후관리(해당 시군구)
- 노로바이러스 실태조사 및 식품행정통합시스템(http://admin.foodsafetykorea.go.kr) 펄스넷 결과 등록(보건환경연구원)
- 검사가 완료된 시료의 농축액(검출, 불검출 모두 포함)을 평가원 미생물과로 송부

※ 매월 시험결과는 적·부 확인된 건에 한하여 익월 5일까지 보고

나. 노로바이러스 실태조사

1) 조사대상 : 지하수(식품용수) 사용 식품제조업체, 노로바이러스 주의 식품 및 영·유아시설 점검계획에 따라 수거된 환경검체 등
- 조사 대상 시설은 지방식약청 및 시·도에서 관할구역 내 지하수 등(식품용수) 사용 식품제조업체 등 대상으로 자체 선정

* 기관별 실태조사 계획은 실태조사 계획서 양식에 따라 작성 후 '26년 1월 31일까지 식약처(식중독예방과)로 제출

2) 검사 방법
- 검사법 : 「식품공전」식품용수 등의 노로바이러스 시험법(제8-4-25)에 따라 실시(기준 : 불검출), 식중독원인조사 시험법(평가원)
- 염기서열분석은 평가원(미생물과)에서 실시
- 검사대상 : 노로바이러스, 잔류염소농도

※ 노로바이러스 검출 시 분석결과 판독은 미생물과와 협의하여 최종 확정

3) 채수 시 유의사항
- 조리장에서 식품용수로 사용 중인 꼭지수(지하수)에 한하여 채수를 실시하며 식품공전에 의한 채수량(1,500～1,800ℓ)에 따름
- 정상적 채수가 어려운 갈수기 등의 경우, 현장 상황 등을 고려하여 500ℓ 이상으로 채수량을 조절하여 실시할 수 있으며 바이러스 시료 채수 기록부[서식 4-5-2]에 총 채수량 및 사유 기재

※ 지하수 방문조사 및 채수 시 실태조사표[서식 2-3-1] 및 바이러스 시료 채수 기록부[서식 2-3-2]를 채수 기관에서 작성 하고 해당 내용은 검사수행기관에서 받아 식품행정통합시스템 펄스넷에 입력

4) 결과 보고

○ 검출 시 결과 신속보고

- 지방식약청 및 지자체는 검출 즉시 해당시설, 본부, 해당 시·군·구 또는 관할 지방식약청에 결과(노로바이러스 유전자형 포함)와 개선조치사항을 알리고 개선조치 완료 후 보고할 것을 통보
- 개선조치 완료 후 노로바이러스 불검출 확인 시 까지 식품제조에 사용 금지 조치
- 해당 시설의 개선 후 조속히 방문하여 개선사항을 확인하고, 노로바이러스 재검사 실시 및 결과 통보(해당 시설, 관할 지방식약청 및 본부)

○ 모든 검사 결과는 통합식품안전정보망 식품행정통합시스템, http://admin.foodsafetykorea.go.kr → 펄스넷 → 결과입력 등 「노로바이러스 지하수」에 입력

- 각 지방식약청 및 보건환경연구원에서는 검사결과를 **반기별 보고**(상반기 7월 중순, 하반기 12월 중순까지) 식약처(식중독예방과)로 보고

※ 검사 결과는 식품행정통합시스템(노로바이러스 지하수)에서 일괄 다운로드가 가능하며 각 기관별로 결과 확인 후 송부

5) 검출 시 사후조치

가) 개선조치사항 확인 등 사후 조치

○ 지하수 관정 및 물탱크 등 관련 시설의 철저한 청소·소독 실시 여부

- 정화조 등 주변 오염원 점검 및 개선 조치 마련토록 권고
- 관정 관리부실, 파손에 따른 오염의 경우 시설 개선 및 청소 실시
- 염소 소독 등 정수처리 시스템 구축 계도
- 식품용수로 계속 사용이 불가한 경우 타 지하수 수원(암반수) 개발 또는 상수도 보급 도입토록 우선 검토 요청

○ 해당 시설 영업자, 조리종사자를 대상으로 개인위생관리 철저 등 식중독 예방 교육 실시 및 해당 시설에서 식중독이 발생하지 않도록 사전 예방 관리 철저하도록 교육

○ 용수에 대한 먹는 물 수질 검사 실시 독려

- 분변오염지표 항목(일반세균, 총대장균군, 대장균, 질산성질소 등) 우선 실시

○ 사용 중인 시설, 기구 등에 대한 염소 등 소독 실시 지도

6 식중독 예방 교육 및 홍보

〈식중독예방과〉

1. 식중독 예방 교육

가. 관련근거

1) 식품의약품안전처장이 명하는 교육(식품위생법 제56조제1항) : 식품의약품안전처장은 식품위생 수준 및 자질의 향상을 위하여 필요한 경우 조리사와 영양사에게 교육(조리사의 경우 보수교육을 포함한다.)을 받을 것을 명할 수 있다. 다만, 집단급식소에 종사하는 조리사와 영양사는 1년마다 교육을 받아야 한다.

2) 식품위생교육 지원(식품위생법 제41조) : 식품위생법시행령 제27조(식품위생교육의 대상)에서 시행되는 식품위생교육과정에 강사 등 지원

3) 기타 자체계획에 따른 교육 : 식중독 발생 우려가 높은 계절, 시설별·대상별 식중독 예방 교육 진행

나. 역할분담

1) 식품의약품안전처(식중독예방과)
   가) 대국민 식중독예방 교육 계획 수립
   나) 시설별, 대상별 식중독 예방 교육자료 제공
   다) 식중독예방 전문 강사양성 과정 운영

2) 지방식약청(식품안전관리과, 유해물질분석과)
   가) 식품위생 관련 안전사고 방지를 위한 교육·홍보 지원
   나) 식중독 예방 전문강사 양성 과정 참여
   다) 식중독예방관련 교육·홍보를 위한 강사, 교육기기 등 지원 협조
   라) 학교급식 등 식중독예방 특별교육 자체계획 수립·운영(해당 교육청과 협조하여 신학기 개학 전 학교급식 관계자 대상 교육)
   마) 관할 지역 내 식중독예방 교육 실적을 반기별로 보고(반기 종료 후 15일 이내)

3) 시·도, 시·군·구(식품안전·위생관리부서, 보건소)
   가) 식중독 교육 자체계획 수립·운영(분기별 1회 이상 교육)
   나) 식중독 예방 전문강사 양성 과정 참여
   다) 손씻기 등 캠페인, 현장체험 교육 운영

다. 교육내용 : 시기와 대상·업종에 맞는 식중독 예방 교육 실시

1) (집단급식소) 식중독 취약시기인 신학기 개학 전 학교급식 식중독예방 특별교육 실시

※ 주관 : 시·도 교육(지원)청 / 대상 : 학교장, 영양사, 조리사 및 학부모 / 식약처 지원사항 : 강사 및 강의교재

2) (사회복지시설) 아동복지시설, 노인요양시설 등 사회복지시설의 급식시설 관리자 및 종사자 대상 식중독 예방 교육 실시(4~7월)

※ 주관 : 시·도, 강사비 및 강의자료는 식약처에서 제공

3) 식품위생교육 기관과 교육일시를 사전에 협의하여 업종별 맞춤형 교육 실시

※ 식재료 검수도감, 위생점검 사진, 교육용 동영상 등을 교육 현장에서 활용

4) 대상별(어린이, 청소년, 학부모, 음식점영업자, 조리종사자 등) 눈높이와 관심·선호도에 맞는 교육 실시

라. 식중독예방 전문강사 양성과정 운영

1) 시·도, 시·군·구 및 교육(지원)청 담당자는 「식중독예방 전문강사 양성과정」에 참여하여 강사역량 배양

- 강사가 위촉되어 있지 않은 시·군·구, 지역교육청 등 우선 참여

※ 식중독예방 전문강사양성과정 (4월, 7월, 9월) 운영

2) 식중독 예방 교육 시 식약처에서 위촉된 식중독예방 전문강사 적극 활용

- 식약처(식중독예방과)에 문의 또는 '식품안전나라'(www.foodsafetykorea.go.kr) 홈페이지(위해·예방–식중독정보–식중독 예방강사 찾기)에서 지역 내 전문강사 확인

마. 식중독 예방진단 컨설팅 실시

1) 위생취약시설 등을 대상으로 선택·집중적인 식중독 예방진단 컨설팅을 통해 자율위생관리 수준향상 및 식중독 예방관리 유지

2) 기관별 업무분장

가) (지방식약청) 컨설팅 대상이 지자체와 중복되지 않도록 운영(사회복지시설, 산업체, 병원 등 위생취약 급식소)

나) (지자체) 음식점(식품접객업) 중심 연중 운영(김밥, 밀면, 회, 육회 등)

3) 실효성 있는 컨설팅을 위해 식중독 예방컨설팅과 위생점검 분리시행

- 지방청·지자체 여건에 따라 (1차) 개선사항 확인·지도 → (2차) 개선여부 확인 및 위반사항 적발

2. 식중독 예방 홍보

가. 역할분담

1) 식품의약품안전처(식중독예방과)
 가) 대국민 식중독 홍보 계획 수립
 나) 식중독 예방 홍보자료 제작·제공
2) 지방식약청(식품안전관리과, 유해물질분석과)
 가) 식품위생 관련 안전사고 방지를 위한 교육·홍보 지원
 나) 지자체 등 식중독 예방 교육 및 홍보의 지원
3) 시·도, 시·군·구(식품안전, 위생관리부서, 보건소)
 가) 식중독 예방 교육 및 홍보 자체계획 수립·운영
 나) 손씻기 체험 교실 등 현장체험 실시

나. 홍보내용

1) 홍보 대상에 따른 효율적 홍보 전략 수립·추진
 가) 대상별 핵심 메시지를 다양한 매체와 방법으로 홍보
 나) 홈페이지, 뉴미디어(페이스북, 인스타그램 등)등을 통한 저비용·고효율 홍보 활성화
2) 홍보 목적 및 대상에 맞는 홍보물(리플렛, 포스터, 각종 물품등)을 제작·배포
3) 단체급식시설 종사자 등을 대상으로 식중독관련 정보제공을 위한 핸드폰 문자서비스(연중 수시 발송)
4) 식품안전의 날 행사와 이벤트를 통한 홍보
 가) 한국외식업중앙회 등 단체, 업계, 소비자식품위생감시원, 자율지도원 등이 참여하는 식중독 예방 캠페인 실시
 나) 대상별 식중독 예방 홍보 동영상 등 활용
5) 식중독 예방을 위한 공익광고 실시
 가) TV, 라디오, 신문 등 언론매체를 통한 식중독 예방 공익광고 실시
 나) 지하철, 버스, KTX 등 다중 이용시설에 식중독 예방 홍보물 송출 및 게시
6) 식품안전나라(www.foodsafetykorea.go.kr) 카드뉴스 및 식중독 주의정보(매월) 등 홍보매체를 통한 식중독 관련 정보 전파
7) 자치단체별 지역행사 또는 축제 시 식중독 예방 홍보 부스를 설치하여 적극 홍보(식중독 신속검사 차량 활용 가능)

< 월별 주의해야 할 식중독 >

봄 : 퍼프린젠스

여름 : 병원성대장균, 캠필로박터 제주니, 살모넬라, 장염비브리오

봄, 가을, 겨울 : 노로바이러스

<table>
<tr><th colspan="2"></th><th colspan="3">봄</th><th colspan="3">여름</th><th colspan="3">가을</th><th colspan="3">겨울</th></tr>
<tr><td rowspan="7">주요
원인균</td><td>월</td><td>3</td><td>4</td><td>5</td><td>6</td><td>7</td><td>8</td><td>9</td><td>10</td><td>11</td><td>12</td><td>1</td><td>2</td></tr>
<tr><td>병원성대장균</td><td colspan="2"></td><td colspan="6">5~10월</td><td colspan="4"></td></tr>
<tr><td>노로바이러스</td><td colspan="4">3~6월</td><td colspan="4"></td><td colspan="4">11~2월</td></tr>
<tr><td>퍼프린젠스</td><td colspan="3">3~5월</td><td colspan="4"></td><td colspan="5">10~2월</td></tr>
<tr><td>캠필로박터</td><td colspan="3"></td><td colspan="3">6~8월</td><td colspan="6"></td></tr>
<tr><td>살모넬라</td><td colspan="3"></td><td colspan="5">6~10월</td><td colspan="4"></td></tr>
<tr><td>장염비브리오</td><td colspan="4"></td><td colspan="4">7~10월</td><td colspan="4"></td></tr>
<tr><td colspan="2">주요 원인식품</td><td colspan="3">육류, 가금류,
지하수</td><td colspan="3">닭 등 가금류,
비가열식품 등</td><td colspan="3">수산물,
비가열식품 등</td><td colspan="3">수산물
(굴, 홍합, 회 등)</td></tr>
</table>

7 식중독 발생 우려 집단급식시설 집중관리

〈식중독예방과〉

1. 목적

○ 「식품위생법」 제2조에 따른 집단급식소(식재료 안전관리 포함)의 출입·검사·수거를 통한 식중독 사전예방 및 급식 위생·안전관리 수준 향상

※ 「식품위생법」 제2조(정의)제12호(집단급식소) 영리를 목적으로 하지 않으면서 특정 다수인(1회 50명 이상 식사 제공)에게 계속하여 음식물을 공급하는 급식시설(기숙사, 학교·유치원·어린이집, 병원, 복지시설, 산업체, 공공기관, 그 밖의 후생기관 등)

2. 기본 방향

가. 연간 일정에 따라 점검이 완료될 수 있도록 계획 수립 및 시행

1) 관내 학교(초·중·고·대)·유치원·어린이집 집단급식소는 실효성 있는 지도·점검이 될 수 있도록 계획 수립 및 불시점검 시행(합동점검, 연 2회)

2) 산업체 등 급식소는 상시점검 실시

※ 대상업체(시설)를 월별 균등 배분하여 계획적으로 실시하고, 통합식품안전정보망 자료를 활용하여 식품위생법 위반 이력이 있는 업체는 중점관리

3) 식중독 발생 또는 「식품위생법」 위반 이력 시설은 중점관리대상으로 선정하여 중점 지도·점검

나. 지도·점검 기관별로 역할을 분담하여 책임 관리하고, 필요시 식약처, 시·도(시·군·구), 교육(지원)청 등 관련기관 합동 지도·점검

1) 식중독 발생 우려가 높은 개학기(3월, 8월) 집중 지도·점검

2) 겨울철 노로바이러스 식중독 예방을 위해 점검시 예방수칙 등 지도 병행

다. 집단급식소는 위생관리책임자를 지정하여 자율위생관리 정착 유도

라. 지도·점검 시, 경미한 사항은 현장에서 개선할 수 있도록 지도·교육

마. 영업자(설치·운영자 포함) 및 종사자에 대해서는 지속적인 위생교육을 실시하여 위생의식 및 식중독 예방 인식 등 제고

3. 추진방법

가. 집중관리대상: 집단급식소(학교, 어린이집, 유치원, 산업체, 사회복지시설 등),
집단급식소에 식재료를 공급하는 업체 등

나. 시·군·구는 집중관리시설 명단을 [서식 2-3-3]에 따라 작성·보관

다. 지도·점검 사항

1) 집단급식소 운영 실태 파악 및 미신고 시설

가) 시·군·구는 산업체 신고자료나 교육청 등 행정기관의 자료를 활용하여 관내 급식소 운영 실태를 파악하고, 집단급식소 설치 미신고 시설은 자진 신고토록 적극 지도하고 고의·상습적인 미신고 시설은 과태료 처분 실시

나) 시·군·구는 사회복지시설이 관리 대상에서 누락되지 않도록 지도·점검 강화

2) 점검사항

가) 「식품위생법」에 따른 시설기준 및 영업자 준수사항 이행 여부

※ 소독장치 지원시설인 경우 서식 [2-4-1]에 따라 점검

나) 식품등의 위생적 취급에 관한 기준 준수 여부

다) 무허가(무신고) 제품의 사용 및 보관 여부

라) 부패·변질 또는 무표시 제품 등 불량 원재료 사용 및 보관 여부

달걀 사용 시 확인사항

① 식용 부적합(부패, 산패취, 곰팡이, 이물 혼입, 혈액 함유, 내용물 누출, 난황 파괴, 부화 중지, 부화 실패 등) 여부

② 난각표시(산란일자, 고유번호, 사육환경번호) 여부 확인

⇒ **위반사항 확인 시 달걀을 납품한 식용란 수집판매업 관할 지자체 (시·군·구) 축산물 관리부서로 해당 내용 즉시 통보 등 조치**

난각표시

마) 영업자 및 종업원의 건강진단 여부

바) 「식품위생법」 제41조제1항 또는 제5항에 의한 위생교육 수강 여부

사) 행정처분 등 이행여부 등

아) 집단급식소 설치·운영 신고 및 지도·점검 시 지정·해임에 관한 사항 관리 (영양사, 조리사 의무 고용 '14년부터 시행중)

※ 집단급식소 설치·운영 신고 시 신고 관청은 신고 수리 후 15일 이내에 신고 받은 사항을 확인하고, 지도·점검 시에는 조리사·영양사 채용 내역을 확인토록 하고 있으므로, 현장 확인 후 집단급식소 설치·운영 신고 대장에 지정·해임에 관한 사항 기입

자) 「집단급식소 급식안전관리 기준(식약처 고시)」 [별표2] 위생관리 점검표와 [별표3] 식재료 검수일지를 작성·보관여부 점검

※ 위생관리 점검표의 점검사항을 포함하여 자체적으로 기록하는 경우 그 기록으로 갈음

3) 지도사항

가) 위생관리책임자 지정을 통한 자율위생관리 실시

나) 식중독 발생 우려가 있는 지단(계란), 햄, 소시지, 샐러드(마요네즈 함유), 어패류 등을 사용 하는 경우 보관·취급 등에 관한 위생관리 철저

다) 보존식 보관 시 사용 식재료도 함께 보관

※ 여러 끼니에서 제공하는 완제품(제품명, 제조원, 소비기한 등)이 동일한 경우 보존식을 하나만 보관하는 것이 가능(단, 동일제품임을 증명할 수 있도록 기록관리)

라) HACCP 적용식품 우선 사용 권장

라. 경미한 사항은 현장에서 시정 조치하고, 반드시 그 결과를 확인

마. 집중관리시설에 대한 지도·점검 시 수거·검사를 병행하며, 그 결과를 영업자(설치·운영자 포함)에게 통보하여 개선토록 조치

※ 검사건수 및 검사대상, 검사항목은 자체 실정에 따라 조정 실시

1) 검사대상: 식중독 우려 품목 검사 실시(식재료, 조리식품, 음용수, 도마, 칼, 행주, 식품용수, 완제품(간식류) 등)

2) 검사항목

가) 조리식품, 축산물, 완제품 등

- 「식품의 기준 및 규격」 제2. 식품 일반에 대한 공통기준 및 규격 3. 식품 일반의 기준 및 규격 4) 위생지표균 및 식중독균 / 제6. 식품접객업소(집단급식소 포함)의 조리식품 등에 대한 기준 및 규격

- 노로바이러스(필요시, 식중독 원인조사 시험법에 따라 검사 가능품목 적용)

※ 시·도 보건환경연구원 검사가능 항목 적용

나) 식품용수, 지하수

- 「먹는물수질기준 및 검사 등에 관한 규칙」 제2조 [별표 1] 먹는 물의 수질기준 적용

3) 주의 사항

가) 「식품의 기준 및 규격」 제7. 검체의 채취 및 취급방법 준수(유상수거)

나) 미생물 오염 등 검체가 손상되지 않도록 멸균 봉투·장갑 등을 사용하는 등 식품공전에서 정한 검체채취 기준을 준수하여 수거

3. 지도·점검 계획

대상	기간	점검기관	비고
학교·유치원 및 식재료 공급업체 (급식지원센터 포함)	3월, 8~9월	지방식약청, 시·도/시·군·구, 교육(지원)청	전수점검 대상 : 유치원, 고등학교, 대학교
청소년 수련시설 등	4월	지방식약청, 시·도/시·군·구	기숙학원 포함
사회복지 급식시설	6월	시·도/시·군·구	산후조리원 포함
위생취약시설	7월	지방식약청 시·도/시·군·구	과거 식중독 발생 이력, 학교 등 집단급식소 납품 운반 음식 공급업체 등
어린이집	5월, 10~11월	지방식약청, 시·도/시·군·구	전수점검
산업체	불시	시·도/ 시·군·구	자체 계획 수립하여 실시

※ 50인 미만 급식시설은 시·도교육청(유치원), 시·군·구(사회복지시설) 등 담당부서에서 지도·점검

4. 행정사항

가. 각 시·도(시·군·구)는 동 관리지침을 참고하여 2026. 1. 23.까지 연간 식중독 예방 추진계획을 수립·시행

※ 점검계획 수립시 산업체, 병원 등 상시점검을 통한 안전관리가 될 수 있도록 점검 대상 선정하고, 위반이력, 식중독 발생, 미점검업소 등 중점 점검

나. 시·도 및 지방식약청은 통합식품안전정보망(식품행정통합시스템)에 시·군·구는 새올행정시스템*에 지도·점검 당일 반드시 입력·보고

* 통합식품안전정보망 식품행정통합시스템과 자동연계

다. 시·군·구는 집단급식소 지도·점검시 집중관리업소 명단을 작성하여 관리

※ 집중관리시설 명단(서식 2-3-3)

라. 기타사항

○ 급식시설 점검 시 교차오염 예방을 위해 손 소독, 위생복, 위생모, 마스크 등 관련 복장을 반드시 착용 후 지도·점검 실시

집단급식소 식중독 유형별 대응 및 관리(총괄)

유형	추정 원인	현장대책	후속조치	확인사항	예방·사후관리
용수 오염	분변오염 의심 지하수 사용 비식용 지하수와 상수 혼용 사용 용수탱크, 정수시설 관리 불량 부적합 지하수 사용 수질검사 미실시	◦ 사용중지(봉인) ◦ 급식중단 조치	◦ 채수 및 수질검사의뢰 (꼭지수 오염시 원수 수질검사 의뢰) ◦ 탱크청소, 필터교체, 정제·소독 조치 ◦ 추가환자 발생 확인 ◦ 도시락 등 대체 급식	◦ 먹는물 기준 부적합 ◦ 식중독균 검출 ◦ 노로바이러스 검출 여부	◦ 먹는물수질기준, 노로바이러스 검사 ◦ 정기수질검사 실시 ◦ 주기적인 탱크청소, 필터교체 등 관리 철저 ◦ 식수 정제·소독 및 끓인물 제공 ◦ 시설개수, 폐공, 행정처분
식재료 오염	부패·변질 원료 및 식품 사용 유통기한 경과 제품 사용 무허가 업체 원료 납품 저질 식재료 사용	◦ 급식중단 조치 ◦ 의심식품 압류 및 사용금지 조치 ◦ 식재료공급업체 파악	◦ 수거·검사의뢰 ◦ 검수관리 철저 ◦ 동일 식재료 사용 업체 환자 발생 여부 확인 ◦ 추가환자 발생 확인 ◦ 도시락 등 대체 급식 ◦ 원인식품 제조·유통 추적 조사	◦ 식중독균 검출 ◦ 기준·규격 위반 ◦ 기타 위반사항 여부	◦ 식재료업체 사전 현장 실사 및 정기 관리 ◦ 위반업체 정보 공개 ◦ 식재료 전처리 위생관리 철저 ◦ 가열조리 위주 식단 편성 ◦ 유통기한 확인 등 검수관리 철저 ◦ 행정처분 의뢰
시설, 사람	제반 시설·설비 기준 미달 조리·가열온도 미흡 전처리 과정 교차 오염 냉장·냉동관리 온도 미준수 종사자 건강 진단 미실시 질환자 급식 조리 종사	◦ 급식중단 조치 ◦ 시설개수명령 ◦ 오염식재료 폐기 ◦ 시정지시 ◦ 조리종사금지	◦ 조리기구 표면 오염도 조사 - 환경검체 검사의뢰 ◦ 검체 채취 후 즉시 시설 개선 및 소독 ◦ 질환자 치료 및 휴무조치 ◦ 추가환자 발생 확인 ◦ 도시락 등 대체 급식	◦ 식중독균 검출 여부	◦ 정기 사전 지도 점검 ◦ 시설, 기구 등 위생관리 철저 ◦ 조리위생수칙 준수 ◦ 작업전 종사자 건강상태 확인 ◦ 손씻기, 위생복 착용 등 개인 위생 철저 ◦ 행정처분/과태료

8 지하수 살균소독장치 사후관리

〈식중독예방과〉

1. 목적

지하수 사용 사회복지시설 등 비영리시설 집단급식소의 식중독 예방(노로바이러스 등 병원성 미생물 살균소독)을 위하여 식약처에서 지하수 살균소독장치 설치 사업('12~'13)을 통하여 보급한 장치 및 이후 이전 설치한 장치의 사후관리

2. 현황

가. 2012년 지하수 염소소독장치 설치 사업

1) 지하수 염소소독장치 설치 지원

가) 사업기간 : '12.1. ~ '12.7.

나) 설치현황 : 867대(783개소)

나. 2013년 지하수 살균소독장치 지원 사업

1) 지하수 염소소독장치 지원

가) 사업기간 : '13.5. ~ '13.12.

나) 설치현황 : 697대(593개소)

2) 지하수 복합살균소독장치 지원

가) 사업기간 : '13.5. ~ '13.12.

나) 설치현황 : 48대(48개소)

3. 역할분담

가. 물품관리

1) 식품의약품안전처(식중독예방과)

가) 살균소독장치 사후관리 계획 수립 총괄 및 유지보수 지원

- 살균 소독장치 사후관리 계획 수립 총괄
- 유지보수(설치변경 등 포함)와 관련하여 지방식약청에 예산(시설장비 유지비) 지원 등이 필요한 경우 해당 지방식약청과 협의·조치
- 살균소독장치 관련 운용 변동사항 등 관리현황 총괄

2) 지방식약청

가) 할당출급된 살균소독장치의 사후관리, 교육 실시(식품안전관리과)

- 수시 현장점검 등 자체 사후관리계획 수립 및 점검
- 통합감시시스템을 이용한 장치상태 수시·정기 모니터링

※ 점검주기 설정 : 매월, 담당자 지정 운영

※ 이상 발견시 설치 시설을 통한 정상화 조치 등 실시

- 설치시설 운영자 대상 교육 실시(소독장치 관리 유의사항 등)

나) 유지보수 신청 접수 및 조치(식품안전관리과)

- 살균소독장치 유지보수 및 운용변동사항 등 관리현황 보고(연2회)
- 이전설치, 철거, 불용 등 설치변경 관련 사항은 식중독예방과로 사전 협의 후 조치
- 내용 연수가 지난 반납(철거) 장치에 대해 불용 처리(물품관리 담당부서)

나. 현장점검

1) 식품의약품안전처(식중독예방과)

가) 「⑦식중독 발생 우려 집단급식시설 집중관리」 관련 식중독 예방 합동점검(연 2회) 계획 수립 시 살균·소독장치 설치시설에 대한 현장점검 포함

나) 합동점검과 별도로 수시 현장점검계획 수립(무작위 선정 점검, 제보 등)

2) 지방식약청

가) 식중독 예방 합동점검 등 수시·정기 현장점검(교육) 및 점검결과 보고

- 수시·정기 현장점검 등 자체 사후관리 계획 수립 및 시행

※ 현장점검 양식 : [서식 2-4-2] 참조(잔류염소농도 측정 포함)

- 이상 발견 시 설치시설 및 유지보수 업체를 통한 정상화 조치 등 즉각 실시하고, 시설 운영자를 대상으로 교육 실시

3) 지자체 및 교육청

가) 본부(식중독예방과) 및 지방식약청 요청에 따라 관할지역내 설치 살균소독장치 현장점검 및 사후관리 등 관련 협조

나) 식중독 예방 합동점검(집단급식소 위생점검) 시 살균소독장치 점검 및 시설 운영자 교육

<살균소독장치 설치 시설 현장점검 기본사항>

가) 주기적인 점검 등 관리 현황 점검

- 살균소독장치 정상가동 여부
- 적정 잔류염소농도(0.1 ppm 이상 여부 점검)
- 주기적 점검 여부(관리대장 작성, [서식 2-4-2] 참조)
- 상시 장치상태 감시체제 유지 여부(전원 및 네트워크 연결상태 유지)
- 소독약품 부족 시 보충 여부(소모성 약품으로 설치 시설에서 구매)

나) 기본 유지관리 관련 교육 등

- 관리소홀(염소소독액 미보충, 전원·네트워크연결 차단 등)로 인한 비정상 작동 방지 및 식중독 예방 교육 등
- 식약처(관할 지방식약청 및 식중독예방과)의 승인 없이 설치된 장치의 임의 변경을 금하고, 설치변경 등 운용·관리와 관련한 변동사항에 대하여 관할 지방식약청과 협의·승인에 따라 조치하도록 안내

9 음식문화개선사업 관리

〈식중독예방과〉

1. 목적: 안전한 음식을 제공하도록 식문화 개선 인식을 확산하고, 위생적·경제적·친환경적 음식문화 자율실천으로 국민건강 및 국가 이미지 제고

2. 추진방향: 덜어먹기 등 안전한 식문화 정착 중점 추진 및 음식물쓰레기 줄이기 등 탄소중립 실천

3. 사업내용

가. 덜어먹기 등 위생적이고 안전한 음식문화 정착

나. 위생적인 외식환경 조성을 위한 위생취약분야 지원

※ 과태료 부과 처분을 받은 업소, 영업정지 이상의 처분을 받은 업소는 제외

다. 좋은식단, 음식물쓰레기·일회용품 줄이기 등 낭비 없는 식문화 실천

라. 음식문화개선 캠페인, 교육 및 홍보

4. 기관별 역할분담

기관명	수행 역할
식품의약품안전처	○ 음식문화개선사업 연간 사업계획 수립 ○ 전국 운영 현황 관리(반기보고, 최종보고) ○ 음식문화개선사업 우수기관 및 유공자 포상
시.도 (시·군·구)	○ 자체 세부추진 수립 시행 ○ 음식문화 개선사업 운영현황 취합 및 보고 ○ 음식문화개선 및 식품접객업소 등 식품안심업소 활성화를 위한 영업자 지원 및 대국민 홍보물 제작.배포 등 * 지역 실정에 맞게 음식문화 개선, 식중독 예방, 식품 위생과 관련된 물품 또는 관련 문구 표시 물품(예시: 리플렛, 위생용품, 식중독 예방 관련 내용 표기된 장바구니 등)

5. 행정사항

○ 운영 실적은 시·도에서 자료를 취합하여 식약처(식중독예방과)에 보고

※ 반기보고: 7월 15일까지 제출, 최종보고: 12월 16일까지 제출

○ 우수기관 및 유공자 포상: 식품안전의 날 기념행사

※ 포상기준은 식품접객업소 등 식품안심업소 확산 및 홍보, 덜어먹기 등 안전한 식문화 정착 추진 실적 등을 중심으로 기준 마련

10 식품접객업소 등 식품안심업소 운영

〈식중독예방과〉

※ 위생등급 지정받은 업소를 '식품안심업소'로 정의 신설 등 「음식점 위생등급 지정 및 운영관리규정」 개정을 추진 중으로 개정 전이라도 식품안심업소 정의 우선 적용

1. 목적: 음식점의 위생수준을 평가로 우수한 업소에 한해 식품안심업소로 지정하여 자율 경쟁을 통한 위생 향상과 소비자의 선택권 보장

2. 근거법령

○ 「식품위생법」 제47조의2(식품접객업소의 위생등급 지정 등)

○ 「식품위생법시행령」 제32조의2(위생등급 지정에 관한 업무의 위탁)

○ 「식품위생법시행규칙」 제61조의2(위생등급의 지정절차 및 위생등급 공표·표시의 방법 등), 제61조의3(위생등급 유효기간의 연장 등)

○ 「음식점 위생등급 지정 및 운영관리규정」(고시)

3. 추진방향

○ 국민의 일상 속 안전한 먹거리 환경 조성을 위해 소비자가 많이 방문하는 음식점 밀접 상권 내 식품안심업소 지정 확대

* 백년가게, 미슐랭, 블루리본 등 소비자 인지도가 높은 소상공인 업소에 대해 식품안심업소 지정 유도

○ 지자체별 식품안심 특화구역(식품안심구역) 또는 식품안심거리 조성 추진

○ 식중독 발생 우려 및 위생수준 향상이 필요한 업종 중심 기술지원을 통해 식품접객업소 등 식품안심업소 지정 참여 유도

○ 식중독 발생 우려 및 위생수준 향상이 필요한 업종, 소상공인, 배달음식점 중심 기술지원을 통해 **식품안심업소** 지정 유도

○ 모범업소 제도 폐지 예정('28.7.1)에 따른 모범업소를 식품안심업소로 전환 유도 및 지원

4. 운영내용

가. 식품안심업소 지정평가

○ 적용 대상: 식품접객업 중 일반음식점, 휴게음식점, 제과점,

○ 지정평가 지정절차

- ▶ (신청) 식품안심업소 지정을 원하는 영업자가 식약처, 시·도지사 또는 시·군·구로 신청
- ▶ (접수) 식약처 및 시군구의 민원사무처리부에 접수
- ▶ (평가) '한국식품안전관리인증원'(위탁)에서 현장평가 및 보고
- ▶ (지정) 44개 항목 평가 후 점수에 따른 등급 부여
  ※ 매우우수: 90점 ~ , 우수: 85점 ~ 90점 미만, 좋음: 80점 ~ 85점 미만
- ▶ (발급) 신청받은 기관에서 식품안심업소 지정서 발급
- ▶ (공표) 식약처, 지자체 홈페이지 등에 식품안심업소 지정 결과 공표

○ 재평가 신청: 등급보류를 받은 경우, 통보서를 받은 날부터 60일 이내에 신청 가능하며, 6개월 동안 2회까지 신청 가능

○ 유효기간 연장신청: 식품안심업소 지정 연장 신청(지정날로부터 3년)

○ 식품안심업소 지정업체 우대조치

- 개·보수비용 융자지원, 기술지원, 표지판 제공 등

※ 과태료 부과 처분을 받은 업소, 영업정지 이상의 처분을 받은 업소는 지원을 제외하고 지자체별 지원 내용은 영업자가 한번에 확인할 수 있도록 한국식품안전관리인증원에 반드시 등록될 수 있도록 내용 알림

- 식품안심업소 지정기간 내 출입·검사·수거 면제(다만, 다음 해당하는 경우 제외)

1) 민원신고, 식중독 등의 조사를 위한 출입·검사

2) 식품안심업소 사후관리를 위한 등급 유지 현장평가

나. 식품안심업소 사후관리

○ 식품안심업소로 지정받은 업소에 대해 관계공무원 또는 평가자로 지명된 소비자식품위생감시원을 활용하여 연 1회 이상 사후관리를 할 수 있음

- 유효기간이 만료된 지정 표지판 점검 및 회수, 전년도 지정업소, 식품위생법 위반업체 등 집중관리업소 대상 지정 유지 여부 사후관리

※ 식품안심업소, 식품안심구역 등에서 식품위생사고나 법령 위반 등이 발생하지 않도록 내실있는 사후관리 실시

다. 식품안심업소 기술지원

○ 식품안심업소 지정을 희망하는 업소를 대상으로 음식점의 식재료 보관·관리부터 현장 정밀진단 및 개선방향을 제시하는 1:1 맞춤형 기술지원 사업

※ 전담 컨설팅 운영(무료 기술지원 신청업소 중 위생관리가 필요한 소규모 영업자를 선정하여 신청부터 지정받을 때까지 전담하여 지원)

5. 기관별 역할분담

기관명	수행 역할
식품의약품안전처	○ 식품안심업소 운영을 위한 정책 방향 및 제도개선 ○ 평가자 교육프로그램 및 가이드라인 등 개발 ○ 식품안심업소 대상 교육 및 대국민 홍보 수행 ○ 한국식품안전관리인증원 위탁 사업 관리 운영
시.도 (시·군·구)	○ 식품안심업소 지정평가 및 기술지원 등 ○ 식품안심업소 사후관리 자체 세부계획 수립 시행 - 위생적 취급기준 위반 등 식품위생법 위반업소 수시 평가 실시 ○ 식품안심업소 시설 개보수 융자 등 식품진흥기금 적극 지원 ○ 홈페이지 등을 활용하여 식품안심업소 홍보
위탁기관 (한국식품안전관리인증원)	○ 식품안심업소 지정·연장·변경에 대한 평가 수행 ○ 식품안심업소 평가자 양성 교육 및 기술지원 등 ○ 식품안심업소 활성화를 위한 정보 수집·제공 및 홍보 등

6. 행정사항

○ 식품안심업소 지정절차, 평가항목·기준 등 별도의 행정사항은 세부규정(고시)을 참고하여 업무 수행

※ 고시 개정 예정으로 개정된 사항 확인('25.12월 행정예고 예정)

v 개정 일부내용

o 식품안심업소: "식품안심업소"란 위생등급을 지정받은 식품접객업소등을 말한다.

o 식품안심구역: "식품안심구역"이란 식품접객업소 등이 모여있으면서 식품안심업소로 지정받은 식품접객업소 등이 일정 비율 이상인 지역・장소・구역으로서 식약처, 시・도지사 또는 시장・군수・구청장이 지정한 곳을 말한다.

○ 식품접객업소 등 식품안심업소 지정 활성화를 위해 지속 계도

11 식중독 예방 소통전담관리원 지정 및 운영

〈식중독예방과〉

1. 목적: 식중독 예방 소통전담관리원 지정·운영으로 음식점, 집단급식소 등에서 위생적이고 안전한 음식을 조리·판매하도록 계도

2. 식중독 예방 소통전담관리원 지정

가. 자격: 소비자식품위생감시원 중 홍보에 관심이 많고 경험이 많은 자

나. 지정: 492명('24년 임명, 시군구 단위별 2명 이상)

다. 임기: 2년(활동실적 고려 연장 가능)

3. 식중독 예방 소통전담관리원의 활동 및 운영

가. 음식점 및 집단급식소 영업자, 조리 종사자 대상 식중독 예방 홍보 및 실천을 위한 지도

나. 시기별 식중독 발생 주요 원인균에 대한 식품안전관리, 주의사항 지도, 식중독 예방 캠페인 및 홍보물 배포 등

다. 운영 계획

1) 기간: 2~11월

시기	주요 내용
2월	식중독 발생이 높은 시설(식품접객업소 등)
7~8월	휴가지 및 행락철 인구 밀집 지역 음식점 대상
11월	사회복지시설, 어린이집 등 위생취약 시설 대상 식중독 예방 홍보
상시	지자체별 자체 계획에 따른 식중독 예방 홍보

2) 구성 및 운영: 식약처(총괄 계획 수립), 시·도(주관), 시·군·구(운영)

※ 식약처 계획은 상황에 따라 변경 가능하며, 필요시 지자체별 상시 계획수립 운영 가능

4. 행정사항

가. 시·군·구는 본 지침 및 운영 계획에 따른 소통전담관리원 세부운영 계획 수립·시행

나. 소통전담관리원 활동전 지자체별 식중독예방 교육 실시

※ 시기별·대상별·원인균별 식중독 예방 교육자료 식약처 식중독예방과 제공

12 조리장과 별도의 장소에 객석 추가 설치 허용 등에 따른 집단급식소 안전관리

〈식중독예방과〉

1. 조리장과 별도의 장소에 객석 추가 설치 허용에 따른 집단급식소 안전관리

<< 허용 사항>>

* 기존 객석이 협소할 경우 등 조리장과 별도의 장소에도 객석을 추가 설치 가능하며, 이 경우 해당 사업장에 동일 소재지에 추가 설치 가능
  - 조리·제공되는 식품을 운반할 수 있는 기구 또는 운반차량을 갖추어야 함
  - 위생관리 가이드라인에 따라 급식을 운반·보관·배식하고, 추가 설치된 객석의 배식담당자는 위생관리를 하여야 함
  - 조리장과 별도의 장소에 객석을 추가 설치할 경우 관할 관청에 변경신고를 하여야 함

가. 목적

집단급식소 해당 사업장 내 추가 설치된 객석에 대한 위생관리 여부를 점검하고, 위생관리 가이드라인에 따라 추가 설치된 객석이 운영되도록 지도 및 안전관리 강화

나. 관련 근거

「식품위생법 시행규칙」 별표25(집단급식소 시설기준)

다. "조리장과 별도의 장소에 객석 추가 설치 허용" 개요

1) (설치 기준) 조리장과 별도의 장소에도 객석을 추가 설치하는 기준은 다음과 같음

가) 집단급식소 설치·신고된 건물 內 다른 장소

예 : 동일건물 10층에 객석을 추가 설치하여 동일건물 1층(집단급식소 설치)에서 조리한 식품을 운반하여 배식하는 것

나) 집단급식소 설치·신고된 건물 외 다른 건물(해당 사업장)

예 : OOO공장 대지 內 A건물 집단급식소에서 조리한 식품을 해당 사업장에 위치한 B건물에 추가 설치된 객석으로 운반하여 배식하는 것

2) (운영방식)

가) (집단급식소 운영자(위탁급식영업자 포함) 객석을 추가 설치하고자 할 경우, 면적변경(추가)사항을 식품위생법 시행규칙 별지 제71호서식에 의거 관할 지자체에 변경신고 하여야 하며. 위생관리 가이드라인에 따라 급식을 운반·보관·배식하고, 추가 설치된 객석의 배식담당자는 위생관리를 철저히 하여야 함

나) (지자체 담당자 등) 집단급식소에서 조리장과 별도의 장소에 객석 추가 설치를 확인한 경우, 식품위생법 시행규칙 제94조제4항에 따라 별지 제70호 서식의 집단급식소의 설치·운영신고대장에 기록·보관하거나 같은 서식에 따른 전산망에 입력하여 관리

라. 중점 지도·점검 사항

1) 식품안전관리지침 Part Ⅷ. 7. 식중독 발생 우려 집단급식시설 집중관리에 따라 점검

마. 조리장과 별도의 장소에 추가 설치된 객석의 위생관리 가이드라인

<< 위생관리 가이드라인 >>

1. 보관 관리

1) 조리식품은 세척·소독·건조된 배식용 보관용기에 담아, 뚜껑 등을 덮어교차오염이 되지 않도록 관리한다. 또한 식품을 도시락 등으로 포장하는 경우 용기는 식품용 기구 및 용기·포장 기준 및 규격에 적합한 제품을 사용하여야 한다.

2) 조리 완료된 냉장식품은 10℃ 이하로, 온장식품은 60℃ 이상으로 유지될 수 있는 적온 보관 설비(보냉·냉장설비·보냉용기/ 보온·온장설비·보온용기 등)에 보관한다.

3) 조리식품을 보관시 원료, 전처리식품, 반조리식품 등과 구분하여 청결하게 보관해야 하며, 불가피하게 함께 보관하는 경우 조리 완료된 식품은 상단에, 원료 등은 하단에 보관하여 조리식품이 교차오염되지 않도록 관리한다.

2. 운반 관리

1) 조리식품은 뚜껑 등을 덮어 이동하고, 조리식품과 비식품 등은 구분·분리하여 교차오염과 이물혼입 등을 방지한다.

2) 가능한 특성에 따라 보온 또는 보냉이 가능한 운반기구 또는 운반차량에 담아 운반하여 적정온도를 유지하도록 한다.

3) 운반 시 사용하는 도구는 세척 및 소독이 용이한 재질로 구성되어야 하며, 바퀴를 포함한 전체 부분을 정기적으로 청소·소독하여 청결하게 관리하도록 한다.

4) 차량을 이용하여 운반하는 경우 차량 내부는 정기적으로 청소·소독하여 청결하게 관리하고, 조리식품은 오염을 유발 할 수 있는 기타 물품과 격리하여야 한다.

3. 배식 관리

1) 적온이 유지될 경우 배식시간 내 배식한다.

2) 적온이 유지되지 않는 경우 조리 완료 후 최대한 빠른 시간내에 배식이 이루어지도록 하며, 배식시간이 길어질 경우 소분하여 적온보관한다.

3) 배식대에서 배식하고 남은 음식물은 다시 사용·조리 또는 보관하지 않고 전량 폐기한다.

4) 배식담당자(배식당번 등)는 위생관리를 철저히 하여 안전한 식사를 제공한다.

4. 객석 관리

1) 이용자의 편의와 쾌적한 환경 제공을 위해 기물을 배치하고, 청결하게 관리하며, 주기적인 환기를 한다.

※ 별도의 장소에 객석을 설치할 경우 해당 장소에 필요 기물의 예시는 다음과 같음

예) 식탁(테이블)·의자, 배식대, 퇴식구, 휴지통, 정수기(식수통), 컵, 자외선 소독고 등

2) 취식공간 내 음식을 위생적으로 보관 및 배식할 수 있는 냉장설비·보냉용기/ 보온·온장설비·보온용기 등을 필요시 설치하여 운영 한다.

3) 위생적 취식 공간 확보(적정 온습도 관리, 방충·방서 관리, 손소독제 구비, 소독제, 유해물질 등 보관 구역 별도 구획)를 하여야 한다.

5. 퇴식 관리

1) 잔반처리 구역 설정(퇴식구)하여 퇴식에 필요한 전용 잔반 용기(밀폐 관리가 가능한 전용 용기) 및 식판, 숟가락, 젓가락 등 식사도구 보관 용기를 비치하도록 한다.

2) 테이블 정돈 및 소독, 식사 후 환기, 조리실(세척실) 등으로 잔반 등 운반을 통해 추가 설치된 객석을 위생적으로 관리하도록 한다.

2. 집단급식소 내 조리음식의 도시락 포장 제공 코너 및 가공식품 급식메뉴 상시 제공 코너 설치 허용에 따른 안전관리

<< 허용 사항>>

○ **급식소 내 조리음식의 도시락 포장 제공 코너 운영 허용,** 안전한 급식 제공을 위해 위생관리 가이드라인에 따라 안전관리 필요

- 감염병 등의 사유로 해당 사업장, 기숙사, 사회복지시설 등에 격리 또는 이동이 어려운 사람, 교대근무, 상황실근무 등으로 배식시간 내 식사가 불가능한 사람, 크레인 등 근무자로 작업 공정상 이동이 어려운 사람, 근무특성 상 급식소내 식사가 불가한 사람 등에 제공
- 학교·어린이집·유치원·병원(다만, 수술실·응급실·격리실 등 근무자 도시락 제공 가능)을 제외한 급식소에서 급식 메뉴로서 도시락을 제공하는 것으로 해당 사업장 내에서만 섭취 가능, 조리음식 도시락은 해당 끼니 배식시간 동안만 제공, 배식 시간 경과한 도시락은 즉시 폐기
- 체육행사, 가정 등 조리음식 집단급식소 외부 반출 불가

○ **급식소 내 급식 메뉴(가공식품만 해당) 상시 제공 코너 설치 허용,** 안전한 급식 제공을 위해 위생관리 가이드라인에 따라 안전관리 필요

- 학교·어린이집·유치원을 제외한 급식소에서 급식 메뉴로서 제조업체에서 제조된 가공식품을 제공하는 경우에 한함

가. 목적

"집단급식소 내 조리음식의 도시락 포장 제공 코너 및 가공식품 급식메뉴 상시 제공 코너"에 대한 위생관리 여부를 점검하고, 위생관리 가이드라인에 따라 운영되도록 지도 및 안전관리 강화

나. "집단급식소 내 조리음식의 도시락 포장 제공 코너 및 가공식품 급식메뉴 상시 제공 코너 설치 허용" 개요

1) (운영방식)

가) (집단급식소 운영자(위탁급식영업자 포함)) 이용자 요청에 의해 아래 급식 메뉴로 제공하는 경우 위생관리 가이드라인에 따라 운영·관리하여야 함

① 집단급식소에서 조리한 음식(조식/중식/석식 등)을 도시락 형태로 제공하는 경우

* ❶급식 이용자를 대상으로 사전 도시락 예약 형태로 운영하는 등 적정 급식 인원을 과도하게 초과하여 제공 자제, 외부 판매 금지 ❷학교·어린이집·유치원·병원(다만, 수술실·응급실·격리실 등 근무자 도시락 제공 가능)을 제외한 급식소에서 급식 메뉴로서 도시락을 제공하는 것으로 해당 사업장 내에서만 섭취 가능 ❸집단급식소의 동일사업장 외부 반출 불가, 정규 배식 시간 동안만 제공, ❹감염병 등의 사유로 해당 사업장, 기숙사, 사회복지시설 등에 격리 또는 이동이 어려운 사람, 교대근무, 상황실 근무 등으로 배식 시간 내 식사가 불가능한 사람, 크레인 등 근무자로 작업 공정상 이동이 어려운 사람, 근무특성 상 급식소 내 식사가 불가한 사람 등에 제공, ❺코너에서 정규 배식 시간 경과한 도시락은 즉시 폐기 조치

② 견과류, 컵라면, 캔음료, 유제품류 등 제조업체에서 제조한 가공식품(가공완제품)을 냉장고 등에 보관하여 상시 제공하는 경우

* 학교·어린이집·유치원을 제외한 급식소에서 급식 메뉴로서 제조업체에서 가공한 가공식품을 제공하는 경우에 한함

나) (지자체 담당자 등) 집단급식소 내 조리음식의 도시락 포장 제공 및 가공식품 메뉴 상시 제공 코너가 위생관리 가이드라인에 따라 잘 관리되고 있는지를 지도·확인하여야 함

다. 중점 지도·점검 사항

1) 식품안전관리지침 Part Ⅷ. 7. 식중독 발생 우려 집단급식시설 집중관리 요령 등에 따라 점검

라. "집단급식소 내 조리음식의 도시락 포장 제공 코너 및 가공식품 급식 메뉴 상시 제공 코너 설치 허용"에 따른 위생관리 가이드라인

<< 위생관리 가이드라인 >>

1. 시설 관리

가. 조리식품 및 가공식품을 청결하고 위생적으로 보관 및 온도관리를 할 수 있는 설비 등을 구비 하여야 한다.

1) 차갑게 보관·제공되는 조리음식을 10℃이하로 보관·관리할 수 있는 보냉기 또는 냉장 설비 등

2) 따뜻하게 보관·제공되는 조리음식을 60℃ 이상 보관·관리할 수 있는 보온기 또는 온장 설비 등

3) 사용하는 설비의 내부는 청결하게 관리해야 한다.

나. 냉장·냉동시설 등에는 온도계 또는 온도를 측정할 수 있는 계기를 설치하여야 하며, 적정온도가 유지되도록 관리하여야 한다. 단, 냉장·냉동고 등에서 온도를 측정할 수 있는 설비가 되어 있을 경우 별도의 계기를 설치하지 아니하여도 된다.

2. 위생 관리

가. 급식소내 조리음식을 도시락의 형태로 포장하여 제공할 경우

1) 조리 및 보관 관리

가) 조리식품은 덮개를 사용하여 보관한다.

나) 조리식품 중 냉장식품은 10℃ 이하로, 온장식품은 60℃ 이상으로 유지될 수 있는 설비에 보관한다. (보냉·냉장설비/ 보온·온장설비 등)

다) 가열 조리 후 냉각하여 차갑게 제공하는 조리식품은 가능한 빠른 시간 내에 10℃이하로 냉각하여 보관한다.

라) 조리식품을 보관 시 원료, 전처리식품, 반조리식품 등과 구분하여 청결하게 보관하여야 하며, 불가피하게 함께 보관하는 경우 조리식품은 상단에, 원료 등은 하단에 보관하여 조리식품이 오염되지 않도록 관리한다.

2) 포장 관리

가) 포장에 사용되는 용기는 식품용을 사용한다.(식품용 기구 및 용기·포장 기준 및 규격)

나) 포장 시 가급적 차갑게 제공되는 식품과 따뜻하게 제공되는 식품을 한 개의 용기에 함께 담지 말고, 개별용기에 담는다.

다) 가열조리가 끝났거나 그대로 먹는 음식은 맨손 취급 금지, 가열조리한 메뉴(또는 뜨거운 밥 등)는 식혀서 포장 할 수 있도록 한다.

라) 포장 시 오염 및 이물이 혼입되지 않도록 가급적 밀봉한다.

3) 제공 관리

가) 차갑게 제공하는 도시락은 10℃이하, 따뜻하게 제공하는 도시락은 60℃이상 온도가 유지될 수 있는 설비에 보관하여 제공될 수 있도록 관리한다.

나) 도시락 형태로 제공하는 경우 빠른 시간안에 취식할 수 있도록 취식 요령 등을 안내스티커, 안내표지판 등을 이용하여 안내한다.

* 도시락 위생관리 요령, 섭취 요령, 먹고 남은 도시락 즉시 폐기 등

다) 배식시간이 끝나고 남은 도시락의 경우 즉시 폐기한다.

라) 적온이 유지되지 않는 경우 조리완료 후 최대한 빠른 시간 내에 제공이 이루어지도록 하며, 배식시간이 길어질 경우 소분하여 적온보관 후 제공한다.

나. 가공식품(가공 완제품) 제공 시 위생관리 기준

1) 보관 관리

가) 식품 등의 기준 및 규격 중 식품별 보존 및 유통기준에 적합한 온도가 유지될 수 있는 설비에 보관하여야한다.

나) 제공하는 가공식품의 유통기한(소비기한)이 경과되지 않도록 관리한다.

13 「식중독 발생원인 조사절차에 관한 규정」 고시 제정

〈식중독예방과〉

□ 주요 제정내용(식품의약품안전처 고시 제2019-94호, 2019.10.22.)

조항	주요 제정내용
제4조	○ 식중독 환자등의 보고 및 신고 - 식중독 환자등 및 그 보호자도 관할 시장·군수·구청장에게 식중독 발생 또는 의심 사실 신고 신설
제5조	○ 식중독 발생 보고 - 시장·군수·구청장은 식중독에 관한 보고 및 신고 받은 때에는 지체없이 식약처장, 지방식약청장 및 시·도지사에게 식중독 발생 보고
제6조	○ 식중독 발생 정보 제공 - 집단급식소(식중독 발생 급식소에 식재료 공급 업체에서 식재료 공급)에 식중독조기정보시스템 활용하여 식중독 주의 정보 제공
제7조	○ 원인·역학조사반 구성 - 식약처장은 국민보건상 중대하다고 인정되는 경우(학교급식소, 식중독 환자 50인 이상 발생 등) 합동으로 식중독 원인・역학조사 실시 - 시장·군수·구청장은 식중독 환자등이 50인 미만인 경우 관할 시·군·구 소속 공무원으로 원인·역학조사반 구성 - 학교 또는 식중독 환자등이 50인 이상인 경우 지방식약청, 관할 시・도 및 시・군・구 소속 공무원으로 합동 원인・역학조사반 구성
제8조	○ 식중독 원인·역학조사 방법 등 - 해당 시설 및 환경조사, 식재료, 섭취식품 등 조사 및 조리과정 확인, 검수조서, 식재료관리일지 등 기록조사, 환자, 조리종사자 및 관리자에 대한 면담 등 현장조사 실시 - 보존식・식재료 등 섭취 식품, 음용수, 도마・칼・행주 등 식품을 오염시킬 수 있는 환경 검체 채취 검사
제9조	○ 원인식품 등에 대한 검사의뢰 - 시장・군수・구청장은 원인식품 등에 대한 검사 의뢰
제10조	○ 원인식품 등에 대한 추적조사 등 - 지방자치단체의 장은 원인식품 등에 대한 추적조사 및 필요한 조치
제11조	○ 식중독 원인・역학조사 결과 보고 - 시장・군수・구청장은 신속히 식중독조사결과를 식중독보고관리시스템 등을 통해 식약처장 및 관할 시·도지사에게 보고

14 지역축제·행사 식음료 안전관리

〈식중독예방과〉

1. 목적: 지역축제 내 제공되는 식음료에 대한 안전관리 체계를 강화하여 대규모 식중독 발생을 사전 차단

2. 기본방향

가. 지역축제 특성 및 개최 지자체의 상황에 맞게 자체계획 수립 및 시행

나. 지역축제 식음료 부분 관리·보고 체계 구축

다. 현장 위생관리 모니터링 실시

라. 축제 주최자·참여 영업자·참가자 대상으로 식음료 안전관리 인식 제고

3. 관리대상

가. 참가인원 50만명 이상 축제·행사

나. 식음료 관련 축제·식음료 제공 등 식중독 발생 우려가 있는 축제 자체 선정

4. 지역축제 식음료 안전 지도·점검 등 관리방법

가. 공통사항

○ 축제별 식음료 제공 형태 파악 후 안전관리 계획 수립

○ 행사 주관 대상 식품 관리 요령, 식중독 대응 방법 등 식품 안전 교육 시행

○ 식품 안전 대책반 및 식중독 발생 신속보고 대응반 설치 등 식품위생감시원 상시 근무

○ 소비자식품위생감시원 등을 통해 축제 기간 동안 수시 점검 및 교육·관리 강화

○ 식중독 신속검사 차량 활용 식중독 예방 홍보 병행

- 관할 지방청(식품안전관리과) 또는 식약처(식중독예방과)와 사전협의

나. 도시락 제공하는 경우

○ 대량 도시락·배달음식 등 주문 시 위생부서와 사전 협의 후 진행

- 업체 선정 시 생산 가능 물량 초과하여 제품 제조·조리 되지 않도록 사전 확인
- 납품 시 식품별 유통 온도 준수 확인, 가급적 배송 후 즉시 섭취하도록 지도

○ 도시락제조업체(배달음식점 등) 사전 지도·점검 실시

다. 한시적 영업소 운영하는 경우

○ 한시적 영업 신고 시 식중독 예방 요령, 영업자 준수사항 및 위생관리 주의사항 등 사전 교육·안내

- 당일 사용할 만큼 식재료 구매 후 당일 소진
- 자체적으로 위생관리토록 자율관리 점검표 제공(지역행사 식중독 예방관리 매뉴얼)
- 외부에서 조리한 음식 반입하여 판매 금지, 식품용 기구·용기 사용 등

라. 주변 음식점 사전 지도점검 실시

○ 주요 음식점 대상 사전 위생 점검

○ 식중독 예방 진단 컨설팅 시행

5. 행정사항

가. 시·도는 자체 추진 계획을 수립하여 시·군·구에 시달하고, 시·군·구는 자체 점검 계획을 수립하여 시행

나. 시·도는 시·군·구에서 수립한 익월 계획을 취합하여 월말까지 식약처(식중독예방과)에 제출

<지역축제 식음료 안전관리 추진절차>

단계	내용	담당
① **지역축제 현황 파악**	▹ 지역축제 개최 현황 파악 및 식음료 안전관리 지원 요청	**주관부서 → 시군구 위생부서**
▼		
② **식음료 안전관리 계획 수립**	▹ 위생부서는 주관부서에 협조하여 식음료 안전관리 계획 수립 * 도시락업체 및 한시적 영업업소 위생 관리 ▹ 식중독 발생 시 조치계획, 환자 발생 시 조치 사항 등	**시군구 위생부서**
▼		
③ **식음료 안전관리 계획 공유**	▹ 식약처(식중독예방과)로 지역축제 식음료 안전관리 계획 제출 ▹ 식약처(식중독예방과)에서 매월 취합 후 지역축제 현황 공유	**시군구 위생부서 → 시도 위생부서 → 식중독예방과**
▼		
④ **식음료 합동 지도·점검**	▹ 도시락·배달음식 등 이용 시 안전관리 **철저** * 필요시 업체 사전 위생 지도·점검 ▹ 한시적 영업업소, 푸드트럭 **위생점검(검수·검식 포함) 및 업체 자율 관리 지도**	**시군구, 시도·지방청·행사주관(사)(협조)**
▼		
⑤ **상시 위생관리**	▹ 지속 점검 및 업체 자율 관리 ▹ 식중독 의심 상황 발생 시 「식중독 표준업무 지침」에 따른 업무 처리 ▹ **식중독 예방 홍보활동 병행**(식약처 검사 차량 활용 등)	**시군구, 시도·지방청·행사주관(사)(협조)**

Part

어린이 식생활 안전관리

추 진 개 요

◆ 기본방향

○ 어린이 식품안전보호구역의 지속적 관리 강화

○ 어린이 기호식품의 안전성 확보

○ 어린이 비만예방 및 건강한 식생활 환경조성

○ 어린이의 올바른 식품 선택을 위한 교육 및 홍보 강화

○ 어린이 식품안전·영양 관리 지원 확대

◆ 역할분담

구분	식약처	시·도	시·군·구
1. 어린이 식품안전보호구역 지정	·운영지침 마련, 총괄	·현황 파악	·지정
2. 어린이 기호식품 조리·판매업소 지도·점검	·총괄	·관할지역 점검 계획 수립, 시행 및 관리 현황 파악	·위생점검
3. 어린이 기호식품 품질인증 제품 수거·검사	·총괄 ·품질인증 제품 수거·검사(지방청)		
4. 전담관리원 지정 및 운영	·총괄, 운영지침 마련 ·예산 지원	·예산 지원, 현황 관리	·지정, 관리
5. 우수판매업소 지정	·총괄	·예산 지원, 현황 관리	·지정, 사후관리 ·비용 지원
6. 고열량·저영양 식품 및 고카페인 함유 식품 관리	·총괄 ·광고모니터링	·세부 계획 수립 및 결과 취합	·학교매점, 우수판매업소 점검
7. 식품접객업소의 영양성분 및 알레르기 유발 식품 표시 관리	·총괄, 가맹점 등 현황 파악 및 지도·계몽	·세부 계획 수립 및 결과 취합	·지도·점검
8. 어린이급식관리지원센터 설치·운영	·총괄 ·예산 지원	·설치 및 운영 사후관리 ·예산 지원	·설치 및 운영 사후관리 ·예산 지원
9. 어린이 식품안전·영양교육 및 홍보	·종합계획 수립 및 총괄 관리·지원	·계획수립 및 시행	· 계획수립 및 시행

※ 지방식약청은 본부 지시에 따른 업무 별도 수행

◆ 연간 추진일정

구분	추진내용	점검기관
연중	· 어린이 식품안전보호구역 관리·운영 · 어린이 기호식품 조리·판매업소 상시 지도·점검	시·도(시·군·구)
연중	· 어린이 기호식품 중 정서저해식품, 고열량·저영양 식품, 고카페인 함유 식품 단속	시·도(시·군·구)
연중	· 어린이급식관리지원센터 설치·운영	
연중	· 어린이 식생활 안전관리 교육·홍보	식약처 시·도(시·군·구)
2,8월	· 개학 대비 학교매점 및 어린이 식품안전보호구역 내 어린이 기호식품 조리·판매업소 지도·점검	시·도(시·군·구)
1~4월	· 전국 238개 급식관리지원센터 지도·점검·평가	식약처, 시·도(시·군·구)
4,10월	· 어린이 기호식품 품질인증 제품 수거·검사	지방청
5월	· 급식관리지원센터 등록시설 지도·점검	시·도(시·군·구)
10월	· 영양성분 및 알레르기 유발 식품 의무표시 대상 식품접객업소 등 지도·점검	시·도(시·군·구)

※ 개학대비 어린이 기호식품 조리·판매업소 점검(2, 8월)은 식중독예방과 합동점검 시 병행

1 어린이 식품안전보호구역 지정

〈식생활영양안전정책과〉

1. 근거법령 : 「어린이 식생활안전관리 특별법」 제5조

2. 목적

○ 학교 및 학원가 등 주변의 안전하고 위생적인 판매환경 조성을 통한 어린이의 건강 보호

3. 어린이 식품안전보호구역의 지정

가. 학교와 학교 경계선으로부터 200m의 범위 안을 어린이 식품안전보호구역으로 지정

나. 학교와 학교간 거리가 가까워 200m 이내의 범위가 서로 중첩되는 경우에는 여러 학교를 포함하여 한 개의 구역으로 지정

※ 학교 주변에 식품조리·판매업소 등이 없을 경우 식품안전보호구역 지정 대상에서 제외 가능

다. 학교 내의 학교매점, 식품자동판매기 및 어린이 식품안전보호구역 내의 어린이 기호식품 조리·판매 업소 분포를 사전조사표[서식 4-1-1]에 따라 조사(문방구·슈퍼마켓·식품자동판매기·편의점 등 모두 포함)

※ 어린이가 이용하면서 어린이 기호식품을 주로 조리·판매하는 시설 중점 관리, 구역 내 식품 조리·판매업소 중 성인을 대상으로 하는 업소(갈비집, 횟집 등)는 관리대상 업소에서 제외

4. 어린이 식품안전보호구역 지정 통계 작성방법

가. 지정학교 주변 200m의 범위 안에 다른 학교가 없는 경우

⇒ 지정학교 수 1개교, 식품안전보호구역 수 1곳

나. 여러 학교(예 : 3개교)의 주변 200m의 범위가 중첩되는 경우

⇒ 지정학교 수 3개교, 식품안전보호구역 수 1곳

다. 어촌, 산간 지역 등에 분교(예 : 1개교)가 있는 경우

⇒ 지정학교 수 1개교, 식품안전보호구역 수 2곳

※ 분교의 학교 수는 본교에 포함하여 1개교

5. 어린이 식품안전보호구역 표지판 설치 및 관리

가. 표지판 설치 방법

1) 학교 정·후문 등으로 이어지는 길의 경우 길 입구와 학교 정·후문 근처에 설치하고, 학교로 이어지지 않는 도로는 양쪽 입구 모두에 표지판을 설치하는 등 어린이나 일반 시민이 구역의 범위를 명확히 알 수 있도록 설치하여야 함

※ 식품안전보호구역의 크기, 면적 등을 고려하여 학교 당 2개 이상 설치

※ 학원가 등은 구역을 알 수 있는 위치에 2개 이상 설치

2) 어린이 식품안전보호구역 내 어린이 기호식품 조리·판매업소가 밀집된 지역은 표지판을 추가 설치하여 어린이나 일반 시민이 쉽게 알 수 있도록 조치

나. 표지판의 관리

1) 어린이 기호식품 전담관리원은 표지판의 설치 상태를 분기 1회 이상 점검

2) 표지판이 훼손되거나 색깔이 바래는 등 내용을 알아보기 힘든 경우 즉시 교체

3) 표지판 교체 시 '부정·불량식품 신고 1399' 등 식품안전 홍보문구 병행 표기

<표지판 예시>

가로형	세로형	타원형
GREEN FOOD ZONE 여기부터는 어린이 식품안전보호구역입니다. -○○○ 시 · 군 · 구- 부정 · 불량식품 신고 1399 또는 식품안전나라	GREEN FOOD ZONE 여기부터는 어린이 식품안전보호구역 입니다. -○○○ 시 · 군 · 구- 부정 · 불량식품 신고 1399 또는 식품안전나라	GREEN FOOD ZONE 여기부터는 어린이 식품안전보호구역입니다. -○○○ 시 · 군 · 구- 부정 · 불량식품 신고 1399 또는 식품안전나라

6. 학원가 등 어린이 식품안전보호구역 시범 지정(확대)

가. 추진배경

○ 학교주변 뿐만 아니라 방과 후 등 어린이의 왕래가 많은 학원가나 놀이공원 주변 판매식품의 관리 필요

나. 학원가 등 어린이 식품안전보호구역의 시범 지정

1) 초·중·고등학생을 대상으로 하는 학원이 많이 있는 학원가나 놀이공원 주변

가) (학원가) 초·중·고등학교 대상 학원 5개 이상이고 어린이 기호식품 조리·판매업소 3개 이상인 구역(단, 군단위는 학원 2개 이상, 어린이 기호식품 조리·판매업소 2개 이상)

나) (놀이공원) 「관광진흥법 시행령」 제2조제1항제5호가목의 종합유원시설업*이고 어린이 기호식품 조리·판매업소 5개 이상인 구역

※ 종합유원시설업 : 유기시설 또는 유기기구 6종 이상 설치·운영

2) 시범 지정 구역 내 어린이 기호식품 조리·판매업소 및 식품자동판매기 수와 주요 판매식품 종류 등 사전 실태조사 실시

3) 시범 지정구역 수 : 해당 시·군·구별 1개 구역 이상 지정

※ 관내 학원가 등 관리 필요 구역이 여러 곳일 경우 가능한 지정 확대

다. 학원가 등 어린이 식품안전보호구역 관리

1) 어린이 기호식품 전담관리원 배치 및 식품조리·판매업소 지도·점검 실시

※ 법정 어린이 식품안전보호구역과 동일하게 적용 실시

2) 표지판 설치

가) 길을 따라 골목을 형성하여 영업하고 있을 경우(예: 먹자골목 형태)

⇒ 어린이 식품안전보호구역이 시작하는 지점과 끝 지점에 설치

나) 사거리를 중심으로 여러 곳에서 영업하고 있을 경우

⇒ 사람이 많이 통행하는 장소에 사람들이 쉽게 알아 볼 수 있도록 설치

다) 1~2개 건물 위주로 어린이 기호식품 조리·판매업소가 집중되어 있는 경우

⇒ 건물의 입구에 표지판을 부착 또는 설치

3) 지도·점검은 개학 대비 점검 시 병행하고, 필요시 방학기간(동계, 하계)에 계획에 따라 진행가능

7. 행정사항

가. 시·도(시·군·구)는 '어린이 식품안전보호구역 지정관리대장(「어린이 식생활 안전관리특별법 시행규칙」 별지 제2호 서식)'을 보관 관리

<식품안전보호구역 지정방법>

지정 학교 주변 200m 이내에 다른 학교가 없을 경우

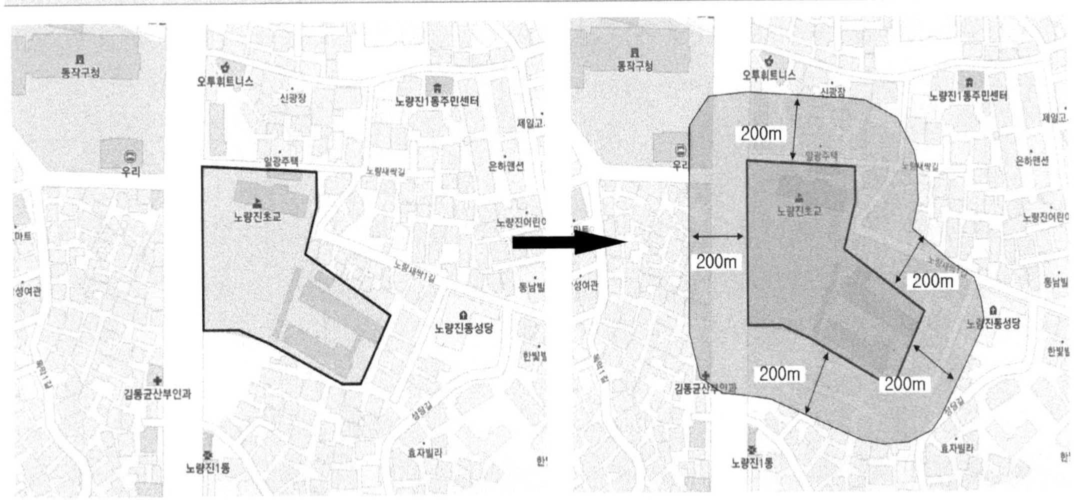

학교 선정

학교 경계선으로부터 200m를 식품안전보호구역으로 지정

여러 학교 주변 200m 범위가 중첩될 경우

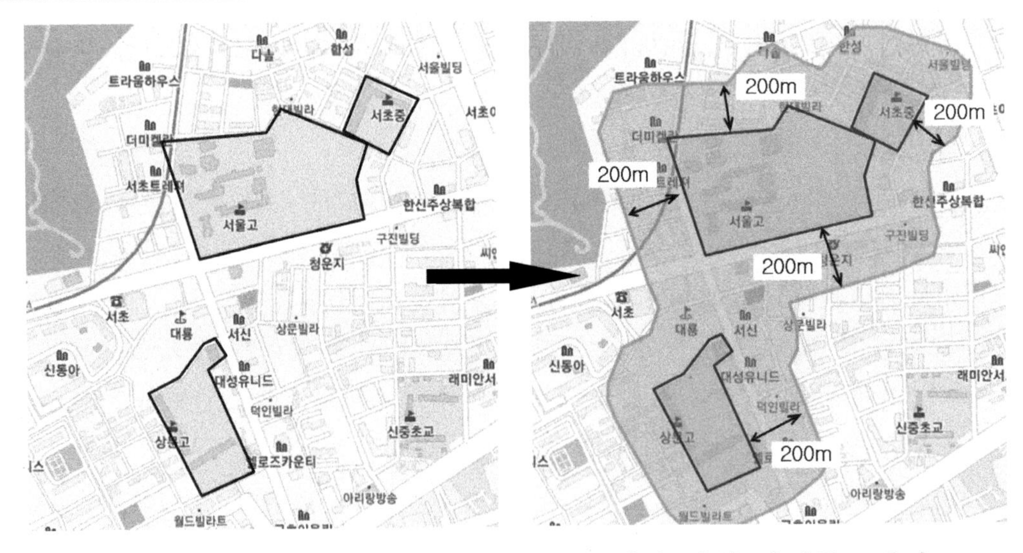

학교 선정

중첩된 범위 전체를 1개의 식품안전보호구역으로 지정

2 어린이 기호식품 조리·판매업소 안전관리

〈식생활영양안전정책과〉

1. 근거법령 : 「어린이 식생활안전관리 특별법」 제6조

2. 목적

○ 어린이 식품안전보호구역 내 어린이 기호식품을 조리·판매하는 업소의 위생적 환경 조성 및 어린이 기호식품 등의 안전성 확보

3. 세부 추진사항

가. 어린이 식품안전보호구역 내 어린이 기호식품 등 조리·판매업소 지도·점검

1) 점검기관 : 시·도(시·군·구)

2) 대상업소

가) 즉석판매제조·가공업, 식품자동판매기영업, 기타 식품판매업, 휴게음식점, 일반음식점 및 제과점영업을 하는 업소

나) 학교매점, 슈퍼마켓, 편의점, 문방구, 식품자동판매기가 설치된 곳 등 어린이가 주로 이용하는 장소에서 어린이 기호식품을 진열·판매하는 업소

※ 어린이 식품안전보호구역 내 식품조리·판매업소 중 성인을 대상으로 하는 업소(갈빗집, 횟집 등)는 지도·점검 제외

다) 무인 아이스크림·과자 할인점, 편의점, 프랜차이즈 업체 등 어린이 다중이용업소

3) 점검방법

가) 시·도(시·군·구) 주관 계획 수립 및 시행

나) 어린이 식품안전보호구역 내 어린이 기호식품 조리·판매업소 지도·점검 실시(전담관리원 활용)

○ 분식점, 학교매점, 편의점 등 어린이가 이용하는 업소는 격월 1회 이상 실시

○ 분식점, 학교매점, 편의점 등 어린이가 이용하는 업소 중 지속적인 관리가 필요한 위생취약업소는 월 1회 이상 집중관리

<위생취약업소 기준>
1) 최근 2년 이내에 「식품위생법」 등 위반으로 행정처분, 과태료 부과 등 이력이 있는 업소
2) 최근 1년 이내에 3회 이상 「식품위생법」 등 관련 행정지도 이력이 있는 업소
3) 행정지도 사항*에 대해 즉시 개선이행하지 않은 업소 등
* (예시) 청소 또는 정리·정돈 미흡 등

○ 식품자동판매기 및 기타식품판매업소 등 어린이 이용률이 낮고 위반 실적이 없는 업소와 우수판매업소(단, 학교매점은 제외)는 분기별 1회 이상 실시

다) 지도·점검 시 위반 또는 지적된 사항에 대해서는 개선 시까지 이력관리 점검 실시

4) 주요 점검내용

가) 어린이 기호식품 조리·판매 영업자 기본안전수칙 항목 우선 점검
① 건강진단 및 위생교육 ② 지하수사용 수질검사 ③ 방충·방서시설 기준 ④ 조리시설 및 복장 등 위생적 관리 ⑤ 소비(유통)기한 경과 원료사용·조리·판매·보관 ⑥ 냉장·냉동 온도기준 미준수 ⑦ 무신고 영업 및 무표시 제품 판매 ⑧ 식용유지류 사용업소의 경우 사용 중인 식용유지류의 산패정도 등 점검
※ 무인판매업소 등 최소 판매단위 제품의 임의 분할 판매, 무표시 소분 판매 중점 점검

나) 학교매점 및 어린이 기호식품 우수판매업소의 고열량·저영양 식품 및 고카페인 함유식품 판매 여부

다) 어린이 정서저해 식품 판매 여부 점검
○ 돈, 화투, 담배 또는 술병의 형태 등으로 어린이의 사행심을 조장하거나 성적 호기심을 유발할 우려가 있는 식품

라) 어린이 기호식품 조리·판매업소 영업자 대상 자율 점검 유도

나. 개학 대비 어린이 기호식품 등 조리·판매업소 지도·점검

1) 점검기관 : 시·도(시·군·구)

2) 점검기간 : 2월, 8월

3) 대상업소 : 어린이 식품안전보호구역 내 어린이 기호식품 등 조리·판매업소

4) 추진체계 : 식약처 식중독예방과 합동점검 시 병행 점검

다. 어린이 기호식품 조리·판매업소 현행화 관리

1) 목적 : 학교 주변 어린이 기호식품 조리·판매업소의 개업 및 폐업이 빈번하게 발생하여 이에 대한 관리 필요

※ 아이스크림 무인판매업소 및 편의점 등 업종 관리 필요

2) 주기 : 분기별 1회 이상(상시·특별 점검 시 병행)

3) 관리방법

가. 지도앱 등을 활용하여 학교 주변 업체 현황 파악

나. 어린이 기호식품 조리·판매업소로 주기적 점검 실시

다. 전담관리원은 변경되는 업체 현황을 담당공무원에게 전달하고, 담당공무원은 상·하반기 실적보고시에 누락되지 않도록 반영

라. 학교주변 등 어린이 기호식품 조리·판매업소 대상 위생관리 캠페인(앞치마 착용 등) 실시

1) 목적 : 학교주변 어린이 기호식품 조리판매업소 영업자 대상 위생의식 고취 및 환경 개선

2) 기간 : 연중(상시·기획 점검 시 병행)

3) 대상업소 : 어린이 식품안전보호구역 내 분식점 등 어린이 기호식품 조리업소

마.「어린이 식생활안전관리 특별법의 이해」교육과정 운영

1) 목적 : 지자체 공무원 어린이 식생활안전관리 역량 강화

2) 시기 및 주관 : 상반기, 식약처(식생활영양안전정책과)

3) 대상 : 지자체 및 지방청 관련 업무 담당자

4. 행정사항

○ 시·도(시·군·구)에서는 지도·점검 실적을 전산시스템에 입력

3 어린이 기호식품 품질인증 제품 수거·검사

〈식생활영양안전정책과〉

1. 근거법령 : 「어린이 식생활안전관리 특별법」 제18조제2항

2. 목적

○ 어린이 기호식품 품질인증제품의 수거·검사 실시로 품질관리 강화

3. 수거·검사 대상품목

○ 어린이 기호식품 중 품질인증을 받은 식품

4. 수거·검사기관

가. 수거·검사기관 : 지방식약청

나. 검사내용 : 「어린이 기호식품 품질인증 기준」

다. 검사시기 : 상반기(4월), 하반기(10월)

※ 식생활영양안전정책과 공문별도 시행

5. 행정사항

가. 지방식약청에서는 수거·검사 실시 결과를 전산시스템에 입력

나. 수거·검사 부적합시 조치사항

1) 검사결과 부적합 판정시 사후조치를 위해 수거증, 시험성적서, 제품 포장지 등 증거자료를 해당 기관에 신속히 통보(수입식품 포함)하고 해당 영업자에게 통보

2) 검사결과는 즉시 해당 기관에 통보하여 부적합한 위해 식품은 신속히 회수·폐기 되도록 조치(회수지침에 따름)

* 기준규격 위반사항은 영업소 소재지 관할 지자체에서 행정처분 진행(식생활영양안전정책과 공유)

** 품질인증기준 위반사항은 식생활영양안전정책과에서 행정처분 진행(관할 지자체 공유)

3) 해당 부적합 제품 관할 지방청에서는 필요시 업체에서 생산하는 제조일자(소비기한) 등이 다른 전.후 제품에 대한 수거·검사 확대 실시 및 개선 여부 등 확인

4 어린이 기호식품 전담관리원 지정 및 운영

〈식생활영양안전정책과〉

1. 근거법령 : 「어린이 식생활안전관리 특별법」 제6조, 「어린이 기호식품 전담관리원 운영 규정」(식약처 고시)

2. 목적

○ 「어린이 식생활안전관리 특별법」 제6조에 따른 전담관리원의 지정·운영으로 어린이 식품안전보호구역 내 식품조리·판매업소가 위생적이고 안전하게 식품을 조리 또는 진열·판매하도록 계도

3. 어린이 기호식품 전담관리원 지정 및 취소

가. 전담관리원의 자격

식품위생법 제33조제1항에 따른 소비자식품위생감시원의 자격을 갖춘 자

<소비자식품위생감시원의 자격(「식품위생법」 제33조제1항 및 같은 법 시행령 제18조제2항)>

1) 식약처장, 지방식약청장, 시·도지사 및 시·군·구청장이 실시하는 소비자식품위생감시원 교육과정을 이수한 자
2) 「고등교육법」 제2조제1호 및 제4호에 따른 대학 또는 전문대학에서 의학·한의학·약학·한약학·수의학·축산학·축산가공학·수산제조학·농산제조학·농화학·화학·화학공학·식품가공학·식품화학·식품제조학·식품공학·식품과학·식품영양학·위생학·발효공학·미생물학·조리학·생물학 분야의 학과 또는 학부를 졸업한 자 또는 이와 같은 수준 이상의 자격이 있는 자 중 어느 하나에 해당하는 자

나. 어린이 기호식품 전담관리원의 지정

1) 시 및 구(자치구) 단위 : 학교 20개 당 2명 이상

2) 군 단위 : 학교 10개 당 2명 이상

※ 학원가 등 시범 식품안전보호구역은 인근 학교 담당 전담관리원을 지정·운영

다. 어린이 기호식품 전담관리원의 지정절차

○ 각 기관의 장이 전담관리원 추천(신청)서를 받아 자격 검토 후 지정 결정

1) 신규 지정 시 식품위생이나 영양에 대한 지식이 있는 학부모 등 학교장의 추천을 받은 사람*을 반드시 우선적으로 지정

※ 학부모·학교 운영위원 등 어린이 식생활이나 영양관리에 관심이 많은 사람

2) 지정된 전담관리원에게는 지정서 및 전담관리원증을 발급하고 발급대장에 등재

※ 「어린이 기호식품 전담 관리원 운영 규정」 별지서식에 따라 작성·발급

라. 어린이 기호식품 전담관리원의 지정기간

○ 전담관리원의 지정기간은 2년으로 함. 다만, 각 기관의 장은 활동실적 등을 고려하여 2년 단위로 그 기간을 연장할 수 있음

마. 어린이 기호식품 전담관리원의 지정취소

○ 각 기관의 장은 전담관리원을 지정한 후 다음 각 호의 어느 하나에 해당하는 때에는 해당 전담관리원을 지정 취소할 수 있음

1) 직무와 관련하여 부정한 행위를 하거나 권한을 남용한 때
2) 전담관리원 또는 그 가족이 식품위생관련업체의 영업자 또는 종사자가 된 때
3) 식품위생교육 및 직무수행을 위한 위촉기관의 활동요청에 5회 이상 무단 불참한 때
4) 고의적으로 직무수행을 하지 않아 활동실적이 저조한 때
5) 질병, 부상 등의 사유로 직무수행이 곤란하게 된 때

4. 어린이 기호식품 전담관리원 교육

가. 교육내용

1) 「어린이 식생활안전관리 특별법」 및 「식품위생법」에 관한 기본 교육
2) 어린이 식생활안전관리 정책방향과 주요 시책
3) 전담관리원의 임무 및 활동요령
4) 어린이 기호식품 관리
5) 고열량·저영양 식품 및 고카페인 함유 식품 식별요령
6) 식품 조리·판매업소 위생 감시 방법
7) 업종별 중점 지도·점검 사항
8) 식중독의 예방관리
9) 위해식품 식별 요령 등

나. 교육실시

1) 정기교육 4시간 이상을 포함하여 연 2회 이상 전담관리원 운영 기관(시·도 또는 시·군·구) 정기 및 수시 교육 8시간 이상 실시

* 활동에 필요한 사항은 수시교육으로 실시

2) 계획성 있는 교육 실시를 위해 시·도지사 또는 시장·군수·구청장은 연간 교육계획을 수립·실시하고, 교육 실적은 분기별 제출

3) 교육 참여율을 높이기 위해 교육 예정일 15일 전까지 교육 일정 및 내용을 어린이 기호식품 전담관리원에게 통지하여야 함

5. 어린이 기호식품 전담관리원의 활동 및 운영

가. 어린이 식품안전보호구역 내 어린이 기호식품 조리·판매업소 지도·계몽 및 점검 실시

나. 지도·계몽 및 점검은 어린이 기호식품 전담관리원 2명 1개조를 원칙으로 하되, 필요시 공무원 동행 활동(재점검 등) 실시

※ 전담관리원 지도·계몽 활동 중 위반사항 확인 시에는 반드시 담당 공무원에게 알리고, 담당 공무원은 재점검 등 후속조치 실시 후, 그 결과를 식약처에 알림

다. 조리·판매업소 출입 시에는 전담관리원증을 반드시 관계인에게 제시

라. 어린이 식품안전보호구역별 책임 전담관리원 지정·운영

- 주기적으로 전담구역 변경하여 운영(단, 지역별 특성 고려)

마. 전담관리원 활동비는 1인당 연간 100일 범위 안에서 1일 4시간 이상의 활동에 한하여 1일 50,000원 범위 내에서 지급

※ 각 기관의 장이 필요하다고 인정할 때에는 활동일수 연장 가능

6. 위반사항에 대한 조치

○ 어린이 기호식품 전담관리원으로부터 영업자 기본안전수칙 점검 항목 위반이나 고열량·저영양 식품 및 고카페인 함유 식품, 정서저해 식품 등의 판매위반을 신고받은 각 기관의 장은 위반 내용이 명백하다고 판단될 때에는 필요한 조치를 하여야 함

7. 행정사항

가. 시·군·구는 본 지침에 따라 어린이 기호식품 전담관리원 자체 운영계획 수립·시행

나. 식약처 및 시·군·구는 활동이 우수한 어린이 기호식품 전담관리원에게 연 1회 이상 표창 실시

다. 시·군·구는 어린이 기호식품 전담관리원 활동 및 교육실적을 식약처에 제출

5 어린이 기호식품 우수판매업소 지정

〈식생활영양안전정책과〉

1. 근거법령 :「어린이 식생활안전관리 특별법」 제7조

2. 목적

○ 식약처장이 정한 시설 기준을 갖추고 위생적이고 안전한 식품을 판매하는 어린이 기호식품 우수판매업소의 확대로 학교주변 식품판매 환경 개선

3. 어린이 기호식품 우수판매업소 지정 및 비용 지원 등

가. 어린이 기호식품 우수판매업소의 지정

○ 어린이 식품안전보호구역 내 어린이 기호식품 조리·판매업소를 대상으로 지정

○ 총리령으로 정한 안전하고 위생적인 시설을 갖추고 고열량·저영양 식품과 고카페인 함유 식품을 판매하지 아니하는 업소

나. 어린이 기호식품 우수판매업소의 지정취소

○ 영업자가 지정취소 의사를 밝힌 경우

※ 전담관리원에게 의사 표시한 경우에도 전담관리원이 담당 공무원에게 즉시 전달하여 처리

○ 폐업 등의 사유로 우수판매업소 지정을 유지할 수 없는 경우 등

○ 가목의 우수판매업소 지정 조건을 충족하지 못하는 경우 등

다. 우수판매업소의 시설 개·보수비용 지원

1) 우수판매업소로 지정받으려는 자와 지정받은 자에게 국고 보조 또는「식품위생법」 제89조에 따른 식품진흥기금에서 보조 또는 융자

2) 시설 개 · 보수비용 지원 범위

가) 냉장·냉동시설의 설치 비용

나) 식기 등 소독설비의 설치 비용

다) 위생 덮개의 구입 비용

라) 화장실의 개수(改修)·보수 비용

마) 음식물 쓰레기 처리기기의 설치 비용

바) 그 밖에 조리기구·시설 및 진열·판매시설의 개수·보수를 위하여 필요한 비용

3) 비용지원을 받은 자가 다음의 어느 하나에 해당하는 경우 지원한 금액을 반환받아야 함

가) 우수판매업소로 지정을 받지 못한 경우

나) 지원을 받은 후 1년 이내에 폐업한 경우

다) 지원을 받은 날부터 3년 이내에 휴업한 경우로서 그 휴업기간이 합산하여 1년 미만인 경우

다. 업소별 비용지원의 투명성 및 형평성을 위해 시·도지사 또는 시장·군수·구청장은 우수판매업소 지원계획 수립 시 지원금의 지급 및 반환 기준을 포함하여야 함

라. 우수판매업소 지정은 '우수판매업소 시설 조사표'에 따라 시설기준 적합 여부를 최종 확인하여 지정 여부를 결정하고, '어린이 기호식품 우수판매업소 지정서'를 교부하여야 함

※ 관련 제도의 인지도 제고를 위해 우수판매업소 지정서 교부 시 「우수판매업소 로고 표지판」 교부

4. 행정사항

○ 시·도(시·군·구)는 우수판매업소 지정 및 취소 현황을 전산시스템에 입력

5. '가칭 바른먹거리마루' 시범 사업

가. 추진배경

○ '어린이 기호식품 우수판매업소(이하 '우수판매업소')'는 대상·지역·판매 제품 제한 등에 따라 지속적으로 줄어드는 추세로, 제도 실효성을 제고하기 위하여 시범사업 실시

나. 바른먹거리 마루 시범 사업 추진 주요 내용

* 사업 세부 가이드라인 별도 통보 예정('26년 1월)

1) (추진체계) 식약처-지자체-편의점 협회와 전담관리원(진열대상 제품 확인 및 진열 모니터링) 등 협업 체계 구축

2) (참여매장) 어린이 식품안전 보호구역 외* 학원가, 아파트 단지, 교통 중심가 등 다양한 지역의 매장 참여 추진

* 종래 우수판매업소의 경우 어린이 식품안전 보호구역 내로 지역 제한

3) (내용) 건강한 식품을 쉽게 선택할 수 있도록 식약처가 지정한 제품을 구분 진열·판매

4) (기간) '26년 1월 ~ 12월

다. 지자체 협조 요청 사항

1) 전담관리원을 통한 시범사업 참여 편의점에 대한 제품 진열·판매 모니터링 실시

* 시범사업 참여 지자체에 대해서는 식생활 안전 지수에 항목 반영 예정

2) 지자체 주민 대상 시범사업 취지 및 내용 등 홍보

※ 시범사업 참여 희망 지자체의 경우 식약처 식생활영양안전정책과에 문의

6 고열량·저영양 식품 및 고카페인 함유 식품 등 관리

〈식생활영양안전정책과〉

1. 근거법령 :「어린이 식생활안전관리 특별법」 제8조 및 제10조

2. 목적

○ 고열량·저영양 식품, 고카페인 함유 식품의 판매 금지 및 광고 제한·금지를 통해 어린이들의 올바른 식습관 유도

3. 고열량·저영양 식품 및 고카페인 함유 식품의 판매 금지

가. 판매 금지 장소

1) 학교(학교매점, 학교 내 자동판매기 등 포함)

2) 어린이 기호식품 우수판매업소

나. 고열량·저영양 식품 및 고카페인 함유 식품 판매금지 목록 공고

○ 학교 및 어린이 기호식품 우수판매업소 판매금지 고열량·저영양 식품 및 고카페인 함유 식품 목록 식약처 홈페이지 공고(월 1회)

* 식품의약품안전처 홈페이지(www.mfds.go.kr) > 알림 > 공지 · 공고 > 공고

다. 판매금지 관리[시·도(시·군·구)]

○ 학교 및 어린이 기호식품 우수판매업소 판매 여부 지도·점검(상시)

- 고열량·저영양 식품 판별

• 식품안전나라 홈페이지 → 건강·영양 → 어린이·청소년 식생활안전관리 → 고열량·저영양 식품

※ 인터넷 주소창에 http://www.foodsafetykorea.go.kr/hilow 입력하거나 인터넷 사이트에서 '어린이 기호식품(고열량·저영양, 품질인증) 알림e' 검색하여도 접속 가능

- 고카페인 함유 식품 판별: 카페인을 1㎖당 0.15㎎이상 함유한 액체식품 등

장소	대상제품
학교	커피 등 고카페인 함유 식품* 전체
우수판매업소	고카페인 함유 식품*으로 표시된 식품 중 어린이 기호식품

4. 고열량·저영양 식품 및 고카페인 함유 식품의 광고 제한·금지

가. 광고의 제한·금지 대상

○ 오후 5시부터 오후 7시까지 어린이를 주 시청대상으로 하는 텔레비전방송 또는 인터넷 멀티미디어(실시간에 한함, 이하 동일) 방송 광고

○ 어린이를 주 시청대상으로 하는 텔레비전 또는 인터넷 멀티미디어 방송 프로그램의 중간 광고

○ 방송(텔레비전, 라디오) 및 인터넷을 이용하여 식품이 아닌 장난감이나 그 밖에 어린이의 구매를 부추길 수 있는 물건을 무료로 제공한다는 내용이 담긴 광고

나. 광고 시간제한·금지 위반 모니터링 : 월 1회*(식약처 식생활영양안전정책과)

* 방송 광고 프로그램 모니터링 시스템 운영 실태에 따라 변동 가능

5. 어린이 정서저해 식품 판매 금지

가. 정서저해 해당 식품 모양·형태

○ (건전한 정서를 해할 우려) 돈·화투·담배 또는 술병의 형태로 만든 식품

○ (성적호기심 유발) 인체의 특정부위 모양, 남녀 애정행위 모양 식품

○ (혐오감 유발) 사람의 형태, 신체 특정부위 모양 식품

○ (사행심 조장) 게임기 등을 이용하여 판매하는 식품

나. 정서저해 해당 식품 용기·포장

○ (건전한 정서를 해할 우려)

- 돈·화투·담배 모양의 도안 사용
- 특정 주류업체의 상표 또는 제품명과 동일하거나 유사한 도안 사용

○ (성적호기심 유발) 남녀 애정행위 도안 식품

6. 행정사항

가. 시·도(시·군·구)는 식품 품목제조보고 시, 어린이 기호식품은 고열량·저영양 식품 해당 여부가 정확히 보고되었는지 확인

나. 지방식약청에서는 어린이 기호식품의 수입신고 시 고열량·저영양 식품에 해당하는 경우 수입신고서에 해당 여부가 정확히 표시되었는지 확인

고열량·저영양 식품 및 고카페인 함유 식품 안내

□ 고열량·저영양 식품이란?

○ 식약처장이 정한 기준보다 열량이 높고 영양가가 낮은 식품으로서 비만이나 영양불균형을 초래할 우려가 있는 어린이 기호식품* (『어린이 식생활안전관리 특별법』 제2조제5호)

*** 고열량·저영양 식품 대상 어린이 기호식품 종류**

	가공식품	조리식품
간식용	○ 과자류 중 과자(한과류 제외)/캔디류 ○ 빵류 ○ 초콜릿류 ○ 유가공품 중 가공유류/발효유류(발효버터유 및 발효유분말 제외) ○ 어육가공품 중 어육소시지 ○ 음료류 중 과·채음료/탄산음료/유산균음료/혼합음료 ○ 빙과류 중 빙과/아이스크림류	○ 제과·제빵류 및 아이스크림류
식사대용	○ 면류(용기면만 해당) ○ 즉석섭취식품 중 김밥/햄버거/샌드위치	○ 햄버거, 피자

□ 고카페인 함유 식품이란?

○ 「식품 등의 표시·광고에 관한 법률 시행규칙」 제5조에 따라 고카페인 함유 식품*으로 표시된 식품 중 어린이 기호식품

* 고카페인 함유 식품 : 카페인을 1㎖당 0.15mg 이상 함유한 액체식품 등

□ 고열량·저영양 식품 영양성분 기준

	기 준
간식용	1) 1회 섭취참고량당 열량 250kcal를 초과하고 단백질 2g 미만인 식품. 2) 1회 섭취참고량당 포화지방 4g을 초과하고 단백질 2g 미만인 식품. 3) 1회 섭취참고량당 당류 17g을 초과하고, 단백질 2g 미만인 식품. 4) 1)부터 3)까지 기준 어느 하나에 해당하지 아니한 식품 중 1회 섭취참고량당 열량 500kcal를 초과하거나 포화지방 8g을 초과하거나 당류 34g을 초과하는 식품 ※ 단, 1회 섭취참고량이 30g 미만인 식품의 경우 30g으로 환산하여 적용, 그 외 총 내용량이 1회 섭취참고량 미만일 경우, 총내용량을 기준으로 적용 (30g 환산 적용 식품은 제외)
식사대용	1) 1회 섭취참고량당 열량 500kcal를 초과하고 단백질 9g 미만인 식품. 2) 1회 섭취참고량당 열량 500kcal를 초과하고 나트륨 600mg을 초과하는 식품. 다만, 면류(용기면만 해당한다)는 나트륨 1000mg을 적용한다. 3) 1회 섭취참고량당 포화지방 4g을 초과하고, 단백질 9g 미만인 식품 4) 1회 섭취참고량당 포화지방 4g을 초과하고, 나트륨 600mg을 초과하는 식품. 다만, 면류(용기면만 해당한다)는 나트륨 1000mg을 적용한다. 5) 1)부터 4)까지 기준 어느 하나에 해당하지 아니한 식품 중 1회 섭취참고량당 열량 1000kcal 초과하거나 포화지방 8g을 초과하는 식품

7 식품접객업소의 영양성분 및 알레르기 유발 식품 표시 관리

〈식생활영양안전정책과〉

1. 근거법령 : 「어린이 식생활안전관리 특별법」 제11조 및 제11조의2

2. 목적

○ 식품접객업소에서 조리·판매하는 어린이 기호식품에 대한 영양성분 및 알레르기 유발 식품 정보 제공 정착

3. 영양성분 및 알레르기 유발 식품 표시대상 업소

○ 주로 다음의 어린이기호식품을 조리·판매하는 식품접객업소(휴게음식점영업·일반음식점영업·제과점영업) 중 가맹사업의 직영점과 가맹점을 포함한 점포수가 50개 이상인 업소

1) 제과·제빵류　2) 아이스크림류　3) 햄버거, 피자

4. 표시방법

가. 표시대상 식품

○ 영양성분 및 알레르기 유발 식품 표시대상 업소에서 조리·판매하는 어린이 기호식품을 포함한 모든 식품

나. 표시대상 영양성분 및 알레르기 유발 식품

1) (영양성분) 열량, 당류, 단백질, 포화지방, 나트륨, 그 밖에 강조표시를 하고자 하는 영양성분

2) (알레르기 유발 식품) 알류(가금류에 한한다), 우유, 메밀, 땅콩, 대두, 밀, 고등어, 게, 새우, 돼지고기, 복숭아, 토마토, 아황산류(이를 첨가하여 최종 제품에 이산화황이 10mg/kg 이상 함유된 경우만 해당한다), 호두, 닭고기, 쇠고기, 오징어, 조개류(굴, 전복, 홍합 포함), 잣을 함유한 원재료

5. 지도·점검 방법

가. 점검대상 : 영양성분 및 알레르기 유발 식품 의무표시 대상 업소

나. 점검기관 : 시·도(시·군·구)

다. 점검내용

1) 영양성분 및 알레르기 유발 식품 표시 여부 등

2) 현장 지도·계도사항

- 바탕색과 구분되게 표시 여부
- 소비자들이 쉽게 확인할 수 있는 장소에 비치 여부 등

3) 전화 등을 통해 주문받아 식품을 소비자에게 배달하는 경우 리플릿, 스티커 등 함께 제공 여부 확인

4) 홈페이지, 모바일앱(배달 플랫폼)으로 주문되는 경우 해당 영양성분 표시 여부 확인

라. 점검시기 : 연 1회(식약처 식생활영양안전정책과 공문별도 시행)

※ 어린이 식품안전보호구역 내 해당 식품접객업소 상시 점검 가능

6. 행정사항

○ 시·도(시·군·구)는 점검 결과를 전산시스템에 입력

8 통합급식관리지원센터 관리

〈식생활영양안전정책과〉

1. 근거법령 : 「어린이 식생활안전관리 특별법」 제21조, 제21조의 4, 「노인·장애인 등 사회복지시설의 급식안전 지원에 관한 법률」 제5조, 제7조

2. 목적

○ 통합급식관리지원센터를 통해 소규모 어린이 급식소 및 노인·장애인 사회복지시설의 급식소를 대상으로 체계적이고 철저한 위생·영양 관리 지원

3. 기관별 역할

가. (식약처) 통합급식관리지원센터 관리·감독 및 평가 업무 총괄

- 지자체에 센터 운영 국고 지원, 센터 가이드라인 운영

나. (지자체) 통합급식관리지원센터 운영 및 관리, 센터 등록 어린이 급식소 지도·점검

다. (식생활안전관리원) 통합급식관리지원센터 통합운영, 관리 및 지원

- 급식지원 관련 지침서, 식단 등 개발, 센터직원 역량강화 교육 운영 등

라. (통합급식관리지원센터) 어린이집 등 관내 소규모 어린이 급식소 대상 위생 및 영양관리 지원

통합급식관리지원센터 운영체계

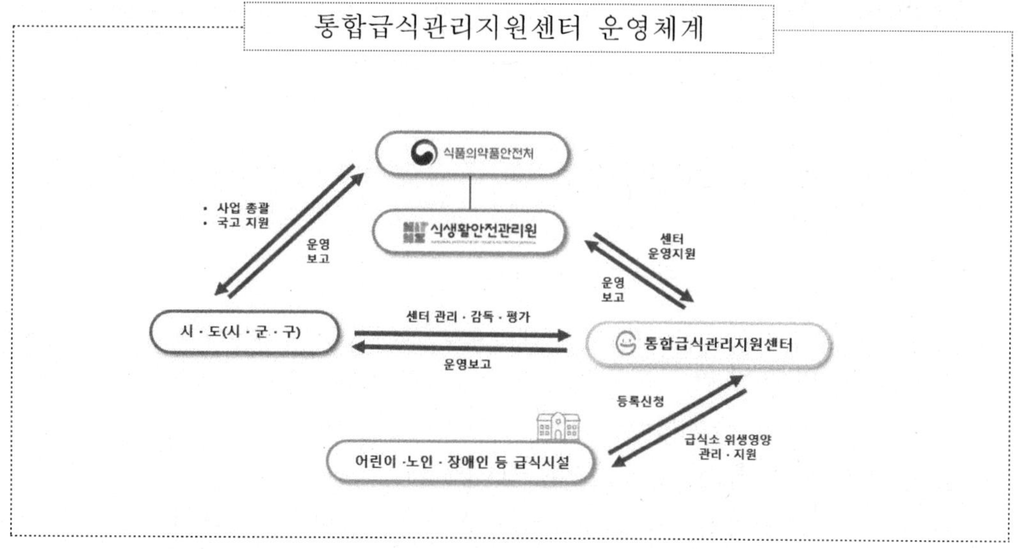

4. 통합급식관리지원센터 관리

가. 설치·운영 : 시·군·구(시·도)가 법인 또는 위탁으로 운영

1) 모든 급식관리지원센터는 노인·장애인 급식소까지 지원할 수 있도록 통합 센터로 전환

2) 위탁운영 센터인 경우 법인 전환 검토

3) 「통합급식관리지원센터 가이드라인」 준수

* 필요시 해당 가이드라인을 활용하여 자체 규정 등 센터 운영에 추가로 필요한 사항을 반영한 자체 가이드라인 수립 가능

2) 통합급식관리지원센터 관리·감독

가) 연간 사업계획 및 예산집행 실적 등을 검토한 후 보조금 교부

나) 인건비를 포함한 예산 변경 시 지자체장의 승인 후 예산집행

다) 법인 및 위탁기관의 교육, 직원 복무관리 및 예·결산 등 운영관리

라) 회계연도 종료 후 국고보조사업 결산을 일관되고 공정하게 심사하기 위해 전문 회계 법인을 통하여 정산을 받게 하고 그 결과를 검토한 후 식약처장(식생활영양안전정책과)에게 보고

마) 보조금은 지급 목적에 적합하게 사용하여야 하며, 보조금 사용이 부적절하게 사용된 것을 확인하면 환수처리(「보조금 관리에 관한 법률」 제30조, 제33조)

나. 통합급식관리지원센터 지도·점검 및 평가

1) 목적: 가이드라인 준수 여부, 예산 적정 사용 및 적절한 업무수행 여부 등 센터 운영 관리 확인

2) 대상: 통합급식관리지원센터

3) 평가(점검)기관: 식약처 및 지자체(시 · 도 또는 시 · 군 · 구)

4) 점검시기: 연 1회(1~4월) ※ 필요 시 추가 실시

5) 점검항목

- 예산·직원·시설 등 센터 운영관리, 급식소 등록·순회방문기준 준수 등 급식소 지원 관리 등

다. 통합급식관리지원센터 등록시설 지도·점검

1) 목적: 센터에 등록된 급식소를 대상으로 센터의 지원내용이 원활하게 이루어지고 있는지 여부 확인

2) 대상: 센터에 등록된 급식소

3) 점검기관: 지자체(시·도 또는 시·군·구)

4) 점검시기: 연 1회 ※ 점검 대상 시설수 및 점검날짜는 별도 공문 시행

9 어린이 식생활안전관리 교육 및 홍보

〈식생활영양안전정책과〉

1. 근거법령 : 「어린이 식생활안전관리 특별법」 제13조

2. 목적

○ 어린이들이 건강하고 바른 식생활을 실천할 수 있도록 어린이 기호식품에 대한 안전과 영양공급 등에 대한 교육·홍보 실시

3. 어린이 식생활안전관리 교육 홍보 방법

가. 역할분담

1) 식약처(식생활영양안전정책과)

가) 어린이 식품안전·영양교육 및 홍보 종합계획 수립

나) 어린이 식품안전·영양교육 및 홍보자료 제작·제공

다) 어린이 식생활안전관리 이해를 위한 교육과정 운영

2) 지방식약청(식품안전관리과, 유해물질분석과 등)

가) 어린이 식품안전·영양교육 및 홍보 지원

나) 교육·홍보를 위한 강사, 인력, 교육기기 등 지원 협조

3) 지자체(식품안전·위생관리부서, 보건소 등)

가) 어린이 식생활안전관리 교육 자체계획 수립·운영

나) 어린이, 청소년 및 학부모 대상 식품안전·영양교육 프로그램 운영

※ 학부모 대상 식생활 교육, 어린이 식생활 교육 등

다) 어린이 식생활안전관리 홍보관 등 현장체험 교육 및 캠페인 운영

※ 지역 축제 시 어린이 식생활안전관리 포스터 전시 등 홍보 협조

라) 어린이 식생활안전관리 정책 홍보자료 활용·확산 등

※ 식품안전나라 자료 활용(www.foodsafetykorea.go.kr)

마) 어린이 식품안전·영양교육 홍보자료 제작·제공

나. 교육 및 홍보 내용

1) 공통사항

가) 지자체 계획 수립에 적절한 교육·홍보 실시

나) 대상별, 시기별로 적절한 성격의 교육·홍보 실시

2) 어린이 및 청소년 대상 교육·홍보

가) 고카페인 함유 식품 표시사항 및 섭취주의

나) 고열량·저영양 식품 판별방법 및 섭취주의

다) 어린이 기호식품 품질인증 제품 선택

라) 어린이 식생활안전관리에 전반에 관한 사항(안전, 영양, 식생활 등)

3) 학부모 대상 교육·홍보

가) 자녀의 고카페인 음료 섭취 예방

나) 고열량·저영양 식품 구입주의

다) 어린이 기호식품 품질인증 제도 및 제품 선택

라) 어린이 식생활안전관리에 전반에 관한 사항(안전, 영양, 식생활 등)

4) 영업자 대상 교육·홍보

가) 학교매점, 우수판매업소 등에서 고열량·저영양 식품, 고카페인 함유 식품 판매금지 및 표시사항 확인방법

나) 정서저해 식품 등의 판매금지

다) 고열량·저영양 식품 판별방법

라) 어린이 기호식품 품질인증제도

마) 어린이 식생활안전관리 정책 이해

4. 행정사항

가. 시·도(시·군·구)는 어린이 식생활안전관리 교육·홍보 실적 제출(반기별)

10 '25년도 「어린이 식생활안전관리 특별법」 등 개정내용

□ 「어린이 식생활안전관리 특별법 시행령」 주요 개정내용

구 분	개정일 (시행일)	주요 개정내용
제7조의2	'25. 8. 5. ('26. 2. 6.)	○ 방송광고 제한 대상 완화 - 오후 5시부터 7시까지 고열량·저영양식품과 고카페인 식품에 대한 방송광고 제한 대상을 모든 프로그램에서 어린이 시청대상 프로그램으로 한정 * (기존) 오후 5~7시 TV 및 IPTV 방송에서 방영하는 모든 프로그램에 광고 금지→ (개선) 오후 5 ~7시 TV 및 IPTV 방송 중 어린이 주 시청프로그램에 한하여 광고 금지

□ 「어린이 기호식품 품질인증 기준」 주요 개정내용

구 분	개정일 (시행일)	주요 개정내용
[별표] 어린이 기호식품 품질인증 기준	'25. 12. 5.~26. (행정예고)	○ 당알코올 기준 강화 및 음식점 위생등급 제도 통합 반영 - 당알코올 사용 기준 10%미만 설정 * (기존) 캔디류 당알코올 20%이하 사용 → (강화) 어린이 기호식품 당알코올 10%미만 사용 - 모범음식점 제도 폐지에 따른 음식점 위생등급 제도 통합운영 반영

Part

부 록

[부록 1]

식품제조·가공업체 등의 위생관리등급제운영지침

제1장 총　칙

제1조(목적) 이 지침은 「식품위생법」 제37조의 규정에 의하여 영업등록을 한 식품제조·가공업체 및 식품첨가물제조업체(이하 "식품제조·가공업체 등"이라 한다)의 위생 및 품질관리능력을 평가하여 출입·검사 등을 차등관리함으로써 효율적인 식품위생관리 및 제조업체의 자율적인 위생수준 향상을 도모함을 목적으로 한다.

제2조(정의) 이 지침에서 사용하는 용어의 정의는 다음과 같다.

1. "위생관리등급"이라 함은 제2호의 규정에 의한 위생관리 평가표에 의하여 식품제조·가공업체 등을 평가하여 자율관리업체, 일반관리업체 및 중점관리업체로 구분하는 것을 말한다. 다만, HACCP 인증 업체는 제외한다.
2. "위생관리 평가표"라 함은 식품제조·가공업체 등의 「식품위생법」령 준수여부, 위생관리수준 및 품질관리능력 등을 평가하기 위한 평가표로서 기본조사항목, 기본관리 평가항목 및 우수관리 평가항목으로 구성된 것을 말한다.
3. "기본조사항목"이라 함은 위생관리 평가대상인 식품제조·가공업체 등의 현황, 규모, 종업원수, 위생관리책임자, 제조·가공하는 식품·식품첨가물의 종류 및 생산능력을 조사하는 항목을 말한다.
4. "기본관리 평가항목"이라 함은 위생관리 평가대상인 식품제조·가공업체 등이 「식품위생법」의 기준에 적합한지 여부를 평가하는 항목을 말한다.
5. "우수관리 평가항목"이라 함은 위생관리 평가대상인 식품제조·가공업체 등이 「식품위생법」의 기준보다 우수한 시설 및 품질관리방법 등에 따라 위생관리를 실시하고 있는지 여부를 평가하는 항목을 말한다.

제2장 위생관리 평가계획 등

제3조(위생관리 평가계획의 수립) ① 지방식약청장 및 시장·군수 또는 구청장(이하 "자치구의 구청장에 한한다")은 관내의 식품제조·가공업체 등의 수, 위생관리 운영결과 등을 평가하여 다음 연도의 위생관리 평가계획을 수립하여야 한다.

② 제1항의 규정에 의한 위생관리 평가계획에는 위생관리 평가대상 식품제조·가공업체 등(이하 "평가대상업체"라 한다)의 명칭, 위생관리 평가자(이하 "평가자"라 한다)의 직위 또는 직급, 평가기간, 평가절차 및 평가결과의 처리방법을 포함하여야 한다.

제4조(위생관리 평가계획의 통보) 지방식약청장 및 시장·군수 또는 구청장은 늦어도 위생관리 평가실시 1월전에 평가일자, 평가자 및 별표 1의 위생관리 평가표를 평가대상업체에 서면으로 통보하여야 한다.

제5조(위생관리 평가자) 위생관리 평가자는 다음 각호의 1에 해당 하는 자 중에서 지방식약청장 및 시장·군수 또는 구청장이 지정한다.

1. 소속 공무원으로서 「식품위생법」 제32조 및 「식품위생법」시행령 제16조의 규정에 의한 식품위생감시원의 자격이 있는 자.
2. 제1호의 요건에 해당하는 자로서 지방식약청장 및 시장·군수 또는 구청장이 위생관리 평가자로 적합하다고 인정하는 자.

제6조(신규평가) ① 지방식약청장 및 시장·군수 또는 구청장은 식품제조·가공업 등의 영업등록을 하고 영업활동을 개시한지 1년이상 경과한 업체에 대하여는 위생관리 평가를 실시하여야 한다.

② 지방식약청장 및 시장·군수 또는 구청장은 장기휴업·조업중단·연락두절 등으로 위생관리 능력평가를 할 수 없는 식품제조·가공업체 등에 대하여는 "위생관리 평가불능업체"로 분류·관리하여야 한다.

제7조(정기평가) 지방식약청장 및 시장·군수 또는 구청장은 제6조의 규정에 의하여 위생관리 평가를 실시한 업체를 대상으로 최초 평가일 이후 매 2년이 경과한 날부터 3월이내에 정기평가를 실시하여야 한다.

제8조(재평가) 지방식약청장 및 시장·군수 또는 구청장은 다음 각호의 1에 해당하는 경우에는 재평가를 실시할 수 있다.

1. 평가를 받은 업체가 시설 및 품질관리능력 등을 보완하고 재평가를 요청하는 경우
2. 「식품위생법」 제22조의 규정에 의한 출입·검사·수거 결과 행정처분을 받은 경우로서 품목제조정지 및 해당제품 폐기 처분에 해당되는 경우
3. 영업자 지위승계, 공장파손, 시설멸실, 장기휴업 등의 사유가 발생하여 위생관리 재평가가 필요한 때

제3장 위생관리 평가

제9조(평가의 절차) ①평가자는 평가대상업체의 영업자 또는 관계인에게 그 출입권한을 표시하는 증표를 내보여야 한다.

② 평가자는 평가대상업체의 영업자 또는 관계인에게 위생관리 평가의 취지, 평가계획 및 범위, 평가방법 등을 구체적으로 설명하여야 한다.

③ 평가자는 위생관리 평가표의 기본조사항목을 객관적 사실에 근거하여 성실히 기재하여야 한다.

제10조(평가의 실시) ①평가자는 평가대상업체의 서류, 시설·설비의 확인 및 종사자 면담 등을 통하여 평가를 실시하되, 서류평가와 현장평가로 구분하여 실시하여야 한다.

② 서류평가는 다음 각호에 따라 실시한다.

1. 평가자는 평가대상업체가 위생관리 평가표에 정하여진 평가항목을 평가할 수 있는 서류, 문서 또는 자료(이하 이조에서 “평가서류”라 한다)를 제시할 수 있도록 평가서류, 평가항목, 평가기준에 대하여 구체적으로 설명하여야 한다.
2. 평가서류가 구비되지 아니한 때에는 평가결과를 “무”로 기재하여야 하며, 최소 6개월 이상 평가서류를 기록 및 관리한 경우에 한하여 평가결과를 “유”로 기재하여야 한다.

③ 현장평가는 다음 각호에 따라 실시한다.

1. 평가자는 위생관리 평가표에 정하여진 평가항목, 평가기준에 대하여 평가대상 업체에 구체적으로 설명하여야 한다.
2. 평가자는 평가대상업체 관계자의 입회하에 작업장, 기계·설비, 화장실, 용수시설, 품질관리 능력 등을 직접 확인하고 평가항목을 평가하여야 한다.
3. 평가자는 제2호의 규정에 의한 작업장, 기계·설비 및 품질관리 능력 등이 평가항목별 평가기준을 충족한다고 판단하는 때에는 평가결과를 “유”로 기재하여야 하며, 평가항목별 평가기준에 미흡하다고 판단하는 때에는 평가결과를 “무”로 기재하여야 한다.

제11조(평가결과의 확인) 평가자는 평가가 종료된 때에는 평가대상업체의 영업자 또는 관계인에게 평가결과를 구체적으로 설명하고, 평가결과가 기록된 위생관리 평가표를 확인하도록 한 후 영업자 또는 관계인과 함께 서명(날인)하여야 한다.

제4장 평가결과 처리 등

제12조(평가결과의 처리) ① 평가자는 위생관리 평가가 완료된 때에는 지체없이 전산프로그램을 이용하여 평가대상업체의 평가결과를 입력하여야 한다.

② 평가자는 위생관리 평가표 중 행정처분내역에 평가실시시점 1년전부터 평가실시시점까지의 평가대상업체에 대한 행정처분 내용을 입력하여야 한다.

③ 평가자는 평가결과 및 행정처분 내용의 입력을 완료한 후 평가대상업체의 평가점수에 따라 다음 각호의 위생관리 평가결과를 분류하여야 한다.

1. 자율관리업체(평가점수 151점～200점) : 시설 및 관리가 우수한 업체
2. 일반관리업체(평가점수 90점～150점) : 시설 및 관리가 「식품위생법」령의 기준에 적합한 업체
3. 중점관리업체(평가점수 0점～89점) : 시설 및 관리가 「식품위생법」령의 기준에 미흡한 업체

제13조(평가결과의 통지 등) 지방식약청장 및 시장·군수 또는 구청장은 제12조제3항에 의한 위생관리 평가결과를 평가완료 후 15일이내에 평가대상업체에 서면으로 통보하여야 한다.

제14조(평가결과의 보고) 시장·군수 또는 구청장은 매 반기별로 평가업체수, 평가업체명, 평가업체의 평가점수 및 제12조제3항에 의한 위생관리 평가결과를 매 반기종료 후 15일 이내에 시·도지사에게 보고하여야 하고, 지방식약청장 및 시·도지사는 차등관리 현황을 매 반기종료 후 1월이내에 식품의약품안전처장에게 보고하여야 한다.

제15조(평가결과의 활용 등) ① 지방식약청장 및 시장·군수 또는 구청장은 식품제조·가공 업체 등에 대한 출입·검사를 함에 있어 제12조의 규정에 의한 위생관리 평가결과를 활용하여 다음 각호와 같이 차등관리 하여야 한다.

1. 자율관리업체: 평가일로부터 2년간 법 제22조에 의한 출입검사를 면제할 수 있다.
2. 일반관리업체: 보건위생상 필요하다고 판단되는 경우에 한하여 법 제22조에 의한 출입검사를 실시한다.
3. 중점관리업체: 매년 1회이상 지도·교육을 실시하는 등 법 제22조에 의한 출입검사를 중점적으로 실시한다.

②제1항제1호에 의한 자율관리업체의 경우 유통·판매중인 제품을 수거검사한 결과 부적합한 경우 등 특별한 사유가 발생한 때에는 제1항의 출입검사면제규정에도 불구하고 출입·검사를 실시할 수 있다.
③ 지방식약청장 및 시장·군수 또는 구청장은 제12조제3항에 의한 자율관리업체에 대하여 법 제89조제3항제1호에 의한 영업자의 위생관리시설 개선을 위한 융자사업의 우선지원 등을 할 수 있다.

[부록 2]

축산물가공품 원재료 함량 표시(기재) 지침

□ 품목제조보고서 기재 여부 관련

○ 정제수

- 축산물제조·가공 시 사용된 모든 원재료는 기재되어야 하므로 정제수가 사용된 경우 최종제품에 남아있지 아니하여도 기재

○ 원재료 배합비율

- 배합에 사용된 총 원재료(정제수 포함) 대비 개별 원재료 비율 산출 및 기재

□ 최종제품 원재료명 및 함량 표시

○ 원재료명 표시

- 처리·제조·가공 시 사용된 것으로 최종제품에 들어있는 모든 원재료명 표시
- 최종 제품에 정제수가 남아 있는 경우 정제수도 표시

○ 원재료 함량(육함량) 표시를 위한 산출 방법

- 식품유형 중 햄류(캔햄류 제외), 소시지류(비가열소시지류 제외), 베이컨류, 건조저장육류, 양념육 중 수육과 편육, 갈비가공품을 물을 제외한 배합비율에 따라 표시하는 경우

  * 「식품등의 표시기준」 Ⅲ. 1. 더. 2) 거) (5)의 단서조항

- (원칙) 정제수를 제외한 원재료는 투입 시 중량이 최종 제품에 그대로 남아있는 것을 원칙으로 함

《원재료 함량 산출식》

◆ 원재료 함량(%)=(표시하고자 하는 원재료 투입량/최종 제품량)×100

* 최종 정제수 함량(g) = 최종 제품량(g) - 전체 원재료(정제수 제외) 투입량(g)

** 정제수 함량 ≤ 0 인 경우, 배합 시를 기준으로 정제수를 제외한 투입원료로만 산출

⇒ (적용 예시 1 : 정제수 함량 〉 0인 경우) 돈육 800g, 조미료 5g, 물 195g을 혼합하여 소시지 850g을 제조한 경우 각 원재료 함량은?

○ 최종제품 정제수 함량
→ 소시지 850g - (돈육 800g + 조미료 5g) = 45g(5.3%)

○ 돈육 함량
→ (투입 돈육량 800g ÷ 최종제품 소시지량 850g) × 100 = 94.1%

○ 조미료 함량
→ (투입 조미료량 5g ÷ 최종제품 소시지량 850g) × 100 = 0.6%

⇒ (적용 예시 2 : 정제수 함량 ≤ 0 인 경우) 돈육 800g, 조미료 5g, 물 195g을 혼합하여 육포 400g을 제조한 경우 각 원재료 함량은?

○ 최종제품 정제수 함량
→ 육포 400g - (돈육 800g + 조미료 5g) = - 405g(무시)

○ 돈육 함량
→ (투입 돈육량 800g ÷ 투입 원료량(정제수 제외) 805g) × 100 = 99.4%

○ 조미료 함량
→ (투입 조미료량 5g ÷ 투입 원료량(정제수 제외) 805g) × 100 = 0.6%

□ **「식품의 기준 및 규격」(식약처 고시)상 유형 적용**

○ 표시기준과는 별개로 축산물가공품 중 식육가공품 또는 알가공품의 유형 분류시 제품의 특성을 고려하여 첨가되는 배합수(정제수)를 제외하고 육 또는 알내용물 함량 산출 가능

* 「식품의 기준 및 규격」 제2. 2. 4)에서 '식육가공품 및 알가공품의 경우 원료배합시 제품의 특성에 따라 첨가되는 배합수는 제외할 수 있다.'라고 정하고 있음

[부록 3]

품목제조보고 원재료 입력 요령

□ 원재료 표준코드 개요

○ (운영 목적) 품목제조보고 원재료 입력 시 식품원재료 표준코드를 활용함으로써 국내 제조품목의 사용금지원료를 품목제조보고 단계부터 차단하고 추적할 수 있는 체계 마련

* 전자정부법 제50조 및 같은법 시행령 제59조에 따른 행정표준코드로 운영

○ (적용 대상) 식약처 건강기능식품, 주류 품목제조보고 및 시·도 (시·군·구 포함) 식품, 식품첨가물, 축산물, 위생용품 품목제조보고 업무

〈 대상시스템 〉

- (식약처) 식품행정통합시스템(통합식품안전정보망)
- (지자체) 시도·새올 행정시스템 식품위생 및 축산위생 관련 기능

○ (코드 정의) 식품공전, 식품첨가물 공전, 건강기능식품 공전, 기구 및 용기·포장, 위생용품 공전을 기초로 코드 정의

- 전체 14자의 영문숫자 혼용을 기반으로 대분류, 중분류, 일련번호, 부위, 공정, 상태의 체계로 구성

※ N (Numeric) : 0~9의 숫자, A (Alphanumeric) : 0~9, A~Z의 문자

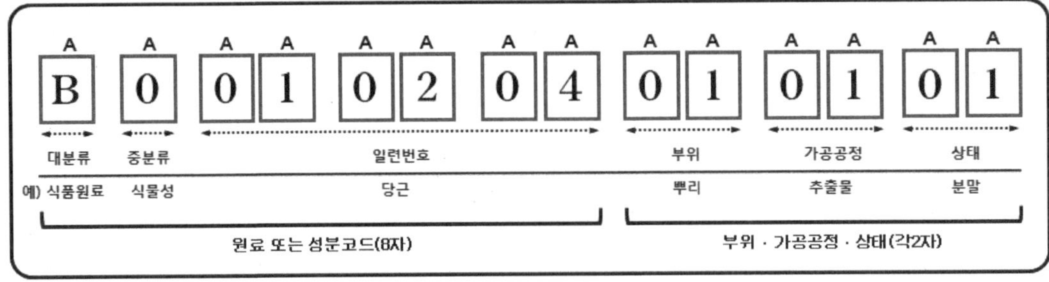

* 대분류 정의 : 'A코드'(식품원료), 'B코드'(식품첨가물), 'C코드'(건강기능식품), 'D코드'(기구 및 용기포장), 'E코드'(위생용품), 'P코드'(식품유형)

□ 원재료 종류별 정의

❶ 식품원료(A코드)

- 「식품의 기준 및 규격」제1. 총칙 4. 식품원료 분류에 등재되어 있는 원료와 [별표1] “식품에 사용할 수 있는 원료”, [별표2] “식품에 제한적으로 사용할 수 있는 원료” 또는 식품단일원료 가공품(추출, 농축, 분말 등)

  (예시) 사과, 사과분말, 사과엑기스, 사과농축액 등

❷ 식품첨가물(B코드)

- 「식품첨가물의 기준 및 규격」에 등재된 식품첨가물, 살균소독제 및 한시적 인정원료

  (예시) L-글루탐산나트륨, 합성향료(Acetal) 등

❸ 건강기능식품(C코드)

- 「건강기능식품의 기준 및 규격」에 등재된 영양소, 기능성원료 및 개별인정원료 등

  (예시) 황산마그네슘, 콩발효추출물(기능성원료인정 제2008-18호) 등

❹ 기구 및 용기포장(D코드)

- 「기구 및 용기·포장의 기준 및 규격」에 등재된 합성수지제, 고무제, 금속제 등

  (예시) 폴리우레탄, 폴리염화비닐, 불소수지, 고무제 등

❺ 위생용품(E코드)

- 「위생용품의 기준 및 규격」에 등재된 사용가능성분 및 인정원료 등

  (예시) 과산화수소, 안식향산나트륨 등

❻ 가공식품(P코드)

- 품목제조보고 및 수입신고 된 원재료의 식품유형 및 정제수

  (예시) 기타가공품, 마요네즈, 참기름, 버터, 소시지, 우유 등

□ 품목제조보고 원재료 입력 주의사항

○ 사용 원재료가 식품원료(A코드), 식품첨가물(B코드), 건강기능식품(C코드), 기구 및 용기포장(D코드) 단일원료인 경우

- 원재료명, 배합비율, 원재료 기타설명 등 원재료 정보 입력

* 코드선택 시 원재료별 각 공전의 사용가능 여부를 확인하고 입력(제한적 사용 포함)

○ 사용 원재료가 가공식품인 경우

- 품목제조보고 및 수입신고 된 원재료는 식품유형을 코드로 선택하고 세부 원재료는 코드로 입력 권고

- 반가공품은 품목제조보고 여부와 관계 없이 투입된 모든 원료를 조회 후 작성

* 기존 복합원료(U코드)의 경우 코드 사용은 가능하나, 복합원료(U코드) 투입된 모든 세부원료를 필히 기입하여야 함

□ 행정사항

○ 식품원재료 표준코드 등록신청 등에 대한 문의사항은 '식품안전나라' 통합망 고객지원센터 문의

- (통합망 고객지원센터) 1899-5590

[부록 4]

식품등의 재검사 및 자가품질검사 확인검사 처리 지침

1. 식품등의 재검사

□ 관련 규정

○ 「식품위생법」 제23조 및 같은 법 시행령 제14조

- 식품의약품안전처장(지방식약청장 포함), 시・도지사 또는 시장・군수・구청장은 정부 수거·검사* 결과 부적합인 경우 영업자에게 그 검사 결과를 통보

* 「식품위생법」 제22조, 「수입식품안전관리 특별법」 제21조 또는 제25조에 따른 수거·검사

- 영업자는 아래와 같은 경우에 부적합 통보 기관에 재검사를 요청할 수 있음

① 국내외 검사기관 2곳 이상에서 받은 검사결과가 영업자가 통보받은 검사결과와 모두 다른 경우

② 검체의 채취·취급방법, 검사방법·검사과정 등이 식품등의 기준 및 규격에 위반되는 경우

- 다만, 「식품위생법 시행규칙」 제21조에 따라 시간이 경과함에 따라 검사결과가 달라질 수 있는 항목에 대해서는 **재검사 제외대상**으로 분류

(이물, 미생물, 곰팡이독소, 잔류농약 및 동물용의약품)

□ 재검사 절차(「식품위생법 시행규칙」 제20조의2)

○ 재검사 신청(영업자 → 부적합 통보 부서)

- 부적합 제품과 같은 제품(같은 일자/시설/공정을 통하여 제조한 식품)에 대하여 식약처장이 인정한 국내외 검사기관 2곳 이상의 검사성적서를 첨부

- 신청기한 : 검사 결과를 통보받은 날부터 60일 이내

* EPA 및 DHA 함유 유지 제품 등이 개봉되어, 공기접촉이나 온도변화에 따라 검사결과가 달라질 수 있는 산가, 과산화물가 등의 재검사 시에는 검사한 제품과 같은 제품(같은 날에 같은 영업시설에서 같은 제조 공정을 통해 제조·생산된 제품)에 대해 검사할 수 있다. 다만, 개별포장제품이나 캡슐제품 등은 검사하고 남아있는 제품에 대해서 재검사를 실시해야 한다.

※ 자연산물(농・축・수산물)은 제외

○ 재검사 대상 검토(부적합 통보 부서) : 재검사 요건 및 대상에 해당되는지 여부를 검토

- 검사항목이 **검사제외 대상**에 해당되는지 여부

 * 시간이 경과함에 따라 검사결과가 달라질 수 있는 검사항목 또는 오염도의 불균질성과 채취지점에 따라 검사결과가 상이한 검사항목은 제외

항 목	사 유
미생물	• 동일로트의 제품이라도 제품마다 미생물 오염이 균일하지 않아 시료 채취에 따라 결과가 상이할 수 있음
잔류농약	• 농산물의 경우 시료마다 잔류농약 농도가 서로 상이함 • 잔류농약의 경우 시간이 경과함에 따라 잔류농도가 감소됨
곰팡이 독소 (8종)	• 곰팡이독소는 외부환경(온도, 습도)의 영향을 쉽게 받으며, 검체의 일부(국소지역, hot spot)만 오염될 가능성이 많아 동일한 검체라 하더라도 시료 채취 시기 등에 따라 그 결과가 달라질 수 있음(동일한 검체라 하더라도 시료 채취에 따라 결과가 상이할 수 있음)
잔류동물용 의약품	• 동물용의약품의 경우 개별 동물마다 잔류량이 다를 수 있음(동일 배치라 하더라도 시료 채취에 따라 결과가 상이할 수 있음) • 또한 시간이 경과함에 따라 남아 있는 동물용의약품량이 점차 감소됨
이물	• 이물의 경우 특정 부위에 오염이 되는 경우가 대부분이므로 다른 시료 채취 시 결과가 달라질 수 있음

- 재검사 신청 제품이 부적합 제품과 동일 제품인지 여부(검사성적서 등 확인)
- 재검사 요청서 등 첨부서류 구비 여부

○ 재검사 의뢰(부적합 통보 부서 → 재검사 기관)

- **검사부적합 판정받은 해당 잔여 검체를 대상으로 재검사 의뢰**(단, 부적합 판정받은 검체가 없는 경우에는 동일제조일자·동일롯트 제품인 경우에만 해당)

※ 재검사 의뢰 절차(지자체→지방식약청)

지자체	→	지방식약청	→	지방식약청	→	지자체
· 재검사신청 접수 및 검토 · 재검사 의뢰 (검체 이송)		<운영지원과*> · 재검사 접수 · 검사수수료 징수 · 민원신청서 이송 (시험분석 부서)		<시험분석 부서> · 재검사 실시 및 검사결과 통보 (지자체)		검사결과 통보 및 조치

* 식품·의약품등 관련 민원신고사항 접수 및 관리(「식품의약품안전처와 그 소속기관 직제 시행규칙」제25조제3항

○ 재검사 실시(재검사 기관)

- 시·도 보건환경연구원 및 민간검사기관(수입식품)에서 부적합 판정을 받아 재검사 요청을 한 경우 : 지방식품의약품안전청에서 검사 실시
- 지방식품의약품안전청에서 부적합 판정을 받아 재검사 요청을 한 경우 : 식품의약품안전평가원에서 검사 실시

< 1차 검사 기관 >		< 재검사 기관 >
① 시·도 보건환경연구원 및 민간검사기관(수입식품)	→	지방식품의약품안전청
② 지방식품의약품안전청	→	식품의약품안전평가원

○ 재검사 결과 통보(재검사 기관 → 부적합 통보 부서 → 영업자, 처분기관)

- 재검사를 신청한 날로부터 20일 이내에 그 결과를 해당 신청인에게 통보

□ 수수료

○ 「식품의약품안전처 및 그 소속기관 시험·검사의뢰 규칙」에서 정하는 기준에 따름(영업자에게 수수료 안내)

2. 자가품질검사의 확인 검사

□ 관련 규정

○ 「식품위생법」 제31조의3

- 자가품질검사 위탁기관에서 실시한 수거·검사* 결과에 이의가 있는 경우 다른 식품 등의 시험·검사기관 2곳 이상에 확인검사를 요청할 수 있음

* 「식품위생법」 제31조제2항에 따라 자가품질검사를 실시하면서 「식품·의약품분야 시험·검사 등에 관한 법률」 제11조제3항에 따라 동법에서 지정한 검사기관에서 실시한 수거·검사

- 영업자가 식품 등의 시험·검사기관에 확인검사를 요청하는 경우

① 영업자는 식품의약품안전처장, 시·도지사 또는 시장·군수·구청장(인허가기관)에게 확인검사 요청 사실을 지체 없이 보고

② 확인검사를 요청받은 식품 등 시험·검사기관은 자가품질검사를 실시한 제품과 같은 제품에 대하여 같은 검사 항목, 기준 및 방법에 따라 확인검사를 실시한 후 영업자에게 시험·검사성적서를 발급

- 다만, 「식품위생법 시행규칙」 제21조에 따라 시간이 경과함에 따라 검사결과가 달라 질 수 있는 항목에 대해서는 확인검사 제외대상으로 분류 (이물, 미생물, 곰팡이독소, 잔류농약 및 동물용의약품)

□ 확인검사 보고 및 요청 절차(「식품위생법 시행규칙」 제31조의3)

○ 확인검사 보고(영업자 → 관할 지방식약청장, 시·도지사 또는 시·군·구청장)

- 「식품위생법」 제31조의3제1항에 따른 자가품질검사 검사성적서
- 확인검사 의뢰서

* 영업자에게 확인검사 보고를 받은 인허가기관은 식품의약품안전처장에게 그 사실을 통보

- 확인검사를 요청 받은 검사를 실시한 식품 등의 시험·검사기관은 확인검사 검사성적서 발급

○ 최종 확인검사 요청

- 영업자는 아래 서류를 첨부하여 검사 결과를 통보받은 날로부터 60일 이내에 최종 확인검사를 요청*

* 이 경우 확인검사에 드는 비용은 영업자가 부담

① 기존 부적합 자가품질검사 검사성적서

② 2곳 이상의 시험·검사기관의 적합 검사성적서

③ 자가품질검사를 실시한 제품과 확인검사를 실시한 제품이 같은 제품(같은 일자/시설/공정을 통하여 제조한 식품)임을 증명하는 자료

※ 최종 확인검사 의뢰 절차(영업자→관할 지방식약청)

영업자	→	지방식약청	→	지방식약청	→	영업자
· 시험검사기관에서 확인검사 결과 시험 성적서 수령 · 최종 확인검사 의뢰 (검체 이송)		<운영지원과*> · 확인검사 접수 · 검사수수료 징수 · 민원신청서 이송 (시험분석 부서)		<시험분석 부서> · 최종 확인검사 실시 및 검사결과 통보		최종 확인검사에 따른 조치

○ 확인검사 실시(확인검사 기관)

- 식품 등의 시험·검사기관에서 부적합 판정을 받은 경우 영업자는 다른 식품 등의 시험·검사 기관 2곳에서 확인검사 실시
- 영업자가 최종 확인검사 요청을 한 경우 : 지방식품의약품안전청에서 검사 실시

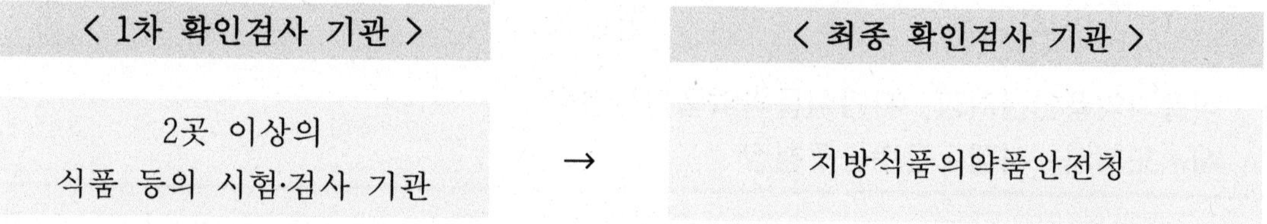

○ 최종 확인검사 결과 통보(최종확인검사 기관 → 영업자, 관할 지자체)

- 최종확인검사를 신청한 날로부터 20일 이내에 그 결과를 해당 신청인에게 통보

□ 수수료

○ 「식품의약품안전처 및 그 소속기관 시험·검사의뢰 규칙」에서 정하는 기준에 따름(영업자에게 수수료 안내)

[붙임 1]

■ 식품위생법 시행규칙 [별지 제17호의2서식] (앞쪽)

식품등의 재검사 신청서

접수번호	접수일	처리기간 20일

신청인 (영업자)	명칭(상호)	
	대표자 성명	영업의 종류
	소재지 (전화번호:)	

재검사 대상 제품	명칭	제조회사 명칭(상호)
	식품 유형(식품만 해당합니다)	제조일자 또는 소비기한
	부적합 검사항목	

「식품위생법」 제23조제2항 본문 및 같은 법 시행규칙 제20조의2제1항에 따라 위와 같이 식품등의 재검사를 신청합니다.

년 월 일

신청인 (서명 또는 인)

식품의약품안전처장, 지방식품의약품안전청장
시・도지사, 시장・군수・구청장 귀하

첨부자료	1. 「식품위생법」 제23조제1항에 따른 검사 결과에 관한 서류 2. 「식품위생법」 제23조제2항 본문에 따른 검사성적서 또는 검사증명서 3. 제2호에 따른 검사 제품이 제1호에 따른 검사 제품과 같은 제품(같은 날에 같은 영업시설에서 같은 제조 공정을 통해 제조・생산된 제품에 한정한다)임을 증명하는 자료	수수료: 「식품의약품안전처 및 그 소속기관 시험・검사의뢰 규칙」 제8조 제1항에 따른 금액

처리 절차

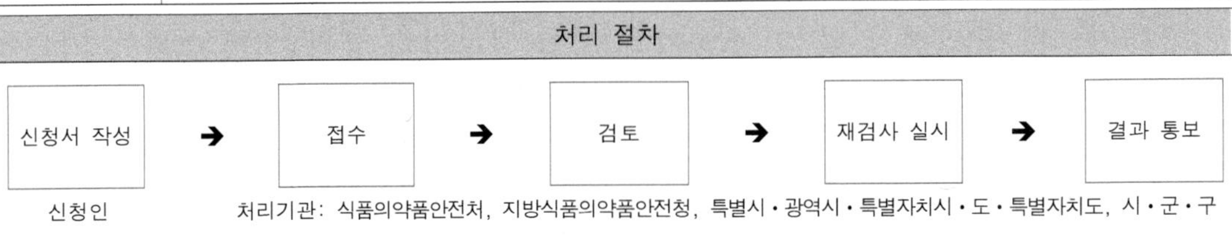

210mm×297mm[백상지 80g/㎡(재활용품)]

[붙임 2]

■ 식품위생법 시행규칙 [별지 제17호의3서식]

식품등의 재검사 결과 통보서

[ ]에는 해당되는 곳에 √ 표를 합니다.

<table>
<tr><td rowspan="3">영업자</td><td colspan="2">명칭(상호)</td></tr>
<tr><td>대표자 성명</td><td>영업의 종류</td></tr>
<tr><td colspan="2">소재지 (전화번호:)</td></tr>
<tr><td rowspan="3">재검사 대상 제품</td><td>명칭</td><td>제조회사 명칭(상호)</td></tr>
<tr><td>식품 유형(식품만 해당합니다)</td><td>제조일자 또는 소비기한</td></tr>
<tr><td>부적합 검사항목</td><td>부적합 검사 결과</td></tr>
<tr><td rowspan="2">재검사 결과</td><td colspan="2">□ 적합 □ 부적합</td></tr>
<tr><td colspan="2">부적합 검사항목</td></tr>
</table>

「식품위생법」 제23조제3항 및 같은 법 시행규칙 제20조의2제4항에 따라 위와 같이 재검사 결과를 통보합니다.

년 월 일

식품의약품안전처장, 지방식품의약품안전청장
시・도지사, 시장・군수・구청장 직인

210mm×297mm[백상지 80g/㎡(재활용품)]

[붙임 3]

■ 식품위생법 시행규칙 [별지 제17호의4서식] <신설 2022. 7. 28.>

확인검사 요청 사실 보고서

보고자	명칭(상호)	업 종
	소재지	[영업등록(신고)번호]
	대표자	연락처
제품 정보	제품명	식품의 유형
	제조원	소재지(연락처)
	소비기한(제조일자)	보관기준(방법)
부적합 정보 등	검사기관	지정번호
	검사일자	검사항목
	검사기준	검사결과
요청 기관	검사기관 1	지정번호
	검사기관 2	지정번호

「식품위생법」 제31조의3제1항 및 같은 법 시행규칙 제31조의3제1항에 따라 자가품질검사에 대한 확인검사 요청 사실을 보고합니다.

년 월 일

신고인 (서명 또는 인)

지방식품의약품안전청장
시・도지사 귀하
시장・군수・구청장

첨부서류	1. 「식품위생법」 제31조의3제1항에 따른 자가품질검사 검사성적서 2. 확인검사 의뢰서	수수료 없음

210㎜×297㎜[일반용지 80g/㎡]

[붙임 4]

■ 식품위생법 시행규칙 [별지 제17호의5서식] <신설 2022. 7. 28.>

확인검사 검사성적서

검사 기관	식품의약품안전처 지정번호	
	발행번호	접수번호
	검사완료일	접수연월일

의뢰자 (제조원)	업체명	영업의 종류
	대표자 성명	소재지
확인검사 대상제품	제품명	품목제조보고번호
	식품 유형(식품만 해당합니다)	제조일자 또는 소비기한

시험·검사 항목 및 결과				
시험·검사 항목	시험·검사 기준	시험·검사 결과	판정	비고
				검출한계 정량한계

종합판정: 시험검사원: 시험검사책임자:

「식품위생법」 제31조의3제2항 및 같은 법 시행규칙 제31조의3제3항에 따라 위와 같이 확인검사 검사성적서를 발급합니다.

년 월 일

○○ 시험·검사기관의 장 직인

210㎜×297㎜[백상지 80g/㎡]

[붙임 5]

■ 식품위생법 시행규칙 [별지 제17호의6서식] <신설 2022. 7. 28.>

최종 확인검사 신청서

접수번호	접수일시	처리기간	20일

신청인 (영업자)	명칭(상호)	
	대표자 성명	영업의 종류
	소재지 (전화번호:)	

최종 확인검사 대상제품	제품명	품목제조보고번호
	식품 유형(식품만 해당합니다)	제조일자 또는 소비기한
	부적합 검사항목	

「식품위생법」 제31조의3제1항 및 같은 법 시행규칙 제31조의5제1항에 따라 위와 같이 최종 확인검사를 신청합니다.

년 월 일

신청인 (서명 또는 인)

지방식품의약품안전청장 귀하

첨부자료	1. 「식품위생법」 제31조의3제1항에 따른 자가품질검사 검사성적서 2. 「식품위생법」 제31조의3제2항에 따른 확인검사 검사성적서 3. 자가품질검사를 실시한 제품과 확인검사를 실시한 제품이 같은 제품(같은 날에 같은 영업시설에서 같은 제조 공정을 통해 제조·생산된 제품을 말합니다)임을 증명하는 자료	수수료: 「식품의약품안전처 및 그 소속기관 시험·검사의뢰 규칙」 제8조제1항에 따른 금액

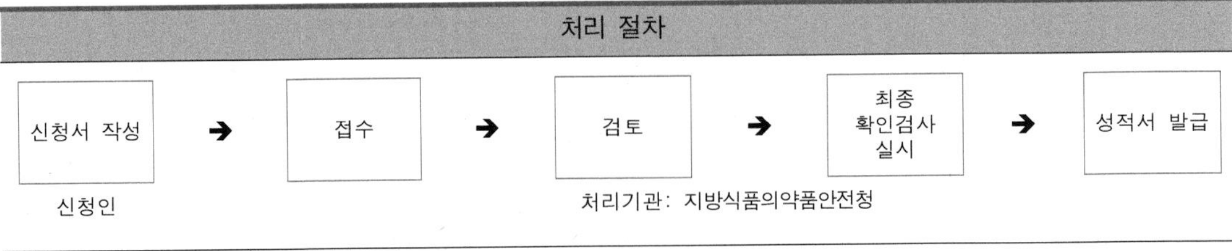

210mm×297mm[백상지 80g/㎡]

[붙임 6]

■ 식품위생법 시행규칙 [별지 제17호의7서식] <신설 2022. 7. 28.>

최종 확인검사 검사성적서

<table>
<tr><td rowspan="3">영업자</td><td colspan="3">명칭(상호)</td></tr>
<tr><td colspan="2">대표자 성명</td><td>영업의 종류</td></tr>
<tr><td colspan="3">소재지</td></tr>
<tr><td rowspan="2">최종
확인검사
대상제품</td><td colspan="2">제품명</td><td>품목제조보고번호</td></tr>
<tr><td colspan="2">식품 유형(식품만 해당합니다)</td><td>제조일자 또는 소비기한</td></tr>
<tr><td rowspan="4">최종
확인검사
결과</td><td>판정</td><td>[ ] 적합</td><td>[ ] 부적합</td></tr>
<tr><td colspan="3">검사결과</td></tr>
<tr><td>시험·검사 항목</td><td>시험·검사 기준</td><td>시험·검사 결과</td></tr>
<tr><td></td><td></td><td></td></tr>
</table>

「식품위생법」 제31조의3제4항 및 같은 법 시행규칙 제31조의5제2항에 따라 위와 같이 최종 확인검사 검사성적서를 발급합니다.

년 월 일

지방식품의약품안전청장 직인

210mm×297mm[백상지 80g/㎡]

[부록 5]

식품(수입식품, 건강기능식품 포함) 위반사실 게재기간 지침

□ 관련규정

○ 「식품안전기본법」제24조(정보공개 등)

○ 「식품위생법」제84조(위반사실 공표) 및「식품위생법」제90조의2(정보공개)

○ 「건강기능식품에 관한 법률」제37조의3(위반사실 공표)

○ 「수입식품안전관리특별법」제35조(위반사실의 공표)

□ 게재 기준

구 분	게재 항목	기 간
검사결과 부적합현황	◦ 식품위생법 제4조의 유독·유해물질이 검출된 경우 ◦ 그 외 부적합 ◦ 권장규격 초과	6개월
식품긴급회수	◦ 부적합 유통식품 중 회수·폐기에 해당하는 경우 ※ 단, 해당제품이 전량 회수된 것으로 확인된 경우 게재중단 가능	당해제품의 소비(유통)기한
행정처분현황	◦ 허가취소, 영업소 폐쇄	처분명령일 + 2년
	◦ 영업정지 ※ 영업정지처분을 갈음하여 부과하는 과징금 처분인 경우에도 해당	정지기간의 2배
	◦ 품목 또는 품목류 제조정지	해당 정지기간
	◦ 시정명령	위반사실 공표 대상 아님
	◦ 시설개수명령	위반사실 공표 대상 아님

[부록 6]

통합식품안전정보망(식품행정통합시스템) 활용

1. 통합식품안전정보망 개요

○ **(구축 목적)** 식품안전관리 체계에 따라 분산된 식품안전정보를 연계 · 통합하여 **식품안전정책의 효율성**을 높이고 **대국민 맞춤형 정보** 제공

※ 법률근거: 식품안전기본법 제24조의2(통합식품안전정보망 구축·운영)

○ **(시스템 구성) 식품행정 업무처리시스템과 대국민 정보제공시스템**으로 구성

시스템명	주요기능	사용자
① 식품행정통합시스템	중앙정부와 지자체간 인허가 · 사후관리 · 행정처분 정보 등 통합 공유	식약처 지자체
② 식품정보활용시스템	17개 부처 244종의 식품안전정보를 통합하여 부처 칸막이 없이 공동 활용	17부처 지자체
③ 식품안전나라	식품업체 전자민원 접수, 공공정보의 민간 개방·공유 및 대국민 맞춤정보 제공	국민 식품업체

※ 표준코드를 기반으로 3개의 시스템 및 개별 정보 연계 · 활용

2. 식품행정통합시스템의 기능

○ 식약처 및 지자체 공무원이 **전국 단위의 일원화된 식품안전관리 업무**처리를 할 수 있는 통합 식품행정 업무처리 시스템

구분	❶	❷	❸
기능 분류	식약처 소관 업무 처리기능	식약처 · 지자체 공통업무 처리기능	전국단위 통합 식품정보 조회 기능
제공 기능	식약처 소관 민원처리 등	1399, 불법광고, 식중독예방, 지도·점검·수거 등 공통행정기능	전국 영업·품목대장, 수입검사, 지도·점검·수거, 행정처분 등 통합DB

※ 지자체에서는 업무처리(❷)와 전국 식품정보 조회(❸) 기능 활용

3. 식품행정통합시스템의 특성

○ **(실시간 전송)** 인허가·단속·수거검사·행정처분 등 **전국 시·도 및 시·군·구 지자체** 실적과 **식약처** 실적을 **실시간 연계하여 전국DB** 구현

○ **(정보 상호연결)** 영업 인·허가, 품목제조보고 대장, 지도점검, 수거검사, 행정처분, 생산실적, 위생교육, 자가품질검사 등 **일체의 식품행정 정보가 업체·품목코드를 중심으로 서로 연결**되도록 기능 설계·구축

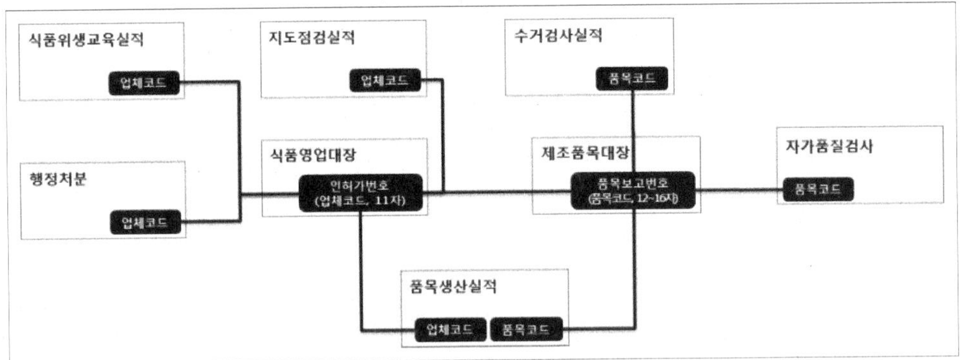

○ **(표준코드 활용)**

- 전국 **식품업체**와 모든 **가공식품**에 **고유번호**를 부여하여 업체 · 품목 관리의 실효성 제고
- **식품 원재료**에 코드를 부여하여 품목제조보고(신고) 시 금지원료 차단
- **식품유형, 관련 기준규격, 시험검사 항목, 행정처분 기준·유형** 등을 코드화하여 정보 관리의 효율성 제고

○ **(종합정보 제공) 식품업체**와 **제조·가공식품**을 중심으로 **모든 안전관리 이력을 종합적으로 조회 · 확인**할 수 있도록 정보 제공

4. 식품행정통합시스템 정보의 활용

○ **'통합 업체대장 조회'** 또는 **'통합 품목제조보고 관리대장 조회'** 등에서 **업체 또는 제품에 관한 종합 정보를 조회·확인**하여 업체 또는 제품의 안전관리에 활용

> ☞ 예시: 개별 업체에 관련된 모든 정보를 '한줄 요약정보'로 조회·다운로드 가능
> 인허가번호, 업소명, 대표자, 소재지 등 일반사항, 품목제조보고 품목수(운영), 식품유형별 품목수, 최근3년 지도점검 횟수, 최근 지도점검일, 최근3년 처분내용, 영업장 면적, 생산실적 합계금액, 급수시설, 위생등급, 자가품질검사방법, 최근2년 위생교육실적, 최근3년 수입실적 등
> * 확인하는 법: '조회범위' 항목 체크박스 선택 ☑ 보고품목수 등 추가정보를 조회

* (업체 조회, 접속경로) 식품행정통합시스템→식품안전정보→통합식품행정정보조회→업체조회→통합 업체대장 조회
* (품목 조회, 접속경로) 식품행정통합시스템→식품안전정보→품목조회→통합 품목제조보고 관리대장 조회

5. 식품행정 업무처리 시스템 별 접속경로

□ 기관별 식품행정 업무처리 시스템

기관	업무시스템	주요 단위업무
시·도	식품행정통합시스템	행정처분(축산), 지도점검, 수거검사, 허위과대광고 모니터링, 1399 신고센터(불량식품·이물), 식중독예방 관리, 축산물 냉동전환, 생산실적보고 관리, 부적합 긴급통보, 영업자 위생교육, 축산물 위탁검사, 안전성조사 부적합 관리
시·군·구	식품행정통합시스템	지도점검(축산), 수거검사(축산), 부적합 긴급통보, 허위과대광고 모니터링, 1399 신고센터(불량식품·이물), 식중독 예방관리, 소비자식품위생감시원 관리, 생산실적보고 관리, 영업자 위생교육, 어린이급식관리지원센터 관리, 안전성조사 부적합 관리
	새올행정시스템	인허가(식품·축산), 행정처분(식품·축산), 지도점검(식품), 수거검사(식품)

□ 단위업무별 업무시스템 접속경로

※ 접속권한 신청: 공문 불필요, 시스템 가입 후 신청서 첨부(문의 1899-5590)

단위업무	접속경로 (https://admin.foodsafetykorea.go.kr/)
인허가	행정업무처리[식약처] > 인허가 접수·처리
행정처분	행정업무처리[공통] > 통합사후관리 > 행정처분관리
지도점검	행정업무처리[공통] > 통합사후관리 > 지도점검관리
수거검사	행정업무처리[공통] > 통합사후관리 > 수거검사관리
부적합긴급통보	행정업무처리[공통] > 통합사후관리 > 부적합긴급통보/회수폐기
허위과대광고 모니터링	행정업무처리[공통] > 1399신고센터,광고모니터링 > 모니터링정보망
1399신고센터(불량식품,이물)	행정업무처리[공통] > 1399신고센터,광고모니터링 > 통합신고관리
식중독예방관리	행정업무처리[공통] > 식중독예방관리
위생용품 통합관리	행정업무처리[공통] > 위생용품
어린이식생활안전관리	행정업무처리[식약처] > 어린이식생활안전관리
HACCP	행정업무처리[식약처] > HACCP·GMP관리 > 식품·축산물 HACCP평가관리
GMP	행정업무처리[식약처] > HACCP·GMP관리 > GMP평가관리
주류위생관리	행정업무처리[식약처] > 일반행정관리 > 위생관리등급제
소비자식품위생감시원 관리	행정업무처리[공통] > 생산실적보고·위생교육 > 감시원관리
축산물냉동전환	행정업무처리[공통] > 냉동전환 > 수입냉동전환신고/국내냉동전환신고
1회제공량 설정통보	행정업무처리[식약처] > 일반행정관리 > 1회제공량설정통보
생산실적보고 관리	행정업무처리[공통] > 생산실적보고·위생교육 > 생산실적관리
위생교육	행정업무처리[공통] > 생산실적보고·위생교육 > 위생교육관리
축산물 위탁검사	행정업무처리[공통] > 통합사후관리 > 축산물 위탁검사
안전성조사 부적합관리	행정업무처리[공통] > 안전성조사·검사 부적합관리

※ 단위업무별 식품행정통합시스템 사용방법은 **식품행정통합시스템 통합게시판의 "자료실"에 게시된 「통합식품안전정보망 사용자(공무원) 교육 자료」** 참조

[부록 7]

집단급식소 급식안전관리 기준

[시행 2021. 10. 13.] [식품의약품안전처고시 제2021-74호, 2021. 9. 2., 제정.]

제1조(목적) 이 고시는 「식품위생법」 제88조제2항 및 같은 법 시행규칙 제95조제2항 별표 24 제3호에 따라 집단급식소를 설치·운영하는 자가 실시하는 위생관리 사항의 점검에 필요한 세부사항을 정함을 목적으로 한다.

제2조(정의) 이 고시에서 사용하는 용어의 정의는 다음과 같다.

1. "집단급식소"란 「식품위생법」 제2조제12호 및 같은 법 시행령 제2조에서 정하고 있는 영리를 목적으로 하지 아니하면서 특정 다수인에게 계속하여 음식물을 공급하는 급식시설로서 1회 50명 이상에게 식사를 제공하는 급식소를 말한다.
2. "급식안전관리"란 집단급식소 설치·운영자가 집단급식소에서 식재료의 검수·조리 및 배식·시설관리 등에서 급식안전관리를 위한 위생관리상의 활동을 말한다.

제3조(적용대상) 이 고시는 「식품위생법」 제88조제1항에 따라 신고한 집단급식소를 설치·운영하는 자를 대상으로 적용한다.

제4조(위생관리 사항) 집단급식소를 설치·운영하는 자가 급식안전관리를 위하여 매일 점검하고 기록해야하는 위생관리 사항은 별표 1과 같다.

제5조(위생점검 등) ① 집단급식소를 설치·운영하는 자는 급식안전관리를 위해 제4조에 따른 위생관리 사항에 대한 준수여부를 매일 점검하여,

별표 2의 위생관리 점검표를 기록하여야 한다. 다만, 위생관리 점검표의 점검 사항을 포함하여 자체적으로 기록하는 경우에는 그 기록으로 갈음할 수 있다.

② 집단급식소 설치·운영하는 자가 식재료를 납품받아 검수하는 경우에는 별표 3에 따른 검수일지를 기록하여야 한다. 다만, 검수일지의 내용을 포함하여 자체적으로 기록하는 경우에는 그 기록으로 갈음할 수 있다.

③ 제1항 및 제2항에 따라 점검한 결과 부적합 사항이 확인되는 경우에는 지체 없이 개선조치를 하고 그 결과를 기록하여야 한다.

④ 집단급식소를 설치·운영하는 자는 별표 2 및 별표 3에도 불구하고 급식안전관리 향상을 위해 위생관리 사항을 추가하여 점검·기록할 수 있다.

⑤ 제1항부터 4항에 따른 기록의 형태는 수기 또는 전산입력 등 급식소가 자율적으로 정하여 사용할 수 있다.

제6조(기록의 보관) 집단급식소를 설치·운영하는 자는 이 고시에 따라 작성되는 위생관리 점검표와 식재료 검수일지는 3개월간 보관하여야 한다.

제7조(재검토기한) 식품의약품안전처장은 이 고시에 대하여 「훈령·예규 등의 발령 및 관리에 관한 규정」에 따라 2022년 1월 1일을 기준으로 매 3년이 되는 시점(매 3년째의 12월 31일까지를 말한다)마다 그 타당성을 검토하여

부칙<제2021-74호, 2021. 9. 2.>

이 고시는 2021년 10월 13일부터 시행한다.

[별표 1]

위생관리 사항(제4조 관련)

1. 개인위생관리

가. 식품취급자(조리종사자 포함) 등은 위생복, 위생모, 마스크, 앞치마를 착용하고, 악세사리 등 장신구 착용을 하지 않아야 한다.

나. 건강진단을 받지 아니한 자나 「식품위생법 시행규칙」 제50조에서 규정하는 질병이 있는 자는 식품취급 및 조리를 하여서는 아니 된다.

2. 검수 및 보관관리

가. 조리에 사용되는 식품 등(이하 "식재료")은 검수를 통해 배송온도, 포장상태, 품질상태 등을 확인하여 적합한 것을 식재료로 사용하여야 한다.

나. "식재료" 선도가 양호한 것을 사용하여야 하며, 부패・변질되었거나 유독・유해물질 등에 오염된 것을 사용하여서는 아니 된다.

다. 소비(유통)기한이 경과된 식재료를 조리할 목적으로 보관하거나 이를 음식물의 조리에 사용하여서는 아니된다.

라. 식재료는 세척제, 소독제, 화학물질 등과 함께 보관하여서는 아니 된다.

마. 식재료는 법 제7조제1항에 따른 기준 및 규격에서 정하고 있는 「식품 등의 기준 및 규격」 제2. 4. 보존 및 유통기준과 같은 고시 제6. 3. 원료 기준에 적합하도록 관리하여야 하며, 이 경우 냉동・냉장시설 및 운반시설은 항상 정상적으로 작동시켜야 한다.

3. 조리관리

가. 야채・과일을 세척할 경우에는 「위생용품 관리법」에 따른 세척제를 사용하고, 살균시 식품첨가물로 허용된 살균제를 사용하여야 하며, 세척제와 살균제는 충분히 헹구어야 한다. 다만, 야채 또는 과일 이외의 식품에는 살균제 또는 세척제를 사용하여서는 아니 된다.

나. 육류, 어류 등 동물성원료를 가열 조리하는 경우는 식품의 중심부까지 충분히 익혀야 한다.

다. 해동은 위생적인 방법으로 실시하여야 하며, 한 번 해동한 식품은 다시 냉동하여서는 아니 된다.

라. 칼・도마(어류・육류・채소류)는 용도별 구분 사용하여야 한다.

4. 배식 및 보존식 관리

가. 배식용 보관용기는 세척・소독・건조된 것을 사용하며, 조리한 식품은 위생적인 용기 등에 넣어 조리하지 않은 식품과 교차오염 되지 않도록 관리하여야 한다.

나. 배식대에서 배식하고 남은 음식물에 대해서는 다시 사용・조리 또는 보관(폐기용이라는 표시를 명확하게 하여 보관 하는 경우는 제외한다) 해서는 안된다.

다. 조리・제공한 식품(법 제2조제12호에 따른 병원의 경우 일반식만 해당한다)을 보관할 때에는 매회1인분 분량을 –18℃이하로 144시간 이상 보관하여야 한다. 이 경우 완제품 형태로 제공한 가공식품은 소비(유통)기한 내에서 해당 식품의 제조업자가 정한 보관방법에 따라 보관 할 수 있다.

5. 시설 관리

가. 자외선 또는 전기살균소독기, 열탕세척소독시설 , 환기시설 등은 항상 정상적으로 작동되어야 한다.

나. 조리장 바닥은 배수구가 있는 경우에는 덮개를 설치하여야 하며, 청결하게 관리하여야 한다.

[별표 2]

위생관리 점검표(제5조 관련)

점검자: (인)

<table>
<tr><th rowspan="3" colspan="2">구분</th><th rowspan="3">점검 사항</th><th colspan="7">점검결과</th><th rowspan="3">조치 사항</th></tr>
<tr><th>월</th><th>화</th><th>수</th><th>목</th><th>금</th><th>토</th><th>일</th></tr>
<tr><th>월/일</th><th>월/일</th><th>월/일</th><th>월/일</th><th>월/일</th><th>월/일</th><th>월/일</th></tr>
<tr><td rowspan="2">1. 개인 위생 관리</td><td>복장 관리</td><td>○ 위생복, 위생모, 마스크, 앞치마 착용, 장신구 미착용 여부</td><td></td><td></td><td></td><td></td><td></td><td></td><td></td><td></td></tr>
<tr><td>건강 상태</td><td>○ 식품취급자(조리종사자 포함) 건강상태</td><td></td><td></td><td></td><td></td><td></td><td></td><td></td><td></td></tr>
<tr><td rowspan="4">2. 식재료 검수 및 보관 관리</td><td>검수 일지</td><td>○ 식재료 검수일지 작성, 보관 여부</td><td></td><td></td><td></td><td></td><td></td><td></td><td></td><td></td></tr>
<tr><td>유통 기한</td><td>○ 식재료의 소비(유통)기한 경과 확인</td><td></td><td></td><td></td><td></td><td></td><td></td><td></td><td></td></tr>
<tr><td>구분 보관</td><td>○ 식품, 비식품(세척제, 소독제 등)을 구분 보관 여부</td><td></td><td></td><td></td><td></td><td></td><td></td><td></td><td></td></tr>
<tr><td>냉장·냉동고 관리</td><td>○ 냉장고·냉동고 적정온도 여부</td><td></td><td></td><td></td><td></td><td></td><td></td><td></td><td></td></tr>
<tr><td rowspan="4">3. 조리 관리</td><td>세척 및 소독</td><td>○ 가열하지 않고 생으로 제공하는 야채·과일을 소독할 경우에는 식품첨가물로 허용된 살균제 사용 및 충분한 헹굼 여부</td><td></td><td></td><td></td><td></td><td></td><td></td><td></td><td></td></tr>
<tr><td rowspan="2">조리 시 주의 사항</td><td>○ 육류, 어류 등 동물성원료(돈까스, 만두, 떡갈비 등 분쇄육 등)를 가열 조리하는 경우에는 식품의 중심부까지 충분히 익힘 여부</td><td></td><td></td><td></td><td></td><td></td><td></td><td></td><td></td></tr>
<tr><td>○ 해동은 위생적인 방법으로 실시하고, 해동식품 재냉동 금지 확인</td><td></td><td></td><td></td><td></td><td></td><td></td><td></td><td></td></tr>
<tr><td>구분 사용</td><td>○ 칼·도마(어류·육류·채소류) 용도별 구분 사용 여부</td><td></td><td></td><td></td><td></td><td></td><td></td><td></td><td></td></tr>
<tr><td rowspan="3">4. 배식 및 보존식 관리</td><td>배식</td><td>○ 배식용 보관용기는 세척·소독·건조된 것을 사용하며 조리된 음식은 뚜껑 등을 덮어 교차오염 되지 않도록 관리</td><td></td><td></td><td></td><td></td><td></td><td></td><td></td><td></td></tr>
<tr><td>배식 후 관리</td><td>○ 배식대에서 배식하고 남은 음식물을 다시 사용·조리 또는 보관 여부</td><td></td><td></td><td></td><td></td><td></td><td></td><td></td><td></td></tr>
<tr><td>보존식</td><td>○ 보존식 보관 및 관리기준(-18℃이하, 144시간 이상) 준수 여부</td><td></td><td></td><td></td><td></td><td></td><td></td><td></td><td></td></tr>
<tr><td rowspan="2">5. 시설 관리</td><td rowspan="2">시설</td><td>○ 자외선 또는 전기살균소독기, 열탕세척 소독시설, 환기시설 정상 작동 확인</td><td></td><td></td><td></td><td></td><td></td><td></td><td></td><td></td></tr>
<tr><td>○ 배수구 청결관리 여부(조리장 바닥에 배수구 있는 경우)</td><td></td><td></td><td></td><td></td><td></td><td></td><td></td><td></td></tr>
</table>

※ 기록 방법 : 적합○, 미흡△, 부적합×, 해당사항 없을 경우 - 표기, 부적합 시 조치 사항 기록

[별표 3]

식재료 검수일지(제5조 관련)

검수자: (인)

검수 일자 (월/일)	식재료명	단위	수량	소비기한 (또는 제조일)	납품 업체명 (또는 제조업체)	검수 사항			조치사항
						배송 온도 (℃)	포장 상태	품질 상태	

<검수일지 작성 방법>

o 식재료 검수일지 작성 대상 : 육류, 어류, 냉농식품, 가공식품

o 주요 검수 사항: 배송온도, 포장상태, 품질상태

o 배송온도(유통 또는 검수온도) 기록

- 운반차량 적재고 내부온도를 측정하여 기록하거나 제품온도를 측정하여 기록, 다만 운반차량 온도 기록지로 유통온도 확인 시 기록지 부착 등으로 배송온도 기록 생략 가능

o 포장상태 기록: 적합 ○, 미흡 △, 부적합 × 표기, 부적합 식재료는 반품 또는 폐기하고 조치사항 기록

o 품질상태 기록: 신선도(부패·변질, 색깔, 냄새 등), 이물질 혼입, 식품표시사항 등을 확인하고 양호 ○, 미흡 △, 부적합 × 로 표기, 부적합 식재료는 반품 또는 폐기하고 조치사항 기록

o 조치사항 : 반품 또는 폐기 등 조치한 내용을 기록

※ 급식소별 자체 식재료 검수일지, 납품서 등에 배송온도, 포장상태, 품질상태, 조치사항 등 상기 검수일지 내용을 포함하여 기록·관리하는 경우에는 검수일지 작성 생략 가능

[부록 8]

옥외영업 신고 및 관리 지침

Ⅰ. 개요

1. 목적

○ 식품접객업소의 옥외영업이 허용됨에 따라, 영업신고 절차 등에 대한 안내와 일관성 있는 행정처리를 통해 옥외영업 안전관리 도모

2. 법적 근거

가. 「식품위생법 시행규칙」 제42조(영업의 신고 등), 43조(신고사항의 변경)

나. 「식품위생법 시행규칙」 별표14(시설기준) 제8호 나목 1)에 사)

※ 관광특구, 호텔업, 지자체장 지정장소 옥외영업 관련 특례규정은 삭제

다. 「식품위생법 시행규칙」별표17 제7호 도목

라. 「식품위생법 시행규칙」 별지 제34호, 제37호, 제39호, 제41호 서식

3. 적용 범위

○ 식품접객업소(일반음식점, 휴게음식점, 제과점영업)에서 영업장과 연접* 하는 외부 장소를 영업장으로 사용하려는 경우에 한하여 적용함

* (연접) 옥내 영업장과 옥외영업장이 직접 맞닿아 있는 경우

4. 기본 원칙

○ 옥외영업 허용 시 식품안전을 담보할 수 있는지 여부가 최우선적으로 고려되어야 하며, 「건축법」, 「화재예방, 소방시설 설치 · 유지 및 안전관리에 관한 법률 」, 「다중이용업소의 안전관리에 관한 특별법」, 「소음·진동관리법」, 「경범죄 처벌법」등 타 법령을 위반하는 사항이 없어야 함

○ 옥외영업장에서는 건물 내부에서 조리 · 제조한 음식류 등만 제공 가능

* 주거지역과 인접하지 않아 환경 위해 우려가 적은 장소 · 지역※으로서 지자체의 조례로 별도의 기준을 정한 경우 건물 외부에서 조리 · 제조한 음식류 등 제공 가능

※ 주거지역과 인접하지 않아 환경 위해 우려가 적은 장소・지역 (「식품위생법 시행규칙」 별표17 제7호 도목)

- (해석) 소음・진동・악취 등으로부터 거주의 안녕이 보호되는 등 환경 위해 우려가 적다고 판단하여 지자체장이 허용한 장소·지역을 의미
- 옥외영업 장소가 주거지역과 직접 경계하고 있더라도 거주자의 주거 안녕이 침해되지 아니하고, 「소음・진동관리법」의 생활소음 규제기준을 충족하는 등 타 법령 위반이 없을 경우 옥외영업이 가능한 장소임

○ 각 지자체는 동 지침을 참고하여 조례를 제정하여 운영할 수 있으며, 관계법령에 위반되지 않은 범위 내에서 지역 상황 및 주변 환경 등을 고려하여 동 지침과 달리 조례를 제정·운영할 수 있음.

Ⅱ. 영업(변경) 신고 절차

1. 준비 서류

가. 식품접객업 중 일반음식점, 휴게음식점, 제과점영업을 신고하려는 자가, 건축물 내 면적과 함께 건축물 외부장소를 옥외영업장으로 함께 신고(변경신고)하려는 경우,

- 기존 영업(변경)신고에 필요한 서류에 **추가로,** 해당 외부 장소에 대해 **정당한 사용 권한**이 있음을 **증명하는 서류** 제출 필요

나. 해당 장소에 대한 **사용권한을 증명하는 서류**는 다음과 같음

① 사용 계약서

- 통상 부동산 임대차계약은 건축물 바닥면적에 포함된 공간에 대해 작성되므로, 이와 별개로, 바닥면적에 포함되지 아니한 옥외영업장의 공간(면적)에 대한 소유주와 임차인 간의 사용계약(승낙)을 확인할 수 있는 서류를 작성*하여 제출

  * 계약(승낙)서류 작성 시 평면도(배치도)에 사용할 곳을 표시하여 첨부

② 집합건물 중 옥외장소에 대한 전용 사용부분 확인서류

- 「집합건물의 소유 및 관리에관한 법률(약칭:집합건물법)」제28조(규약) 제④에 따라 특별시장·광역시장·특별자치시장·도지사 및 특별자치도지사는 이 법을 적용받는 건물과 대지 및 부속시설의 관리를 위하여 표준규약을 마련하여 보급한다고 규정

- 각 지자체별 표준규약 및 이를 근거로 만들어진 개별 집합건물의 자체 규약 등에 따라 해당 장소를 구분소유자(또는 점유자)가 사용할 수 있는 근거 등을 마련하고, 동 집합건물의 관리단이 발급(확인)한 서류를 통해 옥외영업장의 전용사용 가능 여부를 확인

③ 등기사항 증명서(건물 또는 토지) 사본(필요시)

- 해당 건물(또는 토지)의 소유주를 확인할 수 있는 서류

④ **건축물 평면도 또는 배치도**(필요시)

- 대지의 경계, 대지의 조경면적, 「건축법」제43조에 따른 공개공지 또는 공개공간, 건축선(건축선 후퇴면적 및 건축선 후퇴거리 포함), 건축물의 배치현황, 대지 안 옥외주차 현황, 대지에 직접 접한 도로를 포함한 도면

- 영업자는 출력된 평면도에 옥외영업장의 위치 및 면적을 표시

⑤ **점용 허가증(공공 용지)**(해당될 경우)

- 해당 지자체의 방침 등에 따라 도로 등 공공용지를 옥외영업장으로 이용할 수 있는 경우, 옥외영업장으로 사용하려는 면적에 대한 소재지, 규모(면적), 점용목적, 점용기간 등이 명시되어있는 **점용허가증**을 제출

⑥ **옥외영업장 시설 사진**(필요시)

- 평면도(배치도)를 확인할 수 없는 경우* 옥외영업장의 시설물 현황 등을 확인할 수 있는 사진

  * 건축물대장 없이 등기사항증명서만 존재하는 건축물 등

2. 제출서류 검토

가. 영업 제한요건 확인

○ 영업신고가 수리되더라도 타 법령에 위반·저촉될 경우 처분되거나 고발될 수 있으므로, 민원인이 사전에 충분히 검토할 것을 안내

- 담당 공무원은 민원인이 제한요건 등을 확인하였는지를 검토하고, 필요시 관련 부서(건축·도시계획·소방·환경)를 통해 확인

나. 사용 권한 확인

○ 영업자가 단독으로 소유한 대지(건물)에서 영업하려는 경우 등기사항증명서를 통해 영업자의 실소유 여부 확인

○ 타인(1인)이 단독 소유한 대지(건물)에서 영업하려는 경우, 등기사항

증명서 상 실소유주를 확인하고, 실소유주와 영업자 간의 사용 계약서를 통해 사용 권한을 확인

* 이 경우 통상의 부동산임대차 계약은 건축물 면적으로 표시된 부분만큼에 대한 계약이 이루어지므로, 옥외영업장에 대해 옥외영업장의 위치, 면적, 계약기간, 임대인, 임차인 정보를 포함한 계약 내용을 추가 확인

○ 다수 영업자가 소유한 상가 집합건물의 경우 구분소유자별로 전용 사용권을 확인할 수 있는 서류를 확인

* 집합건물 자체규약(자체규약이 없을 경우 해당 지자체 표준관리규약)에 따른 '전용사용부분 및 전용사용권자' 작성 현황 확인

다. 옥외영업장 면적 확인

○ 옥외영업장의 면적은 건축법상 바닥면적에 포함되지 않아 확인이 어려우므로, 사용하려는 영업장의 면적은 영업자가 직접 확인(실측)하여 도면에 표시하고 그 면적을 기재

- 담당 공무원은 1개월 이내 시설조사 시 영업자가 제출한 옥외 영업장의 위치 및 면적의 일치 여부를 확인

라. 주거지역과 인접하지 않아 환경 우려가 적은 장소·지역

○ 주거지역과 인접하더라도 소음·진동·악취 등으로부터 거주의 안녕이 보호되는 등 환경 우려가 적은 장소·지역인 것으로 판단될 경우 지자체장이 허용 가능

- 필요시 옥외 영업시간의 제한 등 주거 안녕 침해 최소화 조치

* 주거지역: 거주의 안녕과 건전한 생활환경의 보호를 위하여 필요한 지역(「국토계획법」제36조(용도지역의 지정) 제1항)

※ 옥외영업 장소가 주거지역과 직접 경계하고 있더라도 거주자의 주거 안녕이 침해되지 아니하고, 「소음·진동관리법」의 생활소음 규제기준을 충족하는 등 타 법령 위반이 없을 경우 옥외영업이 가능한 장소임

3. 영업 신고 절차

단계	내용
접수 전 상담	● 민원인용 사전 체크리스트를 제공하여 영업자가 옥외영업이 가능한 장소인지를 확인하고, 타 법령에 따른 제한요건을 담당부서(건축, 도시계획, 도로·교통, 소방 등)에 사전 확인하도록 안내 ● 특히, 도로, 보도 등 공공용지, 공개공지 등에서 영업 불가 안내 ● 사유지인 경우라도 지구단위계획에 따라 사용제한이 있는 곳 이거나, 조경, 피난통로, 피난시설, 피난광장 등에서는 옥외영업 불가하므로, 영업자가 직접 확인하도록 안내 ● '신고' 영업에 대하여는 다른 법령에 위반되거나 저촉되는 사항이 있는지에 대하여 등록신청인 또는 신고인이 먼저 확인하여야 하고, ● 다른 법령에 위반되거나 저촉이 되면 그 법령에 의거 고발되거나 처분되므로 「식품위생법」에 따라 영업신고 수리가 되더라도 영업하기가 어렵다는 것을 반드시 통보
사전 검토	● 「식품위생법 시행규칙」에서 규정한 구비서류 완비 여부 검토 ● 해당 장소에 대한 사용권한 적절성 확인 - 소유하거나 소유자와의 사용계약 적절성 - 집합건물인 경우 해당 장소의 사용권한 여부 - 건물 내 영업장과 연접여부 ● 건축법, 소방법 등 이 법에 명시된 타법령 관련사항에 대하여는 그 법령에 위반되거나 저촉되는 사항이 있는지 여부 확인 - 이 법 및 관련 법령에 적합하지 않거나 제출서류가 미비한 때에는 보완 요청
접 수	● 수수료 확인 ● 구비서류 확인
결 재	● 구비서류 검토 결과 적합하다고 판단될 경우 즉시 신고수리
신고증 교부	● 1개월 이내에 시설 조사 실시 - 시설기준에 위반되거나 신고한 사항이 다를 경우 확인서를 징구하여 행정처분기준에 의거 시설개수명령을 하거나 영업정지 등 행정처분
사후 관리	● 식품안전관리 지침에 따른 식품접객업소 대상 정기 지도·점검 시 주요 사항 확인

※ 영업 신고를 하고자 하는 자는 시행규칙 제40조에 따라 정한 법령 외에 해당 영업허가·등록·신고와 관련된 다음 법령에 위반되거나 저촉여부를 검토하도록 적극 안내 바람

- 「국토의 계획 및 이용에 관한 법률」, 「건축법」, 「소방법」, 「화재예방, 소방시설설치·유지 및 안전관리에 관한 법률」, 「소음·진동관리법」, 「빛 공해 방지법」, 「집합건물의 소유 및 관리에 관한 법률」, 「다중이용업소의 안전관리에 관한 특별법」, 「주차장법」 등 그 밖의 관련 법령

※ 옥외영업 가능 여부 사전확인 체크리스트

○ 민원인에게 해당 장소가 옥외영업이 가능한 장소인지, 다른 법령에 따른 제한 여부를 먼저 확인 후 영업신고토록 안내

❑ 옥외영업 가능 여부 확인

구 분	사전 검토 항목	해당	비해당
영업장 연접 여부	○ 옥외영업장이 신고(예정)된 건물 내 영업장과 직접 연결(연접)되어있는지 여부	☐	☐
	○ 서로 다른 층인 경우 건물내 영업장과 옥외영업장이 위·아래 층으로서 직접 출입이 가능한지 여부	☐	☐
사용권한 여부	○ (단독소유 건물) 해당장소에 대한 소유자이거나 또는 소유자로부터 사용권한을 부여(계약)받았는지 여부	☐	☐
	○ (집합건물) 집합건물의 자체규약에 따라, 사용하려는 장소에 대한 전용 사용권을 부여 받았는지 여부와 소유자로부터 사용권한을 부여(계약)받았는지 여부	☐	☐
시설기준 적합 여부	○ 2층 이상인 경우 1.2m 이상의 난간 설치 여부 (영업장이 지상층인 경우 확인 불필요)	☐	☐

※ 하나라도 '비해당'이 있는 경우 옥외영업장으로 사용 불가

❑ 옥외영업 제한 사항 확인

구 분	사전 검토 항목	해당	비해당
「건축법」 확인사항	○ 공개공지에 해당하는지 여부	☐	☐
	○ 법제58조(대지안의 공지)에 따른 건축선 및 인접대지 경계선으로부터 띄워야 하는 거리에 시설물 설치가 제한되는지 여부	☐	☐
	○ 법제42조(대지의 조경) 및 지자체 조례에 따라 의무적으로 설치하여야 할 조경구역에 해당하는지 여부	☐	☐
	○ 시행령 제40조에 따라 의무적으로 설치하여야 할 옥상광장에 해당하는지 여부	☐	☐
	○ 시행령 제41조에 따라 의무적으로 확보하여야 할 피난 및 소화에 필요한 통로에 해당하는지 여부	☐	☐
	○ 그 외 건축법에 따른 제한 및 저촉 여부	☐	☐
「개발제한구역법」 확인사항	○ 개발제한구역법에 따른 제한 및 저촉 여부	☐	☐
「국토계획법」 확인사항	○ 전면공지에 해당되는 경우, 사적용도(영업)로 이용이 제한되거나, 시설물의 설치·비치 제한이 있는지 여부	☐	☐
「도로법」 확인사항	○ 법에 따른 도로에 포함되는지 여부 (단, 별도로 점용허가를 받은 경우에만 가능)	☐	☐
「주차장법」 확인사항	○ 법에 따라 의무적으로 설치하여야 할 주차장 면적에 해당되는지 여부	☐	☐
	○ 그 외 주차장법에 따른 제한 및 저촉 여부	☐	☐

※ 하나라도 해당되면 옥외영업장으로 사용 불가
(위에 해당되지 않더라도 지자체 조례 등 다른 규정에 따라 옥외영업이 제한될 수 있음)

[참고 1] 옥외영업 관련 용어 정의 등

1. 용어의 정의

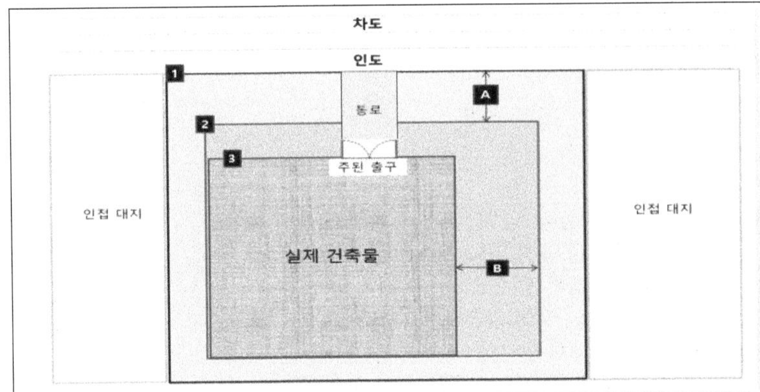

A. 대지안의 공지
B. 대지안의 외부공간

1. (인접)대지 경계선
2. 대지안의 공지 설정에 따른 건축 한계선
3. 건축물 외벽

가. (대지, 垈地) 「공간정보의 구축 및 관리 등에 관한 법률」에 따라 각 필지(筆地)로 나눈 토지

나. (건축물) 토지에 정착(定着)하는 공작물 중 지붕과 기둥 또는 벽이 있는 것과 이에 딸린 시설물, 지하나 고가(高架)의 공작물에 설치하는 사무소·공연장·점포·차고·창고, 그 밖에 대통령령으로 정하는 것

다. (A대지 안의 공지) 「건축법」및 「국토의 계획 및 이용에 관한 법률(이하: 국토계획법)」에 따른 조례 지정(❷)으로, 인접대지 경계선으로부터 건축물 외벽 사이에 확보해야 하는 구역으로써, 공개공지나 공공조경 등 다른 용도로 지정되지 않은 구역

✓ 「건축법」제58조(대지 안의 공지) 건축물을 건축하는 경우에는 용도지역·용도지구, 건축물의 용도 및 규모 등에 따라 건축선 및 인접대지경계선으로부터 6미터 이내 범위에서 대통령령으로 정하는 바에 따라 해당 지자체 조례로 정하는 거리 이상을 띄워야 한다.

※ A대지 안의 공지 중 일부 또는 전부는 건축물의 규모, 도시계획 등에 따라 ‘공개공지’, ‘전면공지’에 해당할 수 있음

라. (B대지안의 외부공간) 건축법상의 건폐율·용적률·대지안의 공지 등 제한 규정에 따라 건축할 수 있는 공간(2경계선에 따른 구역) 중, 건물을 꽉 채워 건축하지 않고 남겨둔 곳 (※다만, 실제 건축물을 꽉 채워 건축하였을 경우 외부 공간이 없을 수 있음)

* 이 지침에서 '대지안의 외부공간'은 '공개공지'와 '대지안의 공지'를 제외한 나머지 공지만을 제한적으로 의미함

마. (공개공지) A대지 안의 공지 중 건축법에서 정하는 지역*의 환경을 쾌적하게 조성하기 위하여 일정 용도와 규모**의 건축물이 일반이 사용할 수 있도록 만든 소규모 휴식시설 등의 공터 또는 공개공간

* (지역) 일반주거지역, 준주거지역, 상업지역, 준공업지역 및 광역단체·지자체장 등이 도시화의 가능성이나 노후 산업단지의 정비가 필요하다고 인정하여 지정·공고하는 지역

** (용도 및 규모) 문화 및 집회시설, 종교시설, 판매시설, 운수시설, 업무시설, 숙박시설로서 해당 용도로 쓰는 **바닥면적의 합계가** 5,000㎡이상인 건축물과 그 밖에 다중이 이용하는 시설로서 **건축조례로 정하는** 건물

바. (전면공지) A대지 안의 공지 중 국토계획법에 따라 **전면도로** 경계선과 그에 면한 건축물 외벽선 사이에 확보된 공지로서, 공개공지나 공공조경 등 다른 용도로 지정되지 않은 공지

* 지자체의 지구단위계획에 따른 용도 제한, 지장물 설치 제한 등 존재 가능

사. (대지의 조경) 용도지역 및 건축물 규모에 따라, 면적이 200㎡ 이상인 대지에 건축할 때, 지자체장이 정한 조례에 따라 식수 등 조경을 설치한 구역

* 의무적으로 설치하여야 할 '조경'을 옥상에 설치할 수 있음

2. 옥외영업 허용 장소(공간)

가. 식품접객업소로 영업신고 된(예정인) 건물 내 영업장과 직접 맞닿아 있는(연접한) 건물 외부 장소로서 해당 영업자에게 **사용권한**이 있는 곳

* 시행일('21.1.1.) 이전에 건물 내 영업장과 직접 연접되지 않은 기존의 옥외영업장은 시행 후 1년 이내 시설기준에 적합(연접)하도록 기 조치

< 연접 예시>
✓ (같은 층) 건물 내 영업장과 옥외영업장이 건축물 외벽, 창문, 출입문 등을 사이에 두고 직접 맞닿아 있는 것으로서, 건물 안에서 옥외영업장으로 직접 출입이 가능한 구조 (※ 같은 층에 있는 경우라도, 옥내영업장에서 옥외영업장으로 이동 시 통로나 기타 공간을 거쳐야만 이동이 가능한 경우는 연접한 것으로 볼 수 없음)
✓ (다른 층) 건축물의 최상층과 그 윗층에 있는 옥상을 옥외영업장으로 사용하는 경우로서, 옥내영업장에서 옥외영업장으로 직접 출입할 수 있는 구조 (※ 총 3층 건물(옥상층은 4층)에서 옥내 영업장이 2층인 경우 옥상층 사용 불가, 2층에 옥내영업장이 있고, 1층이 다른 용도로 사용되는 경우 옥내영업장(2층)과 옥외 공간(1층 대지나 테라스)을 연접한 것으로 볼 수 없음)
✓ (대지 내) 단일 부지 내 접객업의 용도로만 사용하는 건축물을 두고 영업하는 경우, 건축물 이외 나머지 공지는 옥내영업장과 연접한 것으로 해석 가능 다만, 대형 건축물 중 일부 공간을 접객업 영업장으로 사용하는 시설(호텔, 리조트 등)의 경우 해당 시설과 동일한 부지안에 있는 경우라도 옥내영업장과 옥외영업장이 직접 맞닿아 있지 않는 경우 연접한 것으로 볼 수 없음 (※(예시) 로비 등 여러 용도로 사용되는 호텔1층에 음식점이 있는 경우라도, 해당 음식점과 옥외영업장이 직접 맞닿아 있는 경우에 한하여 옥외영업을 허용하고, 건물과 일정거리를 두고 이격 되어있는 곳은 연접한 것으로 보지 않음

나. 「건축법」, 「도로법」, 「도로교통법」, 「주차장법」, 「화재예방, 소방시설 설치 · 유지 및 안전관리에 관한 법률 」, 「다중이용업소의 안전관리에 관한 특별법」 등 다른 법령에 따라 타용도로 사용을 금지하거나 시설물 설치 등을 제한하는 곳에서는 옥외영업 불가

< 시설물 설치를 제한하는 경우 예시 >

✓ (공개공지) 공개공지 등에 물건을 쌓아 놓거나 출입을 차단하는 시설을 설치하는 등 공개공지 등의 활용을 저해하는 행위* 불가

* 1. 공개공지 등의 일정 공간을 **점유하여 영업**을 하는 행위
2. 공개공지 등의 이용에 방해가 되는 행위로서 다음 각 목의 행위
가. 공개공지등에 정해진 시설물 이외의 시설을 설치하는 행위
나. 공개공지 등에 **물건을 쌓아 놓는** 행위
3. 울타리나 담장 등의 시설을 설치하거나 출입구를 폐쇄하는 등 공개공지 등의 **출입을 차단하는** 행위
4. 공개공지 등과 그에 설치된 **편의시설을 훼손**하는 행위
5. 그 밖에 제1호부터 제4호까지의 행위와 유사한 행위로서 건축조례로 정하는 행위
(※근거: 「건축법」제43조제4항, 시행령 제27조의2제7항)

✓ (전면공지) 해당 지자체의 지구단위계획에 따른 용도 제한, 지장물 설치 제한, 이동식 시설물(테이블, 탁자 등)의 비치가 가능한지 등 여부 확인 필요
(※근거: 지구단위계획 수립지침(국토교통부훈령)제3장제1절 3-1-11 (5))
(예시) (OO시 도시계획 조례) 건축법 제46조(이하 생략)에 따라 지정된 건축선 후퇴부분에는 공작물·담장·계단·주차장·화단·**영업과 관련된 시설물** 및 그 밖의 유사한 **시설물을 설치하여서는 아니된다.**

✓ (🅐대지안의 공지) 공개공지나 전면공지에 해당하지 않는 경우라도 지자체장이 정한 이격거리에 따른 공간에서는 다른 용도로의 사용이 제한됨

✓ (옥상광장 등) 피난을 위해 설치된 옥상광장, 헬리포트 등은 피난 용도로 사용할 수 없도록 물건(테이블, 의자 등)적재 등 지장을 주는 행위 불가
(※근거: 「건축법 시행령」제40조(옥상광장 등의 설치))

✓ (대지안의 조경) 건축법에 따라 의무적으로 설치한 조경을 영업 등 다른 용도로 사용 불가
(※근거: 「건축법」제42조(대지의 조경) 및 각 지자체별 관련 조례)

다. 「도로법」에 따라 도로의 점용 허가를 받고 옥외영업장으로 이용하려는 경우에는 점용허가 범위(면적 및 점용시간)에 한하여 옥외영업 가능

3. 영업시간 및 영업행위 제한

가. 「식품위생법」제43조(영업의 제한), 「식품위생법 시행령」제28조(영업의 제한 등)에 따라, 각 지자체장은 영업의 질서와 선량한 풍속을 유지하는데 필요한 경우 영업자 중 식품접객영업자와 그 종업원에 대해 1일당 8시간 이내로 하여 **영업시간 및 영업행위를 제한할 수 있도록** 규정하고 있으므로,

- 옥외영업장의 운영에 따른 소음 등으로 영업 시간의 제한이 **필요한 경우** 조례를 통해 영업시간의 제한이 가능하고, 옥외영업장에 음향장치나 반주시설을 설치하는 등 선량한 풍속 유지를 방해하는 행위 등의 제한이 가능

< 예 시 >
✓ 우리 시(구)에서 식품접객업소 옥외영업장을 운영하는 영업자는 영업의 질서와 선량한 풍속 유지를 위해 다음의 규정을 준수한다. 1. 영업시간 : 각 지역별로 아래에서 정한 시간에 옥외영업장 운영 금지 1) 전용주거지역 : 22:00부터 다음날 06:00까지 2) 일반주거지역 : 24:00부터 다음날 06:00까지 3) OO로 00번길, OO로 00번길, OO동 oo지구 일원 22:00부터 다음날 06:00까지 2. 영업행위 : 옥외영업장에서는 아래의 영업행위를 하여서는 아니된다. 1) 음향 및 반주시설, 무대 등을 설치하는 행위

4. 옥외영업장 면적

○ 옥외영업장의 운영 면적에 대한 제한은 없으나, 과도하게 넓은 옥외영업장 면적에 따라 식재료의 보관 장소 부족, 조리 공간 협소, 식기류 등의 세척 공간 부족 등으로 건물 내 영업장에 대한 위생적 관리가 되지 않을 경우, 관련 행정처분기준에 따라 처분하고 위생적 관리가 가능한 면적만 옥외영업장으로 운영하도록 권고

[참고 2] 안전을 위한 시설기준

1. 용어의 정의

가. (옥상) 지붕의 위. 특히 현대식 양옥 건물에서 마당처럼 편평하게 만든 지붕 위

나. (옥상광장) 「건축법」에서 정한 일정용도 및 규모* 이상의 건물에서 피난의 용도로 사용할 수 있도록 건물의 옥상에 설치한 공간

* (규모 및 용도) 5층 이상인 층이 제2종 근린생활시설 중 공연장·종교집회장·인터넷 컴퓨터게임시설 제공업소(해당 용도로 쓰는 바닥면적의 합계가 각각 300㎡이상인 경우만 해당), 문화 및 집회시설(전시장 및 동·식물원은 제외), 종교시설, 판매시설, 위락시설 중 주점영업 또는 장례시설의 용도로 쓰는 경우

다. (발코니) 건축물의 내부와 외부를 연결하는 완충공간으로서 전망이나 휴식 등의 목적으로 건축물 외벽에 접하여 부가적으로 설치되는 공간

라. (테라스) 건물과 인접한 정원의 일부를 높게 쌓아 올린 대지(臺地)

마. (노대, 베란다) 아래층과 위층의 바닥 면적 차이로 생긴 실외공간

< 건물 내 공간별 개념>

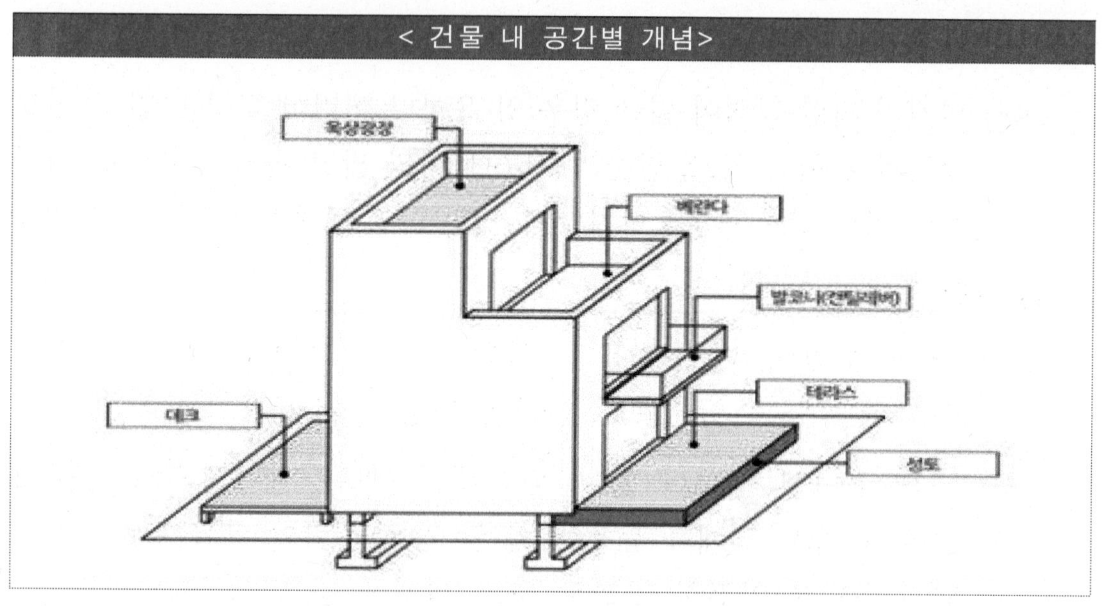

2. 시설기준

가. 추락사고 방지

1) 난간의 설치

가) 2층 이상의 노대나, 발코니, 옥상 등에서 옥외영업을 하려는 경우, 건축법에서 정한 기준에 따라 주위에 높이 1.2m 이상의 난간 설치 필요

< 근거 법령 >

✓ 「건축법」 시행령 제40조(옥상광장 등의 설치) 옥상광장 또는 2층 이상인 층에 있는 노대[노대(露臺)나 그 밖에 이와 비슷한 것을 말한다. 이하 같다]의 주위에는 높이 1.2미터 이상의 난간을 설치하여야 한다.

나) 「주택건설기준 등에 관한 규정」 제18조에서, 주택단지 안의 건축물 또는 **옥외에 설치하는 난간의 재료**는 철근콘크리트, 파손되는 경우에도 비산(飛散)되지 아니하는 **안전유리** 또는 **강도 및 내구성이 있는 재료**(금속제인 경우에는 부식되지 아니하거나 도금 또는 녹막이 등으로 부식방지처리를 한 것만 해당한다)**를 사용**하여 난간이 안전한 구조로 설치될 수 있게 하여야 한다고 규정하고 있으므로, 이에 준한 안전한 재료로 설치 필요

다) 난간의 간살 간격이 넓은 경우 영·유아나 어린이 등이 난간 사이로 추락할 위험이 있고, 난간의 구조에 따라 밟고 올라가 추락할 위험 등이 있으므로, 위험을 방지할 수 있는 구조·형태로 설치할 것을 권장

2) 난간 주변의 안전관리

가) 난간 주변에 테이블을 비치할 경우, 식기류 등이 아래로 추락할 우려가 있으므로, 난간과 적절한 이격 거리를 두고 설치

나) 난간 주변에 사람이 밟고 올라갈 수 있는 계단형태의 층이나 고정식 의자, 적재물 등을 비치 할 경우 추락의 위험이 있으므로, 난간 주변은 안전한 구조로 하고 적재물 등 비치 제한

3) 기타 시설물 관리

그 밖에 옥외영업장에 시설·조형물* 등을 설치하려는 경우에는, 손님의 안전사고가 발생하지 않도록 필요한 조치

* (예시) 일명 '천국의 계단'등 조형물을 설치하려는 경우, 난간 등을 설치하여 손님의 추락사고를 방지

나. 차량 안전사고 방지

○ 대지 안의 외부공간, 대지안의 공지, 「주차장법」에 따라 설치된 주차공간과 옥외영업장이 서로 인접해 있는 경우에는 경계면에 연석·자동차진입 억제용 말뚝(볼라드)·돌의자·방지턱·가드레일 등을 설치하여 차량으로 인한 사고를 예방할 수 있도록 관리

다. 소음·진동, 빛 공해 방지

1) 「소음·진동관리법」규정 준수

가) 「소음·진동관리법」제21조(생활소음과 진동의 규제) 제1항에 따라 지자체장은 주민의 조용하고 평온한 생활환경을 유지 하기 위하여 **사업장** 및 공사장 등에서 발생하는 **소음·진동을 규제**하여야 하며, 동조 제2항에 따라 생활소음·진동의 규제대상 및 규제기준은 환경부령으로 정함

나) 생활소음·진동의 규제대상은 '확성기에 의한 소음', '공장·공사장을 제외한 사업장에서 발생하는 소음·진동'을 포함

다) 생활소음·진동의 규제기준은 「소음·진동관리법」시행규칙 [별표8] 준수 필요

라) 스피커를 설치한 경우 상기 다)의 규정에 따른 대상지역별·시간대별 제한 조건에 적합하도록 설치, 특히 야간시간대에는 스피커 등 음향기기 사용을 자제

마) 기타 옥외영업장 내에서 사람 간 대화에 의한 소음 등에 대해서는 상기 다)의 규정에 따라 대상지역별·시간대별 '사업장'의 '기타' 관리 기준에 준하여 과다한 소리가 나지 않게 운영하도록 안내

2) 빛 공해 방지

가) 「인공조명에 의한 빛공해 방지법」제9조(조명환경관리구역의 지정 등)에 따라 시·도지사는 빛 공해가 발생하거나 발생할 우려가 있는 지역을 **조명환경 관리구역**으로 지정할 수 있도록 규정

나) 옥외영업장에서 과도한 조명으로 인근 주거 환경에 악영향을 끼치는 등 생활불편을 초래하는 경우 관련법령에 따른 환경 관리구역으로 지정 여부를 검토하여 관련 규정을 준수토록 조치

다) 상기 1)에 따라 지정된 관리구역은 동법 시행규칙 [별표1] 빛 방사 허용기준 준수 필요

✓ 소음·진동, 악취, 빛공해 등 환경피해가 발생되지 않도록 주의
- 「환경분쟁조정법」제16조에 따라 사업활동, 그밖에 사람의 활동에 의한 소음·진동, 악취, 인공조명에 의한 빛공해 등에 의한 건강상·재산상·정신상의 피해를 입은 경우에는 <u>영업자를 상대로 환경분쟁조정신청 가능</u>
- 「경범죄처벌법」제3조 제1항에 따라 음주소란, 인근소란 등 행위 규제

라. 피난, 대피, 화재예방 시설 등

1) 대지 안의 외부공간 등에서 영업을 하려는 자는 관련 법령에 따라 설치하여야 하는 동로나 소방자동차의 접근이 가능하도록 마련된 **통로를 이용한 영업 불가**

2) 건축법 시행령 제41조에 따라, 건축물 대지 안에 통로를 마련하여야 하는 경우* **통로**(2쪽 그림예시의 ⑦공간)**를 점유한 영업행위 불가**

* 바닥면적의 합계가 500제곱미터 이상인 문화 및 집회시설 종교시설, 의료시설, 위락시설 또는 장례시설: 유효너비 3미터 이상

* 그 밖의 용도로 쓰는 건축물: 유효 너비 1.5미터 이상

3) 2층 이상의 옥외영업장에 접객용 시설을 설치할 경우에는 화재 및 재난 발생 시 피난 및 대피할 수 있는 통로를 확보하고, 필요한 경우 해당 통로에 선·줄 등을 표시하여 불법 사용을 방지

4) 옥외영업장에는 화재 발생의 위험이 있는 촛불, 향초, 난로·보일러 등 인화성 시설 설치·비치 금지

5) 옥내에서 발생할 수 있는 화재가 옥외영업장으로 확산되거나 옥외 조리 시 화재를 대비하여, 옥외영업장에도 소화기 비치

* (참고) 옥외 소화기는 눈·비·습기로 부식되거나 손상되지 않도록 관리

6) 휴게음식점·일반음식점 중 건물내 + 옥외 영업장의 합계 면적이 100㎡이상인 경우 재난보험 가입 대상에 해당

* 「재난 및 안전관리 기본법」제76조(재난 보험등의 가입)제2항, 동법 시행령 제83조의3 및 별표3.(재난관련 보험 또는 공제의 가입대상 시설) 6.

마. 접객용 시설

1) 지자체 조례로 별도의 기준을 정한 경우 건물 외부에서 조리 가능

- 주거지역과 인접하지 않아 환경 위해 우려가 적은 장소로서 지방자치단체장이 정하는 기준에 따라 조리 가능

2) 「건축법」상 바닥면적에 포함되지 않는 옥외영업장은 「다중이용업소의 안전관리에 관한 특별법(약칭: 다중이용업소법)」에 따른 총면적 계산 시 면적에 포함되지 않으나,

- 옥외공간(영업장)에 간이 벽이나 천장 등을 설치하여 **밀폐하는 경우** 건축물 불법 확장 등 「건축법」위반 소지

3) 비가림·눈(雪)가림 등을 목적으로 영업장을 밀폐하지 않도록 함

4) 옥외영업장의 접객시설*은 고정 구조물을 설치할 수 없고 **이동식**의 **간단한 편의시설만 설치**하되 지자체별로 **타법 위반 사항이 없는 경우 영업시간 이외 철거 여부는 탄력적**으로 운영 **가능**

* 파라솔, 테이블, 의자, 어닝 등 시설

- 접객시설을 고정 구조물로 설치할 경우, 불법 증축 등 「건축법」위반의 소지가 있으며, 고정시설물로 인하여 공공의 영역이나 통행·피난 활동에 지장을 줄 수 있으므로 고정시설물 설치는 제한

5) 파라솔, 어닝은 보행자에게 방해가 되지 않는 높이로 하고, 시설의 끝단이 공지의 한계선을 넘지 않도록 설치

[참고 3] 옥외영업 영업자 준수 수칙

1. 영업장 청결관리

가. 식품 등을 취급하는 공간은 항상 청결하게 관리하여야 하므로, 옥외 영업장을 청결하게 관리하지 않을 경우 관련 처분규정에 따라 처분

나. 옥외영업장에서 발생한 쓰레기 등 폐기물은 건물 안에 있는 폐기물 용기에 처리하고, 옥외영업장에는 쓰레기통 비치 금지

다. 옥외에 설치된 접객시설은 영업시간 종료 이후 건물 내부로 이동 또는 공공이 이용하는 보도·도로·공개공지 등에서 보이지 않는 곳에 정리 (단, 분리된 사유지 등 통행에 지장이 없는 경우는 제외)

2. 민원 발생 시 즉시 개선

○ 옥외영업장에서 발생한 소음 등으로 인해 주민으로부터 민원을 제기 받은 경우 영업장을 이용하는 손님에게 주의를 요청하는 등 즉시 개선

3. 금연시설로 운영

가. 「국민건강증진법」에 따라 모든 휴게음식점, 일반음식점, 제과점 영업장의 소유자·점유자 또는 관리자는 해당 시설의 전체를 금연구역으로 지정(금연구역 표지 설치)

나. 옥외영업장 면적이 영업장으로 신고되지 아니한 그 외 공간(보도 등)과 인접한 경우, 영업장 경계면 인근에서 손님의 흡연 허용 행위 제한

4 기타

가. 옥외영업장 면적으로 신고된 곳은 적법하게 신고 된 곳임을 알리는 안내 문구나 표지 부착 권고

나. 필요 시 옥외영업장 면적을 줄·선 등으로 구획하여 표시

[참고 4] 옥외영업 조리행위 허용 범위

※ 관련 규정 : 「식품위생법 시행규칙」 [별표17] 7. 도.

1. 옥외영업 조리행위 허용 조건

가. 「건축법」, 「소음·진동관리법」등 타법 위반사항이 없는 위치

- 옥외 영업장소에 기둥 및 지붕 등을 설치하여 밀폐하는 등 불법 건축물에 해당하는 경우 조리행위 허용 불가(지자체 건축부서와 협의)

나. 옥외영업 시 사용되는 가스 등은 안전기준에 적합

- 「액화석유가스의 안전관리 및 사업법」등 관련 규정 위반 여부 확인필요

다. 지자체장이 조례를 통해 제한·금지한 대상이 아닐 것

- 허용되는 옥외영업 이외의 장소, 소음·진동 등 환경 위해 우려가 있는 장소, 악취로 인한 환경침해 우려 음식종류 등 제한 가능

2. 옥외영업 조리행위 허용 화기 범위 (다만, 조례를 통해 사용제한 또는 금지 가능)

가. 휴대용 부탄가스 버너, 인덕션 등

- 육류 및 해산물 등을 단순 가열하기 위한 목적으로 사용하는 휴대용 부탄가스 버너 또는 매립형 가스버너, 전기 레인지 등 모두 가능

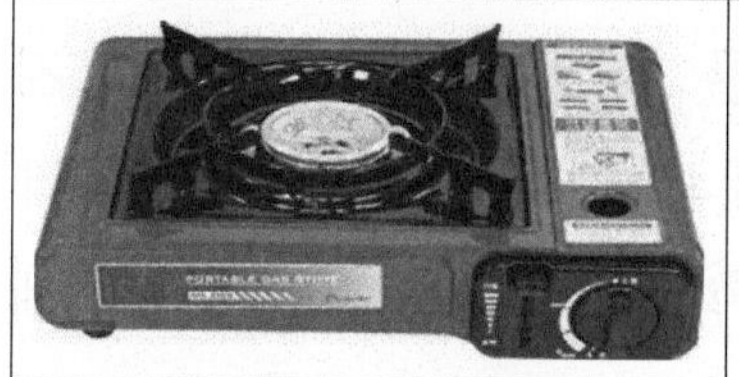		
휴대용 가스버너	매립형 가스버너	전기 레인지

나. 숯불(번개탄, 연탄 등 포함)

- 숯불 등 화기를 사용하는 경우 안전사고(일산화탄소중독 등) 주의

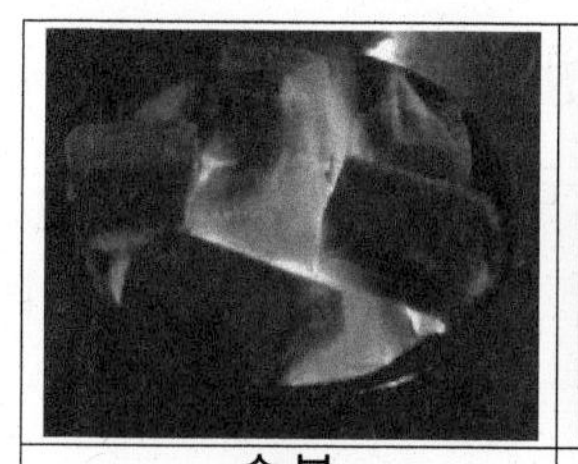			
숯불	연탄(번개탄 등 포함)	갈탄	장작불

[참고 5] 식품접객업 옥외영업 조례 예시

제1조(목적) 이 규칙(조례)은 「식품위생법 시행규칙」 제36조 관련 [별표14] 제8호 나목 1)에 사) 및 [별표17] 제7호 노목 규정의 옥외영업의 시설기준 및 영업자 준수사항을 정함으로써, 식품접객업소의 위생적인 관리 및 지역주민의 편의 도모를 목적으로 한다.

제2조(정의) 이 규칙(조례)에서 사용하는 용어의 뜻은 다음과 같다.

1. "식품접객업"이란 식품위생법 시행령 제21조제8호 가목의 일반음식점, 나목의 휴게음식점, 바목의 제과점영업에 해당하는 경우로 한정한다.
2. "옥외영업"이란 영업장 신고면적에 포함되어 있지 아니한 옥외시설에서 음식을 제공하는 영업을 말한다.
3. "대상지역" 주거지역과 직접 경계하고 있더라도 거주자의 주거안녕이 침해되지 아니하고, 「소음 · 진동관리법」의 생활소음 규제기준을 충족하는 등 타 법령 위반이 없는 지역

제3조(적용대상) 이 규칙(조례)은 제2조에 따른 식품접객업을 하고자 하거나 하는 자가 「식품위생법 시행규칙」 제42조제1항제13호 및 제43조제1항제2호에 따라 영업신고 또는 신고사항의 변경을 하는 경우에 적용한다.

제4조(기본원칙) ① 시장(군수 또는 구청장)은 옥외영업 신고 수리 시 식품안전을 최우선으로 고려하여야 한다.

② 옥외영업의 장소는 「건축법」, 「화재예방, 소방시설 설치 · 유지 및 안전관리에 관한 법률 」, 「다중이용업소의 안전관리에 관한 특별법」, 「소음·진동관리법」, 「경범죄 처벌법」등 타 법령 위반되지 않아야 한다.

제5조(영업시간) 시장(군수 또는 구청장)은 민원발생 우려가 있다고 판단되는 경우 1일 8시간 이내로 영업시간을 제한할 수 있다.

예시) 1. 일반주거지역 : 24:00부터 다음날 06:00까지

2. 전용주거지역 : 22:00부터 다음날 06:00까지

제6조(시설기준) 제3조에 따라 옥외영업을 하려는 자는 별표1의 시설기준을 준수하여야 한다.

제7조(영업자의 준수사항) 옥외영업을 하려는 자는 옥외영업장에 대하여 다음 각 호의 사항을 준수하여야 한다.

1. 옥외 영업시간 이외에는 옥외의 모든 시설물을 옥내에 정리하도록 한다.
2. 영업시간 후 옥외영업공간에서 발생한 폐기물은 옥내에서 정리하도록 하고, 옥외영업 공간을 청결하게 관리하도록 해야 한다.
3. 옥외영업으로 인한 소음과 냄새 등으로 민원이 발생하면 즉각 개선하도록 한다.

제8조(조리행위의 범위) 옥외영업 신고 장소에서 굽거나 끓이는 행위처럼 단순 가열 조리행위는 허용하며, 조리행위의 조건 및 사용되는 화기의 세부 기준은 별표 2와 같다.

제9조(영업의 중단 및 재개) ① 시장(군수 또는 구청장)은 다음 각호의 경우에 영업 중단을 명할 수 있다.

1. 옥내 영업장의 위생적 관리가 어려운 경우
2. 2층 이상의 노대나, 발코니, 옥상 등을 옥외영업장으로 사용하면서 추락 등의 위험이 있다고 판단되는 경우
3. 옥외영업 신고하지 않은 면적 또는 신고 면적에 임의로 건축물을 설치하여 영업에 사용하는 경우
4. 소음 및 악취 등 민원이 지속적으로 반복되는 경우

② 시장(군수 또는 구청장)은 제1항에 따른 영업 중단 사유가 해소된 경우 영업 재개를 명할 수 있다.

제10조(적용제외) 동 규칙(조례)을 준수하지 아니할 경우 옥외영업 시설기준 특례 적용을 제외하고, 옥외영업으로 인한 「식품위생법」 위반사항 발생 시 행정처분을 할 수 있다.

제11조(준용) 이 규칙(조례)에 규정되지 아니한 사항은 「식품위생법」을 준용한다.

부칙

이 규칙은 공포한 날부터 시행한다.

[부록 9]

품목제조보고 영양성분 정보 등록·관리 요령

□ 영양성분 정보 등록 개요

○ (운영 목적) 중요성이 높은 식품영양성분 정보를 정확하고 신속하게 확보하고, 효율적으로 관리·제공함으로써 국민의 건강한 식생활 관리에 기여

○ (적용 대상) '23.7.1.부터 신규 품목제조보고하는 식품, 식품첨가물, 축산물

* (대상식품) 「식품 등의 표시·광고에 관한 법률 시행규칙」[별표 4] 영양표시 대상 식품 등
* (영양성분) 「식품 등의 표시·광고에 관한 법률 시행규칙」제6조(영양표시)에 따라 열량, 나트륨, 탄수화물, 당류, 지방, 트랜스지방, 포화지방, 콜레스테롤, 단백질 및 영양표시나 영양강조표시 한 영양성분

〈 대상시스템 〉

- (식약처) 식품행정통합시스템(통합식품안전정보망)
- (지자체) 시도·새올 행정시스템 식품위생 및 축산위생 관련 기능

□ 영양성분 정보 등록 시 주의사항

○ 영양성분 정보는 「식품등의 표시기준」의 「표시사항별 세부표시기준(별지1)」사. 성분명 함량, 아. 영양성분 등에 따라 작성한다.

○ 총 내용량이 상이한 2개 이상의 제품일 경우 대표되는 1개의 제품을 자율 선택하여 영양성분 정보를 입력한다. (최소단위로 선택하여 입력 권장)

○ '내용량'은 3가지 방법(① 총 내용량당 [ ] ② 100(g 또는 mL)당 [ ] ③ 단위 내용량당 [ ]) 중 하나를 선택하여 입력한다.

* ② 선택 : '총 내용량'을 입력하고 영양성분 함량은 100g(mL) 기준으로 입력
* ③ 선택 : '총 내용량'과 '단위 내용량'을 모두 입력하고, 영양성분 함량은 단위내용량을 기준으로 입력

○ 영양표시 대상 식품에 해당하는 경우 필수영양성분*은 반드시 입력하고, 그 외에 식품 등에 표시하는 영양성분도 입력을 권장한다.

* 열량, 나트륨, 탄수화물, 당류, 지방, 트랜스지방, 포화지방, 콜레스테롤, 단백질

○ 제출하는 영양성분이 영양학적으로 산출 가능한 값인지를 아래 사항을 참조하여 검토한다.

< 영양학적으로 산출 가능한 값인지 확인하는 방법>

- 열량(kcal)=[{(탄수화물 함량(g))-(당알콜(g)+식이섬유(g)+타가토스(g)+알룰로오스(g)+에리스리톨(g) 함량)} × 4kcal + (당알콜 함량(g) × 2.4kcal) + (식이섬유 함량(g) × 2kcal) + (타가토스 함량(g) × 1.5kcal) + (알룰로오스 함량(g) × 0kcal) + (에리스리톨 함량(g) × 0kcal)] + (단백질(g) × 4kcal) + (지방(g) × 9kcal)
  - * 허용오차 ±20% 이하
- 당류 함량(g) ≤ 탄수화물 함량(g)
- 지방(g) ≥ [트랜스지방(g) + 포화지방(g) + 콜레스테롤(g)*]
  - * 콜레스테롤은 mg를 g로 환산(/1,000)

○ 영양성분 정보 입력 시 아래와 같은 오류가 발생하지 않도록 정확히 확인한 후 입력한다.

< 입력 오류사례 및 확인 필요 사항>

- (사례 1) 열량 등 필수영양성분(9개) 및 총내용량을 모두 '0' 또는 '1'로 입력
  → 제품에 표시하는 영양성분 및 총내용량을 확인하여 정확한 값 입력
- (사례 2) 열량 검증 오류 발생
  → 당알콜·식이섬유·타가투스·알룰로오스·에리스리톨 함량 확인 후 선택영양성분에서 추가하여 입력

□ 품목제조보고 영양성분 정보 등록·관리 관련 안내 자료

○ (매뉴얼) 품목제조보고 영양성분 정보 등록·관리 요령

☞ 식품안전나라(www.foodsafetykorea.go.kr)>건강·영양>건강·영양정보>자료실

○ (동영상) 품목제조보고 영양성분정보 등록 방법 등 3종

☞ 식품안전나라(www.foodsafetykorea.go.kr)>알림·교육>교육·홍보자료실>영상자료

○ (리플릿) '품목제조보고 영양성분정보 이렇게 입력하세요!' 등 2종

☞ 식품안전나라(www.foodsafetykorea.go.kr)>건강·영양>건강·영양 정보>자료실

○ (카드뉴스) 영양성분 정보 입력 안내 등 2종

☞ 식품안전나라(www.foodsafetykorea.go.kr)>알림·교육>교육·홍보자료실>홍보자료

[부록 10] * 현재 개정 중으로 최종 개정안에 따라 변동가능

식품등의 오염사고의 보고 절차 등

□ 배경

○ **「식품위생법」 개정**('24.1.2., '25.1.3. 시행)에 따라 식품 오염 사고 보고에 대한 절차 신설

≪ 제46조의2(식품등의 오염사고의 보고 등) ≫

① 식품등 제조·가공 영업자는 식품등의 제조·가공 과정에서 「산업안전보건법」 제2조제1호에 따른 **산업재해로 인하여 식품등에 이물이 섞이거나 섞일 우려가 있는 등 대통령령으로 정하는 경우**에 해당 식품등의 폐기, 시설 개선 또는 세척 등 오염 예방조치를 취하고 **지체없이** 식품의약품안전처장에게 보고

② 보고를 받은 식품의약품안전처장은 **현장조사 실시**

③ **보고 방법 · 절차 및 오염예방조치 등에 필요한 사항은 총리령**으로 정함

□ 개요

* 현재 개정 중으로 최종 개정안 확인 필요

○ (보고 대상) **식품 제조·가공업소 및 첨가물제조업소** 내 식품 또는 식품첨가물 제조·가공 과정에서,

- ❶신체절단·끼임 사고 등의 산업재해가 발생함에 따라, 이를 직접적인 원인으로 하여 식품등에 이물이 섞이거나 섞일 우려가 있는 경우

- ❷**화재·폭발·화학물질 누출** 등의 산업재해가 발생함에 따라, **식품등이 가스·분진·화학물질 등에 의해 오염되거나 오염될 우려**가 있는 경우

○ (오염사고 대응 절차)

절차	오염예방조치	오염사고보고	현장조사	사후관리(필요시)
주체	영업자	영업자 → 지방청 (지체없이)	지방청	지방청
조치 내용	• 오염식품 폐기 또는 그 계획의 수립 • 시설 또는 기계·기구 등에 대한 세척·소독 교체 또는 그 계획의 수립 • 종사자 대상 오염 예방조치와 관련한 안내·지도 • 그 밖에 필요한 조치	• 사고 발생개요 • 피해상황 • 오염발생 제품정보 • 조치상황 및 계획 (별지 서식)	• 원인조사 • 오염예방조치 적정성 • 오염식품 폐기 여부 등	• 폐기 계획, 세척·소독 또는 기계설비 교체 계획 수립하여 보고시, - 폐기 여부 - 세척·소독 또는 설비 교체 여부 등 추가점검

○ (시행일) '25.1.3.

□ 과태료 및 행정처분

구분	현장조사를 거부하거나 방해한 자	오염사고보고를 하지 않았거나 거짓으로 보고한 경우
행정처분	500만원 - 750만원 - 1,000만원	영업정지 5일 – 10일 - 20일
근거법령	「식품위생법」 제101조(1천만원 이하의 과태료) 시행령 [별표 2]	「식품위생법」 제75조(6개월 이하 영업정지) 시행규칙 [별표 23]

* 오염예방조치를 하지 않은 자 : 3년 이하의 징역 또는 3천만원 이하의 벌금(「식품위생법」 제97조)

[부록 11] * 현재 개정 중으로 최종 개정안에 따라 변동가능

반려동물 동반출입 음식점 관리방안

□ 배경

○ **'반려동물 동반 출입 접객업' 시범사업**(규제샌드박스, '23.4월~'25.4월)**이 완료**됨에 따라 **결과를 분석**하고, **전문가 자문**을 통해 마련된

- 반려동물 영업장 출입에 대한 영업자 준수사항 및 시설 기준을 식품위생법령에 규정

□ 관련법령

가. 「식품위생법 시행규칙」 제42조(영업의 신고 등), 43조(신고사항의 변경)

나. 「식품위생법 시행규칙」 별표14(시설기준) 제8호 아목

다. 「식품위생법 시행규칙」 별표17 제7호 보목

라. 「식품위생법 시행규칙」 별지 제37호 서식

□ 적용 범위

○ 해당 업종 : 일반음식점, 휴게음식점, 제과점영업에 한함

○ 대상 반려동물 : 개와 고양이에 한함

* 개와 고양이 외 토끼, 기니피크 등은 해당하지 않으며 기니피그 등의 출입을 위해서는 종전과 같이 시설을 분리하여야 함

□ 식품위생법 시행규칙 개정안(입법예고, '25.4.25.~6.5.)

개정 사항		주요 내용
시설기준	시설 규정	• 반려동물 동반 음식점 **분리 규정 제외(개, 고양이만 허용)**
		• **식품취급시설내** 출입할 수 없도록 **장치 설치**하여야 함
		• 영업장 출입구에 **소독 장치, 용품**을 갖추어야 함
영업자 준수사항	출입관리 규정	• 손님이 보기 쉽고 명확히 알 수 있도록 영업소 입구에 반려동물 동반 **출입이 가능한 업소**임을 **게시**
	식품취급시설 내 출입제한	• 조리장, 식재료 보관창고 등 **식품취급시설**에는 **동물이 출입할 수 없도록 관리**
	교차오염 방지 등을 위한 위생관리 의무 부과	• 반려동물은 원칙적으로 **이동 금지**됨을 영업장 내 **게시**, **전용 의자 또는 고정장치 등을 반드시 설치**, 사람이나 다른 동물과 **접촉하지 않도록 식탁의 간격을 충분히 유지** 예외) 케이지 등으로 별도 공간 두는 경우, 소비자가 음식 주문 등을 위해 목줄을 잡는 등 함께 이동하는 경우
		• 음식류 진열·판매할 때 동물의 털 등 **이물 혼입을 방지**할 수 있는 **뚜껑·덮개 등을 사용** 예외) 이물혼입 우려가 없거나 음식물을 제공하는 과정에서 소비자가 원치 않는 경우, 소비자가 자율적으로 덮을 수 있도록 덮개 비치하는 경우
		• **동물용 식기** 등 용품을 이용하는 경우 반드시 **소비자용과 구분**하여 보관·사용하고, 동물용임을 명확히 **표시**
		• 동물용 분변 등을 담을 수 있는 **전용 쓰레기통** 비치
	예방접종 여부 확인	• 영업자는 **예방접종을 하지 않은** 반려동물 **출입제한 표시**, 예방접종 여부 확인하여 **미접종** 반려동물은 **출입제한 관리**
행정처분	행정제재	• **식품취급시설(조리장 내) 출입제한 / 이동금지** 위반 →(1차) **영업정지 5일** (2차) 영업정지 10일 (3차) 영업정지 20일
		• **그 외** 위반 → (1차) **시정명령** (2차) 영업정지 5일 (3차) 영업정지 10일

□ 위반 시 행정처분

위반사항	행정처분기준		
	1차위반	2차위반	3차위반
10. 법 제44조제1항을 위반한 경우 가. 식품접객업자의 준수사항(별표 17 제7호자목·파목·머목 및 별도의 개별 처분기준이 있는 경우는 제외한다)의 위반으로서 13) 별표 17 제7호보목을 위반한 경우			
가) 별표 17 제7호보목2)를 위반한 경우	영업정지 5일	영업정지 10일	영업정지 20일
나) 별표 17 제7호보목3)를 위반하여 반려동물이 이동하였거나, 이동하는 사람이나 다른 반려동물과 접촉할 수 있는 상태로 방치하여 피해를 발생하게 한 경우	영업정지 5일	영업정지 10일	영업정지 20일
다) 가) 및 나) 외의 별표 17 제7호보목을 위반한 경우	시정명령	영업정지 5일	영업정지 10일

□ 영업 개시 관련 개요

○ **(종전업체)** 반려동물 동반 출입을 개시하는 경우 **관할 지자체에 통보하여 가이드라인에 따른 요건 점검 후 판매할 수 있도록 조치**

○ **(신규업체)** 영업신고시 신고*하고, 지자체는 15일내 시설점검

* 영업신고서(별지 제37호서식)에 반려동물 출입여부 체크하여 신고

※ 추후 상세한 내용은 관련 매뉴얼 마련하여 배포 예정

[부록 12]

치킨의 조리전 원료육에 대한 중량표시제 시행

□ 배경

○ 소비자 알권리를 강화하기 위해 치킨의 중량 정보를 확인하고 가격정보를 비교할 수 있도록 '치킨 중량표시제' 시행('25.12.15.~)

< 식품 분야 용량꼼수 대응방안('25.12.2. 물가관계장관회의) >

★ 모든 치킨전문점이 아니라, 10대 치킨 가맹본부 소속 가맹점(약 12,560개사)에게만 부과. 대규모 가맹본부들이 다른 가맹본부에 비해 가맹점들의 의무 준수를 더 잘 지원할 수 있다는 점을 고려

□ 근거 규정: 「식품위생법」 제44조(영업자 등의 준수사항)

□ 치킨 중량표시제 주요 내용

1. 표시 의무자

○ 10대 브랜드 가맹본부 및 가맹점(일반음식점·휴게음식점·제과점영업)

- BHC, BBQ, 교촌치킨, 처갓집양념치킨, 굽네치킨, 페리카나, 네네치킨, 멕시카나, 지코바양념치킨, 호식이두마리치킨

※ 출처: 공정거래위원회 제공, 가맹점 순(2023년도 기준)

2. 표시대상/단위

○ (표시대상) 닭고기로 만든 "치킨" 메뉴는 모두 대상임

※ 표시 대상 치킨의 정의(범위)
- 닭고기를 조각내거나 통째로 기름에 튀기는 등 열처리(굽기 등 포함)하거나, 이에 각종 양념을 가한 식품

○ (표시단위) 치킨의 "메뉴별"로 표시, 일괄 표시도 가능

- 다양한 메뉴 중 치킨 메뉴가 포함되어 있는 경우 표시 대상

※ 일괄 표시하는 경우 소비자가 쉽게 인지할 수 있는 장소, 글자 크기로 표시

3. 표시방법[원칙]

○ 메뉴별 사용하는 **원료육(조리전 중량) 기준 (①, ② 중 선택 표시)**

① **최소 중량을 000그램으로 표시**하거나,

② **닭고기는 통상 1마리(호) 단위로 유통되는 점을 감안**하여,

중량(호) 범위인 000그램~000그램으로 표시

※ 절단육, 지방 등을 제거한 전처리육으로 치킨을 조리하는 경우 절단육·전처리육에 사용한 닭고기의 호수(중량)로 표시할 수 있음

○ **부분육**(다리, 날개, 봉 등)은 **최소 중량 000그램**으로 표시
단, **그램으로 표시하기 어려운 경우 '개수(조각)' 단위 표시** 가능

> **(참고) 프랜차이즈 본사**에서 **일부 양념된 원료육(염지육)**을 **공급하는 경우는 염지육의 중량을 상기원칙에 따라 표시 가능**
> **※ (주의사항) 이 경우에도 20% 이상 차이가 나면 안 됨**

4. 표시장소

○ **(매장 내)** 식품위생법에 따라 이미 **가격표(메뉴판)**에 **가격을 표시**하도록 하고 있어, **가격 주변에 "중량" 표시**(원칙)
단, 메뉴 구성 등이 복잡하여 표시가 어려운 경우 **일괄 표시도** 가능

○ **(배달앱 이용)** 소비자가 확인하고 구매할 수 있도록 **배달앱** 내 매장별 가게정보, 메뉴정보 등에 **"중량" 표시**(원칙)

○ **(홈페이지)** 프랜차이즈 본사에서 운영하는 **홈페이지 내 메뉴명 및 가격 주변에 중량 표시**(원칙). 단, **일괄 표시도** 가능

※ 절단육이나 지방 등을 제거한 전처리육을 사용하여 중량이 감소된 경우 '중량이 상이할 수 있다'는 등의 문구 추가 가능

○ **(배달앱을 이용하지 않은 고객 배달 시)** 가급적 **배달용 포장박스** 주변에 **인쇄 또는 스티커를 부착**하여 표시하거나, **영수증 등을 통해 소비자에게 정보 제공**(권고)

5. 표시 시행 시기

○ '25. 12. 15. 부터 즉시 시행하되, '26. 6. 30까지 계도기간 운영

- 위반시 처분하지 않고 올바른 표시방법 지도 등 안내

○ '26. 7. 1. 부터 중량표시 미표시하는 경우 '시정명령' 등 처분

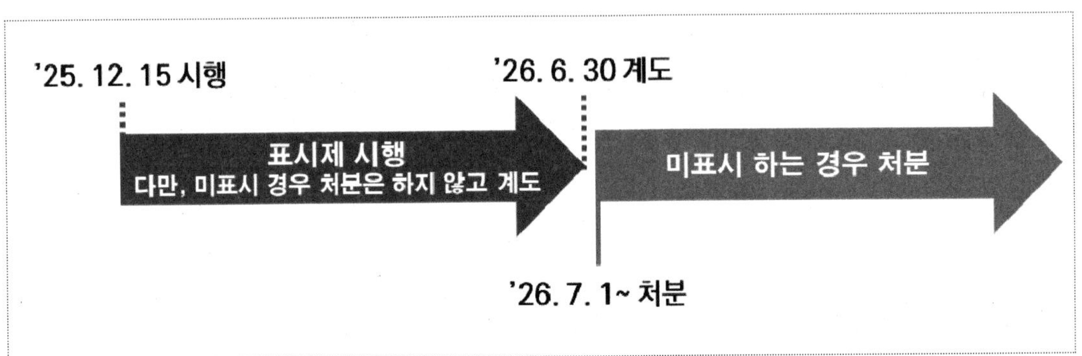

참고 관련 규정

■ 식품위생법 시행규칙 [별표 17]

식품접객업영업자 등의 준수사항(제57조 관련)

7. 식품접객업자(위탁급식영업자는 제외한다)와 그 종업원의 준수사항

아. **손님이 보기 쉽도록 영업소의 외부 또는 내부에 가격표(부가가치세 등이 포함된 것으로서 손님이 실제로 내야 하는 가격이 표시된 가격표를 말한다)를 붙이거나 게시**하되, 신고한 영업장 **면적이 150제곱미터 이상인 휴게음식점 및 일반음식점은 영업소의 외부와 내부에 가격표를 붙이거나 게시**하여야 하고, 가격표대로 요금을 받아야 한다.

터. 손님에게 조리하여 제공하는 식품의 주재료, **중량 등이 아목에 따른 가격표에 표시된 내용과 달라서는 아니 된다.**

퍼. 아목에 따른 **가격표에는 불고기, 갈비 등 식육의 가격을 100그램당 가격으로 표시**하여야 하며, 조리하여 제공하는 경우에는 조리하기 이전의 중량을 표시할 수 있다. 100그램당 가격과 함께 **1인분의 가격도 표시하려는 경우에는** 다음의 예와 같이 **1인분의 중량과 가격을 함께 표시**하여야 한다.

예) 불고기 100그램 ○○원(1인분 120그램 △△원)
갈비 100그램 ○○원(1인분 150그램 △△원)

■ 식품위생법 시행규칙 [별표 23]

행정처분 기준(제89조 관련)

위반사항	행정처분기준		
	1차위반	2차위반	3차위반
10. 법 제44조제1항을 위반한 경우 가. 식품접객업자의 준수사항(별표 17 제7호자목·파목·머목 및 별도의 개별 처분기준이 있는 경우는 제외한다)의 위반으로서 8) 별표 17 제7호터목을 위반한 경우로서			
가) 주재료가 다른 경우	영업정지 7일	영업정지 15일	영업정지 1개월
나) 중량이 30퍼센트 이상 부족한 것	영업정지 7일	영업정지 15일	영업정지 1개월
다) 중량이 20퍼센트 이상 30퍼센트 미만 부족한 것	시정명령	영업정지 7일	영업정지 15일
16. 그 밖에 제1호부터 제15호까지를 제외한 법을 위반한 경우(법 제101조에 따른 과태료 부과 대상에 해당하는 위반 사항과 별표 17 제7호자목 · 머목은 제외한다)	시정명령	영업정지 7일	영업정지 15일

2026
식품안전 관리지침

2026년 1월 25일 인쇄 정가 69,000원
2026년 2월 5일 발행

저 자 식품의약품안전처
표지디자인 송영미 ⓣ
발 행 인 조준형
발 행 처 한국데이터시스템

http://www.hgbookpub.com
E-mail : munbookcokr@naver.com
주 소 부산광역시 중구 해관로 41-1 (중앙동2가)
전화번호 (051) 253-0001 팩스 (051) 245-1187

등 록 제 2023-000006호

ISBN 979-11-24342-02-2

한국데이터시스템 3단법령시리즈

001. 근로기준법
002. 공동주택관리법
003. 중대재해 처벌 등에 관한 법률
004. 상가건물임대차보호법
005. 폐기물관리법
006. 위험물안전관리법
007. 화학물질관리법
008. 고압가스안전관리법
009. 주택임대차보호법
010. 화물자동차운수사업법
011. 대기환경보전법
012. 도로교통법
013. 화재의 예방 및 안전관리에 관한 법률
014. 주택법
015. 노동조합 및 노동관계조정법
016. 농지법
017. 도시 및 주거환경정비법
018. 공익사업을 위한 토지 등의 취득 및 보상에 관한 법률
019. 전기사업법
020. 건설기술 진흥법
021. 도시개발법
022. 산업입지 및 개발에 관한 법률
023. 시설물의 안전 및 유지관리에 관한 특별법
024. 재난 및 안전관리 기본법
025. 장사 등에 관한 법률
026. 식품위생법
027. 선박안전법
028. 의료법
029. 대부업 등의 등록 및 금융이용자 보호에 관한 법률
030. 물환경보전법
031. 개발제한구역의 지정 및 관리에 관한 특별조치법
032. 공유재산 및 물품 관리법
033. 수산업협동조합법
034. 형의 집행 및 수용자의 처우에 관한 법률
035. 해양환경관리법
036. 종합부동산세법
037. 환경영향평가법
038. 집합건물의 소유 및 관리에 관한 법률
039. 동물보호법
040. 자연재해대책법
041. 도시가스사업법
042. 수산업법
043. 채무자 회생 및 파산에 관한 법률
044. 실내공기질관리법
045. 자동차관리법
046. 산업재해보상보험법
047. 하수도법
048. 승강기 안전관리법
049. 부동산투자회사법
050. 노인복지법
051. 도시공원 및 녹지 등에 관한 법률
052. 국가를 당사자로 하는 계약에 관한 법률
053. 사회복지사업법
054. 산업안전보건법
055. 소방시설 설치 및 관리에 관한 법률
056. 민간임대주택에 관한 특별법
057. 장애인차별금지 및 권리구제 등에 관한 법률
058. 개인정보 보호법
059. 형사소송법
060. 외국인근로자의 고용 등에 관한 법률
061. 상법
062. 가사소송법
063. 건설산업기본법
064. 건축물관리법
065. 초·중등교육법
066. 해상교통안전법
067. 하천법
068. 국토의 계획 및 이용에 관한 법률
069. 하도급거래 공정화에 관한 법률
070. 장애인복지법
071. 사립학교법
072. 관광진흥법
073. 의료기기법
074. 공인중개사법
075. 가맹사업거래의 공정화에 관한 법률
076. 소방시설공사업법
077. 고등교육법
078. 산업기술의 유출방지 및 보호에 관한 법률
079. 양식산업발전법
080. 정신건강증진 및 정신질환자 복지서비스 지원에 관한 법률
081. 공공기관의 정보공개에 관한 법률
082. 선원법
083. 원자력안전법
084. 국민기초생활 보장법
085. 자원의 절약과 재활용촉진에 관한 법률
086. 지방공기업법
087. 민원 처리에 관한 법률
088. 빈집 및 소규모주택 정비에 관한 특례법
089. 지방자치단체를 당사자로 하는 계약에 관한 법률
090. 산림자원의 조성 및 관리에 관한 법률
091. 사료관리법
092. 주차장법
093. 아동복지법
094. 학원의 설립 · 운영 및 과외교습에 관한 법률
095. 약사법
096. 축산법
097. 소년법
098. 여객자동차운수사업법
099. 전자상거래 등에서의 소비자보호에 관한 법률
100. 지방자치법
101. 도로법
102. 독점규제 및 공정거래에 관한 법률
103. 항공보안법
104. 기후위기 대응을 위한 탄소중립 · 녹색성장 기본법
105. 저작권법
106. 자동차손해배상 보장법
107. 항만법
108. 건강기능식품에 관한 법률
109. 건설폐기물의 재활용촉진에 관한 법률
110. 재해구호법
111. 부가가치세법
112. 가축분뇨의 관리 및 이용에 관한 법률
113. 화장품법
114. 소방기본법
115. 공유수면 관리 및 매립에 관한 법률
116. 공증인법
117. 국가인권위원회법
118. 병역법
119. 국민체육진흥법
120. 새마을금고법
121. 의료사고 피해구제 및 의료분쟁 조정 등에 관한 법률
122. 전기공사업법
123. 정보통신망 이용촉진 및 정보보호 등에 관한 법률
124. 항공안전법

*** 한국데이터시스템의 「3단법령시리즈」는 계속 발행 됩니다.**
**** 각 도서의 개정판은 인쇄일을 기준으로 제작 되었습니다.**

해광출판사

대한민국 법령 시리즈

법률·시행령·시행규칙

148mm × 210mm | 편집부 편저

이 책은 방대한 법전을 보지 않고 간편하게 해당되는 법령만 참고해서 볼 수 있도록 하였습니다. 공공기관이나 관련 종사자들이 쉽고 간편하게 해당 법령을 참조 할 수 있도록 하였습니다.

특히 해당법률은 물론 관련 시행령, 시행규칙을 함께 실어 관련법을 서로 참고할 수 있게 하였습니다.

법률이라는 것이 크든 작든 항상 변하는 관계로, 출간 이후의 정확하고 최신의 법률은 법제처 국가법령정보센터에서 확인이 가능하니 법률의 실제 적용 시 확인이 필요한 점 유의하기를 바랍니다.

**개정 예정 법률 일을 별도 표시

00법

[시행 0000. 00. 00.] [법률 제00000호, 0000. 00. 00., 일부개정]

제1장 총칙

제1조(목적) 이 법은 헌법에 따라 근로조건의 기준을 정함으로써 근로자의 기본적 생활을 보장, 향상시키며 균형 있는 국민경제의 발전을 꾀하는 것을 목적으로 한다.

제2조(정의) ① 이 법에서 사용하는 용어의 뜻은 다음과 같다. 〈개정 2018. 3. 20., 2019. 1. 15., 2020. 5. 26.〉

1. "근로자"란 직업의 종류와 관계없이 임금을 목적으로 사업이나 사업장에 근로를 제공하는 사람을 말한다.
2. "사용자"란 사업주 또는 사업 경영 담당자, 그 밖에 근로자에 관한 사항에 대하여 사업주를 위하여 행위하는 자를 말한다.
3. "근로"란 정신노동과 육체노동을 말한다.
4. "근로계약"이란 근로자가 사용자에게 근로를 제공하고 사용자는 이에 대하여 임금을 지급하는 것을 목적으로 체결된 계약을 말한다.
5. "임금"이란 사용자가 근로의 대가로 근로자에게 임금, 봉급, 그 밖에 어떠한 명칭으로든지 지급하는 모든 금품을 말한다.
6. "평균임금"이란 이를 산정하여야 할 사유가 발생한 날 이전 3

- 7 -

개월 동안에 그 근로자에게 지급된 임금의 총액을 그 기간의 총일수로 나눈 금액을 말한다. 근로자가 취업한 후 3개월 미만인 경우도 이에 준한다.

7. "1주"란 휴일을 포함한 7일을 말한다.
8. "소정(所定)근로시간"이란 제50조, 제69조 본문 또는 「산업안전보건법」 제139조제1항에 따른 근로시간의 범위에서 근로자와 사용자 사이에 정한 근로시간을 말한다.
9. "단시간근로자"란 1주 동안의 소정근로시간이 그 사업장에서 같은 종류의 업무에 종사하는 통상 근로자의 1주 동안의 소정근로시간에 비하여 짧은 근로자를 말한다.

② 제1항제6호에 따라 산출된 금액이 그 근로자의 통상임금보다 적으면 그 통상임금액을 평균임금으로 한다.

제3조(근로조건의 기준) 이 법에서 정하는 근로조건은 최저기준이므로 근로 관계 당사자는 이 기준을 이유로 근로조건을 낮출 수 없다.

제4조(근로조건의 결정) 근로조건은 근로자와 사용자가 동등한 지위에서 자유의사에 따라 결정하여야 한다.

제5조(근로조건의 준수) 근로자와 사용자는 각자가 단체협약, 취업규칙과 근로계약을 지키고 성실하게 이행할 의무가 있다.

제6조(균등한 처우) 사용자는 근로자에 대하여 남녀의 성(性)을 이유로 차별적 대우를 하지 못하고, 국적·신앙 또는 사회적 신분을 이유로 근로조건에 대한 차별적 처우를 하지 못한다.

제7조(강제 근로의 금지) 사용자는 폭행, 협박, 감금, 그 밖에 정신상 또는 신체상의 자유를 부당하게 구속하는 수단으로써 근로자의

- 8 - 대한민국 법령 시리즈

Since 1955 해광 해광출판사

| 전화 051) 253-0001 / 팩스 051) 245-1187

| http://www.hgbookpub.com / 이메일 munbookcokr@naver.com

해광출판사 대한민국 법령 시리즈

1. 선원법
2. 어선법
3. 선박직원법
4. 해사안전기본법
5. 해양환경관리법
6. 선박의 입항 및 출항등에 관한 법률
7. 학교안전사고예방 및 보상에 관한 법률
8. 종합부동산세법
9. 방위사업법
10. 행정규제기본법
11. 식품산업진흥법
12. 위험물안전관리법
13. 화재의 예방 및 안전관리에 관한 법률
14. 도시가스사업법
15. 실내공기질관리법
16. 지방세법
17. 소득세법
18. 법인세법
19. 도선법
20. 선박안전법
21. 선박법
22. 수산업법
23. 고압가스안전관리법
24. 국민연금법
25. 공동주택관리법
26. 화학물질관리법
27. 어선원 및 어선 재해보상보험법
28. 장기등 이식에 관한 법률
29. 자연재해대책법
30. 공유재산 및 물품 관리법
31. 산업입지 및 개발에 관한 법률
32. 부정경쟁방지 및 영업비밀보호에 관한 법률
33. 금융지주회사법
34. 온실가스 배출권의 할당 및 거래에 관한 법률
35. 건축사법
36. 산림문화휴양에 관한 법률
37. 전기사업법
38. 사립학교법
39. 고등교육법
40. 액화석유가스의 안전관리 및 사업법
41. 선박투자회사법
42. 수산자원관리법
43. 위험물선박운송및저장규칙
44. 선박평형수관리법
45. 주택임대차보호법
46. 상가건물임대차보호법
47. 지방공기업법
48. 승강기안전관리법
49. 수목원·정원의 조성 및 진흥에 관한 법률
50. 민법
51. 치료감호 등에 관한 법률
52. 대부업 등의 등록 및 금융이용자 보호에 관한 법률
53. 사료관리법
54. 무형문화재 보전 및 진흥에 관한 법률
55. 총포·도검·화약류 등의 안전관리에 관한 법률
56. 경찰관직무집행법
57. 시설물의 안전 및 유지관리에 관한 특별법
58. 수산생물질병 관리법
59. 소비자기본법
60. 국제선박등록법
61. 정보통신망 이용촉진 및 정보보호 등에 관한 법률
62. 해운법
63. 농수산물 품질관리법
64. 수산업협동조합법
65. 해외건설촉진법
66. 수상레저안전법
67. 공무원재해보상법
68. 수상에서의 수색·구조 등에 관한 법률
69. 어촌어항법
70. 항만법
71. 항만운송사업법
72. 해양경비법
73. 해양사고의 조사 및 심판에 관한 법률
74. 외국인근로자의 고용 등에 관한 법률
75. 중소기업기본법
76. 자유무역지역의 지정 및 운영에 관한 법률
77. 대기환경보전법
78. 소음진동관리법
79. 폐기물관리법
80. 하수도법
81. 물환경보전법
82. 토양환경보전법
83. 환경정책기본법
84. 산업재해보상보험법
85. 관세법
86. 노동조합 및 노동관계조정법
87. 근로기준법
88. 군인연금법
89. 먹는물관리법
90. 기술보증기금법
91. 관광진흥법
92. 감염병의 예방 및 관리에 관한 법률
93. 사법경찰관리의 직무를 수행할 자와 그 직무범위에 관한 법률
94. 수의사법
95. 가정폭력방지 및 피해자보호 등에 관한 법률
96. 환경영향평가법
97. 체육시설의 설치 · 이용에 관한 법률
98. 장사 등에 관한 법률
99. 상호저축은행법
100. 은행법
101. 보호관찰 등에 관한 법률
102. 형법
103. 자동차관리법
104. 형사소송법
105. 전자금융거래법
106. 마약류 불법거래 방지에 관한 특례법
107. 도로법
108. 주세법
109. 변리사법
110. 하천법
111. 중소기업진흥에 관한 법률
112. 발달장애인 권리보장 및 지원에 관한 법률
113. 주택법
114. 장애인복지법
115. 농어업경영체 육성 및 지원에 관한 법률
116. 공인중개사법
117. 건강기능식품에 관한 법률
118. 예비군법
119. 개발제한구역의 지정 및 관리에 관한 특별조치법
120. 국유재산법
121. 주차장법
122. 환경기술 및 환경산업 지원법
123. 대기관리권역의 대기환경개선에 관한 특별법
124. 악취방지법
125. 미세먼지 저감 및 관리에 관한 특별법
126. 가축분뇨의 관리 및 이용에 관한 법률
127. 물의 재이용 촉진 및 지원에 관한 법률
128. 물관리기본법
129. 물관리기술 발전 및 물산업 진흥에 관한 법률
130. 자원의 절약과 재활용촉진에 관한 법률
131. 전기 · 전자제품 및 자동차의 자원순환에 관한 법률
132. 건설폐기물의 재활용촉진에 관한 법률
133. 수도권매립지관리공사의 설립 및 운영 등에 관한 법률
134. 폐기물의 국가 간 이동 및 그 처리에 관한 법률
135. 폐기물처리시설 설치촉진 및 주변지역지원 등에 관한 법률
136. 자원순환기본법
137. 잔류성오염물질 관리법
138. 환경분쟁 조정법
139. 화학물질의 등록 및 평가 등에 관한 법률
140. 환경오염시설의 통합관리에 관한 법률
141. 환경오염피해 배상책임 및 구제에 관한 법률
142. 중소기업제품 구매촉진 및 판로지원에 관한 법률
143. 환경개선비용 부담법
144. 환경분야 시험·검사 등에 관한 법률
145. 환경친화적 산업구조로의 전환촉진에 관한 법률

해광출판사 대한민국 법령 시리즈

146. 환경친화적 자동차의 개발 및 보급 촉진에 관한 법률
147. 환경범죄 등의 단속 및 가중처벌에 관한 법률
148. 생명윤리 및 안전에 관한 법률
149. 장애인차별금지 및 권리구제 등에 관한 법률
150. 부동산투자회사법
151. 정치자금법
152. 과학기술기본법
153. 대리점거래의 공정화에 관한 법률
154. 상속세 및 증여세법
155. 학원의 설립 · 운영 및 과외교습에 관한 법률
156. 해양심층수의 개발 및 관리에 관한 법률
157. 전기용품 및 생활용품 안전관리법
158. 사회기반시설에 대한 민간투자법
159. 공직선거법
160. 정당법
161. 유류오염손해배상 보장법
162. 부정청탁 및 금품등 수수의 금지에 관한 법률
163. 항로표지법
164. 어장관리법
165. 민방위기본법
166. 공직자윤리법
167. 선거관리위원회법
168. 유선 및 도선 사업법
169. 전기공사업법
170. 사회복지사업법
171. 택지개발촉진법
172. 국가공무원법
173. 민간임대주택에 관한 특별법
174. 어음법·수표법
175. 민사집행법
176. 상법
177. 문화예술진흥법
178. 중소기업협동조합법
179. 농업협동조합법
180. 도로교통법
181. 의료사고 피해구제 및 의료분쟁 조정 등에 관한 법률
182. 산림보호법
183. 소년법
184. 동물보호법
185. 건축물관리법
186. 도시개발법
187. 화물자동차 운수사업법
188. 도시 및 주거환경정비법
189. 의료법
190. 국회법
191. 응급의료에 관한 법률
192. 출입국관리법
193. 노인복지법
194. 산림자원의 조성 및 관리에 관한 법률
195. 청소년 보호법
196. 초 · 중등교육법
197. 혁신도시 조성 및 발전에 관한 특별법
198. 경제자유구역의 지정 및 운영에 관한 특별법
199. 공공기관의 운영에 관한 법률
200. 대한민국헌법
201. 국민기초생활 보장법
202. 저작권법
203. 가사소송법
204. 국가유공자 등 예우 및 지원에 관한 법률
205. 국민체육진흥법
206. 전통주 등의 산업진흥에 관한 법률
207. 재난 및 안전관리 기본법
208. 정보통신공사업법
209. 주식회사 등의 외부감사에 관한 법률
210. 공익사업을 위한 토지 등의 취득 및 보상에 관한 법률
211. 개인정보 보호법
212. 국세기본법
213. 에너지이용 합리화법
214. 감정평가 및 감정평가사에 관한 법률
215. 국가인권위원회법
216. 가맹사업거래의 공정화에 관한 법률
217. 보건의료기본법
218. 산업안전보건법
219. 법무사법
220. 교육공무원법
221. 특허법
222. 민사소송법
223. 아동복지법
224. 전파법
225. 하도급거래 공정화에 관한 법률
226. 기초연금법
227. 사립학교교직원 연금법
228. 직업안정법
229. 장애아동 복지지원법
230. 부동산등기법
231. 자동차손해배상 보장법
232. 철도안전법
233. 항공안전법
234. 전자상거래 등에서의 소비자보호에 관한 법률
235. 독점규제 및 공정거래에 관한 법률
236. 상표법
237. 채무자 회생 및 파산에 관한 법률
238. 공무원연금법
239. 축산법
240. 근로복지기본법
241. 민원 처리에 관한 법률
242. 약사법
243. 방문판매 등에 관한 법률
244. 건축기본법
245. 지방세기본법
246. 지방세징수법
247. 지방자치법
248. 도시교통정비 촉진법
249. 공공주택 특별법
250. 국세징수법
251. 공인노무사법
252. 중대재해 처벌 등에 관한 법률
253. 외무공무원법
254. 소방시설공사업법
255. 검역법
256. 공중위생관리법
257. 할부거래에 관한 법률
258. 인터넷 멀티미디어 방송사업법
259. 전기통신사업법
260. 제품안전기본법
261. 철도사업법
262. 어린이제품 안전 특별법
263. 영유아보육법
264. 원자력안전법
265. 보험업법
266. 경비업법
267. 교통안전법
268. 세무사법
269. 관세사법
270. 공인회계사법
271. 지방공무원법
272. 고용정책 기본법
273. 국가경찰과 자치경찰의 조직 및 운영에 관한 법률
274. 협동조합 기본법
275. 재해구호법
276. 환경보건법
277. 자살예방 및 생명존중문화 조성을 위한 법률
278. 소방산업의 진흥에 관한 법률
279. 소방기본법
280. 비송사건절차법
281. 자연환경보전법
282. 변호사법
283. 기업구조조정투자회사법
284. 전기통신기본법
285. 에너지법
286. 해양생태계의 보전 및 관리에 관한 법률
287. 사회보장기본법
288. 통신비밀보호법
289. 공증인법
290. 물류시설의 개발 및 운영에 관한 법률
291. 청소년활동 진흥법

해광출판사 대한민국 법령 시리즈

291. 청소년활동 진흥법
292. 형의 집행 및 수용자의 처우에 관한 법률
293. 도시공원 및 녹지 등에 관한 법률
294. 태권도 진흥 및 태권도공원 조성 등에 관한 법률
295. 녹색건축물 조성 지원법
296. 우편법
297. 예금자보호법
298. 건설산업기본법
299. 금융회사의 지배구조에 관한 법률
300. 장애인활동 지원에 관한 법률
301. 언론중재 및 피해구제 등에 관한 법률
302. 국가재정법
303. 농지법
304. 게임산업진흥에 관한 법률
305. 정신건강증진 및 정신질환자 복지서비스 지원에 관한 법률
306. 디자인보호법
307. 의료기사 등에 관한 법률
308. 스마트도시 조성 및 산업진흥 등에 관한 법률
309. 내수면어업법
310. 한국주택금융공사법
311. 의료기기법
312. 유통산업발전법
313. 전통시장 및 상점가 육성을 위한 특별법
314. 여신전문금융업법
315. 해외자원개발 사업법
316. 산업교육진흥 및 산학연협력촉진에 관한 법률
317. 빈집 및 소규모주택 정비에 관한 특례법
318. 기업도시개발 특별법
319. 전력기술관리법
320. 국토기본법
321. 지하수법
322. 식품위생법
323. 광업법
324. 호스피스·완화의료 및 임종과정에 있는 환자의 연명의료결정에 관한 법률
325. 주식·사채 등의 전자등록에 관한 법률
326. 표시·광고의 공정화에 관한 법률
327. 골재채취법
328. 국민건강증진법
329. 새마을금고법
330. 여객자동차 운수사업법
331. 마리나항만의 조성 및 관리 등에 관한 법률
332. 한부모가족지원법
333. 국가를 당사자로 하는 계약에 관한 법률
334. 지방자치단체를 당사자로 하는 계약에 관한 법률
335. 축산물 위생관리법
336. 병역법
337. 음악산업진흥에 관한 법률
338. 국가균형발전 특별법
339. 첨단재생의료 및 첨단바이오의약품 안전 및 지원에 관한 법률
340. 공간정보의 구축 및 관리 등에 관한 법률
341. 공유수면 관리 및 매립에 관한 법률
342. 농수산물 유통 및 가격안정에 관한 법률
343. 아시아문화중심도시 조성에 관한 특별법
344. 신탁법
345. 자연공원법
346. 생활화학제품 및 살생물제의 안전관리에 관한 법률
347. 군인사법
348. 국제조세조정에 관한 법률
349. 낙동강수계 물관리 및 주민지원 등에 관한 법률
350. 주민등록법
351. 집합건물의 소유 및 관리에 관한 법률
352. 집단에너지사업법
353. 산림조합법
354. 반도체집적회로의 배치설계에 관한 법률
355. 자본시장과 금융투자업에 관한 법률
356. 담보부사채신탁법
357. 근로자퇴직급여 보장법
358. 국제과학비즈니스벨트 조성 및 지원에 관한 특별법
359. 수도법
360. 식품 등의 표시 · 광고에 관한 법률
361. 약관의 규제에 관한 법률
362. 인삼산업법
363. 종자산업법
364. 항공사업법
365. 건설기계관리법
366. 군형법
367. 궤도운송법
368. 기술의 이전 및 사업화 촉진에 관한 법률
369. 농수산물의 원산지 표시 등에 관한 법률
370. 담배사업법
371. 석유 및 석유대체연료 사업법
372. 가축전염병 예방법
373. 농어촌정비법
374. 식물신품종 보호법
375. 항공보안법
376. 중소기업창업 지원법
377. 군사법원법
378. 우주개발 진흥법
379. 해저광물자원 개발법
380. 산림복지 진흥에 관한 법률
381. 지능형 로봇 개발 및 보급 촉진법
382. 헌법재판소법
383. 옥외광고물 등의 관리와 옥외광고산업 진흥에 관한 법률
384. 혈액관리법
385. 국제항해선박 등에 대한 해적행위 피해예방에 관한 법률
386. 유료도로법
387. 독립유공자예우에 관한 법률
388. 신에너지 및 재생에너지 개발 · 이용 · 보급 촉진법
389. 신용정보의 이용 및 보호에 관한 법률
390. 출판문화산업 진흥법
391. 공항시설법
392. 국민 평생 직업능력 개발법
393. 아동 · 청소년의 성보호에 관한 법률
394. 방송법쉬
395. 신용보증기금법
396. 화장품법
397. 청소년 기본법
398. 인터넷주소자원에 관한 법률
399. 양곡관리법
400. 도로명주소법
401. 전자문서 및 전자거래 기본법
402. 산업기술의 유출방지 및 보호에 관한 법률
403. 국가기술자격법
404. 양식산업발전법
405. 산업기술혁신 촉진법
406. 새만금사업 추진 및 지원에 관한 특별법
407. 전자정부법
408. 지역 개발 및 지원에 관한 법률
409. 한국농어촌공사 및 농지관리기금법
410. 계량에 관한 법률
411. 기업활동 규제완화에 관한 특별조치법
412. 군에서의 형의 집행 및 군수용자의 처우에 관한 법률
413. 규제자유특구 및 지역특화발전특구에 관한 규제특례법
414. 금융위원회의 설치 등에 관한 법률
415. 남녀고용평등과 일 · 가정 양립 지원에 관한 법률
416. 농어업인 삶의 질 향상 및 농어촌지역 개발촉진에 관한 특별법
417. 댐건설 · 관리 및 주변지역지원 등에 관한 법률
418. 국가유산수리 등에 관한 법률
419. 법원조직법
420. 보훈보상대상자 지원에 관한 법률
421. 부패방지 및 국민권익위원회의 설치와 운영에 관한 법률
422. 과학기술분야 정부출연연구기관 등의 설립 · 운영 및 육성에 관한 법률
423. 연구개발특구의 육성에 관한 특별법
424. 친환경농어업 육성 및 유기식품 등의 관리 · 지원에 관한 법률
425. 연안관리법
426. 영화 및 비디오물의 진흥에 관한 법률
427. 신용협동조합법
428. 방송통신발전 기본법
429. 범죄피해자 보호법
430. 가축 및 축산물 이력관리에 관한 법률
431. 국가표준기본법
432. 국가통합교통체계효율화법
433. 범죄인 인도법
434. 국가과학기술 경쟁력 강화를 위한 이공계지원 특별법

해광출판사 대한민국 법령 시리즈

435. 국제경기대회 지원법
436. 금융혁신지원 특별법
437. 수자원의 조사 · 계획 및 관리에 관한 법률
438. 축산자조금의 조성 및 운용에 관한 법률
439. 소방시설 설치 및 관리에 관한 법률
440. 양성평등기본법
441. 축산계열화사업에 관한 법률
442. 수입식품안전관리 특별법
443. 대외무역법
444. 국가연구개발사업 등의 성과평가 및 성과관리에 관한 법률
445. 무역보험법
446. 기술사법
447. 광산안전법
448. 농약관리법
449. 농업 · 농촌 및 식품산업 기본법
450. 문화산업진흥 기본법
451. 부담금관리 기본법
452. 야생생물 보호 및 관리에 관한 법률
453. 한국은행법
454. 별정우체국법
455. 원양산업발전법
456. 콘텐츠산업 진흥법
457. 한국수출입은행법
458. 외국인투자 촉진법
459. 물류정책기본법
460. 전자서명법
461. 산업발전법
462. 산업표준화법
463. 소프트웨어 진흥법
464. 토지이용규제 기본법
465. 해수욕장의 이용 및 관리에 관한 법률
466. 정보통신 진흥 및 융합 활성화 등에 관한 특별법
467. 정보통신산업 진흥법
468. 지진 · 화산재해대책법
469. 소금산업진흥법
470. 위치정보의 보호 및 이용 등에 관한 법률
471. 외국법자문사법
472. 이러닝(전자학습)산업 발전 및 이러닝 활용 촉진에 관한 법률
473. 암관리법
474. 실용신안법
475. 가족관계의 등록 등에 관한 법률
476. 무인도서의 보전 및 관리에 관한 법률
477. 감사원법
478. 정보보호산업의 진흥에 관한 법률
479. 결혼중개업의 관리에 관한 법률
480. 공익신고자 보호법
481. 박물관 및 미술관 진흥법
482. 낚시 관리 및 육성법
483. 동산 · 채권 등의 담보에 관한 법률
484. 임금채권보장법
485. 국민투표법
486. 농림수산업자 신용보증법
487. 국가채권 관리법
488. 중소기업은행법
489. 식품안전기본법
490. 외국환거래법
491. 발명진흥법
492. 건설기술 진흥법
493. 기후위기 대응을 위한 탄소중립 · 녹색성장 기본법
494. 인체조직안전 및 관리 등에 관한 법률
495. 엔지니어링산업 진흥법
496. 신문 등의 진흥에 관한 법률
497. 식물방역법
498. 석탄산업법
499. 산업융합 촉진법
500. 비료관리법
501. 임업 및 산촌 진흥촉진에 관한 법률
502. 복권 및 복권기금법
503. 대규모유통업에서의 거래 공정화에 관한 법률
504. 뉴스통신 진흥에 관한 법률
505. 지능정보화 기본법
506. 자격기본법
507. 중소기업 기술혁신 촉진법
508. 국가공간정보 기본법
509. 농어업재해대책법
510. 방송광고판매대행 등에 관한 법률
511. 지식재산 기본법
512. 초고층 및 지하연계 복합건축물 재난관리에 관한 특별법
513. 해양 조사와 해양정보 활용에 관한 법률
514. 공간정보산업 진흥법
515. 공공기관의 정보공개에 관한 법률
516. 행정기본법
517. 해상교통안전법
518. 농어업재해보험법
519. 문화유산의 보존 및 활용에 관한 법률
520. 자연유산의 보존 및 활용에 관한 법률
521. 국토의 계획 및 이용에 관한 법률
522. 건축법
523. 국민건강보험법
524. 계엄법
525. 환경친화적 선박의 개발 및 보급 촉진에 관한 법률
526. 해양폐기물 및 해양오염퇴적물 관리법
527. 연안사고 예방에 관한 법률
528. 전기안전관리법
529. 의약품 등의 안전에 관한 규칙
530. 공공보건의료에 관한 법률
531. 군보건의료에 관한 법률
532. 농어촌 등 보건의료를 위한 특별조치법
533. 보호소년 등의 처우에 관한 법률
534. 국가를 당사자로 하는 소송에 관한 법률
535. 간호법
536. 국립묘지의 설치 및 운영에 관한 법률
537. 주류 면허 등에 관한 법률
538. 부가가치세법
539. 자율운항선박 개발 및 상용화 촉진에 관한 법률
540. 다중이용업소의 안전관리에 관한 특별법

*** 해광출판사의 법령 시리즈는 계속 발행 됩니다.**
****각 도서의 개정판은 인쇄일을 기준으로 제작 되었습니다.**